“高速铁路工程技术创新丛书”
专家委员会

“高速铁路工程技术创新丛书”
编委会

高速铁路工程技术创新丛书
国家铁路局组织编写

高速铁路工程设计技术

李荣华　白宝英　等编著
孙永福　主　审

中国铁道出版社有限公司
2021年·北　京

内 容 简 介

本书是高速铁路工程技术创新丛书之一，由国家铁路局组织编写。本书共13章，全面系统论述了高速铁路工程设计技术的概念、基本原则和方法、技术成果，并附有典型工程实例加以分析说明，其内容涵盖高速铁路的各个专业，主要包括总体设计、运量与运输、线路与站场、土建系统、四电系统、房屋建筑、动车运用与维修设施、环境保护等，此外还结合铁路建设管理的有关法律、法规，阐述了铁路投融资、财务评价及专项报告编制内容。

本书可作为高速铁路工程技术人员参考用书，也可作为高等院校相关专业师生教学用书。

图书在版编目(CIP)数据

高速铁路工程设计技术/李荣华等编著.—北京：中国铁道出版社有限公司，2021.6

(高速铁路工程技术创新丛书)

ISBN 978-7-113-27497-9

Ⅰ.①高… Ⅱ.①李… Ⅲ.①高速铁路-工程设计 Ⅳ.①U238

中国版本图书馆CIP数据核字(2021)第044450号

书　　名：**高速铁路工程设计技术**

GAOSU TIELU GONGCHENG SHEJI JISHU

作　　者：李荣华　白宝英　等

策　　划：金　锋

责任编辑：陈小刚　　**编辑部电话**：(010)51873193　　**电子信箱**：cxgsuccess@139.com

封面设计：高博越

责任校对：孙　玫

责任印制：樊启鹏

出版发行：中国铁道出版社有限公司(100054，北京市西城区右安门西街8号)

网　　址：http://www.tdpress.com

印　　刷：北京盛通印刷股份有限公司

版　　次：2021年6月第1版　2021年6月第1次印刷

开　　本：787 mm×1 092 mm　1/16　**印张**：27.75　**字数**：639千

书　　号：ISBN 978-7-113-27497-9

定　　价：165.00元

主要编著者简介

李荣华，1963 年 10 月出生。1985 年 7 月毕业于兰州铁道学院铁道工程专业，大学本科，工学学士。现任中国铁路设计集团有限公司线路站场枢纽设计研究院总工程师，中国铁道学会标准化（系统设计）专业技术委员会副秘书长。主要研究领域为铁路站场及枢纽、总体设计技术。获得中国铁道学会科学技术特等奖 2 项、二等奖 2 项、三等奖 1 项，中国工程建设标准化协会标准科技创新一等奖 2 项，天津市科技进步二等奖 1 项、三等奖 1 项。作为第一作者撰写完成《10 000 个科学难题・交通运输科学卷》之《适应货运重载化的驼峰溜放特征》，作为副主编编著完成《中国高速铁路技术海外设计实务》，作为项目负责人主持编制了行业标准《铁路驼峰及调车场设计规范》，作为主要编制人员参加编制了《高速铁路设计规范》《城际铁路设计规范》《重载铁路设计规范》《市域铁路设计规范》《新建铁路工程项目建设用地指标》《铁路货运中心设计规范》《铁路专用线设计规范》等多项行业标准。

白宝英，1961 年 11 月出生。1982 年 7 月毕业于包头铁路技术学校铁道工程专业，1988 年 12 月毕业于北方交通大学铁道工程专业，学士学位。现任中国铁路设计集团有限公司线路站场枢纽设计研究院副总工程师，国家科技部和铁路行业专家库人员。主要研究领域为铁路工程线路专业及总体设计技术。获得天津市科技进步二等奖、詹天佑铁道科学技术奖。作为主要编制人员参加编制了《高速铁路设计规范》《城际铁路设计规范》《重载铁路设计规范》《市域铁路设计规范》《铁路专用线设计规范》等多项行业标准。在《铁道工程学报》《铁道标准设计》等核心期刊发表了《舒适度与缓和曲线关系的探讨》《高速铁路线路平面设计标准应用分析研究》《低速客运专线线间距加宽标准研究》等 10 余篇技术论文。

序

铁路是国民经济大动脉、关键基础设施和重大民生工程，是综合交通运输体系的骨干和主要交通方式之一，在我国经济社会发展中的地位和作用至关重要。高速铁路集聚了现代工业文明的丰硕成果，以其安全、便捷、舒适、环保等技术经济优势，显示出强大生命力。我国高度重视发展高速铁路，经过几代人的不懈努力，实现了从无到有、从探索到突破、从制造到创造，特别是党的十八大以来，我国高速铁路快速发展，已建成世界上最现代化的高铁网络，成为高铁运营里程最长、在建规模最大、高速列车数量最多、商业运营速度最高、高铁技术体系最全、运营场景和管理经验最丰富的国家。“复兴号奔驰在祖国广袤的大地上”。截至2020年底，我国高速铁路已达3.8万公里，占世界高铁总里程的三分之二以上。四通八达的高铁网，在服务国家重大战略、支撑经济社会发展、满足人民群众美好生活需要、助力“一带一路”建设、推动世界铁路发展等方面做出了巨大贡献。

我国高速铁路借鉴世界高铁发展的成功经验，通过原始创新、集成创新、引进消化吸收再创新，坚定不移地走出了一条符合国情路情、具有中国特色的自主创新道路。系统掌握了艰险山岭、风沙戈壁、黄土湿地、高寒酷热等各种复杂地质及气候条件下高速铁路建造成套技术，建成了一大批世界级标志性工程；创建了成套的高速铁路列车运行控制技术标准体系、认证体系和仿真平台，具备从列控系统设计、生产制造到工程实施的全过程能力；具有成熟的高速动车组设计、制造、测试技术，构建了科学的高速动车组技术标准体系，打造了规模强大的生产基地和完整的产业链；形成了适应复杂路网条件下长距离跨线运行的高铁运营管理成套技术，构建人防、物防、技防“三位一体”的高铁主动安全保障机制。我国高速铁路技术已经走在世界前列，成为推动世界高速铁路发展的重要力量。

习近平总书记指出：“我国自主创新的一个成功范例就是高铁，从无到有，从引进、消化、吸收再创新到自主创新，现在已经领跑世界。要总结经验，继续努力，争取在‘十四五’期间有更大发展。”今年，习近平总书记对发展职业教育做出重要指示。国家铁路局坚决贯彻习近平总书记重要指示精神，牵头组织铁路行业科研和工程技术人员编写了“高速铁路工程技术创新丛书”（以下简称“丛书”），旨在全面梳理创新成果，系统总结建设经验，进一步厚植技术优势，持续推进高质量发展；旨在集聚行业智慧，丰富教学载体，助力高铁专业人才培养；旨在分享我国高铁科技创新成果，促进各国铁路合作交流，服务“一带一路”建设。丛书共31册，涵盖高速铁路规划设计、土木建筑、装备制造、生态保护、运营管理、安全工程等高速铁路工程技术全产业链、全寿命周期。丛书力求全面反映我国高速铁路科技创新发展成就，体现铁路行业科技创新水平；阐述高铁工程基础理论、规律、机理，呈现技术、方法、路径，可验证，可复制，可传承；汇集专业积累和经验积淀，源于实践，指导实践；涵盖高铁主要工程技术领域，内在统一、自成体系。丛书坚持理论与实践、规范与实证、传承与创新相结合，着力构建“理论＋技术＋实践”三位一体的高铁工程技术框架，矢志推动建立反映时代特征、体现中国特色、具有世界高度的高铁工程技术创新体系。丛书得到了国家出版基金的大力支持，已列为2021年度资助项目。

我们深刻地认识到，我国高速铁路科技创新能够取得丰硕成果，是以习近平同志为核心的党中央坚强领导亲切关怀、铁路全行业攻坚克难实干奉献的结果，是集中力量办大事的社会主义制度优势的突出体现，是坚持改革开放强国之路的最好例证；得益于中央各部门和地方政府的协同奋战、通力合作，得益于广大人民群众的广泛参与、大力支持。丛书编著人员来自于我国高铁各领域一线，长期从事高铁技术研究与实践，具有深厚理论功底和丰富实践经验，是我国高速铁路建设发展的亲历者、见证人，是铁路各专业具有代表性和影响力的领军人物。丛书专家委员会由行业内具有崇高威望、为我国高速铁路发展做出重大贡献的资深权威专家组成，全程指导丛书编著，并进行审定把关。丛书既是高铁工作者的智慧和汗水的结晶，更是追逐梦想、奋发有为的写照。

当今世界正经历百年未有之大变局，我国正处于两个百年奋斗目标的历史交汇期，开启了全面建设社会主义现代化国家的新征程，立足新发展阶段，贯彻新发展理念，构建新发展格局，实现高质量发展，铁路面临新形势、新使命。我们必须坚决贯彻习近平新时代中国特色社会主义思想，全面落实《交通强国建设纲要》，不忘初心、牢记使命，传承守正、培元固本，继续推进高速铁路创新发展，高质量建设铁路强国，为全面建设社会主义现代化国家当好先行。

国家铁路局“高速铁路工程技术创新丛书”编委会

2021年6月

前　言

党的十八大以来，我国高速铁路快速发展，取得了举世瞩目的成就。为了全面梳理我国高铁工程技术创新成果、系统总结建设经验、推进高铁持续创新，国家铁路局组织一批具有深厚理论功底和丰富实践经验的科研和工程技术人员编写了“高速铁路工程技术创新丛书”，并请高铁工程领域资深权威专家全程指导、审定把关。丛书共31册，本书为丛书之一。

高速铁路工程设计的目的是满足工程建设及运营需要，通过系统的专业技术活动将一系列构想的技术和功能需求转化为蓝图的过程，即虚拟工程建造和运营的过程。高速铁路工程设计技术是指在高速铁路建设项目的勘察设计活动中，为完成建设项目立项、开工及施工建设所需的研究报告或设计文件所采用的设计原理、原则、方法、技术路线等系统的专业知识的集合，包含总体设计技术和专业设计技术。

本书全面系统地梳理了高速铁路建设项目从立项到设计、施工，以及与设计技术相关的建设管理等过程中的设计技术，是对中国高速铁路工程设计技术的系统性总结，涵盖了高速铁路勘察设计的全过程和全专业设计技术。参照高速铁路工程设计标准的系统结构、建设项目行业管理规定及铁路高校的相关专业设置等确定了本书的章节结构。

本书围绕高速铁路“安全、舒适、快捷”等目标及功能需求，对总体设计、运量与通过能力设计及检算、精密控制测量与应用、高速铁路选线与空间线形设计、车站设备设施选择、基础设施沉降及变形控制设计、动车组运用设备及设施配备方法、工务与电务等基础设施维修设施配置设计、“四电系统”功能及技术方案选择与设计方法、高速铁路车站建筑布局及功能设计、复杂桥梁及长大隧道等控制性工程的施工组织设计、投融资方案设计及评价要素分析、专项报告编制的相关技术要求等设计技术进行了全面、系统的归集和介绍。为加深读者对设计技术的理解，根据设计技术特点选取典型案例来演示设计技术在工程实际中的具体应用。

高速铁路工程设计技术是设计工作应执行或遵守的基本过程、方法，是科学、有效地解决高速铁路领域设计问题的全部规则。系统性、总体性及完整性是高速铁路工程设计技术的核心，是建成安全、高速、舒适、高效的交通运输体系的技术保障。高速铁路工程设计技术在交通运输领域具有独特的目的性，是领域内其他的类似技术不可替代的。我国高速铁路工程设计技术历经了30余年的探索与实践，日趋完善和成熟，是高速铁路技术知识体系的重要组成部分。基于本书提供的总体设计技术及专业设计技术，可开展设计技术优化、提升设计技术信息化及智能化的相关研究。

本书由中国铁路设计集团有限公司李荣华、白宝英等编著，中国工程院院士孙永福主审，李树德、蒋先国担任技术顾问。

主要编写人

章节	主要编写人
第 1 章　绪　　论	龙许友、李荣华
第 2 章　总体设计	吕仁志、白宝英、龙许友、张建、缪铭铭、樊志敏、陈亚兵、常成、肖连山、侯树清
第 3 章　经济运量与运输组织	肖春光、陈波、翟倩、宋兴昊
第 4 章　地质与测绘	赵建峰、朱异云、梁永、李群科
第 5 章　线路与站场	张建、姚丽萍、白宝英、支东延、袁伟、冯慧淼、李荣华、董志强、董入凯
第 6 章　土建工程	崔维孝、孟伟超、乔晋飞、杜宝军、孟庆余、王旭、郭郦、郭丽娜
第 7 章　四电系统	崔校玉、侯树清、何常红、顾力、冯敬然、夏天妍、陈耿钦、张桂荣、王海忠、邢晓乾、杨振龙、姚晓云、陈兴强、李业强、邓洪、张国栋、马静波
第 8 章　房屋建筑及附属设施	沈烈文、赵畅、史月珍、孔华彪、冯媛、郭焕晓、马敏杰
第 9 章　运用与维修设施	侯黎明、李俊岭、张德育、刘长和
第 10 章　环境保护与节约能源	苏卫青、潘晓岩、李俊岭
第 11 章　工程投资	娄振光、刘斌
第 12 章　投融资与经济评价及社会经济影响	肖春光、陈波、邹明辉、宋兴昊
第 13 章　专项报告编制	赵长石、商丽娜、刘红娇、党辉

本书编写过程中得到了国家铁路局的技术指导和大力支持，本书参考、引用了相关文献和论著，在此向国家铁路局及文献的作者们表示感谢！

我国高速铁路工程设计技术的理论与实践仍在不断发展，受到编著者水平和能力所限，本书部分观点难免会存在不足，欢迎读者指正交流。

编著者

2021 年 3 月

目　　录

1 绪 论

自 20 世纪 60 年代，第一条高速铁路——日本东海道新干线建成以来，法国、德国、西班牙等二十多个国家根据各自国情建设了各具特色的高速铁路。近 10 年来，中国高速铁路工程建设取得了举世瞩目的成就，建成了世界上规模最大、技术标准最高的高速铁路网。本章首先简要总结高速铁路技术标准特点，然后阐述铁路项目勘察设计程序、高速铁路设计系统的构成以及勘测设计质量管理等。

1.1 中国高速铁路技术标准特点

目前世界上对高速铁路没有统一的定义，不同组织或国家对“高速铁路”的定义各异，但近年来趋于统一。国际铁路联盟（UIC）关于高速铁路定义为：新建高速铁路的设计速度达到 250 km/h 以上；经升级改造的高速铁路，其设计速度达到 200 km/h，甚至达到 250 km/h。中国国务院于 2013 年发布《铁路安全管理条例》（国务院令第 639 号），将高速铁路定义为：设计开行时速 250 km 以上（含预留），并且初期运营时速 200 km 以上的客运列车专线铁路。

中国高速铁路在借鉴世界高速铁路实践经验基础上，通过原始创新、集成创新和引进消化吸收再创新，实现全面自主创新，建立了中国高速铁路技术体系，取得了高速铁路设计、施工、运营一系列重要成果，走出了一条发展高速铁路的成功之路。经过 20 年的艰苦探索，尤其是近十多年来的大规模建设，研究制定了适合的技术发展路线。高速铁路的技术创新发展，采取“三步走”：第一步：第六次大面积提速和新建秦沈、石太客专等，为中国高铁技术达到世界先进水平奠定基础；第二步：通过京津城际等新建高铁的实践，掌握时速 300～350 km 高铁技术，使我国高铁技术达到世界先进水平；第三步：武广、京沪高铁新平台的建立，推动中国高铁技术迈向更高水平，占领世界高铁发展战略制高点。《高速铁路设计规范》（TB 10621—2014）作为载体，汇集了我国高速铁路基础理论研究、应用技术研究、综合试验、成果应用等多方面的巨大成就，且特点突出。

(1)贯彻落实安全优先的原则。首次明确了高速铁路仅运行动车组列车，在路基、桥梁、隧道、轨道、站场、客站、牵引供电、通信信号等专业分别强化了安全保障功能设计。例如：提高了牵引供电系统在防雷措施、防灾避害、故障监测等方面的可靠性和安全性；强调了信号系统故障导向安全的基本原则；完善了自然灾害、异物侵限等灾害及次生灾害的风险防范措施；明确了体型复杂、重要的站房及跨线设施的结构安全标准，更加重视结构安全健康监测体系的要求，进一步提高安全可靠性标准。

(2)突出强调了“以人为本”、方便、快捷、舒适和综合交通等提高服务品质的设计要求。重点体现了高铁建设全寿命周期的节地、节能、节水、节材和保护环境的“四节一保”绿色建设理念，强化保障社会公众利益。例如：规定车站（场）选址应满足城市规划和运输需求，考虑地形地质条件、既有建筑物拆迁、土地资源开发和城市发展等因素；高铁车站设计纳入了近年来建设新理念和经验总结，增加了综合客运交通枢纽、绿色客站、综合开发等内容，更加适应国家可持续发展战略要求。

(3)强化总体设计和接口设计的有关要求。结合我国国情、经济社会发展水平、运输需求和环境条件等因素，合理优化速度匹配、设备配套和各专业主要设计参数，优化了复杂路网条件下的高铁运营调度系统设计、高密度大客流的客运服务系统设计，使技术标准更符合系统性、先进性、成熟性及经济合理性要求。

(4)充分吸纳自主创新成果。体现了高速铁路建造技术的最新水平，包括：在无砟轨道、轨道减振降噪、列车控制、四电系统技术的集成创新等关键技术方面取得的重大成果；在郑西客专黄土和湿陷性黄土地基处理成套技术、合宁铁路膨胀土路段路基处置技术、京津城际区域地面沉降及对策研究等方面获得的重大突破；在大吨位桥梁制运架成套技术、深水大跨桥梁建造技术、大吨位桥梁建造技术等方面取得的具有世界先进水平的重大创新成果；在软土、松软土、冻土、湿陷性黄土等特殊地质构造的隧道修建技术上取得的中国特有技术创新成果，等等。这些具有世界先进水平又充分体现中国铁路独特优势的创新成果，为丰富我国高速铁路建设标准提供了坚实的基础，使得中国《高速铁路设计规范》(TB 10621—2014)成为目前世界上高铁建设标准的集大成者。

1.2　高速铁路勘察设计概要

1.2.1　铁路勘察设计的含义和作用

高速铁路勘察设计的基本要求及程序与普速铁路基本一致，其差别主要在于专业工作重点及深度等方面。

勘察设计是建设项目实施的依据，对项目实施过程中明确项目建设总目标，实现安全、质量、环保、投资、工期五大目标及运营后的经济社会效益至关重要。铁路建设项目勘察设计是指在查明、分析、评价地质地理环境特征和工程地质条件的基础上，对技术、经济、资源、环境、节能、土地利用和综合开发、社会风险稳定等方面进行综合分析、论证，编制设计文件，以及现场配合的活动。

铁路建设项目勘察设计必须坚持“创新、协调、绿色、开放、共享”的新发展理念和为经济社会全面协调可持续发展服务的指导思想，必须与社会、经济发展水平相适应，与铁路发展目标和经营发展战略相适应，做到经济效益、社会效益和环境资源效益相统一；必须贯彻执行国家有关法律法规、规章和工程建设国家标准、行业标准，严格执行国家有关保密规定，高度重视环境保护、水土保持、文物保护、防灾减灾、运输安全和施工安全工作，节约能源和土地。

铁路建设项目勘察设计应推行标准化管理，使用先进、成熟、经济、适用、可靠的技术、工艺、设备和材料，提升铁路建设和服务水平，提高铁路运输能力和运输效率。

铁路建设项目勘察设计必须高度重视项目前期研究工作，做好需求分析、功能定位、技术标准、重大方案、综合开发、投资估算、经济评价等研究工作，注重项目必要性与可行性、近期与远期、技术性与经济性分析论证，为项目决策提供科学可靠的依据。

1.2.2 铁路项目勘察设计程序

1. 勘察设计阶段划分

铁路建设项目按照立项决策、勘察设计、工程实施和竣工验收的基本程序组织建设,各阶段工作要达到规定要求和深度。

立项决策阶段,依据中长期铁路网和铁路建设规划,对拟建项目进行预可行性研究,编制预可行性研究报告;根据国家批复的中长期铁路网规划或项目建议书,在初测基础上进行可行性研究,编制可行性研究报告。

勘察设计阶段,根据批准的可行性研究报告,在定测基础上开展初步设计。初步设计经审查批准后,开展施工图设计和审核工作。

工程实施阶段按规定组织工程招标投标、编制开工报告。开工报告批准后,依据批准的建设规模、技术标准、建设工期和投资,按照施工图和施工组织设计文件组织建设。

竣工验收阶段,铁路建设项目按批准的设计文件全部竣工或分期、分段完成后,按规定组织竣工验收,办理资产移交或维管交接。

铁路建设项目勘察设计工作必须严格执行铁路基本建设程序,坚持"先勘察、后设计"的原则。各阶段勘察设计工作必须达到规定的要求和深度,不得将本阶段工作推到下一阶段进行。

(1)预可行性研究

预可行性研究文件是项目立项的依据,根据国家批准的铁路发展规划和区域发展规划,收集社会、经济相关资料,经运量调查及现场踏勘后编制。其内容和深度主要包括:预测客货运量;系统研究项目在路网、综合交通运输体系及社会经济发展中的作用;提出线路起讫点及线路走向方案和建设规模(铁路枢纽应结合总图规划拟定研究年度的建设方案,技术复杂的重点桥渡、重点隧道应结合地形地貌、地质及水文等条件初拟桥址、隧址方案和桥式方案,大型站房应结合城市规划及站房规模初拟站区规划设计原则和站房建筑方案初步意见);初步提出铁路主要技术标准、各项主要技术设备设计原则及主要工程内容;对主要工程、相关工程、外部环境(包括邻近或穿越特殊环境敏感区)、土地利用、协作条件做初步分析;提出建设工期、投资预估算及初步融资方案;进行经济初步评价;从宏观上分析对自然生态、社会人文环境的主要影响;论证项目建设的必要性、可能性。预可行性研究工作流程如图 1.1 所示。

(2)可行性研究

可行性研究文件是项目决策的依据,根据国家批准的铁路发展规划、区域发展规划或项目建议书,进行社会、经济和运量调查,综合考虑运输能力和运输质量,从技术、经济、环保、节能、土地利用等方面进行全面深入的论证,采用初测资料进行基础性设计。其内容和深度主要包括:落实各研究年度的客货运量;确定铁路主要技术标准,稳定建设方案(包括邻近或穿越特殊环境敏感区的线路方案)和主要技术设备的设计原则(改建铁路应解决改建方案及重大施工过渡方案,铁路枢纽应解决主要站段方案和规模、枢纽内线路方案及其铁路主要技术标准、重大施工过渡方案,重点桥渡、重点隧道应选定桥址及隧址方案,初步拟定桥式方案,大型站房应结合城市总体规划、交通规划初拟站区规划及站房建筑设计方案);提出主要

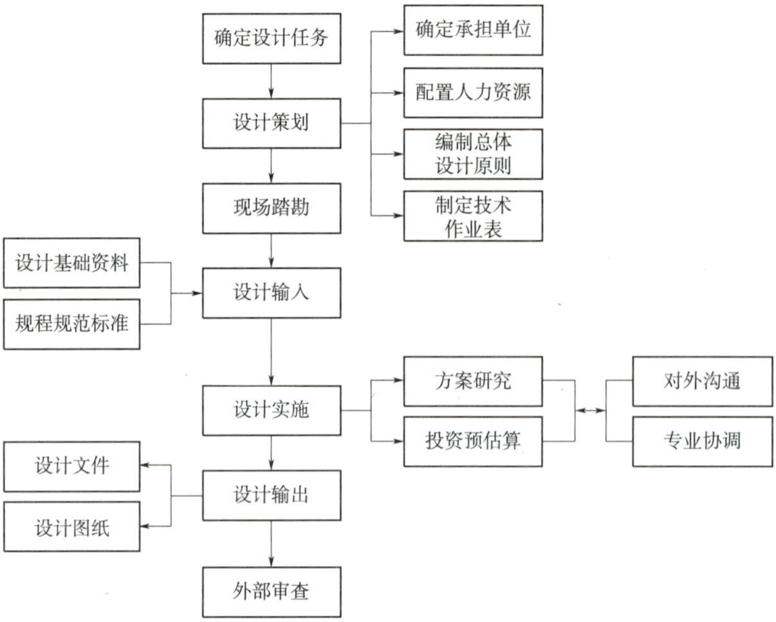

图 1.1 预可行性研究工作流程图

工程数量、主要设备概数、主要材料概数、拆迁概数、用地概数、施工组织方案、建设工期、投资估算、融资方案；提出满足项目用地预审要求的土地利用资料；提出建设及运营管理体制的建议；阐明对环境与水土保持的影响和防治的初步方案以及节约能源的措施；进行财务分析和经济费用效益分析等；论证建设项目的可行性。

可行性研究的工程数量和投资估算要有较高的准确度，主要技术标准和线路方案研究，环境保护、水土保持和土地利用的设计工作，应达到规定的深度。批准的可行性研究报告及投资估算作为项目建设标准、工程规模和总投资的控制依据。

(3)初步设计

初步设计文件是项目建设的依据，应根据可行性研究进行现场调查，对局部方案进行比选，采用定测资料，依据批准的规划选址、用地预审和社会稳定风险分析评估等专项报告，进行比较详细的设计。其内容和深度主要包括：确定各项工程设计原则，落实设计方案和工程措施；提出工程数量、主要设备数量、主要材料数量、用地及拆迁数量、施工组织设计及总概算；确定环境保护和水土保持、节约能源以及施工安全风险防范措施。初步设计文件经审查、修改、批准后，作为控制建设规模和总预算的依据。

(4)施工图

施工图文件是工程实施和验收的依据，应根据初步设计的审批意见，以及环境影响、水土保持方案、地质灾害危险性评估和防洪评价等专项报告审批意见，采用定测及补充定测资料编制，为施工提供需要的图表和必要的设计说明，并依据施工图工程数量和相关规定编制施工图预算。施工图文件应详细说明施工注意事项和施工安全风险防范的措施，说明运营维护应注意的事项。

2. 工程勘察

勘察工作是设计工作的依据，是保证建设质量的基础，铁路建设必须重视并做好勘察工作。铁路工程勘察主要包括初测、定测。工程地质条件复杂的地段和工点，应在相应阶段深化地质勘察工作。

初测主要查明线路通过地区的地形、地貌、地物、区域地质条件、推荐方案和主要比较方案的地质、环境条件，并提供饮用水源保护区、长大富水隧道等环境敏感区域的水质水位、井泉分布等水文地质条件。初测资料是可行性研究的依据。初测工作流程如图 1.2 所示。

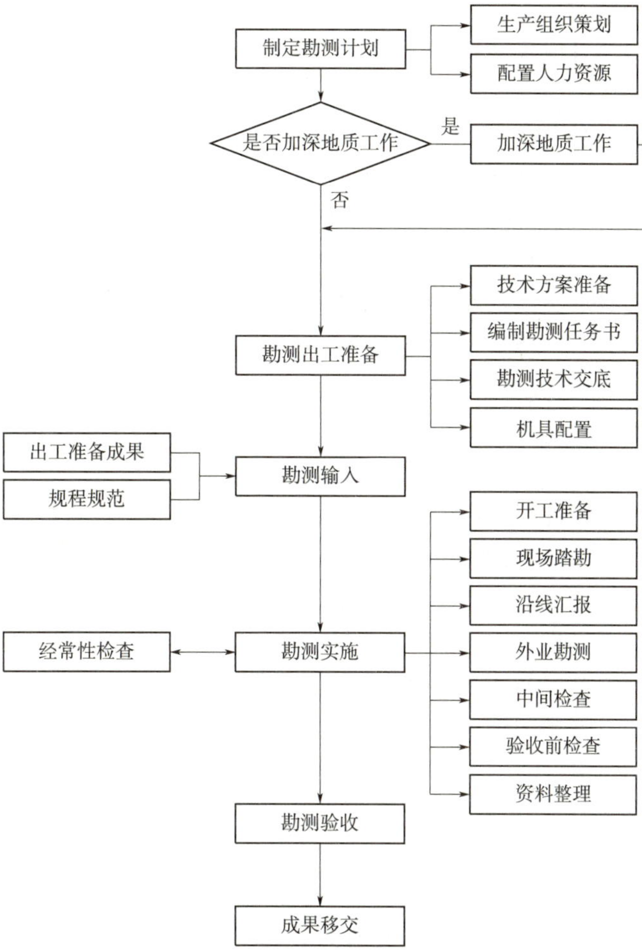

图 1.2 初测工作流程图

定测主要核实方案通过地区的地形、地貌、地物，详细查明方案的地质、环境条件，为各类建(构)筑物提供地质资料。定测成果是初步设计的依据。

铁路工程地质勘察实行综合勘探，通过加强地质测绘工作，采用新技术、新方法，应用多种地质勘探方法，相互验证和综合分析，提高和保证工程勘察质量。铁路勘察实行地质勘察大纲审查制度。勘察单位依据项目建议书批复意见、规程规范编制地质勘察大纲，建设单位应对地质勘察大纲组织审查。

3. 设计文件编制

(1)编制依据

铁路建设项目设计文件应当依据下列要求编制：

• 铁路路网规划和五年发展规划；
• 项目批准文件；
• 设计阶段对应的勘察成果；
• 铁路主要技术政策；
• 国家标准、行业标准等；
• 铁路设计规程规范；
• 铁路工程建设设计文件编制规定；
• 设计合同。

(2)项目设计的一般要求

铁路建设项目设计必须做好经济和社会调查，掌握区域运输需求、区域交通运输结构现状和规划，综合考虑路网协调配套、投入产出效益，科学分析预测铁路运输需求，在征求铁路运输企业意见的基础上，提出建设项目的近、远期客货运量和运输组织方案的推荐建议。

铁路建设项目设计必须根据铁路路网规划和综合交通规划，采用先进的运输管理模式，综合考虑近期与远期、相关线路技术条件、路网运输能力、运输质量、运营成本和工程投资，在充分论证的基础上，推荐先进适用的主要技术标准。

铁路选线应遵循经济选线、规划选线、地质选线、环境选线、工程选线、安全选线等原则，综合考虑线路平纵断面，绕避不良地质和复杂地形，并尽可能绕避或远离自然保护区、风景名胜区、重大厂矿企业和敏感拆迁物等环境敏感区和重大拆迁区，保护环境和基本农田，减少拆迁工程量，节约建设用地等。

铁路建设项目设计必须应用系统工程理论，优化点与点、线与线、点与线、固定设备与移动设备以及装备能力的匹配，正确处理建设与运输、建设与维护、新建工程与既有设备的关系，通过经济技术比较，选择技术适用、经济合理的建设方案。

铁路建设项目设计必须加强工程技术经济比选工作，进行合理充分的方案比选，完善优化设计；采用科学先进的施工工艺和工程措施，提出实用经济的施工组织设计；准确计算工程、材料、设备和征地拆迁、三电迁改、道路改移等数量，采用合理的定额和单价，按照建设、运营费用最合理的原则确定工程建设投资。

车站(场)选址应满足城市规划和运输需求，考虑地形地质条件、既有建筑物拆迁、土地资源开发、环境影响和城市发展、与综合交通的其他交通方式衔接等因素，经综合比选后确定。新建车站选址应尽量靠近城市，平行既有线新建工程或既有线改造工程应尽量引入既有车站。

铁路建设项目在可行性研究、初步设计和施工图阶段应做好安全风险防范设计工作，认真开展工程安全风险评估工作，做好安全设施设计，落实工程措施和投资，有效规避建设期、运营期安全风险。

铁路建设项目设计必须依据经验收的勘察资料进行，达到规定的深度，满足项目决策和工程实施的要求。工程设计选用的材料、设备，应当注明其规格、性能等技术指标，其质量必须符合国家有关规定，除非有特殊要求，不得指定生产厂、供应商。

铁路建设项目勘察设计应在严格执行工程建设强制性标准的前提下，将正确执行铁路勘察设计规程规范和技术创新结合起来，提高勘察设计水平。

铁路建设项目勘察设计应按照机械化、专业化、工厂化作业要求进行设计，提高铁路建设项目智能化和信息化水平；推广采用 BIM+3D GIS 技术，搭建数字孪生铁路，在有条件地区采用装配式技术，为运输生产和设备维修管理信息化提供基础资料；推动四网融合，打造精品工程。

4. 设计文件成果

设计文件成果需遵循国家铁路局发布的行业标准《铁路建设项目预可行性研究、可行性研究和设计文件编制办法》(TB 10504)，它是规范铁路基本建设项目各阶段设计文件组成与内容、统一设计文件编制深度的基础性标准，是我国铁路建设的重要标准支撑。

不同阶段设计文件组成、内容和编制深度均有所差别。新建高速铁路预可行性研究报告为全一册文件。可行性研究阶段，设计文件由十七篇组成，分别为：1. 总说明书，2. 经济与运量，3. 运输组织，4. 地质，5. 线路与轨道，6. 路基与土地利用，7. 桥涵，8. 隧道，9. 站场，10. 机务、车辆与动车组设备，11. 通信、信号、信息与灾害监测，12. 牵引供电与电力，13. 给水排水，14. 房屋建筑与基础设施维修，15. 环境保护、水土保持与节约能源，16. 施工组织方案意见与投资估算，17. 融资方案与经济评价。

初步设计阶段，设计文件由二十四篇组成，分别为：1. 总说明书，2. 经济与运量，3. 运输组织，4. 地质，5. 线路与轨道，6. 路基与土地利用，7. 桥涵，8. 隧道，9. 站场，10. 机务设备，11. 车辆设备，12. 动车组设备，13. 通信，14. 信号，15. 信息，16. 灾害监测，17. 牵引供电，18. 电力，19. 给水排水，20. 房屋建筑与基础设施维修，21. 环境保护与水土保持，22. 施工安全风险防范，23. 施工组织设计意见，24. 总概算。

施工图阶段，设计文件由二十四篇组成，分别为：1. 总说明，2. 地质，3. 线路，4. 轨道，5. 路基与土地利用，6. 桥涵，7. 隧道，8. 站场，9. 机务设备，10. 车辆设备，11. 动车组设备，12. 通信，13. 信号，14. 信息，15. 灾害监测，16. 牵引供电，17. 电力，18. 给水排水，19. 房屋建筑与基础设施维修，20. 消防，21. 环境工程，22. 迁改工程，23. 施工安全风险防范，24. 重点大型临时设施与总预算。

5. 设计文件审查

铁路建设项目设计文件实行审查制度。建设单位应根据项目批准文件、设计文件编制规定，对勘察设计单位提交的勘察设计文件(含大临工程)进行审查；项目建议书和可行性研究报告按规定程序审查，需要上报的，按国家及铁路行业有关规定程序上报。

铁路大中型建设项目的初步设计文件审查重点包括涉及公共利益、公众安全、工程建设强制性标准等内容、主要技术标准、建设规模、重大设计原则及总概算等。

铁路建设项目的施工图实行审核制度。未经审核或审核不合格的施工图，不得交付施工。施工图设计中，对初步设计批准的建设方案、建设规模、技术标准、建设工期需要作修改的，经建设单位报原初步设计审批单位批准后方可修改。

6. 设计文件实施

建设单位组织勘察设计单位在建设项目开工前(初步设计批准以后)，提交用地红线图和临时用地图，并按审核后的施工图，向建设、施工、监理等单位说明设计意图，提出建设、监理和施工注意事项，做好设计技术交底工作。

建设项目开工后，勘察设计单位按照合同约定设立现场设计配合机构，选派主持或参与该项目施工图设计的主要技术人员常驻现场，完善和优化勘察设计，及时解决施工中出现的勘察设计问题，按变更设计管理规定修改设计，做好现场设计配合工作。变更设计必须坚持“先批准、后实施，先设计、后施工”原则，严格依法按程序进行变更。

1.2.3　高速铁路设计系统的构成

高速铁路工程勘察设计由多个专业共同完成，包括经济运量、运输组织、投融资、测绘、地质、线路、站场、轨道、路基、桥梁、隧道、机务车辆、综合维修、通信、信号、信息、灾害监测、牵引供电、电力、给水排水、房建、暖通、综合开发、环保、工经等二十多个专业。他们之间相互关联，既有设计界面划分，同时还要协调合作，缺失任何一个专业都不可能实现项目的总体设计目标。高速铁路尤其需加强总体设计。

本书首先介绍高速铁路的总体设计，其后将专业设计划分为以下十个部分分别介绍，最后介绍了项目审批需要的有关专项报告编制内容。

1. 总体设计

高速铁路各系统间、系统内部相互关联，相互影响，在设计过程中需要总体设计和专业设计，以总体设计统筹专业设计，形成的设计文件应具备总体性、完整性、统一性和技术经济总体上合理性。

2. 专业设计

(1)经济运量与运输组织

经济运量专业主要内容包括系统研究项目在路网、综合交通运输体系及社会经济发展中的作用，研究确定项目功能定位；合理确定项目运量水平，是项目决策和研判技术标准的重要依据。

运输组织专业主要包括高速铁路运输组织模式、旅客列车开行方案、列车运行图、通过能力、运营管理模式及运营组织机构、运输组织相关主要设施设备设计以及铁路旅行服务设施等研究工作。

(2)地质与测绘

地质专业是工程地质勘察的主体，工程地质勘察应查明与建设工程有关的场地自然特征、工程地质和水文地质条件，为线路方案选择、各类建筑物设计、特殊岩土处理、不良地质整治、环境保护和水土保持方案的制定及合理确定施工方法等提供可靠依据。

高速铁路工程测量是高速铁路建设的关键技术之一，控制测量工作贯穿高速铁路勘察设计、施工建造和运营维护的全过程，是一项先行的基础性工作，具有控制全局、提供基准和控制测量误差积累等重要作用。

(3)线路与站场

线路设计主要包括选线设计、平纵断面设计、改移道路设计、铁路与道路交叉设计、线路附属工程设计、工务设计、安全保护区设计、区间拆迁工程设计等。线路设计是铁路长大干线设计的灵魂。铁路选线是铁路设计中最根本、最重要的工作，是影响全局的总体性工作。选线的质量不仅对项目的运输功能、工程造价、建设工期、运营维护、工程安全等具有重要影响，也对项目沿线经济社会发展、环境保护、水土保持、社会稳定、国土开发等方面产生深远影响。

高速铁路站场设计包括与枢纽总图规划相关的引入枢纽设计以及各类型车站、场段的车站设计。高速铁路引入枢纽方案不仅影响到枢纽总体格局还影响到整个线路走向，引入枢纽方案往往是决定高速铁路技术方案的关键因素。车站的设计既涉及广大旅客出行的切身体验，又与城市规划、产业布局、区域经济发展息息相关，同时也是铁路建设中各利益相关方关注的焦点，因此引入枢纽方案及车站设计对高铁设计至关重要。

(4)土建工程

高速铁路土建工程包括路基、桥梁、隧道、轨道以及有关安全、环保等附属工程。为适应列车高速度、高密度运行，稳固的线下基础和平顺的轨道是高速铁路安全运营的必要条件。高速铁路要求高平顺性轨道，其是依托在高平顺的线路空间曲线、路基、桥梁、隧道等基础之上的。高平顺性是设计、建造高速铁路的控制性条件，也是高速铁路和普速铁路最主要区别之一。

(5)四电系统

四电系统是指高铁设计中通信系统、信号系统、牵引供电系统和电力供配电系统。近年来将信息系统、防灾安全监测系统，以及为便于设计、施工、建设管理，将单独为四电设施配套的生产房屋(如通信 GSM-R 基站，信号中继站、牵引变电所、电力变配电所等)也纳入四电系统设计。四电系统在高铁运输中保证车列安全运行，保障旅客安全、快捷到达目的地起着重要作用。

(6)房屋建筑及附属设施

高速铁路房屋建筑及附属设施是高速铁路运输生产服务的重要基础设施。高速铁路房屋建筑主要包括客站建筑、站区及沿线的生产房屋、生产附属房屋等。其中车站建筑及配套设施是高速铁路为旅客服务关系最为密切的。旅客车站是一座城市的门户，是综合交通体系中的重要节点。内容主要包括旅客车站的建筑、结构、暖通以及给排水等专业设计。

(7)运用与维护设施

高速铁路运用与维护设施，即为针对动车组与基础设施的运用、维修系统，运用设施相关的工程设计也是高速铁路工程设计中不可或缺的组成部分。

动车组运用维修工作是铁路运输的重要组成部分，其维修质量直接关系到旅客生命财产安全和企业经济效益。动车运用设施设置、建设、维护应符合相关规范、规定，满足快速检修、安全可靠、高效运营的技术要求。

基础设施维修系统的设计主要包括配置检测维修设备、构建保障基地、搭建作业机构及作业组织等。

(8)环境保护与节约能源

铁路勘察设计应高度重视基本农田保护、环境保护和水土保持工作，保护自然生态环境，防止水土流失。各类保护防治措施应与主体工程同步实施。高速铁路工程设计中需贯彻节能理念，把握节能要点，进行节能措施设计。

(9)工程投资

高速铁路设计阶段工程经济主要由施工组织和工程造价两部分组成。施工组织设计内容包括明确高速铁路施工方案、施工用水用电方案、主要材料供应方案、合理安排大型临时工程设计，确定建设项目总工期。在施工组织设计基础上，严格按照行业规定，根据高速铁路工程设计确定的具体工程数量合理确定工程造价。

(10)投融资与经济评价及社会经济影响

高速铁路投融资主要研究高速铁路的经营属性、路网功能和融资属性,分析投资主体的投资意向以及高速铁路的运营管理模式,从资金结构设计、资本金来源和债务资金来源三个方面,提出高速铁路投融资方案设计的思路和方法。经济评价围绕以高速铁路项目、高速铁路运营主体为对象,分析阐述了财务评价的原则、原理、评价基础、测算流程及方法、分析指标和财务报表等。

3. 专项报告编制

高速铁路设计除了以上各章节设计内容外,还包括规划选址意见书、用地预审报告和环评报告等十多项专项报告编制,这些专项报告以及审批意见是项目审批或开工的必备文件,往往成为控制项目推进的关键环节。在设计各阶段,由项目管理机构(建设单位)委托有资质的设计、咨询或评估单位,开展专项报告编制。

1.2.4　勘测设计质量管理

我国铁路勘测设计行业在长期实践及行业主管部门的监督下建立了系统的质量管理体系,通过不断加强勘察设计质量要求,保障铁路建设工程建设及运营安全质量。

1. 管理体系提供质量保证

勘测设计单位严格遵循质量、环境和职业健康安全管理体系,为管理体系运行和勘察设计质量提供了有效保证。

针对项目按质量管理体系建立完善的设计质量管理办法、质量控制程序及措施,包括组织职责体系及各阶段质量控制流程,通过有效的制度体系、合格的人员保障、快速反应的工作作风、先进的管理手段,对各阶段技术方案进行把关,质量控制贯彻勘察设计全过程。

2. 技术管理责任制提供质量保证

全面落实技术岗位责任制。贯彻质量终身负责制,实行主管总工领导下的专业负责制,设计、复核、专业审核、专业审定、总体审核,层层把关,落实责任。项目总体负责编制项目总体设计原则,组织各专业系统优化方案,及时协调专业间技术接口及文件会签工作,确保设计文件完整、统一和总体技术经济合理。专业主管总工负责审定专业设计原则,参与项目总体方案研究,主持专业技术方案、标准的研究与论证;针对难以决策的重大、复杂技术问题提请专家组进行会审。专业负责人对本专业的勘察设计资料和设计文件的完整性、正确性、齐全性、真实性负责。

3. 勘测技术管理和质量要求提供质量保证

(1)勘测前期

加强出工准备阶段质量控制,针对项目特点,研究策划提高外业测绘、地质勘探、专业调查基础资料措施,形成包括总体技术要求和专业技术要求等层面的勘测技术要求。总体技术要求明确本线的勘测特点和重要质量控制点以及分专业投资匡算指标和投资额度关键技术节点的总体技术要求,由主管总工主持集体会审,并形成会议纪要;专业技术要求承接总体技术要求,并结合建设工程的专业技术特点、既有资料情况、边界条件,对本专业的技术规则、工作要点和工作程序提出详细要求。

(2)勘测过程

采用先进测绘技术为勘察、设计提供全面准确的测绘基础资料。加强地质勘察,为设计提供全面、准确、可靠的工程地质基础资料。重视现场调查,加强现场沿线专业调查力度,提高重大拆迁、地下管线等拆迁数量准确性、重大拆迁方案可行性,对影响线路方案稳定的重大拆迁、地下管线改移、环境敏感区等关键因素进行落实。加强过程控制,勘测过程中主管总工、总体以及各专业总工经常深入勘察现场,解决重大技术问题,及时与相关方沟通、协调,主动征求相关方意见,确保重大技术方案决策正确、可行。建立工期应急响应预案,对于勘察中出现可能影响工期的事件进行超前谋划,项目负责人、技术负责人及时召集相关专业研究解决办法及应对方案,复杂技术问题组织专家进行会审。

(3)勘测中间检查和资料验收

勘测中间检查和过程抽查着重解决勘测过程中的重大勘测方案和重大技术方案。资料验收确保勘测资料正确、齐全、完整。

4. 设计技术管理和质量要求提供质量保证

(1)设计质量控制管理

设计质量控制管理流程图明晰了各设计专业、设计总体等之间的关系,明晰各专业资料上下序之间以及各方之间的沟通协调,特别是技术管理关系、技术指令与技术信息的传递与反馈、设计文件审查、设计图纸会签、审查意见的落实,以及对各设计专业的管理,如图 1.3 所示。

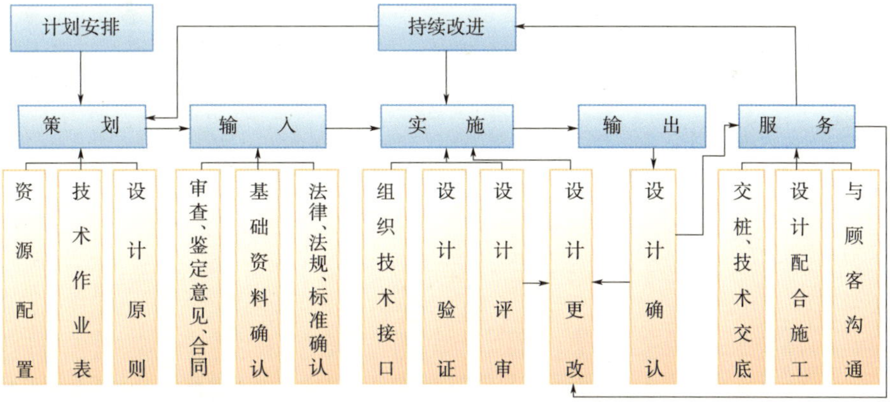

图 1.3 设计质量控制管理流程图

(2)高度注重顶层设计

主管总工、专业总工对工程方案、技术标准、重大工程措施通过方案预审会议研究决策,稳定外部边界条件和线位方案,避免边界条件不稳定造成的方案变化。项目总体所在单位组织对项目策划、总体设计原则进行预审,协助项目总体准确把握项目特点、重难点和项目进展的总体把控。

(3)充分发挥总体的组织协调作用

加强各专业接口和技术协调,明确专业分工和接口,避免缺位和错位。加强项目的系统能力配套、点线能力协调研究,固定设施移动设施的接口设计,使项目建成后尽快形成系统配套的能力,充分发挥投资效益。统筹考虑节能环保、水保文保、土地利用、物业开发、防灾减灾、社会稳定等，统筹方案的合理性和工程措施的可实施性，确保系统设计方案最优。

(4)加强专家指导、论证

对于综合性重大问题，由主管总工主持论证，专家委员会进行会审。

(5)加强质量风险管理

质量风险贯穿于铁路工程建设活动全过程，从项目启动阶段开始分阶段实施风险控制。质量风险源包括工程本身的风险源和管理风险源，在勘察设计中需全面考虑。

5. 积极采用成熟、先进勘察设计技术

通过采用成熟、先进勘察设计技术进一步提高勘测设计质量，提升勘察设计水平。

6. 工程安全控制措施

各级技术质量管理人员和生产管理人员应始终贯彻“安全第一、预防为主、综合治理”的方针；工程设计中严格贯彻涉及工程安全的强制性要求；工程安全设计是一个系统工程，涉及工程设计的方方面面，从制度上、流程上、技术接口上建立一整套安全规章制度和安全管理体系，确保铁路工程项目的安全设计。

2　总体设计

高速铁路是极其庞大复杂的现代化系统工程，由多子系统组成。高速铁路总体设计是各个子系统设计的灵魂和向导，通过研究确定的总体设计原则，使各子系统协调匹配，力求系统最优，从而实现建设项目的总体目标。本章介绍总体设计的意义及内容、总体设计原则、项目功能定位、主要技术标准、综合选线、系统及接口设计以及风险管理等内容。

2.1　总体设计的意义及内容

2.1.1　总体设计的必要性及意义

钱学森在其著作《论系统工程》中指出，“系统工程”是组织管理“系统”的规划、研究、设计、制造、试验和使用的科学方法，是一种对所有“系统”都具有普遍意义的科学方法。

系统工程与系统科学是当代世界上最有影响的一种综合性基础性学科，已经在工业、农业、国防、科学技术等各个领域得到广泛应用。在我国，最早应用系统工程并取得显著成就的是航天工程技术领域。我国国防尖端技术科研部门建立总体设计部来完成系统间的技术协调工作，总体设计部设计的是系统的“总体方案”，是实现整个系统的“技术途径”。总体设计部一般不承担具体部件的设计，却是整个系统研制工作中必不可少的技术总抓单位。总体设计部把系统作为它所从属的更大系统的组成部分进行研制，对它的所有技术要求都先从实现这个更大系统技术协调的观点来考虑；总体设计部把系统作为若干分系统有机结合成的整体来设计，对每个分系统的技术要求都先从实现整个系统技术协调的观点来考虑；总体设计部对研制过程中分系统与分系统之间的矛盾、分系统与系统之间的矛盾，都先从总体协调的需要来选择解决方案，然后留给分系统研制单位或总体设计部自身去实施。总体设计部的实践，体现了一种科学方法，这种科学方法就是“系统工程”(systems engineering)。我国航空、国防尖端技术的实践，已经证明了这一方法的科学性。

高速铁路总体设计就是按照系统工程这一科学方法，围绕高速铁路实现安全、舒适、快捷地运送旅客的目标需求，研究确定建设项目的功能定位及建设标准，制定各个子系统协调匹配原则，提出投资规模控制及经济效益评价原则，提出技术创新目标及要求等。

高速铁路是极其庞大复杂的现代化系统工程，融合了机械与电子工程技术、土木工程技术、电子工程技术、材料与结构技术、通信与计算机技术、现代控制技术等一系列当代高新技术。采用系统工程理论与方法，对实现高速铁路系统最优化设计具有重要意义。

2.1.2　总体设计的含义

铁路总体设计是指完成铁路工程建设项目的总体目标和实现目标的技术路径的设计过

程，包含合理选定主要技术标准、线路走向和建设方案，明确系统构成并选定系统集成方案，明确工期、投资和其他控制目标以及系统可靠性与内部控制设计等工作内容。

高速铁路采用的各种高新技术分别隶属于不同的子系统，其技术指标、性能参数相互依存、相互制约，系统内部各种关系非常复杂。因此，高速铁路设计需从规划开始统筹考虑土建工程、牵引供电、列车运行控制、高速列车、运营调度及客运服务等不同功能系统的技术性能指标以及相互关系，统一规划、整体构思、逐步深化，要对项目需求、线路定位、主要技术方案、主要技术标准等进行深入研究，要确定科学合理的总体设计原则，以总体设计统筹专业设计，指导项目设计，实现系统功能需求。

高速铁路设计是由多个专业共同完成的。各个专业的设计工作既互相联系又互相影响，需要做好协调配合，设计的成果才能达到系统最优，这就更需要进行总体设计。

高速铁路总体设计是各个子系统设计的灵魂和向导，通过总体设计确保土建工程、牵引供电与通信信息工程、车站建筑与结构工程等子系统的技术性能协调、功能发挥正常；通过研究确定的总体设计原则，提出工程项目的研究目标、功能需求、建设方案、设计标准，以及不同子系统之间、子系统与系统之间的系统性接口架构等技术要求，搭建起高速铁路工程项目的虚拟架构模型。

2.1.3 总体设计主要内容与要求

高速铁路总体设计需要在充分研究项目需求和各种相关因素的基础上，准确把握项目功能定位，合理选定主要技术标准、线路走向和建设方案。功能定位决定了线路在铁路网中的意义和作用，决定了线路的运输性质，指导主要技术标准和线路走向方案的选择；主要技术标准、线路走向和建设方案选择是否合理，直接影响到工程投资，影响到线路所经地区地方经济的发展、旅客出行等；同样，工期、投资和其他控制目标对高速铁路建设方案有直接影响。

总体设计需要解决好下列问题：

高速铁路新线建设与路网发展要协调配合，解决好路网能力的协调、点线能力的协调，以及新线与既有路网间衔接通畅。

正确处理好铁路建设与沿线其他建设项目的关系，使二者协调配合、各得其所，要兼顾国家、地方和铁路的利益，权衡轻重缓急，寻求合理解决。

正确选定主要技术标准，符合项目功能定位，与邻接铁路的主要技术标准协调。既要满足运输需要，又要考虑投资控制。

正确处理好线路与其他各类建筑物的关系。线路的平面位置和设计标高要照顾到各类建筑物的合理布置，各类建筑物在能力上、强度上要相互配合协调一致。

正确处理好设计、施工和运营之间的关系，根据方案的技术经济比较，来寻求最合理的决策。

总体设计需要在项目开展前制定总体设计原则，在设计过程中协调各专业设计之间的接口，在设计收尾阶段协调总说明书及各篇文件完整、统一。

总体设计在不同阶段侧重点不同，在项目决策阶段，主要从社会需求及路网分布等方面论述项目功能定位，进而选择主要技术标准和建设方案，从必要性和可行性方面解决项目立项问题。在项目实施阶段，主要统一各专业设计标准，做好系统设计和接口设计。

总体设计工作由项目总工程师组织完成。项目总工程师是项目勘测设计的技术负责人，既是该项目的主要设计者，又是与相关方的联系沟通者，对设计的总体性、完整性、系统性和技术经济合理性负总责，在项目设计中起着极为重要的作用。

2.2 总体设计原则

铁路设计应围绕"服务运输、优质高效、安全可靠"的发展目标，坚持"创新、协调、绿色、开放、共享"的发展理念，有效发挥铁路建设及运营对经济增长、民生改善的促进和带动作用；把新发展理念贯穿到铁路建设和运营的全过程，聚焦"交通强国、铁路先行"目标任务，充分发挥铁路在生态文明建设中的优势，强化运营节能减排、加强生态保护，实现铁路绿色、循环、低碳发展；以科技创新为依托，推动智能建造、智能监测、智能运维等研究和应用。

高速铁路总体设计要通过制定科学合理的总体设计原则，统筹、指导专业设计。总体设计原则要体现设计的系统性、完整性、统一性和经济合理性；总体设计原则编写要坚持系统最优和综合效益最大的原则，正确处理好近期与远期的关系、整体与局部的关系、线上设备与线下基础设施的关系、固定设备与移动设备的关系、采用先进技术与节约投资的关系；应对每个专业提出工程造价控制的要求，必要时应提出具体投资控制指标；应提出对环境保护、水土保持、压矿、地质灾害、防洪评价、土地预审等工作的总体要求。

项目总体设计原则一般包含以下内容：

1. 项目基本需求

工程名称：根据设计任务书，确定本项目的名称。一般为新建××至××（高速、城际）铁路工程。

研究（设计）依据：委托书、审批文件等。

研究（设计）范围：包括项目的起讫点和其他联络线、疏解线、动车所等。

研究（设计）界面：两个以上项目同时引入一个车站时，需要划分项目间的设计分界，做到不重不漏。

2. 项目背景及需求

本项目相关方的需求，包括国家发改委、铁路行业主管部门、沿线地方政府的意见；项目上阶段审查意见、前置性文件的相关要求；本项目的重难点分析及设计应对措施，提出重大问题的研究论证原则。

3. 研究（设计）年度及路网构成

结合国家的五年规划，按照铁路建设的流程，提出研究（设计）年度，一般初期为通车后5年，近期为通车后10年，远期为通车后20年。

根据国民经济发展规划及铁路网规划，按照研究年度节点，将每个研究年度建成的铁路及其主要技术标准列出。

4. 项目特点及重难点

(1)项目特点

项目特点一般可从以下几方面说明：

①区域路网概况，本项目在区域路网中的特征及相邻路网概况。

②自然特征，沿线地形地貌、地质条件及气象、水文以及自然保护区、风景名胜区、世界文化和自然遗产地、饮用水水源保护区、文物保护单位、集中居民文教区等各类环境敏感区等。

③区域经济社会发展概况及经济据点分布，军事区和大型工矿企业分布概况、沿线综合交通发展概况。

④线路引入的铁路枢纽（地区）概况，对本项目引入方案影响的主要因素。

⑤工点类型、工程实施难度等情况。是否有特殊大跨桥梁、特长隧道等困难工点，是否涉及既有线施工等情况。

⑥项目的投融资情况。

(2)项目研究重点

项目的重难点分析一般可从以下几方面论述：路网构成、功能定位、运量预测、主要技术标准、运输组织、引入枢纽（地区）方案、线路走向方案和站位选择、不良地质及环境影响、复杂工点（路基、桥梁、隧道）和大型车站建筑工程、引入既有铁路和邻近运营高速铁路施工及过渡工程、拆迁工程、综合开发、施工组织、投资控制等。特别重难点问题，可设立专项科研课题研究解决。

在项目决策阶段（预可研、可研）针对项目提出需要重点研究的问题，如功能定位、运量预测、运营管理方式、重大技术标准、重大不良地质及环境影响。初步设计和施工图阶段，应结合批复意见、借鉴类似项目经验教训及本项目特点提出需要重点研究重大工程方案和措施、重点工程方案，如平原地区以桥带路、无砟轨道选型、四电集成技术、“建桥”合一等。

结合电子工程技术、计算机技术、材料与结构技术、通信技术、现代控制技术等发展，在高铁设计中积极推广应用新技术，如推广智能高铁，实现智能建造、智能装备、智能运维。

(3)新技术推广应用

设计中需要遵循相关的规范、标准、规程，随着科技发展，设计技术需要不断创新，需要结合项目需求，开展科研攻关，提出科学性、创造性、新颖性、实用性的新技术、新材料、新方法，提高勘察设计质量，提升设计水平。如在艰险山区发展航天卫星、航空、无人机遥感及航空物探技术与地面勘探测试相结合的“空—天—地”一体化勘察技术等，以提高勘察效率及质量。为保证工程质量安全，在应用超出技术规划的新技术时，必须通过相关论证和鉴定，获得准入后才能应用，新技术等应用成熟后，可提出纳入相应技术规范。

5. 主要技术标准及其他标准研究

主要技术标准及其他标准研究中，结合项目自然特征、工程条件、运营管理要求等，注重满足运输能力需要，提高运输的经济效益，提出对速度目标值、最大坡度进行重点研究的原则，提出对其他主要技术标准，如最小曲线半径、到发线有效长度等进行一般性研究的原则；研究正线、到发线等采用的轨道类型以及有砟、无砟轨道分界点；根据地质情况、土源运距等研究路桥分界高度；结合外部电源分布，研究牵引变电所、分区所、AT 所分布方案。

6. 主要技术方案比选

主要技术方案比选主要包括：(1)提出接轨方案、线路走向方案及局部方案和涉及环境敏感区路段的方案构成及比选原则。(2)提出枢纽方案构成包括枢纽主要站、主要联络线、引入线间的疏解及进出站线路疏解等;通过对客运站的地位和作用、开行方案、客货运量分布、技术作业站分工、枢纽各区间能力、动车段所分布等方面对枢纽主要站进行分工。(3)提出行政调度区划分、运营组织管理模式等方案比选的原则和方法。

7. 系统设计

综合性的系统设计主要有站前工程与站后工程间接口工程,路桥与路隧间过渡段、边坡等。比如:土石方调配,取弃土(渣)场设计,路桥过渡段设计,桥隧紧密相连段落系统设计,边坡防护与地基处理协调设计,综合管线设计,综合接地设计,电分相设置,桥上设置道岔时防撞墙预留道岔转辙机位置,站后管线过轨及上下桥,电缆槽协调设计,站后设备选址及防洪要求。

8. 风险管理

铁路建设工程风险管理工作遵循"安全第一、预防为主、动态管理、全过程分阶段实施"的原则。结合项目具体情况及不同的设计阶段制定风险管理细则,确定风险控制措施和风险防范注意事项,优化工程措施,尽量避免因征地拆迁、环境污染、水系破坏等问题导致的稳定风险。风险管理全面落实到总体设计和各专业设计中,按照要求编制各阶段风险管理报告。

9. 投资控制

投资控制主要包括:

(1)明确工程范围。在接轨站与其他已批复、拟建项目存在关联的情况下,做好界面划分;与地方项目存在关联情况下的界面划分,如站前广场、立交改路等项目的投资划分。

(2)对投资影响较大的路桥隧分界、土石方综合调配、特殊路基地基处理措施和边坡防护、桥梁基础类型的选择、地层类型划分及桥梁桩基础计算、隧道围岩级别划分、大型站房的建设规模、专业施工方案和总体施工组织方案的协调方面,结合项目具体情况提出针对性措施。

(3)各专业选择适宜的设计标准,准确计算工程数量,明晰专业间接口关系,做到不重不漏。

10. 总 工 期

建设总工期是指从施工准备开始到工程交付运营的全过程所需的时间。设计时应以主要技术标准和方案为基础,根据主要工程内容和分布情况,侧重研究控制工程和重难点工程的施工方案,经施工组织方案比选,合理确定总工期。前期设计阶段建设总工期的确定,应适当留有余地以增强抵御建设风险的能力。

11. 重要过渡工程

对于大型车站过渡工程需要结合线路、站场、路基、桥涵等改造同步考虑信号、接触网、房屋等设备改造,采取安全、适用、经济、可实施性强的方案。

12. 文件及图纸有关规定

按照文件编制办法结合项目情况,将文件组成及章节名称列好,对文件附图的格式及图纸编号做出约定。

2.3 功能定位

高速铁路前期研究工作重点是对项目功能进行准确定位。项目功能定位是指着眼项目在路网、综合运输体系、区域经济发展、城镇化建设中的地位和作用，结合项目在通道客流市场所占份额等合理确定项目属于路网主通道、区域连接线或城际铁路等功能。高速铁路以服务跨区域中长途旅客运输为主，满足沿线大城市之间的旅客快速出行为目标，可适当兼顾沿线城际客流，服务范围为 300 km 以上；城际铁路服务于相邻城市间或城市群，以城市群内中心城市之间及中心城市与沿线城镇之间的中短途通勤、商务客流为主，服务范围一般为 100～300 km；市域铁路服务于中心城经济、人口交流紧密的地区，以及组团城市联系密切的各城镇地区，其服务范围一般为 50～70 km。

在项目功能定位基础上，对研究区域进行网性分析并预测运量，进而综合分析研究必要性，提出主要技术标准、线路走向的初步意见，为立项提供可靠、科学的依据。

准确定位项目在国民经济和铁路网中的作用，研究需要剖析区域路网规划、解读国家及区域发展战略。

(1)高速铁路建设需要对标国家发展战略。铁路是国民经济的大动脉，需要服务于国家经济发展战略的要求。国家每五年进行规划，长三角、珠三角、京津冀、粤港澳大湾区等城市群规划中都对交通有一定的规划，修建高速铁路要遵从服从国家战略、服务沿线经济的原则。

(2)研究项目建设对国防及国土开发等方面的作用。目前我国经济发展程度不一，在一些边远地区修建高速铁路，除了经济带动作用外，还有助于国土开发、国防建设。

(3)项目在区域路网中的作用。在区域路网现状的基础上，结合路网规划，分析本项目在路网中所起的主要作用及承担的客流构成。结合研究年度其他项目的建设，分析研究新的路网构成对本项目的影响，综合分析相关线运输能力，估算合理的运输径路。

(4)根据估算的运输径路确定在研究年度范围内本线在路网中的功能定位，确定项目分流原则。

根据项目所处的地理位置及在国民经济和铁路网中的作用和意义，予以准确定位。

案例：上海至成都(重庆)沿江高速铁路的功能定位分析。

现状成都、重庆至上海主要客运铁路为沪汉蓉铁路。现状通道各段落标准不一，差异较大，中东部线路标准较高，西部线路速度标准较低，如图 2.1 所示。

新建上海至成都(重庆)沿江高速铁路，上海经由南京、合肥、武汉，终至成都、重庆，即由上海至合肥段、武汉至合肥段、汉宜高铁、宜昌至郑万高铁联络线、郑万高铁、渝万高铁、成达万高铁和渝宜高铁等线路组成，形成串联沿江中心城市的时速 350 km 的高铁通路。

从国家发展战略视角分析，本项目是落实“一带一路”倡议、长江经济带发展、长江三角洲区域一体化发展和中部崛起等多重国家战略的重大战略支撑性项目；是践行生态优先、绿色发展，畅通长江经济带上、中、下游血液循环，引领长江经济带高质量发展的旗舰工程。

从经济发展、国土开发视角分析，本项目横亘我国腹心地带，覆盖国土空间最重要的东西轴线，串联成都、重庆、武汉、上海 4 个国家中心城市，联通长江三角洲、长江中游和成渝三

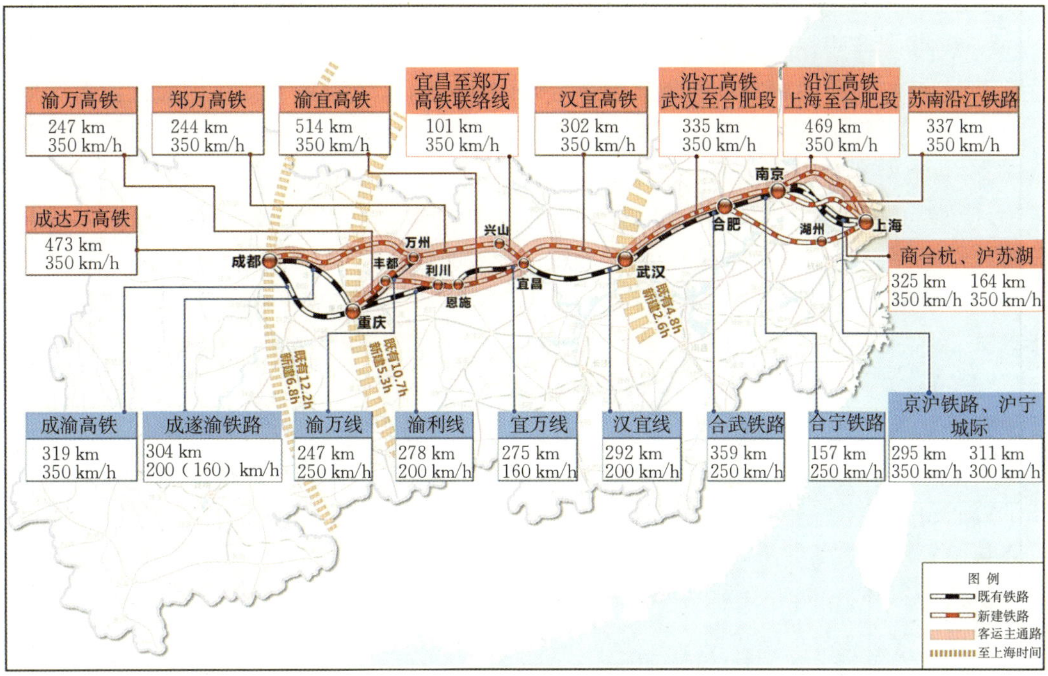

图 2.1 沿江客运通道现状与规划对比示意图

大城市群。项目贯通后，将进一步促进各城市群之间人员交流联系和资源要素流动，起到串珠成链、点石成金的效果，成为长江区域协调发展的运输动脉和强力引擎。

从综合交通视角分析，本项目建成后，成都、重庆至上海全程旅行时间将由目前的12.2 h、10.7 h缩减至6.8 h、5.3 h，能够显著提高铁路客运服务质量和竞争优势，铁路在沿江综合客运通道中的市场份额将由现状平均28%提升至远期的42%，进一步优化调整了通道运输结构，对实现铁路客运提质计划、推动铁路供给侧改革、构建以铁路为主体的沿江综合立体交通走廊和建设交通强国等方面发挥重要作用。从货运方面，沿江高铁建成后，可大幅释放既有沪汉蓉铁路的货运能力，形成与黄金水道功能互补、衔接顺畅的快速大能力铁路货运通道，为源头运输、翻坝运输提供条件，将目前沿江公路运输承担的部分长途货流转移至铁路运输，真正实现为长江"减负"，铁路、公路、水运将更好地发挥各自优势，形成更加绿色、协调、开放的沿江客货运输体系。

从路网功能视角分析，本项目是国家"八纵八横"高铁网之沿江通道的客运主通路，将承担沿江通道东西向大部分中长途客流，补强沿江高铁通道短板，提升沿江通道铁路服务品质。本项目兼具多重路网功能，通过与相邻路网的衔接，各段落将兼顾不同的路网跨线客流和部分城际客流，是以中长途客流为主的长大干线和高速客运网主骨架。沿江经济带城市群如图2.2所示。

综合上述分析，沿江高铁是支撑"一带一路"、长江经济带、长三角、中部崛起等多重国家战略，引领长江经济带高质量发展的重大标志性工程；是高速连通成渝、长江中游、长三角城市群，促进区域经济社会协调发展的黄金运输动脉；是长江经济带综合立体交通走廊的骨干生态工程；是国家"八纵八横"高铁主骨架之沿江通道的客运主通路，是兼顾多重路网功能的

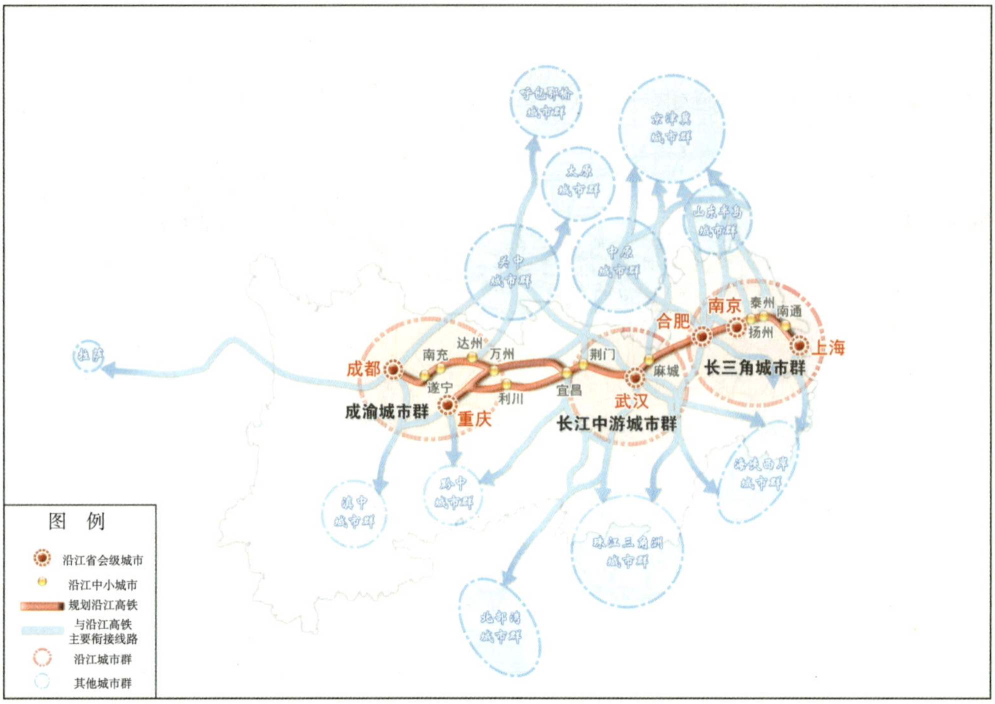

图 2.2 沿江经济带城市群

高铁路网脊梁，主要承担沿江通道中长途客流，兼顾部分路网跨线客流和城际客流。沿江高铁是以路网功能为主的高铁骨干线路。

项目在路网中的功能定位确定后，进一步研究提出通道内相关线的分工和分流原则。研究年度，通道路网格局将由现状的客货单一通路提质升级为客货双重通路，形成全贯通、高质量、多层次的长江绿色运输动脉，满足国家战略发展要求和长江经济带高质量发展需求。

2.4 主要技术标准

2.4.1 主要技术标准内容

高速铁路主要技术标准应根据其在铁路网中的作用、沿线地形、地质条件、输送能力和运输需求等，在设计中按系统优化的原则经综合比选确定。根据《高速铁路设计规范》(TB 10621—2014)，高速铁路应包含下列十项主要技术标准：

- 铁路等级；
- 设计速度；
- 正线数目；
- 正线线间距；
- 最小平面曲线半径；
- 最大坡度；

• 到发线有效长度；
• 列车运行控制方式；
• 调度指挥方式；
• 最小行车间隔。

铁路等级根据铁路在路网中的作用、性质、设计速度和客运量等确定。

设计速度是高速铁路的核心技术指标，直接关系路网功能作用、建设运营成本和运营效率效益等。

正线数目一般为双线，高速铁路列车开行方式要求高密度、安全、准时、快速，这一特点要求正线数目一般为双线。

正线线间距、最小平面曲线半径、最大坡度和到发线有效长度等与设计线路的具体情况关系密切。需要根据设计速度、运输需求、自然与技术条件、远期发展条件等因素经综合技术经济比选后确定。

高速铁路由于速度快，列车运行控制方式需采用自动控制；调度指挥方式采用集中控制系统；最小行车间隔与运输能力密切相关，故三项内容均作为主要技术标准。

主要技术标准选用应做到安全适用，经济合理，避免低等级线路在标准选用、设备配置上向高等级铁路看齐。

2.4.2 设计速度

设计速度是高速铁路的核心技术指标，直接关系高铁路网功能作用、建设运营成本和网络运营效率效益。速度目标值是确定工程规模、设计标准、动车组选型、信号设备的主要依据。不仅决定了将来列车可能实现的最高运行速度，同时也直接影响着项目投资。需要结合项目的功能定位，从服务客流特点、满足时间目标值要求、工程投资等方面综合比选确定。

1. 设计速度确定基本原则

设计速度（速度目标值）的选择既要具有一定的先进性，又要技术上可行；既要着眼于长远发展，又要适度可行、经济合理；既要考虑发挥高速铁路的优势，在路网中起到骨干作用，又要与其他交通方式分工合作，形成匹配的综合运输体系。

(1)把握通道功能定位。统筹考虑高铁通道在国家发展大局、区域战略格局、城镇产业布局、人口要素集聚等方面的辐射带动作用，速度目标值要与通道功能定位相适应。

(2)突出路网协调匹配。统筹考虑高铁通道及关联径路已投产及在建项目情况，从有利于成段成网、发挥优势、提高效率效益角度，协调匹配选取通道剩余段落标准。

(3)符合客流组织特点。遵循高铁运输客观规律，速度目标值选取与通道客流特点、强度、构成及运输径路、客流组织等相符合，更好发挥高铁比较优势和网络效能。

(4)注重技术经济可行。统筹考虑线路沿线地质地形等工程条件，确保技术可行、安全可靠；从建设、运营等全寿命周期成本进行技术经济比选，提高投入产出效益，确保经济适用。

根据上述原则，结合既有高铁建设运营实践经验，规划高速铁路网中高铁主通道、区域连接线、城际铁路项目的速度目标值一般按以下标准界定，地形地质及气候条件复杂困难地区可以因地制宜、适当降低标准。

(1)高铁主通道项目。沿线人口城镇稠密、经济较发达、长距离客流比重大、贯通省会及特大城市、通道战略地位作用突出的主通道高铁项目采用时速 350 km 标准；主要连接地市级城市、中短途客流比例大、路网作用稍次的高铁项目可考虑采用时速 250～300 km 标准。

(2)区域连接线项目。对于具备一定路网功能、连接高标准高铁主通道的项目，可考虑采用时速 300～350 km 标准；其他原则采用时速 250 km 及以下标准。

(3)对于兼具路网功能的城际铁路，按照具备开行长途动车组要求选择主要技术标准，建设方案、建设模式要保证路网统一调度指挥，发挥路网整体效益；对于非路网功能的城际铁路，原则采用不高于时速 200 km 标准。

2. 速度目标值选择研究方法

(1)根据功能定位及客流特征，分析本线承担的长途流、城际流及沿线客流的比重。长途流比重大，宜选择较高的速度目标值，站间距离可以适当加大；城际流占比大的，宜考虑较低的速度目标值，站间距离可以适当减小。

(2)确定时间目标值。将本项目置于综合交通运输体系中，确定适宜的时间目标值。统筹分析区域大的经济据点间航空、既有铁路、高速公路的旅行时间。研究各种时间目标值条件下本线的旅行时间，并与既有交通方式进行比较，得出本线大点间时间目标值要求，从而推算出速度目标值要求。

(3)与路网相邻高速铁路适应性分析。考虑铁路网的因素及与本线连接的铁路的标准，选择与相邻线路匹配的速度目标值。

(4)采用经济比较方法。针对不同的速度目标值采取的主要技术参数，做出各速度目标值工程方案，进行方案比选。从运行时分、工程投资、财务内部收益率等各个指标进行综合分析。

案例 1：上海至成都(重庆)沿江高铁速度目标值选择分析。

沿江高铁是国家“八纵八横”高铁主骨架之沿江通道的客运主通路，是兼顾多重路网功能的高铁路网脊梁，主要承担沿江通道中长途客流，兼顾部分路网跨线客流和城际客流。

(1)时间目标值要求

①相关规划对时间目标值的要求

《推动长江经济带沿江高铁通道建设实施方案》提出“规划沿江高铁通道全线贯通后，成都、重庆至上海全程旅行时间将由目前的 12.2、10.7 小时缩减至 6.8、5.3 小时…，成都、重庆至武汉的旅行时间将由目前的 7.5、5.9 小时缩减至 4.3、2.7 小时，武汉至上海旅行时间将由目前的 4.8 小时缩减至 2.6 小时”。

②在综合交通运输体系中具有竞争力的时间目标值要求

结合相关规划发展目标，并充分发挥高速铁路在综合交通体系中的竞争优势，上海至成都、重庆的时间目标值宜小于 7.0 h、6.0 h，考虑各大城市间的运输距离，上海至武汉时间目标值宜小于 3.0 h，上海至南京间时间目标值宜小于 1.5 h，南京至合肥间时间目标值宜小于 0.5 h，合肥至武汉间时间目标值宜控制在 1.5 h，武汉至成都间时间目标值宜小于 4.0 h，武汉至重庆间时间目标值宜小于 3.0 h。

(2)速度目标值方案

①满足时间目标值方案

上海至成都、重庆间运营长度约 1 980 km、1 796 km，时间目标值小于 7.0 h、6.0 h，平均旅行速度大于 285 km/h、295 km/h，考虑合理的旅速系数，速度目标值应为 300 km/h 及以上。

②符合项目功能定位的速度目标值方案

考虑的项目功能定位，本线应采用 350 km/h 的速度目标值。

③与相关路网协调一致的速度目标值

通道已有沪汉蓉铁路，标准以时速 200～250 km 为主(部分段落时速 160 km)。本线作为沿江通道的客运主通路，宜与既有线错位发展，尽可能采用高标准建设，缩短全线旅行时间。速度目标值方案主要考虑 300 km/h、350 km/h 两方案。

(3)速度目标值方案比选

从与时间目标值的适应性分析、速度目标值方案技术经济比较两方面进行比选得出，350 km/h 方案较 300 km/h 方案投资增加 3%～4%，上海至成都、重庆节省时间约 56 min、50 min。国铁集团在项目经济评价中，对于行车速度 350 km/h 和行车速度 300 km/h 的运营成本采用同一标准。实际运营成本中设备购置、发送服务、列车运行维护、线路运转成本相差无几，主要差别在牵引用电方面。经测算沿江高铁行车速度 350 km/h 时，用电指标为 6.3 万 kWh/百万人公里；行车速度 300 km/h 时，用电指标为 5.0 万 kWh/百万人公里。根据国铁集团在项目经济评价中给出的运营成本由有关成本和无关成本组成，结合沿江高铁近、远期周转量，折算得到运营成本为 2 100～2 300 元/万人公里。由此可知，行车速度 350 km/h较 300 km/h 由于牵引用电增加运营成本 5%～6%。考虑到更高速度可节约时间成本，利于吸引客流，从经济社会效益综合分析，350 km/h 方案更优。

(4)速度目标值推荐意见

综合分析，采用 350 km/h 速度目标值，符合项目路网功能定位及客流特征，满足上海至成都、重庆旅行时间小于 7.0 h、6.0 h 的规划目标，与区域路网匹配性好，利于充分发挥高速客运网整体效益；投资较 300 km/h 增加约 5%，运行时间节省明显，经济效益更优，具有较强市场竞争力。因此，推荐本线采用 350 km/h 速度目标值。

案例 2：牡丹江至佳木斯铁路速度目标值选择分析。

牡丹江—佳木斯间既有线铁路运营长度为 332 km，运行时间最短的客车耗时 6 h 34 min，旅行速度为 50.6 km/h，运行时间最长的列车达到 8 h 5 min，旅行速度为 41.1 km/h。牡丹江—佳木斯间公路全长约 390 km，全程耗时 4.5～5 h。因此，目前牡佳间客运市场铁路与公路相比处于劣势，铁路要占有更多的市场份额，必须在旅行时间上具有一定的优势。

近年来新建的客运专线项目，设计速度大多在 200 km/h 以上，200～350 km/h 不同速度目标值下的牡佳客专运行时分见表 2.1。

表 2.1 不同速度目标值运行时分表　　单位：min

区段	速度目标值			
	200 km/h	250 km/h	300 km/h	350 km/h
牡丹江—佳木斯	120	100	85	75

由表 2.1 可见，牡佳客专采用 200 km/h 及以上的速度目标值，运行时间在 120 min 以内，考虑列车停站时分等，旅行时间约 2.5 h，较公路具有比较优势。

从项目的功能定位分析，本线是沈阳至佳木斯快速铁路通道的一部分，是京哈通道以东，东北地区东部快速铁路网的重要骨干。区域路网以哈大客专为最主要的快速客运通道，哈大客专自沈阳、长春、哈尔滨等节点城市后，客流沿相邻线成放射状分散开，离哈大客专越远，客流吸引范围逐渐减小，吸引区的人口密度逐步降低，相邻线的技术标准也随之降低。除盘营客专、朝盘客专作为秦沈、京沈与哈大客专之间的联络线，速度目标值为 350 km/h 外，其余相邻的哈齐客专、哈牡客专、哈佳铁路及敦白客专线路速度目标值在 200～250 km/h 之间。

本线客运量与哈大客专相比有明显的下降，采用 250 km/h 以上速度目标值，标准偏高。参考沈丹客专、长吉城际、吉图珲客专、哈牡客专等项目，采用 200～250 km/h 较为合适。

目前沈佳通道内敦白客专推荐的速度目标值是 250 km/h，从通道技术标准一致性考虑，本线采用 250 km/h 速度目标值，与其在路网中的功能定位相符合，与相邻线技术标准相协调，既具有较好的技术经济性，又具备较强的市场竞争力。因此，推荐采用 250 km/h 速度目标值。

2.4.3 其他主要技术标准

(1)铁路等级涉及铁路的运输性质，可为高速铁路、城际铁路或客运专线。

(2)正线数目为双线，高速铁路一般修建在具有较大客运量的地区，列车开行方式要求高密度、安全、准时、快速，这一开行特点必然要求正线数目为双线。

(3)正线线间距是指相邻两股道线路中心线之间的最小距离。最小线间距与交会列车相邻侧壁净间距和最高运行速度相关：线间距小，它的会车压力波增大，对机车车辆的设计和制造提出了很高的要求，但可以节省土建工程投资；线间距加大，虽然对机车车辆的气密性、门窗等设计要求相对降低，但土建投资较高。

我国高速铁路正线线间距为：设计行车速度 250 km/h 的高速铁路采用 4.6 m，设计行车速度 300 km/h 的高速铁路采用 4.8 m，设计行车速度 350 km/h 的高速铁路采用 5.0 m。

(4)最小曲线半径是线路主要技术标准之一。它与铁路运输模式、速度目标值、旅客乘坐舒适性和列车运行平稳性有关。影响最小曲线半径的因素如下：

①高、低速列车共线运行时，最小曲线半径要满足高速(速度目标值)、低速(一般按照不低于 160 km/h)的要求。

②最大设计超高，取决于列车在曲线上停车时的安全、稳定和旅客乘坐舒适度要求。无砟轨道最大设计超高值可为 175 mm，有砟轨道最大设计超高值为 150 mm，困难条件下可为 170 mm。

③欠、过超高允许值，在高速铁路上主要取决于旅客乘坐舒适度要求。其取值：优秀为 40 mm，良好为 60 mm，一般为 90 mm。

根据高速铁路的速度目标值、低速旅客列车速度与实设超高及欠、过超高允许值计算最小曲线半径。平面最小曲线半径见表 2.2。

表 2.2 平面最小曲线半径表 单位：m

设计速度/(km・h^{-1})		350	300	250
有砟轨道	一　般	7 000	5 000	3 500
	困　难	6 000	4 500	3 000

续上表

设计速度/(km·h^{-1})		350	300	250
无砟轨道	一　般	7 000	5 000	3 200
	困　难	5 500	4 000	2 800

引入枢纽地段可根据客流特征及地形、地物等限制条件，按行车速度曲线选用相应的标准。

(5)最大坡度标准对线路的走向、长度、工程投资、运营费用、牵引重量及输送能力都有较大的影响。高速铁路采用大功率、轻型动车组，牵引和制动性能优良，能适应大坡道运行。

从我国高速动车组技术条件看，动车组具有优良的牵引特性，CRH3 动车组在定员载荷下，当动车组失去 25%动力时，仍可以在 30‰坡道上起动。我国目前使用的铁路主要大型养路机械作业条件及技术性能要求的线路最大坡度为 33‰。

线路最大坡度一般不宜大于 20‰，困难条件下经技术经济比较后不应大于 30‰。

(6)到发线有效长度除满足列车长度要求外，还需要考虑安全防护距离，由站台长度、安全防护距离、警冲标至绝缘节的距离组成。

①站台长度：8 辆编组时，动车组列车总长度最长为 214 m；16 辆编组时，长度为 428 m。考虑停车余量，到发线有效停车长度为 450 m。根据最大编组要求，16 辆编组时站台长度为 450 m。

②安全防护距离：考虑测速测距误差、司机确认停车点距离及动车组过走防护距离，确定安全防护距离大于等于 95 m。

③警冲标至绝缘节的距离：动车组第一轮对距离车头最长为 4.85 m，确定警冲标至绝缘节的距离为 5 m。

16 辆编组时到发线有效长计算为 650 m。

(7)列车运行控制方式采用自动控制。当设计速度为 300 km/h 及以上时应采用 CTCS-3 级列控系统；当设计速度为 250 km/h 时宜采用 CTCS-3 级列控系统，根据需要也可采用 CTCS-2 级列控系统。

CTCS-3 级列控系统地面设备包括临时限速服务器、无线闭塞中心、列车运行控制中心、轨道电路、应答器和地面电子单元、铁路数字移动通信系统通信接口设备以及相关网络设备；CTCS-2 级列控系统地面设备包括临时限速服务器、列车运行控制中心、轨道电路、应答器和地面电子单元以及相关网络设备。

(8)调度指挥方式采用调度集中。调度集中系统包括调度所子系统、车站子系统、网络子系统和相关终端设备。

(9)最小行车间隔，是指运行列车组两列车可以在同一区间内运行，且运行过程相互不受干扰的最小时间间隔。需要根据动车组牵引制动性能、列车运行控制方式和车站咽喉区布置等情况计算确定。

2.5 综合选线

选线是铁路设计中最根本、最重要的工作，是影响全局的总体性工作。线路选线的质量将直接关系到铁路工程建设的可靠性、安全性、技术可行性和经济合理性及社会接纳性，关系到铁路和地方经济社会的发展。

所谓综合选线，是指综合考虑经济、规划、环保、地质、工程等方面的因素开展选线工作，同时考虑综合开发、安全等因素。

2.5.1 综合选线设计的主要工作和基本方法

1. 不同阶段选线设计的主要工作

选线设计是逐步递进、逐渐深入的过程。

中长期铁路网规划、区域铁路网规划阶段，在全国范围或局部区域，根据经济、政治和国防需要，本着有利于资源开发和生产配置、综合运输、适应客运流需要等原则，进行铁路网规划阶段的网状经济选线。

预可行性研究阶段，对已经确定接轨区域的新建铁路进行线性经济选线。通过研究各方案经由地区的经济、人口、资源、交通条件等，提出经济社会效益较好的方案，并解决线路走向、接轨位置、建设规模等重点问题。

可行性研究和初步设计阶段，对经济选线推荐方案沿线的重要城镇和经济社会发展及规划情况、资源分布和开发情况以及交通运输等经济特征和社会条件，对地形、地质、水文、气象等自然条件，开展详细调查的研究，收集必要的资料，并进行必要的勘测和勘探工作。综合考虑经济、社会、工程、地质、环保、规划、资源、运输效率与效益等各项因素，开展规划、环保、地质、工程等方面的综合选线。

2. 选线设计基本方法

铁路选线设计是一项涉及面很广、政策性很强的综合性工作，应遵循“由面到线、以点带线、依法合规、安全第一、资源共享”的基本方法。

(1)由面到线。铁路选线规划应服从国家战略需要，服从国民经济发展需要，从运输结构合理出发，考虑铁路建设与沿线经济社会发展的关系、近期与远期的关系，统筹考虑铁路与公路、水运、空运、管道等运输方式的合理衔接和协调发展，树立大交通理念。铁路与城市规划应有机配合，与地形、地质、水文等自然条件相适应，开展大面积选线和多方案比选，确定合理的线路走向方案。

(2)以点带线。通过研究各方案经由地区经济、产业、社会、交通、人口等方面的因素，提出综合效益较好的方案，并根据经济据点及接轨位置，确定线路走向方案。区间线路应力求短、顺、直，以缩短线路长度，节省工程投资，减少旅行时间。

(3)依法合规。铁路选线应符合相关法律法规及政策的要求。尽量避免破坏或影响自然保护区、风景名胜区、森林公园、地质公园、世界遗产、水源保护区、文物等。线路经过以上区域时应尽量绕避，不得在上述区域范围内设置车站、取弃土场和施工场地。

(4)安全第一。高速铁路具有高安全性、高稳定性、高平顺性的特点，铁路选线必须遵循安全第一、预防为主、综合治理的方针。对于可能危及高速铁路运行安全的设施，如易燃易爆危险品仓库、采石场等，优先考虑绕避，确实无法绕避时应考虑拆迁或者功能调整；对于采空区、不良地质区域等原则上应予以绕避，实在无法绕避时应采取安全可靠的工程措施。

(5)资源共享。铁路选线应充分利用既有廊道资源，如和线路走向基本一致的既有铁路、高速公路、高压电力线、重要地下管线等设施，特别是线路引入城市地区，更要充分利用既有交通走廊，以减少对城市的分割，节约土地资源。沿既有铁路走廊，高速铁路可考虑与既有车站并站，充分利用既有设施和资源，极大地方便旅客乘降，提高服务质量，充分体现以人为本、服务运输的设计理念。

2.5.2 综合选线原则

1. 经济选线

高速铁路选线应着重研究国民经济发展水平和各地区的经济联系，综合分析沿线人口、资源、工农业发展水平及交通运输条件等因素，以经济和社会效益最大化为原则，从有利于促进地方经济发展、有利于沿线综合开发、有利于增强项目客流吸引能力等角度，合理确定线路走向和车站分布方案。

影响经济选线的因素主要可以概括为以下几点：

(1)社会经济发展水平

社会经济的发展阶段和水平决定了铁路运输的发展规模，而铁路基础设施的发展水平对社会经济的发展有着重要的影响。也就是说铁路作为重要的交通基础设施，其发展的目标是为了改善运输环境和质量，最终满足社会经济发展的交通运输需求，经济发展水平越高，就越需要发达的铁路网络满足区域间大规模、高速度的客流运输，随着社会经济发展的不断进步，铁路网也应随之发展。因此研究铁路线网的建设规模，必须要从国民经济和社会发展的目标入手，分析经济社会发展趋势，研究与之适应的铁路建设水平及特征。

高速铁路与社会经济发展是相辅相成的，社会经济发展水平支撑高速铁路建设，高速铁路也能够有效带动区域经济增长。世界银行在《中国高铁区域经济影响分析》研究中，选取京沪高铁途经的济南市、德州市以及长吉城际铁路途经的吉林市作为对象，研究高速铁路的集聚效应对生产率和GDP的贡献。通过计算，京沪高铁对济南和德州的GDP贡献分别为0.55%和1.03%，长吉城际铁路对吉林市的GDP贡献为0.64%。

(2)交通运输需求

运输需求是铁路发展最直接的影响因素。运输需求是指在一定时期和价格水平下社会经济发展在货物与旅客空间位移方面有支付能力的需求。交通基础设施是运输需求得以实现的保障，而且运输需求与交通基础设施的增长之间存在动态的相互适应过程。由于交通基础设施的建设周期一般较长，并且运输供给能力往往随着其投入使用而呈现跳跃性增长，而运输需求则基本与经济社会水平同步发展，呈现线性连续性增长态势，因此交通基础设施的建设必须适度超前，从而避免对整个社会经济大系统正常运转的制约。

(3)产业结构及布局

区域的产业结构及其布局也是影响铁路基础设施发展的重要因素。区域产业结构与交通基础设施建设相互促进。铁路基础设施的建设可以促进产业的快速发展，为交通运输、工农业、制造加工业等提供铁路运输条件；而产业的发展反过来也要求有更大规模以及更高质量的铁路基础设施支持。

(4)人口及居民收入状况

铁路的发展水平首先要满足人们的长距离出行和货物的快速运输。如果区域的人口密度大，居民点多且分散，则需要的铁路线网规模就大；收入水平也决定着铁路线网的建设规模，收入水平高，对出行的舒适性以及货物运输的时间要求就高，就需要更高的铁路建设规模与标准与之相适应。

(5)自然环境及土地资源

自然条件对铁路建设的影响极大，在高原、山地、沼泽、沙漠等环境恶劣地区，铁路建设会受到极大限制；另外，一个国家的国土面积也对铁路网的发展规模有很大的约束，在地区线网密度达到一定水平后，如果再增加线网规模，无论从线网效率还是国土资源的利用等角度来说都是不经济的。因此，铁路建设规模有一个发展的上限。

案例：京沪高铁天津至济南段线路方案分析。

以京沪高铁天津至济南段线路方案为例，针对临邑方案和德州方案，做了多次研究和方案比选。天津至济南段线路方案示意如图 2.3 所示。

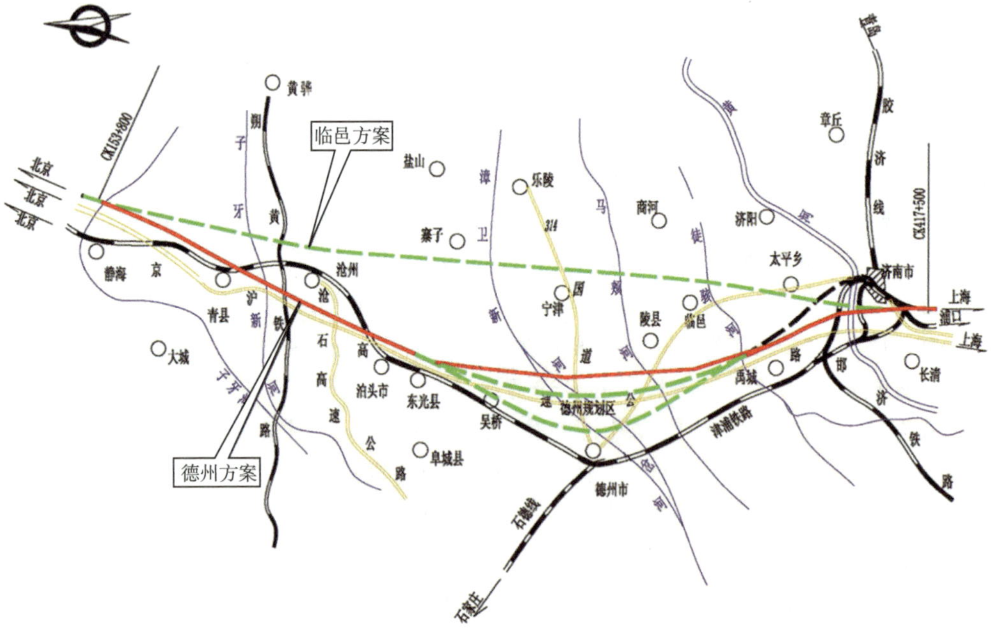

图 2.3 天津至济南段线路方案示意图

经临邑方案线路顺直，平面条件好，线路较德州方案短 16.98 km，减少列车运行时间 4.2 min，工程投资节省 12.5 亿元，但该方案不经德州市，不利于德州市经济发展和综合开发，也不利于吸引德州市及以西地区客流，预测远期将减少客流 510 万人(单向)。从经济选线角度看，德州方案更为合理，推荐采用德州方案。

2. 规划选线

规划选线，就是线路走向和站点选择与城市规划有机衔接的过程。主要包括两大方面，即：研究铁路车站与城市规划的有机衔接；线路走向选择和工程结构物的优化，减少对城市规划的影响。综合考虑与协调两者之间的关系，对铁路做出整体规划，完成线路选择。

规划选线主要原则与思路如下：

(1)应与城市总体规划密切配合。新建铁路走向和站位选择应在城市总体规划的基础上开展研究,确保与城市总体规划相协调。

①站点选择要结合项目的功能定位(客运、货运)开展研究,站位选择应尽可能靠近现状及规划的客运集散地,且交通接驳方便的地段,有利于提高铁路的客运吸引能力,提高铁路的经济效益;应尽可能与城市交通规划相协调,避免引起巨大的城市配套工程,降低全社会投资成本。

②区间线路走向应尽可能顺直,提高铁路的技术标准;应减少对城市规划的影响,如沿既有铁路或交通走廊敷设,降低对城市的分割,并避免重大拆迁;应选择地形地质条件较好的地段,避免引起重大结构工程,方便铁路施工,确保铁路运营安全,降低铁路工程投资。

(2)应节约土地资源,有利于城市建设和发展。铁路规划选线应贯彻"十分珍惜、合理利用土地和切实保护耕地"的基本国策,坚持依法用地、科学用地、合理用地和节约用地的原则,力求与城市用地规划相协调,在满足铁路建设、运营和发展需要的条件下,尽量节约用地,实现铁路建设和城市的同步良好发展。通过优化站场布局、充分利用地下空间、发展立体化交通枢纽、区间线路可选择高架桥和隧道等形式,可以有效节约土地资源。

(3)应满足环境保护等方面的有关要求。应详细收集沿线环境敏感点,开展环保选线,按照环境保护法的有关要求,躲避各类环境敏感点,满足环境保护要求,并对拟订方案开展环境评价,提出环境保护措施及其费用,纳入规划选线方案评价中。

(4)应按照综合运输的理念,做好相关交通方式的接驳,方便客运集疏。包括与城市轨道交通的衔接、与区域城际铁路的衔接、与城市道路交通的接驳等,以及与其他运输方式的结合。

(5)铁路规划选线应适应当前需求,留有长远发展条件。若交通基础设施建设滞后于经济发展,则会阻碍经济的进一步持续稳定发展;反之,若过分超前,则会降低投资效益,造成投资成本损失。因此,铁路规划和选址既不能滞后于交通需求,也不能过度超前。即在满足服务区域内社会经济发展对运输需求的同时要充分考虑未来的发展,为未来留有发展的余地。

(6)重视现有设施的利用改造,节约建设投资。随着交通运输业的发展,城市土地资源有限性与交通需求间的矛盾日益突出。铁路规划选线经由的城市有既有铁路和车站时,应考虑充分利用既有铁路设施可能性,研究引入既有站的可行性和经济合理性,集约设备和管理资源,节约项目建设成本。

(7)贯彻综合开发理念

铁路设计的总体目标是以较低的投资实现所要求的运输能力,同时实现效益的最大化。除铁路运输效益和国民经济效益外,铁路综合开发将成为提升高速铁路效益的重要手段。铁路用地综合开发,既是对铁路交通基础设施建设和投融资体制改革的支持,也是转换土地利用方式,促进节约集约用地和强化市场机制配置土地资产改革。

结合 TOD 理念做好铁路规划选线是一项重要工作。铁路站点将成为城市空间新的增长点,这已经为许多铁路车站建设和运营所证明。因此,如何使 TOD 理念下的城市周边发展更好、社会效益更大,已经成为铁路规划选线尤其是客运站选址的重点之一。在长昆铁路客运专线湘潭北站的选址过程中，湘潭市规划部门高度重视，依据铁路线路大走向，结合城市规划和站点周边 TOD 开发，开展了专题研究，提出了 TOD 开发效益最佳的线站位方案，并获得了批准，取得良好效果。随后，娄底市政府吸取湘潭市的经验，对娄底南站周边围绕铁路站点开展了站区综合规划研究，优化了站点周边的城市规划，目前车站周边城市交通配套建设良好，周边地块规划和建设形势喜人。珠三角城际铁路为提高铁路的经济效益及拓展铁路筹融资渠道，也对部分线路开展了 TOD 理念下的城际铁路站点规划选址研究工作，取得了比较良好的规划选线开端。TOD 理念下的铁路站点规划选址工作，应围绕铁路线路宏观走向，结合城市规划，选择适宜的站点开展 TOD 开发方案研究，通过不同选址方案的 TOD 开发收益及铁路车站选址与走向方案的综合比选，获取最佳选址方案。

案例：济青高铁引入青岛枢纽方案分析。

济青高铁引入青岛枢纽方案研究过程较好体现了规划选线主要原则与思路，主要从城市总体规划、枢纽总图规划及综合交通规划方面研究比选引入枢纽方案。

(1)城市总体规划

以胶州湾为核心，建设功能互补、相互依托、各具特色的东岸、西岸、北岸三大城区，形成青岛的核心区域，如图 2.4 所示。东岸老城区重点彰显百年青岛历史文化特色，着力加快城区改造提质和内涵式发展。西岸城区重点加快城区扩容，打造海洋经济特色鲜明的新区。北岸城区重点整合周边区域，合理确定城区规模、开发强度和开发时序，高水平打造科技型、生态型、人文型新城区。

图 2.4 青岛市市域空间总体规划(2011～2020 年)

(2)枢纽总图规划

青岛铁路枢纽构筑以青岛为中心，辐射山东半岛蓝色经济区及全国的铁路网体系，枢纽内在青岛和青岛北为主要客运站的两站格局，新增红岛为枢纽第三客运站。青岛铁路枢纽总平面布置如图 2.5 所示。

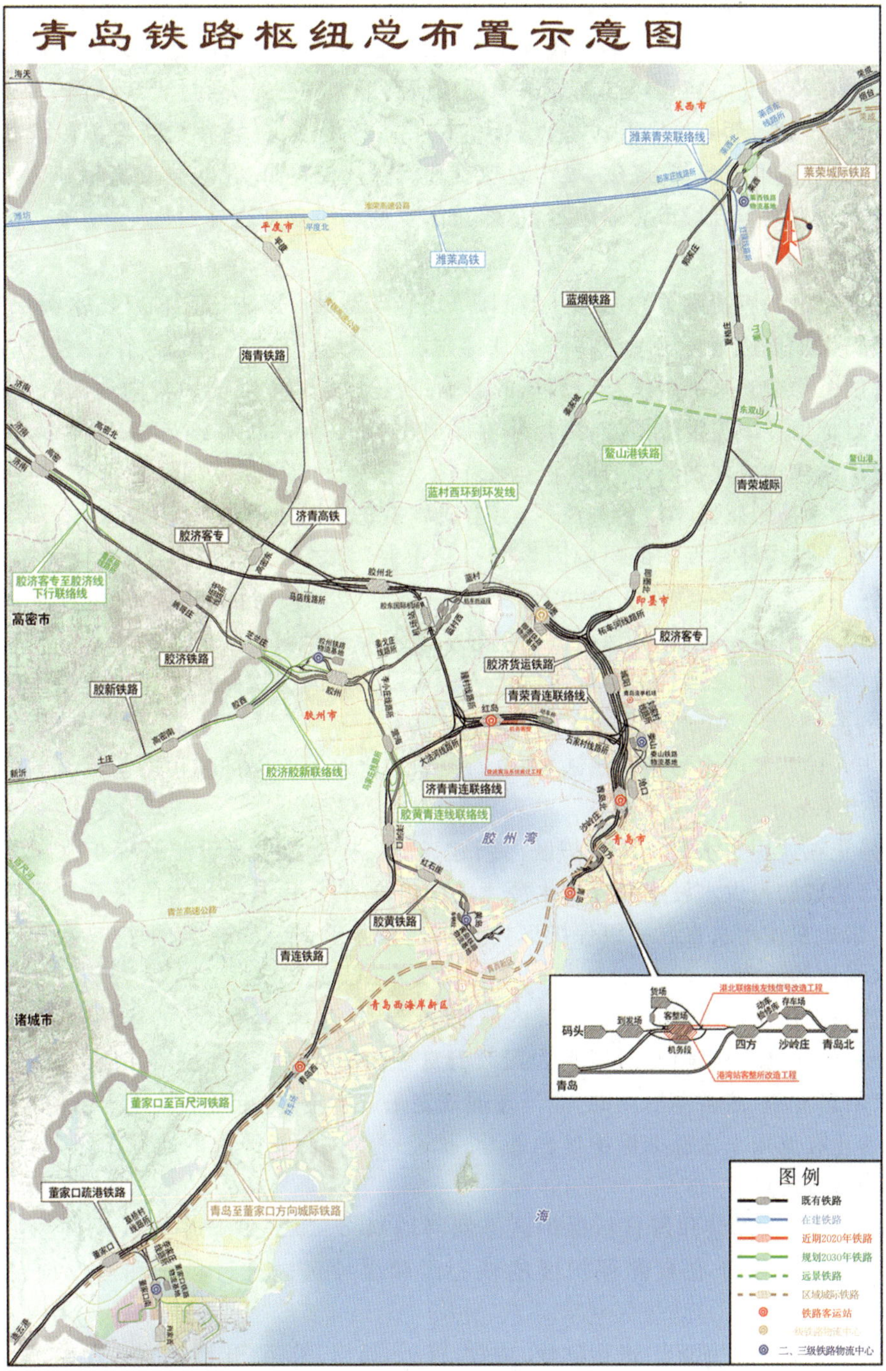

图 2.5 青岛铁路枢纽总平面布置图

(3)综合交通规划

构筑与城市空间发展战略和城市功能相匹配的、海陆空一体、地上地下有机结合的立体交通体系,提供高效、便捷、舒适、安全、环保的交通服务。青岛民航机场定位为华东机场群区域枢纽机场之一,面向日韩的门户机场。预计 2045 年航空流量建议值为 6 000 万~7 000 万人次。加快推进在胶州东部建设新机场,并结合新机场选址规划临空经济区。

济青高速铁路自枢纽西北端经胶州北站、胶东国际机场引入红岛站方案,济青高铁、胶济客专均可在胶州北站实现经红岛或城阳两条通路进入青岛站,通过青连铁路、青荣城际铁路串联东岸老城区、西海岸和北岸城区,促进三城联动发展;机场站与新建国际机场航站楼一体化设计,打造形成机场、高铁、城市轨道交通、高速公路一体化综合交通枢纽。济青高铁引入青岛枢纽方案契合城市总体规划、枢纽总图规划和综合交通规划。

3. 环保选线

高速铁路选线应特别关注生态环境问题,绕避自然保护区、风景名胜区、水源保护区、国家重点文物保护单位等环境敏感区。必须穿越环境敏感区时,应符合法律、法规规定,同时采取合理的工程措施来减缓铁路对环境的影响;通过城市地段或居民集中地区时,应采用适宜的速度目标值和减振降噪措施,满足环境保护要求。

环保选线应达成保护及高效利用土地资源、保护野生动物资源、保护植被、控制水土流失、保护特殊生态敏感区和社会关注区、与沿线城镇发展规划相协调等目标。

在铁路选线中环境保护的影响因素越来越重要,与之相关的法律、法规也越来越完善,主要包括《中华人民共和国水污染防治法》《饮用水水源保护区污染防治管理规定》《水污染防治法》《中华人民共和国自然保护区条例》《关于涉及自然保护区的开发建设项目环境管理工作有关问题的通知》《风景名胜区条例》《中华人民共和国文物保护法》《中华人民共和国水土保持法》。

《中华人民共和国水污染防治法》中针对与饮用水水源的保护和污染防治有关的各种建筑项目作出了规定:

(1)禁止在饮用水水源一级保护区内新建、改建、扩建与供水设施和保护水源无关的建设项目;已建成的与供水设施和保护水源无关的建设项目,由县级以上人民政府责令拆除或者关闭。禁止在饮用水水源一级保护区内从事网箱养殖、旅游、游泳、垂钓或者其他可能污染饮用水水体的活动。

(2)禁止在饮用水水源二级保护区内新建、改建、扩建排放污染物的建设项目;已建成的排放污染物的建设项目,由县级以上人民政府责令拆除或者关闭。在饮用水水源二级保护区内从事网箱养殖、旅游等活动的,应当按照规定采取措施,防止污染饮用水水体。

(3)禁止在饮用水水源准保护区内新建、扩建对水体污染严重的建设项目;改建建设项目,不得增加排污量。

又如,《中华人民共和国自然保护区条例》(1994 年 10 月 9 日中华人民共和国国务院令第 167 号发布)关于在自然保护区的核心区和缓冲区内进行科研和建设项目的各种安排。

(4)禁止在自然保护区内进行砍伐、放牧、狩猎、捕捞、采药、开垦、烧荒、开矿、采石、挖沙等活动;但是,法律、行政法规另有规定的除外。

(5)禁止任何人进入自然保护区的核心区。因科学研究的需要,必须进入核心区从事科学研究观测、调查活动的,应当事先向自然保护区管理机构提交申请和活动计划,并经省级以上人民政府有关自然保护区行政主管部门批准;其中,进入国家级自然保护区核心区的,必须经国务院有关自然保护区行政主管部门批准。

(6)在自然保护区的核心区和缓冲区内,不得建设任何生产设施。在自然保护区的实验区内,不得建设污染环境、破坏资源或者景观的生产设施;建设其他项目,其污染物排放不得超过国家和地方规定的污染物排放标准。在自然保护区的外围保护地带建设的项目,不得损害自然保护区的环境质量。

铁路环保选线要点包括:

(1)现场踏勘与资料收集

在工程现场踏勘与资料收集的基础上,重点开展环境敏感区调查与水土流失重点预防区和重点治理区分布情况调查,同时收集沿线城镇发展规划等相关资料,掌握控制线路走向的环境制约条件。

(2)尽量绕避环境敏感区

工程选线、选址应符合国家和地方有关法律法规,以环保优先为原则,应特别重视环境敏感区的保护,工程应合理选择速度目标值,充分利用曲线半径等技术条件,绕避自然保护区、风景名胜区、饮用水源保护区、重点文物保护单位等环境敏感区。

案例:北京至沈阳高速铁路绕避四座楼自然保护区线路方案分析。

京沈高铁结合四座楼自然保护区的位置和地形条件研究了四座楼自然保护区取直方案和绕避四座楼自然保护区方案。四座楼自然保护区线路方案如图 2.6 所示。

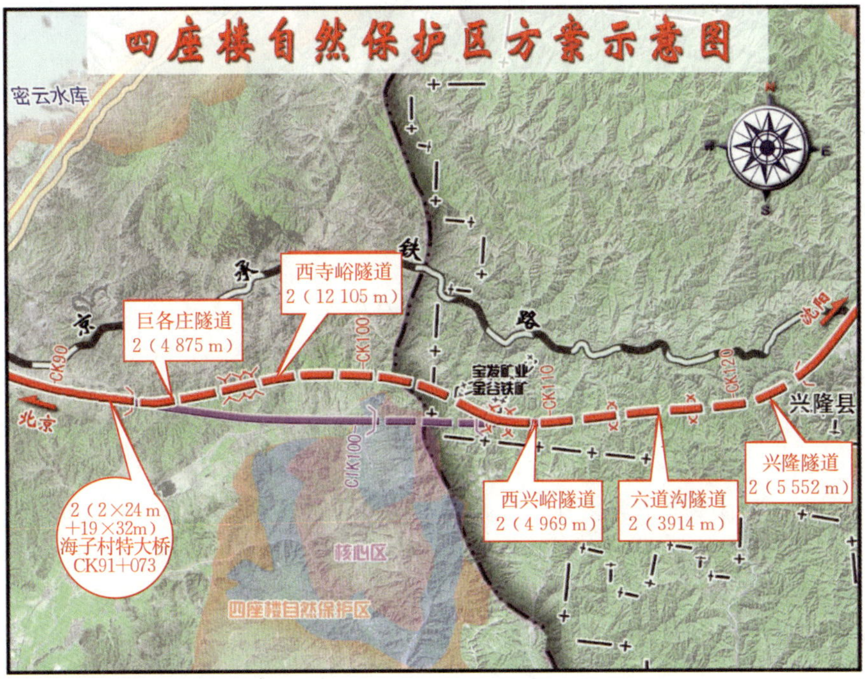

图 2.6 北京至沈阳高速铁路四座楼自然保护区线路方案

经过经济技术比较，尽管取直方案平、纵断面条件较好，投资较绕避方案节省 2.7 亿元，但该方案穿越了四座楼自然保护区，与《中华人民共和国自然保护区管理条例》存在冲突，经征求地方政府意见，推荐绕避四座楼自然保护区方案。

(3)基于环境保护的方案比选

工程选线、选址需要通过法定环境敏感区时，设计应有比选方案，经工程、环境、经济综合比选后，选择环境可接受的方案。各比选方案环境影响分析应主要包括：工程永久占地、临时占地及其对环境的切割影响分析；工程取土、弃土和修筑路基、桥涵、隧道等施工活动对水土流失的影响分析；工程建设对特殊生态敏感区和社会关注区的影响。各比选方案生态补偿和生态修复费用、环保措施及费用应一并纳入工程概算进行比选。

(4)与沿线城镇发展规划协调性分析

工程选线、选址应符合当地城镇发展总体规划，应对线路走向是否符合城市功能布局、土地占用是否符合土地利用规划进行分析。

案例：沈阳至白河高速铁路经白山地区线路方案分析。

沈白高铁结合白山城区设站条件、沿线矿区分布和大阳岔河水源地保护区等环境敏感点分布情况，研究了上甸子设站北绕大阳岔河水源保护区方案和光明街设站南绕大阳岔河水源保护区方案。经白山地区线路方案示意如图 2.7 所示。

光明街设站南绕大阳岔河水源保护区方案线路长度短 1.4 km，车站靠近城区，工程投资节省 2.9 亿元，但对城市造成了新的分割，与城市总体规划不符，线路方案受沿线矿区的影响较大，白山市不同意该方案；上甸子设站北绕大阳岔河水源保护区方案虽然线路长、工程投资大，但是站址临近 201 国道(距离浑江区、江源区分别为 4 km、10 km)，旅客出行便利，站址符合白山市城市总体规划，市政配套工程简单，地方政府同意站位选址意见。推荐上甸子设站北绕大阳岔河水源保护区方案。

4. 地质选线

中国幅员辽阔，区域地质条件复杂。选线中应尽量绕避各类不良地质体，对于难以绕避的不良地质体需在详细地质勘察的基础上做好工程整治措施，确保施工和运营安全。铁路选线设计需充分考虑不良地质和特殊岩土的影响，结合各类不良地质、特殊岩土的特点和要求，合理确定工程类型。

以下介绍几种典型的不良地质条件下的选线方法。

(1)采空区地段选线

采空区是由人为挖掘或者天然地质运动在地表下面产生的“空洞”，具有隐伏性强、空间分布特征规律性差、采空区顶板冒落塌陷情况难以预测等特点，治理难度极大。

选线过程中应查明采空区的分布，绕避大型密集、难以查明、治理困难的采空区，并走行在其塌陷影响范围一定距离之外。线路宜绕避密集分布的小窑采空区及时间久远难以查明的古窑及其他人为坑洞分布的密集地带；线路必须通过采空区时，应深入分析其对铁路工程的影响，制定科学合理的处理措施。在通过规划矿区时，应了解矿区具体现划，分析对铁路工程影响及应采取的安全措施，与业主和地方政府做好协调工作，必要时划定限采范围。

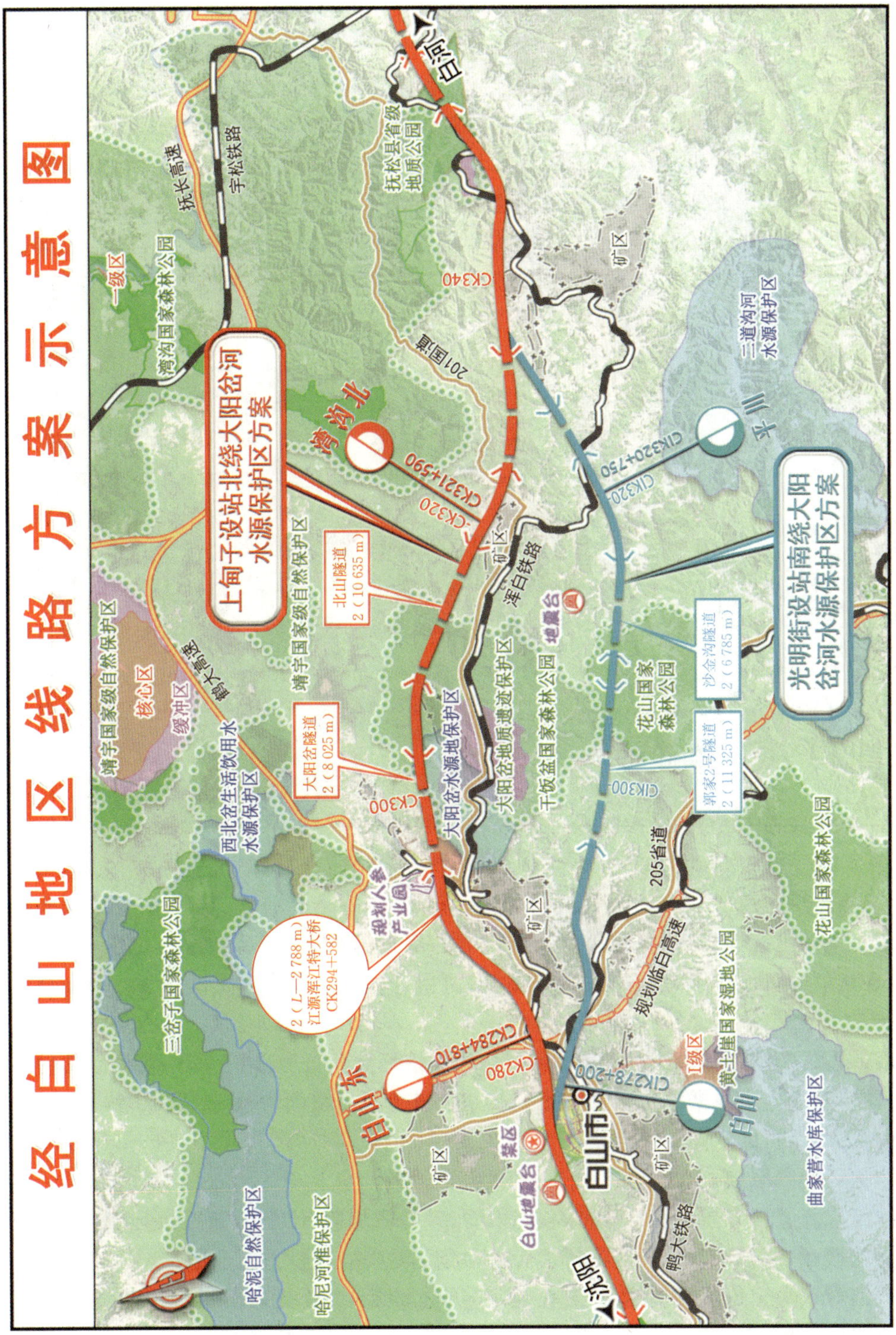

图2.7 沈阳至白河高速铁路经白山地区线路方案示意图

案例：济青高铁淄博至青州段矿区线路方案分析。

淄博市南部分布大量煤矿、铁矿，由于采矿历史悠久，形成了大面积地下采空区。采空区对线路安全影响很大，风险极高，首先应选择绕避采空区，绕避不开时，局部穿越采空区地段必须进行采空区处理。

线路方案如图 2.8 所示。沿高速公路穿越矿区方案穿越金岭铁矿、金东煤矿与鲁坤煤矿采空区及其影响区域。穿越矿区部位普遍存在地面沉降、变形及采空塌陷现象，采空区对线路安全影响很大，风险极高，工程实施隐患大；沿高速公路南侧涉及高层小区的拆迁，拆迁费用高，实施难度大。北绕矿区方案线路虽展长约 4.4 km，但绕避了采空区，降低了工程安全隐患，避免了高层小区的拆迁。故推荐北绕矿区方案。

图 2.8　济青高铁淄博至青州段矿区线路方案示意图

(2)岩溶地区选线

岩溶是水对可溶性岩石(碳酸盐岩、石膏、岩盐等)进行以化学溶蚀作用为主，流水的冲蚀、潜蚀和崩塌等机械作用为辅的地质作用，以及由这些作用所产生的现象的总称，即喀斯特作用。

岩溶严重危及铁路项目工程建设和运营安全，铁路选线过程中应予以高度重视。当线路经过岩溶地区时，应根据地层岩性和地质构造调查分析岩溶发育规律，采取“快通过、短隧道、抬标高、靠河边”的原则开展选线工作。

岩溶地区选线原则：

①线路应绕避岩溶强烈发育地带、构造发育带、地表塌陷、土洞分布密集地带、可溶岩与非可溶岩的接触带、岩溶水富集区及排泄带。必须通过时，应进行专门研究。

②线路应以大交角与暗河相交，避免与暗河平行走行，并保证暗河安全顶、底板厚度。

③线路应选择在非岩溶化地区或岩溶发育微弱、范围最窄、层数最少、顶板稳固、受岩溶水影响小的地带通过。

④孤峰平原区选线应选择在覆盖土较厚、地下水埋藏较深的地段通过，宜绕避多元土层结构、地下水埋藏较浅且变化幅度较大或水位线在基岩面附近的地段。

⑤峰林谷地、峰丛洼地及溶丘洼地区线路宜绕避垭口并高于岩溶水的最高洪水位。可能受岩溶水危害的地段，宜采用桥梁通过。

⑥河谷地区线路宜选择在岩溶发育较弱的一岸通过，并应高于岩溶水排泄带，避免位于岩溶地下水位以下，且绕避谷坡上岩溶负地形和无水溶洞群。

⑦越岭地区线路宜选择在岩溶负地形之间、地下分水岭附近；线路高程宜在垂直渗流带中，不宜在水平径流带中；处于水平径流带及深度缓流带中的隧道宜采用人字坡，平行导坑应设在地下水上游一侧。

(3)滑坡地区选线

滑坡是指斜坡上的土体或者岩体，受河流冲刷、地下水活动、雨水浸泡、地震及人工切坡等因素影响，在重力作用下，沿着一定的软弱面或者软弱带，整体或者分散地顺坡向下滑动的自然现象。滑坡掩埋和摧毁铁路建筑物，造成行车中断，对铁路有极大危害。

滑坡地区选线原则：

①应绕避地质复杂的巨、大型滑坡及滑坡群，避开地形零乱、坡脚有地下水出露的山坡。

②当滑坡规模小，地下水不发育，整治的技术条件可行、经济合理时，可选择在有利于滑坡稳定和线路安全的部位通过。

③线路通过稳定的滑坡体时，不宜在其上部填方或下部挖方。

④在地貌、地质条件上具有滑坡产生条件，或因铁路修建可能产生滑坡的地段，应认真研究线路平剖面位置，维护山体的稳定。

(4)高烈度地震区选线

强烈地震会引起山体崩塌、滑坡、泥石流、饱和松散地层液化等灾害，对铁路线路和结构物、建筑物造成严重破坏。

地震区选线原则：

①线路宜避开活动断裂带及地热异常带。难以绕避时，应对其进行专题研究，并应在断裂带或异常带较窄处以简易工程大角度通过，不宜在断裂带内设置大中桥、高桥、隧道、高填深挖等难以修复的大型建筑物。

②线路应选择在工程地质条件良好、地形开阔平坦或缓坡地段。宜绕避易变形的山坡、易塌陷的地下坑洞、泥石流发育区、不稳定的悬崖深谷、高耸孤立的山丘等抗震不利地段；不宜在松散的山坡堆积层上设置高桥以及高填、深挖和半填半挖路基。

③线路宜选择在非液化土层地带或液化土层埋藏较深、范围最小的地段通过，不得以液化土层作建筑物的持力层。

(5)风沙地区选线

风沙给铁路运营、养护带来了沙害，导致沙埋路基、风蚀路肩、堵塞桥梁，撞击和磨蚀机车车辆、通信信号设备、桥梁房屋等。

风沙地区选线原则：

①线路应绕避严重风沙地段，不宜深入大沙漠的内部，宜选择在轻微风沙地段及风蚀洼地、沿古河床、山前平原潜水溢出带或凸型地带、防风林带内侧通过。

②线路应避开山地陡坡积沙地段，宜选在山地背风侧风影部分以外的地段通过。

③线路走向宜顺直，与主导风向平行，采用填方，避免采用零断面和路堑。

④线路应与当地防风沙规划相结合，宜选择在地下水埋藏较浅、接近水源和防护材料产地之处。

⑤车站位置应选择在无风沙或轻微风沙地段，避开有风沙活动的隘口；站房和住宅应朝向背风一侧。

(6)泥石流地区选线

泥石流的特征包括：沟口或坡脚存在大量无分选的洪流堆积物；沟内或山坡存在滑坡堆积物或大量松散物质；有泥石流暴发的历史记录或泥石流活动的痕迹。

泥石流地区选线原则：

①线路应绕避特大型泥石流、大型泥石流或泥石流群、淤积严重的洪积扇区和大面积分布山坡型泥石流地段，应远离泥石流堵河影响范围内的河段。

②线路通过泥石流沟时，应以大跨度桥梁、明洞或隧道通过。跨越时，应避开急弯部位和沟床纵坡变坡点，并留有足够的净空和孔跨，桥梁的净空和孔跨应根据泥石流的通过需要量和淤积厚度确定。

(7)危岩、落石及崩塌地区选线

危岩、落石和崩塌的特征包括：坡面高、陡，不平整，上陡下缓；岩土层节理、裂隙发育，结构面多张开；坡脚、坡面有崩塌物停积。

危岩、落石和崩塌地区选线原则：

①线路应绕避山高坡陡、岩层受节理切割严重，危岩密集分布、可能产生大规模崩塌或治理难度极大的危岩、落石和崩塌地段，且不应长距离设置在陡崖下。

②危岩、落石及潜在崩塌体规模小，防治技术可行、经济合理时，线路可选择在有利部位经整治后通过。

(8)岩堆地区选线

对于在山坡或坡脚分布的以堆积岩块和岩屑为主的堆积体，且易产生坍塌、不均匀沉降等现象的地段，应按岩堆进行工程地质勘察。

岩堆地区选线原则：

①对于松散、补给来源较丰富，地面和岩堆基底坡度较陡、下水发育，有可能滑动，且工程处理困难的大型岩堆地段，线路应绕避。

②对于基本稳定的岩堆，采用必要的工程措施后，线路可从岩堆体的适当部位通过。

(9)水库坍岸地区选线

线路沿水库岸坡边缘行进或跨越水库支沟、支流回水区时，应按水库坍岸进行勘察设计。

水库地区选线原则：

①线路应选择在水库预测坍岸线加适当安全距离以外通过。当采用措施能确保线路稳定，对养护、维修不增加困难，技术经济综合分析比较合理时，也可考虑在水库预测坍岸线范围以内通过。

②线路应选择在岸坡稳定，浸水后变形较少的一侧通过；应避开有软弱夹层倾向水库一侧的岸坡，选择结构面倾向山内一岸通过。

③考虑风浪对库岸破坏的影响时，线路宜选择在背风一侧，或与主导风向一致。

④水库下游线路应选择在水库泄洪引起的水淹、冲刷等恶化工程地质条件范围以外通过；需考虑溃坝影响时，应选择在溃坝影响范围以外通过。

(10)有害气体地区选线

线路通过煤、厚层湖沼、工业垃圾和生活垃圾等地层，石油、天然气层、含气的圈闭构造的地区，曾发现过有害气体的地区，应按有害气体进行工程地质勘察。有害气体可根据其存在环境和基本成分分为可燃性气体、缺氧空气、毒气等。

有害气体地区选线原则：

①线路应绕避地质复杂、有害气体具有突出危险的地段。

②线路无法绕避规模较大的有害气体地质体时，应选择矿床较薄、构造简单、有害气体突出危险性小的地段以短距离通过。

(11)地面沉降地区选线

线路通过已发生或可能发生地面沉降地区时，应按地面沉降进行工程地质勘察。地面沉降勘察应查明地面沉降的现状及成因，预测发生地面沉降的可能性和影响范围，提出预防和控制地面沉降的方案。线路通过成因复杂、面积较大、地裂缝发育的地面沉降地段，且控制线路方案时应开展地面沉降专题研究工作。

地面沉降地区选线原则：

①线路应绕避正在开采或规划集中开采的地下水水源地。

②线路应绕避在地下水开采过程中可能出现地表变形或沉降漏斗急剧变化带。

③线路应绕避由于地面沉降引起的地裂缝发育区及其他地表变形区。

④线路无法绕避地面沉降区时，应了解开采规划，采取措施在安全地带通过或沿地面沉降等值线通过。

(12)高地温地区选线

全新世火山或岩浆活动强烈、地温梯度异常、地表热显示发育地区或深埋隧道以及施工过程中可能出现高岩温或高热水(汽)等热害现象的地区，应按高地温地区进行工程地质勘察。

高地温地区选线原则：

①线路应绕避可能大范围出现严重热害的高地温地区，在常温带或地温相对较低地带通过。

②线路宜以桥梁或路基形式通过高地温地区。

③隧道通过高地温地区时，宜减少隧道埋深。

5. 工程选线

工程选线，是指从工程设施角度出发，基于系统工程思想，对线路走向、线路位置工程类型选择提出局部改善或优化的建议。工程选线主要内容：

(1)在研究选线范围内的工程地质资料的基础上，从工程技术经济以及风险控制角度出发，提出适宜工程设置的建议。

(2)针对特殊地形地质条件，从工程技术经济以及风险控制角度出发，提出线路改善工程设置条件的建议。

(3)针对特殊地形地质条件，从工程技术经济以及风险控制角度出发，提出工程方案比选的建议。

6. 安全选线

为保障铁路运输安全和畅通，保护人身和财产安全，在铁路选线过程中，应始终贯彻“安全第一、预防为主、综合治理”的方针，尽量降低施工风险、减少施工和运营安全隐患。

选线时应仔细考虑各种工程措施的可行性和可靠性，研究所采用的工程措施是否能实施，是否存在安全隐患。当线路与公路、管线、其他铁路交叉或近距离并行时，其净空、净宽、距离要求等必须符合相关安全要求；线路与易燃、易爆物的储存场所必须保持一定防火间距，不能满足防火间距要求的，应研究绕避和迁改方案，进行技术经济比较后确定推荐方案。

7. 车站布局及站址选择

高铁车站布局和选址要贯彻以人为本、服务旅客、高效衔接、站城融合的理念。以车站为中心打造功能完善、换乘高效、出行便捷、站城一体的现代化综合客运枢纽，实现客运服务与城镇发展、区域文化的和谐统一，全面提升服务质量和综合效率效益。

超大、特大城市应统筹考虑城市空间形态、枢纽车站布局，结合城市总体规划、土地利用规划等，按照高铁线路顺直、通道车流顺畅、城市分方向把口的原则，科学布局高铁车站。加强高速铁路与其他交通方式衔接，实现旅客零换乘；以高铁车站为中心，打造与城市空间、产业发展联动融合、综合开发的立体式、复合型城市综合体；统筹旅客服务和经营开发需要，合理确定客站规模，科学规划车站经营业态、合理布局空间利用。

大城市高铁车站设置尽量深入或靠近城市中心。密切高铁与城市公共交通、私人交通接驳换乘，方便旅客便捷出行。统筹区域城镇化建设、产业经济发展等，因地制宜选择车站及周边区域开发业态，打造高铁车站商圈；统筹旅客服务和经营开发需要，适当增大客站规模，合理布局空间利用。

中小城市以通道快捷通过为原则，统筹人口分布、产业集聚，结合土地综合开发潜力、运输经营发展需要等合理设置车站。

2.5.3　枢纽与地区引入方案

高速铁路车站为旅客上下车提供服务，车站站位选择一定程度上影响着高速铁路服务质量，特别是在大城市的铁路枢纽地区，枢纽布局及站位选择至关重要。

在宏观走向方案基本确定的基础上，以方便旅客出行、优化区域交通布局为主要优化目标，通过对线路沿线地形地貌、地质条件分析，围绕优化目标开展引入枢纽局部方案比选工作。

引入枢纽有价值的可行方案应具备的条件，如尽量利用既有客运设施、其他相关设施设备使用尽量平衡、充分、科学、合理，不明显恶化施工及运营条件，以及原则上不引起已核准的建设管理批准文件变更等。

(1)符合城市发展规划，站位选择支撑城市发展。高铁车站主要承担客运服务，车站选址与城市发展密切相关。在研究枢纽引入方案时，要结合城市发展规划及城市布局，进行站位选址，需要综合考虑新老城区居民乘车的便捷程度、城市配套设施的建设情况、地铁公交长途车等城市交通的配套情况进行比选。根据中国既有客运站位置的设置情况，客运站宜设在距市中心区 2～4 km 的地方，这样不但有利于旅客乘车，而且有利于与城市的交通系统结合，减少城市内部交通的压力。客运站位置距市中心区过远，虽然对城市的干扰较小，但将引起旅客乘车不便，增加城市的交通负担。对位于中小城市的客运站，根据城市规划的发展方向，将其设在城市的边缘，随着城市的发展，其位置也将有利于方便旅客乘车。故客运站宜设在市区范围内，位于中小城市的客运站也可设在靠近市区的合适地点。根据京沪高铁和武广高铁统计资料，距离市中心 10～15 km 的高铁站点最多，占全部车站的 45%，车站到城市中心的平均距离约为 14 km。

(2)符合铁路枢纽总图规划。铁路枢纽总图规划是枢纽各线客货运布局的规划。在编制时，结合城市发展规划，按照客、货运对枢纽地区铁路统筹布局，在引入枢纽地区时，应充分吃透枢纽总图意图，按照总图规划的布局进行设计。

(3)本线引入后综合研究枢纽中客站分工。在车站分工的基础上，应统筹点、线能力，研究本线引入后客站分工。

(4)统筹考虑动车段所设置向集约化发展，适当预留远期发展条件。动车段所是动车存放、维修的地方，应按照区域路网布置合理布局，在本线引入后，优先考虑既有段所能力是否满足；如果不满足，本线需要新建段所，新建时规模还应考虑规划线路，统筹确定。

(5)与市政设施配套。引入枢纽地区车站选址时，要充分考虑市政道路、地铁、公交、出租车、长途车等既有和规划情况，有条件时尽量离公交、出租、长途车站近一些，考虑与地铁的换乘。在一些大城市新设车站时，结合地铁规划线路，采用与地铁线平行或者同站换乘，尽量减少旅客换乘时间。

案例：石济客专引入济南枢纽方案研究。

(1)项目研究时枢纽概况

石济客专项目研究时，济南铁路枢纽的在建、拟建项目情况为：京沪高铁引入济南铁路枢纽，在城市西侧设济南西站，车站北端设动车走行线并预留太青(石济)客运专线联络线引入条件。京沪高速跨越黄河一次性修建了黄河四线桥，禹城线路所设置 42 号道岔预留了北东联络线的修建条件；修建了京济南、济沪南联络线将京沪高速与胶济客专连通。

枢纽主要客运站有：济南站、济南西站、济南东站。

(2)城市总体规划概况及有关部门对车站设计的要求

济南市城市总体发展战略为“西进、东拓、中疏、南控、北跨”。“西进”指西部新区将形成客运专线(京沪高铁济南西站)、高速公路、快速路、高架轻轨和城市主干路道路的综合交通系统。“东拓”指主城区东部大辛河以东地区，形成未来城市的主要产业发展带。亟待修建高铁车站带动东部地区发展。

(3)枢纽总图规划

济南铁路枢纽总平面布置示意如图 2.9 所示。济南铁路枢纽总图规划为客货“两环”的格局。客运站布局为：规划年度京沪高铁、胶济客专引入枢纽，京沪高铁引入枢纽济南西客站，胶济客专引入枢纽济南东客站。枢纽内形成以济南西站、济南站为主要客运站，济南东站为辅助客站的“两主一辅”格局。

(4)石济客专引入枢纽方案研究

①客运站布局方案研究

根据国家铁路“十一五”路网规划、济南铁路枢纽总图规划情况、线路引入方向及客运量需求综合分析，石济客专作为太青客专的组成部分，在济南铁路枢纽内将与胶济六线(济青

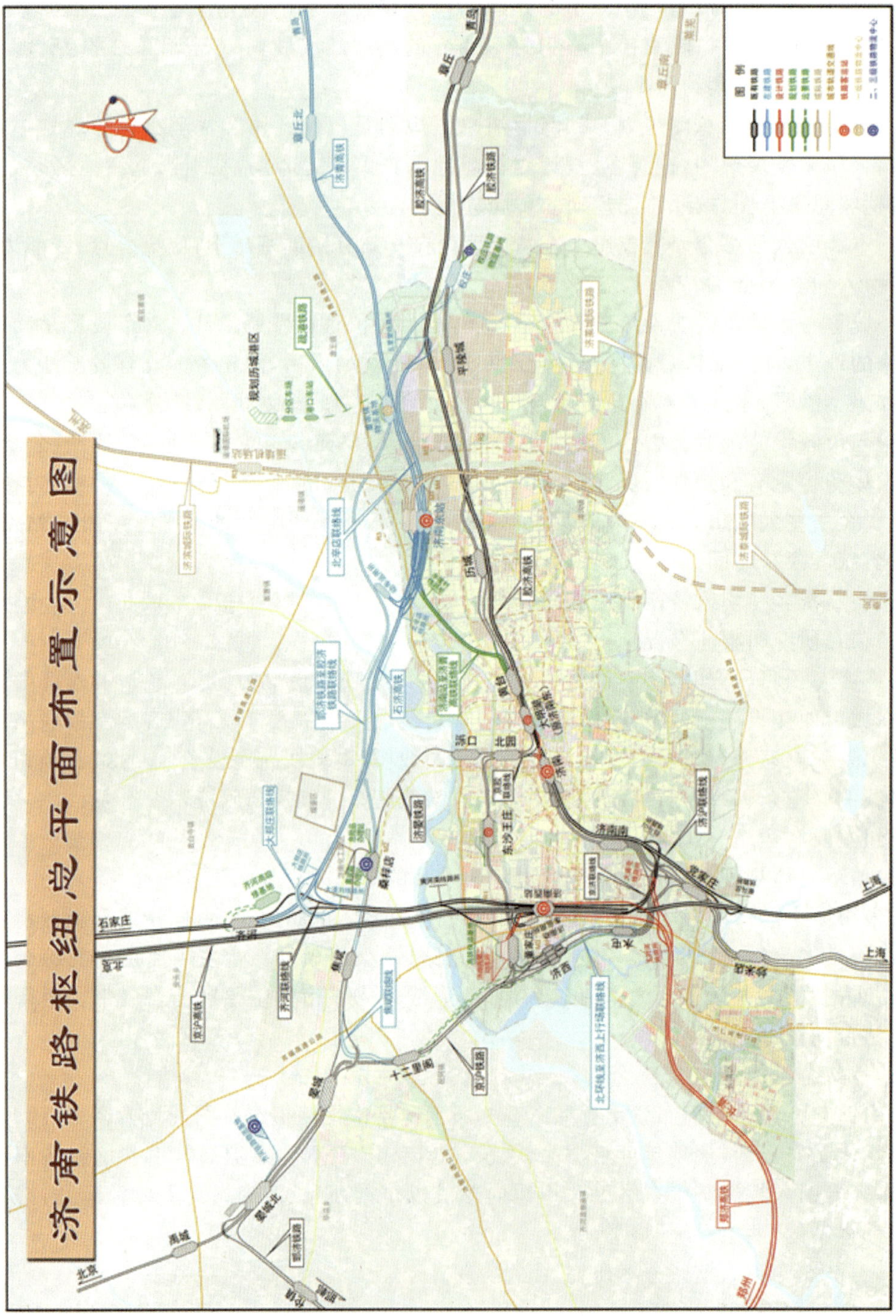

图2.9 济南铁路枢纽总平面布置示意图

高铁)构建成太青通道，济南铁路枢纽将作为济南都市圈的中心规划引入多条城际铁路，京沪高速建成后济南枢纽内将形成以济南西站、济南站为主要客站，济南东为辅助客站的“两主一辅”的客运格局，京沪高速与胶济客专在枢纽内通过京济南、济沪南已经联结成网。太青客专引入枢纽在城市东端与胶济客专交叉处设新济南东站。

同时，在城市的东部新建客站有利于优化城市客运格局，为东部城区的建设提供引擎，新济南东站作为太青客运专线的主要客站位于济南市东部片区，符合城市“一城两区，东西伸长”的总体布局。

因此随着京沪高铁、胶济客专、石济客专引入枢纽，结合德州、聊城、泰安、莱芜、淄博、滨州等方向城际铁路规划年度引入枢纽，枢纽内将形成以济南西站、济南站、济南东站为主的三站格局是理想的。

②枢纽客运站分工研究

济南西客站担当枢纽内南北方向京沪高速列车始发终到及通过作业，其余车流由济南站、新济南东站共同担当。

随着济南都市圈项目的推进，济南站作为都市圈中心的功能日益显现，因此，济南站主要承担枢纽衔接各方向的普速旅客列车的始发终到作业、南东方向城际旅客列车通过作业、青岛方向的始发终到作业。

济南站能力所限，始发青岛方向列车需要分流，由于济南站与济南东站距离较近，为缓解济南站压力，优化城市客运格局，随着石济客专的引入，在城市东端与胶济客运专线交叉处设新济南东站，设计年度由新济南东站担当青岛方向始发终到作业、北东(太青至青岛、京沪至青岛)、南东高速列车通过作业，老济南东站作为辅助客站的功能逐渐弱化。

③济南东站址选择过程

根据枢纽内客运站布局及作业分工，结合山东半岛城镇群城际铁路网规划，石济客运专线引入择址新建济南东客站作为枢纽内东部城区的主要客站非常必要。设计就站址根据济南市有关要求研究了郭店站址、董家镇站址、平陵城站址和王舍人站址四个方案，站址优缺点见表 2.3。

表 2.3 站址评价简表

项目	方案优缺点分析	郭店站址	董家镇站址	平陵城站址	王舍人站址
车站功能	郭店、平陵城、王舍人站址太青车场、胶济车场、城际三场并站设置，设备集中，方便管理，旅客乘降便利，方便铁路客流集散。作为枢纽内主要客站可以起到优化枢纽客运布局作用； 董家镇站址太青车场、城际与胶济车场分设，布置分散，设备管理不便，不利于旅客换乘	优	差	优	优
站位与规划协调性	根据济南市规划唐冶片区(郭店附近)，距离城市中心约 22 km，该片区未来具有完善便捷的城市交通网络系统，是东部城区的公共服务中心。将有利于吸引城市客源，方便铁路客流集散。新建济南东站于此符合城市规划要求。济南市孙村片区，为济南市规划的工业园区，吸引客流较差。董家镇站址距离规划的工业园区尚有 6.0 km，吸引客流最差	优	差	良	优

续上表

项目	方案优缺点分析	郭店站址	董家镇站址	平陵城站址	王舍人站址
拆迁工程	郭店方案线路穿越济钢工业区、城市安置区，拆迁工程巨大，工程实施难度非常大； 王舍人及董家镇方案房屋拆迁较少； 平陵城方案线位房屋拆迁较多，但大多为居民平房，拆迁工程相对较小	差	优	良	优
对既有铁路设施的影响	郭店方案改建胶济客专正线 7.70 km(双线)，改建既有胶济正线 5.125 km(双线)，既有单线正线 1.998 km，胶济客专刚刚开通，引起其改建是该方案最致命的缺点； 王舍人及董家镇方案为新建车站，对胶济客专没有干扰； 平陵城方案充分利用了原胶济客专预留条件，不再引起胶济客专的改建，对客运专线正线影响较小	差	优	优	优
相关部门要求	董家镇为济南市及济南铁路局预留的物流基地，王舍人向南正对十运场馆，为东部城区的公共服务中心，政府对王舍人站位期望厚重。平陵城为工业园区	差	差	良	优
综合评价		差	良	良	优

综合上述分析，石济客专引入济南铁路枢纽，选择了王舍人站址新建枢纽内第三客站。石济客专自枢纽北部引入，正线跨青银高速公路后折向东南，向东经大桥镇跨越黄河后进入王舍人附近设济南东站，跨济青高速公路和机场高速公路，接入胶济客专五里堂线路所。

2.5.4 线路方案比选

铁路建设具有内部结构复杂、功能综合、涉及因素众多、影响范围广、建设周期长、投资大、后果影响深远且难以预测和估价等特点，因此需要开展大量的前期工作，通过多方案综合比选，确定线路基本走向、接轨点、主要技术标准以及其他重要技术方案。

选线设计过程就是从多个可行方案中，根据功能主体的主观需要，选择(最)优或(最)满意方案的多目标决策过程。该决策过程受地形、地质、水文、土地利用等客观因素，以及技术规范、运输要求、地方和部门意见等主观因素的约束，需处理各种数值、字符、图形、图像资料，要考虑各种定性和定量、确定性和不确定的因素，加之主观需要和评价指标具有不可公度性和不一致性，使得该决策过程异常复杂，难以建立涉及各种因素的统一决策模型。

对于单个设计方案来说，选线设计又是约束优化问题。线路设计方案首先得满足各种设计规范，能完成所需运输任务，适应线路所经地区的地理环境，同时要求工程造价低、线路质量好、对环境影响小等，即在满足主客观约束的前提下，追求最好的经济、社会、环境效益。

线路设计是按照不同层次的运输需求、主要技术标准以及线路起讫点等主要控制因素设计，选择多个可行的线路方案，然后依据每个方案的财务评价、工程造价情况以及运营特点等决策条件，推荐出一个与主要技术标准相适应的相对满意方案。

1. 方案比选原则

各种设计方案采用的技术措施不同，则工程特征、运营特征和经济效益就会不同。各个方案都有其优缺点，需要通过全面的分析比较寻求最合理的方案。为保证方案技术经济比较能够得到正确的结论，需要遵循下列原则：

(1)综合考虑工程、技术、经济、环境、政治及社会等全要素。

(2)各方案应为同等精度。

(3)定性与定量相结合。

(4)费用换算为同一年度。

(5)方案比选应引入全寿命周期使用成本的概念，折算出不同线路方案在全寿命周期内所需要付出的总的经济代价。本处所指的全寿命使用成本，是指从建设项目构思开始到建设工程报废(或建设项目结束)的全过程所产生的工程建设、运营和维护费用总和。在全寿命周期内的费用主要可分为日常的运营维护成本和额外社会效益。

2. 方案比选方法

工程中应用到的方案比选方法较多，不同项目阶段采用的方案比选方法不尽相同。

(1)不同阶段方案比选的区别

①预可行性研究

根据铁路中长期规划拟建的建设项目，经过踏勘调研，结合线路可能经过的省、市、自治区及有关部门的意见，对新建铁路的接轨点、线路走向方案、既有线改扩建方案等进行全面的经济技术分析比较，为项目决策提供依据。

②可行性研究

在预可行性研究的基础上，经过初步勘测，收集基础资料，重点对主要方案、局部方案进行研究论证和筛选，提出拟采用方案和主要比较方案。

③初步设计

根据可行性研究审查意见，在定测的基础上，重点解决审查意见认为需要进一步研究、完善的方案；可研阶段遗留以及初步设计阶段新发现的局部方案；线路局部优化方案。

(2)方案比选方法

铁路选线设计中应用较多的主要有换算工程运营费法、多目标分析权重法、态势分析法(SWOT)等。

①换算工程运营费法

在计算各方案的工程费和运营费的基础上，分析其定性因素，推荐最优方案。该方法往往应用于投资及经济效益作为主要的决定因素时使用，在线路方案走向确定的情况下，对同一范围内不同的方案就基本工程数量及投资、效益进行比较，然后对比较结果进行排序、分析，挑选出最有利方案。换算工程运营费法计算见表 2.4。

表 2.4　换算工程运营费法计算表

项　目	工 程 数 量		单　价	工 程 投 资	
	方案Ⅰ	方案Ⅱ		方案Ⅰ	方案Ⅱ
1					

续上表

项　目	工程数量		单　价	工程投资	
	方案Ⅰ	方案Ⅱ		方案Ⅰ	方案Ⅱ
2					
⋮					
合计					

该方法多应用于线路局部工点方案比选，但在各方案定量与定性指标出现交叉时难于评选。

②多目标分析权重法

“多目标分析权重法”是国际上通行的一种判别方案优劣的方法，通过最终各方案的得分高低，来得出最优方案，具体的步骤如下：

a. 对需要分析的各方案形成技术说明表。

对于线路方案的比选，大致包括以下项目：自然条件、地质条件、线路技术特征、土建工程情况、经济指标（投资）、外部交通条件、工期影响、环保影响、时间目标（旅行时间）、社会经济指标（经过经济据点等情况）、运营维护费用等。

b. 根据技术说明表的主要项目及数据，形成方案综合比选表。

c. 根据以上基础资料，制定方案比选标准。

对于线路方案的比选，大致包括以下三个大项，每个大项下又分多个子项：经济运营、建筑指标和技术指标。

d. 对制定出的各标准，确定权重（分数值）。

权重的确定有很多种方法，最宜操作的是“专家打分法”，可组织多名专家对每项标准的权重赋值，综合平均或其他代数方法确定每项标准的权重。多目标分析权重法示例见表 2.5。

表 2.5　多目标分析权重法计算表

项　目		权重	比选方案					
			方案Ⅰ		方案Ⅱ		方案Ⅲ	
			权重系数	分值	权重系数	分值	权重系数	分值
工程	线路长度	5	0.88	4.4	0.87	4.35	0.86	4.3
	运行速度	4	0.9	3.6	0.9	3.6	1	4
	平面曲线	4	0.81	3.24	0.78	3.12	0.85	3.4
	施工难度	12	0.8	9.6	0.75	9	0.7	8.4
	小计	25		20.84		20.07		20.1
投资及效益	工程投资	20	0.8	16	0.75	15	0.73	14.6
	征地	9	0.8	7.2	0.78	7.02	0.75	6.75
	拆迁	6	0.83	4.98	0.8	4.8	0.78	4.68
	小计	35		28.18		26.82		26.03

续上表

项目		权重	比选方案					
			方案Ⅰ		方案Ⅱ		方案Ⅲ	
			权重系数	分值	权重系数	分值	权重系数	分值
环境影响	交通运输	5	0.85	4.25	0.8	4	0.8	4
	土地使用	8	0.85	6.8	0.8	6.4	0.78	6.24
	噪声、空气、振动	10	0.7	7	0.67	6.7	0.65	6.5
	水域生态环境	12	0.82	9.84	0.8	9.6	0.7	8.4
	美观	5	0.75	3.75	0.7	3.5	0.8	4
	小计	40		31.64		30.2		29.14
	合计	100		80.66		77.09		75.27

e. 在 c、d 步骤完成后，就可以对不同线路方案进行打分，根据各方案得分的高低来判断方案的优劣。

对不同标准的打分，有数据支撑的(如旅行时间、线路长度、投资等)，可以先给最优方案相应权重下满分，其他方案根据数据比例取值。

对于不能以具体数据支撑的，可以根据分析及经验打分。

例如，在新德里至孟买高速铁路可行性研究及阿斯坦纳至阿拉木图高速铁路技术经济论证报告中即采用了上述方法。

③SWOT 分析法

SWOT(strengths weaknesses opportunities threats)分析法是全面系统的分析研究对象的优势、劣势、机会和威胁，从而根据研究结果制定相应的战略、计划及对策。

在形式上，SWOT 分析法表现为构筑 SWOT 结构矩阵，并对矩阵的不同区域赋予不同分析意义，如图 2.10 所示。

将调查得出的各种因素根据轻重缓急或影响程度等排序方式，构造 SWOT 矩阵。在此过程中，将那些对公司发展有直接的、重要的、大量的、迫切的、久远的影响因素优先排列出来，而将那些间接的、次要的、少许的、不急的、短暂的影响因素排列在后面。SWOT 分析的关键在于优势、劣势、机会和威胁方面的准确分析，以及战略和策略的制定。

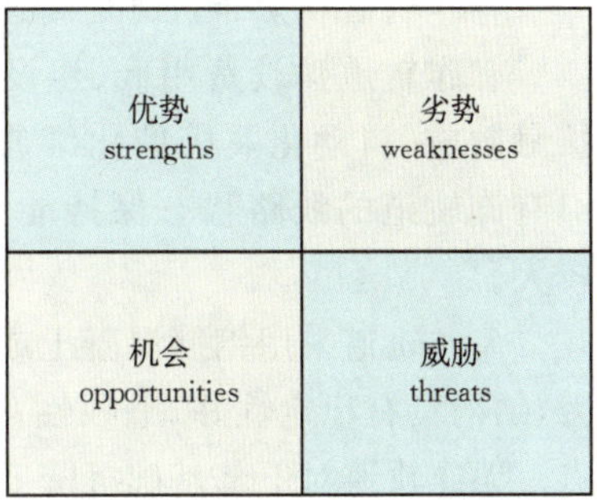

图 2.10 SWOT 分析法示意图

2.6 系统及接口设计

1. 运输组织

高速铁路引入铁路枢纽的技术标准要与速度目标值相匹配。研究引入枢纽的速度目标值，要充分考虑对城市的干扰、环保要求、拆迁、运行时分目标等因素，研究枢纽两端速度曲线，确定合理的速度目标值，并确定与之相应的设计标准。可以在满足运营的前提下，节省工程投资，减少对城市的干扰，降低施工难度。

①行车组织专业根据引入枢纽的平纵断面进行牵引计算，得出进出大站的速度曲线。

②线路专业根据速度曲线，确定分段速度目标值（如 200～160 km/h、160～120 km/h、120～80 km/h），并根据确定的分段速度，修改平纵断面。

③土建、四电各专业按照确定的速度目标值进行设计。

2. 路、桥、隧工点设置及分界高度

线路走向方案选定后，需要结合线路所经地区的地形、地质、水文、气象等沿线具体情况，研究工点设置，满足安全、可靠、经济等方面要求。

我国幅员辽阔、地形地貌复杂，在丘陵、山区选线时，平纵断面和横断面结合，合理确定路基填挖高度，确定路、桥、隧工点设置。路基工程应避免高填、深挖和长路堑，特殊岩土和不良地质区应严格控制路基高度。平原地区路基高度不宜超过 6 m；路堤边坡高度在山区地质条件良好地段不应超过 12 m，特殊土及不良地质地段不应超过 8 m；路堑边坡高度土质及风化软岩地段不应超过 15 m，硬质岩地段不应超过 30 m，中～强膨胀岩地段不应超过 10 m。

平原区的路桥分界，路堤地基条件及地基处理措施、填料性质及运输距离、当地土地资源、建筑物拆迁、城镇交通要求等因素均对路基、桥梁分界高度有着较大的影响，路桥分界高度需根据以上因素进行综合技术经济比较确定。

对于深挖方路段，边坡开挖会造成对自然山体的破坏，且路基边坡高，若工程处理措施不当，将可能引发人工滑坡、边坡流塌等危及行车安全的路基病害。需结合工程实施的可行性、对周边自然环境或社会稳定的影响以及工程投资等因素进行综合技术经济比选后确定工程类型的选择。

3. 轨道类型选择

有砟轨道和无砟轨道是高速铁路轨道结构的两种基本形式。

有砟轨道建设费用低、建设周期短、破坏后修复时间短，弹性条件好，具有较好的轮轨接触效应，自动化及机械化维修效率高、轨道超高和几何状态调整简单，造价相对较低。但有砟轨道的线路状态保持能力较差，在列车动荷载作用下，有砟道床养护维修工作量较大。

无砟轨道采用钢筋混凝土或沥青混凝土代替松散的道砟结构，提高了轨道的纵、横向阻力，结构具有稳定性好、平顺性高、轨道状态可以长期保持、维修工作量可以大幅减少等优点。无砟轨道对下部基础沉降要求较严格，初期建设成本高于有砟轨道，但由于其结构高度低、自重轻、稳定性和耐久性好等特点，有利于减轻桥梁二期恒载，线路养护维修设备配置减少，养修费用大幅度降低，其综合经济效益明显。另外，无砟轨道结构的应用可以减轻维修养护的劳动强度，提高铁路运输效率，减少线路维修对运营的干扰，且可以避免优质道砟资源的大量开采，具有较明显的经济效益和环境效益。

高速度、高密度、列车长距离运行是我国高速铁路的主要特点。为适应我国高速铁路运营需求，轨道结构必须具有良好的平顺性、稳定性和可靠性，尤其是线路综合维修天窗设置时间越短越好。设计速度 300 km/h 及以上线路可采用无砟轨道结构。

由于无砟轨道不能像有砟轨道那样进行起道、拨道作业，轨道状态主要通过扣件系统进行调整，因此线下基础的稳定是铺设无砟轨道的前提条件。在长度超过 1 km 的隧道及隧道群等线下基础稳固地段，采用无砟轨道技术经济优势较为明显。

活动断裂带、地面严重沉降区、冻结深度较大且地下水位较高的季节冻土区以及深厚层软土等区域变形不易控制的特殊地质条件地段，由于无砟轨道结构调整能力有限，一旦受损，将影响正常运营甚至危及运营安全，采用有砟轨道结构较为合理。

在设计时需要结合速度目标值、所经地区的地质条件、工点设置情况等综合比选确定。

4. 大型车站过渡设计

我国高速铁路覆盖主要的大中城市，这些城市一般是铁路枢纽或地区的中心城市，引入枢纽方案确定为引入既有站时，既要满足既有线和车站正常运营，又要进行改扩、建，需要进行过渡工程设计。

(1)大型车站过渡方案设计原则

①必须满足线路、车站在过渡期间铁路运输的需要。

②过渡工程设计必须重视安全，确保行车及人身安全，减少施工对运营的干扰。

③过渡工程宜设在既有和新增工程用地界内，并宜永临结合，减少废弃工程。

④车站施工过渡方案应根据先易后难，先外后内，先建后拆，先扩建后改建，先延长后缩短等原则进行设计。

⑤过渡工程设计应以一次封锁，多处同时实施，提高“天窗”利用率为原则，尽量减少换侧和拨接。在过渡期间内，繁忙干线的正线换侧和拨接不宜超过 2 次。

⑥正线过渡工程设计采用便线过渡方案时，应根据被改建线路的既有技术标准、客货运输要求以及过渡期限等因素，确定便线的速度目标值及相应的技术标准。过渡工程中的站前工程应按相应速度目标值的正线标准设计；站后工程设计应满足过渡期间的运输需求，并确保行车安全。

⑦过渡工程设计应在考虑信号、接触网、桥涵等设备和建筑物与线路站场改造相配合的基础上，提出安全、适用、经济、可操作性强的施工过渡方案，并经运营部门确认。

(2)大型车站过渡方案设计方法

①根据改建方案，梳理出既有铁路改建部分的工作量，初步研究过渡方案，在同站过渡、相邻客站过渡、另建便站等可能的方案中比选确定。

②以施工组织为主线，以大的转线为节点，研究过渡方案大的步骤，统计每一步过渡中需要完成的工程。

③详细做出每一步方案中的正线、站线、涵洞接长、通信、信号、接触网等具体设计。

④形成过渡方案说明。

案例分析：沈丹客专本溪站过渡设计。

如图 2.11 所示，既有本溪站为一级二场站型。设基本站台 1 座，中间站台 2 座。共有股道 33 条，其中正线 4 条为沈丹乙线、沈丹甲线、溪田线和辽溪甲线，到发线 9 条，机车走行线 1 条，调车线 19 条。站内设有东、西两个货场及车辆整备场、机务整备场。本钢北部车场、本钢南口车场与本溪站相邻。

如图 2.12 所示，改建本溪站按照二级四场形式布置，高速场位于既有基本站台处，共设

图 2.11 既有本溪站

线路 9 条,站台 4 座。普速场位于原 3 站台处,共设线路 2 条,站台 1 座。调车场设机械化驼峰 1 座,线路 16 条,其中编发线 8 条,辽溪甲线布置在站场最外侧。车辆整备线、存车线、站修线及救援线本次改造全部拆除。机车出入线以及咽喉区进行改造,将出入线向西侧平移,道岔随之进行相应移动。

图 2.12 改建后本溪站

沈丹客专由既有沈丹线东侧与沈丹线一起引入,通过道岔与沈丹线连接,出站由沈丹线东侧引出。沈丹乙线曲线地段进行改造,将北部咽喉区整体向沈阳方向延伸,并将线位整体向西侧平移。南部咽喉区,线位整体向西侧平移,占据辽溪甲线位置。辽溪甲线改造变化较大,平面位置移至站场最西侧。溪田线由太子河客专特大桥桥下引入,与沈丹乙线汇合进入本溪站。将原溪田线与沈丹乙线交叉的立交框构桥拆除,对原线路纵坡进行软化。受溪湖路路面高程控制,既有沈丹乙线上下行太子河大桥拆除,新建一座双线桥。本溪站平面布置示意如图 2.13 所示。

本溪站改造总体按照先施工到达场、驼峰场,再施工出发场、调车场,最后按普速场、高速场顺序进行施工。施工时采用先北后南,南北结合的原则,各股道施工采用由外向内的原则进行施工。

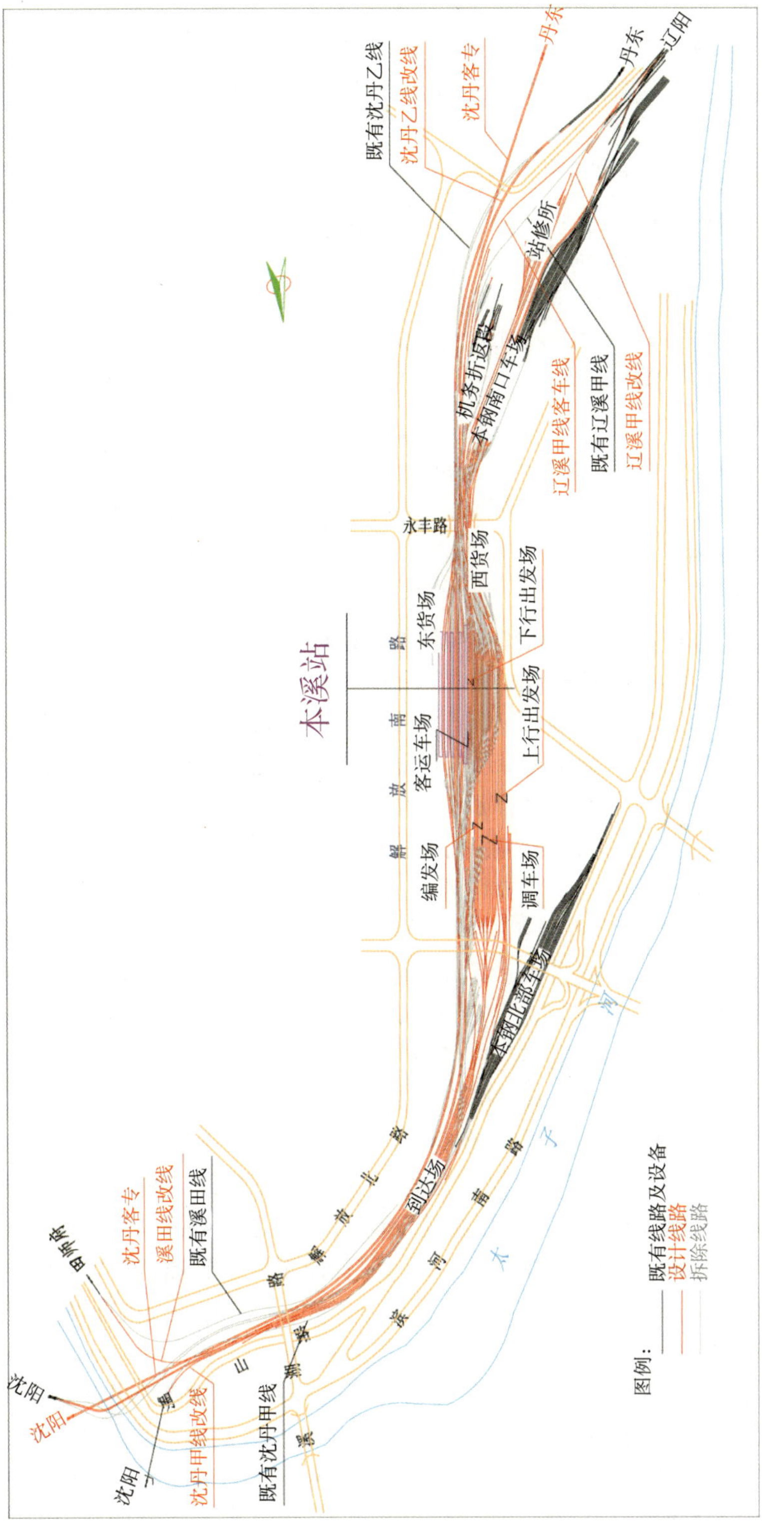

图2.13 本溪站平面布置示意图

由于本溪站货运改在金家堡站，所以先行施工金家堡车站，然后将本溪站货运停运，拆除既有东、西货场以及线路。

根据本溪站作业方式以及运输要求，力求最大限度减少对运输影响，本溪站总体分为四部分过渡施工。

第一部分：编组场新建部分，拆除本溪站修所线路以及生产设备，新建站修所；修建与既有线无干扰部分工程，如沈丹客专太子河特大桥，沈丹乙线改线地段、乙线太子河特大桥，溪湖路上跨公路桥，解放南路框构桥，本溪站涵洞接长。

第二部分：峰前到达场施工，驼峰场，包括沈丹甲线拆除，溪田线过渡。

第三部分：出发场、调车场、本钢南场、编组场、机务段施工。

第四部分：普速场、高速场施工，包括站房、站台、地道、雨棚、排水设施、南北咽喉区。

5. 土建工程

(1)重视洪水位、地面积水位对路基、桥梁、房屋、站后设备的影响

在勘测期间，桥梁专业要注意调查、收集洪水位、地面积水位及排水出路等资料，线路、站场、路基、房建及站后设备专业检查本专业工程与水位的关系，确保工程安全。

①路基

路肩高程受洪水位或潮水位控制时，设计洪水位标准应采用1/100。

滨海路堤的设计潮水位，应采用重现期为100年一遇的高潮位。

滨河、河滩路堤的路肩高程应大于设计洪水位、壅水高(包括河道卡口或建筑物造成的壅水、河湾水面超高)、波浪侵袭高或斜水流局部冲高、河床淤积影响高度、安全高度等之和。

水库路基的路肩高程，应大于设计水位、波浪侵袭高、壅水高(包括水库回水及边岸壅水)、安全高度等之和。当按规定洪水频率计算的设计水位低于水库正常高水位时，应采用水库正常高水位作为设计水位。

②区间站后设备

铁路区间生产设备房屋的设计洪水位或者内涝水位重现期牵引变电所为100年；分区所、开闭所及自耦变压器(AT)所、电力变电所、配电所、区间通信信号设备房屋、给水站的泵站为50年；生活供水站(点)的泵站为20年。设备室外地面采用设计水位或者内涝水位加0.5 m。

(2)桥隧间短路基及桥隧紧密相连基础处理

高速铁路列车是否能够安全、平稳、舒适运行，是通过轨道的平顺性来体现的，但真正影响高速列车安全、平稳、舒适运行的不仅仅是轨道，而且是由路基、桥梁、隧道和轨道等组成的基础设施整体。因此，高速铁路各结构物的设计，不仅要强调各结构物本身的高平顺性和稳定性，还要强调各结构物组合后的平顺性和稳定性。在山区铁路设计时，由于地形复杂，地质条件多变，在路桥隧工点设置时需要充分考虑桥隧间短路基的设置问题，必要时可以采用桥隧相连取消短路基的设计方案。

勘测期间，当出现桥隧间短路基时，首先研究调整线路平纵断面，尽量避免短路基和不利工程情况出现；当桥隧间存在短路基时，需要系统研究短路基的基础处理、路基填料、施工工序及路基刚度与桥隧刚度匹配的设计方案；桥隧紧密相连时，研究接口处基础处理方案，考虑工序等因素，对隧道洞口、桥台基础设计进行核查，保证工程类型的选择及工程措施的设置合理、可靠、易施工，实现工程设计系统性最优，确保施工和运营安全。

(3)高边坡、高仰坡系统设计

线路平纵断面的设计一定要考虑路堑上游侧汇水以及排水的出路问题;要坚持“宜桥则桥、宜路则路、宜隧则隧”的原则,合理确定工程类别,尤其是不能简单地“以路代桥”;隧道要贯彻“早进晚出”的原则以有效控制路堑边坡高度,尽可能采用“无仰坡临界点”进洞,边仰坡高度不宜超过 10 m;应遵循绿色防护理念,确定合理的防护方案,边仰坡防护尽量不采用浆砌片石。

系统研究路、桥、隧边坡防护方案,配合优化线路平纵断面;结合地形、地质特点,遵循绿色防护理念,不同工点防护方案做好衔接。

为有效控制路堑边坡、仰坡的高度,尽可能采取“无仰坡临界点”进洞,必要时可采取接长明洞方案。

(4)土石方综合调配

土石方调配是一个涉及路基、桥梁、隧道、站场、工经等多专业、综合性系统设计问题。研究土石方调配如何与施工组织相结合,充分利用路堑挖方、桥梁基础挖基土、隧道弃渣等作为路基填料,需要研究如何保证利用方和外购土满足高速铁路填料标准要求。

①对照填料标准指标要求对路堑挖方、桥梁弃土、隧道弃渣及外购土进行取样化验,并明确各种指标。

②根据站场、路基横断面的不同部位要求,整理出土石方数量表。

③对于需求的填方,根据运距、隧道弃渣和路基挖方的分类进行调配,能够利用的尽量利用,剩余的填方采用外购土。

(5)排水系统方案

路、站、隧各种排水设施应形成一个完整的排水体系,确保排水连贯、畅通;排水沟的材料、标准应因地制宜,安全可靠。高度关注地形、地貌施工过程中的变化,及时调整排水方案。

①从系统排水角度优化线路平纵断面设计,合理选择工程类别;系统研究路基排水设施的合理的布置方案、铺砌标准。

②逐工点完成排水设计,全线排水设施绘制到一张图,综合考虑排水出路,形成完备的排水系统。

③施工过程中需要加强现场巡查,由于施工引起的地貌变化,需要及时调整排水系统。

(6)四电电缆过轨与站前工程配合系统设计

信号、通信、信息、电力的电缆需要进行过轨设计,由于该项工作涉及四电和站前土建各个专业,工程接口多且琐碎、复杂,接口处理问题较多,需要系统研究四电与站前设计接口问题。

①信号、通信、信息、电力专业配合,研究电缆过轨系统方案,提出电缆过轨位置、数量、材料及过轨要求(含设置电缆井)。

②充分考虑与站前工程结合设计,在路基、桥梁、隧道、站场、轨道相应部位按照过轨要求,完成过轨预留和过轨工程护管数量计算,并形成统计表格,纳入文件说明。

(7)路肩上各种设备要与路基检查台阶口避开

研究区间及车站范围内如何避免路基检查台阶口与站后专业设备相互干扰的问题,采取核对确认等措施。

统计出路基和桥涵检查台阶口位置。在路肩上设置设备、接触网柱时，应避开检查口位置，如果不能避开时，提出需求，路基、桥梁检查口位置进行相应调整。

(8)路基U形槽、挡土墙基础与接触网支柱、声屏障、雨棚柱基础结合系统设计

路基设计应考虑为站后设备的设置预留条件，并同时满足各自技术要求。接触网支柱、声屏障、雨棚柱基础原则上应与特殊路基地段U形槽、挡墙等基础合设。

6. 四电系统

(1)房屋建筑要求

不论是独栋的四电房屋，还是站房类综合建筑内的四电设备房屋，房屋净高、进深和开间均要满足设备布置、设备维护检修和消防要求。有工艺关联的房屋要比邻布置，但要避免出现电磁干扰，必要时可采取屏蔽措施降低或避免干扰；设备房屋要远离上下水、供热管道，电力设施布置应靠近负荷中心。

有工艺要求的房间要做好沟、槽、管、洞和预埋件预留，特别是大型站房门厅、候车厅安装动态旅客向导屏(牌)要综合考虑总体布局效果、安装方式，确定相关结构计算、结构设计预埋设计。

(2)采暖通风要求

各类通信机房、信号机房和信息机房内设备运行的安全可靠性与其运行环境优劣密切相关，这类生产房屋应按照相关标准配置机房专用空调，保证室内温度、湿度等指标满足设备安全运行需要。

牵引变电所、分区所、AT所和电力变配电所的高压设备间应设置通风设备，满足日常通风和事故状态下强排烟要求。在严寒地区，以上房间冬季还应有保暖、采暖设备。

(3)隧道内设备洞室综合布置系统设计

在满足相关设备使用功能要求、方便维修的前提下，合理确定隧道内综合洞室的位置、尺寸、布局。引入综合洞室的强、弱电缆不得同沟或交叉布置，做到排列有序、防护到位；确保需要纳入综合接地系统的各设备实现等电位连接。

(4)信号楼综合防雷系统设计

系统研究综合防雷系统设计原则、标准，合理确定建筑物雷电防护、综合接地装置、室内机房屏蔽及信号设备的防护设计方案。

综合信号、房建、电力设计，研究可实施的综合防雷设计方案，做好室内机房防静电地板下的铜箔带屏蔽网铺设、接地汇集线及其与机柜和屏蔽网连接设计，并研究与房屋主体工程同步实施方案；设置建筑物屋顶避雷带、避雷网、引下线、预留的接地端子板、基础接地体、室外环形接地装置及其与室内接地线汇集线的连接线(接地线)。

(5)综合接地

综合接地系统以沿线敷设的贯通地线为骨干，充分利用桥梁、隧道、路基地段构筑物设施内的接地装置作为接地体，形成低阻等电位综合接地平台。沿线路基、桥梁、隧道、车站范围设置贯通综合接地线，各设备专业根据贯通地线总体方案，将设备进行接地连接。

7. 车站建筑工程

(1)大型客站排水系统方案设计

系统研究车站的综合排水设计,包括站房排水系统和车场排水系统。研究站房排水系统与车场排水系统之间接口是否准确,研究车场排水系统设计方案,包括房屋、雨棚顶部雨水排放,车场排水设备规模,车场排水出口,横向排水槽出路与路基挡墙的关系等。车站排水系统与市政管网衔接的综合设计问题。

(2)大型客站雨棚柱与接触网支柱结合设计与调整线间距系统设计问题

当车站采用线间立柱雨棚设计方案时,需要系统研究车场内雨棚柱与接触网支柱结合设计的问题,研究柱网结合设计与到发线的线间距关系,确定合理的线间距。系统研究雨棚柱、接触网支柱与车场内综合管线、各种设备综合协调的设计原则。本着系统方案最优原则,完成雨棚柱与接触网支柱合设的设计方案,提出支柱外围尺寸;综合考虑车场排水、管线布置、设备布置等因素,合理确定到发线与雨棚柱的间距。

当车站采用站台立柱雨棚时,接触网柱布置在线间,需要研究二者间距匹配问题,接触网柱间距大,一般要求设置接触网柱的断面同时设置雨棚柱,在此基础上进行雨棚柱加密。

(3)大型客站沟、槽、管、线、柱、塔综合布置方案研究

研究车场内各种给排水管沟、卸污管路、电缆槽、各种设备的综合协调设计原则和合理设计方案,结合施工顺序,研究协调设计需要采取的措施及成果。系统研究车场内沟、槽、管、线综合协调设计原则和合理的布置方案,并绘制综合管线图。

(4)车站站房、旅客地道装修系统设计

站房、旅客地道的装修设计是一项复杂的系统工程,工程设计与装修设计要统筹考虑,充分考虑旅客流线、站房、地道的高程及净空的衔接等因素,结合各种设施安装位置及墙体外露构件和建筑风格,系统研究站房、地道装修方案。

(5)大型客站站房室内综合管线系统设计

系统研究综合管线(包括给排水、消防、空调管路,电力、通信、信息综合布线)的设计原则、标准。综合管线布置方案在满足实用功能的前提下,达到规范、协调、美观的要求。

8. 动车运用及基础设施维护

(1)动车运用设施

动车组检修修程分为一、二、三、四、五级,其中一~二级主要进行动车组整列检查作业,三~五级主要进行动车组的分解检修作业。动车运用所主要承担动车组的整备、一二级检修、临修和存放作业,应设置在路网客运中心和始发终到客流较大的地区,其设置、建设、维护应符合相关规范、规定,满足快速检修、安全可靠、高效运营的技术要求。对始发、终到动车组列车数量较多的大型枢纽,须统筹研究枢纽内的动车所建设规划,合理确定动车所布局和规模;对于建设工期相近的多个高铁项目配套合建的动车所,宜合并设计、同步施工、一次建成;动车所应按近期规模建设、远期规模征地,预留足够的发展条件,后期改扩建施工难度大、成本高的检修设施,应按远期规模一次建成。

(2)综合维修设施

高速铁路基础设施的维修作业大致分为"检测"与"维修"两大类,其中检测作业大体上可以分为"动态检测"与"静态检测"两部分,而维修作业大体上可以分为"周期性维修"与"日

常维修”两类，各层次各类别的作业共同保证了各类基础设施的良好状态，为高速铁路系统的安全服役提供了基础。

在维修组织管理设计上，一般应将检测作业机构、维修作业机构分开设置，满足“检修分离”的作业需求。在底层作业管理中，一般应采取分专业作业队的模式，满足“专业强化”原则；上层维修管理层面，应采取综合集中的模式，以简化机构设置，便于设施设备的集中利用。

维修设施是指在为各类维修作业提供服务及保障的工程设施，具体功能有为各类维修设备的运用、维修、保养、试验、维修物资的集散、使用以及维修人员的办公生活等提供保障条件。

维修设施自上而下分为综合检测车运用设施、大机运用设施等路网性设施，以及维修车间、维修工区、维修值守点等线路性设施两大类。其中路网性设施一般应根据全国路网或区域路网统筹设计，在工程项目建设中通常独立立项，而不包含在常规的高速铁路工程项目中。线路性设施一般根据具体高速铁路的建设方案，在沿线设置的负责高速铁路本线的日常作业设施，通常跟随高速铁路工程项目一并建设。

9. 绿色通道

铁路工程绿色通道建设应遵循因地制宜、安全可靠、经济适用、易于管护、兼顾景观的原则，采用植物防护与工程防护相结合的措施。

系统研究全线绿化、工点景观设计标准，包括路基两侧绿化设计、路基坡面防护（绿化）设计、站区绿化、重要工点（隧道洞口、车站建筑、桥梁等）景观设计，使全线绿化、工点景观设计美观、经济、实用。

区间路基、桥梁桥下和桥墩（台）处边坡、隧道洞口边仰坡，要采用一致的设计原则，绿化工程衔接顺畅。

站区绿化根据建筑设施布局，总体规划，统筹安排，充分利用可绿化空间，并与周围环境相协调。

绿化采用乔灌结合，不得影响可视信号瞭望、旅客乘降。

10. 施工组织

施工组织设计以主要工程（路基、桥梁、隧道等线下工程，轨道工程，大型站房，站后工程等）内容和分布情况为基础，侧重控制工程、重难点工程的施工组织方案设计，进行综合技术经济比选，提出建设总工期的意见；对各专业工程施工方案、施工方法、资源配置、大型临时工程和过渡方案进行设计，为编制概（预）算和分年度投资提供基础。

11. 健康监测

高速铁路对安全性要求比普速铁路更高，各种结构物除了在设计、建造时要满足相应的标准和技术要求，还有必要在运营期间进行监测和数据收集，及时对数据进行处理，按照事先确定的评估方法与限值要求，对结构物的健康状况进行评估，为养护、维修和管理决策提供依据和指导。

健康监测系统是一个集结构分析计算、计算机技术、通信技术、网络技术、传感器技术等高新技术于一体的综合系统工程。健康系统设计应遵循长期可靠性、技术先进性、可操作性和易维护性、实用性、经济性的原则。

监测的主要内容：

(1)桥梁地段：主要包括桥址环境监测，桥梁变形监测，桥梁结构应力监测，桥梁结构动力响应监测以及桥梁结构耐久性监测。

(2)隧道地段：包括交通运行环境、结构变形、荷载内力监测、结构耐久性、周边环境监测等。

(3)路基地段：包括交通运行环境、结构变形、荷载内力监测、周边环境监测等。

(4)轨道：包括伸缩调节器、长联连续梁梁端等特殊地段。

(5)大型站房：主要包括荷载作用及环境监测、结构整体响应监测与结构局部响应监测。

①荷载作用与环境监测内容包括列车荷载、风、雪、温度、地震作用等；

②结构整体响应内容包括结构动力特性、变形、位移等；

③结构局部响应包括构件局部应变、应力、裂缝等。

2.7 风险管理

随着列车速度的提高、行车密度的加大，高速铁路系统中所蕴含的不安全因素也相应加大，安全性要求更高。因此，高速铁路需加强安全性设计，将安全设计、风险管理贯穿于勘察设计全过程。

2.7.1 一般要求

铁路建设工程风险管理应将铁路建设工程中可能发生的各类风险降低至合理、可接受的水平，为实现铁路建设工程的安全、稳定、质量、环境、工期、投资等目标提供技术保障。

铁路建设工程风险按风险因素的来源可分为自然风险、社会风险、地质风险和技术风险等。按风险产生的后果可分为安全风险、稳定风险、质量风险、环境风险、投资风险、工期风险和第三方风险。

风险事件发生的后果可分为人员伤亡、稳定影响、环境影响、经济损失、工期延误和功能缺失。后果等级按严重程度分为灾难性的、很严重的、严重的、较大的、轻微的五级。铁路建设工程风险等级可根据风险事件发生的概率等级和后果等级分为极高、高度、中度、低度四级。

风险管理工作应针对各阶段工作目标开展。各阶段风险管理工作主要内容为：可行性研究阶段，辨识并规避影响主要技术标准、线路方案及重大工程方案的风险；初步设计阶段，全面开展各专业的风险评估，制定风险控制措施；施工图阶段：核查风险因素、风险事件，完善和细化风险控制措施。

2.7.2 风险管理流程

风险管理应按照风险计划、风险评估、风险控制、风险后期评估进行管理，基本流程如图2.14所示。

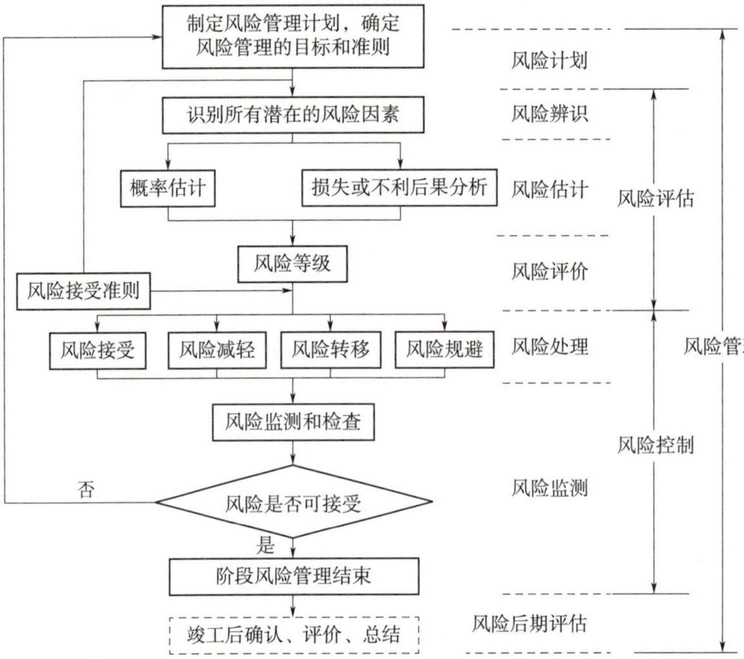

图 2.14 风险管理基本流程

2.7.3 设计各阶段风险管理要点

1. 可行性研究阶段

可行性研究阶段应对影响项目主要技术标准、线路方案、重大工程方案、环境保护、工程投资、建设工期等的风险进行管理，并对征地拆迁、施工扰民等社会环境影响开展稳定风险评估工作。

可行性研究阶段风险处理应以规避风险为主，对极高、高度风险提出线路优化调整方案。

可行性研究阶段风险管理宜按图 2.15 所示流程开展。

可行性研究阶段应重点对影响项目功能和社会稳定的风险进行管理。应加强区域地质和重大地质构造、重大不良地质风险因素的辨识，判断其对线路方案、重大工程的影响。

2. 初步设计、施工图阶段

初步设计阶段应全面开展风险评估工作，重点对铁路建设工程的工程方案、投资规模等进行风险管理。施工图阶段应重点对已辨识的风险进行全面核查，评估新出现的风险。

初步设计阶段应通过风险管理，采取合理可靠的风险处理措施减轻或规避风险。施工图阶段应结合初步设计方案，完善与细化风险处理措施，提出施工阶段风险控制指导意见。

初步设计阶段风险管理宜按图 2.16 所示流程开展。施工图阶段风险管理宜按图 2.17 所示流程开展。

(1)典型风险因素

①自然风险因素

此风险因素包括重大基础设施及既有建(构)筑物，环境敏感区、军事保护区，洪水、冰冻、风沙、雪崩等自然灾害，暴雨、强风、雷电、极寒等极端气象条件，大江、大河、地下水等自然条件，其他。

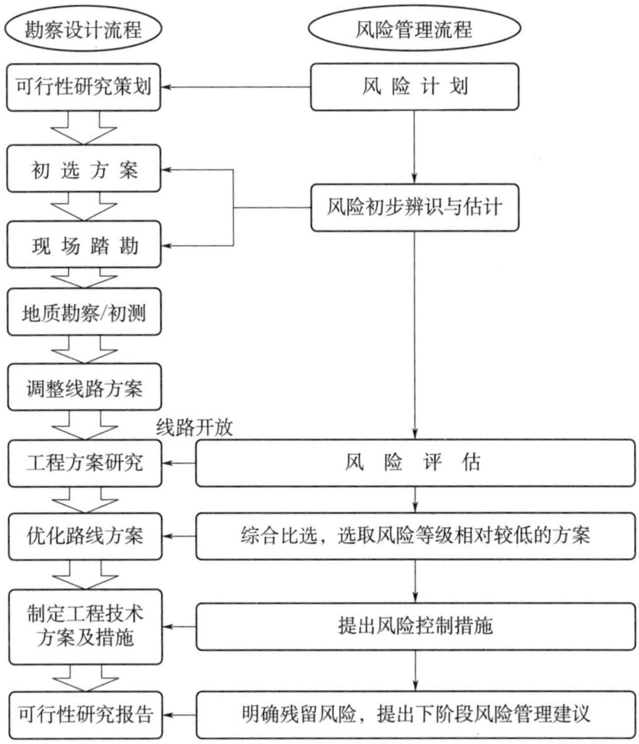

图 2.15 可行性研究阶段风险管理流程

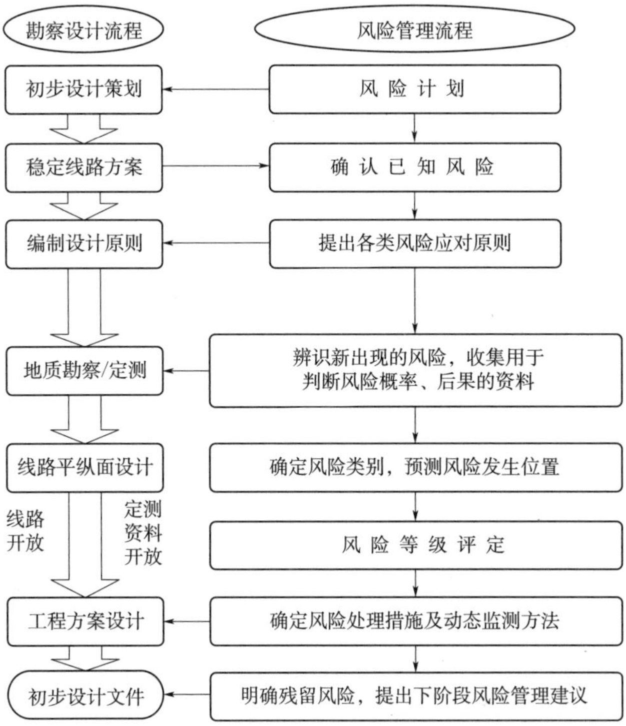

图 2.16 初步设计阶段风险管理流程图

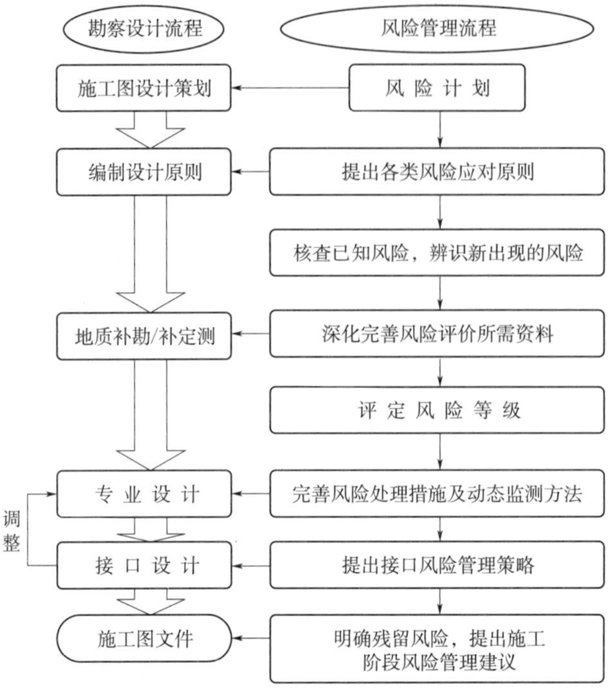

图 2.17　施工图阶段风险管理流程图

②社会风险因素

此风险包括征地拆迁、管线迁改、沟渠改移、道路改移，邻近的既有各类建(构)筑物，自然和生态环境，其他。

③地质风险因素

此风险包括滑坡、岩堆、泥石流、危岩落石，顺层、断层、地震烈度，软土、冻土、膨胀土、黄土、盐渍土、填土、风积沙，岩溶、暗河，区域沉降，煤层及采空区，瓦斯、浅层天然气等有害气体，高地应力，高地热等。

④技术风险因素

此风险包括新技术、新工艺、新设备、新材料应用，材料、构件、产品、设备选型及许可认证，系统以及工程接口，特殊结构及技术复杂工程，高陡边坡防护，深大基坑围护，迁改及保护、防护方案，其他。

(2)风险管理技术要点

①自然风险评估

全面查明对工程有影响的自然风险因素，评价工程外部环境对设计方案、工程措施等的影响程度，落实各项防治工程措施。

结合环境影响评价、水土保持方案、土地复垦方案等评估报告及主管部门审查批复意见，全面核查工程对生态、声、振动、空气、地表水、地下水、电磁等各项环境因素的影响程度及范围，详细评估工程对环境的风险，落实各项生态环境保护及污染防治措施。

②地质风险评估

全面查明地质风险因素，评价区域地质条件或人类工程活动形成的不良地质、特殊岩土对线路方案、工程措施的影响程度，避免漏判、误判重大不良地质的风险。

查明长大隧道的水量、水质、岩溶、有害气体、高地温、高地应力条件和围岩稳定性等风险因素。

对特殊路基工点，高墩大跨桥的岸坡稳定性开展地质勘察工作，查明风险因素。

应用地震安全性评价、压覆矿产资源评估、地质灾害危险性评估工作主要结论，详细评估地质风险。

③线路工程风险评估

全面辨识各种重大不良地质、特殊岩土、环境敏感区、涉密区、重大基础设施和建(构)筑物等风险因素，检查易燃易爆危险品仓储及其运输装卸点等与建设项目的安全距离。

辨识线路平面、纵断面适应性的风险，确保铁路工程系统功能的实现，规避因平面、纵断面设计不当影响项目整体功能实现或造成运营设施不能安全使用的风险。

辨识影响铁路安全保护区、铁路线路防护设施设置等的风险因素，对新辨识的风险应优先通过调整平面、纵断面进行规避或减缓。

④轨道工程风险评估

全面评估在腐蚀、高热、高寒等特殊环境下轨道结构使用的风险，落实轨道结构风险防治措施。

开展桥梁上无缝线路及桥上钢轨伸缩调节器设置的安全性和可靠性风险评估。

⑤路基工程风险评估

开展不良地质、特殊岩土的路基工点、高陡边坡、长大深路堑、深厚软弱地基风险评估。

开展自然灾害、极端气象条件下路基工程风险评估。

开展高寒地区、季节性冻胀地区、区域沉降变形地区等特殊地区路基工程风险评估。

开展邻近既有线路路基工程风险评估。

⑥桥梁工程风险评估

全面评估自然风险因素对桥梁工程的影响，包含易受强风、雷击影响的高耸结构物，受外物撞击影响的墩台，受江、河水文控制及容易引起河道变迁的桥梁工程等。

开展不良地质、特殊岩土地段桥梁工程风险评估，全面评估区域沉降地区地下水位变化等地质风险因素对桥梁工程影响。

开展高陡边坡、立体交叉和邻近既有线路等技术复杂桥梁工程风险评估。

⑦隧道工程风险评估

开展隧道洞口边仰坡工程、不良地质洞口工程、不良地质洞身工程、大型弃渣场工程等风险评估。

开展滑坡坍塌、煤层与瓦斯突出、瓦斯燃烧爆炸、突水(泥)等不良地质及特殊岩土地段突发性风险评估。

对影响水环境、邻近既有线路及建(构)筑物、环境敏感区等隧道工程进行风险评估。

⑧站场工程风险评估

开展道岔选择及布置与线路设计行车速度、线路平纵断面及线下工程的匹配性等风险评估。

开展既有车站、场(段所)改扩建工程对营业线运营安全、运营质量影响等风险评估。

开展站场布置与站后设施功能的协调性，大型站场总布置占用、穿越、拆迁环境敏感区及重要建（构）筑物等风险评估。

⑨电力工程风险评估

开展电力变（配）电所、箱变选址的地形条件，不良地质条件和道路引入等风险评估。

开展外部电源接取方案和特殊气象条件对电力设施影响的风险评估。

⑩电气化工程风险评估

开展牵引供电设施选址的地形条件和不良地质条件、道路引入、牵引供电能力及接触网分相设置等风险评估。

开展特殊气象条件、环境污染对牵引供电设备影响的风险评估。

⑪通信工程风险评估

开展通信系统方案，设备容量，与既有系统互联互通、过渡、割接，防雷接地等风险评估。

开展接口工程的合理性风险评估。

开展新设备、新技术应用以及综合系统可靠性风险评估。

⑫信号工程风险评估

开展设备兼容性、工程技术方案可靠性风险评估。

开展特殊环境、极端气象条件对信号设施影响的风险评估。

开展新设备、新技术应用以及综合系统可靠性风险评估。

⑬防灾安全监控系统工程风险评估

开展监控系统的监控方案风险评估。

开展监控系统的监控范围风险评估。

开展新设备、新技术应用以及综合系统可靠性风险评估。

⑭房屋建筑工程风险评估

开展特殊及复杂结构、深基坑围护工程、邻近既有线工程风险评估。

开展极端气象条件下建（构）筑物的附属及二次结构风险评估。

开展站房接口工程、监测工程可靠性风险评估。

⑮动车、机车、车辆工程风险评估

开展段址的地形条件和不良地质条件风险评估。

开展动车、机车、车辆运用及检修工艺风险评估。

开展油库及设施的安全性风险评估。

⑯电磁兼容风险评估

开展电磁兼容方案的可实施性风险评估。

开展机场、卫星地面站、雷达站等敏感地带的防护方案风险评估。

开展防护迁改方案的可实施性风险评估。

3 经济运量与运输组织

合理确定项目运量水平，是项目决策和研判技术标准的重要依据。列车开行方案是旅客运营工作的组成部分，是旅客运输组织的核心问题，为后续专业设施设备配置的标准和数量的计算提供依据。本章介绍高速铁路运量预测流程、方法以及运输组织设计等内容。

3.1 经济运量

高速铁路运量是决定线路技术标准、工程设施规模、设备数量和类型的基础，也是制定运营模式、行车组织方案和进行经济效益分析的主要依据，运量预测的水平和质量，将直接影响到项目决策的科学性。高速铁路客流的准确把握和预测是运能分配、产品设计以及制定营销策略的基础。在激烈的市场竞争中，只有随时掌握客运市场的动态变化，快速调整运输生产计划和营销策略，才能不断巩固高速铁路的竞争优势。

高速铁路列车开行方案在铁路运输组织中占有极为重要的地位，它规定了列车的运行区段、列车种类及开行对数等内容，是高速列车开行的框架计划，是旅客列车运行计划的重要组成部分。如何制定一个合理的高速铁路旅客列车开行方案，是列车运行图编制人员面临的核心问题。良好的高速铁路旅客列车开行方案能较好地反映旅客运输的经营策略，并可提高旅客运输的经济效益和服务水平。

3.1.1 高速铁路客运量设计的一般流程

1. 高速铁路客流分类

旅客是铁路运输服务的对象，列车是铁路运输服务的载体，对客流的正确理解有助于加强运输的服务能力、提升运输的服务品质。

(1)客流的含义

当旅客根据出行需要，按照自己的支付能力，选择一定的运输方式，在一定时间和空间范围内做有目的的移动，便形成客流。根据自身需求，通过铁路运输方式完成其在时间和空间上有目的移动的旅客集合称为铁路客流。

客流是对旅客有目的的流动的宏观描述。客流由流量、流向、流距、流时四个要素组成，分别表示客流的数量、方向、行程和客流产生的时间。

(2)客流的种类

由于旅行目的、乘车距离以及旅客消费水平等不同，旅客要求铁路提供的运输服务也会有所差异。铁路应根据不同层次旅客的需求差异，合理组织旅客列车的运行，提供良好服务。

①按照旅行距离或旅行时间分类

根据运输距离可将客流分为短途、中途和长途客流三类，其划分标准随着铁路运输速度变化而有所改变。

短途客流:短途客流指旅行距离一般在 500 km 以内(时间在 2 h 以内)的铁路客流。例如,在我国京津冀、长三角和珠三角这三个城市密集区内,各城市之间的距离较小,人员交流极为频繁,因此这三个区域是短途高速客流的重要源头。短途客流大多具有乘降时间集中、滞留时间短、携带物品少等特点,该类型旅客对运输价格的敏感度较高,对餐车的需求较少。

中途客流:中途客流指旅行距离一般在 500 km 以上,1 000 km 以内(旅行时间在 2~6 h 之间)的客流。中途客流多在某个区域经济带的各个城市间流动,分布范围较广较分散,如沈阳—大连等。中途客流主要由区域经济带相关地的居民构成,出行特征具有地域性差别,客流规模也与区域城市带的人口,经济一体化组团关系密切。该类型的旅客出行目的以商务、通勤等为主,旅游、探亲等为辅。

长途客流:长途客流指旅行距离一般在 1 000 km 以上(旅行时间超过 6 h)的客流。此类客流多发生在人口密集,经济发达都市圈或城市带,贯穿主要大、中城市,处于主要的运输通道上。如京沪、京广、京哈、陇海、浙赣等线路,客流量大且集中,节假日波动也较大。

②按照铁路局管辖范围分类

根据铁路运输及其管理的特点,一般将客流分为直通客流和管内客流。行程跨及两个铁路局及其以上的客流称为直通客流。通常,直通客流的旅行距离较长,在途时间也较长。行程在一个铁路局范围之内的客流称为管内客流。通常,管内客流的旅行距离较短。随着高速铁路网的逐渐完善,高速铁路的直通客流发送量呈不断上升的趋势。

③按照客流成分分类

旅客运输构成按出行目的可以分为公务性与私务性两大类,其中公务性出行包括商务、通勤、会议等;私务性出行包括旅游、探亲、务工等。不同成分客流的出行规律存在较大差异。例如,旅游客流一般在十一黄金周、端午、五一、中秋等小长假时期大量涌现,学生客流集中在寒暑假的开始与结束阶段。此外,不同消费层次的旅客对旅行条件的要求存在较大差异,例如,商务客流注重列车的正点率与舒适性,旅游客流要求便捷的出行时间。

总体来看,高速铁路客流主要包括商务流、学生流、旅游客流、探亲流与通勤流等。其客流特征存在明显差异,对应组织措施也存在差异。

④按照列车运行区段分类

由于不同设计速度的高速铁路、普速铁路在技术设备方面存在差异,因此高速铁路相对独立地运行。根据列车运行的区段不同,将客流分为本线客流和跨线客流。

本线客流指起终点均在某条铁路线的客流。本线客流组织较为简单,通常全程采用直达列车运输。

跨线客流指起点与终点分别在不同铁路线路上的客流,这种客流通常跨越两条或两条以上铁路线。由于不同铁路线路之间可能存在信号制式不同、缺少联络线、交换客流量小等问题,跨线客流可能无法直接输送,而采用在某些车站换乘的形式。

⑤按照客流来源分类

高速铁路按照客流的来源可以分为趋势客流、诱增客流和转移客流。

所谓趋势客流反映的是整个国家或某一地区由于社会人口的增加及经济总量的增长,使得越来越多的旅客选择铁路这种运输方式出行。趋势客流呈现出连续渐进的增长态势。

诱增客流是指由于交通设施等硬件条件的改变(如新建高速铁路),或者是软件条件的变化(交通管制措施的改进、政策导向的改善等),使得人们心理上产生出行的愿望,进而形成一种客流。这种客流应该是一种从无到有,经历逐步形成、快速增长、逐渐稳定3个阶段。由于高速铁路的正点率较高及其安全、高速度的特性,使得人们的出行需求由隐性转为实际,这便构成一部分流量。例如,周末乘坐武广高速铁路的旅客中,因高速铁路开通而增加了出行次数的人有近60%。

转移客流不是指既有线向高速铁路的转移,而是指基于某运输通道上运输方式间客流分配的一个概念。因此,转移客流是指由于高速铁路的修建并伴随着较好的服务水平,使本通道选择其他运输方式的旅客,改选乘坐高速铁路而形成的客流。

⑥客流的其他分类

根据客流性质特征的不同,客流还有以下类型的分类:

从旅客选择列车的等级上分,可分为高速客流和普速客流。

从客流流动的方向(流向)上分,可分为上行客流、下行客流等。

从客流流动的时间(流时)上分,可分为高峰客流、平峰客流、低峰客流等。

2. 影响客流变化的主要因素

影响高速铁路客流水平的因素很多,大致可以分为旅客自身因素、列车产品相关因素、车站相关因素等三类。

旅客的自身因素主要包括性别、年龄、职业、收入水平、出行目的、出行费用来源等。这些因素中,出行目的是首先需要被关注的要素,其中公务、商务出行主要是公费出行,且对时间要求相对较高,总体上时间敏感度较高而费用敏感度相对较低;而探亲、旅游等出行主要是自费出行,因此总体上对费用相对更敏感。其次,旅客的性别、年龄、职业、收入水平实际上决定了旅客的消费能力及消费观念,这些要素与出行目的相结合,进而对旅客的出行方式选择产生决定性影响。

列车产品相关因素主要包括票价、旅行时间、车站出发及到达时刻、发车频率等因素;车站相关因素主要包括车站选址、车站交通衔接和其他交通方式配套情况、车站票务服务水平、车站舒适度等因素。这些客观因素与旅客自身因素互相影响最终决定了乘客出行是否选择高速铁路,进而影响着高速铁路的客流水平与在综合运输体系中的市场份额。

影响高速铁路客流的因素,有些可以通过铁路设计优化得到改善,进而可以实现充分吸引客流的效果,例如发车频率、车站交通衔接、旅行时间等因素;有些因素则是客观存在的,难以通过设计起到改善的作用,例如高速铁路票价、乘客收入等因素。本节主要针对可以通过优化设计对客流产生影响的因素进行论述,如旅行速度、交通衔接、列车时刻、发车频率、车站选址、售票服务水平等。

①旅行速度

旅行速度是高速铁路运输产品性能最基本的一个体现。速度的提高、旅行时间的缩短,对以高速铁路作为出行首选的旅客来讲,是他们旅行需求的首要因素。同样旅行速度目前已经成为衡量铁路运输企业服务质量的一个重要手段,各类交通方式谁能在最少的时间内完成对旅客的运输,谁就可以在竞争中占据优势,就可以吸引更多的旅客乘坐高速铁路出行。

旅行速度与多种因素相关，除线路最高速度外，开行方案和停站是最重要的因素之一。

②交通衔接

考虑到高速铁路旅客具有较高时间价值的特征，高速铁路旅客对于旅行时间具有较高的敏感度，交通衔接也构成了影响高速铁路客运量的重要因素。高速铁路的交通衔接，从广义上讲包含了本线与其他高速铁路的衔接、与城际铁路的衔接、与普速铁路的衔接，也包含了与其他交通方式的衔接。

从高速铁路与其他高速铁路线路的衔接来看，由于缺乏对高速铁路发展速度的认识、缺乏对铁路枢纽的统一规划，在已经建成的高速铁路中，这种衔接还存在着一定的问题，各线路方向的衔接不到位，如北京铁路枢纽规划中，北京南站承担京沪高铁等方面的高速列车，北京西站、丰台站承担京广方向的高速列车，北京朝阳站和北京站承担东北方向的高速铁路列车，清河站承担西北方向的高速铁路列车，由于缺乏便捷的联系，各方向列车不能实现连通，中转需要通过城市交通来完成，对吸引客流造成了较大的影响。

狭义上讲，交通衔接是指高速铁路与其他交通方式之间的衔接。高速铁路通过高速铁路车站与其他交通方式的衔接主要包括常规公交、出租车、小汽车以及轨道交通等四种交通方式。为了最大限度地缩短乘客的交通衔接时间，有必要对车站主要的衔接方式进行系统的规划，需要从城市规划、交通规划、交通政策等宏观层面入手进行总体研究，并结合各车站特点进行微观分析；同时，交通衔接规划作为交通衔接工程设计的指导性文件，与轨道交通工程、公共交通布局的设计和施工紧密结合，要求具备很强的可实施性。交通衔接设施应该和车站主要的衔接方式作为辅助工程同步设计、同步建设、同步投入使用，从设施供给能力、衔接便捷性、舒适性和安全性等方面进行综合评价，提出交通衔接实施和管理方案，并进行统一管理，以期达到良好的效果。

③列车时刻

旅客在制定出行规划时常常会基于自己的生活习惯、出行目的、不同交通方式的衔接等的不同来考虑不同的发车时刻和到达时刻。调研显示，在旅客出行选择中，最在意的条件分别为列车的发到时刻和在途旅行时间。例如，目前部分长途线路组织开行夕发朝至的动卧列车，能够为乘客节约大量交通衔接和候车时间，对于吸引时间价值较高，且白天时间紧张的乘客起到了很好的作用。因此对行车组织进行优化，合理的组织列车的始发和终到，能够对提高列车服务质量，吸引高速铁路客流起到重大作用。

④发车频率

发车频率反映了运输部门所能提供给旅客运输服务产品的数量水平。列车开行间隔到发时间反映了铁路客运产品的便捷程度，是旅客选择出行方式的一个重要因素。一般来讲，缩短发车间隔，相应增大发车频率，可以加大旅客选择出行的时间范围，并缩短旅客在车站的平均候车时间。较高的发车频率意味着较短的候车时间，能够有效地吸引客流。尤其是对中间站而言，保证一定程度的发车频率，是吸引客流的一个重要手段。

⑤车站选址

对于大中城市，车站选址直接影响了乘客的出行时间，尤其对于一线大城市来说，高速铁路两端接驳城市内部交通所占用的时间长达 1 个小时或者更久，对时间敏感的乘客带来较大的影响。铁路客站是高速铁路建设的重点工程，作为城市的交通节点、铁路与城市之间连接的纽带，是城市与外界进行人流、物流、信息流交换的重要通道和场所。铁路客站从产生起就与城市紧密关联、密不可分，车站的选址关系到乘客到达车站的便利程度，是影响高速铁路客流的重要因素。在车站选址过程中，要系统整合客站与城市的关系，使客站功能的实现与城市发展互相促进。当前中国城市的格局正在发生迅速而巨大的变化，如何使铁路客站建设与城市的快速发展相契合，是未来铁路客站建设的一个非常重要的内容，是体现其系统性的关键因素。车站选址受到线位、地形、地质条件、征地拆迁、工程投资等技术经济因素影响，同时也关系到乘客对交通方式的选择。因此高速铁路车站在进行选址工作的过程中，必须要与城市规划相配合，考虑城市规划要求，符合城镇发展的区域，客站选址在实现铁路运输功能的同时，要适应和满足城市功能布局等方面的需求，以更好地吸引客流，增加高速铁路的客运量。

⑥售票服务水平

良好的车站售票服务水平可以缩短乘客的在站时间，提升乘客的服务体验，有助于提升高速铁路运输的市场竞争能力，吸引客流。现状高速铁路客票的售票服务主要包括窗口售票、自动取票机售票、网络售票以及代售点售票，基本可以满足旅客的运输需求。但是在窗口服务时间、自动售票机布设、自动售票机操作便利性方面仍然存在改进的空间，售票服务质量的提升，应考虑从车站设计、硬件设施以及人员素质等方面全面加强。

⑦列车准点率

高速铁路日常客流以商务流为主，其表现为对旅行时间与效率的极大关注。列车晚点可能会导致高速铁路客流的流失，而有效保证列车的正点率能培养、吸引更多的客流。因此在高速铁路运输组织中，要尽可能地保证列车的准点运行，减少乘客抱怨，增强乘客对列车服务的信任，进而使高速铁路出行成为乘客出行的优先选择。

⑧车站旅客服务系统设计

车站是高速铁路旅客的必经之地，旅客在车站所消耗的时间是除在途时间、集散时间之外最重要的旅行时间构成。高速铁路车站设计中，必须充分考虑缩短旅客流线从而减少在车站所耗费的时间。旅客在车站所耗费的时间一般包括从其他交通方式向铁路候车区域的走行时间、车站中转的走行时间、安检时间、购票取票时间、自检票开始至列车开行的等待时间、出站走行时间、与其他交通方式的换乘走行时间等。如何打破各种交通方式的壁垒，真正实现流线一体化、管理一体化、客票一体化，实现同台换乘、立体换乘，是吸引客流的关键，也是实现高速铁路系统能力最大化的重要措施。

综合分析，影响客流的因素不会单方面发挥作用，而是相互交织、相互作用，客观原因与主观原因互相影响的。如：高速铁路列车的票价和旅行舒适度适中，成为大多数旅客选择交通方式的重要因素；普客虽然票价较低，但是舒适度有所欠缺，选择普客的旅客也就相对较少。

因此在高速铁路工程设计中，必须从满足旅客对时间、成本、舒适度、方便程度等多种因素入手，把满足旅客需求与工程投资、运营成本的节省综合考虑，从而实现高速铁路的设计目标。

3. 高速铁路运量预测思路

高速铁路作为一种快捷、方便、舒适、安全的新型运输方式，它的建成打破了我国原来由公路、铁路、水运、航空组成的客运网络平衡，重新形成了以公路、既有铁路、航空、高速铁路等运输方式的动态平衡。高速铁路运量是决定线路技术标准、工程设施规模、设备数量和类型的基础，也是制定运营模式、行车组织方案和进行经济效益分析的主要依据，运量预测的水平和质量，将直接影响到项目决策的科学性。

铁路运量预测长期沿用的传统预测方法（回归、时间序列、弹性系数、增长率等）和广大设计人员的预测经验，对铁路的建设发挥了重要的决策作用。但随着市场经济的发展和各种运输方式竞争的激烈，传统的计划体制下的预测方法越来越表现出理论上的缺陷。因此引入新型的，有较强理论基础并能科学分析各种运输方式自然分工的预测方法是必要的。

“四阶段”预测法起源于城市交通规划，是一种以起终点调查为基础的运量预测技术。20世纪五六十年代，美英等发达国家对这种预测技术进行了深入研究探讨，达到比较成熟的地步。目前，该种运量预测技术在许多国家已经被视为运量预测的基本方法，近年来在区域交通规划和国外高速铁路项目的设计中已广为应用。

经典的“四阶段”预测法包括出行生成、出行分布、方式划分和交通分配四个阶段。出行生成是将小区交通量的生成与社会经济及土地利用等特性挂钩，以预测小区在预测年度的发生、吸引量；出行分布是将出行生成的结果分配到OD对间；方式划分是将各OD对间的交通量分劈到各运输方式上；交通分配是将各方式的交通量分配到该方式的各条路径上。

针对高速铁路运量预测，虽然高铁涉及范围广，直接、间接吸引区涵盖范围广，但是高速铁路通道特性明显，和运输通道相关交流占各小区总发生量的比重较小；同时各交通区涵盖的地域也较大，相关统计资料收集难度大，预测精度难以保证。因此通常的做法是在通道运量预测中将出行生成和出行分布合并预测。

通常高速铁路运量预测思路为：利用直接需求模型，将社会经济指标、OD间效用指标与交通分布量建立关系，直接预测出各OD对的趋势型分布量；利用“有无比较原则”和重力模型原理建立诱增模型，预测出各OD对的诱增率，从而得到各OD对的诱增分布量；运用方式分担模型，分别对趋势型分布量和诱增分布量进行方式划分，从而得到各运输方式的分布OD；再根据交通小区划分和高速铁路的区段划分，测算出各区段的客流密度。

运量预测在传统“四阶段”预测法基础上，可充分利用当前我国高铁路网的运营实践，注重和同类已建成项目进行对比分析，使运量预测更符合实际。

4. 高速铁路运量预测方法

高速铁路客流预测按照预测的范围、目的、时间以及性质等进行以下分类：

(1)按照预测范围分为宏观预测和围观预测。

宏观预测：是指针对全路客流、某铁路局客流、某条线路客流、某车站全年发送量等的客流总量及构成进行预测，其精度要求一般相对较低。

微观预测：是指针对特定车站、特定日期、特定车次上客流量进行的预测，其精度要求一般相对较高。

(2)按预测时间的长短分为长期预测、中期预测和短期预测。

长期预测：指针对事物在相对较长时间后的发展变化情况进行的预测。

中期预测：指针对事物在中等长度时间后的发展变化情况进行的预测。

短期预测：指针对事物在较短时间内的发展变化情况进行的预测。

不同的领域，划分的时期及长短也各不相同，可以根据预测的需要确定。在传统的铁路客流预测领域，一般把预测周期达 10 年以上的客流预测称为长期预测，把预测周期为 5～10 年的客流预测称为中期预测，把预测周期为 5 年以内的客流预测均称为短期预测。此外，近来也有研究将预测周期与客票预售期相当或类似短时期的客流预测称为短时预测。

(3)按预测的性质分为定性预测和定量预测。

定性预测：通过对事物的属性进行描述性分析来预测，一般用于历史数据不易获得的属性，目的主要在于判断事物未来发展的性质和方向。这种预测综合性强，需要的数据少，能考虑无法定量的因素。

定量预测：以调查统计资料和信息为依据，考虑事物发展变化的规律性和因果关系，建立数学模型，可以对事物未来发展前景进行量化分析。

高速铁路系统中各因素的不确定性、随机性和模糊性决定了高速铁路客流预测的复杂性。相关的预测建模技术发展至今已经形成了众多的说法。一般来说，当运力大于运输需求的时候，客流预测不受运输能力的约束，属于对未来客流量发展趋势的预测，为保证预测精度，使预测量与实际量尽可能地接近，预测方法一般较为复杂，根据预测结果的类型常分为定性和定量两种预测方法，对于定量预测方法，根据数学模型的差异又分为时间序列预测法和因果关系或计量经济模型预测法。

定性预测方法，主要包括专家预测方法、市场调研预测法和德尔菲预测法。时间序列预测法也称为趋势预测法，是铁路部门普遍使用的一种预测方法，这种方法以过去的事情为基础预知未来，其基本假设条件是过去影响市场的各种因素今后仍将继续存在，唯一变化的是时间，因此运输量会随着时间的变化而变化。时间序列预测法主要包括指数趋势预测法和线性趋势预测法。因果关系或者计量经济模型预测法中计量经济模型有一个基本的假设，即铁路运输市场需求会受到一个或多个来自经济、社会和供给等方面因素的影响。按照经济学理论，任何产品或服务的市场需求的高低主要取决于其自身的价格、竞争产品或服务的价格、产品的特性及消费者对其的依赖程度、消费者的个人收入水平以及消费者的消费习惯等。上述任何一个因素发生改变都会影响到该产品或服务的市场需求。计量经济模型就是要建立各种影响因素之间的因果关系，通过预测或改变其中的一个变量来预测或判断市场需求发生的变化。

目前高速铁路运量预测通常采用的方法为“四阶段法”。利用基于“四阶段”预测技术的预测方法不但可以采用科学的理论模型动态分析高铁通道上各方式的合理分工，而且可以分析诸如票价、运行速度等交通属性对旅客选择的影响，还可以通过社会总需求的预测，合理定出高速铁路上运量的来源(诱发、来自既有各方式的转移)，为制定列车开行方案、运营管理模式研究、经济效益分析等提供基础保证。

(1)社会总需求预测

社会总需求预测有增长率法和重力模型法等多种预测技术。增长率法完全基于出行起点和终点的增长特性，利用现状 OD 表推算将来 OD 表，它不能考虑运输网络改进对出行费用的影响，在分析新交通方式引入、新的票价政策制定以及新地区的开发等对运量的影响时无能为力。因此，该种预测方法只能应用于地区间出行不太受空间阻碍因素影响，且地区路网结构不发生大的变化时的短期预测。重力模型是将出行空间阻碍因素与地区增长特性一并考虑的模拟分析法，是一种空间互动型态的模拟预测技术，它利用现状 OD 型态模拟出一种模型，再用模型去预测将来的 OD。

在模型中，通过不同空间阻碍变量的引用，能够考虑路网结构变化、新交通方式引入等影响运量变化的因素。

高速铁路的运量预测通常要考虑在未来不同年度，铁路、公路、航空网络、经济结构都将发生较大的变化，另外旅游资源带来的休闲出行等都将对运量发挥重要影响，因此，高速铁路运量预测中通常采用重力模型法。

(2)出行方式划分预测

影响出行者方式选择的因素，主要有出行者本身特性、出行特性和交通方式特性等三个方面。出行者特性一般指出行者的收入、是否拥有自备车以及家庭结构等。出行特性主要指出行者的出行目的、出行时间分布等。交通方式特性主要包括定量的出行时间(包括在车时间和车外时间)、出行费用(包括票价、附加费、进出站费用等)和非定量的安全、舒适、方便、可靠性等。

(3)诱增运量预测

一种新方式的引入，必然引起运输市场更激烈的竞争，伴随引起广义成本的变化，诱增运量则主要是新交通方式给乘客心理上产生出行的愿望，进而形成的一种客流。这种客流是从无到有的，经历逐步形成、快速增长、逐渐稳定这 3 个阶段。诱增运量预测即采用重力模型的思想，基于高速铁路建成前后广义成本的变化进行预测。

5. 高速铁路运量预测步骤

基于预测方法和预测模型的采用，考虑预测中所需数据的获得性，高速铁路运量预测步骤简述如下：

(1)根据公路、铁路、民航的 OD 调查数据(时间、费用、OD 量)标定效用函数模型。

根据运量预测工作需求，交通调查的基础数据主要包括以下几个方面：

①基年全社会客运 OD，主要包括铁路客运 OD 和公路客运 OD。

②现状及规划年度路网情况，主要包括铁路网、公路网两个方面。

③现状及规划年度社会经济相关数据，主要包括 GDP、全市人口、人均 GDP、规模以上工业增加值、社会商品零售额等。

④现状及规划年度各种交通方式的服务属性，主要包括票价、乘车时间、距离、服务频率等。

⑤现状铁路旅客发送量、各特征区段客流密度增长趋势，现状区域客流分布特征。

⑥沿线地区旅客出行意愿调查，分析本线吸引地区旅客出行特征、构成、目的等。

(2)根据标定的效用函数参数标定重力模型。

(3)根据预测年度各小区社会经济指标和各方式的服务属性，用重力模型进行出行分布。

(4)用基于重力模型思想的诱增运量模型进行诱增运量预测。

(5)用 LOGIT 模型进行方式划分。

(6)计算转移运量。

(7)计算通道高速铁路、既有铁路的旅客运输密度。

6. 运量预测实例分析

2008 年 8 月 1 日，我国第一条时速 350 km 的高速铁路——京津城际铁路开通运营，此后我国陆续开通多条高速铁路长大干线。随着高速铁路组网运营，高速铁路的客流量呈现逐年增长的趋势。以下选取京沪高铁、京广高铁(京石段)为案例，结合铁路规划设计阶段的运量预测结果与实际开通后的客流规模进行对比分析，以此来说明运量预测工作的可信性。

京沪高铁于 2011 年 6 月 30 日通车，是 2016 年修订的《中长期铁路网规划》中“八纵八横”高速铁路主通道之一，京沪通道在南北铁路旅客运输中占有非常重要的地位。2000 年京沪高铁可行性研究报告对京沪高铁 2015 年、2020 年运量水平进行了预测，根据预测结果，到 2015 年京沪高铁运输密度将达到 3 720 万人/年，到 2020 年运输密度将达到 4 487 万人/年。截至 2019 年，京沪高铁已经开通 9 年，近 9 年来京沪高铁客流密度见表 3.1。

表 3.1　京沪高铁区段客流密度统计表　　单位：万人/年

区　段	2011 年	2012 年	2013 年	2014 年	2015 年	2016 年	2017 年	2018 年	2019 年
北京—上海	658	1 560	1 923	2 458	2 839	3 226	3 785	4 118	4 553

根据 2000 年可研的预测研究结果，京沪高铁到 2015 年，单向客流密度将达到 3 720 万人/年；到 2020 年，单向客流密度将达到 4 487 万人/年。根据国铁集团统计数据，截至 2019 年京沪高铁客流密度已经逾 4 500 万人/年，距离已超过 2020 年预测结果相差约 8%，随着近两年客流量的进一步增长，2020 年实际客运量与原来的预测结果较为接近。

京广高铁于 2012 年 12 月 26 日建成通车，是我国《中长期铁路网规划》“八纵八横”高速铁路的重要“一纵”，被誉为世界上运营里程最长的高速铁路。根据 2005 年京广高铁(京石段)的可行性研究报告，京广高铁(京石段)近期设计年度 2020 年，远期设计年度 2030 年，其中预测近期客流密度 3 779 万人/年，预测远期客流密度 4 894 万人/年。截至 2019 年，京广高铁开通运营 7 年，近 7 年的京广高铁(京石段)客流密度见表 3.2。

表 3.2　京广高铁区段客流密度统计表　　单位：万人/年

区　段	2013 年		2014 年		2015 年		2016 年		2017 年		2018 年		2019 年	
	上行	下行	上行	下行	上行	下行	上行	下行	上行	下行	上行	下行	上行	下行
北京西—安阳	1 237	1 261	1 533	1 564	1 674	1 699	2 006	2 029	2 300	2 303	2 663	2 659	3 376	3 384

根据可研阶段的预测研究结果，京广高铁到 2020 年，单向客流密度将达到 3 779 万人/年；根据最新的统计数据，截至 2019 年京广高铁客流密度已经逾 3 300 万人/年，已经接近实现预测运量的 90%。

7. 运量预测设计展望

使用计量经济模型预测法的第一步是确定自变量(即影响因素)，并对自变量进行分析；第二步是确定因变量(即客运量)与自变量之间的函数关系，即建立预测数学模型，通常使用的是回归模型和引力模型；第三步是模型校准，即对自变量和因变量之间的数学表达式进行测试，如果测试的结果证明数学模型能够成立，分析人员就可以进入到最后一步；第四步，预测自变量或使用他人的预测数据来预测因变量(运输量)。目前运量预测结果较高速铁路开通运营后的运量水平还是存在一定差异，主要表现为：

• 对建设项目的初期运量估计过于乐观，高速铁路建设项目开通初期运量往往较低，需要经历客流的培育期，客流的增长速度会逐渐增长。

• 对建设项目的近远期运量估计不足，以京沪、京津、沪杭、广深等几条既有高速铁路为例，经历的开通初期的客流缓慢增长期后，客流呈现快速增长，实际客流需求要大于设计阶段的客流预测值。尤其是随着我国高速铁路的组网运营，为高铁运量的快速增长带来了充足的客流支撑。

客流预测的不准确，主要原因是对未来经济、人口以及出行特征缺乏准确的判断，因此现在采用的方法也在不断地改进、更正。对于相关模型理论的学习研究，为我们进一步优化现在广泛应用的“四阶段”预测方法，提供了改进的思路。“四阶段法”一般采用重力模型作为直接需求模型，需要大量的国民经济数据。在对未来的经济指标相关数据掌握不是很全面的情况下，若用重力模型，不但运算繁琐，还会严重影响预测结果的精度。灰色预测法是一种对含有不确定因素的系统进行预测的方法，可以用较少的数据建立模型进行预测。由于所能掌握的经济指标相关数据有限，因此，可采用灰色模型代替重力模型作为直接需求模型。同时，针对高速铁路运营后会产生相应数量的诱增客运量的情况，可以采用 Logsum 算子估计高速铁路建成前后各种运输方式广义成本的变化，从而推算高速铁路投入运营后可能产生的诱增客运量的比例。

在方式选择和分配方面，“四阶段法”的主要模型有集计模型、非集计模型两类，一般采用 Logit 集计模型对高速铁路的市场份额进行估计。

基于以上分析，形成的“改进四阶段法”的主要步骤如下：

(1)针对新线高速铁路通道运输系统实际，估计各运输方式的效用函数。

(2)建立高速铁路通道旅客直接需求模型，预测未来年度在没有高速铁路条件下的客流。

(3)建立诱增客流预测模型，计算客运专线投入运营后产生的诱增客运量。

(4)建立运输方式分配模型，计算各运输方式的客运量。

另外，可以通过引入尽可能多的经济、社会和供给等方面因素的指标，来充分考虑社会、经济、人口、乘客需求改变以及高铁组网运营后带来的运输需求的变化。同时，积极开展 SP 和 RP 问卷调查，积极结合手机信令数据及大数据技术，开展已开通线路的后评价，深入把握乘客对于运输服务的需求，分析已有运量工作的不足和误差原因，有助于模型参数标定的进一步优化，从而尽可能提高运量预测的精度和质量。

8. 我国高速铁路建设经验与启示

于 2007 年 4 月完成的第六次既有铁路“大提速”开启了中国铁路动车组时代。2008 年新一代高铁客运专线开始运营，迅速确立了其在交通工具领域的竞争地位，运营第一年旅客发送量就超过 16 万人次。2008 年至 2019 年间，铁路总客运量持续以 8.5%的年增长率增长，交通构成同时发生了巨大的变化，传统铁路运量年均增速放缓，动车组运量年增长率较大，呈现了快速的增长趋势。

高速铁路的优势是速度快、能力大、舒适安全、准点率高、几乎不受天气的影响。在中国，高速铁路的开通运营对民航和公路运输产生了冲击，与民航的竞争主要是中长距离，与公路的竞争主要是中短距离。以下以京沪和京广两大通道为例进行分析，分析随着高速铁路的开通运营，高铁客流的增长以及主要通道运输结构的变化。

京沪高铁于 2011 年 6 月 30 日开通运营，运营里程为 1 318 km，时速 350 km，目前北京至上海运行时间最短的列车只需要 4 h 18 min。京沪高铁是中国最繁忙的铁路之一，2019 年旅客发送量达到 2.15 亿人次，旅客周转量 956.1 亿人公里，较 2012 年旅客发送量 5 481 万人，完成旅客周转量 36 424 百万人公里，年均增长率达到 20%。

京广高铁于 2012 年 12 月全线开通运营，是世界上运营里程最长的高速铁路，运营里程 2 298 km，运行时间最短的旅客列车耗时 8 h。自 2012 年底通车运营以来，京广高铁旅客发送量和旅客周转量增速明显，年均增长率接近 20%。

伴随高速铁路开通运行，通道内客流快速增长的同时，通道的运输结构也会产生非常明显的变化。高速铁路凭借着较高的旅行速度，高铁车站与城市空间布局的合理结合，迅速获得了较高的市场占有率，尤其在 1 200 km 以内的出行距离内，高速铁路相比其他运输方式具有强劲的竞争优势。京沪高铁和京广高铁开通后，通道内长途客流运输结构如图 3.1～图 3.4 所示。

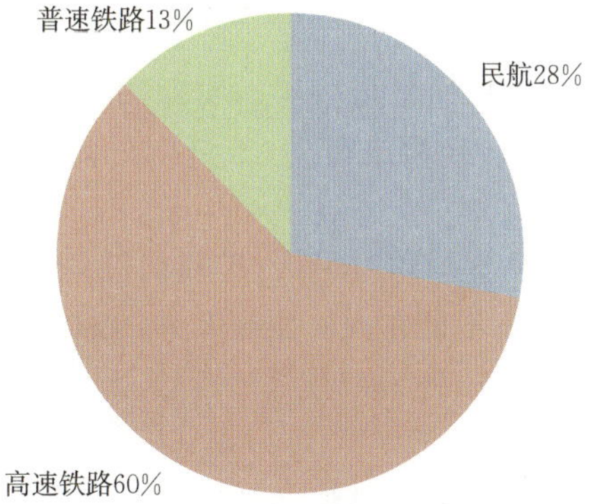

图 3.1 北京至南京长途客流运输结构示意图

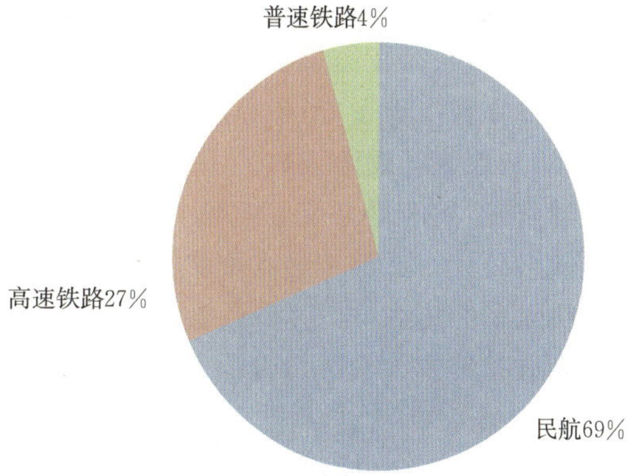

图 3.2 北京至上海长途客流运输结构示意图

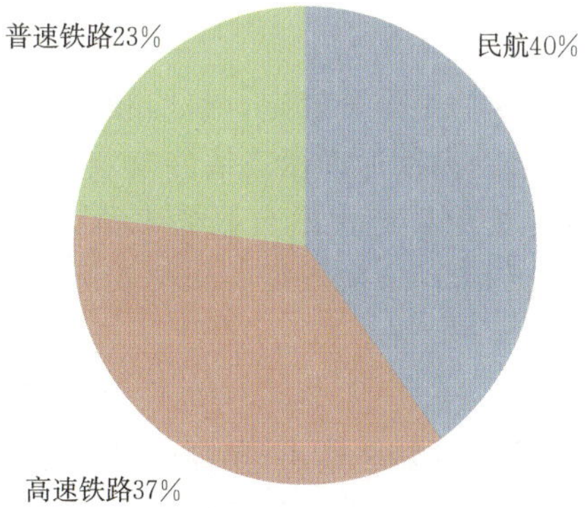

图 3.3 北京至武汉长途客流运输结构示意图

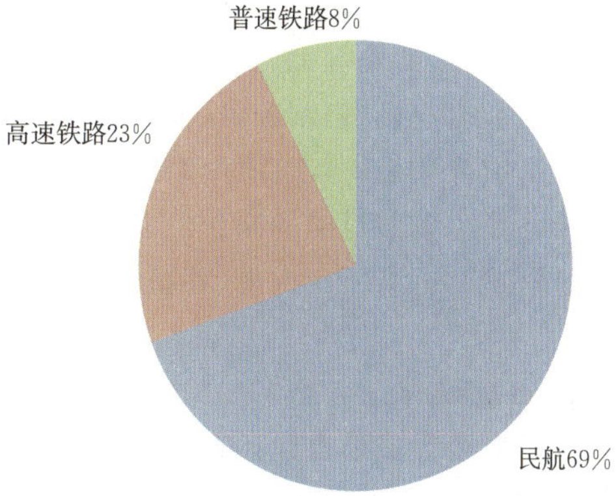

图 3.4 北京至长沙长途客流运输结构示意图

根据京沪和京广高铁开通前后，民航客流的变化情况，以及民航、高速铁路和普通铁路的客流分担率，结合相关研究成果可以看出：高速铁路与民航的竞争集中在中长途，800 km 被认为是重要的分界里程；800 km 以内，高速铁路相比民航优势明显，很多航线因为高速铁路的开通客流骤减，航班数随之减少甚至取消；800 km 以上，高铁和民航开始竞争，距离越远，民航越有优势，距离越近，高铁越有优势。在 800～1 200 km，高速铁路与民航竞争最为激烈。双方都有一定的市场空间，这时候高铁车站和机场距离城市的距离、来往高铁车站和机场的便利程度、发车频率、票价、舒适度、正点率等因素将综合影响乘客的选择。

总的来看，随着新建高速铁路不断投入运营，高速铁路客流快速增长的同时，通道内运输结构在不断调整和优化，高速铁路逐渐成为城市间旅客出行的骨干交通方式，伴随着高铁服务质量的不断提升，其在综合运输体系中的竞争力日益凸显，在建设项目运量预测过程中对于交通方式的划分模型也需要不断的改进和修正。

3.1.2 高速铁路客运量设计

1. 车站客运量的设计

车站客运量的设计包括车站旅客发送量、车站最高聚集人数等。车站旅客发送量、车站最高聚集人数的设计要符合项目所在地旅客出行的实际情况，要充分考虑与其他运输方式（公路大巴、小汽车、航空、水运等）的分工与衔接，满足旅客出行需要。

（1）车站旅客发送量

车站旅客发送量，是指办理客运车站，在一定时期内（通常指一年），实际购票的全部始发旅客，又称旅客发送人数。不包含铁路免票、补票、中转换乘旅客。

（2）车站旅客最高聚集人数

铁路设计车站旅客最高聚集人数，是指全年最高月日均同时最大（即瞬时高峰）在候车厅（室）候车的旅客（含送客）人数，但通勤、通学旅客一般不计在内。旅客车站的建筑规模应按旅客最高聚集人数进行设计。

2. 区段客流密度

区段客流密度是计算旅客列车对数的依据，与货运密度一样是一条线路运输负荷的体现。设计中以区段客流密度来表达。区段客流密度表根据客流图编制，也可以根据旅客交流表编制。

3. 关于车站定员的设计

车站客运定员、班制计算，根据项目预测客运量对应的工作量确定。目前我国高速铁路车站客运定员数量一般参照中国铁路总公司印发的《京沪高铁标准示范线劳动定员标准》的通知来计算。按照对应的岗位人员配备标准，客运定员主要考虑站台服务人员、进站检票员、出站检票员、服务台人员、客服系统综合控制人员等，劳动班制根据各岗位实际劳动工时核定。

4. 其他成果

客运量设计成果也包括客运周转量计算、车站高峰小时发送量、全年高峰日发送量波动系数、日高峰时段发送量波动系数和旅客上下车比例等内容。除客运周转量外，其余设计成果主要限于独立大型客运站的项目。

3.1.3 不同设计阶段重点工作

一条高速铁路的建设，在项目纳入国家中长期铁路网规划或者区域城际铁路网规划后一般要经历工程预可行性研究、可行性研究、初步设计和施工图等阶段工作。经济与运量相关的工作主要体现在项目预可行性研究、可行性研究和初步设计阶段。

项目的预可行性研究阶段，主要开展项目所在区域运输需求预测和建设项目运输需求预测，进而提出项目的远景输送能力建议，并进行运量预测的不确定性分析等工作。区域运输需求预测要开展区域客货运输需求总量的预测，梳理区域铁路客货运输流量和流向，进行相关铁路通道的客货运量分析，得出项目通道各方式运量及市场份额。建设项目的运量预测设计内容包括区段客流密度、客车开行方案、必要时进行客流现状调查、客流构成及特征分析，并且预测高峰小时区段客流密度。

建设项目的可行性研究阶段，要重点分析既有铁路的客运量，包括近几年的客运量增长趋势及存在问题，分析通道既有线路的客运量水平；设计客车对数的同时要编制详细的客车开行方案，包括客车种类(C、D、G)、起讫点、径路、数量、编组等；并且要增加车站旅客发送量和最高聚集人数的设计，说明主要车站的吸引范围、人口分布和旅游人数。

3.2 运输组织

3.2.1 运输组织设计概述

1. 运输组织设计的目的

高速铁路运输组织是高速铁路服务国民经济建设和广大人民群众出行的保障，利用线路、站场、动车组、供电通信信号等技术设备，满足运输的对象从出发地至目的地的位移和在旅途中其他的服务需求，最大限度地节省人们的移动时间和减轻人民移动时的负担。高速铁路提供优质的运输服务，并不断优化运输组织方案，最大限度地吸引客流，从而保证高速铁路良性发展，真正达到“人便其行”的目标。

2. 运输组织设计的作用

高速铁路运输组织最突出的特点在于其高速度、高技术、高安全、高可靠、高正点率、高服务质量、高舒适度、高市场占有率、高效率、高社会效益。

根据旅客出行需求的特点、客流量、客流性质，将外部客运需求转变为列车开行方案。列车开行方案是旅客运营工作的组成部分，是旅客运输组织的核心问题，作为承上启下的纽带作用，为后续专业设施设备配置的标准和数量的计算提供依据。例如：线路主要技术标准的选择、站场规模的确定、平面布置设计、联络线设置、动车段所设置的选择及规模的确定、动车组车底的运用、旅服配套设施的设立、供电方案的选择及变电所容量计算等。

合理、高效的运输组织设计方案，可增强与其他运输方式的竞争实力，提高旅客运输的经营效果和效益，同时为指导运营筹备、运营方案及资源配置等提供全面可靠的设计依据。

3. 运输组织的特点

(1)从运输组织管理体制方面：我国高速铁路的合资公司运营管理形式分为两种模式，即自管自营模式和委托运营模式。

(2)从运输系统的环境因素方面：运输生产受到政治、经济、社会和自然环境因素的影响。

(3)从路网系统组成结构方面:高速铁路运输系统是由车站、线路等固定设备子系统和移动设备子系统组成的复杂大系统。

(4)高速铁路运输服务主要的服务对象是广大旅客,其运输系统应覆盖旅客旅行服务的全过程。铁路集人、车、路为一体,应不断地扩大服务内容、提高服务质量、最大限度地满足不同层次旅客在旅行中的物质和文化生活需求、从客票预定和售票服务、订餐服务、站车信息服务、旅客换乘服务等方面,实现了运输管理和运输服务管理的一体化。

(5)充分满足不同旅客的出行需求、适应客流变化的运输计划和旅客开行方案,列车开行的速度等级、数量、停站方式、服务频率、服务质量、时刻、票价等形式多种多样,保证广大乘客有充分选择空间。

(6)高速铁路运输的基础设施和列车车底运用的合理化、高效化,运输计划安排的科学化,运输过程管理的精准化、规律化,这些在高速铁路运输组织中都得到较为充分的体现。

(7)建立以高新技术为基础的安全保障体系和以调度中心为中枢的运营管理系统,在保证高速铁路的高度安全性和可靠性的基础上,形成以设备运用、整备、检修一体化的系统运营管理特色和信息、机制、决策、运作之间的高度协调统一,实现了运营组织管理的高水平和高效率。

(8)高速铁路具有速度快、密度大的特点。运营时速 250 km、300 km、350 km 的高速铁路,在中长途运输距离与其他交通方式相比具有极其明显的优势。高速铁路采用先进的通信信号和列车运行控制技术,可以采用高密度、公交化开行模式,输送能力大。

(9)随着高速铁路网的互联互通及路网的不断加密,高速铁路运输组织在近几年来蓬勃发展,在运营实践中积累了日益丰富的经验,集运输组织、指挥、管理、实际操作有机地融为一体。

(10)高速铁路舒适性好,高速列车车内布置科学合理、设施齐全、走行性能好,运行平稳。

4. 高速铁路行车组织的特点

高速铁路无论在技术装备、运输服务还是在运输组织工作上,都与常规普通铁路有显著的区别。高速铁路行车组织具有如下特点:

(1)我国高速铁路采用多种速度共线运行的模式。和既有铁路相比,高速铁路运行的列车速度高,站间距较大,不同速度等级列车间的速差较大,列车间的能力扣除比既有铁路大。

(2)我国高速铁路上动车组运行速度较高,每列车均要求具有高品质、高质量的运输服务体验。为保证每列车具有较高的旅行速度和准点率,一般是不允许出现一列车长时间待避其他旅客列车的情况出现。

(3)高速铁路均采用动车组为运载工具,动车组在技术性能上的优越性使高速铁路旅客列车具有列车折返时间短、列车持续性快的特点。为了提高移动设备的利用率,动车组完成一次运输任务后仅需要进行简单的站内整备作业即需要承担下一次运输任务,这就对高速动车组在准时性方面提出了更高的要求。

(4)高速铁路客流在时间分布上具有明显的高峰和平峰特征,在行车技术标准方面的条件更加苛刻。同时,由于高速铁路与部分铁路不能完全实现互联互通的要求,导致大量旅客需要在衔接站进行换乘。保证旅客在车站的快速换乘、缩短旅客的换乘时间,是高速铁路运输组织需要解决好的问题。

(5)为保证高速铁路行车安全平稳,需要开设较长时间的综合维修天窗,且天窗前后影响区对线路的通过能力会产生影响。

3.2.2 运输组织设计的主要内容

运输组织设计的主要内容:高速铁路运输组织模式的研究、旅客列车开行方案的研究、高速铁路列车运行图、高速铁路通过能力的研究、运营管理模式及运营组织机构、运输组织相关主要设施设备设计[车站、乘务、行车公寓以及铁路旅行服务设施(洗涤中心、配餐中心)]的研究工作。

1. 运输组织模式研究

运输组织模式研究是制定高速铁路运输组织方案的基础和前提,它决定着高速铁路上所有运行列车的性质和特点,决定了高速铁路能否有效发挥其作用。

2. 旅客开行方案的研究

旅客开行方案的研究是以客运量为基础,以客流性质、特点和规律为依据,科学合理地安排包括旅客开行等级、种类、起讫点、数量、经由线路、编组内容、停站方案、列车客座利用率、车底运用等内容,从客流到列流的组织方案。

3. 高速铁路运行图

高速铁路列车运行图与旅客出行规律密切相关,为更好地满足客流需求,高速铁路可根据客流规律铺画多种方案的列车运行图。高速铁路列车运行图可分为日常运行图、周末运行图和节假日运行图(高峰日运行图)。

4. 高速铁路通过能力研究

高速铁路通过能力是指采用一定类型的动车列车在一定的行车组织方法条件下,单位时间内全线能通过的最多列车数量,计算通过能力时主要受运输模式、列车种类、速度、停站、运行图铺画方式、站间距离、天窗设置等设备和运营因素的影响。

5. 运输组织有关主要设施设备设计的研究

为更好地服务高速铁路运输组织,发挥高速铁路在交通领域的重要地位,运输组织有关主要设施设备在运输组织中发挥了不可或缺的作用,例如:运营管理模式及运营组织机构的研究,车站、乘务、铁路旅行服务设施(洗涤中心、配餐中心)的研究,行车公寓设置、调度指挥系统研究等。

3.2.3 客车开行方案设计

1. 旅客列车开行方案的影响因素

(1)客流量及客流性质

客流量及客流性质反映了旅客的出行需求,是制定列车开行方案的技术。旅客对列车的选择具有自主性,一般情况下,旅客都希望自己旅行的费用支出少,旅行时间短,当两者不能兼顾时,不同性质、特点(主要包括收入水平、旅行目的等)的旅客会选择不同等级的列车,重视时间的旅客选择速度较高的列车。在进行列车安排时,不能简单地将客流量分配到每一列车上,需要考虑旅客特征,合理确定不同等级列车的数量和同一等级列车的编组。

(2)客流需求的空间分布

旅客列车开行方案起讫点选择以及停站方案设计应首先考虑满足客流需求的空间分布规律,尽可能在需求旺盛的大点间开行直达快车,以缩短旅客的在途时间。当旅客出行 OD 之间无直达列车时,旅客必须采用换乘方式完成旅行,这种情况下给乘客带来的额外时间消耗称为换乘时间,换乘时间的长短主要与可选择换乘列车的开行密度有关。由于旅客的乘车过程也是一种体力消耗过程,当旅客乘车达到一定时间后,将会产生疲倦感,此时旅客一般不太愿意再换乘,为此不宜让旅客换乘超过一次。同时换乘将影响旅客途中休息,增加疲劳,还可能因先乘列车晚点而漏乘后续列车,因此换乘还会给旅客带来一定的风险。因此,客流需求的空间分布影响着客车开行方案的设计工作,开行方案在设计过程中要尽可能与乘客的出行 OD 进行匹配,以减少乘客的换乘次数,缩短乘客换乘时间。

(3)铁路部门的收益

企业在生产产品、提供服务的时候,需考虑产品或者服务能为企业带来多少收益。铁路部门的收益是影响列车开行方案的重要因素,它等于运营收入与运营成本之差。列车区间载客量是影响铁路部门收益的直接因素,列车区间载客量反映了列车对客流的吸引情况,其大小取决于旅客对乘车方案的选择,即客流分配情况,这就要求在计算铁路部门收益之前根据开行方案中拟定开行的列车对客流进行合理的分配。为了使列车吸引客流量最大化,开行的列车应充分考虑旅客的出行需求、出行心理及旅客的性质与特点。通常情况下,考虑到铁路部门的收益,列车的区间载客量应不小于某一给定值,即列车区间载客量的下限,保证列车的客座利用率。

(4)旅客的旅行时间消耗

旅客的旅行时间影响旅客的满意度,是制定列车开行方案需要考虑的重要因素。为了减少旅客的旅行时间,提高旅客的满意度,需要对影响旅客旅行时间的各因素进行统筹考虑。旅客的旅行时间消耗主要分为旅客的候车时间消耗、旅客因列车停站的时间消耗、旅客在列车运行过程中的时间消耗、旅客换乘时间消耗四部分。对于一个理性的旅客而言,往往要提前了解列车的发车时间,不会提前很久到达车站候车,因此旅客的候车时间基本上为常数,在开行方案的优化过程中可以不考虑。

(5)列车定员

列车定员即为列车的最大载客量(不含超员),可利用列车车轴定员相加(编组数量与车辆定员人数的乘积)进行计算,车辆的定员人数一般为常量,因此列车的编组数量是影响列车定员的主要因素,进而对开行方案中的列车对数产生影响。通常列车的编组数量与列车开行区段长度有关,对于短途列车,其编组数量较少,而对于长途列车,其编组数量相对较多。

(6)车站能力及区间通过能力

在制定开行方案时,列车开行的数量,运行径路等有时会受到铁路基础设施设备能力的限制,主要反映在车站能力和区间通过能力上。车站能力主要是指车站的始发列车能力和接发列车的能力。车站始发列车的能力除受到发线数目的影响外,主要是受车站整备折返能力的限制,当车站始发能力不足时,可延长或缩短列车运行区段,以避开车站能力的限制。车站接发列车的能力主要受限于车站的到发线数目,即在一定时间内在车站停站的列车不应超过某常数(该数值可根据车站的到发线数目及车站的协调作业能力统计确定)。

2. 旅客列车开行方案的确定

(1)旅客列车开行原则

根据研究年度本线的运输组织模式和预测客流 OD,研究通道客车开行方案。开行方案既要最大限度地满足旅客需要,创造良好社会效益,又要实现铁路企业自身效益。客车开行方案研究着重考虑旅客需求、运输市场竞争、线路运用方式和通过能力的影响、铁路固定设施和移动设备合理利用等因素。以市场为导向,以适应客货运输需求为目标,充分发挥通道能力,积极组织客流上客运专线运行,为既有线提供更多的货运能力,确保客运专线和既有线协调运输,使通道运输效益最大化。高速铁路旅客列车开行方案设计主要原则有:

- 适应不同层次旅客出行需要,合理安排不同等级旅客列车,提高服务属性。
- 创造良好行车组织条件,保证行车安全、正点,方便旅客换乘。
- 按照综合效益最大化原则,优先考虑本线高速列车运行。
- 以大站间 OD 交流量为基础,按充分利用动车组的原则,在主要始发终到站间合理安排不同等级、种类和停站方案的高速列车开行方案。
- 为合理配置铁路设备资源,提高利用效率,尽量减少列车始发终到站数量。首先确定本线办理始发终到客车的车站,其他车站的旅客采取通过车带流方式输送。
- 跨线车开行应充分考虑既有客专、城际铁路的能力。

(2)客车开行对数计算

旅客列车开行数量计算公式为

$$n=\frac{N\times10^4}{365\times a\times k\times R_{波}} \tag{3.1}$$

式中 n——需要开行的旅客列车数量,对;

N——预测运量,万人/年;

a——旅客列车平均定员,人/列;

k——席位利用率,在不超员的情况下,$k\leqslant1$;

$R_{波}$——客流波动系数。

参数取值见表 3.3。

高速铁路动车组列车定员,一般长编组定员为 1 100～1 200 人,编组按 16 辆考虑;短编组定员为 600 人,按 8 辆考虑。

席位利用率是反映旅客列车载客能力利用程度的指标,也就是旅客列车平均载客人数与对应的旅客列车平均定员之比。我国铁路旅客列车平均客座利用率近年一直保持在 70%左右,近年我国高铁动车组列车平均上座率达到 70.5%。为充分利用运输资源,同时兼顾研究年度旅客对乘坐舒适性要求的提高和客车对数的增加,一般考虑座位利用率范围为 0.65～0.85 之间。

表 3.3 旅客列车年输送能力计算表

区　段	编组辆数/辆	平均定员/人	席位利用率	客流波动系数	输送能力/万人
动车组长途列车	16	1 200	0.65～0.85	1.2	23.7～31.1
动车组城际列车	8	600	0.65～0.85	1.2	11.9～15.5

客流波动系数是区段最大月与平均月之比。客流波动系数确定，应查定本线或相关线路的实际客流波动系数参照确定，一般考虑根据项目所在区域客流特点及统计情况并考虑发展趋势，取值在1.0～1.3之间。

(3)高速铁路列车开行方案特征

高速铁路与普速铁路开行方案具有很大的相似性。然而，由于高速铁路技术设备和客流特征均与普速铁路有很大不同，因此，其开行方案又有一定特殊性。

高速铁路与普速铁路列车开行方案的共性都是以客流为基础，尽可能使运能安排贴近运输需求，减少运力虚糜；将客流需求以列车开行的形式表现出来；受到客流量及客流性质、铁路部门的收益、旅客的旅行时间消耗等因素的影响。

高速铁路与普速铁路列车的开行方案不同，具体如下：

编制列车开行方案目标不同：高速列车开行方案的编制应以最大限度方便旅客出行、提高旅客服务质量和维持良好的列车运行秩序为目标，在此基础上，尽可能使列车旅行时间最短、始发和终到时间合理、非旅客乘降作业的停站次数最少和停站时间最短、动车组使用数量最少。对于普速铁路来说，一般先确定旅客列车开行方案，后确定货物列车开行数量，由于旅客列车开行数量较少，所以旅客列车开行方案的编制相对简单。

列车停站方案不同：高速铁路列车的停站方案主要与客流、列车的速度等级、车站的等级等因素有关，其停站数目较少，且停站时间较短，而既有线则相对停站数目较多，停站时间相对较长。

(4)高速铁路旅客列车开行方案优化目标

高速铁路开行方案的优化就是遵循高速铁路客运的特定规律，在一定的铁路运输能力的限制下，更有效地组织长、短途以及不同编组动车组列车的开行，并根据客流将列车合理分配到各径路上，达到既能较充分地满足市场需求，又能合理地利用运输能力的目的。

高速铁路旅客列车开行方案优化以最大限度地满足旅客出行需求为基本要求，不仅需要考虑铁路部门当前的收益，还应该通过增加发车密度，以缩短旅客候车时间，改善旅客乘车环境以及减少旅客换乘等措施，实现更多地吸引客流，从而扩大铁路市场份额，增加铁路部门收益。

所以，高速铁路旅客列车开行方案编制的目标，除考虑铁路部门收益外，还应从旅客的角度出发，考虑旅客旅行的成本支出(包括费用成本和时间成本)，以及旅行的便捷性、舒适性等，这些指标可综合表示为旅客的满意度。此外，高速铁路旅客列车开行方案是以满足客流需求为基本要求，所以还可以考虑以客流需求的满足率为目标。

(5)高速铁路旅客列车开行方案编制方法

高速铁路旅客列车开行方案的制定是高速铁路运输组织的核心问题，其制定依据主要为客流计划。高速铁路旅客列车的开行方案制定过程，实际是以客流计划为基础将客流转换为列流的过程。

客流预测、列车开行方案的制定、列车运行图的编制三者之间关系密切，互为因果，是一个综合的整体。因此，二者间需要综合优化。旅客列车开行方案在掌握客流计划的基础上，具体编制方法分为两种：基于区段客流密度的编制方法和基于OD间客流量的编制方法。第一种方法虽最大限度地开行远程列车，但造成停站次数多，增加了旅客旅行时间消耗；第二种方法综合考虑了各站点间的客流需求情况,可从总体上提高服务质量,最大限度满足旅客。所以采用第二种方法来完成高速铁路列车开行方案的编制。另外,考虑其是否满足运行约束和方案指标条件,对旅客列车开行方案进行优化。

3.2.4 高速铁路运输组织模式分析

高速铁路运输组织模式,主要就是如何解决跨线客流运输问题,相关线路客车如何开行,如何与高速线、既有线衔接的问题。根据我国高速铁路网规划和发展需求,为提升高速铁路网的覆盖性,为加强区域间联系的便捷性,为实现各个城市高速铁路的通达性,我国高速铁路运输组织的模式要充分考虑列车各运行区段不尽相同的特点而确定。

我国高速铁路运输组织模式,包括两个层次:一是本线列车和跨线列车共线运行。我国高速铁路承担本线的高速客流以及跨线的中长途客流,高速铁路上除运行本线列车外还运行跨线列车。二是不同速度等级的列车共线运行。高速铁路上运行不同速度的动车组列车。

目前,我国已建成的高速铁路运输组织模式多采用“不同速度列车运行”的运输组织模式。高速列车上运行的本线车和跨线车均采用动车组,但动车组运行的速度存在差距,从而形成不同速度的旅客列车共线运行的方式,速度 300 km/h 及以上的高速铁路中,本线列车和跨线列车速度采用 300 km/h、350 km/h 和 250 km/h。目前京津城际等部分线路只运行同种速度的动车组列车。

我国高速铁路承担本线高速客流和跨线的中长途客流,采用“不同速度列车共线运行的模式,充分发挥高速铁路网的全网效应,对满足不同层次旅客出行的需求起着极其重要的作用。

3.2.5 高速铁路列车运行图

列车运行图是用以表示列车在铁路区间运行及在车站到发或通过时刻的技术文件,是全路网组织列车运行的基础。

编制高速铁路列车运行图与普速列车运行图在原理上基本相同。由于高速铁路在满足旅客出行需求、行车组织、列车运行速度、天窗设置等方面与普速铁路有较大区别,高速列车运行图的铺画方法与普速列车运行图存在较大差别。

高速铁路列车运行图与旅客出行规律密切相关,高速铁路可根据客流规律铺画多种版本的列车运行图以更好地满足客流需求,目前,我国高速铁路列车运行图按需调配,可以分为日常运行图、周末运行图和节假日运行图(高峰日运行图)。日常运行图为周一到周四执行的运行图,周末运行图为周五、周六及周日执行的运行图,节假日运行图为春运、暑运、黄金周、小长假等运输期间执行的运行图。

1. 高速铁路列车运行图的基本要素

列车运行图的基本要素包括:线路、车站、区间、列车运行径路、运行时分、列车种类、列车运行参数、列车运行间隔时间、动车组运用参数。

2. 高速铁路列车运行图的主要编制原则

编制列车运行图时必须严格遵守各种间隔时间标准及运行时分的限制。列车运行线的安排应符合高速铁路客流出行规律,合理安排列车停站。先编制跨线列车运行图,后编制本线高速列车运行图,减少跨线列车对高速列车的影响。兼顾均衡铺画的原则,保证列车运行图的合理弹性。综合处理好列车密度、列车种类、到发时刻、动车组运用和综合维修天窗设置等方面的关系。

3. 高速铁路列车运行图编制

在旅客列车开行方案已确定的情况下,可进行列车运行图的编制,把开行方案落实到具体的运行线上。

首先将列车按性质及运行距离长短划分等级,按照等级高低顺序铺画列车运行线,优先铺画高等级列车。对同等级列车,按出发时刻先后进行排序后进行铺画。

当正铺画列车与已铺画列车发生冲突时,先调整本列车,然后再调整与其冲突列车。

对于跨线列车,允许在一定范围内调整列车始发点,以便在枢纽衔接站与跨线至相邻线的列车到发时刻相协调。

应根据高速铁路运输能力的利用情况,铺画一定的备用运行线供运行调整用。

最后对列车运行图指标进行统计分析。

3.2.6 (线路区段)通过能力

高速铁路通过能力的定义:在采取一定数量和类型的动车组和一定的行车组织方法条件下,在运营时间内高速铁路区段的各种固定设备在单位时间内(通常一小时或一昼夜)所能通过的基准列车最多列车数或对数。因我国高速铁路采用多种速度列车共线运行的运输组织模式,一般将客运区段内运行速度最高且在沿途不停站的列车,作为高速铁路通过能力计算的基准列车。通过能力在一定程度上取决于行车组织水平、铁路固定设备、动车组的合理运用等因素,因此,通过能力并不是一成不变的,它随着技术设备和行车组织方法的改善而提高。

1. 影响通过能力的主要因素

高速铁路通过能力的影响因素主要包括列车种类、运行速度、停站方案、运行图铺画方式、跨线车比例、区间长度、天窗设置等设备和运营因素。

2. 高速铁路区间通过能力的特点

高速铁路按客运区段计算的高速列车区间通过能力有以下特点:

(1)平行运行图通过能力是由不同运行距离的长短途列车区间通过能力组成。

(2)平行运行图通过能力只是一种假设,是能力计算中的一个步骤。严格讲高速铁路不存在平行运行图。

(3)高速度等级列车由于停站规律不同,相对平行运行图而言,高速度等级列车也存在有扣除系数。

(4)由于计算的是高速度等级列车的能力,在不同速度等级列车混运的情况下,低速度等级列车扣除高速度等级列车。这在分析方法及概念上与普通铁路的通过能力计算不同。

(5)由于客流特性决定了列车开行方案,平峰时段的行车量及满足列车运行调整冗余的要求,均影响全日的线路能力利用率,使得线路通过能力的使用系数存在一定的波动范围。

(6)由于高速铁路的客流特点,旅客的出行活动一般都发生在昼间且昼间能力利用极不均衡，理论计算能力与实际可利用能力差距较大，需要较大的能力储备。

3. 通过能力计算方法

高速铁路通过能力的计算方法主要有扣除系数法、平均最小列车间隔时间法、直接计算法、图解法。

目前我国高速铁路通过能力计算主要采用扣除系数法，采用扣除系数计算方法计算时，通常需要先计算平行运行图的通过能力，然后根据开行不同速度列车对基准列车的影响，利用其扣除系数，结合列车开行数量，扣除由于受这种影响而不能开行的列车数，即可求得高速铁路的通过能力。（计算中列车速度匹配为高速 1 列车速度 300 km/h、高速 2 列车速度 200 km/h）

（1）高速列车平行运行图通过能力计算

高速铁路平行运行图的区间通过能力为

$$N=\frac{1\,440-T_{w}}{I}-\frac{60\times S}{v\times I} \tag{3.2}$$

式中 N——平行运行图通过能力，对或列；

T_{w}——综合维修天窗时间或非有效利用时间，min；

I——追踪列车间隔时间，min；

S——客运区段长度，如天窗开设长度小于客运区段，则为天窗开设长度，km；

v——旅客列车平均运行速度，km/h。

（2）单一速度的全高速列车的区间通过能力计算

$$N_{全}=\frac{N}{\varepsilon_{高}} \tag{3.3}$$

$$N_{全}^{时}=\frac{60}{I\varepsilon'_{高}} \tag{3.4}$$

式中 $N_{全}$——全高速列车的区间最大通过能力，对或列；

$\varepsilon_{高}$——高速列车扣除系数；

$N_{全}^{时}$——全高速列车的小时区间最大通过能力，对或列；

$\varepsilon'_{高}$——计算时间内高速列车扣除系数，$\varepsilon'_{高}=1\sim\varepsilon_{高}$。

$$N_{全}^{使}=N_{全}K_{使} \tag{3.5}$$

式中 $N_{全}^{使}$——全高速列车的区间使用能力，对或列；

$K_{使}$——区间通过能力使用系数。

（3）不同速度等级列车混跑的区间通过能力计算

$$N_{混}=N_{高1}+N_{高2}=N_{全}-N_{高2}\varepsilon_{高2}+N_{高2} \tag{3.6}$$

式中 $N_{混}$——高、中速共线混合运行条件下区间最大通过能力，等于 300 km/h 列车和 200 km/h 列车之和，对或列；

$N_{高2}$——指定铺画的 200 km/h 列车数，对或列；

$\varepsilon_{高2}$——200 km/h 列车扣除系数；

$N_{高1}$——在铺画指定数量的 200 km/h 列车 $N_{高2}$ 的条件下，最多能铺画的 300 km/h 列车数，对或列。

$$N_{混}^{使}=N_{全}^{使}-N_{高2}\varepsilon_{高2}+N_{高2}=N_{全}K_{使}-N_{高2}\varepsilon_{高2}+N_{高2} \tag{3.7}$$

式中 $N_{混}^{使}$——不同速度等级列车混运的区间使用能力,对或列。

旅客出行存在平峰和高峰时段,高速铁路列车特别是跨线列车运行区段运距不同,全日不同时段的列车行车量存在差异,将使得部分时段的能力不能充分利用。另外,为减少运营调整对更多旅客列车运行的影响,运行图也须考虑留有一定能力供运营调整用。因此,区间通过能力使用系数应结合列车开行方案和考虑一定运营调整用能力后来确定,一般可取0.75~0.9。

4. 提高通过能力的方法

我国高速铁路已具备网络规模,拥有多年运营经验,提高通过能力的主要方法有:

(1)优化列车运行结构。

(2)缩小列车追踪间隔。

(3)减少列车间的速差。

(4)优化列车停站方案。

(5)充分利用天窗三角区。

(6)利用天窗开行列车。

3.2.7 运营管理模式及运营组织机构

运营管理模式是企业或者组织经营管理的方法,是在企业或组织内,为使生产、营业、劳动力、财务等各种业务能按经营目的顺利执行,有效地调整而进行的系列管理、运营的方法。

1. 运营管理模式

我国高速铁路的合资公司运营管理形式可分为两种模式,即自管自营模式和委托运营模式。

(1)自管自营模式

自管自营模式是指:高速铁路公司按照铁路运输车、机、工、电、辆等不同专业设置相应的业务单位,自主行使运输管理权和经营管理权,所有日常的运营管理设备设施和日常维护维修设备设施(调度指挥中心、动车运用设施、日常维修、动车组等)由高速铁路公司自管,高级维护维修的设备设施仍需由区域路网统筹规划配置、管理。

(2)委托运营模式

委托运营模式是指:高速铁路公司将属于业务管理范畴的客运组织、调度指挥、设备设施维护维修等工作全部委托给铁路局管理,所有的日常运营的设备设施及高级养护维护维修的设备设施按铁路局统筹规划配置、管理。项目合资公司本身只负责项目的资产及经营管理。

2. 运营组织机构

运营组织机构的设置分自管自营和委托运营两种模式,其主要差异表现在组织机构、综合维修、调度指挥、动车组维修、动车组购置等方面。

当采用委托运营模式时,高速铁路公司将主要负责资产管理,其他运输业务及相关的维修业务均委托给铁路局统一管理。委托运营模式下高速铁路管理组织机构如图3.5所示。

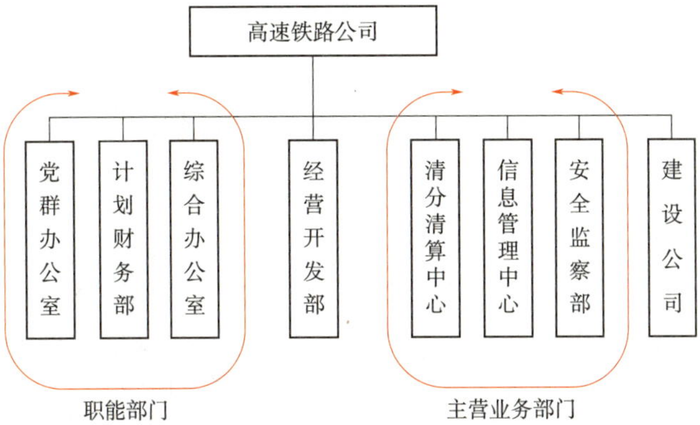

图 3.5 委托运营模式下高速铁路管理组织机构

自管自营模式较委托运营模式，公司需按照铁路运输车、机、工、电、辆等不同专业设置相应的业务单位，以及人力、计划、财务等事务性单位。自管自营模式下高速铁路管理组织机构如图 3.6 所示。

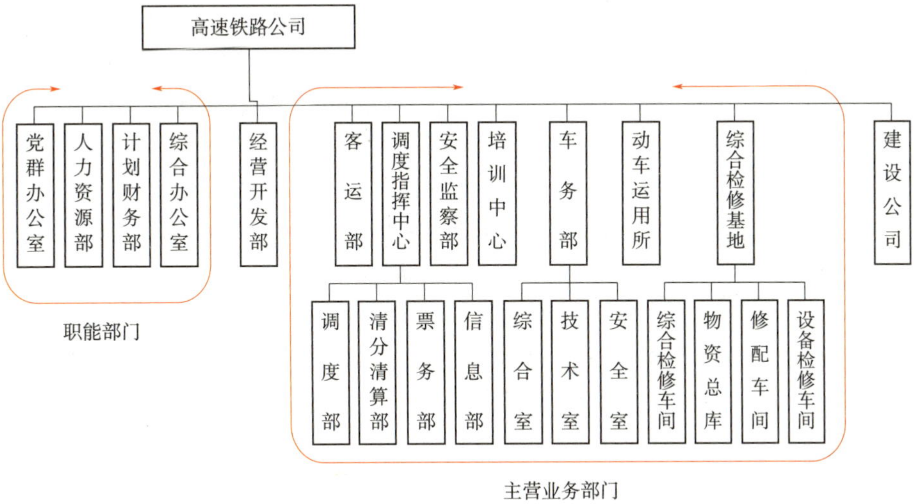

图 3.6 自管自营模式下高速铁路管理组织机构

4 地质与测绘

高速铁路勘察工作是为了获取大地自然信息，提供满足设计要求的工程地质、水文、地形地貌以及建立空间坐标控制系统等基础性资料。高速铁路勘察中以上基础性资料的获取工作分别由地质和测绘两个专业完成，本章介绍地质勘察各阶段工作内容与要求、方法等地质专业技术，以及各阶段施工坐标系设计、建立精测网及维护与运用等测绘技术。

4.1 地　　质

地质专业是工程地质勘察的主体，工程地质勘察应查明与建设工程有关的场地自然特征、工程地质和水文地质条件，为线路方案选择、各类建筑物设计、特殊岩土处理、不良地质整治、环境保护和水土保持方案的制定及合理确定施工方法等提供可靠依据。勘察成果应真实、准确。工程地质工作应采用综合勘察和综合分析方法，积极应用新技术、新方法。

4.1.1 概　　述

工程地质勘察应由面到点、由浅入深，分阶段开展工作，按照资料收集、地质调绘、勘探、测试、资料综合分析及文件编制的工作程序进行。应根据勘察阶段、区域及工程场地地质条件、工程类型、勘察手段的适宜性，统筹考虑勘察手段选配，开展综合勘察工作。

工程地质勘察包括工程地质调绘、工程勘探、地质测试、资料综合分析和文件编制几个环节。工程地质工作应采用综合勘察和综合分析方法，积极应用新技术、新方法，保证地质资料真实、准确。

1. 工程地质勘察阶段

工程地质勘察应按预可行性研究、可行性研究、初步设计、施工图四个设计阶段开展，通过各阶段工程地质勘察及工作，逐步深入认识建设工程区域及工程场地地质条件，为不同设计阶段提供地质资料，并预测工程活动对周边地质环境的影响。铁路工程地质勘察应按预可勘察、初测（对应可行性研究）、定测（对应初步设计、施工图）开展工作，工作内容应根据地区特点、工作阶段和工程要求确定。配合施工、运营阶段可以根据需要开展工程地质工作。

2. 工程地质勘察一般要求

工程地质勘察前，应充分搜集、分析现有资料，明确工作重点，制订切实可行的勘察大纲，必要时应进行实地踏勘。

工程地质勘察中，观测点、勘探点、测试点等地质点的布置，目的应明确，密度应根据勘察阶段、成图比例、露头情况、地质复杂程度确定。选点应具有代表性，数量和勘探深度应能控制重要地质界线和说明工程地质条件。

外业勘察资料应及时分析整理，按基础资料、工点报告、综合图件分别编制。其中基础资料应结合场地情况，对各类地质勘察资料进行认真分析、综合对比；岩土参数结合地质条件，剔除异常数据后再分类统计。工点报告按照不同的工程类型编制，全线工程地质勘察报告按不同阶段、不同段落编制。

工程地质资料分析应将地质调绘、遥感图像地质解译及各类勘探、测试成果资料分类汇总，采用定性与定量相结合的综合分析方法，分析评价工程场地的稳定性与适宜性，评价场地的工程地质特征和水文地质特征，为设计提供岩土参数和工程措施意见，预测工程与场地的相互影响及可能引发的工程地质问题。

4.1.2　工程地质勘察方法

工程地质勘察是在研究、分析区域地质条件和进行地质调绘的基础上，采用多种地质勘察手段进行的综合勘察。地质勘察手段和方法一般包括遥感图像地质解译、地质调绘、物探、钻探、原位测试、室内试验等的综合利用，以及对成果资料的综合分析。

(1)遥感图像地质解译：从工程地质及水文地质角度，通过多种手段和方法，对遥感图像地质信息识别、分析、判断，达到识别地区或场地地质条件的过程。

(2)地质调绘：通过对地貌形态、地层岩性及其工程特征、地质构造、水文地质情况、不良地质现象等的调绘，发现、剖析地质现象，认识工程地质条件的过程。

(3)钻探：利用钻进设备，通过采集岩芯、观察井壁或水文地质试验，探明地下一定深度内的地质条件，补充和验证地面地质调绘资料的勘探工作。常用的钻探方法有回转岩芯钻进、冲击钻进、振动钻进、潜孔锤无岩芯钻进。

(4)物探：利用物理学的原理、方法和专门的仪器，观测并综合分析天然或人工物理场的分布特征，探测地质体或地质构造形态的勘探方法。常用的物探方法有直流电法、电磁波法、弹性波法、磁法和测井。

(5)原位测试：在地层的原位应力状态和天然含水率保持不变、原生结构不受或少受扰动的条件下，直接或间接地测定岩、土体各种工程特性和参数的试验方法。常用的有载荷试验、十字板剪切试验、旁压试验、标准贯入试验、动力触探试验、静力触探试验、应力铲试验、扁板侧胀试验和岩体试验。

(6)室内试验：对按一定规格由现场采取试样在实验室进行试验，涉及的试验对象有岩石、土和水。常用的岩土室内试验有物理性、强度、变形、水理性质、矿物、化学成分、腐蚀性、放射性、动力特性等。

4.1.3　工程地质勘察内容

1. 踏勘阶段

(1)工程地质勘察工作内容

预可研阶段工程地质工作的任务是了解影响线路方案的主要工程地质问题和各线路方案一般工程地质条件，为编制预可行性研究报告提供工程地质资料。工程地质工作应采用搜集、分析区域地质资料与遥感图像地质解译、现场踏勘相结合的工作方法，主要内容如下：

①概略了解线路通过区域的地层、岩性、地质构造、地震动参数区划、水文地质等及其与线路的关系，初步评价线路通过地区的工程地质条件；

②对控制线路方案的越岭地段，了解其地层、岩性、地质构造、水文地质及不良地质等的概略情况，提出越岭方案的比选意见；

③对控制线路方案的大河桥渡，了解其地层、岩性、地质构造、岸坡和河床的稳定程度等的概略情况，提出跨越地段地质条件的比选意见；

④对控制线路方案的不良地质和特殊岩土地段，概略了解其类型、性质、范围及其发生、发展的概况，提出对铁路工程危害程度的评估意见和对线路方案的比选意见；

⑤了解沿线既有及拟建的大型水库及矿区地质、矿界、开采等情况，分析它们对线路方案的影响；

⑥了解沿线天然建筑材料的分布情况；

⑦对地震动峰值加速度大于 $0.4g$ 的地区，应进行地震危害的专门研究，提出线路方案的比选意见和下一阶段勘测的注意事项；

⑧提出对线路方案、工程设置等有很大影响，须进行地质专题研究的课题。

地形地质特别复杂、线路走向比选方案较多的地区，应在预可行性研究中提出加深地质工作的意见，经审查后，在初测前安排加深地质工作，以确定初测方案，指导后续地质工作。

(2)工程地质勘察成果

工程地质勘察成果包括以下内容：

①全线工程地质说明；

②全线工程地质图；

③控制线路方案的不良地质、特殊岩土及地质复杂工点的工程地质平、纵断面示意图；

④搜集的勘探、试验及影像资料等。

2. 初测阶段

(1)工程地质勘察工作内容

查明线路可能通过地区区域地质条件，为工程地质选线提供可靠地质依据；初步查明沿线地质条件，对线路各方案做出评价，为各类工程设计提供工程地质资料，主要内容如下：

①初步查明沿线的地形地貌、地层岩性、地质构造、水文地质特征等工程地质条件。

②初步查明各类不良地质和特殊岩土的成因、类型、性质、范围、发生发展及分布规律、对线路的危害程度，提出线路通过的方式和部位；对由于工程修建可能出现的地质病害，预测其发生和发展的趋势及对线路方案的影响。

③初步查明地质复杂及控制和影响线路方案的重大路基工点、大桥、隧道、区段站及以上大站等的工程地质条件，为各类工程位置选择和工程设计提供地质资料；配合相关专业对沿线大型或重点建筑材料场地进行材料质量及储量的工程地质勘察工作，并作出工程地质评价。

④对地形地质条件复杂的地段，应扩大地质调查范围，为多方案线路方案比选提供地质资料，对重大工程地质问题开展专题研究。

⑤查询沿线地质灾害、压覆矿产资源，必要时进行地震安全性评价。

对控制线路方案及影响铁路安全的地质复杂地段或工程地质问题，应提出进行专题地质研究的内容。在初测(或踏勘)阶段根据工程的设置情况，提出应进行地震安全性评价的断裂、工程项目和需进行地震动峰值加速度区划界线复核地段的建议。

(2)工程地质勘察成果

工程地质勘察成果包括以下内容：

①全线工程地质勘察报告，内容包括：任务依据，工程概况，工作概况，自然地理概况，工程地质特征，水文地质特征，主要工程地质问题(包括沿线不良地质，特殊岩土的类型、性质、范围、分布规律及其对线路的危害程度，处理原则)，重点或大型建筑材料场地的工程地质评价，线路各方案的工程地质评价和比选意见，有待进一步解决的问题及定测注意事项。

②附图附件：全线工程地质图，比例为1∶10 000～1∶200 000；详细工程地质图，比例为1∶2 000～1∶5 000，可与线路平面图合并；区域地质构造纲要图(区域地质构造复杂时附图)，比例为1∶200 000～1∶500 000；工程地质纵断面图，比例为横1∶10 000，竖1∶200～1∶500；在线路纵断面图工程地质特征栏内，分段扼要说明该段地质概况。工程地质专题研究课题的研究报告(有专题研究课题时附)。加深地质工作的主要文件(安排有加深地质工作地段时附)。

③工点地质勘察报告：沿线工程地质分段说明，桥梁、路基、隧道、站段、站房等地质勘察报告(可分段编写)。控制线路方案的不良地质工点单独成册。

④勘探、测试及其他原始资料。

⑤地质灾害、压覆矿产资源查询情况。

3. 定测阶段

(1)工程地质勘察工作内容

①根据可行性研究报告批复意见，在利用初测资料的基础上，为确定线路具体位置详细查明采用方案的工程地质和水文地质条件；工程地质勘察应根据建设项目的标准、地区特点、工程设置、勘测阶段等编制勘察大纲，确定勘察方法和工作量。

②工程地质勘察工作按工点进行，结合区域地质条件，采用综合勘察方法，合理布置勘探、测试工作，详细查明场地地质条件，为各类工程建筑物和建筑材料场地初步设计提供工程地质勘察报告。

(2)工程地质勘察成果

工程地质勘察成果包括以下内容：

①全线工程地质勘察报告，内容包括：任务依据，工程概况，工作概况，自然地理概况，工程地质特征，水文地质特征，工程地质条件评价(包括不良地质、特殊岩土、重点建筑材料场地、各类重点工程的工程地质条件概况、评价及工程措施意见等)，下阶段工作中和施工中应重视的地质问题及注意事项。勘探、测试资料及其他原始资料。

②附图附件：全线工程地质图，比例为1∶10 000～1∶200 000；详细工程地质图，比例为1∶2 000～1∶5 000；工程地质纵断面图，比例为横1∶10 000，竖1∶200～1∶500，工程地质特征栏内分段简述地质概况；地震安全性评价报告(必要时附)；地质灾害危险性评估报告(必要时附)；压覆矿产资源评估报告；地质专题研究报告。

③工点工程地质勘察报告：沿线工程地质分段说明，各类建筑物、不良地质、特殊岩土、取弃土场等工点工程地质勘察报告。

④勘探、测试及其他原始资料。

4. 配合施工阶段

(1)工程地质勘察工作内容

①熟悉地质勘察成果,了解施工图的基础工程设计情况,向施工单位和监理单位进行勘察交底,说明工程重难点情况、主要地质风险及现场注意事项。

②核查开挖后的工程地质情况,当地质条件与施工图中的地质条件不符时,进行变更设计,必要时开展补充勘探或监测。

③根据施工实际地质情况修改施工图中的地质资料,编制竣工工程地质图表、说明,为运营养护、改建扩建积累资料。

(2)竣工地质资料

①竣工工程地质报告,内容包括:工作概况,工程地质特征,水文地质特征,施工情况(有关不良地质、特殊岩土工点和地质复杂的重大工程,在施工中出现的工程地质问题的性质、特征,施工中采取的措施),设计文件中工程地质资料存在问题的解决过程与改进意见,观测桩、网的建立情况和观测结果的说明等。

②竣工工程地质纵断面图(修正、补充施工图中的工程地质纵断面图)。

③施工中有关勘探、测试、照片等资料。

④施工中有关工程地质方面的技术总结及经验教训等。

4.1.4 勘探点布置原则

这里说的勘探点,包括各类钻探孔、简易勘探孔(挖探、洛阳铲、小螺钻探、钎探)、探坑、探槽和原位测试孔等,不含工程物探点。通过勘探测试,可以揭示一定深度内的地层层序、岩土工程特性,进行岩土工程评价。勘探测试是工程地质勘察的重要环节,以下针对定测阶段勘探点的布置进行说明。

1. 路基工程

为了场地稳定性评价、控制地层变化情况和地基处理设计的需要,路基工程一般每隔50～100 m 布置 1 个勘探点,各类过渡段的地段要有 1 个勘探点,当两勘探点之间地层变化较大、沉积环境不同、组成物质变化较大时,应适当增加勘探点;在地层有差异、土石或硬底界面起伏时可布置横断面勘探,一般每隔 200～300 m 布置 1 个勘探断面。注意查明微地貌变化、地表环境改造和路堑基底等地基条件的不均匀情况。

高路堤、陡坡路堤、深路堑、地质复杂的路堑、支挡工程等路基工点应按横断面布置勘探,且每个工点至少应设置 1 个地质横断面。地质横断面的间距不应大于 100 m,地质条件复杂时应适当加密。

勘探点的深度应满足沉降计算和工程处理措施的要求。基底为覆盖层时,路堤工程的勘探深度不应小于地基变形的计算深度,一般勘探孔深度为 30～45 m;当基底下为基岩时,勘探应进入基岩不小于 3 m;路堑工程勘探点的深度宜至路基面以下不小于 5 m,当基底为硬质岩时可至路基面以下 3 m。

针对高速铁路路基工程,应特别注意不均匀地基、岩溶地基、路堑软岩基底以及横向地基不均匀问题,加密地质勘探点,并做好施工地质核查工作。

2. 桥梁工程

为了场地稳定性评价、查明地基土分布和工程特性,应根据场地地质条件和桥跨设置,布置勘探点。当地层简单,地层层序有规律或覆盖层较薄、基岩面平缓且岩性单一时,结合桥跨、基础类型等,可隔墩布置 1 个勘探点,勘探点间距不大于 2 跨 32 m 梁的间距;地质条件复杂或高墩、大跨及特殊结构的桥梁每个墩台应布置 1 个勘探点,必要时应在墩台范围内增加勘探点数量。

桥梁桩基础勘探孔应钻至桩底以下 5～15 m,对大跨桥梁桩基础应钻至桩底以下 15～20 m,并应满足沉降计算要求。为探明深部地层结构时,应布置适量的加深钻孔。

涵洞、框构根据地质复杂程度、基础尺寸和地基处理情况,合理布置勘探点,原则上每座涵洞应有 1 个勘探点,长轴涵洞及陡坡涵洞不少于 2 个勘探点。

3. 隧道工程

埋深小于 100 m 的较浅隧道或洞身段沟谷较发育的隧道,勘探点间距不宜大于 500 m;埋深较大隧道勘探点的布置应根据地质调查及物探成果专门研究确定,勘探点间距不宜大于 2 000 m。在断层、物探异常带、岩溶发育带、富水带等布置钻孔,用以验证对比分析地质调查和物探成果。

进入城市的铁路隧道,按现行国家标准《城市轨道交通岩土工程勘察规范》(GB 50307)进行地质勘察。

4. 周边环境的地质勘察

由于高速铁路高平顺性要求,周边环境改变可能引起工程基础的变形,如堆载、挖坑、抽地下水影响等因素不容忽视。所以勘察过程中要调查了解周边一定范围内可能产生地基变形的所有因素。同时也要求在运营过程中,除了定期开展地质灾害调查,掌握可能引发的地质灾害如滑坡、崩塌、泥石流、地面沉降、地面塌陷等,也必须关注周边施工可能引发的地基变形问题。

根据《铁路安全管理条例》(国务院令第 639 号),高速铁路线路路堤坡脚、路堑坡顶或者铁路桥梁外侧起向外各 200 m 范围内禁止抽取地下水,在规定范围外,高速铁路线路经过的区域属于地面沉降区域,抽取地下水危及高速铁路安全的,应当设置地下水禁止开采区或者限制开采区,具体范围由铁路监督管理机构会同县级以上地方人民政府水行政主管部门提出方案,报省、自治区、直辖市人民政府批准并公告。

近年来站房施工降水、基坑施工降水、工厂集中抽水和隐蔽抽水井导致高速铁路轨道不均匀变形、不能正常高速安全运营的问题屡见不鲜。这是由于局部地下水水位下降造成了地面沉降,因此从设计、施工到运营整个生命周期,都应该针对地面沉降问题加强监测,临近铁路抽水、建筑基坑抽水的施工方案应当进行安全论证,负责审批的机关在批准前应当征求有关铁路运输企业的意见。

4.1.5 室内试验

室内试验包括岩石试验、土工试验、岩土矿物理化分析试验、水质分析试验及天然建筑材料相关试验等,应根据岩土性质、土样质量和工程设计、施工需要确定试验项目及试验方法。室内试验应根据工程类型、岩土性质及它们在建筑工程中所处的受力情况及性态等,选择与实际相适宜的试验项目和方法，保障室内试验成果资料准确、可靠、适用。

1. 土工试验

土的物理性质试验项目包括含水率、密度、比重、界限含水率、颗粒分析、渗透、击实、承载比等试验。

土的力学性质试验项目包括固结试验、直接剪切试验、排水直接剪切试验、三轴压缩试验、无侧限抗压强度试验、K_{30}和E_{vd}平板载荷试验、黄土湿陷性试验、膨胀力试验等。

2. 天然建筑材料试验

天然建筑材料包括路基填料、级配碎石（或级配砂砾石）、混凝土用骨料、砌体用石料、铁路碎石道砟等天然土、砂、石。

路基填料、级配碎石的质量依据现行《铁路路基设计规范》（TB 10001）的要求进行评价。填料主要试验项目：级配、细粒含量、土的界限含水率；级配碎石主要试验项目：级配、不均匀系数、曲率系数，洛杉矶磨耗率、硫酸钠溶液浸泡率，以及细粒料的界限含水率。

高速铁路道砟使用特级道砟。

混凝土骨料的质量依据现行《建设用砂》（GB/T 14684）、《建设用卵石、碎石》（GB/T 14685）、《铁路混凝土结构耐久性设计规范》（TB 10005）的要求进行评价。

3. 水质分析试验

为了查明环境水、土对铁路混凝土结构的侵蚀性，需要开展地下水、地表水和水位以上土的取样和水质分析试验。铁路混凝土结构所处环境类别分为碳化环境、氯盐环境、化学侵蚀环境、冻融破坏环境和磨蚀环境。根据环境水、土试验结果仅对化学侵蚀环境、盐类结晶破坏环境及氯盐环境（仅针对Cl^-含量）进行判定。环境作用等级依据《铁路混凝土结构耐久性设计规范》（TB 10005）评价。

4.1.6 高速铁路地质勘察特点

1. 高速铁路和普速铁路在地质勘察方面的主要不同点

地质勘察应结合铁路建（构）筑物的特点和地质条件开展工作，需要解决的地基问题有强度和变形两个方面。普速铁路对地基变形要求不高，地基土强度达到设计承载能力即可，侧重于分析地基土的强度；而对于高速铁路的高平顺性和高稳定性要求，桥梁、路基、隧道等基础设计对工后沉降、不均匀沉降和结构刚度提出了新的要求，尤其是小范围可能发生的不均匀变形也必须考虑。

高速铁路地质勘察针对地基土不但要考虑地基土的强度问题，更重要的是变形问题。至于边坡和隧道等开挖工程，高速铁路和普速铁路在地质勘察方面基本一致。

2. 高速铁路的精细化勘察

地基土变形来自铁路建（构）筑物基础的应力，要解决工后沉降变形和差异沉降量问题，需要从地形地貌、地质构造、地层岩性分布、岩土性质等各个方面开展精细化勘察，不但要查明区域地质问题、不良地质、特殊岩土，还要查明小范围地基土的物理力学性质差异。所以高速铁路地质勘察在深度和广度上更全面、更详细、更微观，既要满足设计、施工的要求，又要考虑周边环境相互影响以及运营期地质条件的变化对高速铁路基础的影响等问题。必要时运营期也要进行地质勘察工作。

高速铁路勘察精细度的提高，主要体现在勘探点数量增多和孔深加大，才能够详细地了解岩土体的性状，满足设计检算深度的要求。高速铁路和普速铁路定测时关于勘探孔布置原则对比见表 4.1。

表 4.1　高速铁路和普速铁路定测勘探孔布置原则对比表

工程类型	铁路等级	地基条件	勘探孔间距	勘探孔孔深
桥梁	高速铁路	土质、岩质地基	地层层序有规律隔墩，其他情况逐墩	桩底以下不小于 5 m
	普速铁路			桩底以下 10～20 m，并满足沉降检算要求
路基	高速铁路	一般地基	不大于 100 m	进入基岩或坚硬土不小于 5 m
		松软地基	不大于 50 m，适量断面	40～70 m，并满足沉降检算要求
	普速铁路	一般地基	300～500 m	5～15 m
		软土地基	100 m	硬底以下 5 m

3. 地质勘察技术展望

当前地质勘察采用了星载合成孔径干涉雷达 InSAR 技术，监测地面的微小变形，用于判别地面沉降和山体变形的发展历史，为地质选线和不良地质勘察提供了新的技术手段。勘探技术方面，钻探取样设备基本没有改变，静力触探的勘探深度由浅层 30 m 提升到深层 70 m，遥感和物探技术有了较快发展，但是勘探效率低、精细度差等问题有待进一步提高。

物探方法具有连续、快速、体积性等优点而被广泛采用，可用于探查断裂、岩溶、土石界面、采空区、风化界面等地质体或地质构造形态。随着电子技术和计算技术的发展，利用地球物理勘探解决地质问题的精度和可靠性将大幅度提高，是今后地质勘察技术突破的方向之一。

4.2　测　　绘

4.2.1　概　　述

中国高铁工程测量技术的发展起步于 2006 年京津城际建设时期，2009 年 10 月在吸纳京津、京沪、武广、郑西、哈大、合宁、合武、石太等高速铁路工程测量经验的基础上，结合中国高铁建设特点和现代测绘技术的发展，形成《高速铁路工程测量规范》(TB 10601—2009)，建立起“三网合一”的测量技术体系。

高速铁路工程测量是高速铁路建设的关键技术之一，控制测量工作贯穿高速铁路勘察设计、施工和运营维护的全过程，是一项先行的基础性工作。由于高速铁路平面和高程控制网精度要求高，属于精密工程测量范畴，故又习惯将平面和高程控制网简称“精测网”。为高速铁路勘察设计、工程建设和运营维护提供统一、可靠的测量基准，是高速铁路工程设计技术的重要组成部分。

高速铁路精密工程测量技术的核心是确定平面和高程控制网的基准和精度，以满足高速铁路线下工程和轨道铺设施工精度的要求，进而保证高速铁路的平顺性及安全平稳运行。与普通铁路测量相比，高速铁路工程测量系统性更强，精度更高。主要工作内容有工程独立坐标系设计，精测网设计与建立、维护和应用。

1. 高速铁路精测网"三网合一"

高速铁路工程施工是按照设计的线路三维坐标进行线下工程和轨道工程施工放样，运营后也是依据竣工交付的轨道多维度形态（如高低、轨向、水平、轨距以及长、短坡不平顺等要素）进行维护管理。因此，精测网建立时在满足线下工程测量要求的同时必须满足轨道施工定位和运营维护的精度要求，设计、施工及运营三个阶段的平面和高程控制测量必须采用统一的基准，即"三网合一"。

高速铁路工程精测网按照分级布网、逐级控制的原则布设。平面控制网在框架控制网（CP0）基础上分三级布设：第一级为基础平面控制网（CPⅠ），主要为勘测、施工、运营维护提供坐标基准；第二级为线路平面控制网（CPⅡ），主要为勘测和施工提供控制基准；第三级为轨道控制网（CPⅢ），主要为轨道铺设和运营维护提供控制基准。

高程控制网分二级布设：第一级线路水准基点控制网，为高速铁路工程勘测设计、施工提供高程基准；第二级轨道控制网（CPⅢ），为高速铁路轨道施工、维护提供高程基准。

（1）"三网"坐标和高程系统的统一

高速铁路在勘察设计、线下工程和轨道施工、运营维护的各个阶段均采用坐标和高程进行定位控制，因此必须保证三网的坐标、高程系统的统一，才能使高速铁路的勘测设计、线下工程和轨道施工及运营维护工作顺利进行。

（2）"三网"起算基准的统一

高速铁路"三网"平面控制测量以基础平面控制网 CPⅠ为平面控制基准，高程控制测量以线路水准基点为高程控制测量基准。

（3）"三网"测量精度的协调统一

平面控制网的精度是根据《高速铁路设计规范》（TB 10621）对轨道平顺性定位精度的要求，确定 CPⅢ控制网相邻点相对点位中误差为 1.0 mm，依此从 CPⅢ控制网的精度要求逐级推算制定各级控制网的精度，达到各级控制网精度协调统一。

2. 高速铁路各阶段的主要测量工作

（1）勘察设计阶段

勘察设计阶段的主要测量工作是建立精测网，并以此基础上进行以满足专业设计为目的的专项测绘工作。精测网是勘察设计单位在勘察设计阶段为满足高速铁路工程勘测和向施工单位进行交桩而建立的平面和高程控制网，包括框架控制网 CP0、基础平面控制网 CPⅠ、线路控制网 CPⅡ和线路水准基点控制网。

（2）工程施工阶段

工程施工阶段的主要测量工作是对设计单位交桩后的精测网进行复测维护，并在此基础上进行的施工控制网加密，为高速铁路线下工程施工和轨道工程施工放样提供控制基准。

主要内容有线下施工控制网加密、施工放样、监测基准网建立和构筑物变形观测，以及线上平面控制网 CPⅡ 和高程控制网、轨道控制网 CPⅢ 建立和轨道安装定位、精调测量、竣工测量等。

(3)运营维护阶段

运营维护阶段的测量工作是在高速铁路竣工后，对设计和施工单位移交给运营单位的精测网进行复测维护，并在此基础上对运营铁路的路基、桥梁、隧道、车站等构筑物的水平、沉降、倾斜监测和轨道线形进行测量，以保证高速铁路运营的安全。

3. 高速铁路采用的坐标和高程系统

高速铁路坐标和高程系统是所有测量工作的基础，所有测量成果和设计成果都是建立在坐标和高程系统上的，因此坐标和高程系统选择的适当与否关系到整个工程质量问题。

我国高速铁路建设在勘察设计阶段，为满足与规划衔接和征地需要，图纸坐标系通常采用国家统一 3°带高斯平面直角坐标系，但在不同时期曾采用过多个坐标系统，如 1954 北京坐标系、1980 西安坐标系、2000 国家大地坐标系和城市坐标系(如 1990 年天津任意直角坐标系、北京独立坐标系等)。为满足高速铁路坐标法定位的高精度要求，施工中由设计坐标反算的边长值与现场实测值应尽量一致，因此高速铁路测量要求按照线路设计高程面上的投影长度变形不大于 10 mm/km 建立工程独立坐标系统。目前已建成的部分高速铁路曾采用过基于 1954 北京坐标系、1980 西安坐标系等。2008 年 7 月 1 日起，国家测绘局启用 2000 国家大地坐标系，用 8～10 年时间完成向 2000 国家大地坐标系的过渡和转换。2019 年 1 月 1 日起全面停止向社会提供 1954 北京坐标系、1980 西安坐标系基础测绘成果。因此，我国高速铁路工程测量平面坐标系统后期采用基于 2000 国家大地坐标系(CGCS2000)基准的工程独立坐标系，线路设计高程面上的投影长度变形值不宜大于 10 mm/km。桥梁和隧道施工控制网可采用施工独立坐标系，但需明确其与线路工程独立坐标系的转换关系。精测网平面控制测量成果同时提供 2000 国家大地坐标国家统一 3°带高斯正形投影成果和地方坐标系成果，以满足和地方规划衔接及坐标转换需要。

我国高速铁路工程测量高程系统采用 1985 国家高程基准。当个别地段无 1985 国家高程基准的水准点时，可引用其他高程或以独立高程起算。在全线高程测量贯通后，应消除断高，换算成 1985 国家高程基准。有困难时亦应换算成全线统一的高程系统。不同高程系间的差值因地区而异，具体差值以当地测绘主管部门提供值为准或通过实测获取。勘测期间收集的地方高程成果应建立与 1985 国家高程基准的转换关系，将高程基准统一。

4.2.2 工程独立坐标系设计与应用

我国的高速铁路建设，在测图时为满足与地方规划衔接和用地报批之用，坐标系通常采用国家统一 3°带高斯平面直角坐标系(简称“3°带坐标系”)，3°带投影坐标系在投影带边缘的边长投影变形值理论上达到 340 mm/km，在海拔 2000m 处的高程投影变形值达到 312 mm/km。但高速铁路工程测量精度要求高，施工中要求由坐标反算的边长值与现场实测值应尽量一致。《高速铁路工程测量规范》(TB 10601—2009)规定，速度 250～350 km/h

的高速铁路测量要求线路轨面设计高程面上坐标系统的投影长度变形值不宜大于10 mm/km。为此，需要设计工程独立坐标系，使其长度投影变形控制在允许范围内，以满足高速铁路勘测设计和施工测量精度要求。

1. 投影变形控制

由于客观存在高程投影变形和高斯投影变形，致使线路设计高程面上的投影长度变形无法满足规范要求，因此需要对其加以控制。

2. 工程独立坐标系设计

我国高速铁路一般采用三种数学模型建立工程独立坐标系，即选择抵偿坐标系统、任意中央子午线坐标系统、任意中央子午线的任意较窄宽度带坐标系统。按照规范规定，速度250～350 km/h 的高速铁路测量时将高程投影与高斯投影引起的边长变形值之和控制在10 mm/km。全线建立多个坐标系时，相邻坐标系间应做好衔接。

高速铁路工程独立坐标系统应基于 2000 国家大地坐标椭球建立，控制测量成果同时提供 2000 国家大地坐标 3°带高斯正形投影成果，以满足和地方规划衔接及坐标转换需要。

(1)线路工程独立坐标系设计

根据线路平纵断面图资料，通过调整投影面大地高和中央子午线数值，确定合理的工程独立坐标系参数。通常采用段落内平均轨面设计高程作为高程抵偿面，通过调整中央子午线的位置，达到段落内长度投影变形小于 10 mm/km 的要求。

工程独立坐标系一般在初步设计定测阶段进行设计，施工图阶段根据线路最终优化完的平纵断面进行投影变形验证，对变形值大于 10 mm/km 的段落进行优化和调整。

(2)桥梁施工坐标系设计

跨越江河湖海的特殊桥梁，施工控制精度要求高，需建立桥梁施工坐标系，其设计原理与线路工程独立坐标系设计相同，一般采用基于国家或线路工程独立坐标系统的桥梁施工坐标系或桥址里程坐标系统两种方法设计。

(3)隧道施工坐标系设计

长大隧道施工坐标系的设计方法与线路工程独立坐标系类似，主要通过选择合适的投影面和中央子午线来实现。一般以隧道平均高程面为基准面，取隧道工程中间位置的经线作为坐标投影的中央子午线，以隧道长直线或曲线隧道切线(或公切线)为坐标轴的施工坐标系，坐标轴的选取应方便施工应用。

3. 工程独立坐标系应用

按照上述 3 种数学模型设计工程独立坐标系，使得长度投影变形满足规范 1/100 000 要求，然后将标准 3°带坐标系下线路设计的中线资料转换到工程独立坐标系下。

某项目线路呈北西—南东走向，按照标准 3°带坐标系(中央子午线经度为 126°)，由坐标反算的长度变形过大，长度投影变形达 74.0 mm/km，不满足高速铁路轨道施工放样精度要求。因此在项目定测前，需按照高速铁路长度投影变形量不大于 10 mm/km 的精度控制要求进行工程独立坐标系设计。

按上述方法设计后的坐标系参数为：中央子午线经度 $L=125°18'$，投影面高度 $H=105$ m，设计成果见表 4.2，长度投影变形最大值－8.6 mm/km，满足规范要求，然后将标准 3°带坐标系下线路设计的平面资料转换到工程独立坐标系下。

表 4.2　工程独立坐标系长度投影变形表

里　程 /km	北坐标 /m	东坐标 /m	高　度 /m	标准 3°带坐标系长度投影变形 /(mm·km^{-1})			工程独立坐标系长度投影变形 /(mm·km^{-1})		
				高程投影变形值	高斯投影变形值	综合变形值	高程投影变形值	高斯投影变形值	综合变形值
CK0	5116010	479819	149	−23.4	5.0	−18.4	−6.9	13.9	7.0
CK10	5118515	475492	153	−24.0	7.4	−16.6	−7.5	10.6	3.0
CK20	5123412	465677	170	−26.6	14.5	−12.1	−10.1	4.7	−5.5
CK30	5129833	458635	167	−26.2	21.1	−5.1	−9.7	1.9	−7.8
CK40	5136420	451865	162	−25.4	28.6	3.1	−8.9	0.4	−8.6
CK50	5143623	444503	153	−23.9	38.0	14.0	−7.5	0.0	−7.4
CK60	5150246	437708	151	−23.7	47.8	24.1	−7.2	0.9	−6.3
CK70	5157559	429954	163	−25.5	60.5	34.9	−9.1	3.3	−5.8
CK80	5164120	421977	150	−23.6	75.0	51.4	−7.1	7.2	0.1
CK90	5169607	414165	148	−23.3	90.8	67.5	−6.8	12.6	5.8
CK100	5172105	410727	154	−24.2	98.2	74.0	−7.7	15.5	7.8

4.2.3　精测网的建立

1. 精测网建网时机

高速铁路工程各级控制网建网时机根据设计及施工进程合理确定。高速铁路工程测量工作开展前，应根据线路走向、地形地貌特点、地质特征等，进行坐标系统、基准、网形、精度和建网时机等测量总体设计，各阶段的测量成果由建设单位组织评估验收。

(1)勘察设计阶段

初测阶段根据线路设计方案采用卫星定位方法建立框架控制网 CP0，全线一次布网，统一测量，整网平差，以确定“三网”统一平面控制基准，保证坐标基准的唯一性。线路方案稳定后，在 CP0 的基础上建立基础平面控制网 CPⅠ和线路水准基点控制网，以满足初测阶段测量及专项测量工作。

定测阶段根据线路方案修改情况补充完善基础平面控制网 CPⅠ和线路水准基点控制网，同时建立线路控制网 CPⅡ，并利用其进行定测放线及专项测量。

在方案不确定的情况下，初测阶段未建立 CPⅠ控制网、定测阶段未建立 CPⅡ平面控制网和线路水准基点控制网时，可根据勘测设计需要，建立满足需要的平面和高程控制网。在线下工程施工前，全线应建立完整的 CPⅠ、CPⅡ平面控制网和线路水准基点控制网。

(2)施工阶段

线下工程施工阶段，施工单位根据施工需要在 CPⅠ、CPⅡ平面控制网和线路水准基点控制网的基础上加密施工控制网。特殊桥梁和长大隧道，根据施工控制要求建立施工平面和高程控制网。

轨道工程施工前，在线下工程竣工且通过沉降评估后建立轨道控制网 CPⅢ，以满足轨道施工及运营维护需要。轨道控制网 CPⅢ是轨道铺设、精调及运营维护的基准。

2. 精测网设计和测量

(1)平面控制网设计和测量

高速铁路平面控制网在框架网 CP0 的基础上按三级布设。第一级为基础平面控制网(CPⅠ),第二级为线路平面控制网(CPⅡ),第三级为轨道控制网(CPⅢ)。高速铁路平面控制网三级布网示意如图 4.1 所示。

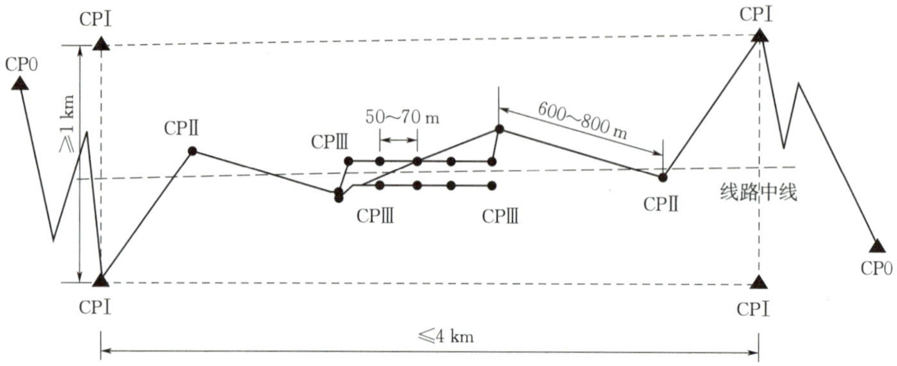

图 4.1 高速铁路平面控制网三级布网示意图

各级控制网的等级精度设计根据设计时速、施工需要、工程规模等条件合理确定,满足相应等级的要求。

①CP0 控制网设计和测量

CP0 控制网作为高速铁路平面控制网的坐标框架起算基准,尽量利用国家 A/B 级 GNSS 点代替 CP0 点。CP0 控制点沿线路走向每 50 km 左右布设一个点,点位距线路中心不宜大于 10 km。如果国家 A/B 级 GNSS 点不满足覆盖密度要求,则应采用同精度扩展方法加密。线路起终点和其他线路衔接段应至少布设一个 CP0。

CP0 控制网采用卫星定位技术测量,测量精度为铁路特等,与 IGS 跟踪站联测。CP0 控制网应以 2000 国家大地坐标系作为坐标基准,CP0 基线向量采用精密星历解算。

②CPⅠ、CPⅡ控制网设计和测量

CPⅠ控制点沿线路布设,2 km 布设一个点或 4 km 布设一对点,点位布设考虑隧道、特大桥、车站、大型建(构)筑物布设施工控制网的要求,点对间距不宜小于 800 m,选在距线路中线 50~1 000 m 的范围内不宜被施工破坏、稳定可靠及便于测量的地方。在线路勘测设计起点、终点或与其他线路平面控制网衔接地段,与衔接铁路的 2 个或 2 对以上 CPⅠ点相重合,确定平面坐标系统间关系。

CPⅡ选点的原则与 CPⅠ选点原则基本一致。其点位满足靠近线路点为等边直伸形式,选在距线路中线 50~200 m 稳固可靠且不易被施工破坏的范围内,点便于长期保存,点间距在 600~800 m,考虑施工阶段使用的方便。在与其他铁路交叉或连接处,CPⅡ控制网应与其平面控制点联测,联测控制点的个数不应少于 2 个。

CPⅠ和 CPⅡ控制网一般均采用卫星定位测量技术建立,CPⅠ测量精度为铁路二等,CPⅡ为铁路三等。CPⅠ应附合在 CP0 的上,采用约束 CP0 进行固定数据平差。CPⅡ应附合在 CPⅠ上,采用约束 CPⅠ进行固定数据平差。

隧道洞内 CPⅡ控制网应在隧道贯通后,自隧道进出口或斜井沿线路方向沿隧道洞内布设，布设时考虑隧道结构后续施工及洞内轨道施工的影响和要求。洞内 CPⅡ控制网采用导线或自由测站边角交会方法施测。

③控制点标石埋设

CPⅠ和 CPⅡ控制点一般可采用预制或现浇方式埋设。标石规格和深度根据最大冻土深度进行设计，为了保持点位的稳定性，一般要求在最大冻土线以下 0.3 m。

(2)高程控制网设计和测量

高速铁路工程测量高程控制网分二级布设：第一级线路水准基点控制网，为高速铁路工程勘测设计、施工提供高程基准；第二级轨道控制网(CPⅢ)，为高速铁路轨道施工、维护提供统一的高程基准。

线路水准基点控制网布设要考虑沿线地质条件和地面不均匀沉降变形的程度，根据地质、地层情况，对水准点的埋设形式和埋设密度进行设计，分为基岩水准点、深埋水准点和普通水准点三种标石埋设形式。

高程控制网使用精密电子水准仪按照二等水准测量精度施测。

3. 复杂工程精测技术

(1)特大桥梁精测网测量

复杂结构的特大型桥梁，对于长度变形控制精度要求高，通常需要单独建立施工控制网。桥梁施工控制网的精度主要由跨河主桥施工精度确定，估算出控制网中最弱边精度后再选定控制网测量等级。建网时必须联测线路控制网 CPⅠ、CPⅡ，以保证桥梁与其两端线路中线的正确衔接。卫星定位测量方法是桥梁施工控制网测量的首选，在不具备 GNSS 观测条件时，可使用三角网及导线测量方法作为补充。

桥梁施工周期长，每岸的施工水准点不少于 3 个，且与两岸的线路水准基点进行联测。高程控制测量采用 GNSS、精密三角高程方法。

(2)长大隧道施工精测网测量

为保证长大隧道相向开挖正确贯通，需建立施工精测网。隧道施工精测网测量设计包括隧道控制测量方法设计、控制网网形设计、测量精度设计及隧道贯通误差估算等。建网时必须联测线路精测网 CPⅠ、CPⅡ，以保证隧道与其两端线路中线的正确衔接。

洞外平面控制测量优先采用 GNSS 测量，洞内平面控制测量采用全站仪按附合导线或导线网施测。

长大隧道高程控制测量根据踏勘选的地表高程路线长度和洞内贯通长度，分别估算洞外、洞内高程贯通误差，确定洞外高程控制测量精度。洞外控制测量一般采用水准测量的方法进行，对于高山区等特殊困难地区，也可采用精密三角高程测量的方法进行。

4.2.4 精测网成果应用

1. 精测网交桩与复测维护

(1)高速铁路工程施工前，设计单位应向建设单位提交控制测量成果资料，并进行现场交接桩，施工和监理单位参加交接桩工作，参加交接桩各方履行交接桩手续，签订交桩纪要。控制网交桩成果包括控制测量成果资料和控制桩，交接的主要测量成果资料如下：

①CP0、CPⅠ、CPⅡ控制点成果及点之记。

②CPⅠ、CPⅡ测量平差计算资料。

③线路水准基点成果及点之记。

④水准测量平差计算资料。

⑤测量技术报告(含平面、高程控制网联测示意图)。

⑥CP0、CPⅠ、CPⅡ控制桩和线路水准基点桩。

(2)高速铁路运营前,建设单位组织设计单位和施工单位进行精测网竣工测量,编制竣工测量文件,由建设单位组织统一归档,作为高速铁路竣工验收的主要文件移交给铁路运营管理单位,移交内容有:

①CP0、CPⅠ、CPⅡ、CPⅢ控制点成果及点之记。

②线路水准基点成果及点之记。

③竣工测量技术报告。

④CP0、CPⅠ、CPⅡ、CPⅢ控制点、线路水准基点桩橛。

(3)施工期间精测网的复测维护分为定期复测维护和不定期复测维护,定期复测一般由建设单位组织实施,不定期复测维护应由施工单位实施。

定期复测维护是对高速铁路平面和高程控制网全面复测,复测内容包括全线 CP0、CPⅠ、CPⅡ及线路水准基点。

2. 施工期变形测量和评估

建(构)筑物在施工期间的变形监测和评估是建设项目的一个必要环节,其目的是为项目的安全施工提供监测预报以及为工程稳定性提供基础数据。

施工单位接桩后,对精测网进行复测,并在此基础上进行施工控制网加密,为高速铁路线下工程施工放样和沉降变形观测提供控制基准。精测网复测成果及施工控制网加密成果应通过建设单位组织的评估和验收后,方可用于施工放样。

高速铁路施工期间,构筑物变形测量的内容包括路基、涵洞、桥梁、隧道、车站以及道路两侧高边坡和滑坡地段的垂直位移监测和水平位移监测。在工程设计阶段,应对高速铁路变形测量的内容、方法、范围和监测频率进行设计。变形监测工作实施前,应制定变形监测技术方案。变形监测工作应根据线下工程施工的开工时间、工程进度以及工程的需要适时开展。首期观测,应连续进行二次观测,应以平均值作为首期观测值。

变形监测网(水平位移监测网、垂直位移监测网)按工程需要的精度等级建立,并与精测网联测,一次布网完成。

高速铁路变形监测的精度应按监测量的中误差小于允许变形值的 1/10～1/20 原则进行设计。变形测量的等级划分和精度要求应符合表 4.3 规定。

表 4.3 变形测量的等级划分和精度要求

变形测量等级	垂直位移测量		水平位移观测
	变形观测点的高程中误差/mm	相邻变形观测点的高差中误差/mm	变形观测点的点位中误差/mm
一等	0.3	0.1	1.5
二等	0.5	0.3	3.0

续上表

变形测量等级	垂直位移测量		水平位移观测
	变形观测点的高程中误差/mm	相邻变形观测点的高差中误差/mm	变形观测点的点位中误差/mm
三等	1.0	0.5	6.0
四等	2.0	1.0	12.0

变形测量的基准点宜选用CPⅠ、CPⅡ控制点及线路水准基点。当需要增设基准点时，按照线路水准基点的埋设要求增设基准点。使用时应做稳定性检查与检验，并以稳定或相对稳定的点作为测定变形的参考点。基准网在建成后要根据需要进行定期复测。

建(构)筑物的变形要求按照相关设计专业的设计图纸和规范执行，变形观测工作以桥梁、路基、隧道及涵洞等建(构)筑物的垂直位移观测为主，水平位移监测根据桥梁、路基等工点具体要求确定。

铺设轨道(道床)前，根据《铁路工程沉降变形观测与评估技术规程》(Q/CR 9230—2016)要求，对路基、桥涵、隧道工程进行沉降观测，根据地形地质条件、轨道类型和行车速度等因素指标，按规定的间距布设观测断面，通过一定时间的观测数据采集，采用合适的回归分析模型计算工后沉降量，分析线下工程的稳定情况，确定是否满足无砟轨道铺设条件。沉降变形观测与评估工作流程如图4.2所示。

3. *无砟轨道精调*

高速铁路无砟轨道施工前建立轨道控制网CPⅢ，轨道铺设及精调均以CPⅢ为基准。CPⅢ精度与质量直接影响轨道铺设精度，因此CPⅢ建网完成后，应由第三方进行评估或由建设单位组织专家进行评审验收，经验收合格后才能开展轨道施工。

(1)轨道控制网CPⅢ设计和测量

①CPⅢ控制点一般沿线路走向按50～70 m间隔成点对布设。每对CPⅢ控制点分布于线路两侧，点位设置高度宜高于设计轨顶面0.3 m，设置在稳固、可靠、不易破坏和便于测量的地方。CPⅢ控制网示意如图4.3所示。

②CPⅢ平面控制网为典型的边角同测控制网，平面一般采用标称精度不低于测角标称精度1″、测距标称精度不低于$1\ mm+2\times10^{-6}D$的测量机器人观测。CPⅢ平面网每600 m左右联测一个线上CPⅡ控制点。CPⅢ可以根据施工需要分段测量，测段长度不宜小于4 km。测段间应重复观测不少于6对CPⅢ点，区段搭接不应位于车站或大跨连续梁范围内。投影换带处相邻两个搭接段落应重叠800 m以上。

③CPⅢ高程控制网应附合于线上加密水准基点，水准路线附合长度不大于3 km。

CPⅢ高程测量分段方式与CPⅢ平面测量分段方式保持一致。区段之间衔接时，前后区段独立平差重叠点高程差限值为±3 mm，满足该条件后，后一区段CPⅢ网平差，应采用本区段联测的线路水准基点及重叠段前一区段连续1～2对CPⅢ点高程成果进行约束平差。

(2)CPⅢ控制点埋设要求

①路基地段CPⅢ控制桩一般设于接触网支柱扩大基础上，CPⅢ预埋件埋设位置如图4.4所示。

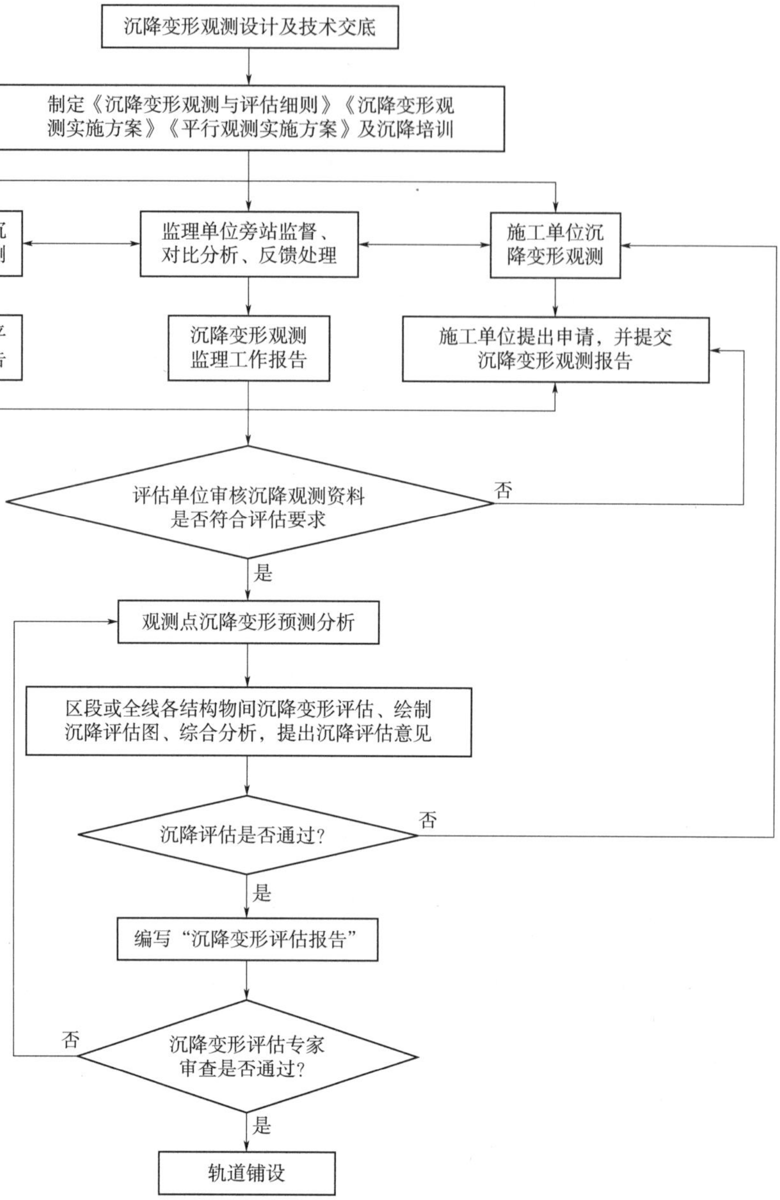

图 4.2 沉降变形观测与评估工作流程图

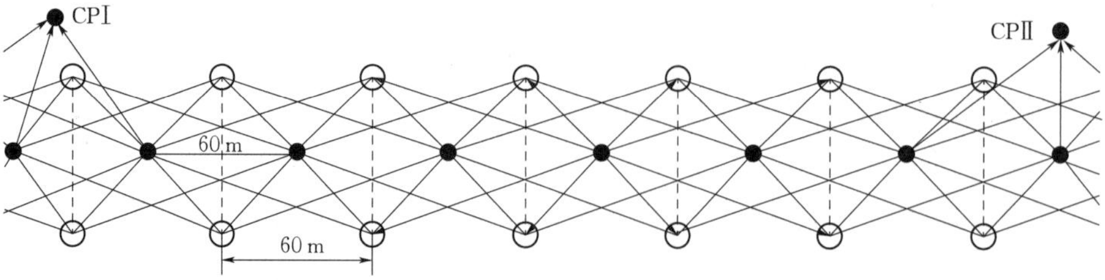

图 4.3 CPⅢ控制网示意图

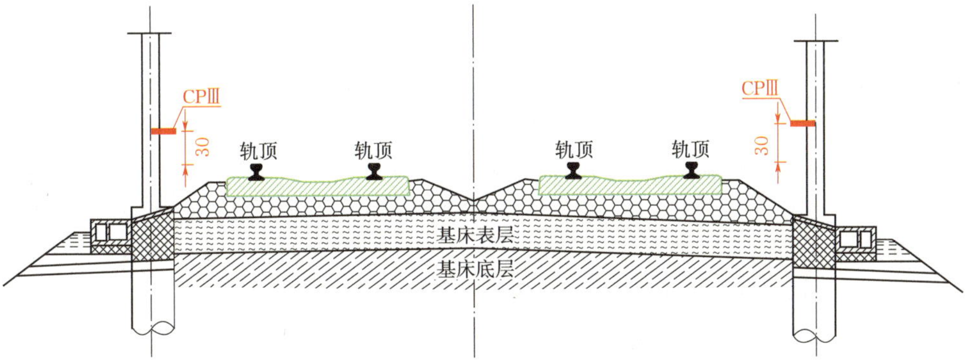

图 4.4 路基地段 CPⅢ预埋件埋设位置示意图(单位:cm)

②桥梁地段一般布置在桥固定支座端上方防护墙上,距梁端 0.5 m 的位置,如图 4.5 所示。CPⅢ标志的埋设采用预埋方式,采用快干砂浆、水泥或者锚固剂等进行固定,确保 CPⅢ标志预埋件的稳固。

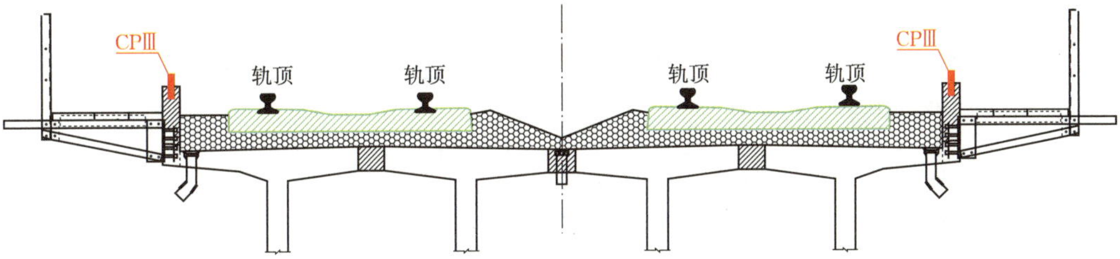

图 4.5 桥梁地段 CPⅢ预埋件埋设位置示意图(单位:cm)

③隧道地段一般布置在电缆槽顶面上方 30~50 cm 的边墙内衬上,如图 4.6 所示。

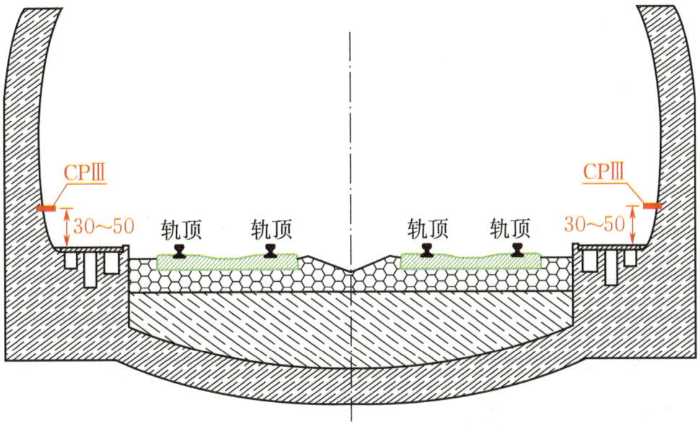

图 4.6 隧道地段 CPⅢ预埋件埋设位置示意图(单位:cm)

④车站地段 CPⅢ控制点的埋设位置应根据现场情况确定。一般选择在站台墙侧面、接触网支柱或雨棚柱旁(埋设方式参照路基地段),也可单独埋设在不影响行车安全及其他设施设备安装的位置。

(3)无砟轨道铺设及精调

①无砟轨道混凝土底座及支承层放样。设站观测的 CPⅢ控制点不应少于 3 对,更换测站时,相邻测站重叠观测的 CPⅢ控制点不少于 1 对。

②轨道板精调是测量架设在轨道板承轨台上的棱镜坐标，与设计坐标比较求得调整量，据此调整轨道板至设计位置。标架布置示意如图 4.7 所示。

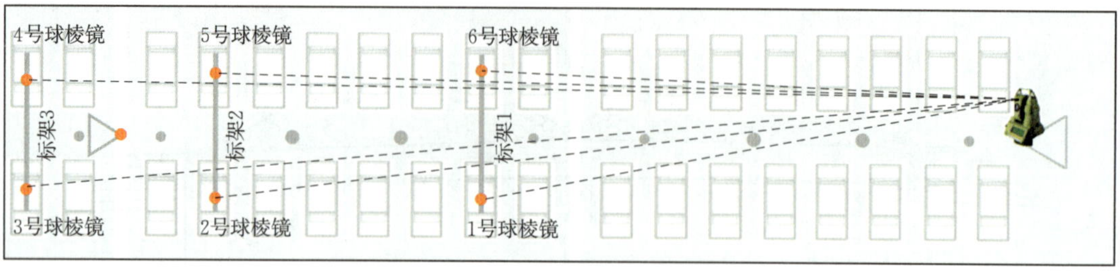

图 4.7　精调标架布置示意图

轨道板精调定位采用速调标架法测量时，全站仪应满足如下要求：

自由设站观测的 CPⅢ控制点不应少于 4 对，全站仪应设在线路中线附近，位于所观测的 CPⅢ控制点中间。更换测站时，相邻测站重叠观测的 CPⅢ控制点不少于 2 对。每一测站参与平差计算的 CPⅢ控制点不应少于 6 个。换站后应对上一测站的最后一块轨道板进行检测。

以 CRTS Ⅲ型轨道板精调为例，其精调系统包括测量机器人、测控终端和辅助测量机构三部分。系统构成如图 4.8 所示。

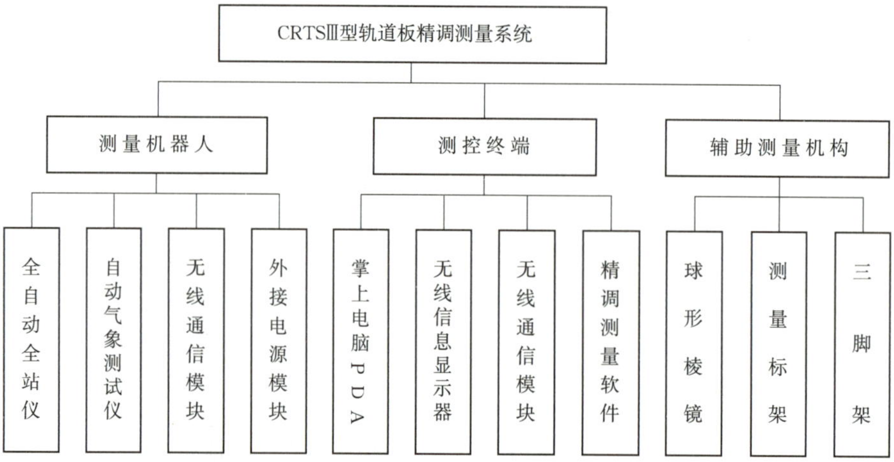

图 4.8　CRTSⅢ型轨道板精调测量系统组成

③轨道精调应在长轨应力放散并锁定后，根据轨道静态测量数据及轨道静态精度要求，对轨距、水平、轨向、高低等进行系统调整。

轨道精调测量作业流程如图 4.9 所示。

4. 高速铁路运营维护

高速铁路线下基础设施及其他建(构)筑物在运营期受运营和周边建设影响仍可能发生沉降或变形，因此，运营期间的精测网复测和基础变形监测数据是线路养护维修、安全状态评价和使用寿命周期评估所需基础数据的重要来源。

对高速铁路在运营期进行基础变形监测是确保高速铁路安全、舒适运营的需要。运营期线下相关建(构)筑物的沉降将影响线路的平顺性，对钢轨上急速行驶的列车安全性和舒

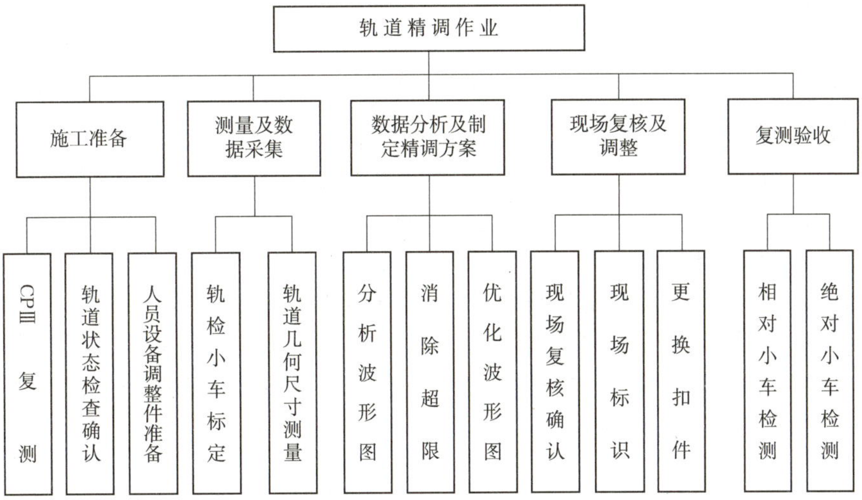

图 4.9　轨道精调测量作业的工艺流程

适性有重大影响，因而准确、及时地获取并掌握沉降发生量及其变化规律与趋势对运营的安全和乘坐的舒适至关重要。精测网是高铁运管维护的控制基准，必须高度重视铁路运营期精测网的复测和维护工作，加强 CP0、CPⅠ、CPⅡ、CPⅢ及线路水准基点控制网的复测和维护，以保证精测网的稳定性和精度。一般要求如下：

(1)CP0、CPⅠ、CPⅡ和 CPⅢ控制网平面复测周期不宜超过 3 年，开通初期及沉降区段的各级控制网的平面复测周期适当缩短。全线定期复测的内容包括 CPⅠ、线上 CPⅡ、CPⅢ、线路水准基点控制网和线上加密水准点的测量。复测周期不宜超过 3 年，最长不应超过 5 年，其中线路水准基点、线上加密水准点、CPⅢ高程网在开通运营后两年内复测一次。

(2)对以下地段，精测网复测的内容和周期由铁路局根据实际情况确定和实施。

①新建铁路开通运营前沉降评估确定的在运营期间还应该继续进行变形监测的地段。

②区域沉降、差异沉降显著的地段。

③线路周边地形地貌、水文地质等环境发生变化的地段。

④运营阶段检查发现的轨道异常变形的地段。

高速铁路运营期变形监测基准网应结合精测网复测和维护的需要，两者统筹考虑，协调配合。建设期间与运营期间荷载的性质变化、监测环境的变化、监测重点与范围的变化以及监测目的及服务对象的变化决定了运营期间基础变形监测与建设期间变形监测在技术路线上存在差异。建设期间构筑物监测侧重关注构筑物基础工后沉降量发生的程度及稳定水平。运营期间侧重关注构筑物的差异沉降及其对轨道平顺性的影响，可认为运营期间的监测是建设期间监测的延续。

高速铁路运营期构筑物沉降变形监测区段分为“一般区段”和“重点区段”。对于一般区段，只需开展普查性监测，发现问题后重点监测；重点区段是沉降易发生段落或差异沉降敏感段落，除开展普查性监测外，必须重点监控。重点监控地段在监测频次和监测项目上需要适当增加，必要时还需要进行自动化监测，以便实时掌握构筑物的沉降发展趋势。另外，依据沉降变形发生的程度，“一般区段”和“重点区段”可相互转化，根据监测结果适时动态地对监测频次进行调整，既要满足运营维护的需要，又能提高监测效率。

变形监测工作充分利用建设期间的精测网点（线路水准基点：基岩点、深埋水准点、普通水准点；CPⅠ和CPⅡ点），工作基点充分考虑距离线路的距离及稳定性。运营期高铁基础变形监测以路基、桥梁、隧道等建（构）筑物的沉降变形观测为主，并结合观测值对特殊地质条件段落的桥墩倾斜、过渡段及相邻结构物的差异沉降进行分析。

监测方法以精密几何水准测量为主，其测量精度高，但是受天窗作业时间影响，需投入大量人力、物力，作业效率低。自动化变形监测技术（静力水准、北斗GNSS、智能全站仪等）近年来越来越普遍地得到应用，克服了运营期间较短的天窗时间以及封闭式管理的限制。

高速铁路工程的特大复杂结构桥梁，鉴于其重要地位和技术特点，根据成桥后运营维护、确保运营和结构安全及满足主体结构设计使用期的需要，需针对每个复杂结构特大桥建立结构健康监测系统，用于监测和评估大桥在运营期间结构的安全性、耐久性和使用性等，保证大桥在使用期间安全、正常地工作。

5　线路与站场

线路设计是铁路设计的灵魂，是设计中最根本、最重要的工作，是影响全局的总体性工作。站场设计既涉及广大旅客出行体验，又与铁路运输组织、城市规划、产业布局、区域经济发展息息相关。本章在高速铁路选线基础上介绍定线的原则与方法、空间线形设计以及枢纽、车站设计等内容。

5.1　线　　路

5.1.1　高速铁路定线

第2.5节介绍了高速铁路综合选线，本节主要介绍定线的原则与方法。综合选线主要是从宏观角度开展选线设计，而定线是在综合选线的基础上开展细部设计，是一项更为深入和细致的工作，二者紧密联系又有所不同。

铁路定线内涵丰富，既包括整条线路的全局走向方案，也包含一个局部工点的工程措施所引起的平纵断面方案优化。定线的基本任务是规划线路的基本走向，设计线路的空间位置，布置沿线的车站、桥梁、隧道、涵洞、路基、挡墙等各种建筑物。

1. 定线原则

(1)符合铁路网规划，与城市总体规划及其他工程建设相协调，做到布局合理。

(2)符合环境保护、水土保持、土地节约及文物保护的要求。

(3)绕避各类不良地质体，无法绕避时应在详细地质勘察的基础上结合特殊岩土、不良地质的特性，做好工程整治措施，保障运营安全。

(4)结合地形地质条件，优化线路平、纵断面，减少拆迁工程量，合理确定工程类型，统筹考虑边坡防护及防排水工程，做好工程方案比较。

(5)线路空间曲线应按列车最高设计速度及高低速速差匹配原则进行设计。

(6)考虑既有交通走廊、高压电力线、重要地下管线、军用设施及易燃、易爆或者放射性等危险物品的影响。

2. 不同地形条件下的铁路定线

一般情况下，特大桥和长隧道因工程量大、技术复杂，常常影响线路局部走向，而数量众多的普通桥涵、隧道，则随所定线路而布置。

1)平原地区选线

平原地区地形平坦，坡度平缓，自然条件相对较好。高速铁路选线过程中需要克服的障碍主要包括村镇、厂矿企业、农田、河流、湖泊、等级道路、航道、高压线等。如需绕避，应尽量采用小偏角和大半径，严格控制展线系数，保证线路顺直，缩短线路长度。

路桥方案比选是平原地区高铁选线的一项重要工作，需要综合考虑地质条件、路基沉降控制标准、轨道平顺性、路桥过渡段刚度要求、地基处理措施、征地数量、环境保护、取土场、工程投资等因素后确定路基和桥梁方案。在软土、松软土地基地区建设高速铁路工程，路桥方案比选是一个系统性问题。从线路平顺性、乘客舒适性、技术可靠性、运营稳定性以及可持续发展等方面来看，软土、松软土地区以桥代路是必然趋势。

以京沪高铁为例，线路经过海河、黄河、淮河、长江四大水系，跨越通航河流时均征求了航道部门意见，开展了桥式和梁式比选。线路走向和跨越河流、行洪通道或滞洪区地段的桥式方案均委托海委、黄委、淮委以及沿线省市水利部门开展防洪安全性评估，满足水利和行洪安全要求。尽量缩短路基长度，采用全封闭、全立交设计，满足立交和通航要求。

2）丘陵地区选线

根据丘陵地区地形起伏、相对高差不大的特点，结合地质、立交、水文条件，注意线路平面、纵断面和横断面的密切配合，利用有利条件减少工程量，尽量按填挖平衡考虑。例如，在地面横坡比较陡的线路设计中，线路的平面位置是否得当对工程的影响很大，线位靠山上一点可能增加刷坡及防护工程，甚至出现隧道工程。相反，线位向山下移动又会增加支挡工程。因此，要确定最佳方案，应选择代表性横断面进行试定线，把平纵断面选定在技术经济适宜的范围之内，从而确保工程合理可行。

3）山区河谷选线

在地形起伏较大的山区，铁路应尽可能沿河谷两岸延伸，充分利用河床的自然坡降爬升。但是河谷又是内外动力作用的产物，是现代地貌塑造过程中动力地质作用显著的部位，是控制铁路选线的各种不良、特殊地质现象最为发育的地形单元。

山区河谷选线，越来越重视地质因素，应采用多跨、中长隧、栈桥绕避不良地质，减少高填、深挖和小隧道群。

（1）左右岸和跨河桥位的选择

①线路应选择在地形宽坦、台地较多、支沟较少、不易受水流冲刷或冲刷较轻的一岸，对于区域地质构造、滑坡、岩堆、崩塌、泥石流等严重不良地质地段，需调查清楚其特征、范围及对线路的影响。不易处理时可考虑跨河绕避。

②线路位置应与沿线居民区、城乡建设、工农业发展和其他交通、水利设施相协调。

桥梁地段定线应尽量减少高墩、大跨等特殊结构，孔跨布置应满足防洪要求，大跨桥梁应考虑钢轨伸缩调节器设置要求。满足铁路和道路立交净空要求并尽量降低对铁路和道路的影响，减少管线迁改数量和附属工程数量。

（2）线路路肩高程选择

线路路肩高程既要保证高出规定的设计水位，又要避免线路高悬于山坡上。

（3）困难地段线路位置的选择

①线路遇山嘴或河湾时，应开展沿河展线和取直方案的比选。

②狭窄的河谷，应考虑与内移设隧道或外移设桥梁的方案进行比选。

③河流曲折多弯，两岸地形、地质条件复杂地段，可以考虑多次跨河以选择有利地段通过。

④山坡陡峭、河床狭窄、河道曲折、水流湍急、地质复杂河段，可以考虑以长隧道或几个

短隧道通过。隧道段线路方案的选择，必须做好工程地质和水文地质的调查勘探工作，特别是控制线路方案的长隧道、地质复杂的隧道和多线隧道，更应做好大范围选线和区域性地质调查，切实掌握工程地质和水文地质情况，从技术经济方面综合开展方案比选。隧道地段的线路平、纵断面设计应充分考虑车站分布、施工条件、防排水、运营通风、养护维修等方面的问题，根据牵引种类、地形条件、地质条件采用不同的措施。

4)典型工点

(1)短路基

桥梁与隧道工点之间的短路基施工难度大，刚度变化频繁，对线路平顺性和舒适性不利。长昆客专湖南段长度小于 150 m 的短路基合计 164 处，大大增加了系统接口实施难度。在桥梁与路基工程费用基本相当或者略高的情况下，设计推荐采用桥梁形式。

(2)短隧道群与长隧道

线路穿越山区或丘陵地区，经常面临短隧道群与长隧道比选问题。以沈白高速铁路为例，线路 DK180＋700～DK188＋500 段地形起伏较大，在 DK183＋000、DK184＋450 经过两条冲沟，研究了长隧道方案和短隧道方案，如图 5.1 所示。

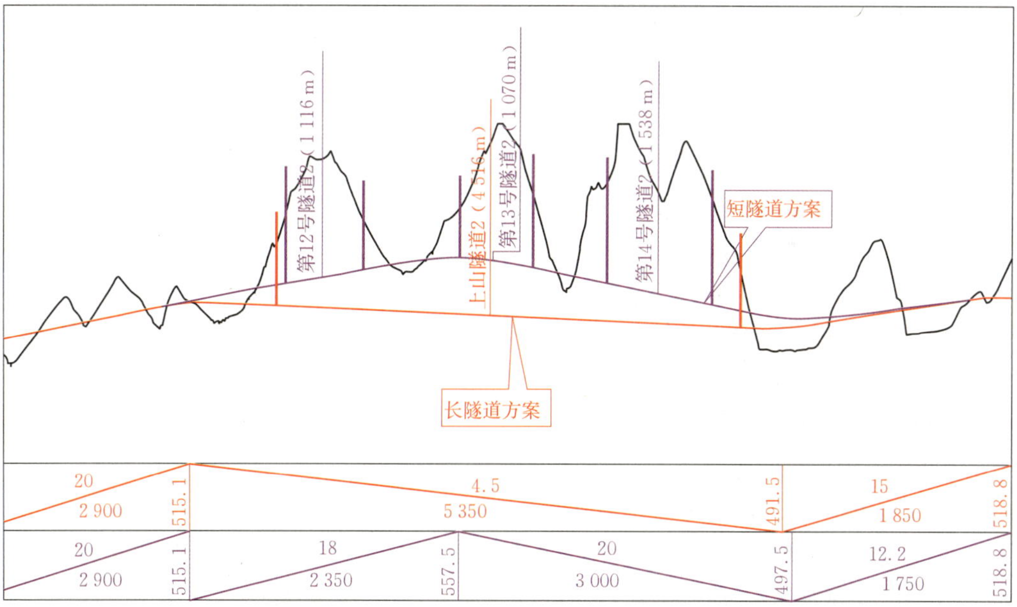

图 5.1 沈白高速铁路 DK180＋700～DK188＋500 段长、短隧道方案示意图

长隧道方案纵断面坡度较缓，列车运行能耗少，有利于节约能源，总投资较短隧道方案节省 0.5 亿元，故设计推荐采用长隧道方案。

5.1.2 空间线形设计

为满足高速列车平顺性要求，高速铁路线路设计应重点关注空间线形的形态，以及相关专业对空间线形的要求。

1. 线路平面设计

1)线间距

线间距为直线段相邻股道线路中心线之间的距离，其值 D 等于交会列车相邻侧壁之间净距 Y 加上两个交会列车宽度之和的一半。

Y 值小，则两车交会时列车承受的压力波大，旅客舒适度偏低，对机车车辆的设计和制造提出了更高的要求，但可以节省土建工程投资；Y 值大，则两车交会时列车承受的压力波小，对机车车辆的气密性、门窗等要求相对降低，但是土建投资较高。

设计速度 $v>160$ km/h 的线路，Y 值的大小主要取决于交会列车空气动力学性能及其对轮轨动力学的影响。此外，还需考虑工程的经济性并预留进一步提速条件。

(1)线间距的影响因素

影响因素主要包括车体气密强度、乘客舒适性及轮轨动力学性能等。

(2)线间距设计标准

确定线间距需考虑机车车辆限界半宽 1 700 mm，静态相邻列车车体最小间距 400 mm，以及考虑动车组压力波产生的车体振动大，列车速度使列车运行摆幅和相对运行列车空气压力增大所需的安全空间。高速铁路线间距标准见表 5.1。

当 200 km/h$<v\leqslant$250 km/h 时，

$$\text{正线最小线间距}=1\,700\times2+400+800=4\,600(\text{mm})$$

当 250 km/h$<v\leqslant$300 km/h 时，

$$\text{正线最小线间距}=1\,700\times2+400+1\,000=4\,800(\text{mm})$$

当 300 km/h$<v\leqslant$350 km/h 时，

$$\text{正线最小线间距}=1\,700\times2+400+1\,200=5\,000(\text{mm})$$

表 5.1 区间正线线间距标准表

设计速度/(km·h^{-1})	250	300	350
线间距/m	4.6	4.8	5.0

(3)设计中线间距的选用

在设计过程中，应根据速度目标值选择合理的线间距。

区间正线曲线地段，线间无杆(柱)等建筑物时，线间距采用表 5.1 中数值无需加宽；当线间有杆(柱)等建筑物时，曲线地段建筑限界按加宽公式进行检算。

正线与联络线、动车组走行线及既有铁路并行地段的线间距，涉及的因素较多，需根据相邻一侧线路的行车速度及其技术要求，和相邻铁路路基高程关系，考虑电气化接触网设施、路基排水及桥涵等土工建筑物、通信及信号设备、电缆沟槽，必要的噪声防护设备等几何尺寸及技术要求，对路肩人行道和中间走道还要考虑保障技术作业人员的安全要求等。同时还需根据机车车辆类型，结合具体情况进行综合研究，确定合理的线间距。

2)平面曲线半径

(1)平面曲线半径的影响因素

平面曲线半径的选取与铁路运输模式、速度目标值、旅客乘坐舒适度、养护维修工作量等有关。

高速铁路的运输组织模式包括不同速度等级列车共线运营或单一速度等级列车运营。最小曲线半径既要满足单一高速列车设计速度 350 km/h、300 km/h、250 km/h 的要求，又要满足高、低速列车共线运营条件下的速差要求。旅客舒适度的主要影响因素为圆曲线上的超高大小。

(2)最小曲线半径大小

①最大设计超高允许值[h]

最大设计超高允许值[h]主要取决于列车在曲线上停车时的安全、稳定和旅客乘坐舒适度要求。根据中国铁道科学研究院 1980 年的试验研究，当列车停在超高为 200 mm 及以上的曲线上时，部分旅客感到站立不稳，行走困难且有头晕不适之感。

最大设计超高允许值采用 175 mm。有砟轨道最大设计超高值为 150 mm，困难条件下可为 170 mm；无砟轨道最大设计超高值可为 175 mm。实设超高与最大设计超高允许值之差根据轨道结构确定，一般为 0～30 mm。

②欠超高允许值[h_q]

欠超高允许值[h_q]在高速铁路上主要取决于旅客乘坐舒适度要求。根据《高速铁路设计规范》(TB 10621—2014)，欠超高允许值[h_q]与舒适度关系见表 5.2。

表 5.2 欠超高允许值

舒适度条件	优秀	良好	一般
欠超高允许值[h_q]/mm	40	60	90

③过超高允许值[h_g]

一般认为过超高与欠超高对旅客乘坐舒适度的影响是同等的。在高低速列车共线运营的高速铁路上，列车走行性能比货物列车要好，因而过超高引起的对内轨磨耗和对线路破坏作用要小，故其过超高允许值可以适当放宽。同时，高低速列车共线运营的线路往往以高速列车为主，更应侧重高速列车的旅客乘坐舒适度，因此取过超高允许值与欠超高允许值一致。

④高、低速列车共线运行时欠、过超高之和的允许值[h_q+h_g]

高、低速列车共线运行在某一半径的曲线上，按高、低速列车均衡速度计算的超高值与按均方根速度确定的实设超高值，往往有差值 Δh，由此造成实际运行中高速列车产生欠超高 h_q、低速列车产生过超高 h_g，故在确定设计超高时，需满足[h_q+h_g]$\leqslant$[h_q]+[h_g]，以保证规定的舒适度要求，并且要考虑为适应实际运营中列车运行条件变化而预留一定的超高调整幅度 Δh。根据我国几十年的运营实践经验，一般 Δh=20～50 mm。欠、过超高之和允许值见表 5.3。

表 5.3 欠、过超高之和允许值

舒适度条件	优秀	良好	一般
欠、过超高之和允许值[h_q+h_g]/mm	100	140	180

⑤高速列车运行时设计超高与欠超高之和的允许值[$h+h_q$]

与前文对[h_q+h_g]相同，在确定设计超高时，需满足[h_q+h_g]$\leqslant$[h_q]+[h_g]。建议采用的实设超高与欠超高之和的允许值见表 5.4。

表 5.4 设计超高与欠超高之和允许值

舒适度条件		优秀	良好	一般
设计超高与欠超高之和允许值 $[h+h_q]$/mm	有砟轨道	200	220	250
	无砟轨道	210	235	265

注:考虑无砟轨道结构轨道几何形状易于保持的特点,无砟轨道实设超高可采用比有砟轨道较大的值。

⑥最小曲线半径 R_{min} 的确定

a. 高速铁路设计速度要求的最小曲线半径 R_{min}

为了满足高速铁路的设计速度要求,采用表 5.4 的设计超高与欠超高之和允许值 $[h+h_q]$时,其最小曲线半径按下式计算确定:

$$R_{min}=11.8\frac{v_{max}^2}{[h+h_q]} \tag{5.1}$$

式中 v_{max}——设计最高速度,即 350、300、250 km/h。

b. 高低速列车共线运行条件下最小曲线半径 R_{min}

在高低速列车共线运行条件下最小曲线半径 R_{min} 按下式计算确定:

$$R_{min}=11.8\frac{v_{max}^2-v_{min}^2}{[h_q+h_g]} \tag{5.2}$$

式中 v_{max}——设计最高速度,即 350、300、250 km/h;

v_{min}——低速旅客列车设计速度。

(3)设计中平面曲线半径的选用

按公式(5.1)及表 5.4 取值计算最小曲线半径结果见表 5.5。

表 5.5 最高设计速度要求的最小曲线半径 单位:m

轨道类型	$[h+h_q]$/mm		设计速度/(km·h⁻¹)					
			350		300		250	
			计算值	推荐值	计算值	推荐值	计算值	推荐值
有砟轨道	200	推荐	7 228	8 000～10 000	5 310	6 000～8 000	3 688	4 500～7 000
	220	一般	6 571	7 000	4 827	5 000	3 353	3 500
	250	困难	5 782	6 000	4 248	4 500	2 950	3 000
无砟轨道	210	推荐	6 883	8 000～10 000	5 057	6 000～8 000	3 512	4 500～7 000
	235	一般	6 151	7 000	4 519	5 000	3 138	3 200
	265	困难	5 455	5 500	4 008	4 000	2 783	2 800

工程条件较好地段平面半径优先选用推荐值,一般最小半径宜集中使用,困难条件的最小半径值需进行技术经济比选后采用。在工程设计中对于车站两端减、加速地段的最小曲线半径选用,需结合列车停站及通过时的运营情况,考虑停站车与通过车速度差要求。

3)缓和曲线

为使列车安全、平稳、舒适地由直线过渡到圆曲线或由圆曲线过渡到直线,在直线与圆曲线之间需要设置一定长度的缓和曲线。对于高速铁路而言,旅客乘坐舒适度要求较高,对缓和曲线的设置要求也更为严格。

(1)缓和曲线线形

缓和曲线线形很多,包括三次抛物线形、三次抛物线余弦改善型、三次抛物线圆改善型、七次四项式、半波正弦型、一波正弦型等。

研究和实测结果表明,只要缓和曲线达到一定长度,各种线形的缓和曲线均能保证行车安全和旅客乘坐舒适度的要求。考虑到三次抛物线线形简单、设计方便,有效长度长,现场应用和养护经验丰富等特点,我国高速铁路以三次抛物线形缓和曲线为首选线形。

(2)缓和曲线长度

缓和曲线长度是高速铁路线路平面设计的主要参数之一。为保证列车运行安全和旅客乘坐舒适度的要求,缓和曲线应有足够的长度。但过长的缓和曲线将影响平面选线和纵断面设计的灵活性,增加工程投资。因此,缓和曲线长度应因地制宜、从长到短、合理选用。

缓和曲线长度取决于超高顺坡率允许值、未被平衡的横向加速度时变率允许值(欠超高时变率允许值)、车体倾斜角速度允许值(超高时变率允许值)等相关参数。

在设计过程中,一般根据《铁路线路设计规范》(TB 10098—2017)选取合理的缓和曲线长度。当高、低速列车共线运行时,需要对设计超高及欠、过超高进行检算。

以高速列车按照 350 km/h 与 250 km/h、200 km/h 共线时为例,针对不同半径曲线,设计超高及欠、过超高检算见表 5.6。

表 5.6　350 km/h 与 250 km/h、200 km/h 共线时设计超高及超高检算　　单位:mm

曲线半径/m	均衡超高			设计超高	欠超高	设计超高与欠超高之和检算	过超高		欠、过超高之和检算	
	350	250	200		350		250	200	350/250	350/200
12 000	120	61	39	95	25<40	120<200	34<40	56<60	59<100	81<100
11 000	131	67	43	105	26<40	131<200	38<40	62<90	64<100	88<100
10 000	145	74	47	120	25<40	145<200	46<60	73<90	71<100	98<100
9 000	161	82	52	135	26<40	161<200	53<60	83<90	79<100	109<140
8 000	181	92	59	150	31<40	181<200	58<60	91<110	89<100	122<140
7 000	207	105	67	175(170)	32<40	207<210	70<90	108<110	102<140	140=140
6 500	222	113	73	175(170)	47<60	222<250	62<90	102<110	109<140	149<180
6 000	241	123	79	175(170)	66<90	241<265	52<60	96<110	118<140	162<180
5 500	263	134	86	175	88<90	263<265	41<40	89<90	129<140	177<180

在工程设计中,需要结合列车停站及通过的运营情况,考虑停站车与通过车速度差要求,合理确定车站两端减、加速地段的曲线半径和缓和曲线长度。

2. 纵断面设计

(1)坡度

①最大坡度的影响因素

最大坡度对线路走向、长度、工程投资、运营费用、牵引质量及输送能力等均有较大影响。高速铁路采用大功率轻型动车组,牵引和制动性能优良,能适应大坡道,不考虑曲线半径和隧道坡度减缓。

国外高速铁路通常采用的最大坡度介于 25‰~35‰之间,设计标准介于 15‰~40‰之间。如：德国标准为不超过40‰；法国标准为不超过35‰；UIC实用技术标准为35‰，采用最大坡度35‰时连续坡度长度不应超过6 km，且在10 km范围内平均坡度不超过25‰；日本新干线最大坡度为20‰～35‰，其中10 km范围内的平均坡度不大于12‰，采用18‰坡度时连续长度不应超过2.5 km，采用20‰坡度时连续长度不应超过1.0 km。

我国动车组具有优良的牵引特性，CRH3动车组在定员载荷下，当动车组失去25%动力时，仍可以在30‰坡道上起动。根据行车仿真计算结果，以340 km/h初速在35‰坡道上持续运行8 km、在40‰坡道上持续运行6 km后的末速度约为设计速度350 km/h的70%。

《铁路大型线路机械　通用技术条件》(GB/T 25337—2018)规定，线路最大坡度为30‰；我国目前使用的大型铁路养路机械作业条件及技术性能要求的线路最大坡度为33‰。结合大机作业条件要求，线路最大坡度不应大于30‰。困难条件下，为体现技术经济合理性，动车组走行线最大坡度不应大于35‰。当坡度大于30‰时，有砟轨道捣固机作业难度较大，故动车组走行线最大坡度大于30‰时宜采用无砟轨道。

②最大坡度的选用

根据《铁路线路设计规范》(TB 10098—2017)，高速铁路最大坡度不宜大于20‰。在线路越岭地段或枢纽内跨越高等级铁路、公路时，若采用20‰以上的坡度可以明显节省工程及运营费用，经技术经济比选后可采用不大于30‰的最大坡度。

采用最大坡度时的坡段长度需根据行车计算分析确定。一般条件下，动车组在大坡道上的运行速度不低于设计速度的80%～85%时，15‰坡度的最大坡段长度不宜大于10 km，20‰坡度的最大坡段长度不宜大于6 km，25‰坡度的最大坡段长度不宜大于4 km，30‰坡度的最大坡段长度不宜大于3 km。

(2)竖曲线

①竖曲线的影响因素

为保证列车在变坡点处的运行安全及乘客的舒适性要求，相邻坡段的坡度差大于等于1‰时，采用圆曲线形竖曲线连接。根据中国铁道科学研究院研究结论，竖曲线半径受旅客舒适性要求控制。最小竖曲线半径为

$$R_{sh} \geqslant v^2/(3.6^2[a_{sh}]) \quad (5.3)$$

式中　R_{sh}——竖曲线半径，m；

$[a_{sh}]$——乘客舒适度允许的竖向离心加速度，m/s^2，根据试验及高速铁路对$[a_{sh}]$的取值经验，取值一般为0.4 m/s^2，困难为0.5 m/s^2，采用一般值0.4 m/s^2时竖曲线半径的近似计算式为

$$R_{sh} \geqslant 0.193 \times v^2 \quad (5.4)$$

最小竖曲线半径计算表及采用标准见表5.7、表5.8。

表5.7　最小竖曲线半径计算表

$v/(km \cdot h^{-1})$	350	300	250
$[a_{sh}]/(m \cdot s^{-2})$	0.4	0.4	0.4
R_{sh}/m	23 643	17 361	12 056

表 5.8　最小竖曲线半径采用标准

$v/(\mathrm{km} \cdot \mathrm{h}^{-1})$	350	300	250
R_{sh}/m	25 000	25 000	20 000

当竖曲线半径增大到一定程度，施工及养护维修很难达到其设置要求，因此，根据京津城际铁路的实际经验，最大竖曲线半径不大于 30 000 m。

竖曲线与圆曲线重叠设置时合成的空间线形比较复杂，增加了施工及运营维护难度，因此一般不宜重叠设置。当需要重叠设置时，对平竖曲线的匹配条件进行限制，因为列车通过凸形竖曲线时会产生微量的当量欠超高 Δh_{qe}，影响到欠超高水平。通过计算分析，竖曲线半径取 30 000～20 000 m 时，当量欠超高变化不大；平面曲线半径对当量欠超高影响较大。

②设计中竖曲线半径的选用

a. 设计中一般采用规范中推荐的竖曲线半径。当采用推荐数值存在困难时，可根据计算结果选用。

b. 最小竖曲线长度一般不小于一个车辆定距长度要求，CRH3 型动车组转向架中心距为 17 375 mm、车体最大长度为 25.5 m，CRH2 型动车组转向架中心距为 17 500 mm、车体最大长度为 25.7 m，因此规定了竖曲线最小长度为 20 m。

3. 平纵横协同设计

为满足经济性、舒适性及运营维护等方面要求，线路平纵断面应考虑协同设计。

(1)经济性

线路平面设计和纵断面设计是一个整体，在平面设计时要考虑纵断面的要求，在纵断面设计时也要考虑平面有无改善的可能，必要时应反复修改，使平纵断面均较为合理。

在横坡较陡地段和空间受限制地段，在初步确定平纵断面后，进行横断面定线。综合考虑平面、纵断面和横断面后确定平、纵、横均较为合理的线路中心位置。

(2)舒适性

线路几何条件由线路线形和线路平顺性组成。线路线形主要影响车体的准静态加速度和加速度时变率变化。在线形突变处，如直缓点、缓圆点等，会对车体产生一定的冲击并引起车体固有频率振动，线路平顺性引起车体主频以上的振动。线路几何条件对乘坐舒适度的主要影响因素如图 5.2 所示。

为满足高速列车运行的高平顺性、高稳定性、高可靠性要求，线路宜采用较大的线路平面圆曲线半径、较长的纵断面坡段、较大的竖曲线半径和较长的夹直线长度，以提高线路空间线形的平顺性，降低列车的横向和竖向加速度，减小列车各种振动叠加的可能性，从而提高旅客乘坐的舒适度。

(3)其他要求

①大跨度连续梁、钢梁等特殊桥梁，因其结构特点及技术要求，需要对线路纵断面设计有所限制。如竖曲线、上坡或下坡地段，与梁跨或支座布置的关系需要结合桥梁专业技术要求确定。

②接触网电分相宜设置在线路纵坡平缓、列车通过速度较高的地段。设计中要充分考虑区间信号布点、线路平纵断面、车站进出信号机位置等条件，通过设计仿真检算动车组惰性，对速度损失、时间损失、牵引性能、线路通过能力等进行检算，必要时调整线路平纵断面。

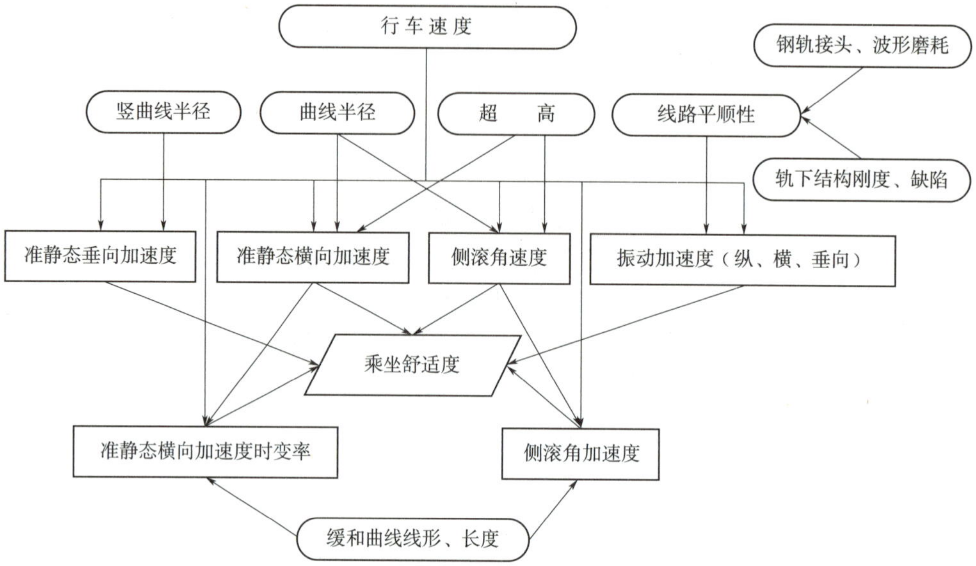

图 5.2　线路几何条件对舒适度的主要影响因素

5.1.3　立交及附属工程设计

1. 立交设计

高速铁路与道路相交时，为保证行车和人身安全，应设置立体交叉。交叉的形式应根据铁路与道路的性质、等级、交通量、地形条件、安全要求及经济社会效益等因素确定。一般应优先考虑设置立体交叉，减少平交道口。

(1)高速铁路与其他铁路、公(道)路交叉时应按全立交设计。

(2)高速铁路与其他铁路、公(道)路交叉时宜采用高速铁路上跨的方式，困难条件下经技术经济比选采用高速铁路下穿时，应采取安全可靠的防护措施。

(3)跨越高速铁路的的公路、铁路应满足高速铁路建筑限界的要求，困难情况下经检算确定。

(4)高速铁路跨越既有和规划公(道)路时，桥下净宽、净空应根据公(道)路等级确定，应符合当地标准及相关要求。根据实际情况，满足消防救援、居民生产生活及动物迁徙等需要。

(5)当公路和铁路并行间距较小且公路路面高于铁路路肩或低于铁路路肩不足 1.0 m 时，在邻近设计线一侧沿公路路肩设置刚性护栏。公路跨越设计线时，在跨线桥上设置刚性护栏，并在两端设置延长的护栏。公路两侧应采用较高防撞级别的护栏，并预留一定的安全储备，确保高速铁路安全行车。

(6)立交设计应征求地方政府及当地居民意见，条件允许的情况下应与产权单位签订立交协议。

(7)凡与铁路平行占压或跨越困难的公(道)路均应进行改移。在跨越高速公路及城市主干道时，尽量采用较大的角度，以不改移为原则。一般公路、乡间土路，交叉角度宜大于 45°。

2. 附属工程

(1)安全保护区

线路两侧应设立安全保护区，保护区的范围应符合《铁路安全管理条例》(国务院令第

639 号)的有关规定,在安全保护区的边界设置标桩。

(2)防护栅栏

区间路基地段线路两侧均设置防护栅栏,其形式可结合当地做法,设于用地界内 0.5 m 处。防护栅栏跨越排水沟、小沟渠等设施时,防护栅栏可连续设置,下部采用的箅子应单独设计,但不应影响正常排洪功能。

站后设施临近线路时,区间及站后设施应进行单独的封闭。

栅栏门可根据工务、电务等要求设置在桥头、涵洞出入口等道路易到达处,一般每公里 1 处,且每一封闭圈至少设置两处单开栅栏门,以方便养护维修人员作业。为满足桥下河流、排洪及灌溉需要,需在桥梁范围防护栅栏预留相应通道。

(3)维修通道

桥下设置维修通道能保证维修维护人员方便、快速到达维修地点,确保铁路的正常运营和运输安全。维修通道应与桥上救援疏散设施相连通,可保证高速铁路救援及时,迅速组织旅客疏散,最大限度地保证旅客的人身安全。桥长大于 3 km 的平原微丘旱桥地段宜设置维修道路,并设置在用地界宽度 7.2 m 侧的地界内。维修通道每间隔 500 m 在桥梁一侧修建一处错车平台,错车平台宽 2.5 m,长 8 m。

5.2 站　场

5.2.1 站场设计概述

高速铁路站场设计包括与枢纽总图规划相关的引入枢纽方案以及各类型车站、场段的设计。

1. 高速铁路站场设计的基本特点

(1)车站作业单一,仅办理客运业务,一般不办理货运业务。

(2)高速旅客列车不办理行包及邮件装卸业务。

(3)高速铁路要考虑路网的互联互通,在枢纽引入方案、车站设计中要考虑与铁路网中相关线路的互联互通。

(4)高速铁路车站设计要突出安全第一、绿色环保的设计思想。

2. 站场专业主要设计内容

(1)枢纽方案研究

枢纽方案研究包括客运站布局、客运站选址(含动车段所)、客运站作业分工和车站布置(车站站型)及联络线设置等内容。

(2)车站设计

①确定车站规模

根据客运量资料,研究确定车站设计规模,包括到发线数量以及站台、天桥、地道等客运设备的尺寸、数量等。

②综合设计

综合设计包括车站选址和布置图型设计、站线平纵断面设计、设备配置及接口协调等。

5.2.2 枢纽方案研究

高速铁路引入枢纽方案不仅影响到枢纽总体格局还影响到整个线路走向，引入枢纽方案往往是决定高速铁路技术方案的关键因素，是重大技术方案的核心问题。车站的设计既涉及广大旅客出行的切身体验，又与城市规划、产业布局、区域经济发展息息相关，同时也是铁路建设中各利益相关方关注的焦点，因此引入枢纽方案对高铁设计至关重要。

高铁引入枢纽方案研究，一要深入分析现有客运系统能力利用、存在问题和薄弱环节；统筹不同类型新线引入、客运增长、城市空间布局、既有设施能力适应等，深入研究枢纽客站数量、布局方案和规模。二是客运站选址应尽量深入或靠近客流中心，与城市融合发展；通道引入顺畅、与城市发展格局协调；设有多个客站的枢纽应合理分工，在有条件的情况下尽量互联互通，方便跨线车交换及满足运输组织灵活性；不同线路引入同一客站时，统筹考虑区间及车站点线能力匹配利用，尽量共通道引入。三是根据功能需要和运输组织灵活性要求设置必要的疏解线、联络线，确保运行径路便捷顺畅，满足资源利用、能力最大化要求。

1. 引入枢纽方案研究步骤

(1)枢纽现状分析：枢纽内衔接线路概况、主要客运站分布及分工状况、客站设备能力、运营特征、存在的薄弱环节等。

(2)枢纽总图规划情况：线路引入情况、客货运布局、联络线情况。

(3)城市总体规划及交通规划：城市的空间布局、发展方向、城市配套建设情况、前瞻性考虑。

(4)引入方案研究：高速铁路引入枢纽，客运站分布、站位选择、车站分工、车站布置、联络线设置等均为高速铁路引入枢纽的关键技术。

2. 客运站分布

(1)城市规模、空间结构及城市规划与枢纽高铁站分布关系概述

枢纽高铁客站的分布与枢纽所在城市的规模有关。对于我国大多数大型城市来说，城市规模较大，一个客运站很难满足客流集中出行的需求。高铁站的分布与城市空间结构和规划发展互相影响，一方面，高速铁路的建设拉动城市发展，城市得到扩展和优化，空间组织形态由最初单中心向多中心演化；另一方面，随着城市的发展，对交通、市政等大型设施的需求日益增加，为高速铁路的建设带来契机。

根据对我国北京、上海、天津、重庆等主要枢纽客站分布情况分析，随着我国城市化进程的发展，城市范围迅速扩展，多条高速铁路或城际铁路引入枢纽，枢纽规模也迅速扩大。随着城市的发展，期望逐渐形成“物流外移、人流内聚”的效应，因此枢纽向“客内货外”的格局发展。我国的多数大型城市均有2个及以上客站，客运站尽量深入或靠近客流中心，与城市融合发展，并与城市综合交通体系有机衔接。

高速铁路引入枢纽时客运站分布首先考虑区域路网格局，实现区域综合交通互联互通运营，满足客运量的需求；其次是适应城市规划布局，对于城市发展基本稳定的，新线引入车站应尽快靠近城市；规划有城市新区或TOD发展策略的城市应尽量利用高铁来聚集发展新的城市组团，即客运站分布尽量贴近需求中心；另外客运站分布受引入线路数量和方向的影响，宜使通道线路顺畅。

(2)研究实例:京沪高铁引入济南铁路枢纽设站方案

京沪高铁引入济南铁路枢纽设计时,路网规划多条客运专线或城际铁路引入枢纽,但济南市仅有2个既有客运站(济南站、济南东站),客运站数量较少且受征地、拆迁等因素控制,车站改扩建难以实施,点线能力不匹配;此外,大量客流集中于济南站,城市交通压力巨大,不便于旅客集疏。因此,兼顾城市发展和铁路运输的需要,规划京沪高铁、石济客专等铁路引入枢纽时,结合济南市东西狭长的地理特点,京沪高铁在城市西部设济南西客站,石济客专在城市东部设济南东客站,分别规划修建联络线连接位于城市中部的济南站,三站作业分工各有侧重且有机衔接,共同承担枢纽旅客运输,形成由多个分工明确且有机衔接的客运站共同承担客运的格局,实现多点发车。

3. 枢纽内客运站选址

(1)站址选择控制因素

高速铁路引入枢纽,控制站位选择的主要因素有枢纽城市空间结构(即城市总体规划)、线路引入方向与城市的关系(主要考虑旅客乘降便利性、与其他交通方式的衔接)、枢纽内既有车站位置和条件(运输需求、行车组织方式的适应性分析)、车站站址本身的技术条件(地形地质条件、线路工程条件、工程投资条件)、地方意见等。

(2)理念和原则

根据国内外高速铁路建设和运营的经验,高速铁路引入枢纽站址选择以车站满足当地功能需求(如经济带动型、优化服务型等)、旅客乘降方便、在运营上实现运营管理顺畅、点线能力协调等为总目标,并遵循以下原则进行综合选址:

①满足功能性原则

高速铁路客站功能性的核心内涵是“以人为本”。所谓“以人为本”就是以旅客为根本,以方便旅客到离站为前提。反映在车站选址上,应该以车站能满足当地功能需求为主要原则,如客站是基于经济带动型,还是优化服务型等要素相关。

高速铁路客运站的规划与城市规划的紧密配合,能使铁路客运站的建设与城市的快速发展相契合。这需要将铁路客运站的规划纳入城市规划,服从城市规划的整体安排,以便更好地为城市建设和人民生活服务。

车站选址尽可能与既有铁路枢纽总图与规划布局接轨并紧密配合,充分利用既有铁路枢纽客运运营设备和城市交通等基础设施。

高速铁路引入车站选址应适应线路走向,消除与既有铁路枢纽内的客货运设备、普速列车作业的交叉干扰。

②适应综合交通、系统性原则

系统性就是指以高速铁路客运站为中心,实现铁路与城市地铁、公交、出租车等其他交通工具的衔接与配合。客站应与城市规划相协调,尽量减少对城市的干扰,有利于城市功能分区规划的实现;车站选址应方便旅客出行,与市内其他交通方式紧密衔接。

③兼顾现状与利于城市发展、体现选址先进性原则

先进性是要求高速铁路客运站建设应适度超前,预留未来发展余地,以保证客运站在未来较长时期内能够满足旅客出行的需求。所谓适度超前,是指客运站的规模、数量及布局要有一定的前瞻性,车站设在路网上重要位置的节点上,要考虑车站站场有相当的规模并留有

可持续发展空间。

反映在选址上就是要研究城市现状特点及规划发展情况，从宏观上选取可吸引客流较多、便于与城市交通衔接的区域。努力消除或减轻高速铁路引入枢纽对所在城市的环境污染与干扰，坚决贯彻绿色、环保、可持续发展理念。

④选址文化性原则

对于文化古城和旅游城市的高速铁路客运站选址要考虑与城市景观相协调。在这些城市建设高速铁路客运站，选择站址方案时应对站场填土高度、高架车站的高度以及与周边道路、建筑物的关系等作总体构思，力求使客运站融入城市周边环境之中。

⑤经济性原则

经济性是要系统考虑工程全生命周期成本，反映到站址选择上，就是站址要尽量靠近旅客出行地(如市中心或是市郊人口集中地区)，以降低社会总消耗，提高客运站利用效益；要兼顾建设投入与维护成本，如应千方百计避免或减少对既有铁路枢纽运营设备和城市市政设施的大量迁改及改建工程，尽力减少建设投资；避免占用已有建筑用地和补偿费过高的其他用地，选择地形平坦、地质条件好的地段设站等。

总之，车站选址上述理念及原则是密切联系、相互制约、不可分割的。在对高速铁路客运站选址规划时，必须综合考虑以上各原则，否则可能留下隐患，不利于高速铁路的可持续发展。

(3)站位选择方案

一般说来，高速铁路引入枢纽站位选择一般有以下两大类型：

①引入枢纽既有主要客运站

高速铁路引入线路直接引入既有站或深入市区中心，借助既有的交通枢纽等设施作为客运站运营的支撑。既有客运站适应车站客流改扩建。新建客运车场与既有车场可等高，或骑跨。

这种方案的主要优点是，可以充分利用既有车站客运设施以及市内交通设施，当城市的中心可以承受足够的交通负荷时更加有利于旅客出行习惯，如能够配合中心城区的再次开发将会提升服务层次；主要缺点是，线路引入一般要穿越城市建筑密集区域，拆迁工程巨大，并会对既有客站进行较大的改扩建工程，施工过渡复杂；同时要协调与地方其他交通、拆迁、施工等多方面的矛盾，建设投资大。

有的已建成的高铁车站规划预留了其他线路的引入条件，新线引入时这样的方案是最经济合理的。

②择址新建

综合考虑城市规划需求、引入线路方向等因素，单独新建高铁车站。从引导城市结构调整的角度出发，在与市中心相距合理的范围内将高铁站址选在远离城市中心而具有发展潜力的区域，目的是带动客运站周边地区发展，成为城市未来的高效核心区。

这种方案的主要优点是建设方案相对简单，对既有枢纽的铁路运营干扰少，投资节省；缺点是需要单独建立一套客运体系，城市配套建设多，旅客出行习惯需要逐渐培育，在枢纽建设中，为了更好地发挥城区主要客站疏散客流的功能，往往需要修建联络线将新站与既有客站沟通。

(4)站址选择设计实例

①丰台站(京石城际引入北京枢纽既有主要客运站)

丰台站是一座百年老站，车站位于北京市区的西南丰台组团，区域内配套有9、10、16号地铁以及众多的公交线路。经过十多年反复论证研究，依照北京枢纽“动内普外”的客车引入原则，京太铁路、京石城际及京霸铁路引入北京枢纽（图 5.3），京石城际引入丰台站，同时修建京广客专联络线，京广客专分别通往北京西站、丰台站。届时丰台站主要承担京广、丰沙、京原、京九、京沪线普速客车以及京广客专部分动车组列车、京石城际动车组列车始发终到及通过作业；北京西站主要承担京霸铁路、京太铁路及京广客专部分动车组列车始发终到作业及通过作业。

丰台站的建设将成为北京铁路枢纽内重要的客站之一，是国内首座双层车场设计的大型车站，也将成为北京新的迎宾门和新地标。

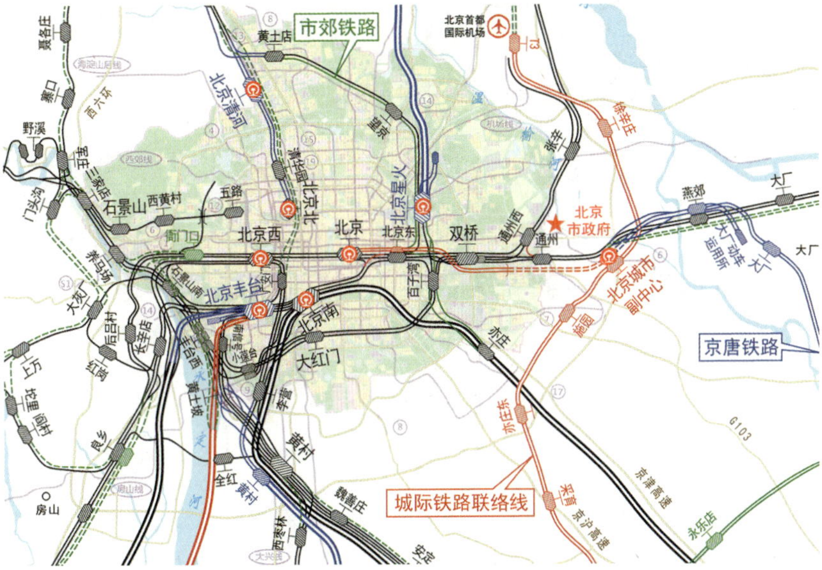

图 5.3　北京枢纽示意图

②石家庄站（站址深入城市中心）

石家庄客站原位于京广线上，与编组站为客货纵列式布置形式，位于城市中心。

京广客专、石太客专引入石家庄枢纽（图 5.4），客运站选址在原既有编组站位置，深入城市中心。枢纽的格局经历了较大变革，货运系统外迁，在城市西南部永壁镇的南侧新建石家庄南编组站。将城市中心修改为便捷的旅客通道，实现了枢纽“客内货外”布局。石家庄站作为城市交通枢纽，促进消费、办公产业的聚集，配合中心城区的再次开发，提升了服务层次。

③新建车站（站址设在原城市外围）

已经建成的“四纵四横”高铁干线网在规划设计时期我国正处在快速城镇化发展过程中，高铁沿线各城市正处在快速扩张时期，城市结构在不断发生变化，因此这一时期引入枢纽的高铁站多将新建站址选择在城市的偏离城市中心而具有发展潜力的区域。以大型枢纽为例，全国范围内如东北片区哈尔滨西站、长春西站、沈阳南站，京津冀区域济南西站、太原南站，中部区域郑州东站、武汉站，长三角区域南京南、杭州东、上海虹桥、徐州东站、南昌西站，西部地区西安北站、兰州西站，西南地区成都东、重庆北、重庆西、贵阳北、昆明南等。

应该说，随着我国“四纵四横”高铁干线网的开通运营，大部分大型城市能够在高铁车站与市中心建立起轨道交通线，使得新建车站不仅成为城市新的集散中心、商业商务和服务中

图 5.4 石家庄枢纽示意图

心，带动了所在城市的经济发展，还较好地诱增了客流，提高了高铁的运营效益。但有些中小型城市交通设施建设相对落后，使得设在外围的高铁站与市中心联系不便，在很大限度上抵消了高铁本身速度快的优势。中国特色社会主义建设进入新时代后，中国经济从高速度转向高质量增长阶段，我国大多数铁路枢纽的枢纽总图框架以及所在城市的规划布局已基本确定，新的高速或城际铁路引入这些城市，站址的选择不仅要处理好与既有铁路枢纽内有关设施设备的关系，还必须处理好与城市交通规划和市区交通网的关系。

(5)新建车站与中心城区的距离探索

①新建车站选址类型

我国在经历了多年的高铁建设后，根据车站与城市功能区以及城市中心的相对位置关系，可以将车站类型分为城中站、边缘站、外围站三类。

城中站主要是指车站位于城市中心区附近(一般来说距离城市中心小于 5.0 km)，如京津城际铁路上的天津站、京广高铁上的石家庄站。

边缘站是指新站车站位于城市建成区的边缘，如京沪高铁济南西站、徐州东站等。这些区域往往是城市的规划区域，有较好的发展潜力。

外围站是指城市建成区的外围。站点周边发展完全依托高铁站点，如锦州南站等。

②我国目前建成车站与城市中心距离分布情况

图 5.5 是我国部分主要城市的高铁客运站分布统计图，图中坐标原点为各市行政中心，

带有东南西北的站点为新建站(即我国在建设四纵四横客运网过程中的新建站),用红色表示,黑色表示既有车站(或在既有站上的改造)。

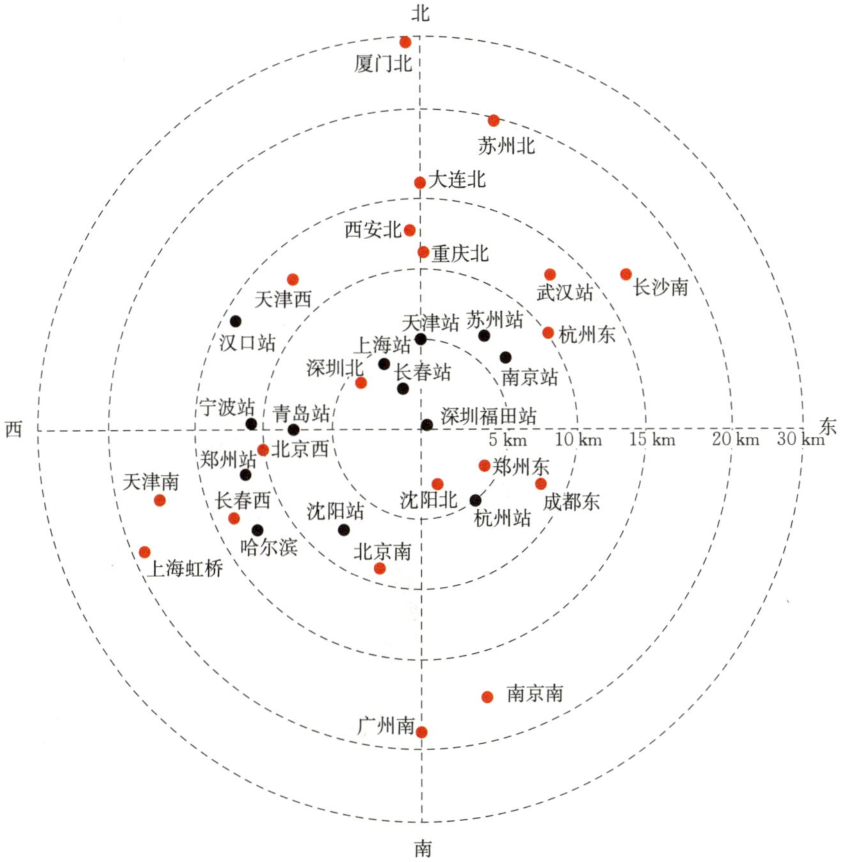

图 5.5　中国部分主要城市高铁客运站分布统计图

从图 5.5 中可以看出:

a. 以 10 km 为界,引入到既有车站的客运站普遍在中心城区,新建高铁站则普遍设在距离中心城较稍远的位置(10 km 以外),其中只有深圳将新站设置在城中心位置。

b. 高铁车站到市中心的距离与城市的规模大小没有直接关联。比如北京、上海、深圳三个一线规模占地超大城市,在“二环”以内的范围都仍然有新的高铁设站,而占地规模中等的城市新建的高铁站也有分布在四环及以上特别偏远的情况出现,如厦门、苏州、长沙等。

c. 另外,通过对这些主要车站的客运量调查,发现位于大型城市的客站即使站址稍远,也因为城市化水平较高、车站与城市功能的融合实现程度较高而使客运量增长迅速,城市内部的可达性也较高。

而在规模较小城市站址又处于偏远地区的车站,因为距离偏远、城市化程度达不到,使得车站作用发挥不明显(如阳泉北站,距离市中心 48 km;孝感北站,距离市中心 99 km;盘锦北站,距离市中心 41 km;海宁西站,距离市中心 47 km 等)。

③我国现状城市类型与车站选址距离城市中心距离探讨

如果单纯以车站距离中心城市的距离来表述,往往不能反映城市化水平对车站布局的合理要求，从便捷性、可达性及协调性多种视角出发，综合考虑高铁客运站距市中心的合适距离，以京沪线与武广线为例，我国曾有学者(吴余，伍雩，2017)统计并细分了不同规模等级的设站城市，其高铁车站与城市中心的相对距离指数的平均值(距离指数为高铁车站到城市中心距离与城区建成面积开方的比值)，详见表5.9。

表5.9 城市规模与车站相对距离指数均值

城市等级	城市数量	距离指数均值
超大型	5	0.67
特大型	2	0.62
大型	13	1.12
中型	12	1.48
小型	6	2.83

依据各类型城市车站位于市中心、边缘及外围统计，结果如图5.6所示。

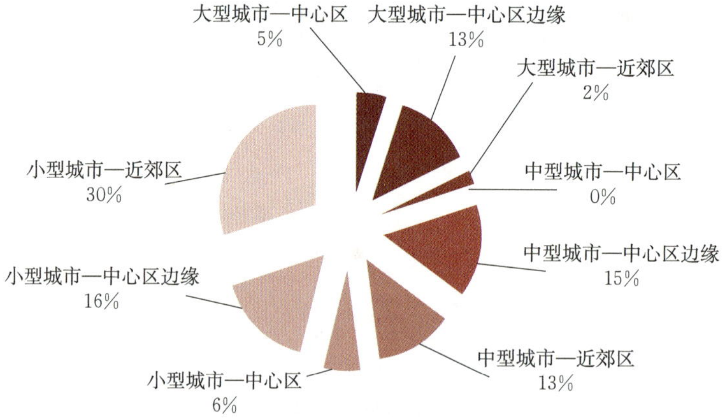

图5.6 中国现状城市类型与车站选址距离统计示意图

不同城市规模因城市化水平差异，选址类型相同但车站到市中心的平均距离也有所不同，根据调查，不同规模城市的市中心、城市边缘、外围所覆盖的范围不同，其平均距离大致情况见表5.10。

表5.10 各类车站到城市中心平均距离表

城市等级	车站分类		
	城中站市中心	边缘站中心区边缘	外围站近郊区
大型城市(省会及相当)	6.0 km	12 km	25 km
中型城市(地级市及相当)	5.0 km	8.0 km	12 km
小型城市(县级及相当)	3.5 km	7.0 km	10 km

④影响站址与城市中心距离的因素分析

从以上分析可知，影响高铁新建车站选址的因素众多，例如技术可行性、城市经济、城市空间发展等，就我国的实际选址建设情况来看，选址决策的前提因素是车站站址的土地成本与技术可行性。

国内原来建设中不少高铁客运站选址远离城市中心，试图以高铁站为中心形成新的城市社会经济增长点。然而车站远离市中心，相对而言，交通可达性差，不利于吸引客流。若距离市中心太近，则会因扩能限制或其他因素的影响，征地拆迁、施工建设都会带来极多不便，还影响到城市居民的正常生活与生产。因此需从便捷性、可达性及协调性多种视角出发，综合考虑高铁客运站距市中心的合适距离。

a. 车站距离中心城区的距离选择与城市发展形态相关

理论上说，将高速铁路客运站设置于既有城区的几何中心，对于城市居民而言是最方便快捷的。然而考虑到市区中心建筑物密度大，且线路需高架或建地下线引入车站，拆迁、建设成本巨大。所以对于团块状发展的城市，高速铁路客运站宜沿城市周边布置；而对于带状发展形态的城市，高速铁路客运站主要在纵向两端布置。

b. 车站距离中心城区的距离选择与城市化水平相关

从国外情况来看，20 世纪 60 年代中期至 90 年代中期，日本和法国、德国、意大利等欧洲大部分国家，大规模修建本国或跨国高速铁路，逐步形成了高速铁路路网。当时日本及西欧发达国家已经基本实现了人口城市化，城市化率达到了 70%，此后城市化率的增长速度下降。由于城市扩张速度放缓，既有城市形态已经基本确定，上述国家的铁路客运站一般都在城市中心设站(如日本东京至大阪新干线有 12 个车站，其中 9 个位于城市中心区，3 个位于城市边缘区)，以方便城市居民出行。这些国家还将位于城市中心的铁路及其车站进行地下化改造或新建地下铁路客运站，通过多种城市配套设施及适当的地下或高架工程，不但充分利用市中心铁路客站的城市交通区位，还较好地解决了穿城铁路与城市交通的矛盾，有效地避免了铁路对城市的分割。

从国内情况来看，我国的城市化进程不断推进，2010 年我国城镇人口比例已达到 47.5%左右。这期间正值我国高铁规划建设的高峰期，因此高速铁路客运站选址就比较灵活，既可通过改建既有站，又能选择在规划开发区新建客运站。也可以说大部分的新建车站位于建成区边缘(即规划区)，少量处于外围。

大量运营实践证明，城市化水平对高速铁路客运站的选址影响重大，直接关系到高速铁路客运站的规模及与市中心的距离问题。一般来说，城市化水平越高，城市人口越多，其产生的客流量也就越大，对交通需求也更为强烈。车站可选择在城市即将发展的区域与老城区的接合部，并与发展区的布局和主要道路系统及城市轨道交通相互配合。随着城市化水平的提高，城市规模不断扩大，高速铁路客运站地区会逐渐发展成为新的城市中心之一。京沪高铁济南西站选址即为该种选址的典型。

济南西客站距离济南中心城区约 15 km，配合济南市“东拓、西进”城市规划，济南西客站选址于规划区域西部。济南西站从 2009 年开始建设到 2011 年建成运营，高铁对站址周边的土地开发带来了极大促进作用。以 2006 年与 2012 年的卫星地图(图 5.7)来看，以济南西客站为核心，2 km、4 km、8 km 为半径划定核心区、影响地区、外围辐射区，济南西站周边的三圈层均获得了良好的开发机遇，高铁车站完全带动了站区周边的土地建设，优化了城市功能分区，提升了济南铁路枢纽通过能力，极大地缓解了济南站出行压力。随着济南市地铁的建设，济南西与城市的可达性将进一步提升。

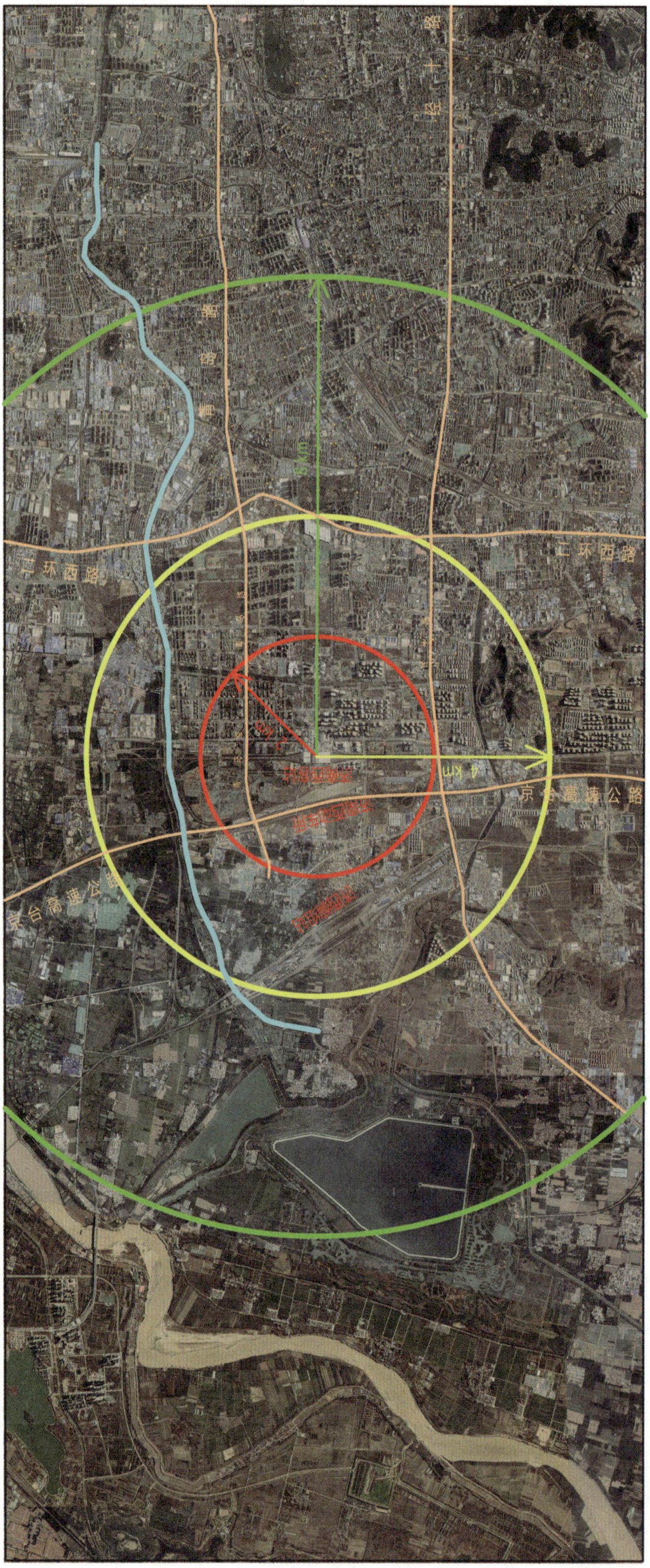

图5.7 济南西客站站址示意图

⑤新建车站站址选择推荐建议

立足现实，我国经济从高速度转向高质量增长阶段，我国大多数铁路枢纽的枢纽总图框架以及所在城市的规划布局已基本确定，新的高速或城际铁路引入这些城市，为了保持客运站与城市之间良好的可达性，根据车站、政府和旅客三者的利益，一般来说，选址可按照以下原则：

a. 以始发作业为主的车站

该种类型车站一般位于大中城市，客流量较大，应密切结合城市规划方案，宜在城市发展范围内选址。为了方便旅客换乘，一方面要注重与轨道交通相互沟通，另一方面也可以通过修建铁路联络线与既有铁路干线接轨，实现交通工具间的无缝衔接。

b. 中间站

该种类型车站在我国所占比重较大，一般位于人口较少的中小城市，城市规模、城市化水平短期内不会大幅提高，这类车站宜在老城区与规划城区的连线上选址，且距离主城区不宜过远。

在以旅游为主的城市，高铁中间站宜选择在距离著名景区较近的地方。

4. 枢纽内客站分工

特大、大型城市所在的枢纽和地区，因衔接线路多而设置多个客运站时，为充分发挥运输效率和社会效益，客运站应结合引入线宏观走向、客运站的分布地域、办理的列车类别、城市规划及人口分布、运输组织管理等因素进行合理分工。客运站分工应根据客运量需求、城市规划布局、旅客出行习惯、联络线设置情况等为依据研究确定，合理的客运站分工方案应以实现运营管理顺畅、点线能力协调、旅客乘降方便等为目标。

线路引入枢纽，要考虑枢纽内客站分工层次：一是枢纽内各铁路客站之间的分工，如高铁车站之间的分工（主要干线铁路把口原则、枢纽内各高铁站承担的旅客列车类型分工，如高速、动车、城际等），高铁车站与普速客站的分工等；二是高铁与其他不同交通方式之间的分工。

(1)分别办理其中几条衔接线路的始发、终到旅客列车，有条件时尚宜相互办理通过本客运站的旅客列车。

这种分工方式无论对始发、终到旅客还是中转旅客都是较方便的，它使旅客能就近上、下车和在原站换乘，并能减轻市内交通的负担。采用这种分工方式时，要注意两客运站间的线路通过能力。在江河分隔的城市，两客运站分设在江、河两侧时，要注意加强大桥的通过能力。在环形枢纽中，应通过技术经济比较，确定是否设置直径线来连接客运站。

(2)当市郊、城际客流大，可按分别办理长短途、城际和市郊旅客列车分工。

当市郊客流量较大时，考虑到市郊旅客运输与普通旅客运输有不同的要求，可单独设置市郊客运站，这样可根据长短途和市郊旅客运输的特点分别进行设计来适应各自的需要。随着市郊旅客运输的不断发展，采用按办理长短途和市郊旅客列车分工方式的可能性将会增加。

城际铁路往往在城市主要组团、重要的客流集散点、主要居民区等客流发生地就近设置城际站，体现铁路以人为本的建设理念。

(3)根据牵引类型,按办理动车组列车、机车牵引列车分工;有适当根据时,也可按分别办理始发、终到和通过旅客列车分工,或按分别办理始发、终到旅客快车和普通客车分工。

由于城市规划和枢纽布局等原因,在一个客运站上仅办理通过旅客列车的作业,而在另一个客运站上设客车整备所,办理始发、终到旅客列车的作业。这种分工方式有可能造成部分客车多余的走行或折角行程。目前有的枢纽的客运站是按分别办理始发、终到旅客列车和慢车分工。这种方式不利于旅客的换乘,并增加市内交通负担。随着人民生活水平的提高和旅行习惯的改变,除有足够的理由外,这种分工方式不建议推荐。

在铁路提速前,铁路客车均由机车牵引;铁路提速后,在既有线,新建的高速铁路、城际铁路均按开行动车组,枢纽新建客站一般以开行动车组列车为主,既有客站(有机辆设施)一般以机车牵引列车为主。

设计实例 1:武汉铁路枢纽客站分工分析。

如图 5.8 所示,武汉铁路枢纽衔接京广高铁、武西高铁、武九高铁、汉孝城际、武咸城际、武冈城际及京广铁路、武九铁路、武康铁路、合武铁路、汉宜铁路、汉麻联络线等 12 条干线。目前枢纽内武汉、汉口、武昌站为主要客运站,规划新汉阳站、在建流芳城际辅助客运站,规划天河北站辅助站,客运系统形成四主二辅格局。

枢纽客运布局与城市布局契合:长江和汉江将武汉市一分为三,形成武汉三镇(武昌、汉口、汉阳)格局,其中武昌站位于武昌区(长江以南),汉口站位于江汉区(长江以北),武汉站位于青山区(长江以南)。武昌站与汉口站由长江一桥连接,汉口站与武汉站由天兴洲长江大桥连接,将武汉铁路枢纽三大客运站构成环状布局。枢纽客运站定位为:武汉站以高铁为主、动车为辅,汉口站以动车为主、普速为辅,武昌站以普速为主、动车为辅,其开行列车与枢纽内动车检修及客整设施的分布相匹配。

运营调研分工情况:武汉站以高铁作业为主,主要承担京广高铁作业,兼顾武九客专动车和武冈城际;汉口站以动车为主,主要承担东西方向沪蓉高铁作业,办理西武高铁、汉宜铁路等枢纽西北方向列车;武昌站以普速客车及时速 160 km 动车组为主,承担京广普速、武九普速列车及京九线、汉丹线等普速作业,办理武咸城际列车(枢纽南部);规划新汉阳站主要办理枢纽内南西方向通过高铁车流;流芳辅助办理武冈、武咸城际列车;天河北辅助办理沪汉蓉通道动车及东西向城际车流。既均衡发挥了各车站能力,又充分利用了长江过桥能力,照顾了市民的出行习惯和需求,客运站分工合理。

设计实例 2:郑州铁路枢纽客站分工分析。

如图 5.9 所示,郑州铁路枢纽为大型路网型通过枢纽,从枢纽客运布局分析,郑州铁路枢纽现有京广线、陇海线、京广客专、徐兰客专等干线在此交会形成双十字形枢纽。郑州站衔接京广线、陇海线、郑焦城际,郑州东站衔接京广客专、徐兰客专、郑开城际、郑机城际。从枢纽内客运站定位分析,郑州站位于既有中心城区,市政配套非常完善;郑州东站为京广客专、徐兰客专引入枢纽时的新设车站,位于城市东侧,随着京广客专、徐兰客专的开通运营,目前市政配套也已非常完善。在建的郑州南站位于航空港区。

根据车站配套设施以及各站衔接的高铁线路方向,郑州站定位为主要以办理普速作业为主,郑州东站主要以办理高速作业为主,兼顾城际客车。郑州南站定位为城际枢纽站,以办理城际客车为主，兼顾客专动车。客运站布局和客站分工较好地满足了郑州市市民和地方政府出行需求。

图 5.8　武汉铁路枢纽示意图

5. 车站布置及联络线设置

随着高速铁路网的进一步扩大和完善，为带动和促进城市的发展、减少市政配套的投入、便于旅客便捷换乘和运输管理，高速铁路多线引入既有站或新建车站的情况会越来越成为趋势。在这些车站的设计中，影响车站布置的主要因素有车站所在路网（干线、支线）、引入车站的正线数量、车站作业性质、跨线车流量、联络线设置情况、建筑配套、旅客流线等，车站规模的设计还应根据所在枢纽的位置、城市规划等有前瞻性的考虑。

(1)多线引入的始发站车站布置形式

本节仅对高速铁路车站的布置形式进行介绍，因技术标准、运营特征、维护制式相对统

图 5.9　郑州铁路枢纽示意图

一，多线引入车站布置形式相对简单；在实际的设计工作中，当高速铁路与城际铁路、普通铁路、兼顾货运的高标准客货运共线铁路共站布置时，其形式往往要更加复杂，但一般说来，高速铁路应自成系统，高速铁路系统的布置形式仍以采用合场式、分场横列式、分场纵列式、分场高架（或骑跨）、混合式布置等形式为主。

有多条铁路引入的高速铁路大型客运站，其作业特征表现为：列车行车量大，密集到发、相互跨线概率高。为减少列车到发之间的相互影响，根据引入线路的不同功能定位，宜优先采用引入线线路别、各车场相互独立横列的共站分场布置。

当多线引入但跨线通过列车较少，或仅有第三方向引入时，可通过增加平行进路的方式减少列车到发间的相互影响，同时为减少修建跨线车联络线，也可采用方向别合场布置。

合场式布置具有外侧到发线间联络困难的缺点，车站规模也不能过大，否则将造成咽喉过长而难以与线路最小追踪间隔协调，将严重制约车站接发车效率，故需与分场布置进行技术经济比较确定。以下分别介绍主要图型形式。

①合场式图型

将两条及以上铁路线路引入一座车站，只有一个共用的车场，咽喉区集中布置，部分线路正线贯通，一条正线的行车经过共用的车场能够直接转入到另外一条正线上的图型称为合场式。

图 5.10 所示为多条高速铁路交会时通过式、方向别、合场布置的始发站图型。这种图型的优点是到发线可混合使用、车场总体规模较小、不存在敌对方向的交叉干扰、线路间可通过站内渡线实现交流、减少联络线设置。缺点是咽喉区增长，线路使用受咽喉区能力控制；车场合建，当线路分属公司不同时，运营组织管理稍有不便。

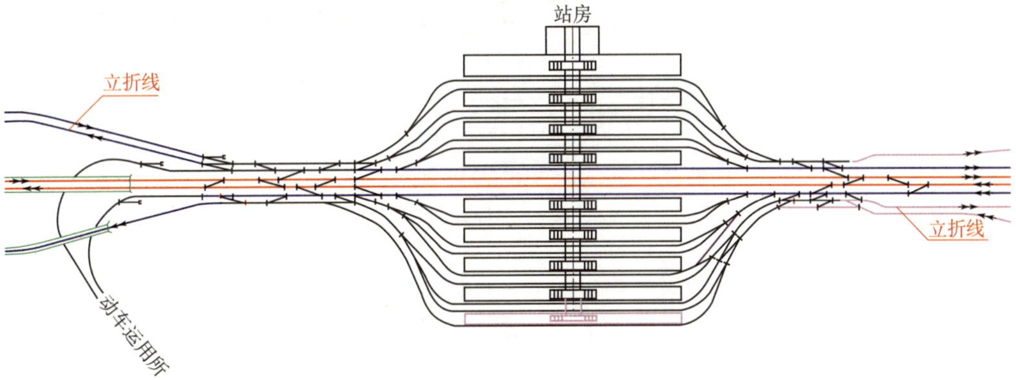

图 5.10　多条高速铁路交会的始发站图(合场式)

采用该图型时，其中的第三方向与第四方向间往往不是主要客流流向，车站可分别作为第三、第四方向的尽头式车站，次要通路与主要通路客流交流也不太频繁。

②分场式图型

将两条及以上铁路线路引入一座车站，线路各自正线贯通、车场及咽喉区独立布置，一条线路的正线行车不能直接进入到另外一条线路的车场布置形式称为分场式。

图 5.11 所示为两条高速铁路(均为主要客流通路)交会的通过式、线路别、分场布置的始发站图型。车站上行端跨线列车较多，设置了跨线列车联络线，为满足两线间少量折角列车运行需要，两车场间的最外侧到发线相互连通。

分场分线布置，到发线使用固定，多条线路主要车流通行顺畅，单个车场咽喉布置简洁，车场间相互独立运营干扰小，运营组织顺畅，当车站分期施工时利于实施的优势更加明显。相对而言，分场布置车站综合规模较大，线路间的车流交流仍应设置联络线或站内换乘实施。图 5.12 所示为多条高速铁路交会的始发站图。

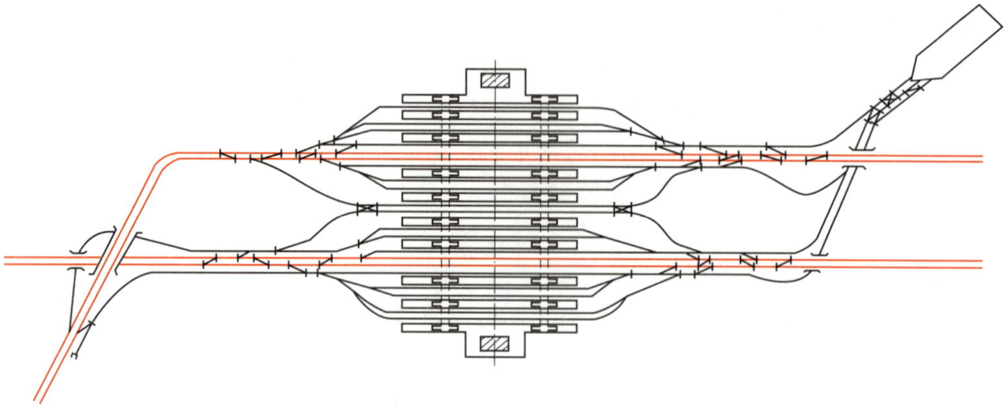

图 5.11 两条高速铁路交会的始发站图(两场分场横列式)

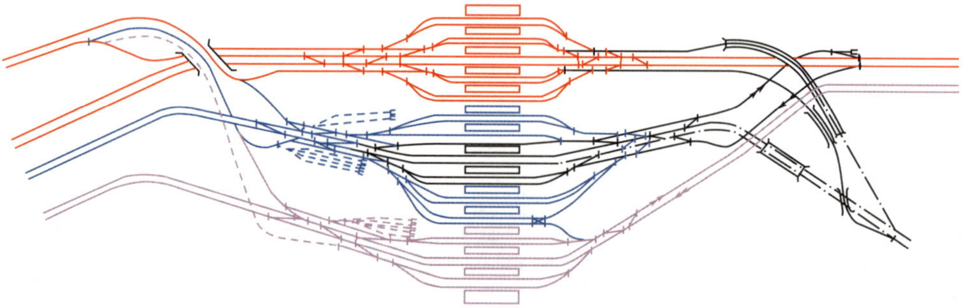

图 5.12 多条高速铁路交会的始发站图(三场分场横列式)

线路别分场布置,普适性强,特别适用于列车性质别分场、衔接方向较多的情况,适用于交叉型("十"字形)、多线引入客运站,或合场布置规模过大、咽喉过长而引起管理困难、运营效率低下的情况,但跨线车联络线疏解复杂。

我国高速铁路多线引入车站多采用按线分场(线路别引入)横列式布置图型。这种布置图型较多地运用于新建大型客站。

③分场纵列式

纵列式是指引入车站的各车场间以纵列方式布置,该形式在新建车站中极少采用,因为每一单独车场需要配备独立客运设施,车站管理分散,旅客出行不便,只有地形条件极其困难条件下经经济技术比较后慎重采用。

④混合式

混合式是相对于分场、合场而言的,是指三条及以上铁路线路引入一座车站,其中至少两条线路的车场为合场布置,再与另外线路的车场分场布置。

多条线路引入车站时,当后引入线路方向的客流以本站为终点或仅有少量客流与主线交流,该车场就与主要干线以合场方式布置;当又一条干线引入该站时,与既有干线以线路别分场式布置,综合起来站内既有合场,又有分场,称为混合式。多场仍为横列式布置形式。

图 5.13 所示为混合布置图型的一种形式。

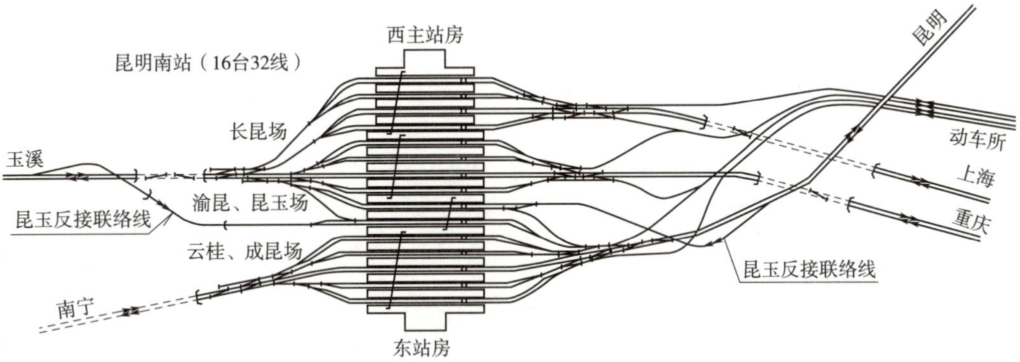

图 5.13 混合式布置图型

⑤特殊布置图型

图 5.14 所示为北京丰台站采用的站型,高普速重叠布置。

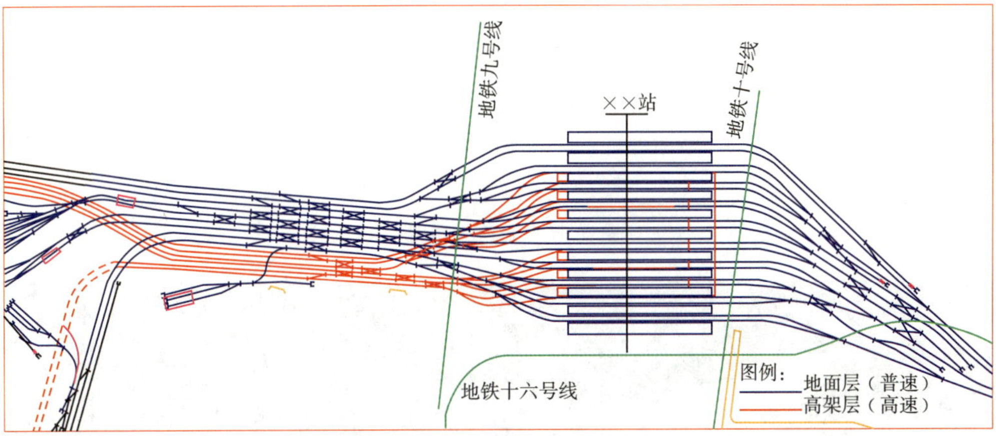

图 5.14 高普速重叠布置图

车场分布采用分层布置方案,设置高架高速车场及地面普速车场,高速车场设有京广客专场及京石城际场。

该图型高普速分场分层,仅对各自车场来讲,布置形式均宜采用简洁、实用图型,控制因素一是分层净高确定,二是桥梁结构与线间距的配合。

丰台站普速车场维持现状调度划分,由北京局调度所集中台统一调度指挥;高速车场中京广客专场由京广客专一台统一指挥,京石城际场由京石城际调度台统一指挥。

图 5.15、图 5.16 所示为骑跨式图型,两个车场相互交叉,共用站房、旅客通道等客运设施。

骑跨式适用于十字交叉枢纽地区,两主线客流交流少、并站引入困难的情况,为了方便旅客出行,共用站房等旅客设施。

由于多线引入的大型客站多属于点线能力协调的关键环节,因此,选取合适的站型首先应以运营条件、能力最大化为第一考虑要素。本书列举的各类图型布置在工程实践中均有工程实例,限于篇幅,难以一一举例,书中所阐述的各类图型均有不同的适应性,因此工程设计中要因地制宜,开阔思路,灵活采用,经济技术综合平衡选取,以达到良好的运营效果和最优的工程投资的有机结合。

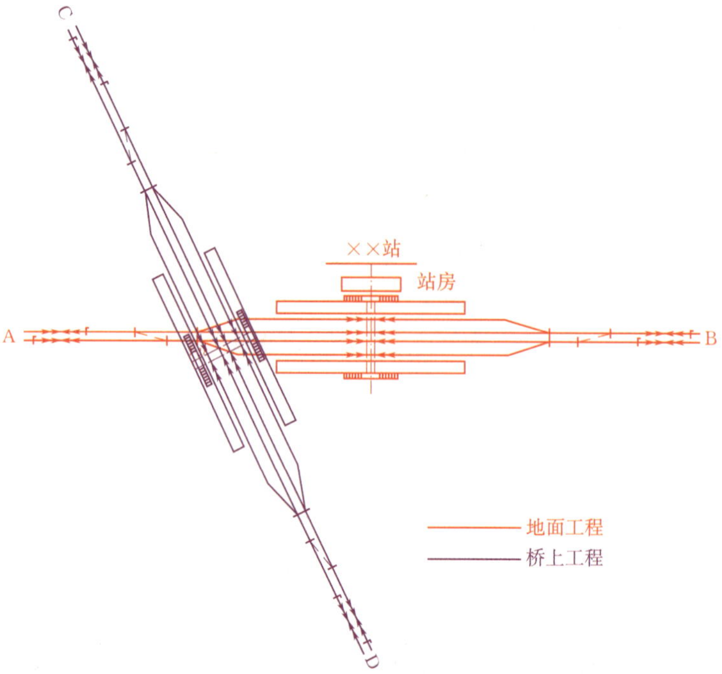

图 5.15 骑跨式布置图

图 5.16 骑跨式车站效果图

(2)联络线设置

①有多条线路引入的大型客运站根据运输需要,按主要线路疏解、次要线路换乘的原则设置联络线。

②联络线功能及设置

铁路枢纽内的联络线的配置设计，不仅要求运用联络线将铁路枢纽内的各衔接线路和各类客站连接成一个运输综合体，而且要求修建联络线达到下列优化目标：

- 缩短高速列车到发、通过运行距离和动车组出入段距离。
- 消除或减少动车组折角运行作业。
- 强化线路区间和车站咽喉区的通过能力。
- 增加枢纽内客站“四通八达”运行机动性和灵活性。

我国经过十年的高铁建设运营，在枢纽和线路交叉地区设置高铁联络线，对于完善区域路网、提高运输组织效率、方便旅客直达出行方面起到了重要作用。

按照目前设计类型，联络线的功能主要有以下几种：

- 通道干线间设置联络线；
- 通道干线与支线间设置联络线；
- 通道干线与连接线间设置联络线；
- 城际铁路间设置联络线；
- 城际铁路与通道干线间设置联络线；
- 城际铁路与支线间设置联络线；
- 多点发车设置联络线。

有些联络线兼具多样功能，不一而足。但就设计而言，联络线的设计标准应与所连接线路的标准一致来确定。

以路网型枢纽济南铁路枢纽为例，如图 5.17 所示，齐河联络线既连接了通道干线石济客专与京沪高铁，实现了石济客专石家庄方向发往泰山以远客车直通作业，同时又实现了在济南铁路枢纽内济南东、济南西多点发石济客专客车的功能；大郑庄联络线为连接通道干线石济客专(济青高铁)与齐河联络线的联络线，其主要功能是连通了济青高铁与京沪高铁，实现了两大干线客流交流的需要；京济联络线、济沪联络线是京沪高铁(干线)南北车流与胶济客专(城际)分别交流的通道；规划中的济南站至济青高铁联络线的功能是实现枢纽内多点发车。可以看出，济南铁路枢纽作为路网干线交会点，联络线的功能主要以办理中转客流为主。

以始发型(尽端式)枢纽上海铁路枢纽为例，如图 5.18 所示，上海站、上海南站均为尽端式车站，深入城市中心，上海主要办理京沪通道的既有京沪线和沪宁城际客运业务；上海南站主要办理沪昆通道的既有沪昆线及金山城际客运业务；上海虹桥站位于京沪、沪昆两大铁路干线的交会点，主要办理京沪高铁、沪昆高铁客运业务。京沪高铁黄渡线路所与南翔北线路所间设联络线沟通，该联络线主要满足上海、虹桥多点发车(京沪高铁动车组)需要；沪宁城际安亭北线路所与虹桥站间联络线也是满足上海、虹桥多点发车(沪宁城际动车组)需要。可以看出，作为始发型枢纽，联络线的功能主要以多点办理始发终到客流为主。

③枢纽设计中常用的疏解形式

在多条线路相互汇合、分歧的交叉点(可以是车站，也可以是枢纽)，同时行车时必然产生列车运行径路的正面冲突(对向敌对交叉)和同向汇合交叉，其中的对向交叉性质最严重，最易发生运营事故和迫使对向列车停车，历来是运输的最大薄弱环节，对保证运输安全、提高运输效率极为不利，产生极大隐患。

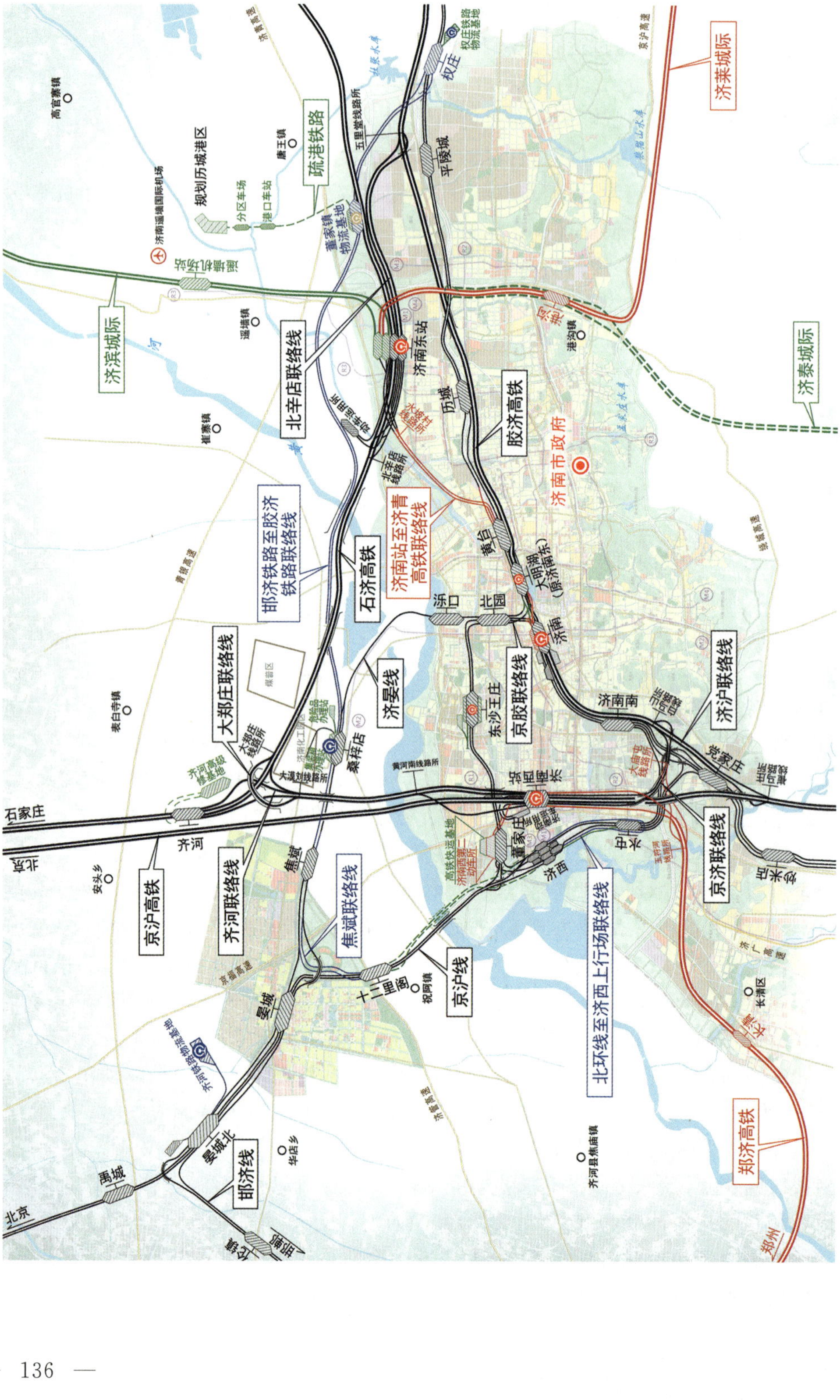

图5.17 济南铁路枢纽示意图

图 5.18　上海铁路枢纽示意图

与交叉针锋相对的疏解，其核心功能即是将对向交叉消除（立体疏解）或转变为相对可控的平面隔开待避（平面疏解，利用空间隔断和时间差行车），以消除安全隐患，保证相互交叉的线路主要行车方向同时行车，平面待避概率降到最低，实现能力最大化。

对于同向汇合交叉，只能“先来通过、后到等待”[将同向汇合的“通—通”交叉转变为“到(隔开)—通”等待，俗称排队]，绝对的疏解是不存在的。

解决好交叉点上的交叉干扰，以满足系统功能要求，符合运输需要，便于运营管理，是设置疏解的出发点和落脚点。

疏解按工程措施分为平面疏解和立体疏解。

平面疏解是通过利用线路隔开、信号等设备保证各列车按“到—通”原则利用行车时间差来疏解线路交叉，工程简易。在高速铁路设计中，一般表现为设置线路所、站内平面交叉等类型。图 5.19 所示为线路所形式。

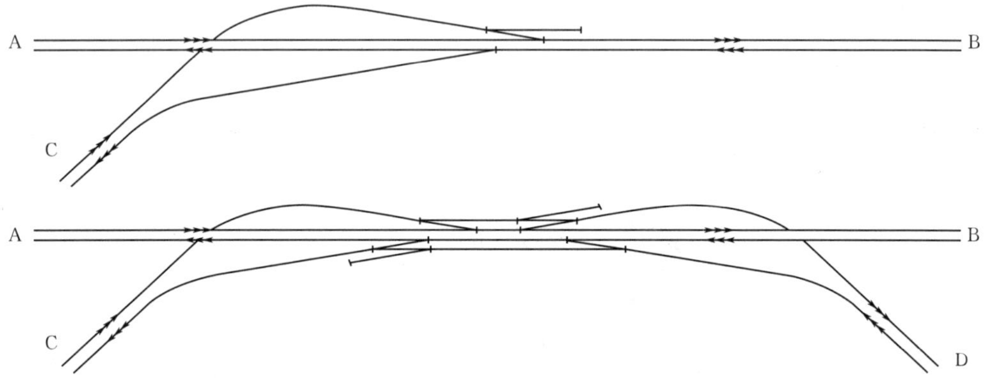

图 5.19 线路所形式

立体疏解即用修建立交桥的方式在空间上消除敌对的对向“通(到)—通(到)”交叉、同向“发—发”交叉，或保证各主要方向列车各行其道、互不干扰，协调点线能力。一般分为方向别疏解、线路别疏解和列车种类别疏解三类。图 5.20、图 5.21 所示分别为方向别疏解和线路别疏解形式。

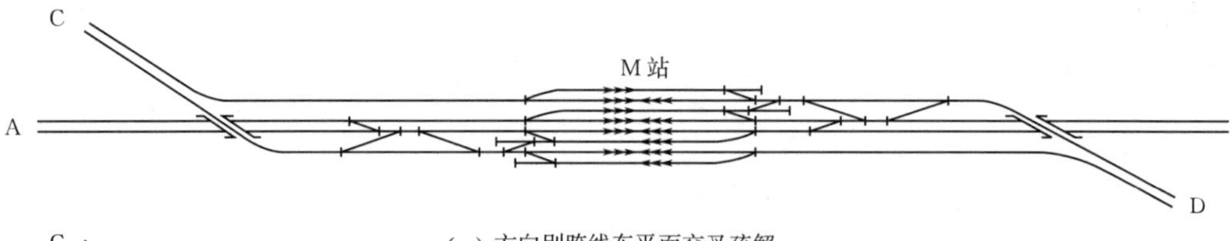

(a) 方向别跨线车平面交叉疏解

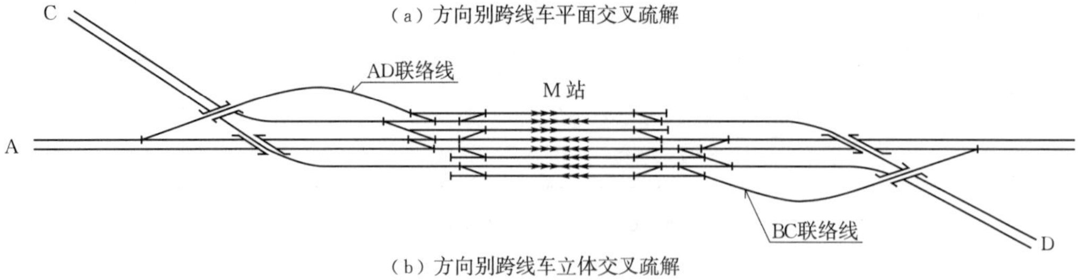

(b) 方向别跨线车立体交叉疏解

图 5.20 典型方向别疏解形式示意图

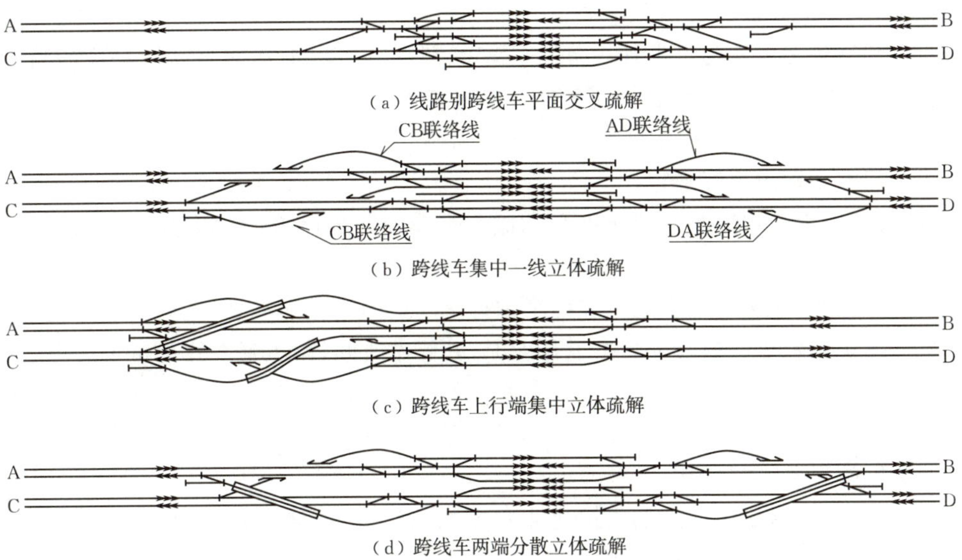

（a）线路别跨线车平面交叉疏解

（b）跨线车集中一线立体疏解

（c）跨线车上行端集中立体疏解

（d）跨线车两端分散立体疏解

图 5.21　线路别引入疏解形式示意图

各引入线按列车种类（普速客车、立折车）分别通过车站，消除各种类列车间到、发交叉。其具体布置根据线路引入方向与车站位置而定，在车站一端或两端立体疏解实现功能。列车种类别疏解严格讲不是独立的疏解方式，仅是运输功能需求上的一种定义，其技术手段最终归结为线路别、方向别疏解。

在工程实践中，在线路接轨车站内往往本线车、跨线车、各类性质列车同时存在，因此往往需要综合运用各类疏解，实现主要、较大车流顺畅通过，次要、汇合车流排队运行。

5.2.3　车站设计技术

1. 确定车站到发线规模

车站设计应满足系统功能需求和运输需要，便于运营管理，方便旅客乘降，并应根据需要预留进一步发展的条件。车站到发线规模是车站设计的基本前提，车站规模与车站性质相关。

（1）车站分类

高速铁路车站按照业务性质分为客运站和越行站。

越行站是指专门为办理旅客越行而设的车站，车站不办理旅客业务。从工程设计实践来看，高速铁路的越行站多是为了综合维修工区岔线接轨、动车段所接轨需要而设置的，严格意义上的越行站很少见。

客运站是为专门办理客运业务而设的车站，按照技术作业性质分为始发站和中间站。

始发站主要办理列车的始发、终到作业，可设有动车段（所）或动车组存车场。始发站大多位于铁路枢纽和直辖市、省会城市所在地以及具有大量客运业务的车站。

中间站主要办理列车通过及越行作业，部分车站办理少量的列车折返作业。中间站分布区域较广，一般位于市、县级所在地。

客运站按办理的客运量大小分为特大型、大型、中型、小型车站，按客运量大小分类的目的主要是确定客运设备的规模和标准。

根据《铁路旅客车站建筑设计规范》(GB 50226)的规定,车站按照高峰时段的高峰小时旅客发送量 PH(人)进行分类:PH≥10 000 为特大型站,5 000≤PH<10 000 为大型站,1 000≤PH<5 000 为中型站,PH<1 000 为小型站。

(2)中间站到发线规模确定

①越行站上下行均需要办理速度高的旅客列车越行速度低的旅客列车,故设为两条到发线。

②中间站除办理速度较高的旅客列车越行速度低的旅客列车外,还要办理客运业务,因此应设 2~4 条到发线。如有少量折返作业时,其停站时间较长,到发线数量可适当增加。

一般来说,位于县城及以下地区的一般中间站设 2 条到发线;位于大城市(一般为地级市)到发客运量较大,达 500 万人次/年以上的中间站可以考虑设 4 条及以上到发线。

(3)始发站到发线数量

高速铁路大型车站建成后再改扩建非常困难,因此在设计中旅客列车到发线数量除应根据旅客列车对数、客流量和运输性质确定外,并应根据路网规划等进行必要的预留。

根据我国已建成的高速铁路车站实际运营情况分析,影响始发站到发线数量的主要因素有:引入线路数量、车站作业量、列车种类及运输性质[指列车越行、立即折返、始发、终到、动车组列车出入段(所)等]、客车开行方案、旅客列车各项作业时分以及高峰时段列车密集到发的需要。

在设计中可分析车站作业量,对非高峰作业时段采用列车换算对数法查表核定到发线规模,并对高峰时段到发线规模检算,使之同时满足高峰时段列车密集到发要求。

①对非高峰时段规模核定

按《高速铁路设计规范》(TB 10621)所规定的作业时分核定车站到发线规模。车站各项作业时分按《高速铁路设计规范》(TB 10621)非高峰时段的规定取值,车站到发线利用率按 0.6 考虑,即每天利用 10.8 h。

始发终到列车占用到发线时分平均为(20.5+20.5)/2=20.5(min),以该种列车占用到发线时分为基准时分即系数为 1.0。

始发站到发线数量可按表 5.11 确定。

表 5.11 始发站到发线数量表

列车换算对数/对	到发线数量(正线除外)/条
70 及以下	5
71~110	6~8
111~150	8~10
151~190	10~12

②高峰时段到发线规模检算

在确定车站规模时,在上述计算确定的基础上,尚应满足在高峰时段列车密集到发的要求。

动车组列车交路较短、时效性强,易于形成高峰时段密集到发。车站高峰小时需要到发线数量由对应线路最小追踪时分、动车组占用到发线时间决定,与全日动车组开行对数和高峰时段长度无关，可按以下公式计算：

$$M_{客}=\frac{2t_{占}}{I_{追}} \tag{5.5}$$

式中　$M_{客}$——高峰时段所需到发线条数；

$t_{占}$——动车组占用到发线时分，min；

$I_{追}$——线路设计最小追踪间隔时分，min。

高速铁路区间通过能力一般按最小追踪间隔时间 3 min 设计，按最小追踪间隔时间 4 min检算能力。为避免车站规模过大，动车组占用到发线时分按较小的时分考虑，即高峰时段始发为 12 min，停站通过为 11 min，立即折返为 24 min。

按上述列车占用到发线的时间标准，可确定高峰小时每条到发线办理的列车对数为 2.5 对，同时到发线数量尚应满足运行图铺画的要求。

③一些必要说明

对于分场布置的大型客站，一般都有多个方向引入，为了使各方向列车互不影响，每个方向都有固定车场。这样的车站规模也就是各车场规模的总和。因此，一个多线引入的大型车站的规模确定，应分别研究不同类型的车场规模。

a. 尽端式车场的到发线数量

尽端式车场的到发线数量取决于高峰小时列车追踪间隔、动车组占用到发线时间决定，可按式(5.5)计算。

一般说来，(尽端式)始发站设计规模可采用 6～8 条(含正线，站台可设在正线侧，因此尽端式车场正线亦可作为到发线使用)，高速铁路始发站设计规模可采用 8 条。而以城际铁路为主的尽端式车站，由于客车停站时间较短，时效性强，易形成接发车高峰，列车立即折返的比例较大，到发线规模可采用 6 条。

b. 贯通式车场的到发线数量

贯通式车场与尽头式车场的区别主要在于两个方面：一是贯通式车站承担通过列车作业，通过列车在站时间短；二是车站的两端都具有始发终到立折车作业。为了避免始发终到、立折车作业与通过作业的交叉，上下行应至少各设 1 条到发线用于通过列车作业，因此，根据尽端式车场规模确定原则，贯通式车场至少应有 8 条线路的规模。

贯通式车场的最终规模仍应根据承担的列车对数进行核定。

(4)图解法、排图法在车站设计中的应用

车站作业量见表 5.12。

表 5.12　车站作业量

方　向	全天合计		高峰小时	
	通过车/对	立折车/对	通过车/列	立折车/对
B 方向	97	32	16	3
A 方向		35		3
C 方向	15	39	2	2
合　计	112	106	18	8

列车换算对数为 106×0.9+112×0.7=173.8(对)。

按照全天作业量核定车站到发线规模，根据车站作业量，核定所需到发线数量为

$$2\times(173.8\text{ 对}\times20.5\text{ min/列}\div60\text{ min})\div10.8\text{ h}\approx11.0(\text{条})$$

车站按照线路引入方向引入条件、车站开行方案到发线 11 条规模布置，高峰时段图解法排图检算。车站示意图及排图如图 5.22 所示。

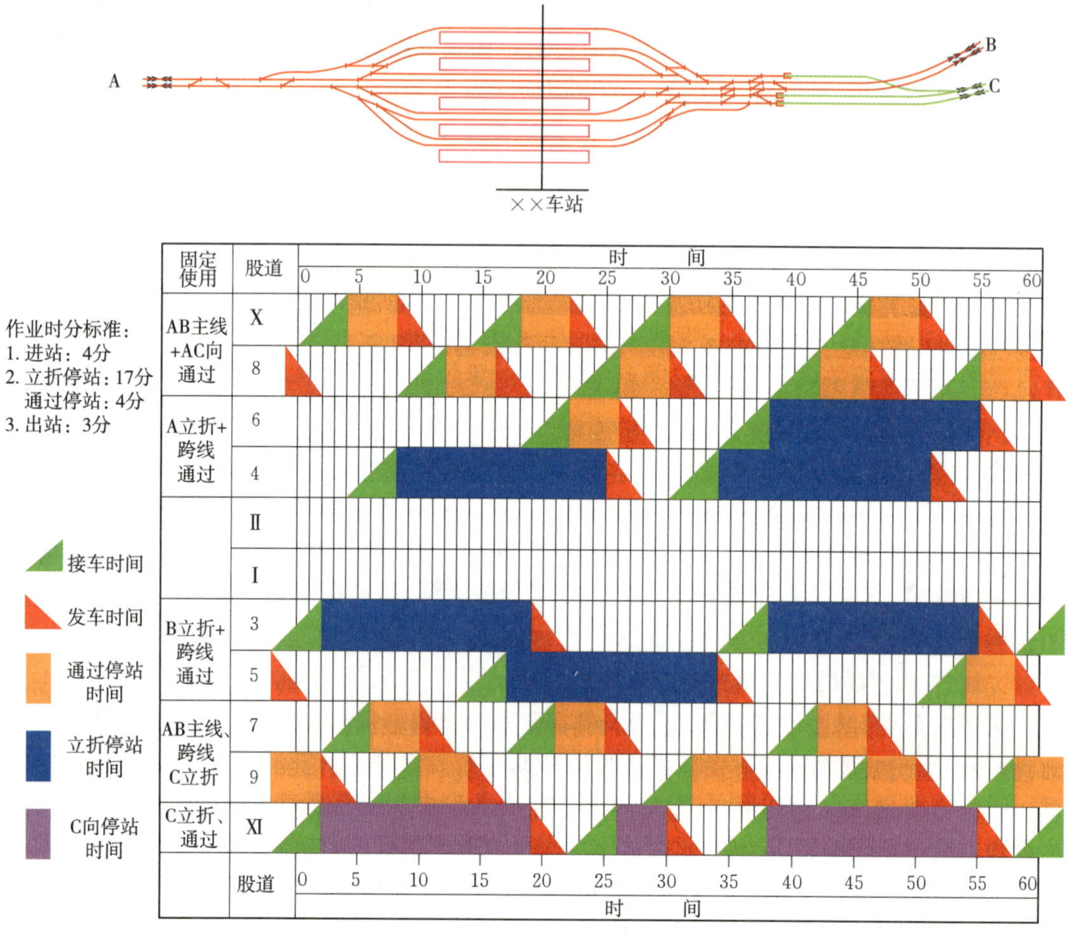

图 5.22 车站示意图

经图解法检算，追踪间隔 4 min，车站平面布置满足高峰时段各方向 8 对立折车、18 列通过车作业需求，到发线规模满足车站高峰小时旅客列车到发要求。

2. 车站布置

车站布置主要是指车站规模确定、站型选择、咽喉区设计以及渡线设置。

1）站型

车站平面布置应根据引入线路数量、线路输送能力、车站作业量及旅客列车开行方案、车站性质及运营要求等因素确定，一般情况下，横列式布置图型具有站坪长度短、布置紧凑的优点，因此车站布置宜采用横列式图型。

2)渡线

一般情况下,我国高速铁路区间不设渡线。

始发站两端咽喉区应各设两条单渡线组成八字渡线或交叉渡线。

办理始发终到作业的中间站,其发车作业端应设两条单渡线组成八字渡线或交叉渡线,无发车作业端宜设一条单渡线。

其他车站两端宜各设一条单渡线组成八字渡线,八字渡线的朝向宜结合维修工区(车间)的位置确定,以便于维修车辆出入为原则。

无维修车间(工区)的车站与两端车站均较近时可以不设渡线。在工程设计中,维修工区的设置距离一般为 50 km 左右,在此之间的中间站正线间可以不设渡线。

3)咽喉区设计

车站咽喉区连接站场与区间、车站与段所,是车站作业环节集中的地点。高速铁路车站咽喉设计是站场设计的关键内容。车站咽喉区布置应以重视发挥车站到发线能力和保证作业安全为要义,为了做到布置合理,保证各项作业的安全便捷高效,咽喉区的设计应遵照下列原则:

①保证必要的平行作业进路。

当有多条线路或动车组走行线引入时,其引入端应满足列车同时到发及动车组出入段(所、存车场)的平行进路,以提高车站到发能力并保证作业安全。

②作业进路要便捷顺畅。

③尽量减少站内的交叉干扰,并使两端咽喉的作业负担平衡。

④尽量缩短咽喉区长度。

在满足基本平行进路的条件下,应尽量减少铺设的道岔数量,尤其要尽可能减少正线上道岔数量,咽喉布置要紧凑。咽喉区长度应满足列车追踪间隔的需要。

以下以车站担当立折作业且主要以站前折返作业方式为主来介绍车站咽喉布置方法。

站前折返方式是指折返列车在同一条到发线上完成所有作业,其作业流程为:客车进站停车→终到旅客下车→出发旅客上车→客车经进站端逆向驶入另一正线返回。

站前折返方式优点为:作业过程衔接紧密,对本列车而言作业时间短;工程简易,一般无特殊布置要求。其主要缺点为:列车占用到发线时间相对较长;折返列车需占用进站咽喉,易产生“发—到”交叉干扰;旅客上、下车在一个站台面上进行,易引起到达、出发客流交叉,客运组织较困难。因此这类车站咽喉区布置要尽量减少站内的交叉干扰。

站前折返方式可分为顺接反发、反接顺发两种。图型布置上可采用平面交叉不设折返线、设反发(反接)联络线立体疏解两种方式。

①平面交叉站前折返方式

如图 5.23 所示,该站为向 A 方向有立折作业车,到发线作为尽头线使用,列车站前折返,不设折返线。图 5.23 所示为顺接反发布置,3、4、5 道固定为折返用,1、2、8、9 道固定为方向别停站通过列车用。车站 A 方向进站端设平行进路,满足 3~5 道原位立折与 1、2 道停站通过平行作业。

图 5.23 采用正线(贯通线)两侧到发线非对称型布置。此布置适用于无通过列车或通过列车较少的车站。

②正线外包站前折返方式

为避免平面交叉站前折返方式折返列车切割正线，可采用两正线外包，折返到发线设于正线间布置，即“燕尾式”布置，不设折返线，如图 5.24 所示。其指导思想是将与正线交叉转为发—到交叉。停站通过列车利用正线外侧 1、8 道作业，折返列车主要利用正线间 3、4、5、6 道“顺接反发折返”。

图 5.24 中正线间到发线均可往 A、B 方向原位折返，使用灵活。但仍可能存在到发线间“发—到”交叉，且正线间夹大量三角地，站坪长度大，若两端为桥、隧工程时工程较大。此布置仅适用于特殊困难情况下折返中间站。

③立体疏解站前折返方式

为避免立折列车出发切割正线或与同侧到达列车交叉干扰，当地形、地物条件许可时，可采用设反发(反接)联络线的布置，如图 5.25 所示。

图 5.25 中 1、2、3 道固定为折返用并设顺接反发立交联络线，4、5、8、9 道固定为方向别停站通过列车用。1、2、3 道立折可与正线通过或 3、4 道停站通过作业平行。

此布置适用于正线上不停站通过客车较多或同侧到达列车较密集的车站。

具体设计过程中，应根据站内运输组织方式，合理选择站型，优化咽喉布置，尽量使车站布置契合地形条件、工程投资节省。

工程实例：

绵阳站为成绵乐城际铁路主要折返站，城际场两端均有折返作业，以成都方向为主。由于江油端无设置立交折返线条件，设计采用江油端正线外包、折返线位于正线间的“燕尾式”布置，高峰时段成都方向采用站后折返方式，平峰时段采用站前折返方式。图 5.26 所示为绵阳车站示意图。

4)车站布置图型选择实例介绍

综合考虑站型、渡线布置、咽喉区设计，高速铁路越行站、中间站因其作业相对简单，车站平面布置相对固定。工程设计中根据其到发线规模、配备的客运设备(主要指旅客站台)、维修工区及相互位置，总结了以下几种常用布置图型，分别说明如下。

(1)越行站图型

越行站一般考虑上下行均需要办理速度高的旅客列车越行速度低的旅客列车，不办理旅客乘降作业，因此在正线两侧分别设到发线待避，满足上下行列车无交无干扰分方向越行通过，最大限度满足系统能力。

①越行站基本图型

图 5.27 所示为基本越行站平面布置图型。

②为区间接轨而设的越行站图型

在我国，有为在区间接轨而设置越行站的情况，如图 5.28 所示，主要为了满足动车段(所)在区间接轨进出段动车组进入始发站而设。

进出动车段所的列车在越行站 3、4 道等待，一旦正线空闲，即可按照最小追踪间隔发车，保证正线系统能力。与线路所相比，设置越行站可以显著提高动车出入段所能力。

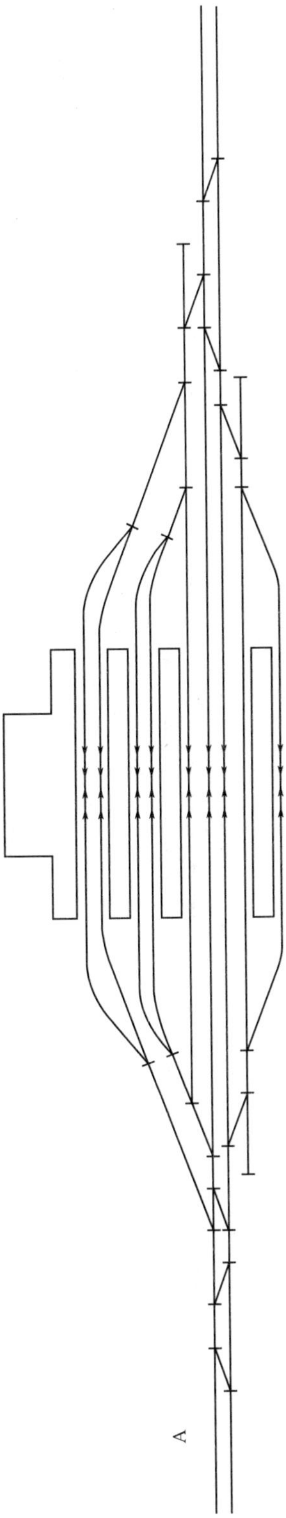

图5.23　平面交叉站前折返方式

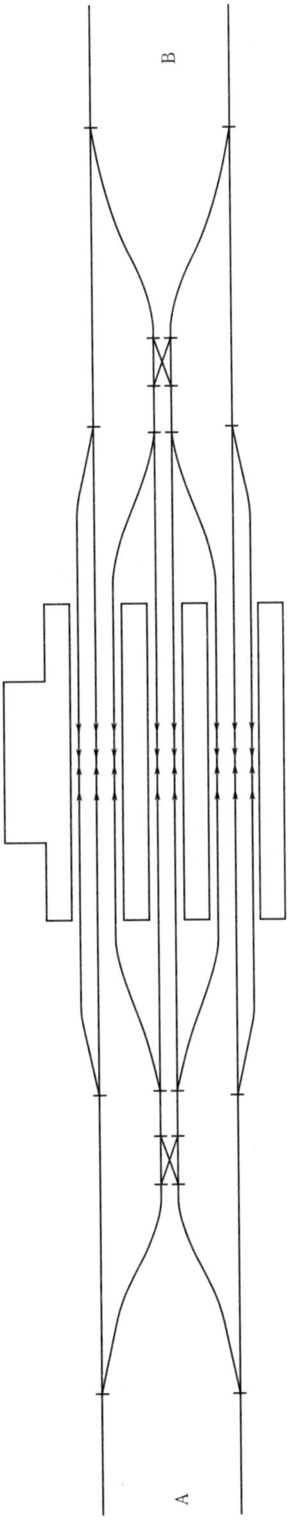

图5.24　正线外包站前折返方式

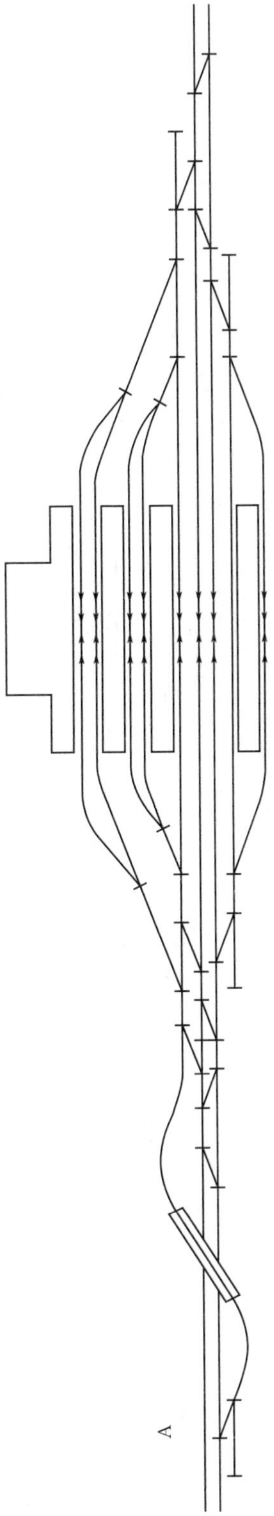

图5.25　立体疏解站前折返方式

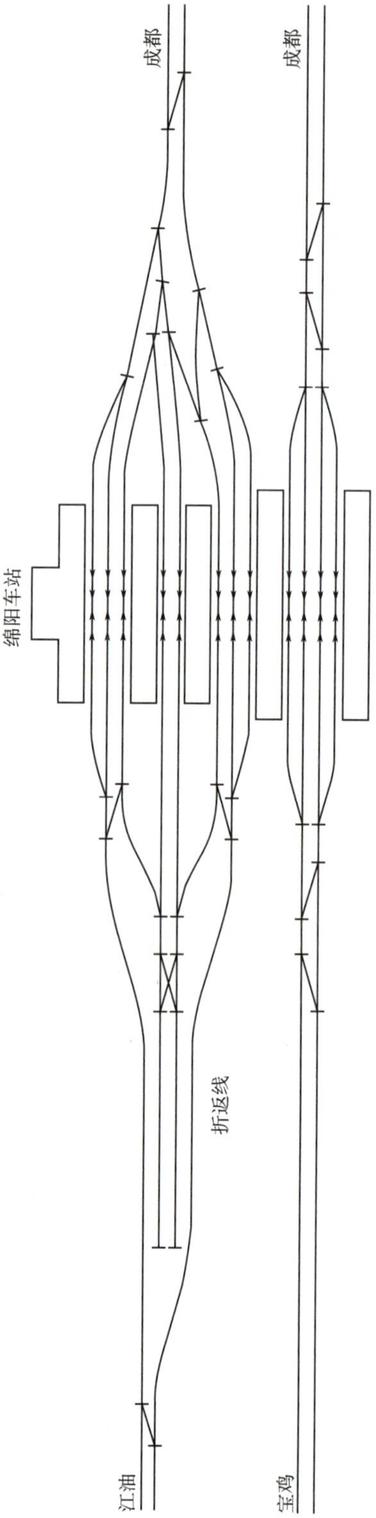

图5.26 绵阳车站示意图

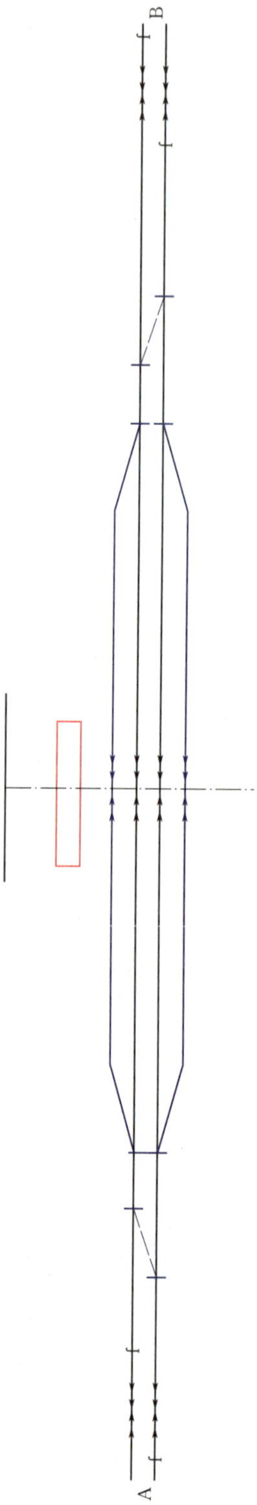

图5.27 基本越行站平面布置

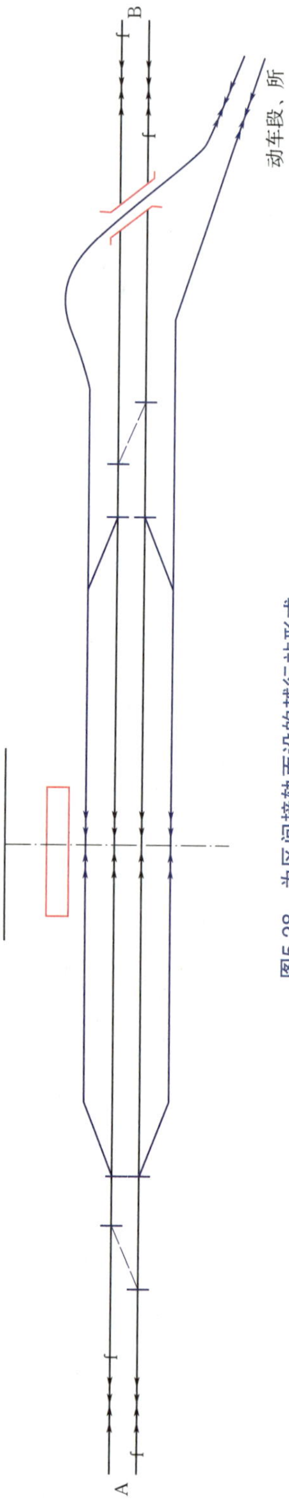

图5.28 为区间接轨而设的越行站形式

(2)中间站图型

中间站在我国分布范围最广,除办理速度较高的旅客列车越行速度低的旅客列车(即越行作业)外,还要办理客运业务。与越行站相比,中间站要配备旅客站台、旅客进出站通道、站房等客运设施。

为了满足综合维修的需要,铁路项目一般要根据维修设施布置需求沿线设置维修工区,因此中间站又分为无维修车间(工区)中间站、带维修工区中间站。

以办理的客运作业性质来分,中间站主要办理通过作业、部分车站办理立即折返作业。

①无工区中间站图型

无车间(工区)中间站为中间站最基础的布置,如图 5.29 所示。其图型同越行站图型,不同之处在于需要配备上下行站台、旅客地道、站房等客运设施。当这种类型的车站与相邻车站距离较近时可以不设渡线。

这种类型的车站一般在上下行两侧对称设置到发线。满足上下行列车无交叉、无干扰、分方向办理中间站作业。3、4 道分别办理下、上行到发列车通过作业。一旦正线空闲,即可按照最小追踪间隔发车,保证正线系统能力。

②带维修工区中间站布置图型

带维修车间(工区)中间站的布置主要是考虑维修车间(工区)的设置位置,维修工区的位置宜靠近车站并纵列布置在车站的Ⅰ、Ⅲ象限,如图 5.30 所示。该种类型的车站两端咽喉宜各设一条单渡线组成八字渡线,八字渡线朝向宜结合维修工区、以方便维修工区内车辆出入为目的设置。困难条件下可纵列布置于Ⅱ、Ⅳ象限,极少数困难条件下采用横列布置形式。

图 5.31 所示为维修工区横列布置图型。

③办理立折作业中间站布置图型

这种类型中间站除了满足通过车停留外,还要满足立折作业车的折返作业。因此在立折作业端(发车作业端)应设八字渡线。其与普通中间站最大的区别就是立折车在站时间长,折返时与正线有交叉干扰。

当有少量折返作业时,如果中间站因折返车停站时间较长,可在折返车流到达端增设到发线数量。同时,有立折作业端设置八字渡线。

图 5.32 中 3、4 道分别办理下、上行到发列车通过作业;5 道办理 A 方向立折车到发,图中的 5—19 渡线作为到发平行进路可根据具体设计情况保留或取消。A 端咽喉设置八字渡线。

图 5.33 中 A、B 两端均有少量立折车。两端咽喉设置八字渡线。

以立折车为主的中间站,除办理速度较高的旅客列车越行速度低的旅客列车外,还要主要办理立即折返客运业务,这种类型的车站一般不对称设置到发线,可在折返车流到达端根据作业量增设多条到发线数量。

图 5.34 中 1、2、3 道主要办理立折车作业、4、5、8、9 道主要办理上下行通过作业,要在 A 端咽喉区设置必要的平行进路满足 A 方向立折车同时到发需要,为了减少进出站作业对正线的切割,到发线偏向立折车到达一端布置,必要时设置出发疏解,提高系统能力。

④多方向引入中间站图型

有第三方向引入的中间站,以不影响主要通路能力为控制因素,这种类型的车站不进站停车应快速越过,以 42 号大号码道岔接轨。按照客流特征分布到发线。图 5.35 适用于 C

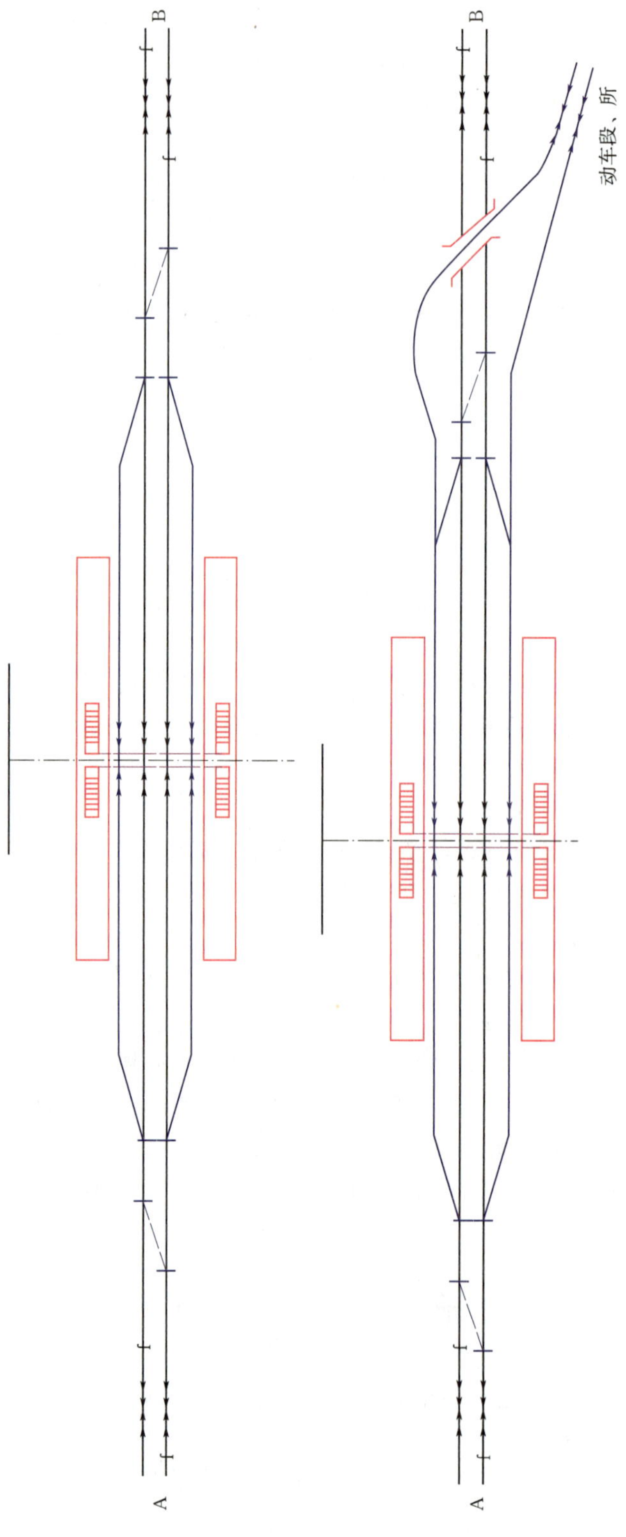

图5.29 无维修工区中间站平面布置

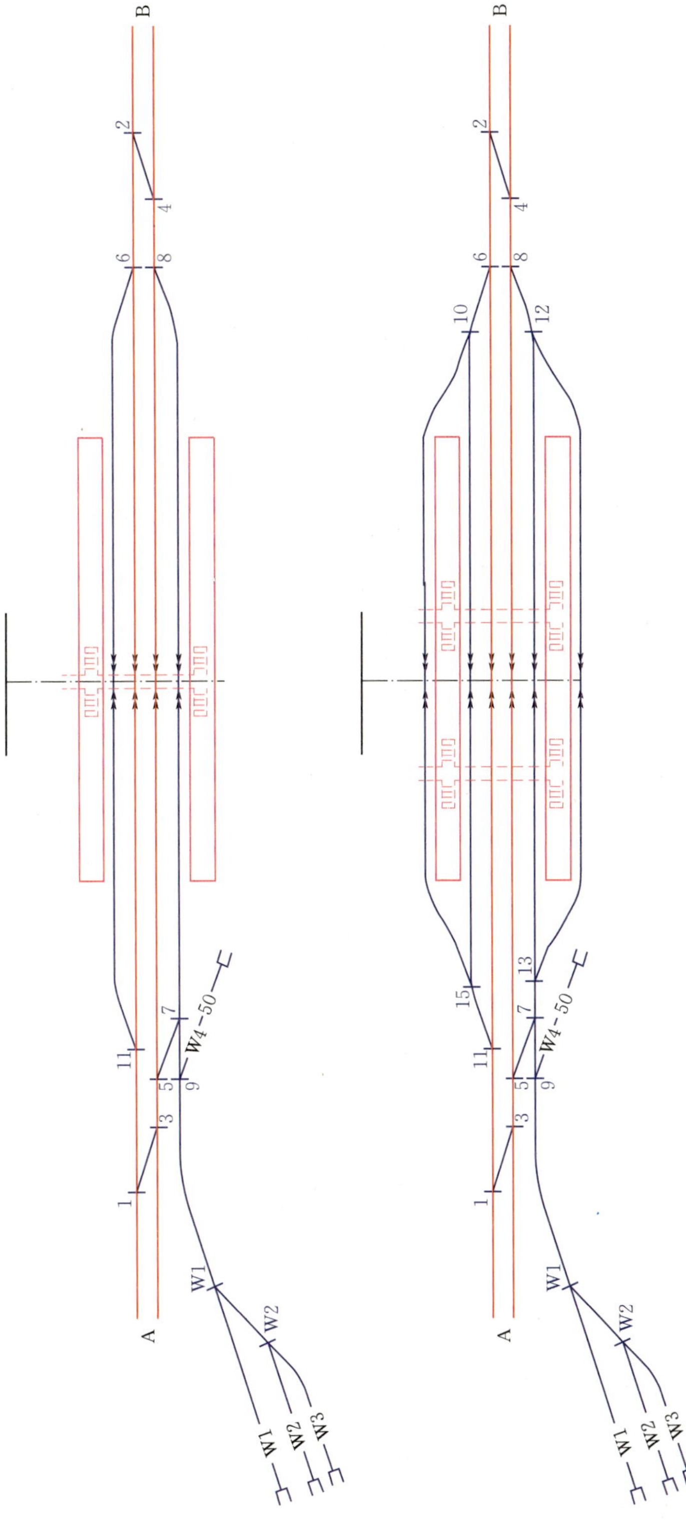

图5.30　带维修工区中间站平面布置图

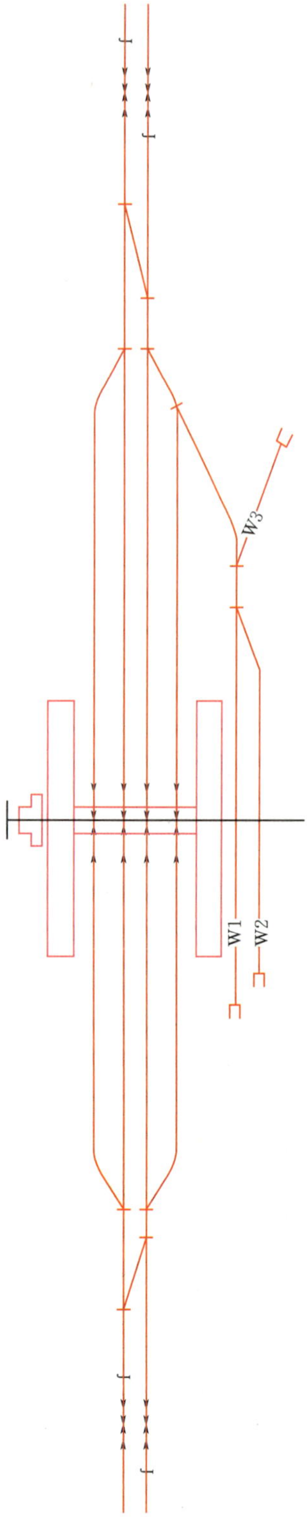

图5.31　维修工区横列布置

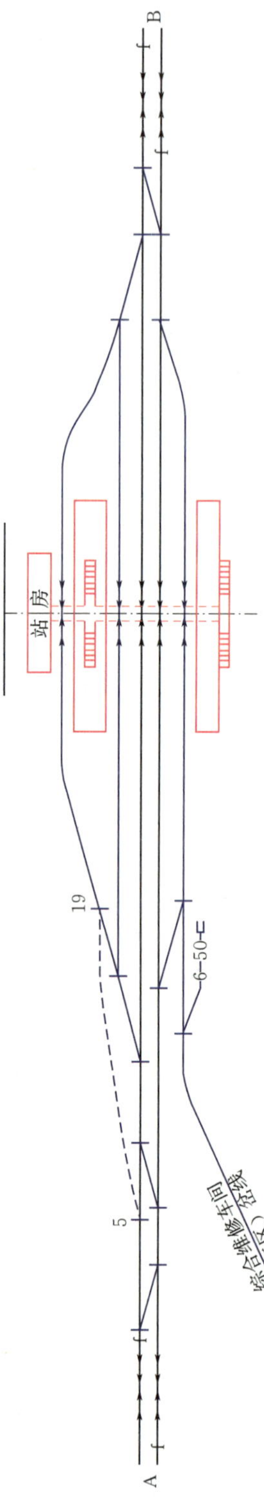

图5.32　少量立折作业中间站平面布置

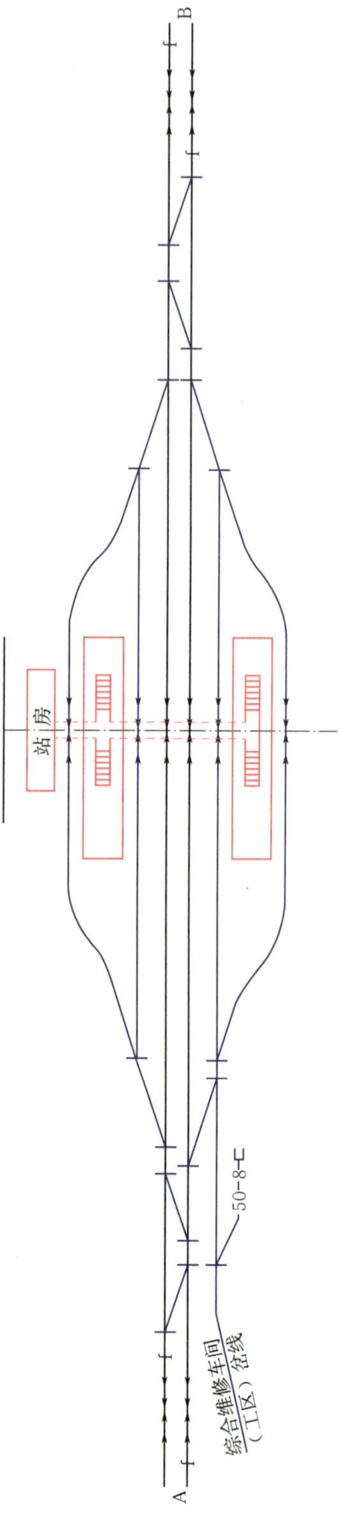

图5.33　有少量立折作业中间站平面布置

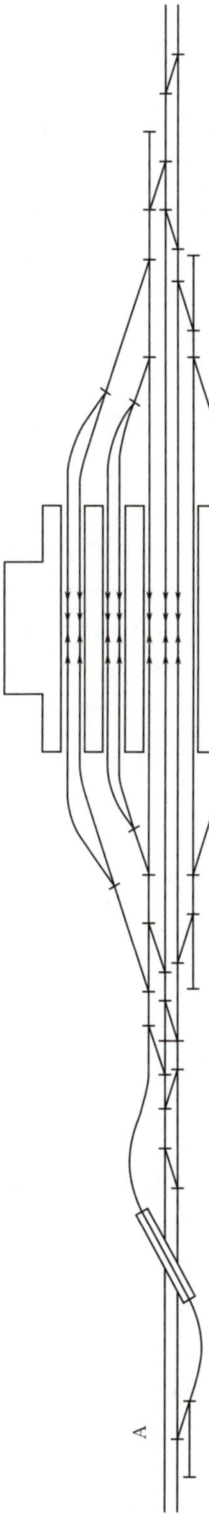

图5.34　立折作业为主中间站平面布置

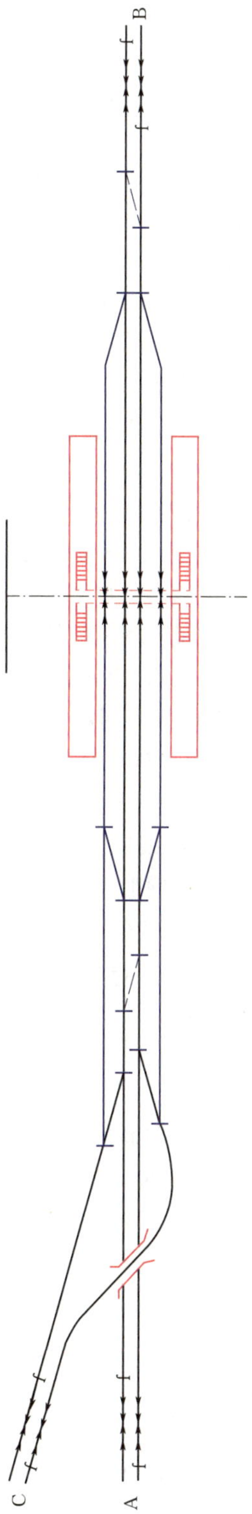

图5.35　第三方向快速通过(站前接轨)中间站平面布置

方向少量跨线车通过时采用，大号码道岔设置在站前咽喉站前通过，以优先保证A方向通过能力来提升系统能力。

C方向大量跨线车时大号码道岔设置在站后咽喉，优先保证C方向通过能力来提升系统能力，如图5.36所示。

两线间少量交流的中间站，以共用到发线为主要特征。两正线间互不干扰。

图5.37中5道为C—B或A—D、6道为B—C、D—A交流车停留到发线，三四线外包通过，两正线各自以最短咽喉设计，线间互不干扰。

当三四线与正线间客流交流较多时，应分方向设置到发线以满足各方向列车顺畅接发需求。

⑤中间站设计工程实例

a. 位于地级市办理通车作业为主的中间站

图5.38所示图型较多地运用于京沪高铁沿线地级市，如沧州、泰安、枣庄、苏州、滁州、镇江、无锡等。

b. 办理少量立折车作业的中间站

如图5.39所示，位于京沪高铁上的德州东站，同时为石济高铁上的中间站，车站衔接北京、上海、石家庄、济南四个方向，适应区域路网干线连接的需要，该站设置德州南联络线将京沪高铁北京方向与石济高铁济南方向连通。该站主要办理京沪高铁、石济高铁上通过列车作业，办理少量发往北京(京沪高铁场)、济南(石济场)的立折车。

c. 办理立折车作业的中间站

如图5.40所示，位于济青高速铁路上的淄博北站，办理较多发往济南方向立折车。到发线不对称布置，折返作业到达端增设了到发线。

d. 三四方向引入、两线间交流中间站平面布置

图5.41中为济青高铁胶州北站，为济青高铁(A—B)、胶济客专(C—D)两线交会处。

9道为C—D间通过列车办理线，5道为A—D间通过列车办理线，3道为A—B间及C—B间通过列车办理线，4道为B—A间及B—C间通过列车办理线，6道为D—A、D—C间通过列车办理线，6道为B—C、D—A交流车停留到发线，两线交叉处均以42号道岔连通，使A—B、A—D、C—B、C—D间均可快速通过，从而保证两线系统能力。

(3)始发站图型

高速铁路始发站宜采用通过式图型，以始发、终到列车为主的客运站可采用通过式和部分尽头线的混合式图型，全部办理始发、终到列车并位于正线终端的客运站也可采用尽端式图型。

通过式站型是指有两个方向的正线贯穿车站且到发线为贯通线的车站。该图型两端咽喉区能分担列车接发、动车组出入段等作业，减少咽喉交叉干扰，通过能力较大，除折角列车外，无需变更列车运行方向；便于组织旅客列车进出站和行包搬运，相互干扰较小；旅客进、出站走行距离短；便于枢纽直径线和联络线的衔接，能缩短部分旅客列车的运行时间，有利枢纽内线路通过能力的调节。虽然通过式客运站存在不易伸入市区、站坪较长、增加旅客跨线设备等缺点，但通过式图型具有既能适应以始发、终到为主兼办通过作业的客运站，又能适应办理全部始发、终到作业的客运站的显著优点，故宜优先采用。

在通过式车站的一侧设置部分尽端式到发线的车站称为通过式与部分尽端式组成的混合式车站。该尽端线可办理小编组的市郊和城际客车的始发、终到作业，当受建筑物等因素

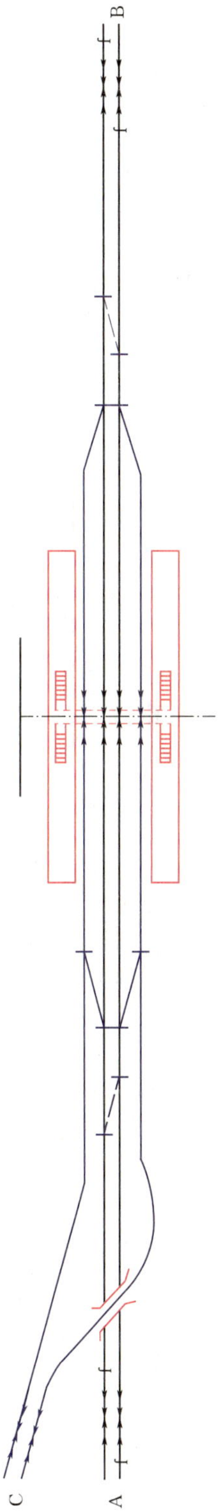

图5.36 第二方向快速通过(站后接轨)中间站平面布置

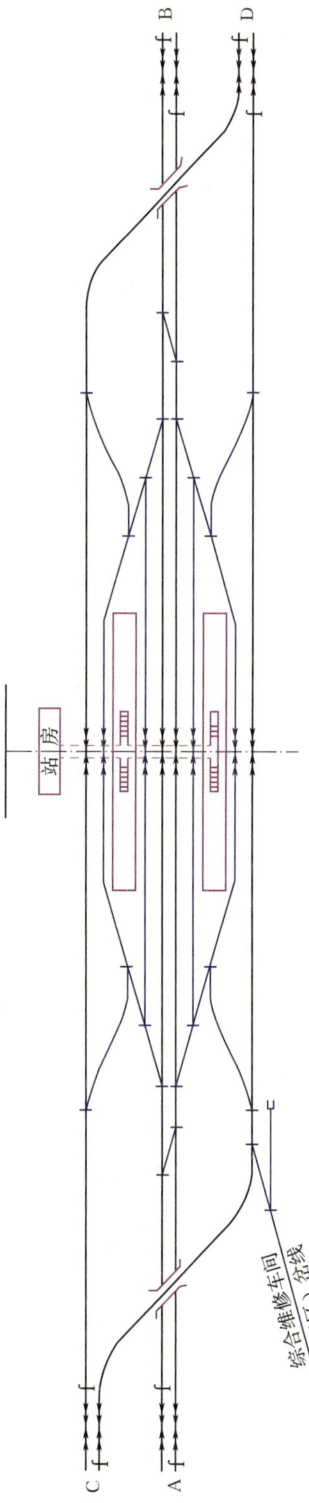

图5.37 三四方向引入、少量交流中间站平面布置

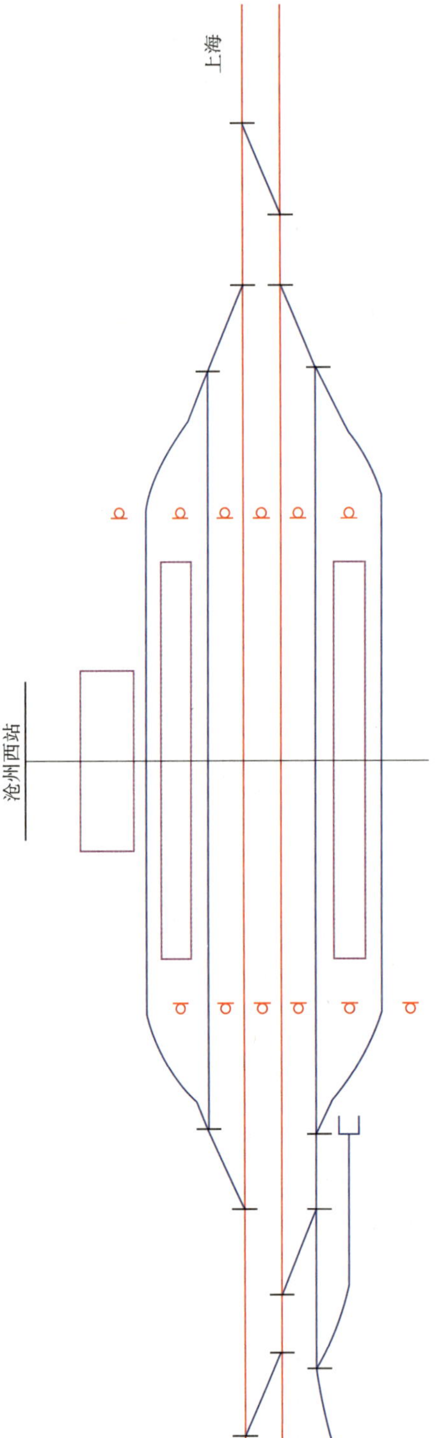

图5.38 沧州西站平面布置示意图

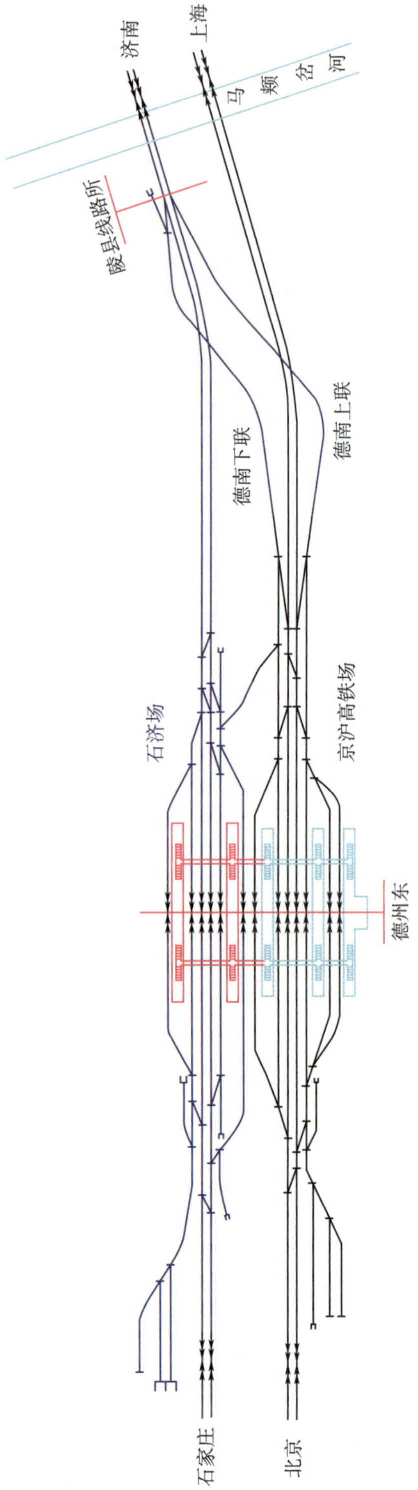

图5.39 德州东站平面布置示意图

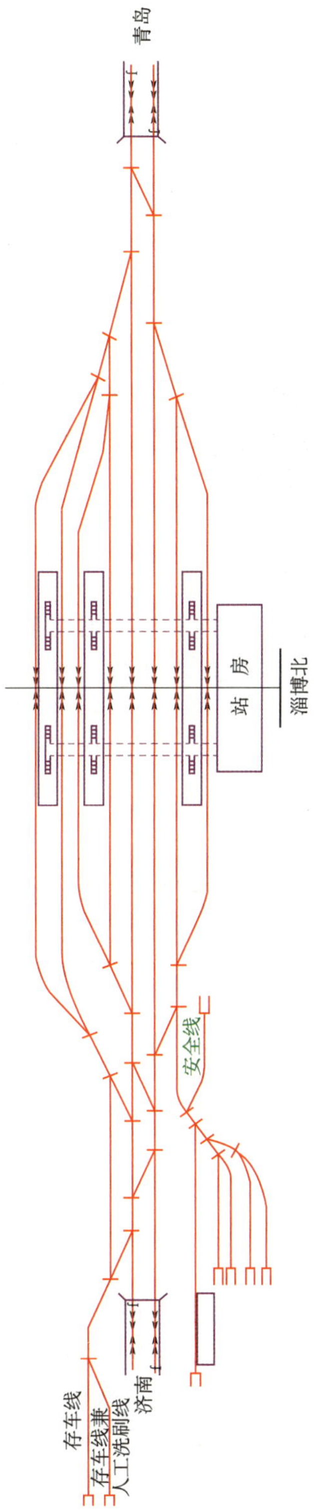

图5.40 淄博北站平面布置示意图

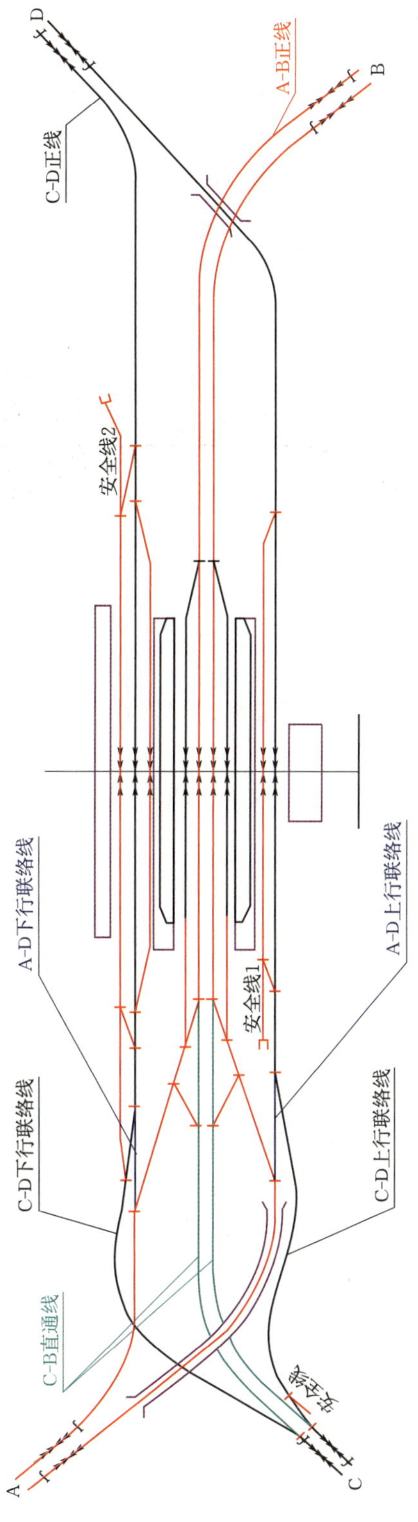

图5.41 胶州北站平面布置示意图

限制时，为节省工程可采用该图型，但尽端式线不宜太多。

尽端式车站是指设在正线终端的客运站，其到发线布置可为两种形式：一种是到发线的一端连接正线，另一端全部为尽头线并设有尽端站台；另一种是到发线为贯通线，一端连接正线，另一端连接动车所等段管线。该图型易于伸入城市中心附近，有方便旅客、减轻市内交通负担和减少与城市干扰等优点。因此，当始发站位于铁路网尽端、衔接方向较少、以始发终到客车为主等情况下，则可采用该图型。

衔接一条高速铁路的始发站图型可按图 5.42、图 5.43 布置。

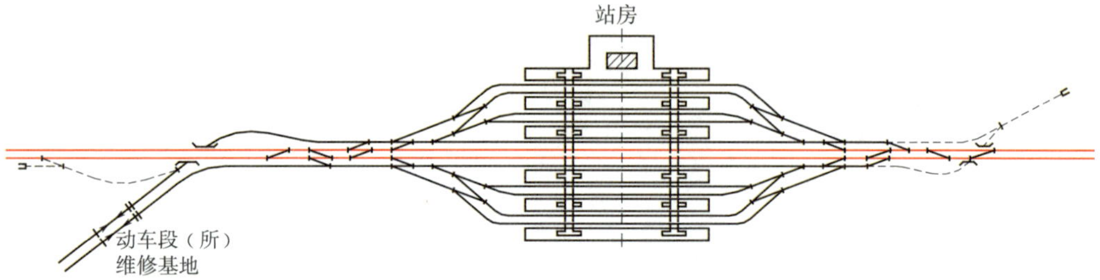

图 5.42　高速铁路通过式始发站图型

如图 5.42 所示，该图型为满足昼间部分客车立即折返需要，接车端咽喉设置了顺接反发折返进路，设计中当立即折返列车较多时，为避免折返列车切割正线，干扰正线通过列车运行，可在接车端设置立体疏解的顺接反发折返联络线或末端设置立交折返线（图 5.42 中虚线所示），以疏解与顺向到达、通过列车的交叉。若车站无不停站通过列车时，图型可简化，正线和到发线间可设置中间站台。

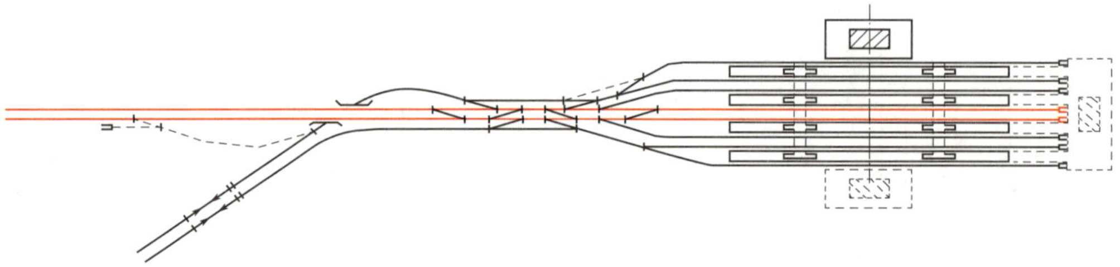

图 5.43　高速铁路尽端式始发站图型

如图 5.43 所示，该图型一般设置于客运专线的末端。由于尽端式布置到发线难以严格区分接车、发车进路，客车均需折角运行，为避免上行一侧到发线发车与接车交叉干扰，设计时根据需要，可设置立体交叉的反向接车联络线（图 5.43 中虚线所示）。

工程实例：

图 5.44 所示为工程实例中采用的贯通式、尽头式混合图型，南、北沿江铁路合场引入上海北站，在本站办跨线作业，同时，考虑到上海地区征拆的实施难度，为了充分利用土地资源，上海北站采用双层车场方案。沪通车场位于地下层，车站规模为 2 台 6 线（含正线），主要办理南、北沿江及沪通Ⅱ期铁路的通过车作业。沿江车场位于高架层，车站规模为 4 台 8 线，主要办理南、北沿江的始发终到车作业。该图型布置的明显优点是车场重叠，拆迁减少，节省征地。

多线引入的始发站站型详见“枢纽方案研究”章节。

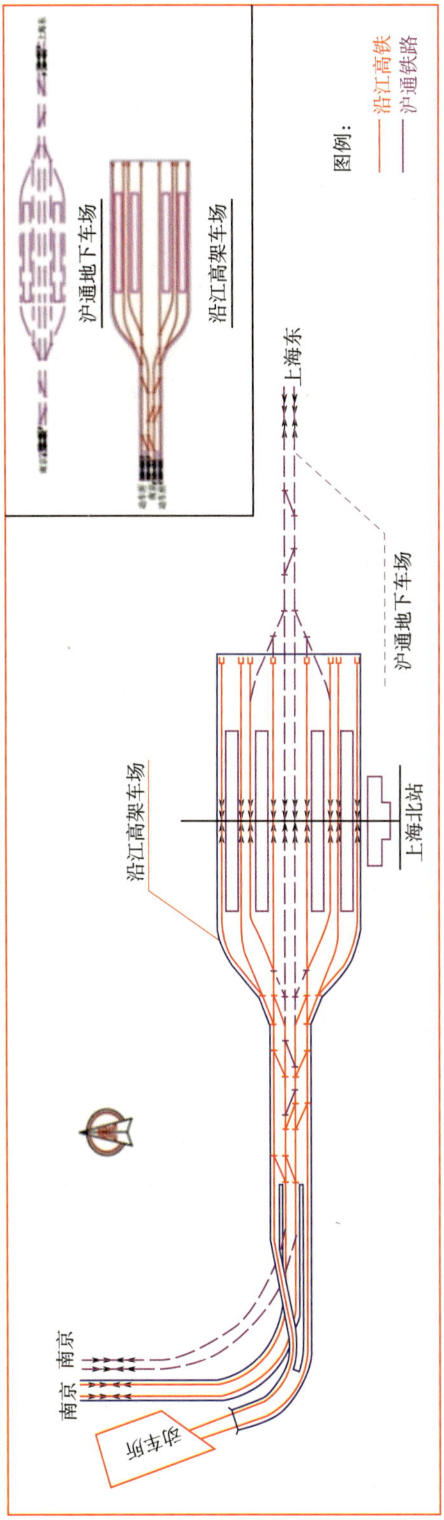

图5.44 上海北站(双层站方案)平面示意图

3. 接口设计

高速铁路站场设计不仅衔接土建接口，更要与站后四电、房屋建筑等融为一体。为了保证车站设计的系统合理性，实现各子系统功能完善，达到整体系统最优，站场设计中应主要考虑以下接口：

(1)站场平面布置时，应系统考虑站场范围的柱、网及综合管线布局。

为保证车站设计的系统性，站场平纵断面布置需与接触网、雨棚支柱、站内各种建筑物和管线设施的设置综合考虑，系统协调。

(2)站内管线按照系统优化的原则综合设计。

综合管线布置的目的是在保证各专业、各系统设计的工艺流程合理、先进的前提下，对复杂的管线系统加以综合，使其在有限的空间内，将各种管线按规范规定的间距要求进行综合安排，以达到易于施工(统一安排管线的施工组织，避免在同一地点反复开挖)、便于维修(维修开挖时不影响其他管线或建筑物)、避免干扰(强电对弱电的干扰等)的目的。

管线综合应在设计前期就予以充分考虑。

(3)站内路基宽度设计应综合考虑各类管、槽、柱、声屏障等建筑物位置布局，应与考虑区间有机衔接；站内路基防护及绿化标准应与区间协调统一。

高速铁路设计的路基宽度应考虑综合电缆槽布置需求，站场内综合电缆槽一般要比区间宽度增加，为避免站场路基与区间路基、站内桥梁或涵洞上电缆槽设置位置不协调，站场路基设计需根据电缆槽铺设的技术要求，保证路基与桥涵上的电缆槽合理衔接。

为保证车站内正线路基与区间路基过渡协调，路基防护和绿化等设计标准应协调统一。

(4)站场内基础为金属结构的车站站台面、雨棚、栅栏等应根据有关技术要求，接入综合贯通地线。

为保证人身和设备安全，高速铁路采用综合接地系统，综合接地系统由贯通地线、接地装置及引接线等构成。为满足综合接地系统的总体布置，保证区间与车站贯通地线的连续设置，以及通信、信号、电力、接触网、建(构)筑物等金属结构物能接入综合贯通地线的条件等，站场路基在设计中要考虑综合接地系统的引入条件，避免因路基施工未考虑综合接地系统的预留而造成反复开挖路基。

(5)排水系统与区间排水、市政排水、铁路排水管网、桥涵设置协调一致。

①站场排水应与区间排水设施有机衔接，顺畅排出。

②站场排水系统应结合桥涵设置、铁路排水管网、城市排水系统综合设计。

③站场排水引入桥涵时，入口高程应高于桥涵处的排水出口高程。

④接触网及雨棚等支柱设置在站内有排水槽(沟)的线间时，有关支柱基础与排水槽(沟)应统一设计，避免场站内凌乱无序。

(6)动车段(所、场)选址。

动车段所选址不仅要符合路网规划、动车段所布局，也应根据车站性质综合工程条件等具体选址。

①动车段(所、存车场)宜设置在靠近始发终到动车组较多的客运站，采用车站顺列式布局，出入段与正线宜采用立体交叉。

始发终到动车组列车需考虑停放、保养、检查和维修等作业，因此，在始发站要设动车段

（所、存车场）。

为了减少动车段（所、存车场）与车站之间的走行距离，动车段（所、存车场）尽量靠近车站。当列车出入次数较多时，为避免列车转线往返运行，减少接发车作业的交叉干扰，动车段（所、存车场）和车站一般采用纵列布置形式，纵列布置于车站到发列车较少一端的咽喉区外方。但当终到列车较少或受地形条件限制时，也可采用横列布置形式。

动车段出入段线与正线宜采用立体交叉。高速铁路正线列车追踪间隔时间短（最小 3 min），如果出入段线切割正线，不仅影响正线通过能力，还容易造成事故。因此出入段线与正线宜采用立体交叉布置。

条件困难时，动车段（所）可结合地形条件综合选址，动车走行线可在始发站的前方站或区间接轨，此外还可以根据沿线经济点分布，在始发站前方地级市设动车段（所）。动车所如能设于始发站前方地级市，在早晚高峰还可以兼顾城际功能。

②动车段（所、存车场）宜避开工程地质和水文地质不良的地段，并应有良好的排水条件。

③动车段（所、存车场）应根据需要预留发展条件。

一般情况下动车段（所、存车场）占地较多、投资较大，在满足运输需要的前提下，设计规模应统一规划、分期实施，可以节约投资，以免远期工程实施时因征地困难而影响整体布局。

工程实例：

动车段（所、存车场）设置在靠近始发终到动车组较多的客运站，并与主要客运站采用顺列式布局的工程实例很多，如北京南动车段与北京南站、虹桥动车所与上海虹桥站、济南动车所与济南西站等大部分枢纽均采用了此种布置方式。

牡佳客专引入牡丹江枢纽需要新建动车所，由于牡丹江市区范围内已无较大的规划用地可供动车所选址，动车所于区间接轨，接轨处设了桦林东越行站，距离客运站约 16 km，如图 5.45、图 5.46 所示。

图 5.45　牡丹江站与动车所地理位置示意图

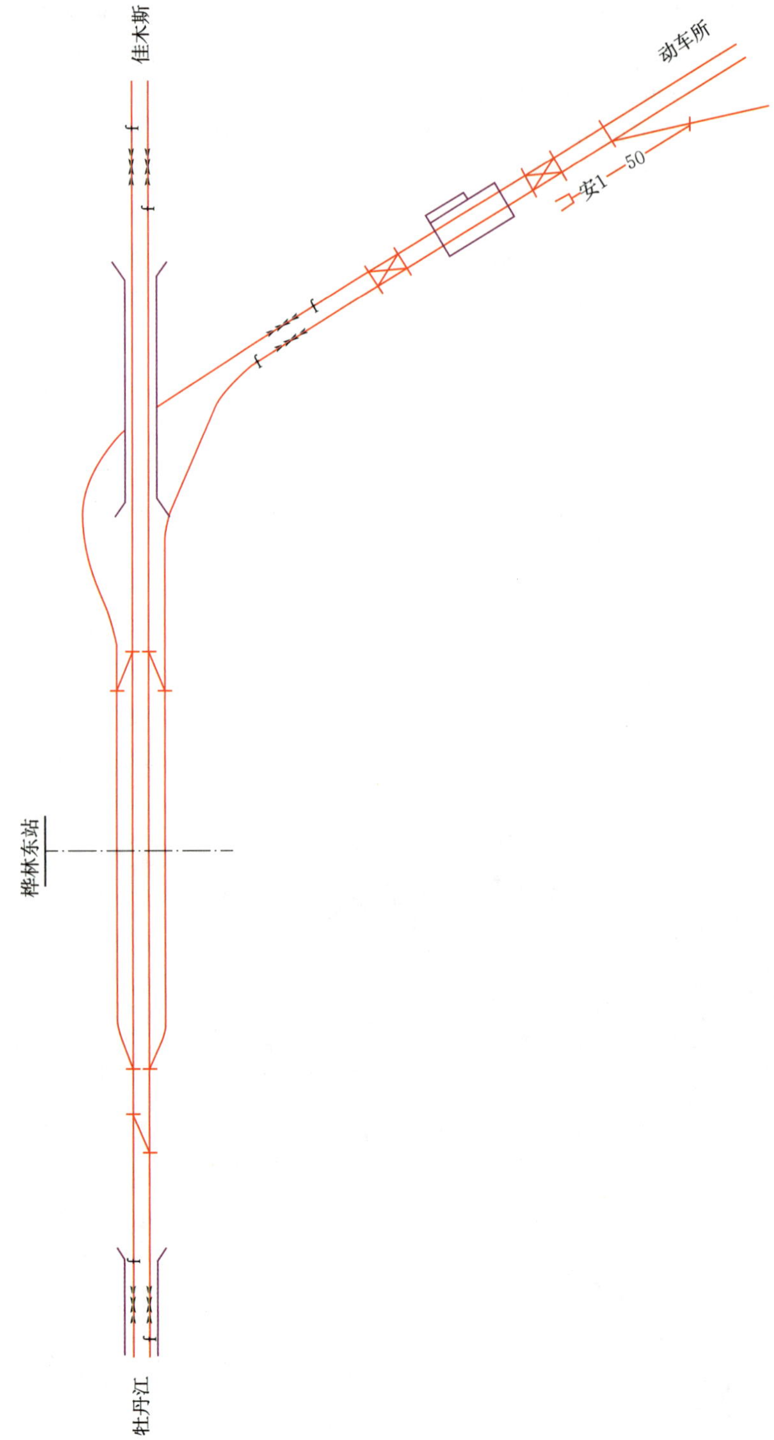

图5.46 接轨处越行站与动车所布置位置示意图

4. 车站通过能力

车站通过能力是确定线路区间通过能力的因素之一，是指车站在现有设备条件下，采用合理的技术作业过程，一昼夜能够接、发各个方向的旅客列车数。车站通过能力包含咽喉能力、到发线能力。

咽喉区通过能力为咽喉区各进路咽喉道岔组通过能力之和，咽喉道岔组通过能力是指某方向接、发进路上最繁忙的道岔组一昼夜能够接、发该方向的旅客列车数。

到发线通过能力是指办理列车到发作业的线路，一昼夜能够接、发各个方向的旅客列车数。

高速车站通过能力应根据车站设施配置和作业组织方案，按照合理、均衡使用到发线原则，计算全日及高峰时段到发线、咽喉区通过能力。

目前我国计算通过能力的方法主要有计算机模拟或综合分析法，到发线能力应结合全日到发线通过能力、高峰期到发线需要量两种因素综合考虑。计算咽喉区道岔组能力需要道岔分组、拟定到发线固定使用方案、选定咽喉道岔、咽喉能力计算几个步骤。

随着我国高铁网的进一步完善，多线咽喉及大站咽喉衔接方向多、咽喉布置复杂，咽喉区通过能力会成为车站通过能力的限制因素，高铁车站咽喉区设计如何满足列车追踪间隔、和到发线能力匹配、与区间能力匹配将成为需要重点研究的内容。一般说来，车站规模越大，股道数量越多，咽喉区越长，车站的追踪间隔就越大。因此提高车站通过能力，从车站设计的角度来讲应从以下方面优化。

①缩短咽喉区长度。

车站衔接线路越多，咽喉区越长，对动车组追踪间隔影响越大。我国较大的始发站除正线外还连接动车走行线和联络线，咽喉区就会增长较长，因此合理确定车站规模、建议动车走行线不引入始发站、建议研发大号码组合道岔以缩短咽喉区长度。

②优化车站布置形式。

为尽量减少列车到达与出发交叉干扰，有条件的尽端式始发站可在车站尾部设置折返线。上行到达列车通过站后折返线至下行到发线出发，避免上行到达列车站前折返与到达列车的交叉干扰，其目的是处理平行进路和敌对交叉对咽喉占用的影响，提高咽喉通过能力。

6 土建工程

为适应列车高速度、高密度运行，稳固的线下基础和平顺的轨道是高速铁路安全运营的必要条件。高平顺性是设计、建造高速铁路的控制性条件，也是高速铁路和普速铁路最主要区别之一。本章介绍高速铁路路基、桥梁、隧道、轨道工程的主要设计内容。

6.1 路　　基

6.1.1 路基设计概述

路基工程是铁路轨下基础工程的重要组成部分，是保证列车高速、舒适、安全运行系统中的关键工程。由于高速铁路行车密度大、轨面平顺性要求高以及接口工程较多等原因，高速铁路路基结构一旦破坏，维修难度高，对线路运营影响大；因此高速铁路路基工程要重视各个组成部位的功能要求、自身材料性能及所受外界影响等因素，对高速铁路路基工程按结构物的设计理念进行设计，路基主体及支挡结构等应达到100年的设计使用年限要求。

相较于普速铁路，高速铁路需要重点考虑的设计因素主要有路基基床的动荷载变形、路基基床冻胀和膨胀变形、路基地基沉降变形、路基加固防护措施的耐久性等。同时，高速铁路是一项严密的系统工程，高速铁路更加关注站前、站后各专业间的系统集成设计和专业接口间的协调统一，所以高速铁路路基工程与其他专业间的接口部位也是一项重要的设计内容。

6.1.2 路基结构组成

路基是经开挖或填筑形成的直接支承轨道结构的土工结构物。经开挖形成的路基为路堑，经填筑形成的路基为路堤。路基基床（路堤地段经填筑形成，路堑地段可全部或部分为天然地基）、基床以下路堤（路堤地段）、路基边坡（路堤或路堑）及地基是路基工程的基本组成。路基防排水、路基支挡与防护、过渡段、地基处理、路基填料和压实控制、接口处理等都是路基工程的重要内容。

1. 路基基床

路基基床由基床表层和基床底层组成（表6.1），位于路基本体结构的最上层。路基基床是路基本体承受列车荷载作用和水文气候变化影响显著的部位，其状态直接影响列车运行的平稳性，是路基工程设计及施工控制的关键构筑物。

高速铁路路基基床厚度的设计主要依据动应力与自重应力的关系，一般认为当动应力与自重应力之比小于0.2时，动应力对路堤结构的作用效果较小。无砟轨道由于具有较好的荷载扩散性能，其基床厚度相较于同等级铁路有砟轨道可以适当减小。

表 6.1　路基基床结构厚度

轨道形式	基床表层/m	基床底层/m	总厚度/m
有砟轨道	0.7	2.3	3.0
无砟轨道	0.4	2.3	2.7

高速铁路路基基床构筑材料及密实度必须严格控制，并建立完善的防排水系统，以保证足够的强度、良好的水稳性和抗冻胀变形能力。同时，当挖方路堑基床范围的原状地层能够承受列车动应力作用，满足路基的变形、强度和耐久性要求时，也可直接利用原地层作为路堑基床结构的一部分（可参考对比图 6.2 与图 6.3 之间、图 6.5 与图 6.6 之间的基床部位）。

2. 路基基床以下路堤

对于填方路基，位于基床以下、在列车动荷载影响范围以外的路堤本体结构称为基床以下路堤。在早期普通铁路的设计中，基床以下路堤所起的作用主要是支撑基床结构及通过调节填筑厚度使整个路基结构满足轨面标高设计要求。由于高速铁路较为严苛的变形控制要求，基床以下路堤部位的设计（填料、压实标准等）要求也逐渐提高，在路基整体变形控制及保证边坡稳定性方面的作用也更加明显。

3. 路基边坡

(1)路堤边坡

路堤边坡形式和坡率主要根据填料的物理力学性质、边坡高度、轨道和列车荷载及地基工程地质条件等因素确定。当地基条件良好，边坡高度不大于表 6.2 范围时，其边坡形式和坡率通常按表 6.2 中数值采用。

表 6.2　路堤边坡形式和坡率

填料名称	边坡高度/m			边坡坡率		边坡形式
	全部高度	上部高度	下部高度	上部坡率	下部坡率	
细粒土、易风化的软块石土	20	8	12	1∶1.5	1∶1.75	折线形或台阶形
粗粒土（细砂、粉砂除外）、漂石土、卵石土、碎石土、不易风化的软块石土	20	12	8	1∶1.5	1∶1.75	折线形或台阶形
硬块石土	8	—	—	1∶1.3		直线形
	20	—	—	1∶1.5		直线形

(2)路堑边坡

①土质路堑边坡

土质路堑边坡形式及坡率应根据工程地质和水文地质条件、土体性质、边坡高度、防排水措施、施工方法等因素，并结合自然稳定山坡和人工边坡的调查及力学分析综合确定。当土质路堑边坡高度小于 20 m 时，边坡坡率可以按表 6.3 中数值确定。若存在不利地层分界面、滑动面、地下水出露等特殊情况，则需通过稳定性分析计算确定。

表 6.3 土质路堑边坡坡率

土的类别		边坡坡率
黏土、粉质黏土、塑性指数大于 3 的粉土		(1∶1.0)～(1∶1.5)
中密以上的中砂、粗砂、砾砂		(1∶1.5)～(1∶1.75)
漂石土、卵石土、碎石土、粗砾土、细砾土	胶结和密实	(1∶0.5)～(1∶1.25)
	中密	(1∶1.25)～(1∶1.5)

注：特殊土(岩)路堑边坡形式及坡率应按有关规范执行；当有可靠的资料和经验时，可不受本表限制。

路堑边坡高度大于 20 m 时，其边坡坡率、形式应结合边坡稳定性分析计算确定，并符合最小稳定安全系数相关要求。

②岩石路堑边坡

岩石路堑边坡形式及坡率应根据工程地质和水文地质条件、岩性、边坡高度、施工方法，并结合岩体结构、结构面产状、风化程度和地貌形态以及自然稳定边坡和人工边坡的调查等因素综合确定。必要时可采用稳定分析方法予以检算。

一般岩石边坡高度小于 20 m 时，边坡坡率可按表 6.4 确定。

表 6.4 岩石路堑边坡坡率

岩石类别	风化程度	边坡坡率
硬质岩	未风化、微风化	(1∶0.1)～(1∶0.3)
	弱风化、强风化	(1∶0.3)～(1∶0.75)
	全风化	(1∶0.75)～(1∶1.0)
软质岩	未风化、微风化	(1∶0.3)～(1∶0.75)
	弱风化、强风化	(1∶0.5)～(1∶1.0)
	全风化	(1∶0.75)～(1∶1.5)

注：特殊岩路堑边坡形式及坡率应符合相关规范；存在不利结构面的岩质边坡应通过稳定计算确定；有可靠的资料和经验时，可不受本表限制。

4. 路基地基

路基地基是支撑路基本体结构的下部基础，其性状直接影响路基的沉降和整体稳定性，也是高速铁路设计和施工控制的关键部位。路堤建成后发生的变形主要有路堤(主要是基床)在列车荷载作用下发生的累积变形、路堤本体在自重作用下的压密变形、支承路基的地基压密沉降。在路堤填料的材质与施工质量有保证的前提下，前两部分的数值是有限的。

因此，作为支承路堤的地基，不仅应有足够的稳定性，能安全地支承路堤，不发生基底破坏，同时还应具有一定的强度，使地基不致发生过量下沉。为确保上部轨道结构的平顺性，并减少养护维修工作量，高速铁路必须严格控制沉降变形，也就是对地基的沉降量限制要求相应较高。当高速铁路通过地基土层分布较厚的区域时(以平原区高速铁路较为常见)，往往需要采取地基处理措施，提高地基的承载力以避免路基基底失稳，同时减小路基的沉降变形，保证线路轨道的平顺性。

6.1.3 路基断面设计

高速铁路有砟轨道路基断面形式采用三角形路拱构造形式，横向排水坡度不小于4%，这样可以快速排除路基面地表降水。高速铁路无砟轨道路基，其轨道支承层(或底座)底部范围内路基面可水平设置，剩余支承层(或底座)外侧路基面等部位需设置不小于4%的横向排水坡。

高速铁路路基面宽度主要由轨道结构宽度、线间宽度和路肩宽度组成。路肩是为保证路堤边坡的稳定性，提供人员行走条件，便于小型养路机械作业及接触网杆、声屏障、电缆槽等设置需要，在道砟砟脚外需预留的一定宽度的平台；同时，考虑为减小高速铁路对向行车之间的相互干扰，铁路路基面宽度和线间距也随设计速度的提高而加大，高速铁路路基面宽度一般需满足表6.5数值。横断面形式如图6.1～图6.6所示。

表6.5　路基面标准宽度表

轨道类型	设计速度/(km·h^{-1})	双线线间距/m	路基面宽度	
			单线/m	双线/m
无砟轨道	350	5.0	8.6	13.6
	300	4.8		13.4
	250	4.6		13.2
有砟轨道	350	5.0	8.8	13.8
	300	4.8		13.6
	250	4.6		13.4

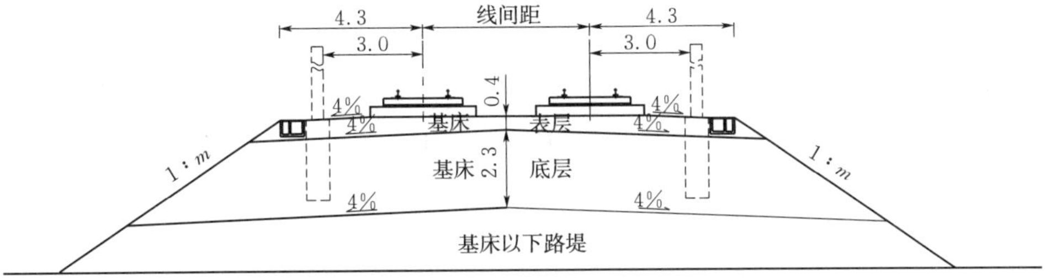

图6.1　无砟轨道双线路堤标准横断面示意图(单位：m)

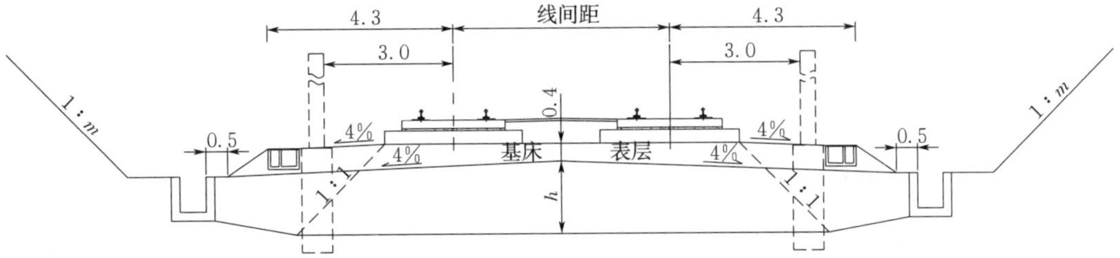

图6.2　无砟轨道双线非硬质岩路堑标准横断面示意图(单位：m)

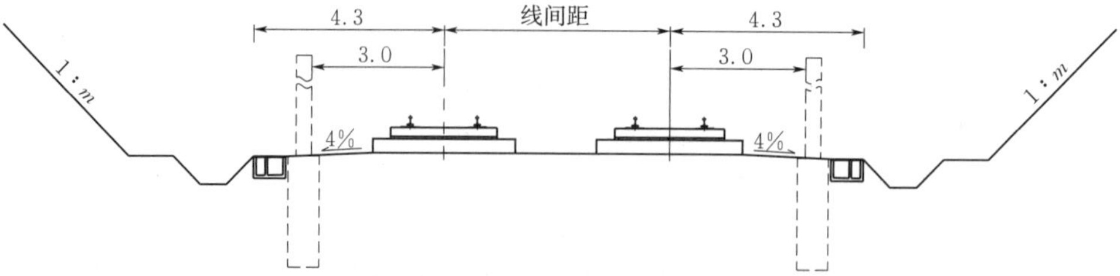

图 6.3 无砟轨道双线硬质岩路堑标准横断面示意图(单位:m)

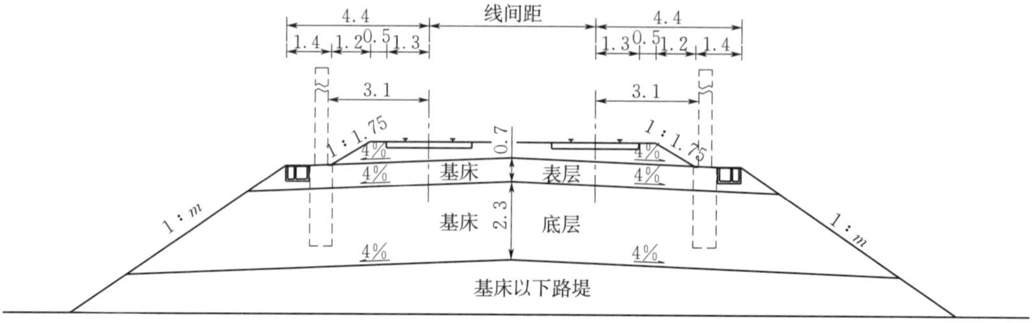

图 6.4 有砟轨道双线路堤标准横断面示意图(单位:m)

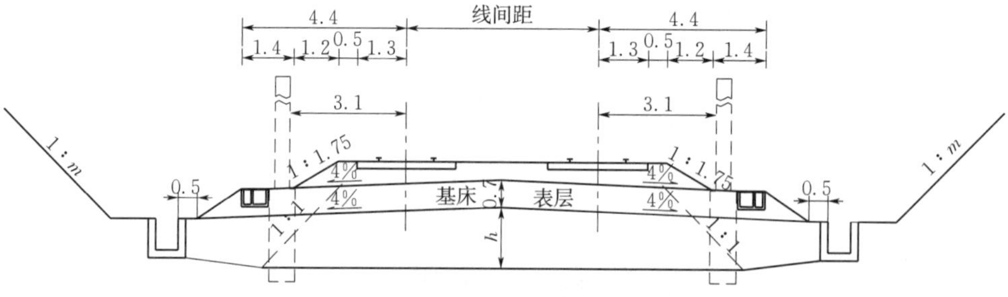

图 6.5 有砟轨道双线非硬质岩路堑标准横断面示意图(单位:m)

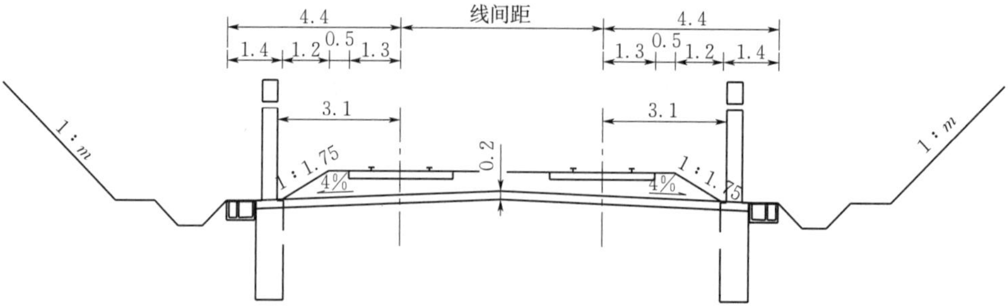

图 6.6 有砟轨道双线硬质岩路堑标准横断面示意图(单位:m)

高速铁路的设计要注重人性化设计,除了要保证列车乘客的良好体验感外,对于线路养护维修作业人员机械的作业安全性和便捷性也要同样注重,合理的路基断面设计形式可以提高线路养护质量、降低线路养护成本。

6.1.4 路基本体填料及压实设计

1. 路基填料

(1)基床表层填料

高速铁路由于行车速度较高,列车的动荷载影响显著。为保证路基基床良好的动强度和耐久性,基床表层需采用级配碎石填筑。同时,根据轨道类型和地域分布,基床表层级配碎石分为Ⅰ型和Ⅱ型,非季节冻土地区高速铁路有砟轨道路基基床表层采用Ⅰ型级配碎石,无砟轨道及季节冻土地区高速铁路有砟轨道路基基床表层采用Ⅱ型级配碎石。

(2)基床底层填料

高速铁路基床底层采用砾石类、砂类土中的A、B组填料或化学改良土填筑。同时,季节冻土地区冻结深度影响范围内高速铁路路基基床底层,其填料的细粒含量要求不大于5%,渗透系数大于 5×10^{-5} m/s,以保证填料具有较低的冻胀性和良好的透水性。

(3)基床以下路堤填料

高速铁路基床以下路堤部分建议选用A、B、C1、C2组填料或化学改良土填筑,C1和C2组填料相较于其他C组填料具有相对较好的透水性和压实性能,能够保证基床以下路堤达到较好的压实质量,减少路基本体沉降和提高边坡的稳定性。

2. 压实要求

路基压实标准是关系到线路长久平顺运行关键性因素,也是通过后期维修及养护难以完善和修补工程设计环节。因此高速铁路路基的压实质量应采用物理和力学双指标控制:①物理指标采用压实系数;②力学指标对于路基基床我国习惯采用 K_{30}、E_{vd} 双控指标,基床以下路堤一般不要求 E_{vd} 检测。

6.1.5 路基地基加固设计

地基处理方法应根据铁路速度等级、轨道类型、荷载大小、场地地质和环境条件、处理目的、工期要求等因素,结合处理措施的适宜性、施工工艺和地区工程实践经验等合理确定。

地基处理设计应满足路基稳定、沉降变形控制或基床、支挡结构物地基承载力要求;饱和粉土及松散砂土地基,应满足防止振动液化或地震液化的要求。

路堤与地基的整体稳定性、地基沉降应根据地基特征、处理措施类型及滑动破坏形式等条件,按施工期和运营期分别进行计算分析。

常用的地基加固处理措施主要有压实、换填、垫层法等浅层处理措施,以及强夯、砂桩、碎石桩、柱锤冲扩桩、灰土(水泥土)挤密桩、水泥土搅拌桩、旋喷桩、水泥粉煤灰碎石桩(CFG桩)、素混凝土桩、钢筋混凝土桩等深层处理措施。

6.1.6 路基防护与支挡设计

1. 路基防护设计

为了减少人工扰动、风力和流水等因素对裸露岩土边坡的侵蚀,提高路基边坡的使用耐久性,路基边坡需要设置坡面防护工程。设计过程中,主要根据周围环境、填料性质、气候条件、边坡高度、浸水及冲刷等具体情况因地制宜确定防护形式。

植物防护是一种既经济又有利于生态环境的防止坡面侵蚀和表层坍滑的边坡防护措施，在宜于植物生长的路基边坡上应尽可能采用植物防护。但由于植物需要一定的生长期，在播撒草籽或移植幼苗初期，易受雨水冲刷或大风吹蚀而损毁，因此在种植初期为避免草、苗受损，有效防止坡面冲刷或吹蚀，可采用方格、人字形和拱形等多种形式的骨架护坡和预制六棱砖等措施。浸水地段受水流冲刷的路基边坡应根据流速、流向及冲刷深度，采用抗冲刷能力强的防护措施。

土质、软质岩及全、强风化的硬质岩路堑的边坡坡面均应进行防护或加固，土质路堑边坡可采用植物防护措施，软质岩、强风化的硬质岩路堑应根据岩体结构、结构面产状、风化程度、地下水及气候条件等确定边坡加固措施，可采用骨架客土植生、喷混植生、锚杆框架梁内喷混或客土植生等措施防护。

较完整的硬质岩路堑边坡应采用预裂、光面爆破并结合嵌补及锚杆框架梁防护。当边坡岩体破碎、节理发育时，根据边坡高度可采用骨架客土植生、喷混植生、锚杆框架梁内喷混或客土植生等措施防护，边坡较高时可在锚杆框架梁内打设锚杆挂钢绳网防护。

目前高速铁路路堑边坡采用了骨架护坡、锚杆框架梁护坡等与喷播植草或喷混植生绿色防护相结合的防护形式，取得了良好的防护效果，如图 6.7 所示。

图 6.7 草灌植物与拱形骨架及锚杆框架梁相结合防护

目前，许多高速铁路引入市内的既有车站，对通过闹市区的路基坡面防护设计已很少采用圬工防护，而广泛采用了以植物防护为主的措施，使用常绿灌木和花灌木类替代常规草灌植物。另外，边坡防护的主体结构造型和图案设计，也可结合当地风俗建筑样式和周边功能区设置等因素，使高速铁路既是广大市民零距离出行的便捷交通方式，也可作为城市一道亮丽的风景线，充分践行人文设计、绿色设计、和谐设计的思想。

2. 路基支挡设计

(1)支挡结构设置原则

路基支挡结构的设置应结合地形、地质、用地、环境条件等综合确定。下列地段宜设置支挡结构：

①减少路堑边坡薄层开挖、路堤边坡薄层填方地段。

②加强路堤本体稳定的陡坡路基地段。

③避免大量挖方、降低边坡高度或加强边坡稳定性的路堑地段。

④不良地质条件下的地基、边坡、山体、危岩或落石地段。

⑤受水流冲刷影响路堤稳定的沿河、滨海路堤地段。

⑥节约用地、少占农田或保护重要的既有建筑物地段。

⑦保护生态环境地段。

⑧车站、景区等有需求的地段。

(2)主要支挡结构类型

支挡结构类型应综合考虑地形条件、地质条件、冲刷深度、荷载作用、环境影响、施工条件、工程造价等因素,并结合支挡结构自身特点合理选用。常见的路基支挡形式主要有重力式挡土墙、悬臂(扶壁)式挡土墙、加筋土挡墙、桩板墙、抗滑桩和土钉墙等,如图 6.8~图 6.11所示。

图 6.8　重力式挡土墙及端部处理

图 6.9　扶壁式挡土墙(施工中)

图 6.10　桩板式挡土墙

图 6.11　桩间重力式挡土墙

重力式挡土墙的材料可选用片石混凝土和素混凝土,材料成本低,施工简单。当挡土墙高度较低且墙前具备一定容纳空间时,可选用重力式挡土墙。但由于重力式挡土墙圬工体积较大,对地基承载力的要求一般较高,这一点在设计时需要注意。

扶壁(悬臂)式挡土墙采用宽度较大的底板,且墙身圬工量较小,属于轻型支挡结构类挡土墙。由于墙身面板直立,可大大节约墙前的占用空间面积。同时,由于自身结构轻便,可以适用于有较高支挡高度的路基结构,一般用于路堤和填方站台居多。其缺点在于钢筋混凝土的造价较高,并且施工的工序较复杂,扶壁式挡土墙墙后设有扶肋,对墙后填土的碾压质量控制也有一定的影响。

桩板式挡土墙同样属于钢筋混凝土结构,一般用于不具备墙后基坑开挖的路堤结构,或者所需支挡的土压力较大、支挡高度较高的路堑结构。当检算所需要的桩板墙桩体间距过密时，可以通过在桩间设置重力式挡土墙来分担一部分土压力，减少桩板墙的桩间距，节约工程造价。

6.1.7 路基防排水

1. 路基防排水系统构成

路基防排水系统包括路基面、路基边坡及对路基工程有影响的地面水和地下水的防排。

2. 高速铁路路基防排水技术要求

高速铁路路基排水设计的降雨重现期为 50 年。

路基防排水设计应全面规划、合理布局、重视环境保护、减少占地，并与当地排灌系统和水土保持工程相协调，完善出水口处理，满足防排水功能，避免水土流失和水资源污染。

地面排水设施在满足水流顺畅的前提下应充分利用地形和既有排水系统，避免出现堵塞、溢流、渗漏、淤积、冲刷和冻结等。

为防止路基坡面冲刷破坏，可根据边坡高度、边坡土质、降雨量等合理设置坡面截排水工程。

地面排水纵坡一般不应缓于 0.2%，地下排水纵坡一般不应缓于 0.5%，困难情况下不应缓于 0.2%。

黄土、膨胀土路基宜设置隔水层防水，排水设施应采取防渗措施。

6.1.8 路基稳定及沉降控制

1. 路基边坡稳定性

路基边坡稳定性应根据边坡类型和可能的破坏形式，可采用圆弧滑动法、平面滑动法或折线滑动法等适宜的计算方法分析。当边坡破坏机制复杂时，宜结合数值分析法进行分析。

高速铁路路基考虑到其维修、检修作业时间一般在夜间进行，作业环境、条件较差，为尽可能减少维修工程，边坡最小稳定安全系数应符合下列规定：

(1)永久边坡，一般工况边坡最小稳定安全系数应为 1.15～1.25，地震工况边坡最小稳定安全系数应为 1.10～1.15。

(2)临时边坡，其稳定安全系数应不小于 1.05～1.10。

(3)对地质条件很复杂或边坡破坏后果极严重的边坡工程，其稳定安全系数可以适当提高。

2. 路基沉降控制标准

由于高速铁路建设周期较长，从开工建设到铺轨后的正式运营，一般需要 3 年甚至更长的施工时间，在此期间路基结构已经完成了大部分的沉降和变形，真正影响列车运营稳定性的是铁路运营期的路基沉降，也就是工后沉降。因此，减少路基工后沉降是高速铁路设计中保证线路稳定平顺的关键环节，也是列车安全高速运行的基础。

高速铁路路基施工期间要求进行系统的沉降观测，铺轨前根据沉降观测资料进行分析评估，确定路基工后沉降满足要求后方可进行轨道铺设。高速铁路的工后沉降控制一般应满足表 6.6。

表 6.6　路基工后沉降控制要求

轨道类别		一般地段工后沉降/mm	桥台台尾过渡段工后沉降(差异沉降)/mm	沉降速率/(mm·年$^{-1}$)
无砟轨道		≤15	5	—
有砟轨道	300 km/h、350 km/h	≤50	≤30	≤20
	250 km/h	≤100	≤50	≤30

注：1. 无砟轨道铁路不仅应满足差异沉降要求，还应满足不均匀沉降造成的折角不应大于 1/1 000 的规定；

2. 无砟轨道路基沉降比较均匀且调整轨面高程后竖曲线半径大于 $0.4v^2$ 时（v 为设计速度），工后沉降控制不应大于 30 mm。

6.1.9　路基接口设计

1. 路基过渡段设计

高速铁路路基与桥隧等其他线下结构物、不同路基结构、不同地基处理形式连接处，可能因各个结构物刚度或基底刚度的不同导致轨道基础的沉降变形及刚度的差异，引起轨面的不平顺。为了避免出现以上情况，在路基与桥梁、路基与横向结构物、路堤与路堑、路堑与隧道等之间设置材料及刚度逐渐变化的过渡段来减少影响。进一步地，为了减少短距离内刚度频繁变化使得线路折角过大，以及短时间内的多次跳车对旅客乘车的舒适性产生影响。对桥梁、涵洞及隧道等工程之间的短路基长度一般设计时不小于 40 m，同时这也是考虑到高速铁路路基的填筑要求很高，一般应采用大型机械压实，路基太短会造成施工困难。特殊情况下短路基长度不满足上述要求时，则需要对本段短路基进行特殊处理，一般可全部按照级配碎石掺加水泥进行填筑。

关于过渡段处理措施：日本和德国通常采用级配碎石或级配砂砾石掺入 3%左右的水泥填筑的处理方法；对于过渡段沿线路纵向的几何布置形式，日本和法国多采用上窄下宽的正梯形，而德国 RIL836 规范则采用在级配碎石正梯形过渡段后采用倒梯形粗粒土填筑过渡的形式。京沪高铁初步设计国际咨询时，法国提供高速铁路的路桥过渡段形式为靠近桥台 20 m范围内的基床表层级配碎石中掺入 3%～5%的水泥，而且在过渡段的梯形中靠桥台一侧设置一个小梯形，小梯形的级配碎石中掺入 3%～5%的水泥，使过渡段的刚度曲线比较平缓。武广、郑西客专工程咨询时，国外专家提出采用倒梯形的过渡段形式比较有利刚度过渡，且建议倒梯形的纵向坡度可以采用(1∶2)～(1∶5)。秦沈、郑西客专和京沪高铁在设计时均采用了级配碎石掺水泥的倒梯形过渡段。

路堤与桥台连接处设置过渡段可采用沿线路纵向倒梯形过渡形式，如图 6.12 所示。其他路基与横向结构物、路堤与路堑、路堑与隧道等过渡段部位一般也采用梯形填筑的过渡形式。

2. 排水接口设计

高速铁路强调路基排水的系统性，要求路基排水设备与桥涵、隧道、车站等排水设施衔接配合，以及与水土保持及农田水利设施的综合利用相结合，如图 6.13 和图 6.14 所示。

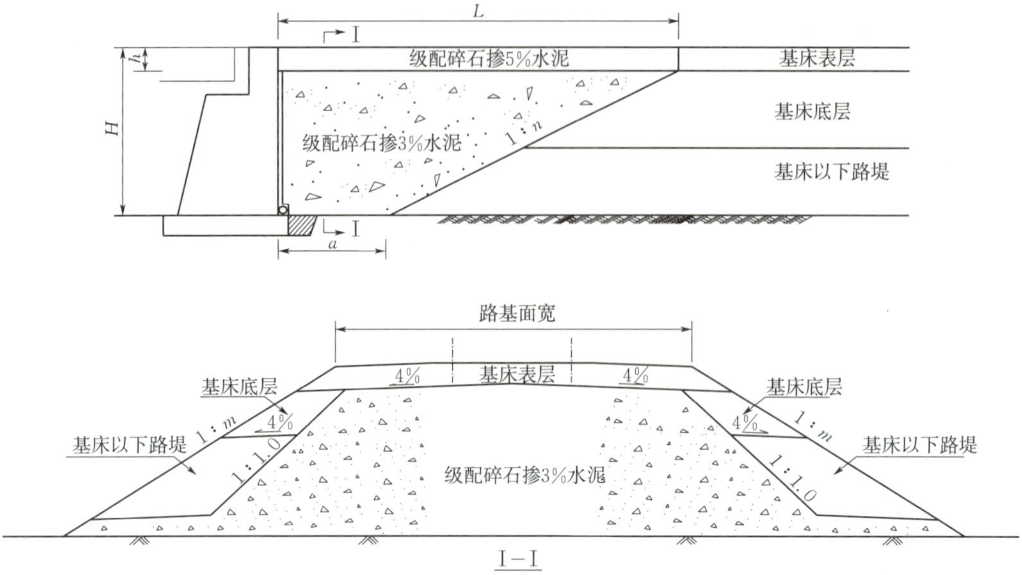

图 6.12 路桥过渡段设置示意图

图 6.13 两侧路堤坡脚排水沟环绕桥梁椎体后合并引至桥下

图 6.14 路堤坡脚排水沟、路堑天沟及涵洞排水系统衔接

3. 其他站后设施接口设计

高速铁路路肩部位还设置有沿线路方向分布的接触网支柱，高速铁路通过居民密集区或对噪声敏感的建筑物时，路肩上还需设置声屏障结构，如图 6.15 所示。

高速铁路的路肩部位设置电缆槽用于强电和弱电电缆的铺设，电缆过轨及引出路基部位设置相应功能的电缆井，路桥和路隧连接部位还需设置用于不同电缆槽衔接的过渡电缆井，如图 6.16 和图 6.17 所示。

图 6.15 无砟轨道声屏障、路肩电缆槽及接触网支柱

图 6.16　路桥过渡部位电缆井

图 6.17　路隧过渡部位电缆井

除此之外，综合接地线（端子）、电缆过轨钢管及横穿路基排水管等隐蔽接口结构也需要与路基主体工程同步设计、同步施工，并且施工过程中需注意做好成品保护措施。

6.1.10　绿色通道设计

高速铁路工程建设应对路基、桥梁、隧道地段，站区场段及其他有关场地进行绿化，绿化效果示意如图 6.18 所示。根据项目当地气候条件、沿线自然景观、人文景观、城市规划等，按生态恢复地段、一般绿化地段、重点绿化地段，开展分段绿化建设，并符合下列规定：

图 6.18　桥梁段绿化效果示意图

（1）生态恢复地段应以恢复植被生态为主进行绿化和恢复植被，一般根据具体情况种植灌木、乔木、播撒草籽。丘陵区和山区生态未破坏时，生态恢复地段可不进行专门绿化。

（2）一般绿化地段建设应达到稳固土体、改善环境的目的和四季常青的效果（南方地区），重点绿化地段应突出景观效果。

（3）重点绿化地段应通过植物的品种、规格、颜色、形状、花期和层次进行组合配置增强景观效果，必要时进行专项绿化设计；站区场段区景观要求更高时应进行景观规划，达到园林景观效果。

（4）铁路沿线可绿化的铁路用地均应绿化，绿化应与周边环境相协调。对于铁路红线以外的建设期临时用地按照生态恢复地段进行绿化设计。

6.2　桥　　梁

6.2.1　桥梁设计概述

高速铁路与普通铁路的最大的区别是运营速度高，这就要求线路顺直，线路曲线半径较大。线形控制严格带来的问题是很多障碍物无法绕避，需要采用桥梁进行跨越，再加上高速铁路沉降控制要求严格，节约土地和减少分隔城市等的要求，导致高速铁路中桥梁占比较高。例如，我国第一条时速 350 km 的高速铁路——京津城际铁路的桥梁占比达 88%，京沪高铁的桥梁占比达 86.5%。

高速铁路的设计速度均在 250 km/h 以上，多数为 300 km/h 或 350 km/h，将来要发展到更高的速度。当行车速度达到 250 km/h 以上时，结构动力影响将控制桥梁设计，直接影响行车的安全性和旅客乘坐的舒适性。因此，在高速铁路桥梁建设中，如何保证列车运营安全性和旅客乘坐舒适性的要求是高速铁路桥梁设计的核心。传统铁路桥梁设计的部分设计理念和设计原则已不能适应高速铁路桥梁设计的要求，必须更新设计理念。高速铁路是一个综合系统工程，保证高速列车通过桥梁时的运营安全和旅客乘坐舒适性要求，需要建设者系统研究各种相关因素，解决各方面的问题。例如，在桥梁设计中必须重视高速铁路的线形要求，在结构设计中必须重视由舒适性要求控制的桥梁刚度问题和车桥动力耦合等问题。

6.2.2 桥梁设计特点

高速铁路桥梁设计具有以下特点：

1. 列车运营安全性和旅客乘坐舒适性要求高

高速铁路桥梁除保证列车运营安全性、平稳性之外，还要求保证高速运行的列车有良好的旅客乘坐舒适度，它取决于车体的竖向和横向振动加速度；列车通过桥梁时，影响乘坐舒适度的主要因素是桥梁的竖向刚度。为了保证桥上轨道的平顺性，以保证高速列车的安全性、平稳性和旅客乘坐的舒适性，对预应力混凝土梁部结构的工后徐变变形和桥梁基础的工后沉降，提出了更加严格的要求，尤其对于铺设无砟轨道的桥梁，要求更高。

2. 桥梁结构动力效应大

桥梁的上部结构直接承受列车荷载，由于高速列车运行时动力响应加剧，为保证列车运行安全和旅客乘坐舒适，需加强上部结构的竖向刚度、横向刚度和抗扭刚度，使其满足刚度限值要求，还需加强结构的整体性，以提高结构的动力特性。

3. 桥上一次性铺设无缝线路的要求

高速铁路桥梁为保证列车高速运行的要求，轨道结构需一次性铺设跨区间无缝线路，以保持轨道的平顺性。无缝线路钢轨在桥梁上的受力状态与在路基上不同，由于桥梁受温度变化、列车制动力以及梁跨挠曲等作用，使桥梁结构产生较大的变形，从而导致钢轨产生较大的附加应力。钢轨上产生的附加应力同时又作用于桥梁结构。高速铁路桥梁必须考虑梁轨相互作用，尽量减小桥梁的位移与变形，以限制桥上钢轨的附加应力，保证桥上无缝线路的强度、稳定及行车安全。

4. 结构的耐久性要求

结构的耐久性对桥梁设计使用年限内的安全使用和经济性起着至关重要的作用，片面地追求较低的初期投资而忽视耐久性，往往会造成很大的经济损失。因此，高速铁路桥梁结构设计中应十分重视结构物的耐久性设计，桥梁承重结构按满足 100 年的使用要求进行设计。

5. 易维修、少维修要求

高速铁路采用全封闭行车模式，行车密度高，桥梁比例大、数量多，检查、维修时间有限，任何中断行车的行为都会造成很大的经济损失和社会影响，应尽可能减少维修养护时间。

为此，桥梁结构在构造上应十分注意改善结构的耐久性，使结构便于检查、养护及更换部件，尽可能达到少维修、容易维修的目的。

6.2.3 常用桥型

高速铁路桥梁结构，根据其上部结构刚度大、变形要求高的特点，一般采用梁式桥、拱桥和组合体系桥梁形式。组合体系桥式结构充分利用梁、索、拱各自的受力优势，能优化结构受力，降低建筑高度，节省工程量，创新桥梁外观，是铁路特殊结构桥梁和大跨度桥梁应用最广泛的桥式结构。

高速铁路桥梁主要是混凝土简支梁桥，预制架设简支梁以跨度为 32 m 的箱梁为主。目前我国移动支架节段拼装双线简支箱梁最大跨度为 64 m。

我国铁路已铺设无砟轨道的高速铁路混凝土连续梁最大跨度为 144 m，混凝土刚构桥跨度已达到了 192 m。为了控制混凝土收缩徐变变形，除研究混凝土材料性能外还需要梁体具有足够的刚度，采用增加梁体高度是行之有效的方法之一。

随着跨度的加大，如果继续采用加大梁高来控制混凝土梁的徐变变形，既不经济也不美观。因此，采用增加辅助、组合结构控制梁体恒载下的弹性变形(混凝土梁体的上、下部应力差)从而达到控制竖向徐变变形的目的。在混凝土连续梁(刚构)上增加拱、索等形成组合结构，对控制恒载下梁体应力可以取得较好的效果，从而使预应力混凝土梁(刚构)向大跨度发展。比较典型的实例有：北京至天津城际铁路环线特大桥跨北京四环路，主桥采用(60＋128＋60) m 连续梁钢管混凝土拱组合结构；广珠城际铁路西江特大桥主桥跨越西江采用(100＋2×210＋100) m 独塔斜拉连续刚构组合结构。

1. 梁 式 桥

桥的上部结构由梁组成的称为梁式桥。梁式桥构造简单、施工方便、工期短、造价低，且维修容易，除特大跨度桥梁外，是设计中优先考虑的结构体系，应用广泛。

梁式桥主要有简支梁、连续梁、连续刚构等桥式。连续刚构桥较简支梁桥具有更好的动力学性能，能满足更大的跨度要求且能降低结构高度，当线路高度控制设计时，能节省工程投资。与连续梁结构特别是与大跨多孔长联连续梁结构相比，连续刚构桥的墩梁共同受力，可避免大型固定支座的设置，使桥墩受力更加合理。

(1)简支梁桥

梁式桥上部结构分跨简支于桥墩(台)上的桥梁称为简支梁桥。该桥型梁端支承在固定支座和活动支座上。简支梁桥对外是静定结构，垂直荷载作用下最大弯矩在跨中，支座处弯矩为零，一般适用于中小跨径。简支梁桥图式如图 6.19 所示。

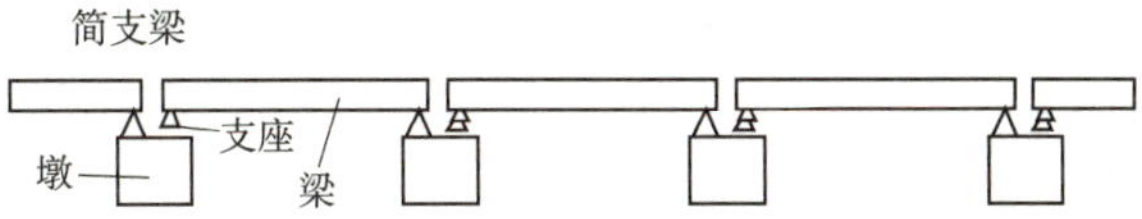

图 6.19　简支梁桥图式

铁路桥梁主要采用混凝土简支梁桥，它是我国既有普通铁路桥梁的主要桥型，占总数的 90%以上，跨度 8～32 m 简支梁被推广采用，特别是 16～32 m 混凝土简支 T 梁，采用工厂预制，铁路运输，架桥机架设。这是一般桥梁中用的最多的梁型，过去已经形成一套完整的体系。

(2)连续梁桥

当桥梁要求较大跨度时,采用预应力混凝土连续梁,具有受力明确、动力性能好、形式简洁、外形美观、跨越能力大等优点。不仅可取代钢梁节约大量钢材,且外形简洁美观,养护维修工作量小。箱形连续梁受力性能好,纵横向刚度大,适用性强,振动小,噪声小,优点突出,是大跨度桥梁中常用的形式。连续梁常用的施工方法为悬臂灌注法、悬拼法和顶推法,个别情况采用支架现浇施工。

大跨度预应力混凝土连续梁桥由于受到大吨位支座发展的限制,预应力混凝土连续梁的跨度曾长期在 100 m 左右徘徊,随着桥梁设计施工技术的发展及大吨位支座的创新,混凝土连续梁的跨度不断发展,已经建成运营的京津城际铁路跨越北京五环路的混凝土连续梁主跨达 128 m(图 6.20)。福州至厦门铁路乌龙江特大桥混凝土连续梁主跨达到 144 m,是中国高铁预应力混凝土连续梁之最新成果。

(3)连续刚构桥

大跨度预应力混凝土连续刚构桥由于主墩墩梁固结,不受大吨位支座研发的限制,桥墩和梁体可以协调受力,故发展迅猛,南昆铁路清水河桥主跨为 128 m,遂渝铁路嘉陵江桥主跨为 168 m,襄渝铁路牛角坪特大桥主桥跨度达 192 m,广珠城际容桂水道大桥主桥跨度达 185 m(图 6.21),是目前高速铁路混凝土连续刚构桥中最大跨度。

2. 拱　　桥

山区高速铁路桥梁在条件容许时经常采用上承式拱桥这种结构形式。具有代表性的是沪昆铁路北盘江大桥、云桂铁路南盘江大桥、渝黔铁路夜郎河大桥、大瑞铁路澜沧江大桥、郑万铁路梅溪河大桥。其中沪昆铁路北盘江大桥跨度达 445 m,是目前世界上最大跨度的钢筋混凝土拱桥,如图 6.22 所示。

3. 组合体系桥梁

组合体系桥梁结构与一般简支梁、连续梁相比,能有效地增大结构跨度并降低结构高度。由于充分利用了梁、索、拱各自受力优势,优化了结构的受力,节省了工程量,创新了桥梁的外观,是高速铁路大跨度桥梁中值得研究应用的桥式结构。近年来,随着铁路桥梁设计施工技术的不断发展,组合体系桥梁结构在我国高速铁路大跨度桥梁中的应用逐渐增多。

(1)连续刚构与连续梁组合体系

当连续刚构桥需要连续跨数较多或连续梁孔数较多时,可以将连续刚构与连续梁进行组合。一方面,这种组合对于连续刚构桥来说可以较大地改善因多跨连续所引起的结构温度力和收缩徐变影响力,使下部结构墩柱基础设计变得容易,减少工程造价;另一方面,对于大跨多孔长联连续梁,由于增加刚构固结墩的设置,使得原来设置固定支座的桥墩受力更加合理,梁墩共同受力,减少了大型支座的设置。图 6.23 所示为温福铁路白马河刚构连续梁桥。

(2)梁拱组合体系

①简支梁拱组合桥

随着简支梁跨度的增大,梁高与梁体截面尺寸将随之增大,梁体显得笨重且不经济,有时还会影响桥下净空,导致抬高线路纵断面从而增加工程投资。梁拱组合,由于有拱的作用,梁体主要承担轴向拉力,而弯矩和剪力主要受吊杆间荷载的影响,弯矩减小,大部分剪力通过吊杆转换为拱轴压力来平衡,可大幅降低梁高。图 6.24 所示为武广高铁简支梁拱组合桥。

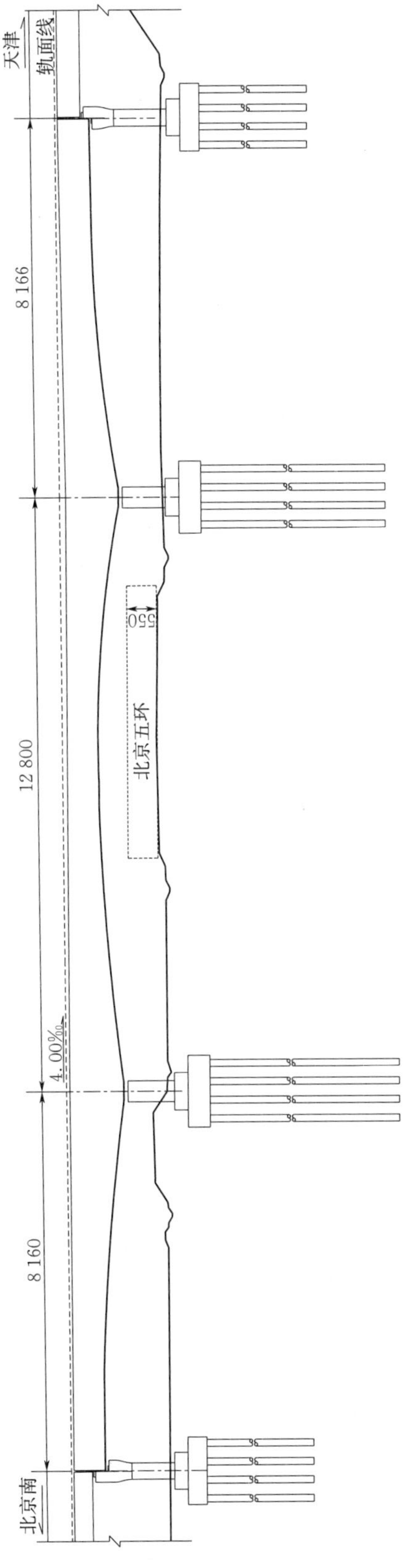

图6.20　京津城际铁路跨越北京五环路（80+128+80）m预应力连续梁（单位：cm）

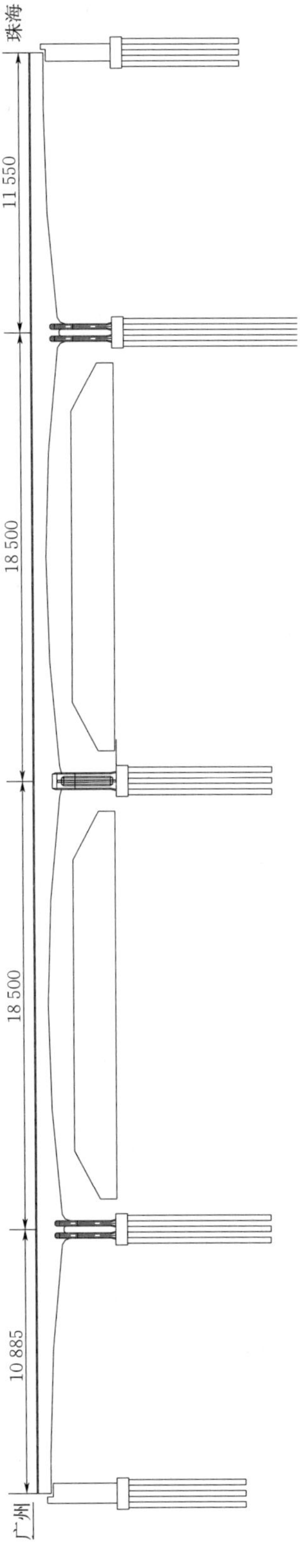

图6.21　广珠城际铁路跨容桂水道（108+2×185+115）m连续刚构桥（单位：cm）

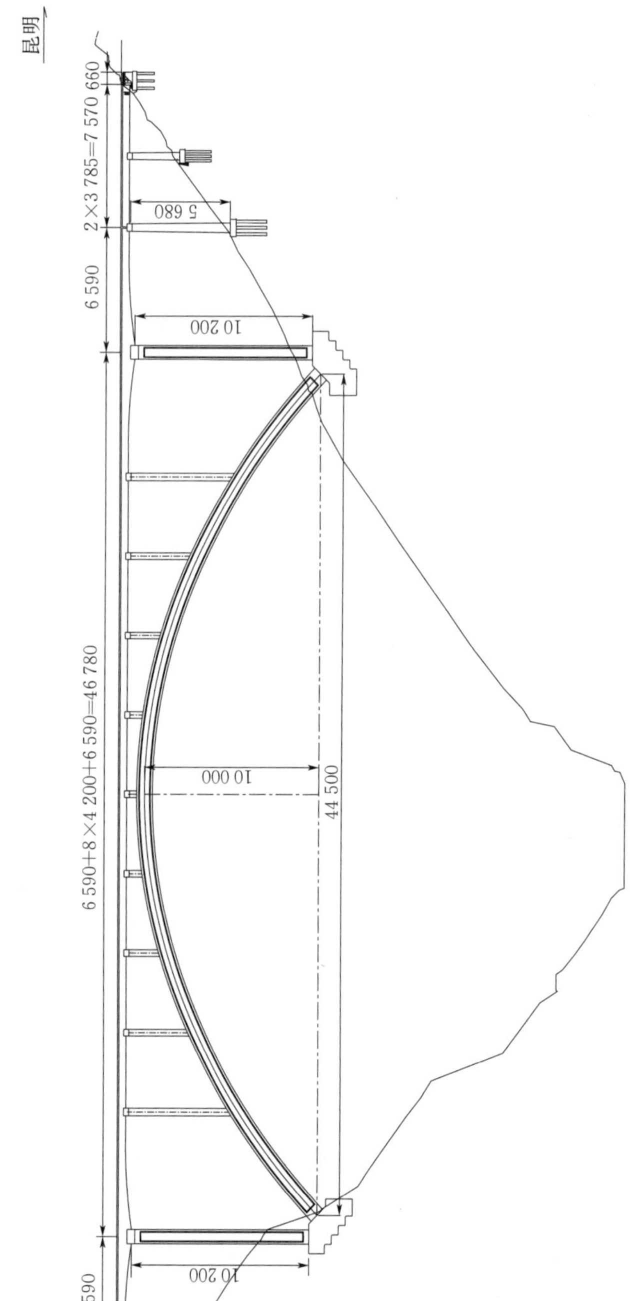

图6.22 沪昆铁路北盘江特大桥(单位：cm)

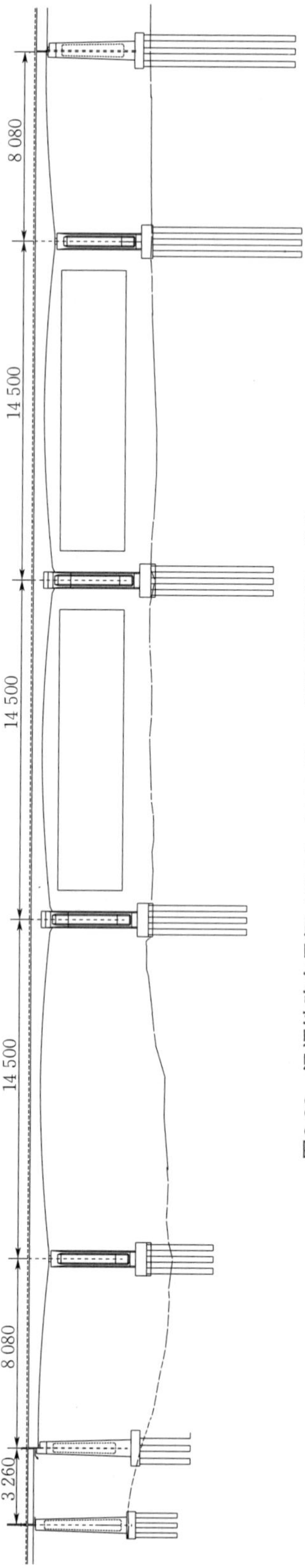

图6.23 温福铁路白马河（80+3×145+80）m刚构连续梁桥（单位：cm）

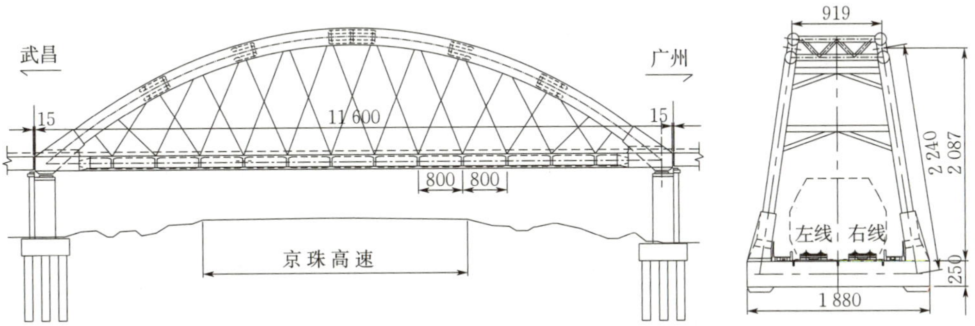

（a）提篮拱立面　　（b）提篮侧面

图 6.24　武广高铁简支梁拱组合桥（单位：cm）

②连续梁拱组合体系

连续梁与拱组合，主梁除承受弯矩外，还要承受拉力，拱肋主要承受轴压力，剪力由拱肋轴力的竖向分力及连续梁截面共同承担。这类桥梁可以大幅消减结构弯矩和剪力的峰值，使得梁体截面减小。图 6.25 所示为京津城际铁路北京四环路连续梁拱组合桥。

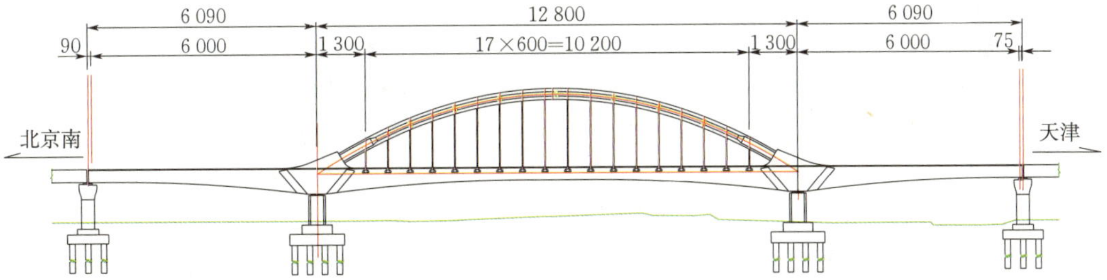

图 6.25　京津城际铁路北京四环路（60＋128＋60）m 连续梁拱组合桥

（3）刚构拱组合体系

①连续刚构柔性拱组合桥

当大跨度预应力混凝土连续刚构桥受混凝土收缩徐变和温度影响较大时，可以考虑将三跨或多跨连续刚构的主跨与下承式拱桥组合形成组合体系桥式结构。这种桥式结构除了具有连续梁拱的受力特点，还具有改善梁、墩之间的刚度分配，改善梁、墩、基础共同受力的优点。

②V 形刚构柔性拱组合桥

V 形刚构拱组合桥是利用 V 形刚构的主跨斜腿与拱座连接形成组合桥式结构，与一般的连续刚构拱组合桥的受力特点基本相同。但是，V 形刚构拱的 V 形斜腿可以平衡由拱和刚构传递到基础的水平推力，主梁具有刚性系杆的作用，因拱肋吊杆和斜腿的协助受力，梁跨与梁高均大幅度减小。图 6.26 所示为广珠城际铁路 V 形刚构柔性拱组合桥。

（4）斜拉刚构组合体系

把斜拉索作用于连续刚构上，使得大跨度预应力混凝土连续刚构的梁体截面和边跨长度均有所减小，改善预应力混凝土连续刚构后期收缩徐变和温度作用影响的受力状况。图 6.27所示为广珠城际铁路斜拉刚构组合桥。

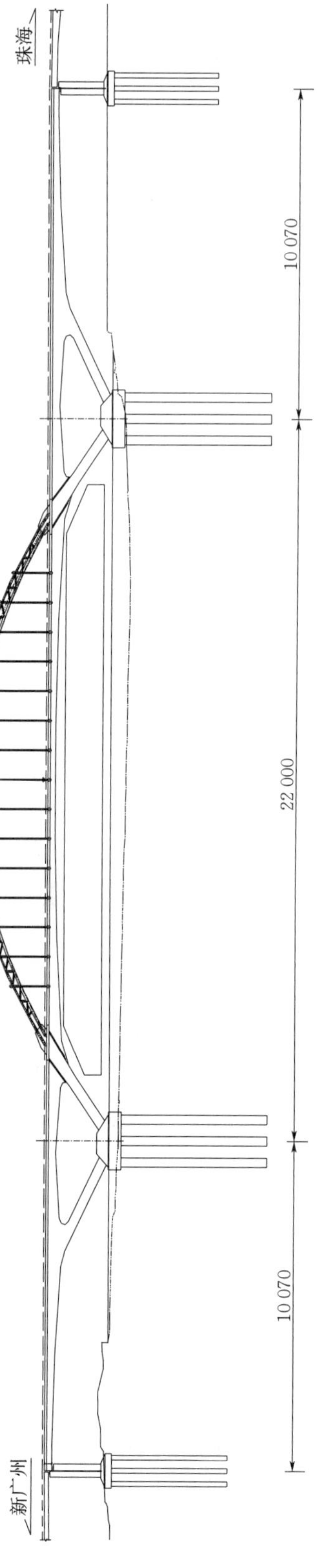

图6.26　广珠城际铁路（100+220+100）m V形刚构柔性拱组合桥(单位：cm)

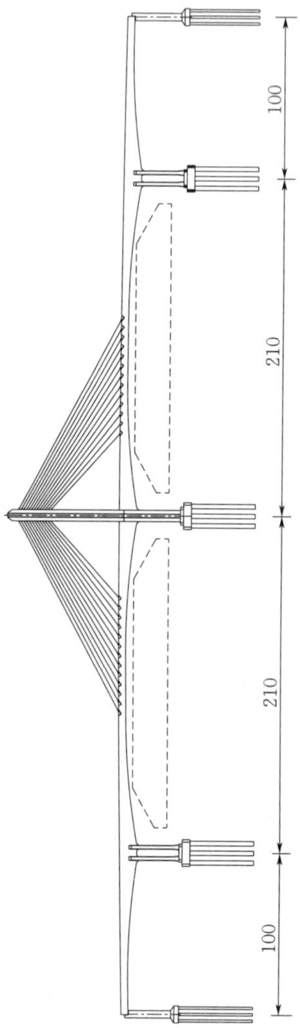

图6.27　广珠城际铁路（100+2×210+100）m斜拉刚构组合桥(单位：m)

6.2.4 桥式方案设计

1. 桥梁孔跨布置

为方便设计、施工、养护、维修，桥梁孔跨布置一般选取标准梁跨。若有河流、航道、河堤、道路、站场、深沟、不宜设置基础的地质不良带等建桥条件，应根据需要确定相应的非标准孔跨跨越障碍物。另外，对于水域广阔的湖泊、海洋等建桥条件，即使无通航要求，无特殊障碍物需要跨越，也应根据实际情况进行系列跨度比选，保证工期及经济性。

高速铁路桥梁孔跨布置应考虑以下因素：

(1)高速铁路梁型主要以 32 m、24 m 预制架设简支箱梁为主，现在又研制了 40 m 预制架设简支箱梁。除受所跨越的河流、立交道路、地下管线等控制点影响外，桥梁应尽量按等跨布置。一座桥梁尽量采用相同的孔跨布置，特长桥梁必须采用两种及以上常用跨度简支梁时，相同梁跨应集中布置。

(2)斜交过路过河时，尽量采用较大跨度跨越，并可通过调整控制工点跨度，使控制工点以外的孔跨一致。不采用错线布置。

(3)跨越一般公(道)路，当铁路与道路交角较小且道路旁有较大边沟时，常用跨度不能满足立交要求，可采用钢筋混凝土刚构连续梁，以降低路肩高程。

(4)桥高 50 m 以上的高架长桥，宜采用 32 m、40 m 简支梁(预制架设法施工)、56 m、64 m 简支梁(移动模架法施工)及长联连续梁方案(悬浇法施工)的综合技术经济性比较，从而确定最终方案。

(5)跨越河堤的桥孔应尽量一孔跨越，堤上及边坡上不宜设墩，堤上立交宜改为堤外堤下立交，以降低桥高。如确有困难，桥墩应设在背水坡。特殊困难时，与水利部门协商解决。

(6)特殊工点可采用与环境相协调的特殊结构桥梁。

2. 桥式方案比选

从桥梁的跨越能力考虑，简支梁、连续梁、拱桥、斜拉桥、悬索桥其跨越能力依次增大，不同桥型跨越能力及经济性有一定的重叠，特别是组合体系桥梁，如梁桥与拱的结合、梁桥与索塔的结合等，所以应根据具体建桥条件，在确定跨度的基础上，参考已建及在建桥梁进行多方案技术经济比选，最终确定合理的桥式方案。

6.2.5 桥梁结构设计

1. 桥梁上部结构设计

桥梁上部结构应构造简洁、美观、力求标准化、便于施工和养护维修，结构应具有足够的竖向刚度、横向刚度和抗扭刚度，并应具有规定的耐久性和良好的动力特性，满足轨道稳定性、平顺性的要求，满足高速列车安全运行和旅客乘坐舒适度的要求。

桥梁上部结构形式的选择，应根据桥梁的使用功能、河流水文条件、工程地质情况、轨道类型以及施工设备等因素综合考虑。桥梁上部结构宜采用预应力混凝土结构，也可采用其他结构。预应力混凝土简支梁结构宜选用箱形截面，也可根据具体情况选用整体性好、结构刚度大的其他截面形式。

桥面布置应满足轨道类型、桥面设施的设置及其养护维修的要求。

2. 墩台基础设计

桥墩结构应构造简洁、美观、力求标准化、便于施工和养护维修，结构应具有足够的刚度，并应具有规定的耐久性和良好的动力特性，满足轨道稳定性、平顺性的要求，满足高速列车安全运行和旅客乘坐舒适度的要求。

墩台基础类型应根据桥址地形、地质、水文、上部结构、施工条件、刚度要求和经济等因素综合选定。通常可采用实体墩台及空心墩台。墩台明挖基础和沉井基础的基底埋置深度应满足规范要求。桩基承台底面的高程，应根据受力情况以及地质、水文、施工等条件确定。

高速铁路基础工程设计除满足桥梁结构承载能力要求外，必须重视基础沉降设计。基础工后沉降直接影响高速铁路轨面的平顺性，对高速列车旅客乘坐舒适性及行车安全性造成影响，是高速铁路桥梁基础设计的关键设计参数。墩台基础沉降采用分层总和法按恒载计算，基础均匀沉降及相邻基础沉降差需满足《高速铁路设计规范》(TB 10621)中的要求。

6.3 隧　道

6.3.1 隧道的特点

高速铁路隧道工程除了具备一般地下洞室工程施工的特点外，与一般的铁路隧道相比，还具有开挖断面较大、防水标准高、使用寿命长等特点。

高速铁路隧道工程技术，涉及隧道的洞口形式、隧道及列车的横断面积、列车头部形状、车辆密封性、隧道结构的耐久性、洞内设施及轨道类型等一系列问题。

高速铁路线路的高程障碍主要有分水岭、山峰、丘陵、峡谷等。平面障碍是指江河、湖泊、海湾、城镇、工矿企业、地质不良地段等。铁路隧道是克服山峰等高程障碍的有效方法，也是穿越江河、城镇的较好方法。根据其所在位置可分为三大类：为缩短距离和避免大坡道而从山岭或丘陵下穿越的称为山岭隧道，为穿越河流或海峡而从河下或海底通过的称为水下隧道，为适应铁路通过大城市的需要而在城市地下穿越的称为城市隧道。这三类隧道中修建最多的是山岭隧道。

6.3.2 隧道的断面

1. 断面拟定需考虑的因素

普速铁路隧道断面形式及尺寸主要是根据隧道建筑限界、衬砌结构受力的合理性，并考虑施工与养护维修的方便及工程投资经济等因素综合确定的。高速铁路隧道与普速铁路隧道最大的区别是：当列车以高速通过隧道时，产生的空气动力学效应(行车阻力、瞬变压力、微气压波、列车风等)对行车、旅客舒适度、列车相关性能和洞口环境的不利影响十分明显，因此隧道断面的确定必须考虑如何缓解和消减旅客列车进入隧道时诱发的空气动力学效应的影响。

隧道断面设计主要应考虑下列因素：

(1)隧道建筑限界；

(2)股道数量和线间距；

(3)缓解空气动力学效应所需的空间；

(4)需预留的空间，如安全空间、避难和救援空间、养护维修及工程技术作业空间、其他使用要求所需的空间；

(5)设备安装空间等。

2. 建筑限界

我国高速铁路隧道建筑限界分为 250 km/h、350 km/h 两种。双线线间距分别为 4.6 m、5.0 m。位于曲线上的隧道，原则上不考虑曲线加宽。根据《铁路隧道设计规范》(TB 10003—2019)附录 A.0.5 确定高速铁路隧道建筑限界。图 6.28 所示为高速铁路建筑限界图。

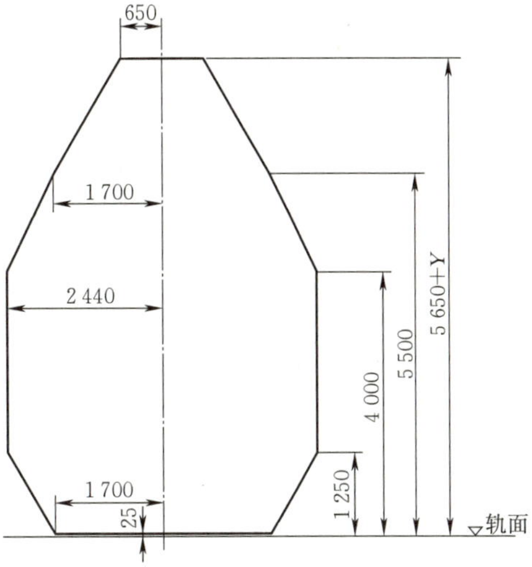

图 6.28 建筑限界图(单位：mm)

Y—接触网结构高度

3. 阻 塞 比

从各国的实践看，隧道横断面的确定主要采用阻塞比，即采用列车横断面积与隧道横断面积(通常是指轨上净空)的比值来决定。部分国家高速铁路上的一些隧道横断面积及阻塞比的参数可供参考，详见表 6.7。

表 6.7 不同国家高速铁路的隧道横断面积的参数

线 路	列车速度/($km\cdot h^{-1}$)	隧道横断面积/m^2	阻塞比
东海新干线	210	64	0.21
山阳新干线	230	64	0.21
上越新干线	240	64	0.20
巴黎—大西洋干线	300	单线 46，双线 71	—
汉堡—慕尼黑干线	250	82	0.14
罗马—米兰干线	210	54	—
意大利	275	76	—
西班牙	250	75	—
北陆新干线	260	—	0.18
中央新干线	500	—	0.12

4. 衬砌内轮廓

高速铁路隧道净空有效面积，即隧道衬砌内轮廓内轨顶面以上的净空断面积。根据不同的行车速度目标值和运行列车的限界，考虑空气动力学效应等各种情况进行拟定。

根据高速铁路隧道建筑限界和隧道内必须配置的各功能空间的要求，结合隧道空气动力学研究有关成果，我国统一制定了 250 km/h、350 km/h 不同行车速度条件下的隧道衬砌内轮廓，并编制了相应的隧道衬砌通用参考图，如图 6.29、图 6.30 所示。

衬砌内轮廓一般根据建筑限界、隧道内股道数及线间距、设计速度目标值、空气动力学效应需要的隧道净空面积、列车密封性、接触网悬挂方式、轨道结构形式及其维护形式、隧道设备空间、防灾救援、轨下结构布置、结构受力和施工运营等因素综合确定。目前国内不同速度目标值与车辆密封性能相适应的隧道净空面积见表 6.8。

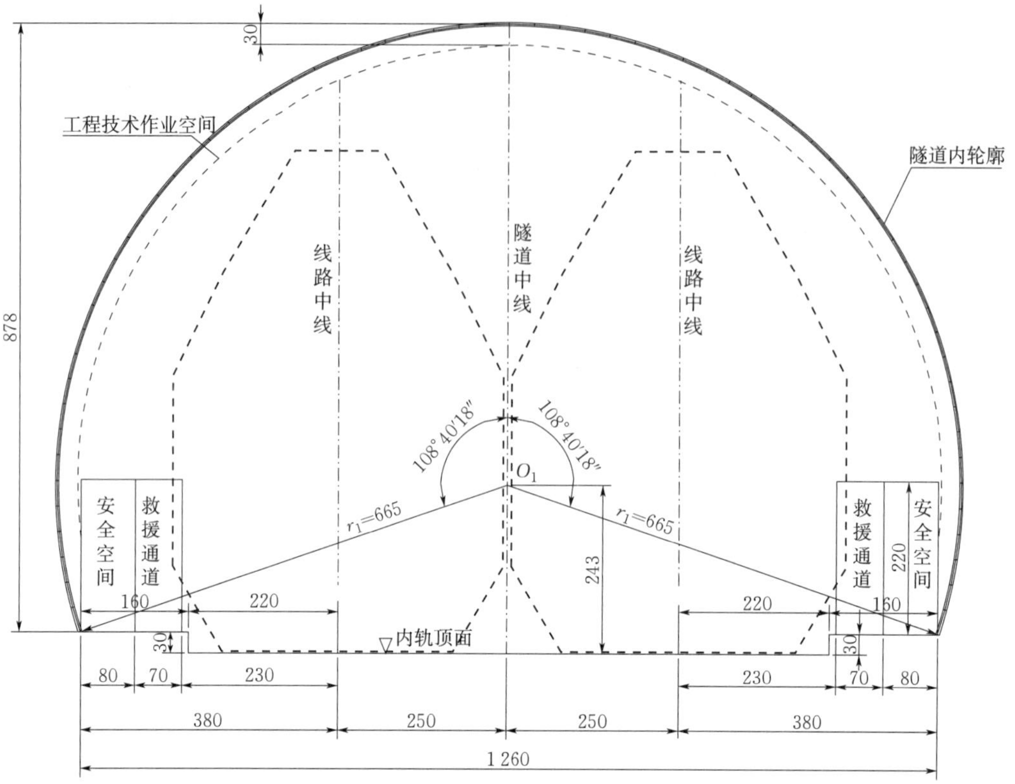

图 6.29 时速 350 km 高速铁路双线隧道衬砌内轮廓图(单位:cm)

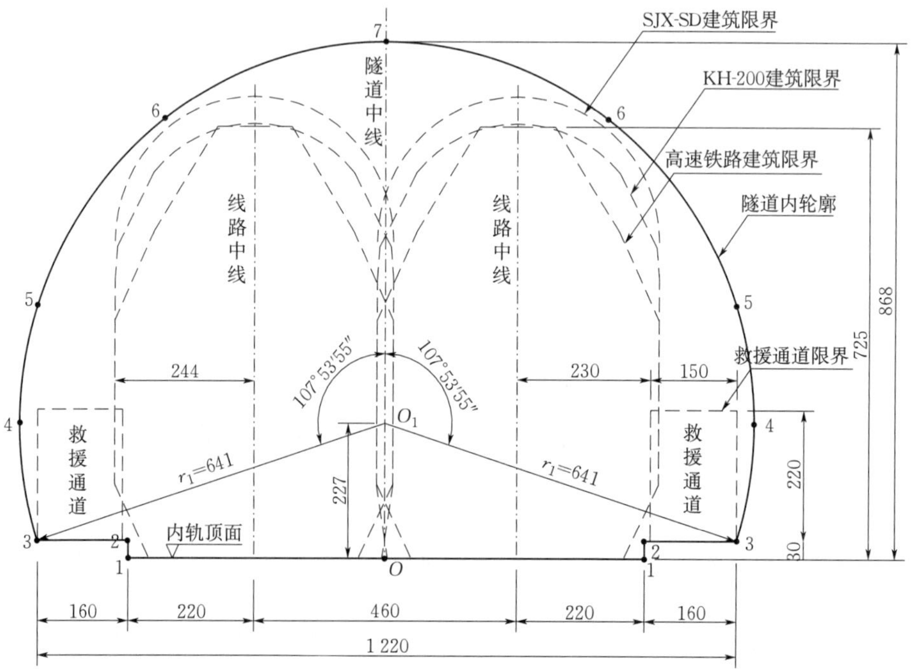

图 6.30 时速 250 km 高速铁路双线隧道衬砌内轮廓图(单位:cm)

表 6.8　高速铁路隧道净空面积统计表

速　度/(km·h^{-1})	250	300	350
单　线/m^2	58	70	70
双　线/m^2	90	100	100

5. 单洞双线和双洞单线方案选择

高速铁路均设计为双线，隧道工程设计需作一座双线隧道（单洞双线）与两座单线隧道（双洞单线）的方案比较。

在特长隧道方案设计时，具体选择何种方案，应从地质条件、建设工期、施工难度和方法、运营通风、防灾救援和人员疏散、工程投资等多方面综合考虑，高速铁路隧道还要考虑列车在隧道内运行的空气动力学效应。

采用单洞双线隧道方案和采用双洞单线隧道方案各有其优缺点。就高速铁路隧道而言，采用单洞双线隧道方案，阻塞比较小，在满足洞内会车最不利条件的前提下，可有效地提高乘车舒适度；而采用双洞单线隧道方案十分有利于防灾救援，当一座隧道出现重大事故时，另一座可正常运营，且可利用其进行救援和旅客的疏散。

从地质条件看，在软弱破碎围岩地段，考虑施工难度和风险，宜选用跨度较小的双洞单线隧道方案，当地质条件好时，可选用单洞双线隧道方案。

从施工方法看，当采用 TBM 或盾构施工时，考虑施工风险，采用直径较小的双洞单线隧道方案较为有利，施工风险相对较小。

从运营通风看，双洞单线隧道方案可以充分利用列车活塞风改善隧道内的环境条件，而单洞双线隧道方案利用活塞风效果较差。

就工程投资而言，双洞单线隧道方案通常较单洞双线隧道方案造价高 20%～40%，特别在硬岩地段，单洞双线隧道方案具有明显的价格优势。故在确定隧道方案时，应结合线路的隧道分布和隧道两端引线等相关工程的具体情况，综合考虑。

在单洞双线和双洞单线方案比较中，采用单洞双线的横断面积要比双洞单线隧道横断面积总和小，经济性较好。这是日本新干线隧道采用双线隧道方案的主要原因。在欧洲，当隧道长度较短时，采用单洞双线隧道较为普遍。

我国高速铁路隧道设计时是选择“单洞双线”还是选择“双洞单线”方案，通常可遵循下列原则：

(1)当隧道长度小于 10 km 时，一般采用单洞双线隧道方案，可利用施工时的辅助坑道作为防灾救援和人员疏散的紧急出口。

(2)当隧道长度为 10～20 km 时，应结合隧道两端引线、车站布点等相关工程情况进行系统的经济、技术比选，也可结合防灾救援及养护维修考虑，采用双线隧道加贯通平导的方案进行比较。如：霞浦隧道（长 13 099 m）采用双线隧道加贯通平导的设计方案，贯通平导对养护维修非常方便；武广高铁大瑶山隧道群之大瑶山一号隧道（长 10 181 m）为全线最长的山岭隧道，主要考虑隧道群及两端引线相关工程情况并结合空气动力学因素的影响，也设计为双线隧道，断面净空有效面积为 100 m^2。

(3)当隧道长度大于 20 km 时，从防灾救援方面考虑，一般采用双洞单线隧道方案，如已竣工通车的兰武二线乌鞘岭隧道(长 20 050 m)和石太客专太行山隧道(长 27 839 m)等。

6.3.3 隧道衬砌结构设计

高速铁路隧道可采用的衬砌结构类型有单层衬砌(模筑混凝土衬砌)、复合式衬砌、拼装式衬砌等。隧道衬砌结构类型的选择应综合考虑地质及埋深等环境条件、断面形状与大小、防水要求、使用功能、施工方法与施工措施等因素,而这些因素之间又是互相联系的,不同类型衬砌结构采用的设计方法不同。其中复合式衬砌居多。

暗挖隧道支护结构采用新奥法设计原理,采用曲墙复合式衬砌。Ⅱ、Ⅲ级围岩衬砌按深埋设计,Ⅳ、Ⅴ级围岩衬砌按深埋、浅埋两种埋深设计;Ⅲ～Ⅴ级围岩衬砌采用曲墙带仰拱的封闭结构形式,Ⅱ级围岩采用曲墙带钢筋混凝土底板及曲墙带仰拱两种衬砌结构形式;隧道内通长设置双侧水沟及双侧电缆槽,双线隧道单侧按一沟两槽形式设置,单线隧道单侧按一沟一槽形式设置;隧道洞口段及浅埋段、偏压段、软弱围岩段及不良地质地段进行结构加强。

隧道复合式衬砌由初期支护和二次衬砌组成。支护参数的确定以工程类比法为主,并辅以结构分析。计算时,初期支护作为主要承载结构,Ⅱ、Ⅲ级围岩二次衬砌作为安全储备,按承受围岩松弛荷载30%检算二次衬砌结构强度安全系数;Ⅳ、Ⅴ级围岩考虑初期支护和二次衬砌共同承载,按二次衬砌分别承受围岩松弛荷载、浅埋荷载的50%～70%计算,并与工程类比法相互佐证,合理确定设计参数。计算时,考虑复合式衬砌背后完全回填密实,仰拱与拱墙为一整体结构,计算中假定衬砌背后围岩能提供径向弹性抗力。

6.3.4 洞口结构设计

1. 设计考虑因素

列车在以高速通过隧道时会形成空气动力效应,对车厢中的乘客、隧道中人员设备造成损害,同时对隧道出口区域的环境造成影响,而这种危害的强度受到多种因素的影响。根据作用机理的不同,空气动力学问题主要有如下三方面的影响:

(1)穿越隧道形成的瞬变压力,降低列车的舒适度;

(2)列车在隧道中运行,形成活塞风,对隧道中的人员、设备损害;

(3)列车进入隧道形成的压缩波在隧道出口以微压波形式向外部辐射,对隧道出口建筑物造成震颤,形成环境噪声污染。

2. 国内高速铁路隧道洞门设计

《高速铁路设计规范》(TB 10621—2014)对于洞口缓冲结构有如下要求:高速铁路隧道洞门设置除应考虑结构安全、满足周围地形地质要求外,还应考虑高速列车进入隧道产生的空气动力效应对洞口周围环境的影响。

一般情况下,隧道洞口可不设置缓冲结构。但隧道洞口有建筑物或特殊环境要求时,应设置缓冲结构。洞口缓冲结构是指为缓解空气动力学效应,减小声震危害、提高旅客乘坐舒适度,在隧道洞口设置的构造物。

隧道洞门形式综合考虑地形、地貌、洞口地质条件、周边环境等因素,按照"确保安全、因地制宜、保护环境、简约实用"的原则确定,在风景区和车站、城镇附近的隧道洞门设计应考虑与景观的协调。隧道进出口的洞门形式尽量一致。常用的高速铁路洞门形式有斜切式洞门、倒斜切式洞门、直切式洞门，根据空气动力学效应要求，可在常规洞门结构基础上，设计为缓冲结构洞门。几种洞门形式如图 6.31～图 6.34 所示。

图 6.31 帽檐斜切式洞门

图 6.32 倒斜切式洞门

图 6.33 直切式洞门

图 6.34 缓冲结构洞门

6.3.5 隧道防灾救援

高速铁路的隧道灾害，主要表现为火灾、水灾、隧道内掉块、侵限和结构失稳。其中隧道内掉块、侵限和结构失稳问题是铁路隧道的共有问题，即隧道病害问题，在非特大灾害条件下（如爆炸、地震、山体滑坡等）一般来说发展较为缓慢，有一定的时间发现和整治，且可通过提高设计标准和施工工程质量来相应提高其抗灾能力，有关隧道病害的监测、检测、状态评估和整治能够独立进行操作；水灾问题在水底隧道中最为突出，危害也大；火灾具有突发性，常常造成灾难性后果。

铁路隧道防灾疏散救援应遵循“以人为本，安全疏散，自救为主，方便救援”的原则。健全防灾救援疏散系统，预防灾害发生，将列车发生灾害事故后所产生的影响减少到最低程度。

(1)安全空间

安全空间是为铁路内部员工和特殊情况下养护人员预留的。在我国高速铁路隧道设计中，安全空间与隧道内水沟、电缆槽上部空间是共用的。

(2)救援通道

救援通道是在隧道内纵向贯通设置的,用于自救或外部救援。隧道内应设置贯通的救援通道。单线隧道单侧设置,双线隧道双侧设置。

(3)技术作业空间

技术作业空间用于安放施工辅助设施,作为预留加强衬砌或安装隔声板等的空间。该空间内允许有限的长度范围内设置一些设备,如接触导线张力调整器和接触导线以及接头的紧回装置等。

(4)紧急救援站

隧道长度20 km及以上的隧道设置隧道内紧急救援站,隧道群设置隧道口紧急救援站,紧急救援站之间的距离不应大于20 km,紧急救援站应满足着火列车停车后人员疏散要求,疏散时间不宜超过6 min。

(5)紧急出口、避难所

紧急出口用于非火灾(如脱轨等)列车无法到达紧急救援站而随机停车的工况下的人员疏散,此时列车距离隧道口较远,从紧急出口疏散更容易到达洞外。紧急出口一般利用施工辅助坑道设置,以体现经济合理的原则。隧道内紧急出口应优先考虑采用平行导坑和横洞。当采用斜井作紧急出口时,水平长度不宜大于500 m,纵向坡度不宜大于12%。

避难所是设置在隧道内,供事故列车人员临时避难,并能疏散到隧道外的坑道,主要利用施工期间长度大于500 m的斜井和高度大于30 m的竖井设置。避难所与紧急出口类似,是利用斜井或竖井设置的疏散工程。

6.3.6 隧道防排水设计

高速铁路运营需要安全度非常高的隧道环境,良好的防水、排水系统是保证高速铁路安全运营的必备条件。不论是在隧道建设过程中,还是在运营期间,地下水问题一直是影响隧道工程的重要因素之一。地下水可以使围岩溶解、冲蚀、软化,从而降低围岩强度,对围岩造成影响,对隧道结构构成威胁,影响隧道结构的稳定;地下水的存在,不仅增加施工进度,还可能带来安全隐患;地下水穿透隧道防水系统,则会给隧道尤其是高速铁路隧道运营安全造成巨大影响。因此,做好隧道的防排水措施至关重要。

1. 隧道防排水设计原则

隧道的修建、运营势必改变工程区域原生环境,隧道的过度排水必然导致水环境不可逆转的破坏,给工程带来风险并在工程影响区域或排水径路上发生次生灾害。为避免次生灾害的发生,隧道的防排水设计,采用“防、堵、截、排结合,因地制宜,综合治理”的原则,对于隧道穿过断裂破碎带,预计地下水较大,当采用以排为主,可能影响生态环境时,根据实际情况采用“以堵为主,限量排放”的原则,达到堵水有效、防水可靠、经济合理的目的。

2. 隧道防水设计

铁路隧道防水应以混凝土结构自防水和防水板防水为主,以接缝防水为重点,必要时还需要采取注浆加强防水。

3. 隧道排水设计

铁路隧道排水设计应服从于保护环境、防止次生灾害发生的基本原则。排水系统应根据工作环境，采取防淤积、防堵塞、防冻胀的措施，充分考虑其可维护性，保证排水通畅。隧道排水系统包括地表截排水沟、洞内侧沟及中心水沟，衬砌背后的环纵向盲沟，横向排水管、泄水孔等组成，必要时可设置泄水洞或隧底设排水管。

6.3.7 隧道内附属构筑物设计

隧道内土建结构施作完毕以后，为了满足列车的运行需求，需要在洞内施作系列附属结构，比如有防噪声措施、接触网预埋槽道、专业洞室、电缆槽和通风设备等。

1. 防噪声措施

与铺设有砟轨道相比，铺设无砟轨道对隧道内压力波的传播和洞口微气压波均有明显的负面作用，不利于缓解隧道内空气动力学效应。所以，如有条件，应尽量在洞内轨道上面或隧道边壁，采取些增加壁面粗糙度或具有吸声作用的材料。

2. 接触网

(1)接触网安装结构一般采用在隧道拱顶悬吊定位立柱，在定位立柱上安装旋转腕臂支持装置悬挂接触网。

(2)在长大隧道或隧道群地段需要在隧道内下锚时，下锚安装需根据隧道断面和接触网悬挂方案进行研究。

(3)隧道拱顶悬吊的定位立柱及相关附加导线支架，通过连接件固定在隧道衬砌上，隧道衬砌结构应根据接触网荷载和行车风速，计算槽道及螺栓的机械受力后进行设计。

(4)接触网绝缘子外零部件和隧道衬砌等处的钢筋应连接到接地系统上。

3. 洞　室

洞室应沿隧道两侧交错布置，每侧布置间距应为 500 m 左右。

4. 电缆槽

双线隧道内应设置双侧电缆槽，电缆槽的结构外缘至同一轨道中线的距离不应小于 2.30 m。隧道长度大于 500 m 时，应在洞内设置余长电缆腔，并应与专用洞室结合设置。余长电缆腔应沿隧道两侧交错布置，每侧布置间距应为 500 m。

5. 通　风

长度大于 20 km 的特长隧道，应设置运营通风和防灾通风；小于 20 km、大于 6 km 的隧道，在紧急出口处考虑防灾疏散通风设备。

6.3.8 隧道抗震设计

隧道结构是一种与地层随动的构筑物，一般情况下具有良好的抗震能力，在地震动峰值加速度高的地段，穿越地质地形复杂段的重要交通道路，采用隧道形式在地震时保通性更强，但是隧道洞口浅埋段、断层破碎带等是隧道抗震的薄弱点，地震时可能会造成很大的破坏，有必要进行专门的抗震设计。

隧道结构抗震设计与其他构筑物一样遵循“小震不坏、中震可修、大震不倒”的目标。小震不坏：当地震遭遇低于本地区设防烈度的多遇地震影响时，一般不损坏或不需修理仍可继续使用；中震可修：当遭遇高于本地区设防烈度的地震影响时，建筑物可能损坏，经过一般修理或不需修理仍可继续使用；大震不倒：当遭受高于本地区设防烈度的预估罕遇影响时，建筑物不倒塌或不发生危及生命的严重破坏。

隧道结构的抗震设计应贯穿设计的整个过程，首先应合理选择线路走向和线形，其次是采取合适抗震设防措施。

6.3.9 隧道施工组织设计

对于长度小于 5 km、地质条件较好的隧道依靠隧道进出口施工即可满足工期要求的，不再需要设置辅助坑道；对于长度小于 5 km 但地质条件较差的隧道，或隧道长度大于 5 km 的隧道，只依靠洞口施工不能满足工期要求时，需要结合地形条件设置辅助坑道，增加掌子面数量，确保隧道如期贯通。因此，选设辅助坑道时，应根据隧道长度、施工期限、地形、工程地质、水文地质、弃渣场地等条件并结合施工、运营通风、防灾救援及排水、防火等因素进行技术、经济比较确定。选择辅助坑道应考虑洞(井)口位置不致遭洪水威胁，便于施工场地布置，弃渣不占或少占农田的条件，切实做到保护环境。

辅助坑道具体位置的设置需要考虑施工需要和施工主攻方向，并且井口应考虑百年洪水位的要求。常见的辅助坑道类型有横洞、竖井、斜井、平行导坑四种。

(1)有地形条件的傍山、沿河隧道可考虑采用横洞，横洞与线路中线的交角以 40°～45°为宜，并应向洞外设置不小于 3‰的下坡。

(2)长隧道洞身或傍侧天然地形有沟谷洼地且埋深不大，地质条件好，地下水不发育，覆盖层较薄，为满足工期要求需增加工作面时，可选用斜井。斜井不宜设在地质条件差、地下水发育的地段，斜井与正洞线位尽可能考虑正交，不宜小于 45°。

(3)在无设置横洞、斜井的条件又受工期控制的长隧道，如洞顶有合适的低洼地点(或局部覆盖层较薄)且地质条件较好，地下水不发育，位置较好，有利于施工进洞的，可设置竖井。

(4)对于一些特长隧道，不宜设置以上三种类型辅助坑道且工期要求紧迫或有其他特殊需要时可设置平行导坑。

6.3.10 隧道结构耐久性设计

结构的耐久性是指在可预见的工作环境和材料内部因素的作用下，在预期的使用年限内抵抗大气影响、化学侵蚀和其他劣化过程中，不需要大修也能保持其安全性和适用性的性能。由于支护结构或防排水系统的耐久性不足引起运营隧道产生渗漏水、衬砌裂损、底部翻浆冒泥等病害，这些病害一旦发生，其维修难度和成本都非常高。

1. 结构耐久性使用年限

目前，我国普通工民建的设计使用寿命一般为 50 年，国家重大工程为 100 年，如港珠澳大桥设计使用年限为 120 年，水利水电系统明确规定设计使用寿命是 150 年，三峡工程的三峡大坝提出了混凝土的寿命是 500 年，京张高铁八达岭地下车站提出了 300 年的使用寿命，我国铁路隧道一般情况下的主体结构的使用寿命是 100 年，边仰坡防护结构、洞内外排水结构和电缆沟槽的使用寿命是 60 年。

2. 隧道耐久性影响机理

隧道耐久性失效是通过隧道二次衬砌结构的破坏来显现的，隧道二次衬砌耐久性失效的原因主要包括两大类：

(1)隧道二次衬砌自身的钢筋混凝土结构因碳化腐蚀而出现开裂脱落,导致二次衬砌结构破坏。

(2)隧道锚杆、注浆喷射混凝土等支护措施碳化锈蚀而失效,从而引起隧道二次衬砌荷载增大,导致二次衬砌开裂掉块。

3. 隧道耐久性的构成

隧道结构的耐久性是隧道围岩、初期支护、二次衬砌与周边环境共同作用、相互影响的结果。围岩和初期支护形成的共同体在周边环境的影响下出现劣化,承载力衰减,围岩荷载逐步由初期支护转移到二次村砌结构,二次衬砌荷载逐渐增大。二次衬砌结构在周边环境影响下同样将出现性能劣化,承载力衰减,当二次衬砌承载力衰减至二次衬砌荷载以下时,则隧道结构将出现耐久性失效,最终通过二次衬砌的变形破坏来体现。

(1)围岩的耐久性:对于隧道工程而言,围岩的耐久性是指围岩在预期的使用年限内抵抗物理风化、化学侵蚀、应力侵蚀、围岩软化、冻融破坏、偏压、蠕变、滑坡、膨胀性土压等作用,保持其承载力和稳定性的性能。

(2)初期支护的耐久性:隧道的初期支护,包括锚杆、喷射混凝土、注浆等支护形式,一般都不能单独承载。初期支护一般都是与围岩一起,形成一个共同承载体,来承载围岩荷载。因此,隧道初期支护的耐久性本质上是初期支护与围岩形成的加固体的耐久性。

根据初期支护的加固方式,可将初期支护的加固机理划分为三类:机械式改良、内部胶结式改良和表面附着式改良。机械式改良围岩是指采用锚杆、锚索等措施,通过锚杆杆体的纵向拉力作用,提高围岩体的黏聚力和内摩擦角,从而使得岩土体自身的承载能力大大加强。内部胶结式改良是指采用注浆措施,将浆液注入岩土内部的裂缝或孔隙中,通过置换、充填、挤压等方式改善围岩物理力学性质。表面附着式改良是指采用喷射混凝土、钢筋网、钢拱架等措施,与围岩黏结在一起,防止围岩的风化潮解和表层关键岩块的掉落。

(3)隧道二次衬砌结构的耐久性:主要受混凝土的密实度、表面裂缝、周边的腐蚀环境等因素的影响。提高二次衬砌结构的耐久性的关键在于提高混凝土的密实性和抗裂性。

隧道二次衬砌混凝土是由水泥、矿物掺合料、水、砂、碎石和外加剂等材料组成的,水泥石、集料本身在结构形态上都存在着各种大小不等的孔隙,水泥石与集料的接触界面处也存在着各种形状的缝隙和毛细孔。另外,施工过程中的振捣不密实、水泥集料离析而造成混凝土的孔结构和孔隙率的增大,养护过程中的水分散失量对水泥石大毛细孔的影响等因素,直接决定了混凝土材料固有的多孔性状。而混凝土内水分的不断蒸发,则将导致水泥水化的不充分并造成毛细孔网彼此连通。混凝土内部这些连通的毛细管直接影响混凝土的耐久性。此外,受内外约束作用,混凝土在硬化过程中因收缩产生的裂缝也会成为外界有害介质渗入的通道,使混凝土耐久性降低。

6.3.11 特殊岩土及不良地质隧道设计

1. 黄土隧道

(1)黄土特征

黄土是我国极具特色的一种特殊土,在第四系干旱、半干旱气候条件下,陆相沉积的一种特殊土,是最新的地质时期形成的土状堆积物,其垂直节理发育,具有特殊的工程特性。

按照是否具有湿陷性，可以分为湿陷性黄土和非湿陷性黄土两大类，基本特征为：

①具有多孔性，有肉眼能看到的大孔隙，呈松散结构状态，密度低。

②具有柱状节理、垂直节理发育，直立性强。一般无明显层理，有堆积间断的剥蚀面和埋藏的古土壤层。

③天然状态下，含水率低，遇水易崩解、剥蚀。

④表层多具有湿陷性、易产生潜蚀、形成陷穴。

以上特性使得黄土遇水容易软化，物理力学性能急剧下降，尺度效应特别明显，导致黄土隧道建设过程中容易出现隧道塌方、地表开裂、衬砌开裂、基础湿陷沉降等问题。

(2)黄土隧道设计

①黄土隧道应根据黄土类型、物理力学指标、断面尺寸和施工方法等情况，采用工程类比、理论计算方法进行设计。

②黄土隧道的深浅埋分界深度应根据黄土形成的年代及断面尺寸确定，老黄土(Q_1、Q_2)隧道可取 $1.4(H+B)\sim1.7(H+B)$，新黄土(Q_3、Q_4)隧道可取 $1.8(H+B)\sim2.1(H+B)$。其中 H 为隧道开挖深度，B 为隧道开挖宽度。

③隧道结构宜采用曲墙带仰拱复合式衬砌。

④初期支护应采取控制拱脚下沉的措施，可采用初支大拱脚、锁脚锚杆(管)等方式，必要时设置临时仰拱。

⑤新黄土(Q_3、Q_4)浅埋地段隧道拱部可不设置系统锚杆。

⑥应设置超前支护，超前支护可采用小导管、管棚等。当掌子面自稳能力差，易坍塌时，宜采用喷射混凝土闭合或锚杆加固等措施。

⑦湿陷性黄土隧道应综合考虑地形地貌、浸水条件、地基湿陷等级等因素，因地制宜地采取防止地基湿陷对隧道结构及其附属构筑物产生危害的措施，以封闭隔水、加强结构为主，必要时可采取地基处理。

2. 风积沙隧道

风积沙是沙被风沙流搬移到冲击平原地区形成沙丘而产生的。属第四纪风积物，系指在风成沙性质上发育起来的土壤。由于风积沙结构松散，在风积沙中修建隧道时掌子面难以稳定，拱部易发生漏沙坍塌，且难以控制，成为隧道建设的难点。

(1)穿越风积沙、含水砂层地段的隧道，应根据沙(砂)层特性、规模，综合考虑颗粒级配、相对密度、承载力、地下水压力和渗透系数等因素确定设计方案。

(2)采用复合式衬砌。初期支护宜采用喷射混凝土、钢筋网、钢拱架和锁脚锚管等组合支护形式，可不设置系统锚杆；二次衬砌应采用钢筋混凝土结构。

(3)隧道结构应采用曲墙带仰拱断面，仰拱与侧墙间采用小半径圆弧连接，尽量减少仰拱回填层厚度，减少开挖断面。

(4)掌子面宜采用喷射混凝土封闭、注浆、水平旋喷等稳定措施。

(5)洞口及洞身浅埋段应设置沉降变形缝，间隔 15～20 m。

(6)应适当加大初支预留变形量，具体预留变形量可根据现场监控量测数据确定。

(7)风积沙、含水砂层地段的中跨及以上跨度的隧道宜采用中隔壁法或上下台阶临时仰拱分部开挖法施工。当地表沉降控制要求严格时，宜选用双侧壁导坑法施工。

(8)风积沙地段隧道应采取有效的超前支护措施防止漏沙、滑沙,可采用水平旋喷桩、超前大管棚、密排超前小导管、管幕、水平超前置换等方法;对于浅埋地段还可采用水泥搅拌桩、竖向旋喷桩、渗透注浆等措施加固地层。

3. 岩溶隧道

岩溶是水对可溶性岩石进行以化学溶蚀作用为主,以水的机械侵蚀和崩塌作用以及物质携带、转移和再沉积作用为辅的综合地质作用,以及由这些作用所产生的现象的统称。由于岩溶及岩溶水发育的复杂性,岩溶对隧道的危害较大,特别是岩溶水发育地段,建设、运营风险较高,一旦发生突水突泥等灾害事故,后果严重。

(1)岩溶隧道勘察设计应根据地形、地质、水文条件及工程所处环境等特点,综合考虑施工、运营、维护要求,合理确定技术方案和工程措施。

(2)岩溶水宜以疏导为主处理,应尽量恢复或维持既有排泄通道;当对其下游排泄能力、防淤、上游来水量难以确定时,宜另设具维护功能的人工排泄通道引排。

(3)岩溶隧道衬砌结构设计应综合考虑围岩级别、岩溶类型、地下水发育状况、岩溶洞壁稳定状况、与隧道的空间关系等因素,确定结构类型。隧道位于岩溶季节交替带时,衬砌应按抗水压设计。

(4)岩溶隧道应进行岩溶与隧道间相互影响的安全性分析。安全性分析评价应根据岩溶的类型、规模、与隧道的空间关系、富水程度、充填介质情况等,采用经验类比、结构计算、数值模拟等方法分析确定。

(5)岩溶地区隧道超前地质预报设计应采用钻探和物探相结合的方法,获取岩溶发育特征、裂隙率、涌水量、水压等资料,综合分析评判突水、突泥的可能性及危害性。

4. 膨胀性围岩隧道

膨胀性围岩通常是指在水的作用下发生体积增大的围岩。膨胀性围岩包括膨胀土和膨胀岩,如含有亲水矿物的黏性土和含有大量膨胀性矿物的岩石。膨胀性围岩浸水后体积膨胀,不仅在拱顶、侧壁,在底部也慢慢地向净空内挤压,这样的围岩压力开挖初期变形不大,但随时间延长会慢慢地增加,甚至极少数在数年后土压还在增加。施工时无水,而在隧道贯通后,改变了地下水的运移环境,隧道就成为一条地下水排泄通道,在施工期间失水干燥的围岩遇水发生膨胀,随着季节的变化还存在反复,即膨胀变形具有反复性。在膨胀性围岩中,一般自稳性差,围岩松弛随时间会显著增大,会产生很大的围岩膨胀压力。

(1)膨胀性围岩判别标准

①膨胀性岩矿物性能:蒙脱石含量、阳离子交换量、2 μm 以下粒径所占数量、液限等。

②岩块膨胀性能:岩块的干燥饱和吸水率、岩块崩解度、软化系数和胶结强度等。

③隧道膨胀性围岩:围岩膨胀率、膨胀范围、膨胀压力等。

(2)膨胀性围岩隧道设计

①隧道应根据岩性、成因、膨胀率、膨胀力等情况,采用工程类比、理论计算方法进行设计。

②断面形式可选择圆形或接近圆形断面。

③内轮廓设计应预留足够的变形量,预留变形量可根据围岩膨胀变形量或现场监测确定。

④二次衬砌应采用曲墙带仰拱结构,必要时可采用钢筋混凝土。

⑤仰拱曲率应尽量加大，并与边墙连接圆顺，适当加强仰拱的强度和刚度，对于底鼓现象严重的岩层宜采用长锚杆加固底部围岩。

⑥膨胀岩(土)隧道应加强防排水设计及施工排水，避免积聚地下水引起围岩膨胀。

5. 瓦斯隧道

隧道瓦斯是各种气体的混合物，成分复杂，主要成分为甲烷。瓦斯密度较空气小，常积聚在隧道顶部、塌腔及无风的洞室或巷道内，遇到高温火源时易燃烧或爆炸。

(1)通过含瓦斯地层的隧道，应根据不同地段瓦斯赋存或涌出情况、瓦斯动力现象划分瓦斯工区、瓦斯地段等级，确定瓦斯隧道类型，并针对不同瓦斯地段等级进行防治瓦斯设计。瓦斯隧道施工期间，还应根据预测及揭示地质资料及时修正设计。

(2)瓦斯设防段可结合瓦斯赋存条件、瓦斯涌出及补给情况采用超前周边注浆、开挖后径向注浆等措施封闭围岩瓦斯通道，减少瓦斯涌(溢)出量。

(3)瓦斯隧道应采用复合式衬砌，并应符合下列要求：

①当瓦斯涌出量或压力较大，采用围岩注浆封闭瓦斯或加大通风能力较困难或不经济时，可在初期支护变形基本稳定后增设喷混凝土层或喷涂防瓦斯层。

②二次衬砌厚度不应小于 40 cm，并根据瓦斯赋存(排放)条件、围岩注浆、初期支护封闭瓦斯效果，还可选择设置瓦斯隔离层、衬砌背后注浆、二次衬砌抗渗混凝土等瓦斯防治措施。

③施工缝、变形缝应采用气密性处理措施。

(4)瓦斯隧道施工应按实测瓦斯浓度、风速(风量)进行管理，瓦斯工区应按实际瓦斯类别进行动态管理。

(5)瓦斯隧道运营期间应进行瓦斯检测。微瓦斯、低瓦斯隧道可采用人工检测；高瓦斯和瓦斯突出隧道，应采用自动监测。自动监测系统应具有瓦斯超限报警、通风机自动控制等功能。

6.4 轨　　道

6.4.1 轨道设计概述

1. 高速铁路对轨道结构的要求

高速铁路以提供快捷、舒适、便利、安全的旅行条件在交通运输中占据越来越重要的地位，高速度、小编组、大密度是其主要运营特点，安全性和舒适性是其运营的必备条件。轨道结构直接承载运行列车，为保证高速列车安全、平稳、舒适地运行，轨道结构应具备高平顺性和高稳定性。

高速铁路轨道必须具备高平顺性。理论研究和实测数据表明，在平顺性优良的轨道上，即使列车运行速度很高，所产生的轮轨动力响应也很小；反之，当平顺性不良时，随着行车速度的提高，引起的车辆振动和轮轨动作用力将显著增大，影响行车平稳性和旅客乘车舒适性，甚至危及行车安全性。高平顺的轨道在保证高速行车安全性、平稳性和舒适性的同时，还可延长轨道和机车车辆部件的使用年限和维修周期，降低维修成本。因此，高平顺性是对轨道结构的最根本要求，也是高速铁路能够成功运营的前提。为实现轨道高平顺性的目标，对轨道结构需采取以下几个主要措施：科学制定轨道平顺性的控制标准，采用有利于保持和精确调整平顺性的轨道部件，高精度施工轨道结构及铺设钢轨，严格钢轨平直度标准并采取预防性打磨措施。

高速铁路轨道必须具备高稳定性。在高速运营条件下，轮轨相互作用给轨道结构带来高频冲击和振动，这种高频荷载容易降低轨道部件保持能力、恶化轨道几何形位、伤损轨道部件、破坏轨道结构，最终影响线路的正常运营。同时，高速铁路的行车密度大、速度高，只能利用天窗时间进行轨道检查和维修，轨道结构的高稳定性可以减少维修工作量，延长维修周期，对于保障正常运输秩序，提高高速铁路的安全性和经济性起着决定性的作用。因此，高速铁路要求轨道结构在合理的轨道维修管理条件下，能长期保证轨道结构及部件处于正常工作状态，从而具备持久保持高标准轨道几何形位的高稳定性能力。为实现轨道高稳定性的目标，需确定合理的轨道类型，采用可靠的轨道部件，采取高标准、高质量的轨道维修及管理。

为适应高速行车的要求，保证高速列车运行的安全性、平稳性与舒适性，高速铁路轨道设计应针对高平顺性、高稳定性的特点开展，积极推动轨道技术的科学化、现代化。

2. 轨道设计主要内容

轨道作为高速铁路的重要组成部分，其作用是为高速列车提供平顺稳定的走行支撑，直接承受并向下传递车轮施加的荷载，同时为轨道电路传输提供载体。高速铁路轨道工程设计的主要内容包括：轨道结构类型选择，无砟轨道、有砟轨道、无缝线路及其他设计等。

6.4.2 轨道铺设精度

科学合理地制定轨道铺设精度标准是实现轨道初始高平顺的保证，是控制高速铁路建设成败的关键技术。轨道初始不平顺状态对线路开通运营后长期的平顺状态和维修工作量具有决定性的影响，初始平顺性好的轨道，配合良好的养护维修，可以长期保持良好的平顺状态。而在轨道结构铺设阶段就形成的初始不平顺，会在运营阶段发展、恶化，即便缩短维修周期，甚至付出高昂的维修代价，仍难以改变其“先天不良”的痼疾。同时轨道铺设精度标准还与工程建设投资息息相关，严格的标准会大幅增加建设成本。为此，世界各国高铁都非常重视对建设期的轨道铺设精度标准的研究工作。

表 6.9 列举了德、法、日等国家高速铁路的轨道铺设精度标准，表 6.10 为我国《高速铁路设计规范》(TB 10621)中规定的新建设计速度 250 km/h 及以上高速铁路轨道静态铺设精度标准。

表 6.9 国外高速铁路轨道铺设精度

项　目	EN 标准		法　国	德　国	西班牙	日　本
速度/(km·h^{-1})	250～300	200～250	>200	>200	>200	>200
轨距/mm	±2	±2			±3	
水平/mm	±2	±2	3	±2	4	2
高低/mm	2/10 m 3/20 m	3/10 m 4/20 m	3/10 m	2/5 m	3/10 m	2/10 m
轨向/mm	2/10 m 3/20 m	3/10 m 4/20 m	2/10 m	2/10 m	3/10 m	2/10 m
扭曲/mm	3/3 m	3/3 m	3/3 m		4/3 m	1.5/2.5 m

表 6.10 我国新建设计速度 250～350 km/h 高速铁路轨道静态铺设精度

序号	项　　目	允 许 偏 差	备　　注
1	轨距	无砟轨道±1 mm 有砟轨道±2 mm	相对于标准轨距 1 435 mm
		1/1 500	变化率
2	轨向	2 mm	弦长 10 m
		2 mm/5 m 10 mm/150 m 2 mm/(8*a*) m 10 mm/(240*a*) m	基线长 30 m 基线长 300 m 基线长 48*a* m 基线长 480*a* m
3	高低	2 mm	弦长 10 m
		2 mm/5 m 10 mm/150 m 2 mm/(8*a*) m 10 mm/(240*a*) m	基线长 30 m 基线长 300 m 基线长 48*a* m 基线长 480*a* m
4	水平	2 mm	不包含曲线、缓和曲线上的超高值
5	扭曲	2 mm	基线长 3 m 包含缓和曲线上由于超高顺坡所造成的扭曲量
6	与设计高程偏差	10 mm	站台处的轨面高程不应低于设计值
7	与设计中线偏差	10 mm	

注：表中轨向、高低栏中的 *a* 为无砟轨道扣件节点间距；容许偏差列中括弧内为矢距法检测测点间距；备注列中括弧内为基线长，其中含 *a* 表达式适用于无砟轨道，与其对应的具体数值适用于有砟轨道。

与普速铁路相比，高速铁路轨道铺设标准除轨距、轨向等容许偏差更严格以外，还增加了对长波不平顺的控制要求。当行车速度大幅度提高后，以往对列车轮轨动力作用影响不明显的长波不平顺成为影响列车运行舒适性甚至安全性的主要因素。在高速行车条件下，长波不平顺将使固有频率较低的车体产生激振，严重影响高速列车舒适性和安全性。因此，高速铁路线路必须加强对长波不平顺的控制和管理。需要指出的是，长波不平顺主要是由路基沉降不均、桥梁挠曲等线下基础薄弱造成的，因此设计并构筑坚固、稳定、平顺的线下基础是实现轨道铺设高精度的前提。

6.4.3 轨道类型选择

1. 轨道类型

高速铁路轨道结构分为两大类：一类是以碎石等散粒体及轨枕为轨下基础的有砟轨道，另一类是以混凝土等整体结构为轨下基础的无砟轨道。运营实践表明，两种轨道结构类型均能满足高速铁路的要求，国外高速铁路发达国家中，日本、德国的高速铁路以无砟轨道为主，法国的高速铁路则以有砟轨道为主。目前日本以普通 A 型和框架型板式无砟轨道结构作为标准定型,在寒冷地区采用双向预应力 A 型板无砟轨道。德国已经成功研发了 Rheda 型、Bögl 型、Züblin 型等十几种无砟轨道结构形式,在国内主要采用 Rheda 型无砟轨道。图 6.35、图 6.36 分别为日本和德国的无砟轨道。

图 6.35　日本 A 型及框架型板式无砟轨道

图 6.36　德国 Rheda2000 无砟轨道及 Bögl 板式无砟轨道

法国 TGV 高速线以有砟轨道为标准轨道结构。为适应高速铁路运营需求,法铁大幅提高了道砟的粒径级配、颗粒形状指标、硬度系数等,对道砟的质量要求达到了极为苛刻的地步。

2. 轨道结构特点

有砟轨道具有结构简单、铺设容易、维修方便和弹性良好的特点,且工程投资相对无砟轨道低,线路维护采用大型养路机械、自动化程度较高。但其存在稳定性和几何形位保持能力相对较差、维修周期短成本高、高速行车时(特别是受冬季冰雪影响)产生道砟飞溅等缺点。

无砟轨道是以混凝土取代散粒道砟道床而组成的轨道结构类型,具有整体性强、纵横向稳定性较好、轨道几何尺寸变化小、轨道平顺性高、刚度均匀性好、维修工作量相对较小、结构高度低、桥梁二期恒载小的特点。但是,刚性结构的无砟轨道刚度较大、弹性较差、噪声辐射大、建设期工程投资比有砟轨道高,而且轨道几何状态只能靠扣件进行调整,可调整量较小。在特殊工况下,当下部基础发生较大的沉降或上拱变形时,维修调整十分困难,大幅加大维修的工作量,甚至影响正常运营。

无砟轨道与有砟轨道结构组成完全不同,因此具有不同的养护维修特点。无砟轨道养护维修工作主要集中在有砟轨道也必须进行的钢轨和扣件方面;而有砟轨道大量的工作发生于道床的养护和维修(40%以上),主要有碎石道床的捣固、清筛及配砟整形,且达到大修运量后，碎石道床需要重新更换，养护维修费用大。相比有砟轨道，无砟轨道维修工作量少，可以减轻维修养护的劳动强度，减少线路维修对运营的干扰，提高铁路运输效率。

经济性方面，在施工建设期阶段，铺设无砟轨道的工程投资相对较高。这除了受轨道结构自身的造价差异影响外，还有因铺设无砟轨道较有砟轨道在基础沉降控制方面更苛刻，而导致线下基础的工程投资增加的影响。在运营养护维修阶段，无砟轨道的维修工作量较有砟轨道大幅减少，同时无砟轨道配备定员及机具相对较少，从而节省一部分人工及设备费用。日本、德国等几个研究铺设了两种轨道结构类型的主要国家均认为，铺设无砟轨道较有砟轨道引起工程投资的增加费用，在无砟轨道全生命周期内能够得以偿还，即高速铁路采用无砟轨道较有砟轨道有更好的经济效益。

3. 轨道结构类型选择

我国幅员辽阔，南北及东西的距离均超过了 5 000 km，列车长距离运行是我国高速铁路的一个主要特点。为适应高速铁路运营需求，轨道结构必须提供良好的平顺性、稳定性，特别是线路综合维修天窗设置时间越短越好。

根据我国国情、路情及已开通高速铁路的运营经验，综合考虑不同轨道结构类型全寿命周期的经济和社会效益，设计时速 300 km 及以上的高速铁路原则采用无砟轨道结构是适宜的。但与有砟轨道相比，无砟轨道结构调整能力弱，在活动断裂带、地面严重沉降区、冻结深度较大且地下水位较高的季节冻土区以及深厚层软土等区域变形不易控制的特殊地质条件地段，特殊工况下结构一旦受损，维修困难，将影响正常运营，因此在特殊地质条件地段宜采用有砟轨道结构。

根据我国前期建成的合宁、合武、石太、青荣客专等工程项目多年的运营实践经验，设计时速 250 km 的高速铁路采用有砟轨道完全可以满足运营需要，同时可以大幅节省建设期的工程投资，因此主要以有砟轨道结构为主。但在长度超过 1 km 的隧道及隧道群等线下基础稳固地段，采用无砟轨道技术经济优势较为明显，宜采用无砟轨道结构。同时考虑到轨道刚度的均匀性及养护维修作业的便利，同一类型轨道结构应集中成段铺设。

6.4.4 无砟轨道设计技术

我国从 20 世纪 60 年代开始对无砟轨道结构进行研究，曾试铺过支承块式、短木枕式、整体灌注式等整体道床以及沥青道床、桥上无砟无枕轨道结构。随着高速铁路可行性研究的深入，无砟轨道技术受到关注。1999 年在秦沈客专三座特大桥上成功试铺了板式及长枕埋入式无砟轨道(图 6.37)，标志着我国高速铁路无砟轨道技术迈出了坚实的第一步。2004 年在遂渝铁路无砟轨道综合试验段中进一步成区段地铺设了多种无砟轨道结构形式，包括平板式、框架型板式、减振型板式、纵连板式、双块式等无砟轨道结构。

2006 年在铁道部的组织领导下，集中全路科研院校、设计及施工单位的优势力量，成立了无砟轨道技术再创新攻关组，开展了无砟轨道设计理论体系建立及研究、结构设计攻关以及大量的科研试验测试等工作，成功地构建了 CRTSⅠ型、CRTSⅡ型板式和 CRTS 双块式无砟轨道，并先后在京津城际、石太客专、武广高铁、京沪高铁、哈大客专等多条高速铁路和客运专线上进行了成功应用。其后，我国铁路工作者在总结前期无砟轨道研究与实践基础上，打造出中国无砟轨道的自身品牌——具有完全自主知识产权的 CRTSⅢ型板式无砟轨

图 6.37　秦沈客专沙河、狗河及跨双何公路特大桥无砟轨道

道。该结构首先在成灌铁路进行了多方案的试验铺设，其后 2013 年，在设计时速 350 km 的盘营客专全线铺设并成功开通运营，CRTSⅢ型板式无砟轨道在全路进行了全面推广应用。

1. 无砟轨道结构类型

目前我国高速铁路主要的无砟轨道结构形式有 CRTSⅠ型、CRTSⅡ型、CRTSⅢ型板式和 CRTS 双块式无砟轨道，从现场施工建造方式可分为两大类：预制板式无砟轨道和现浇混凝土式无砟轨道。图 6.38 所示为我国无砟轨道结构形式。

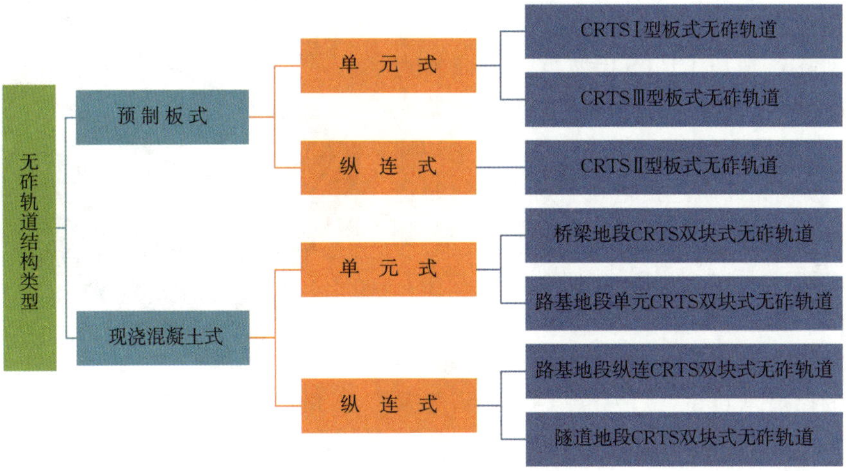

图 6.38　我国无砟轨道结构形式

(1)CRTSⅠ型板式无砟轨道

①结构组成

CRTSⅠ型板式无砟轨道在路基、桥梁及隧道地段的结构组成相同，由钢轨、弹性扣件、预制轨道板、水泥乳化沥青砂浆充填层、钢筋混凝土底座、凸形挡台及其周围填充树脂等组成，如图 6.39 所示。

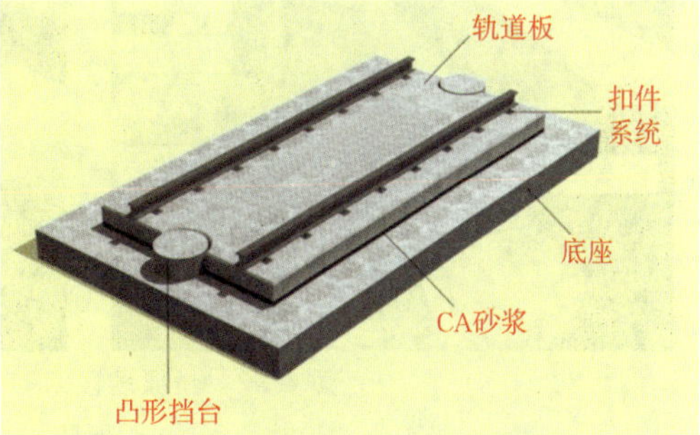

图 6.39　CRTSⅠ型板式无砟轨道结构示意图

②主要结构特点

路、桥、隧地段均为单元结构，轨道板为双向预应力结构，厂内预制。

采用凸型挡台限位，轨道板与底座通过砂浆调整层隔离，特殊情况下可修复性较好。

③应用情况

CRTSⅠ型板式无砟轨道具有结构简单、路桥隧地段形式统一等优点，已应用于哈大、石太、沪宁、广珠、宁安、成绵乐和哈齐等高速铁路，如图6.40所示。

（a）哈大客专

（b）沪宁城际

图6.40 CRTSⅠ型板式无砟轨道工程应用实例

（2）CRTSⅡ型板式无砟轨道

①结构组成

路基和隧道地段CRTSⅡ型板式无砟轨道由钢轨、弹性扣件、轨道板、水泥乳化沥青砂浆充填层、支承层等组成，如图6.41所示。桥梁地段CRTSⅡ型板式无砟轨道由钢轨、弹性扣件、轨道板、水泥乳化沥青砂浆充填层、底座板、滑动层、侧向挡块、桥台后锚固结构等组成，如图6.42所示。

②主要结构特点

轨道板纵向连续，采用横向先张预应力结构，板面设置带挡肩承轨台，工厂化预制。轨道板采用数控机床打磨工艺，在线路上具有唯一性。

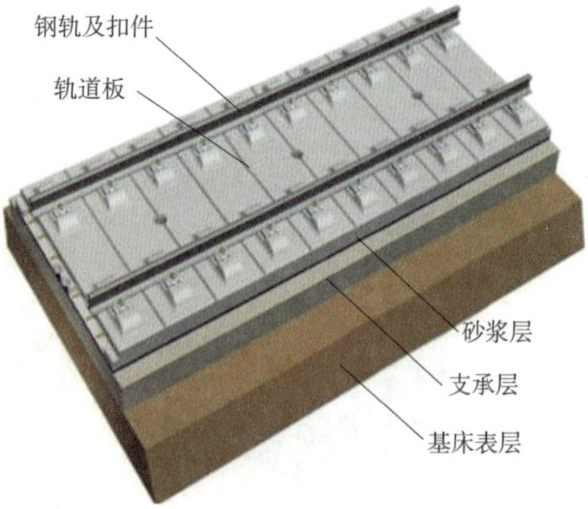

图6.41 路基段CRTSⅡ型板式无砟轨道结构示意图

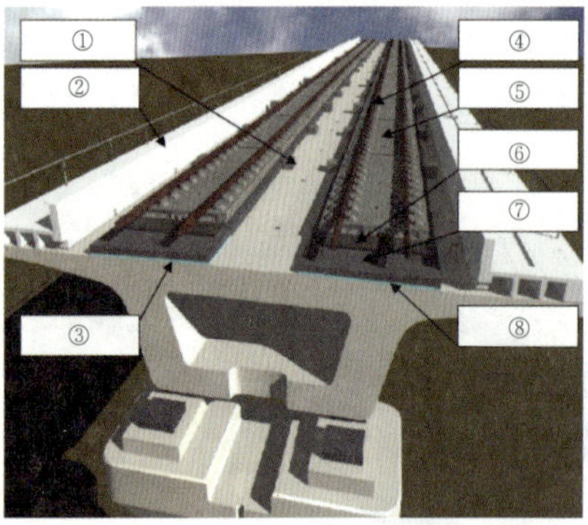

图6.42 桥梁地段CRTSⅡ型板式无砟轨道结构示意图

①—侧向挡块；②—桥面防护墙；③—高强挤塑板；④—钢轨及扣件；⑤—轨道板；⑥—砂浆层；⑦—底座板；⑧—滑动层

路基、隧道地段采用支承层结构；桥梁地段底座为钢筋混凝土结构，全桥纵向连续铺设。桥梁地段设置台后锚固体系——摩擦板＋端刺结构，梁面设置滑动层，固定支座上方梁面设置剪力齿槽和预埋件与底座连接，底座两侧设置侧向挡块进行横向和垂向限位。

③应用情况

CRTSⅡ型板式无砟轨道具有轨道系统平顺性好、可减少大跨连续梁上钢轨伸缩调节器设置等优点，已应用于京津、京沪、京石、石武、长昆、津秦、沪杭等高速铁路，如图 6.43 所示。

(a) 京沪高铁

(b) 京石高铁

图 6.43 CRTSⅡ型板式无砟轨道工程应用实例

(3)CRTSⅢ型板式无砟轨道

①结构组成

CRTSⅢ型板式无砟轨道在路基、桥梁及隧道地段的结构组成相同，由钢轨、扣件、预制轨道板、自密实混凝土层、隔离层、弹性缓冲垫层以及具有限位结构的钢筋混凝土底座等部分组成，如图 6.44 所示。

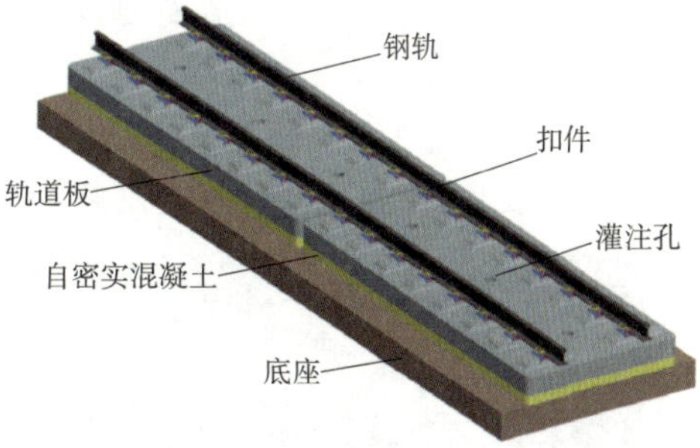

图 6.44 CRTSⅢ型板式无砟轨道结构组成示意图

②主要结构特点

路、桥、隧地段均为单元结构，轨道板为双向预应力板，板面设置带挡肩承轨台，厂内预制。

采用凹凸槽限位，轨道板与底座间采用自密实混凝土填充层，结构耐久性优、环境适应性好，特殊情况下可修复性好。

③应用情况

CRTSⅢ型板式无砟轨道具有结构简单、可修复性好、结构耐久性等优点，已应用于盘营、沈丹、郑徐、武汉城际圈和京沈等高速铁路，如图 6.45 所示。

(4)CRTS 双块式无砟轨道

①结构组成

路基地段纵连 CRTS 双块式无砟轨道由钢轨、弹性扣件、双块式轨枕、道床板、水硬性支承层、端梁等组成。路基地段单元 CRTS 双块式及桥梁地段 CRTS 双块式无砟轨道由钢轨、弹性扣件、双块式轨枕、道床板、隔离层、弹性缓冲垫层以及具有限位结构的钢筋混凝土底座等组成。隧道地段 CRTS 双块式无砟轨道由钢轨、弹性扣件、双块式轨枕、道床板等组成。图 6.46 所示为 CRTS 双块式无砟轨道轨枕。

（a）盘营高铁　（b）沈丹高铁

图 6.45　CRTSⅢ型板式无砟轨道工程应用实例

②主要结构特点

双块式轨枕工厂化制作，采用钢筋桁架联结，加强与道床的结合，减少了新旧混凝土结合面，提高了结构整体性。路、隧地段以连续结构为主，桥梁地段采用单元结构。

图 6.46　CRTS 双块式无砟轨道轨枕

预制轨枕布置灵活，制造简便；道床主体结构均采用现浇工艺，施工工艺简单。

③应用情况

CRTS 双块式无砟轨道具有施工工艺简单、经济性等优点，已应用于武广、长昆、大西、兰新第二双线、成渝、太中银、沪汉蓉等高速铁路，如图 6.47 所示。

（a）长昆客专　（b）大西客专

图 6.47　双块式无砟轨道工程应用实例

(5)岔区轨枕埋入式无砟轨道

①结构组成

岔区轨枕埋入式无砟轨道由钢轨、弹性扣件、岔枕、道床板、底座组成，如图 6.48 所示。

②主要结构特点

岔枕采用工厂化制作，在现场浇筑于道床板内。道床板和底座采用单元结构。

③应用情况

岔区轨枕埋入式无砟轨道已应用于京津、武广、郑西、哈大、京沈等高速铁路，如图 6.49 所示。

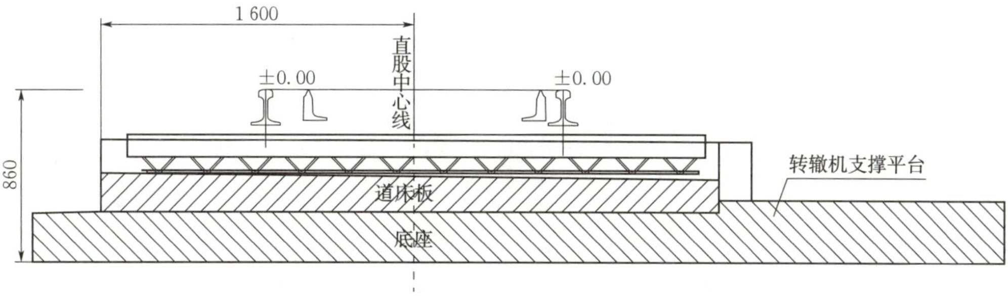

图 6.48　岔区轨枕埋入式无砟轨道横断面图(单位:mm)

图 6.49　岔区轨枕埋入式无砟轨道工程应用实例

2. 无砟轨道结构形式选择

四种无砟轨道结构的主要技术经济特点对比分析及选型建议见表 6.11。

表 6.11　几种主要的无砟轨道技术特点对比分析及选型推荐表

无砟类型	CRTSⅠ型板	CRTSⅡ型板	CRTSⅢ型板	CRTS 型双块
主要结构组成	预制轨道板,砂浆调整层,底座	预制轨道板,砂浆调整层,支承层(底座、端刺、摩擦板)	预制轨道板,自密实混凝土层,底座	预制轨枕,道床板,支承层(底座)
结构特点	单元结构	纵连结构	单元结构	路基、隧道地段以纵连结构为主,桥上单元结构
主要优点	①采用单元结构,结构简单,便于施工 ②轨道板采用双向预应力结构,避免表面裂缝的发生 ③轨道结构形式统一,便于施工及养护 ④可维修性好	①轨道板高精度打磨,钢轨精调工作量最小 ②为纵连结构,轨道板端部变形小,结构整体性好 ③桥梁地段可将轨道与桥梁纵向受力和变形的相互干扰降至最低,减少设置伸缩调节器	①采用单元结构,结构简单,便于施工 ②轨道结构各层匹配,无明显薄弱环节,保证轨道结构的耐久性 ③轨道板采用双向预应力结构,避免表面裂缝的发生 ④可维修性好 ⑤轨道结构形式统一,便于施工及养护	①与板式轨道相比,预制轨枕布置灵活,同时制造简便 ②采用预组装轨排定位,自上而下的施工,施工工艺简单

续上表

无砟类型	CRTSⅠ型板	CRTSⅡ型板	CRTSⅢ型板	CRTS型双块
主要缺点	①砂浆层耐久性差，存在薄弱环节 ②"自下至上"施工，铺轨阶段的轨道精调工作量大 ③单元轨道板受温度梯度的变化影响，易产生翘曲变形	①易出现裂缝，后期增加养护维修工作量 ②可修复性差 ③砂浆层耐久性差，存在薄弱环节 ④桥上纵连体系结构复杂，同时施工工艺复杂	①"自下至上"施工，铺轨阶段的轨道精调工作量相对大 ②单元轨道板受温度梯度的变化影响，易产生翘曲变形	①易出现裂缝，后期增加养护维修工作量 ②现场混凝土浇筑量大，施工质量不易控制，施工工效低 ③路、隧地段轨道结构纵连，可修复性差
经济性	工程造价居中	工程造价最高	工程造价居中	工程造价最低
山区路桥隧频繁过渡地段	可采用	不宜采用	可采用	推荐采用
严寒、寒冷地区	可采用	不宜采用	推荐采用	不宜采用
长大隧道地段	可采用	可采用	可采用	推荐采用
地震多发地段	可采用	不宜采用	推荐采用	不宜采用

不同形式无砟轨道受其自身结构特点影响，各自具有鲜明的技术经济特征。高速铁路设计时应根据实际工程项目的地质条件、气候条件以及线下工程情况，结合无砟轨道结构特点，综合技术经济比较，合理选择无砟轨道结构形式。

3. 无砟轨道结构设计存在问题及技术改进

自我国高速铁路建设以来，按照"安全、可靠、适用、经济、先进"的技术方针，通过技术创新，形成了无砟轨道技术标准体系。在这一过程中，广大铁路建设者们集思广益、积极探索，成功解决了一大批技术难题，取得了丰硕的技术成果，同时结合工程实践总结存在的问题，不断优化改进高速铁路无砟轨道结构设计技术。

(1)无砟轨道结构宜简单，便于施工养护

高速铁路无砟轨道设计宜采用结构简单，便于标准化施工管理及养护维修，且特殊情况下可修复性好的结构。连续结构的无砟轨道由于结构纵连，结构内部存在较大的温度力，需要设置复杂的端部锚固结构，施工工艺复杂，一旦出现问题极难整治，可修复性差；在列车荷载与温度力共同作用下，结构容易产生裂纹，甚至在温度压力作用下造成结构薄弱处破坏或者上拱变形等，存在行车安全隐患，大幅增加养护维修工作量。

我国创新研发的CRTSⅢ板式无砟轨道，采用单元结构，结构简单，受力明晰，且路桥隧地段轨道结构形式统一，便于施工及养护维修，同时轨道结构内设置隔离层，具有良好的可修复性。

(2)强化结构耐久性，取消薄弱层

无砟轨道结构由于可维修性差，因此应具备良好耐久性。CRTSⅠ、CRTSⅡ型板式无砟轨道采用水泥乳化沥青砂浆作为中间调整层，但水泥乳化沥青砂浆自身强度低，砂浆层内无结构配筋，且其施工工艺要求苛刻，在后期运营过程中普遍出现离缝、缺损掉块等问题，属于轨道结构中的薄弱层，降低了轨道结构的耐久性。

我国创新研发的CRTSⅢ板式无砟轨道，采用配置钢筋网片的C40自密实混凝土层替代水泥乳化沥青砂浆层，简化了施工工艺、性能更稳定、耐久性更好。图6.50所示为自密实混凝土层内钢筋网。

图6.50　自密实混凝土层内钢筋网

6.4.5　有砟轨道设计技术

1. 有砟轨道设计

有砟轨道是传统的轨道结构形式。我国高速铁路有砟轨道设计实质上就是关于列车速度和轨道参数的选择，其技术路线是轨道结构的“高质量、低刚度、优选阻尼和参数合理匹配”；此外，还要把轨道的平顺性保持在一定的限度以内，以期与列车速度的增长相互适应和相互协调。高速铁路有砟轨道由钢轨、扣件、轨枕、碎石道床、道岔等组成。

2. 有砟轨道设计标准

(1)扣件

高速铁路有砟轨道主要采用弹条Ⅳ型、弹条Ⅴ型两种类型扣件，按轨下基础形式分为有挡肩和无挡肩扣件，弹条Ⅳ型扣件为无挡肩扣件，弹条Ⅴ型扣件为有挡肩扣件。图6.51、图6.52所示分别为弹条Ⅳ型、Ⅴ型扣件。

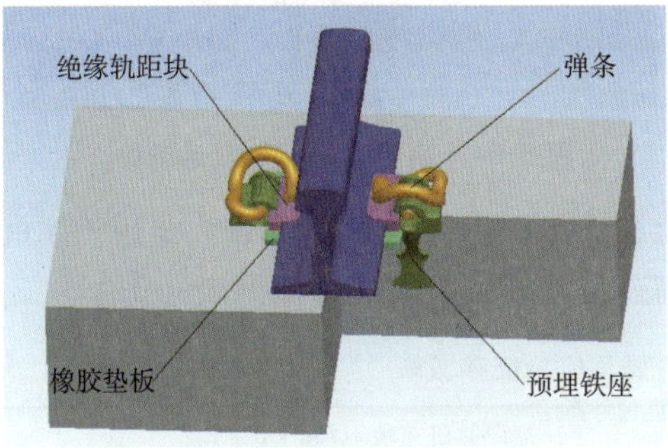

图6.51　弹条Ⅳ型扣件

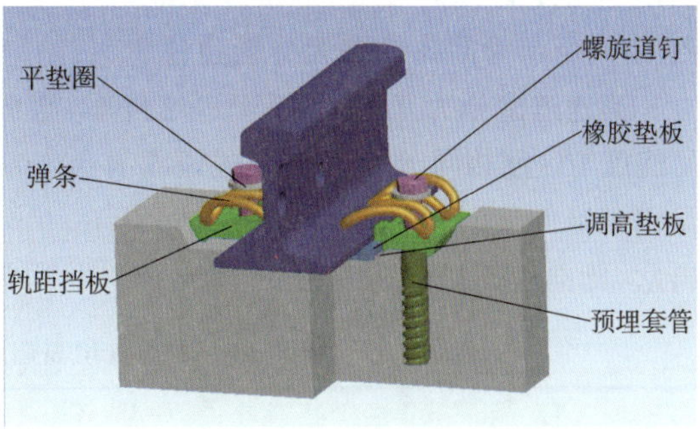

图6.52　弹条Ⅴ型扣件

(2)轨枕

轨枕在轨道结构中的作用是支承钢轨，并将钢轨传来的压力传递给道床，同时可固定钢轨的位置及有效地保持轨距、方向等轨道几何形位。由于混凝土枕使用寿命长，维修工作量少，由混凝土制品厂生产的轨枕形状、尺寸、性能都比较标准、均一，为钢轨支撑的均匀性和轨面的动态平顺性提供了可靠的条件，因而世界各国高铁有砟轨道均采用混凝土轨枕。我国高速铁路要求全部采用混凝土枕。

高速铁路有砟轨道用2.6 m长Ⅲ型混凝土枕主要有Ⅲc、Ⅲqc型轨枕，其中Ⅲqc型轨枕为桥枕。图6.53所示为有砟轨道结构。

(3)碎石道床

碎石道床是轨枕的基础，用于固定轨枕位置，增加轨道弹性，防止轨枕纵、横向位移并把所承受的压力分布传递给路基或桥隧建筑物，同时还方便排水和调整线路的平纵断面。

随着列车运行速度的提高，有砟道床出现道砟粉化严重，轨道几何尺寸难以保持，维修周期缩短，维修费用大幅增加等问题，因此必须采用严格的道砟粒径级配、颗粒形状指标、硬度系数标准。新建时速 250 km 及以上的高速铁路采用特级道砟、窄级配，道砟材质性能在抗磨耗、抗冲击、抗压碎性能及洁净度等方面均比普速铁路道砟提出了更高要求。

图 6.53 有砟轨道结构

6.4.6 道岔设计技术

道岔是使机车车辆由一股轨道转向或越过另一股轨道的连接设备，是铁路轨道重要的组成部分。由于道岔构造复杂，存在几何不平顺和刚度的变化，因此道岔也是铁路线路的薄弱环节之一，直接影响列车的速度、安全以及旅客舒适性。在高速铁路中，道岔的地位极其重要。高速道岔在功能上和结构上与普速道岔相比，虽没有原则上的区别，但其对安全性和舒适性要求更高。图 6.54所示为高速铁路无砟轨道道岔。

图 6.54 高速铁路无砟轨道道岔

高速道岔分为三类：①用于进站停车，直向过岔速度与区间相同，侧向最高通过速度为 80 km/h。②用于区间渡线，侧向最高通过速度为 80 km/h，为维修组织不间断行车服务。③用于区间出岔，侧向最高通过速度为 160 km/h。我国常用高速道岔的主要几何特征见表 6.12。

表 6.12 我国常用高速道岔主要几何特征参数表

道岔号数	图　号	导曲线半径/m	道岔全长/m	容许通过速度/(km · h^{-1})		备　注
				直向	侧向	
18	客专线(07)001	1 100	69	250	80	无砟轨道
	客专线(07)009	1 100	69	350	80	无砟轨道
	客专线(08)016	1 100	69	350	80	有砟轨道
	CN6118AS	1 100	69	350	80	无砟轨道
	CN-6118AB	1 099.282 5	69	250	80	有砟轨道
	CN-6118AT	1 099.282 5	69	350	80	有砟轨道
42	客专线(07)006 CZ2686	5 000	157.2	350	160	无砟轨道
	CN6142AS	10 119/510/4 100/480	157.2	350	160	无砟轨道
	CN-6142AT	10 119/510/4 100/480	157.2	350	160	有砟轨道

6.4.7 无缝线路设计技术

我国高速铁路采用一次铺设跨区间无缝线路技术，跨区间无缝线路消灭了钢轨接头，取消了区间无缝线路的缓冲区，提高了线路的平顺性，改善了列车运行条件，同时减少了轨道的养护维修工作量。高速铁路要求高平顺性，少维修，因此必须采用跨区间无缝线路。

无缝线路设计锁定轨温是无缝线路铺设、养护维修作业和管理的重要依据，是保证线路安全稳定的前提，确定合理的无缝线路设计锁定轨温是无缝线路设计技术的核心。锁定轨温的确定应考虑线路条件、运营条件、气候条件及轨道类型等因素，同时进行强度、稳定性、断缝安全性等检算。此外，无缝线路设计时应针对重点地段，如长大连续梁、道岔区、桥上岔区等进行专项检算，确定合理的设计锁定轨温。

7 四电系统

高速铁路四电系统包括通信、信号、牵引供电、电力供电各系统，以及信息、灾害监测系统等。本章主要介绍四电系统构成、功能以及主要技术方案与设计技术。

7.1 概　述

四电系统是保障高铁安全运营可靠的基本条件之一。如果将线路、路基、桥梁、隧道、站场等设施喻为人体的躯干，牵引供电系统的牵引变电所则为心脏，接触网则为动脉，为动车组的行驶提供驱动电能；通信系统则为铁路运输系统的耳目和神经系统，监视沿线设备状况，传输信息和调度、控制命令或运行指令；信号系统则为大脑，指挥列车安全、高速、高效、准点运行。此外，电力供电系统向铁路系统各类用电设备设施提供可靠的电源。

7.2 通　信

7.2.1 系统构成及功能

1. 传输系统

传输系统为通信、信号、信息、防灾、牵引供电、电力供电等系统提供传输通道，可提供2M、FE、GE等接口。传输系统按骨干(汇聚)层、接入层两层传输系统组网。骨干(汇聚)层采用基于MSTP的STM-16，接入层采用基于MSTP的STM-4。

2. 数据通信系统

数据通信系统为不涉及安全生产、资金往来的各种系统提供网络层的广域网互联服务。根据网络规模和业务需求，数据通信网可按骨干网络和区域网络分层设计，也可按区域网络一层设计。

3. 移动通信系统

目前采用GSM-R数字移动通信系统作为铁路数字移动通信平台，不但提供铁路运输指挥话音通信业务(包括列车调度通信，站场、应急、施工养护等专用通信)，还能为铁路运输指挥提供数据通信业务(包括列车控制系统、调度命令、无线车次号校核、接车进路信息等)。

GSM-R数字移动通信系统由核心网、无线子系统(BSS)、运行维护和系统支撑和终端设备等组成。

4. 视频监控系统

综合视频监控系统一般采用全数字网络视频技术，对铁路沿线重点设施进行实时监控，支持自动监视和人工监视模式。

综合视频监控系统应优先选择数据通信网承载,不具备条件时,可采用传输网、光缆、电缆或无线等方式,由视频节点设备、视频汇集点设备、视频采集点设备、终端设备以及传输通道构成。其中视频节点包括核心、区域、接入节点。

5. 其他子系统

高速铁路通信系统除上述主要系统外,还包括电话交换系统、调度通信系统、会议电视系统、应急通信系统、频率同步及时间同步系统、通信电源、电源及环境监控系统、通信综合网络管理系统、综合布线系统、通信防雷接地等系统设备等。

通信系统的设计以为高速铁路运输生产、经营管理提供安全、稳定、可靠的语音、数据和图形图像通信业务为目标,满足牵引变电、电力供电、PSCADA、信号、信息、防灾、给排水、机务车辆、综合维修等各专业对通信公务电话、有线/无线指挥调度、控制通道、数据通道、视频监控报警等的需求。

7.2.2 主要技术方案

高速铁路通信系统根据铁路速度目标值、列控运行控制方式、主要通信业务选择合适的系统制式,配置相应的系统设备。以下主要介绍传输系统、数据通信网、移动通信系统及综合视频监控等通信子系统。

1. 传输系统

(1)系统功能

传输系统是整个铁路通信系统的基础承载平台。在其承载的业务中,有 CTC、信号微机监测、程控电话交换机间的中继通道、调度通信系统、GSM-R 系统、电源及环境监控、应急通信系统、票务数据、防灾安全监控系统、PSCADA、红外线监测等与行车指挥直接相关的业务;有视频监控系统、会议电视系统、旅客服务管理信息系统、铁路运输管理信息系统等属于维护、管理类的业务。而数据通信网、时钟同步网等基础网络也需要传输系统承载。由此可见,传输系统不仅是铁路通信系统的基础,也是保证铁路行车安全的重要基础设施。

(2)系统构成及组网

传输系统采用同步数字系列技术体制构建多业务传送平台,按照骨干层、汇聚层和接入层形成层次化结构。传输系统为所承载的业务提供网络保护、通道迂回保护。传输系统的传输速率、系统容量是根据铁路业务量、网络冗余和网络保护方式进行选择和配置,并需要预留发展条件。

①业务系统

高速铁路传输系统主要承载的业务系统为:数据网系统、调度通信系统、数字移动通信系统、应急通信系统、通信综合网管系统、同步及时钟分配系统、综合视频监控系统、电源及环境监控系统、信号系统、电力供电系统、牵引供电系统、客票系统、运营调度系统、公安信息系统、防灾安全监控系统。

②系统组网

铁路传输系统一般骨干层和汇聚层合设,所以高速铁路的传输系统按照骨干(汇聚)层、接入层两层网络设计。

(3)传输系统组网技术分析

高速铁路传输系统承载的业务需求是最全面的,考虑到系统安全性及通道使用率,工程中传输系统组网模式采用骨干(汇聚)层、接入层两层组网。通过传输业务分析、带宽计算以及系统冗余保护方式选择,高速铁路骨干(汇聚)层通常采用 MSTP 10 Gbit/s 传输设备,1+1 复用段保护方式;车站接入层采用 MSTP 2.5 Gbit/s 传输设备,1+1 复用段保护方式;区间接入层采用 MSTP 622 Mbit/s 传输设备,二纤单向通道保护环。工程设计时,需注意核算站间骨干(汇聚)层传输系统的光中继传输距离是否满足工程实际需求。

根据两站间距距离,区间接入层一般是两个车站间组建 2 个或 3 个二纤通道保护环。传输系统组网示意如图 7.1 所示。

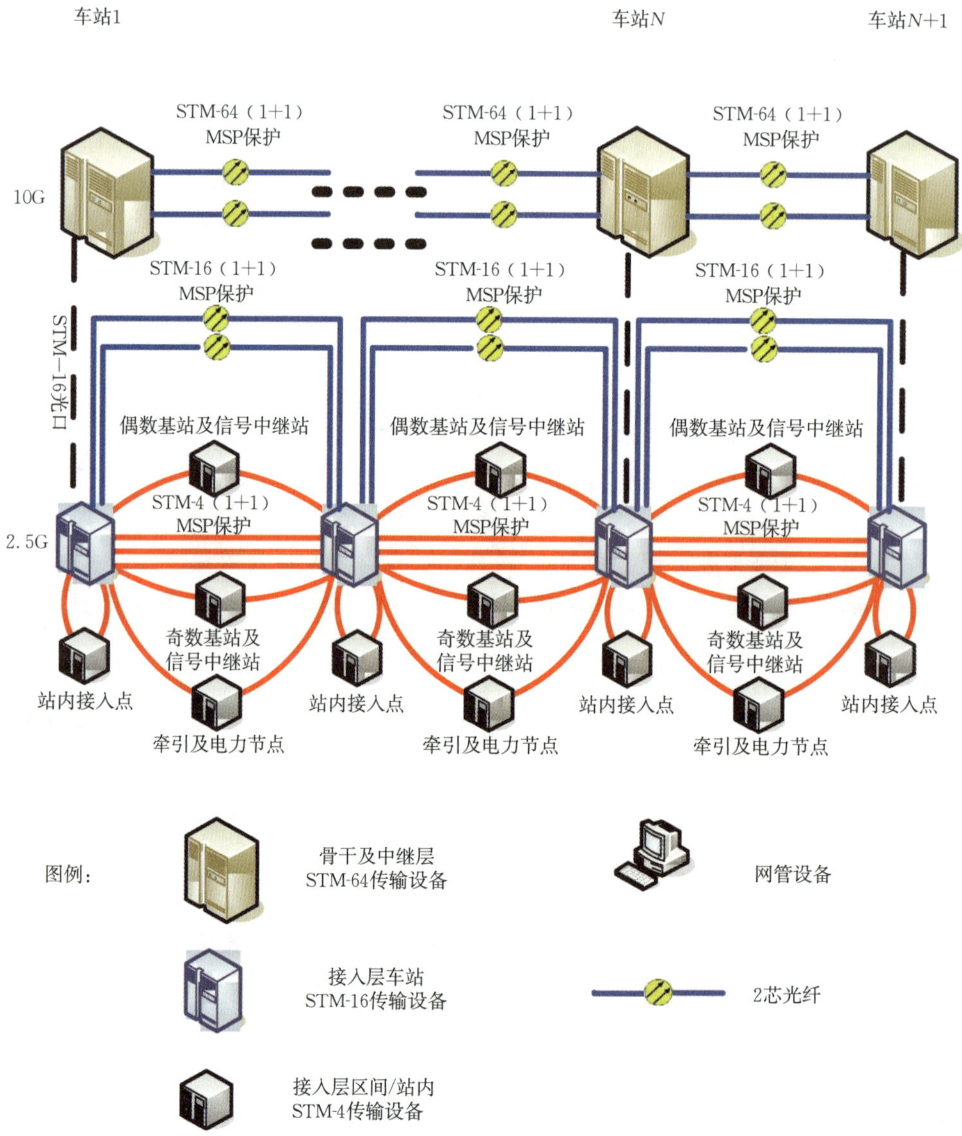

图 7.1 传输系统组网示意图

2. 数据通信网

(1)系统功能

数据通信网主要承载运输组织、客运营销、经营管理等信息系统和综合视频监控、会议电视、应急通信、GPRS 等数据通信业务。高速铁路数据通信网是铁路数据通信网的组成部分，属区域性网络。

(2)系统构成及组网

数据通信网采用 TCP/IP 协议，可按照骨干网络和区域网络分层设计，也可按区域网络一层设计。

骨干网络可独立或合并设置核心节点、汇聚节点、接入节点。一般设置在铁路公司、铁路局。高速铁路数据通信网是铁路数据通信网的组成部分，属区域性网络，由核心节点、汇聚节点、接入节点组成。

(3)IP 地址编号

铁路总公司对全路数据通信网有明确的规划，对其 IP 地址也有明确的规划意见，高速铁路需要对本线数据通信网各节点 IP 地址进行编号。编号过程中，应首先对数据网自身各路由器进行编号，然后统计所有接入数据网的业务，分门别类，按照业务种类的不同，各自编制 IP 地址号码。

3. 移动通信系统

(1)系统功能

移动通信系统采用 GSM-R 系统。高速铁路 GSM-R 系统提供的业务包括话音业务、数据业务、与呼叫相关的业务和铁路特定业务，并可在上述业务的基础上扩展新的应用。

高速铁路 GSM-R 系统具有的主要功能为：列车无线调度通信，区间、站场、公务移动通信，应急语音通信，列车运行控制系统信息传送，机车同步操控信息传送，列车无线车次号校核信息传送，调度命令信息无线传送等。

高速铁路 GSM-R 系统能与数字调度通信网、铁路固定电话交换网等通信网互联互通，实现有线、无线用户之间的话音通信；能与列车运行控制系统、调度集中控制系统(CTC)等系统进行互联，实现车地之间双向数据传输功能。

接口监测设备能实现对 Abis、A 以及 PRI 等接口进行监测，具有信令和应用数据的采集、存储，信令解析，实时在线跟踪用户，综合分析与诊断，信息查询、导入(出)以及系统自身配置、安全管理等功能。

(2)系统构成及组网

GSM-R 系统包括核心网、无线子系统(BSS)、运行维护和系统支撑、终端设备等组成，其中核心网包括移动交换子系统(SSS)、移动智能网子系统(IN)、通用分组无线业务子系统(GPRS)。GSM-R 系统结构及主要接口如图 7.2 所示。

高速铁路 GSM-R 系统包括网络子系统、基站子系统、业务与运营支撑子系统和终端。

4. 综合视频监控系统

(1)系统功能

综合视频监控系统作为各专业统一的操作平台，应用领域包括行车安全监控、客运服务监控、治安防范视频监控及维护保养监控等四类。

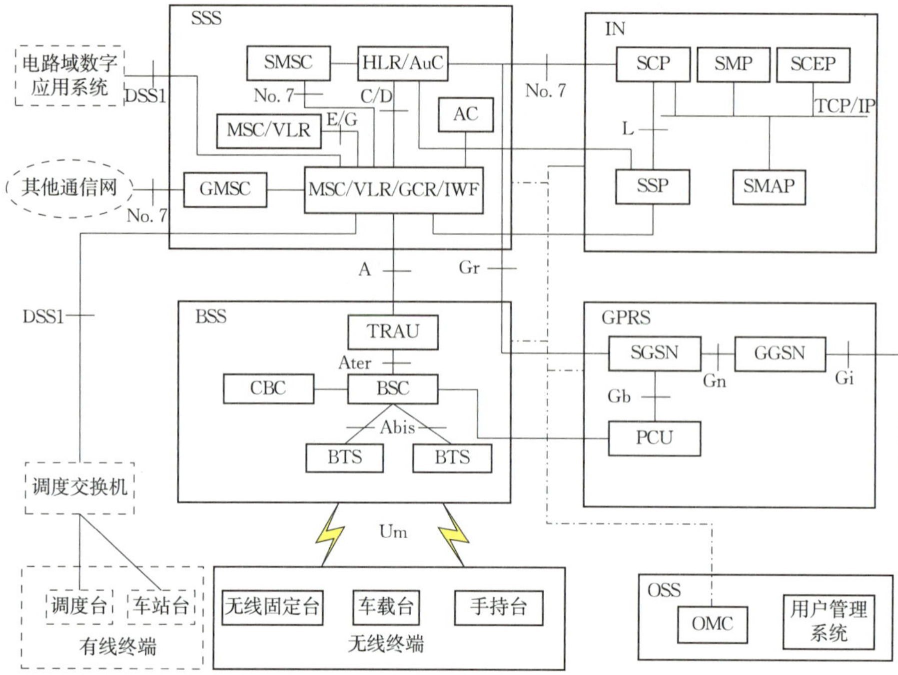

图 7.2 GSM-R 系统构成示意图

系统功能主要体现在以下几个方面：

①可实现视频采集、视频处理、视频存储、视频回放、云镜控制、视频分发/转发、视频内容分析、告警、联动、系统互联、视频显示、系统管理、用户管理等功能，通过对系统资源的统一管理和调配，实现运输调度、客运、电务、电力、工务、公安等业务部门的视频资源共享。

②支持视频图像的实时采集、数字压缩编码和传送，支持多用户同时监视同一路实时视频图像；支持实现图像组合播放、视频图像屏蔽、抓拍、自动弹出告警图像和告警信息提示等功能。

③具有视频信息的存储和检索功能。

④具有图像处理和行为分析等功能。

⑤支持对视频内容分析告警信息的处理。

⑥实现与铁路其他应用系统的信息交互。支持与电源及环境监控、PSCADA、旅客服务信息等系统的告警或事件信息进行联动处理。

(2)系统构成及组网

高速铁路综合视频监控系统由核心节点、区域节点、接入节点、视频采集点、视频网络和用户终端构成。包括图像采集、视频编解码、视频分发/转发、视频存储、安全管理、网络、监视终端等设备。

①中心及区域节点

视频核心节点设在国铁集团；视频区域节点设在各铁路局；负责辖区内综合视频监控设备及网络的统一管理、控制、监视、图像诊断、安全管理和报警处理。

视频接入节点视频分发/转发设备、视频存储设备的数量需根据节点管辖范围内视频采集点的数量、视频图像分辨率、设备处理能力等因素统筹计算确定。

②视频汇集点

在各铁路沿线各区间基站、牵引变所亭、电力配电所、信号中继站等处设综合视频监控系统汇集点设备。视频汇集点设备由网络交换机等设备构成。

③视频采集点

视频采集点设备主要由前端摄像机和相关的线缆组成，设置于站房、站台、通信、信号机房、牵引供电及电力机房内外，车站咽喉区、运转室、公跨铁立交桥、隧道口等监控点。采用就近原则接入临近的视频接入节点或汇集点。

室内摄像机一般可采用球机或半球机，可不带内容分析和夜视功能；室外摄像机一般采用枪机设备，并应配置全天候防护罩，内置雨刷、自动除霜器以及散热风扇，室外摄像机防护等级应满足 IP66 标准。

7.2.3 关键设计技术

铁路移动通信系统作为信号 CTCS-3 级列控信息的承载系统，在高速铁路通信系统设计中占据十分重要的位置。

1. GSM-R 方案设计基本思路

(1)根据列车运行交路和调度区划，确定需要进行 GSM-R 无线覆盖的区域，包括铁路正线、联络线、车站站台及站厅、各种段所、各种大库、调度指挥中心等。

(2)根据 GSM-R 系统所需承载的业务的不同，确定采用的无线覆盖方案，选择是采用单网或者冗余覆盖。比如需要传送列控信息或者机车同步操控信息的线路，应采用冗余覆盖，并确定需冗余覆盖的区域。

(3)根据铁路所处的区域考虑本线 GSM-R 网络应接入哪个核心网，考虑如何设置 BSC 或者如何接入既有 BSC。铁路枢纽的 BSC 应与 MSC 同址设置；铁路干线及没有 MSC 的枢纽，BSC 可设置在通信站或较大枢纽的通信机房。为了减少 BSC 之间的切换，各 BSC 控制的区域应相对集中，不应跨铁路局管界。

(4)根据选择的无线覆盖方式、相应的无线覆盖指标及切换指标等设计要求，结合相应地理信息系统进行沿线基站布设。根据理论计算和软件仿真结果，合理地在所需覆盖区域布设基站、直放站等，并合理设置天线杆塔的高度。

(5)根据业务需求，对各 BTS 覆盖小区的容量进行预测及计算，确定所采用的载频数。

(6)对各覆盖小区无线参数如载频频点、天线方位、天线高度等参数进行规划。

2. GSM-R 方案设计关注的主要问题

(1)基站布点选址

不同等级的铁路对 GSM-R 系统所提供的无线通信业务需求不尽相同，GSM-R 系统无线组网方案、无线场强覆盖指标的不同决定了基站布设间距的差异。高速铁路在沿线所有的车站设 GSM-R 基站，并应保证车站基站可以覆盖车站两侧 3 km，以满足 GSM-R 调度通信系统技术条件的要求。根据线路要求、覆盖半径等条件，结合线路平纵断面图，选择适合设置基站的位置布放沿线区间基站站点，充分考虑基站的覆盖效果并使基站重叠区尽量落在地形开阔地带，以保证越区切换的成功率。覆盖不满足时，可考虑增加基站数量，可根据服务的最大话务量，确定基站站型。

基站场坪选址、征地面积、位置及高程的确定还涉及地形地貌、水文情况、土方工程量等站址环境条件，涉及站前、站后众多专业，工程设计时应进行集约化选址，在满足无线通信系统技术要求的前提下，尽可能与牵引供电、电力、信号等专业设施同址设置，并尽可能使用大型临时用地。考虑实际的地理位置限制，可调整基站数目、铁塔高度、弱场补强方式等设计方案。

(2)弱场解决方案

①独立短隧道或隧道群

对于长度小于 1 000 m 的隧道或隧道群，选择贯通漏泄同轴电缆进行覆盖。

采用单网方案，一般将光纤直放站设置于隧道口，漏泄电缆沿隧道壁敷设用来覆盖隧道，根据需要可在隧道口设置天线或终端负载，鉴于隧道长度较短，隧道内不满足 GSM-R 二次切换的距离要求，因此切换区应设在隧道外。

采用单网交织方案，一般可在隧道的两边各设置一个直放站，隧道采用漏泄电缆覆盖，并且在隧道两边设置基站。在故障情况下的切换问题可以采用将 RU1 的信号引出至隧道外的解决方案，使得在 RU2 故障时 BTS1 的信号可延伸至 RU2 和 BTS2 之间的空间区域，以便完成从 BTS1 到 BTS2 的切换，可采用在漏泄同轴电缆末端加装耦合器或电桥，然后将 RU1 信号耦合出来与 RU2 的另外一路输出信号合成后连接至天线的解决方案。

②长大隧道

由于长大隧道内设备维护困难，需要更高的可靠性，对于高速、需承载列控的线路可采用单点故障不影响业务的设计原则，即采用交织冗余方案或同站址冗余方案进行 GSM-R 系统组网，设备关键部件需考虑相应的备份。高速铁路长大隧道内直放站组网为冗余覆盖方式较多。

长大隧道弱场区在设计中宜采用基站加光纤直放站冗余结合漏泄电缆/天线的覆盖方案来解决。基站尽量安装在隧道进、出口，隧道内安装光纤直放站，每个直放站远端机需要接入相邻两个 BTS 的信号，经过放大后，输出两路合成的信号并分别馈送至两边与直放站连接的漏缆或天线；通过合理调节放大来自两个 BTS 信号的强度，安排切换区；每段漏缆两端均连接直放站，即漏缆两端同时接收不同直放站的信号；每个直放站重要板件均应冗余配置。隧道长度大于 3 000 m，交织冗余覆盖示意如图 7.3 所示。

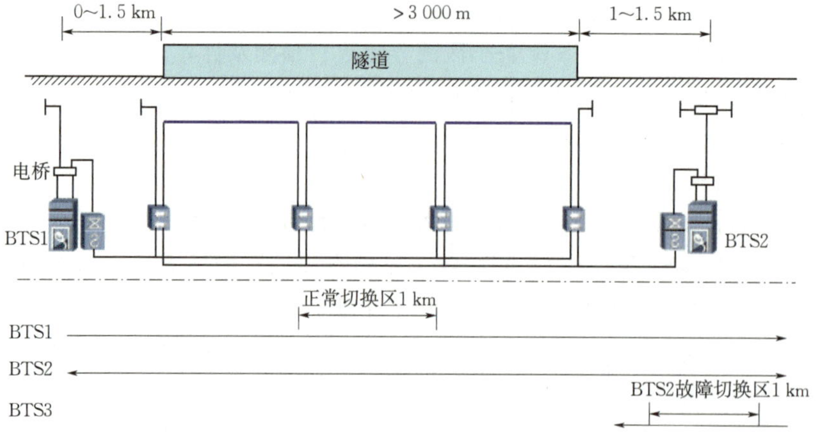

图 7.3　交织冗余覆盖示意图

(3)并行线路覆盖方案

①并行线路定义

从 GSM-R 网络规划角度出发,当两条或者两条以上的铁路采用 GSM-R 网络进行无线覆盖,在一些区域无法避免相互干扰时,可认为这样的线路属于并线区段,还可根据影响分析的结果从线路之间的距离角度来界定(如 500 m、800 m、1 000 m 等)。

对于并行区段,按照设计规范对覆盖电平的要求,即 95%统计概率下最小可用接收电平大于−92 dBm,能达到此覆盖场强要求的“并线区段”可采用共用基站的方案,频率规划及邻小区设置可按常规方案进行。否则,应采用分设 BTS 的方案,但频率规划时需统一考虑避免线路间的干扰。

②并行线路 GSM-R 规划

GSM-R 系统的并线区段可从无线覆盖、无线干扰等方面统筹考虑,并线区段规划与地形地貌等条件有密切的关联。在预测时可采用规划软件对铁路特有地形特征进行模拟预测,不同的地貌条件,可能共基站覆盖的并线区段线间距不同,应采用不同的设计方案。一般而言,平原等开阔地带在线间距不大于 2 km 时可采用共用 BTS 建设模式,大于 2 km 时可采用分设 BTS 的方案。

在采用分设 BTS 建设方案时,应重点研究并行区段的无线干扰,不同的地形条件,可能造成干扰的线间距不同,一般而言,线间距小于 5 km 时并行区段应统筹考虑频率规划。

采用分设 BTS 建设方案时,还应尽量控制天馈线的高度,采用窄波瓣天线覆盖。

并行区段采用共用基站建设模式,应根据各条线路的等级及承载业务的情况,对基站容量进行规划。在频率资源充裕的情况下,并线区段可配备 3 载频基站。在资源受限时,基站载频可采用 C(2+1)的方式(2 载频工作,1 载频冷备)。

GSM-R 业务在共用基站情况下存在基于小区位置寻址业务的局限性,此时可以采用精确位置寻址。机车综合无线通信设备(CIR)可发起精确位置寻址,实现枢纽地区的移动用户对调度台及值班台的准确呼叫,位置的优先级可为线路号及公里标或 GPS 信息等。其他普通移动终端,仍使用基于小区位置的寻址,如果短号码对应了多个调度员及值班员,则由网络语音提示,用户通过数字键选择归属的被呼人员进行通信。

并线区段的覆盖及频率规划在考虑各线路的等级、走向、地形地貌的基础上,优先考虑列控或机车同步操控区段要求。采用共基站模式后,在满足场强覆盖的前提下还应结合 QoS 测试情况对基站相关参数进行优化调整,如增加扇区天线、调整天线俯仰角及方向角等,避免场强覆盖不均匀产生的乒乓切换或切换失败。

7.3 信 号

7.3.1 系统构成及主要功能

信号系统由调度集中子系统、列车运行控制子系统、联锁子系统和信号集中监测子系统构成,同时包含信号安全数据网、信号电源等配套子系统。各子系统通过专用网络(包括信号安全数据网、信号集中监测网、调度集中网三类网络)实现信息共享,构成一个完整的信号系统。高速铁路信号系统采用 CTCS-3 级或 CTCS-2 级列控系统,其信号系统构成分别如图 7.4 和图 7.5 所示。

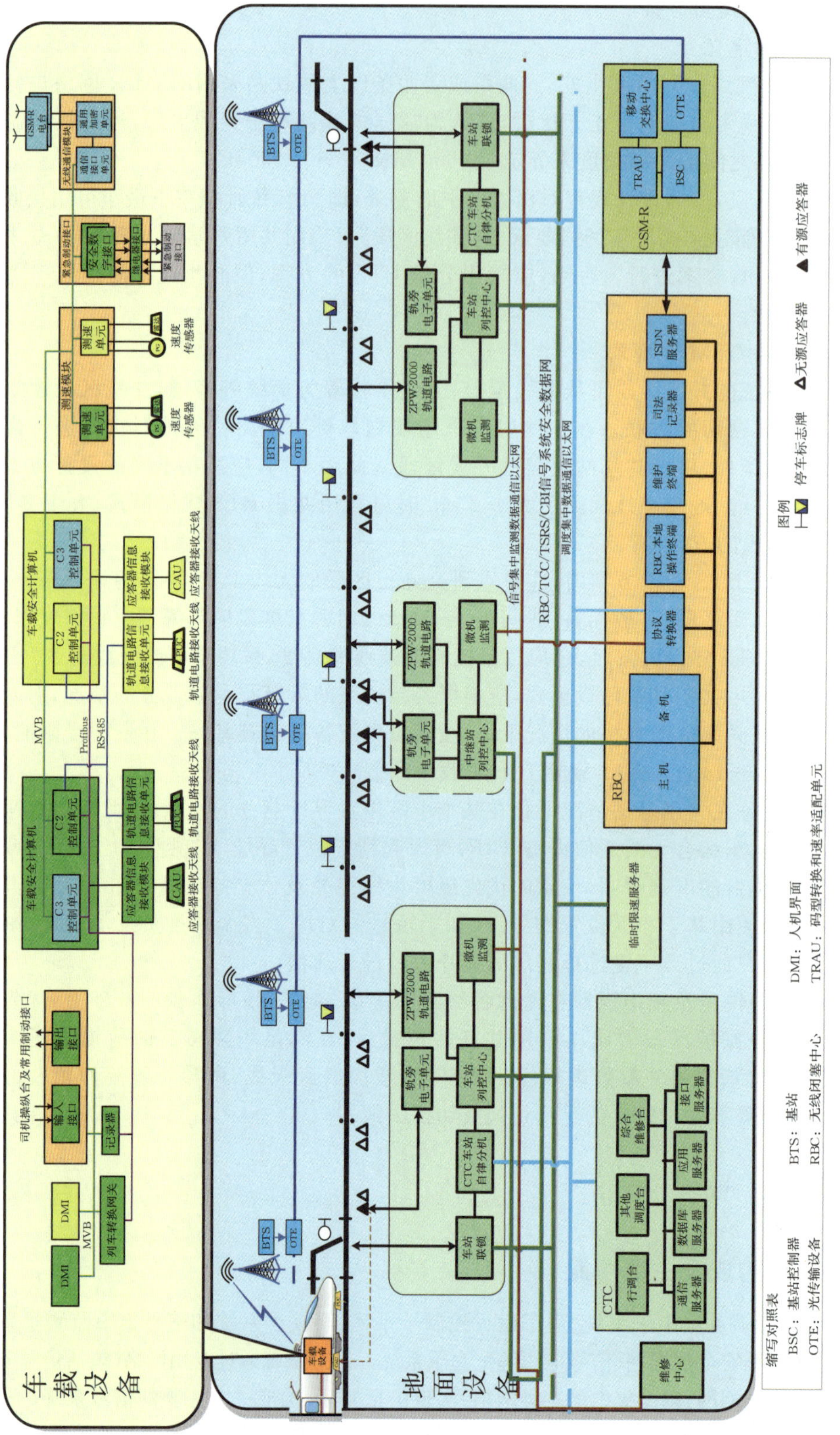

图7.4 信号系统构成示意图（CTCS-3级列控系统）

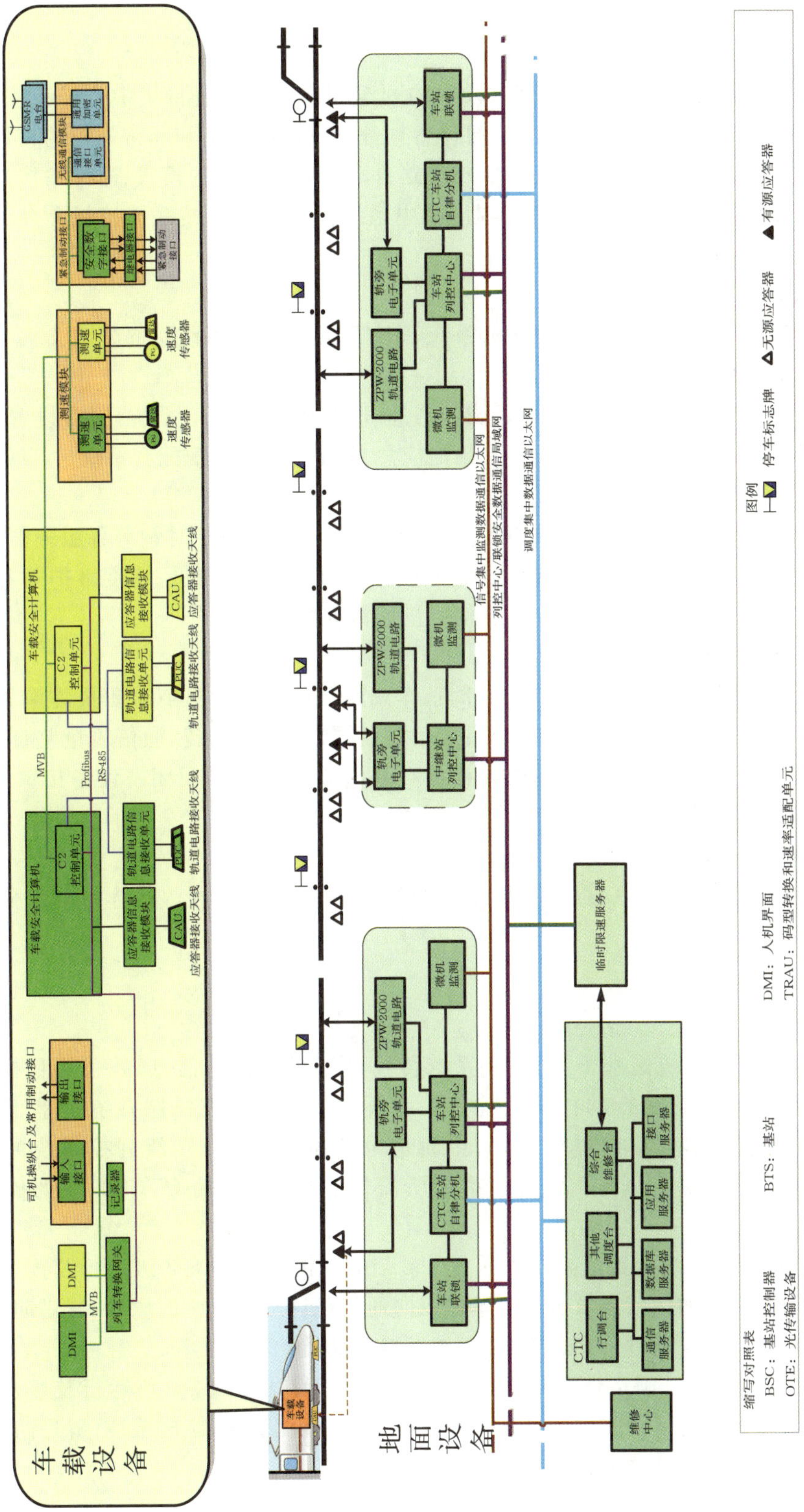

图7.5　信号系统构成示意图（CTCS-2级列控系统）

1. 调度集中子系统

(1)主要功能

调度集中子系统(CTC)对所管辖区段内的列车和调车作业进行集中监督和控制,通过联锁、闭塞和列控等设备实现集中控制的目标,具备分散自律控制和非常站控两种模式。分散自律控制模式是通过调度集中设备,实现进路自动和人工办理的模式;非常站控模式是遇行车设备故障、施工、维修需要时,脱离调度集中系统控制转为车站联锁控制台人工办理的模式。

(2)系统构成

高铁线路 CTC 系统一般由路局中心系统、车站系统和网络系统三部分组成。

①CTC 中心系统

路局分别设置有高铁 CTC 中心系统和普速 TDCS/CTC 中心系统,同时设置查询、运维、仿真测试等系统以及高、普中心可共用的应急备用系统等辅助配套系统。CTC 中心系统结构示意如图 7.6 所示。

CTC 中心系统设备包括数据库、应用、通信前置、各接口、对外时钟等各服务器设备,调度员、助理调度员、综合维修、站场显示、综合查询、值班主任、计划员、调度维护等各工作站设备(用户终端),网络通信、信息安全、通信质量监督等配套设备。

②CTC 车站系统

CTC 车站系统主要设备包括车站自律机、车站服务器、车务终端(值班员终端和信号员终端)、电务维护终端、车务管理终端、网络通信设备、信息安全设备、通信质量监督设备、电源设备、防雷设备等;CTC 车站自律机具有与 CBI、TCC、STP、区间闭塞设备接口,CTC 车站电务维护终端具有与 CSM 接口。CTC 车站系统结构示意如图 7.7 所示。

③网络系统

CTC 网络系统由路局中心局域网、车站局域网和广域网组成,高、普中心应分别独立组网。

2. 列车运行控制子系统

(1)主要功能

CTCS-3 级列控系统是基于 GSM-R 系统传输列车行车许可信息,并采用目标—距离模式曲线监控列车安全运行的控制系统。其后备的 CTCS-2 级列控系统是基于轨道电路加应答器传输列车行车许可信息,其中轨道电路按照 CTCS-2 级列控系统的要求传输信息,应答器除传输 CTCS-3 级列控系统所需信息外,还传输 CTCS-2 级列控系统所需信息。

CTCS-3 级列控系统满足最高允许速度 350 km/h、跨线 CTCS-2 级运行及按自动闭塞或自动站间闭塞运行的运营需求。具备车地双向通信、机控优先、临时限速、冒进防护、列车超速防护、调车监控、自动过分相、C3/C2 等级转换等功能。

CTCS-2 级列控系统满足最高允许速度 250 km/h、跨线 CTCS-0 级运行及按自动闭塞或自动站间闭塞运行的运营需求。具备车地双向通信、机控优先、临时限速、冒进防护、列车超速防护、调车监控、自动过分相、C2/C0 等级转换等功能。

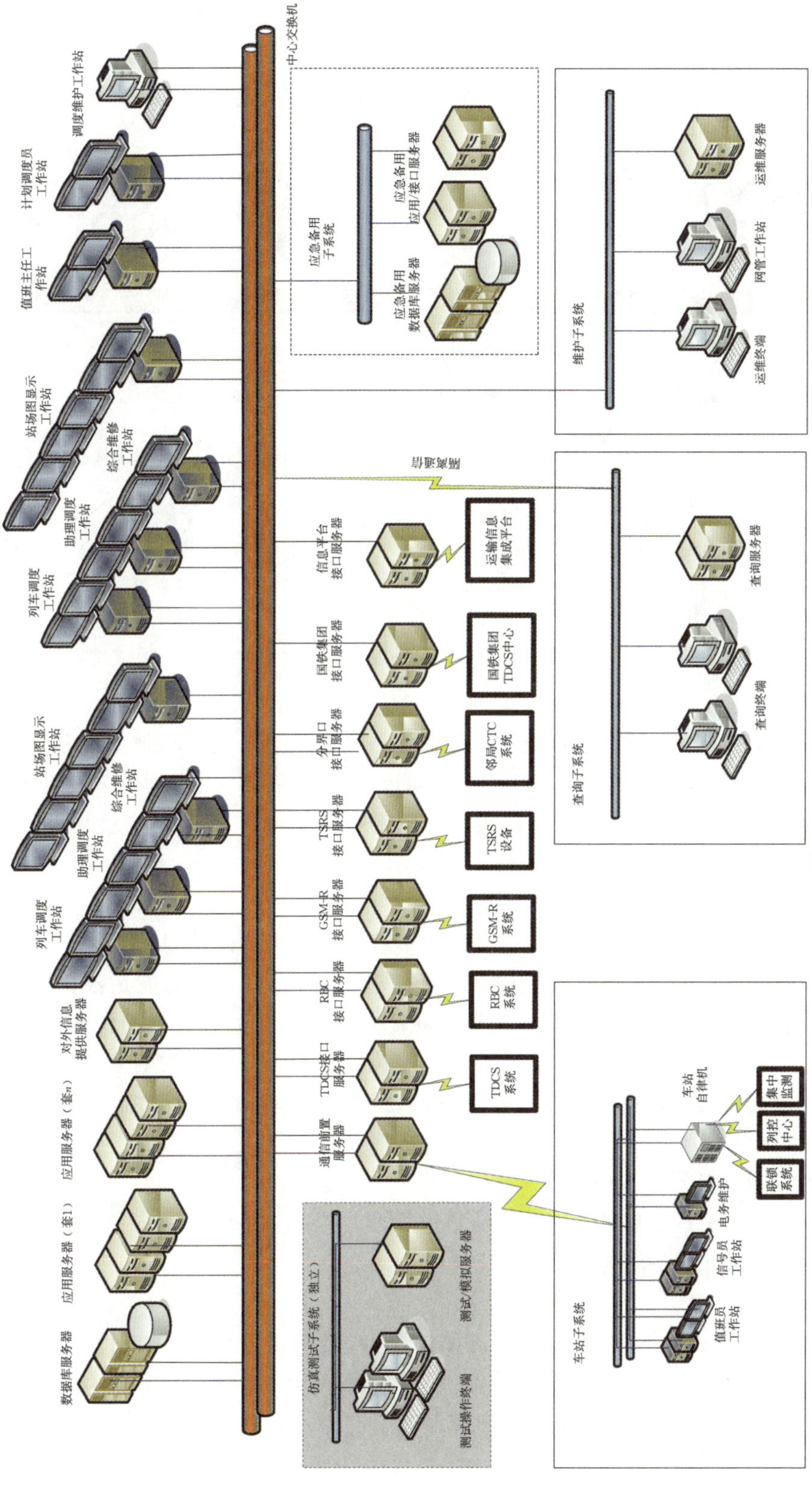

图7.6 CTC中心系统结构示意图

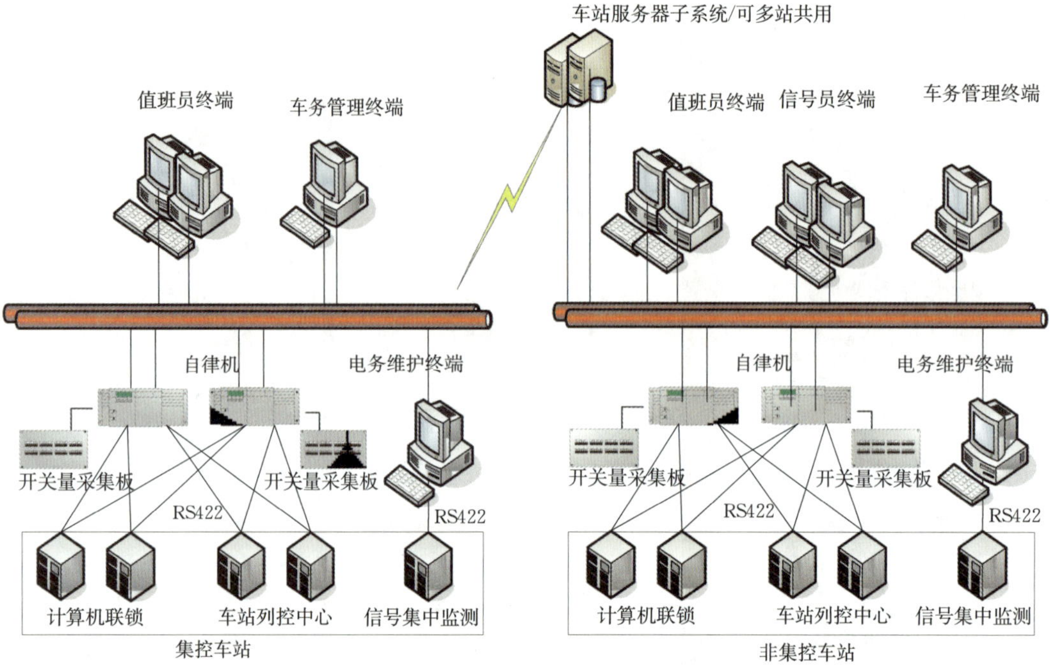

图 7.7 CTC 车站系统结构示意图

(2)系统构成

CTCS-2 级、CTCS-3 级列控系统均由地面设备和车载设备构成。地面设备由列控中心(TCC)、临时限速服务器(TSRS)、ZPW-2000 轨道电路、应答器、地面电子单元(LEU)、网络设备等设备组成。CTCS-3 级列控系统设无线闭塞中心(RBC)。CTCS-3 级及 CTCS-2 级列控系统信号系统构成分别如图 7.4 和图 7.5 所示。

①无线闭塞中心(RBC)

RBC 根据 CBI、TSRS、相邻 RBC、CTC 和车载等设备提供的信息，生成行车许可信息，通过 GSM-R 系统发送给车载设备，以控制列车安全运行。其主要功能是根据从 CBI 获得的进路/轨道区段状态信息、车载设备发送的状态信息及前行列车发送的位置信息，向车载设备发送行车许可；根据从 TSRS 接收的临时限速命令、从 CTC 接收的紧急停车命令向车载设备分别发送临时限速信息和紧急停车命令；接收 CTC 时钟信息、控制车载设备实现等级转换、RBC-RBC 移交等。

②临时限速服务器(TSRS)

TSRS 负责列控系统临时限速命令的集中管理。TSRS 由主机、维护终端(TSRM)和接口单元组成。TSRS 设备结构示意如图 7.8 所示。

③列控中心(TCC)

TCC 根据轨道区段占用信息、联锁进路信息、线路限速信息等，生成行车许可信息，通过轨道电路和有源应答器发送给车载设备，以控制列车安全运行。TCC 具有轨道电路状态判断及编码、站内及区间轨道电路的方向控制、区间信号机点灯及区间改变运行方向、临时限速及信号降级处理、异物侵限监测、应答器报文实时组帧等功能。TCC 能通过联锁向

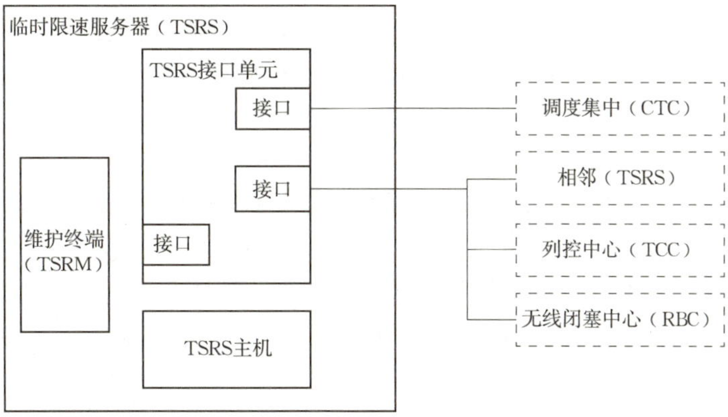

图 7.8　TSRS 设备结构示意图

RBC 传送区间轨道区段状态信息，通过 LEU 及有源应答器向 CTCS-2 级列控系统传送临时限速信息和进路信息。

TCC 设备主要由安全主机单元、通信接口单元、驱采单元、辅助维护、冗余电源单元等组成。TCC 设备与外部设备接口配置如图 7.9 所示。

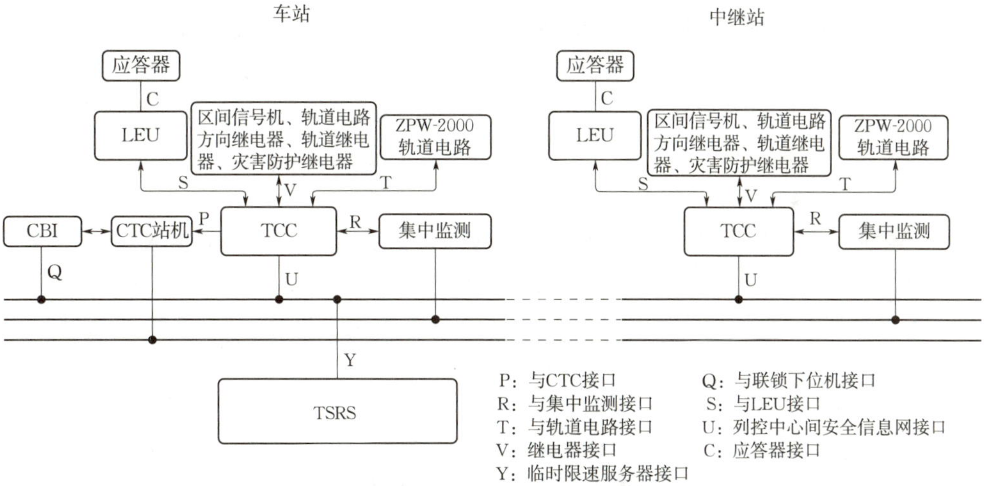

图 7.9　TCC 设备与外部设备接口图

④应答器地面设备

应答器地面设备由无源应答器、有源应答器、地面电子单元(LEU)组成。无源应答器用于发送固定不变的数据，如设置在区间，发送线路坡度、最大允许运行速度、轨道电路参数、列控等级转换等信息；有源应答器通过电缆与 LEU 连接，用于发送来自 LEU 的实时变化的信息，其进路、临时限速服务器或 CTC/TDCS 下达的临时限速命令；LEU 周期接收来自 TCC 的报文，并将其连续不断地向有源应答器发送。

⑤车载设备

车载设备根据列车参数、地面设备提供的行车许可信息、线路数据、临时限速等，按照目标—距离模式曲线，监控列车安全运行。车载设备由车载安全计算机(VC)、轨道电路信息读取器(TCR)、应答器信息接收模块(BTM)、列车接口单元(TIU)、记录单元(JRU/DRU)、人机界面(DMI)、GSM-R 无线通信单元(RTU)、车载电台和测速测距单元等组成,并分别通过继电器或 MVB 总线与列车接口、GSM-R 无线通道与 RBC 接口、BTM 获取应答器信息,TCR 获取轨道电路信息。

⑥ZPW-2000 轨道电路

ZPW-2000 轨道电路具备实现区间空闲及占用检查、绝缘破损防护、向车载设备信息传输等功能。

ZPW-2000 轨道电路由室内设备与室外设备组成:室内设备包括发送器、接收器、衰耗冗余控制器、防雷模拟网络、CAN 总线通信接口设备等;室外设备包括电缆、轨旁阻抗匹配设备、绝缘节调谐设备、补偿电容,以及配套扼流变压器等。

3. 计算机联锁子系统

(1)主要功能

计算机联锁(CBI)是以计算机为主要技术手段,通过建立信号、道岔、进路的联锁关系,防止列车在站内发生进路冲突等事故,能满足各种车站(场)规模和运输作业的需要,保证行车安全,提高站内作业效率。

(2)系统构成

CBI 主要由联锁计算机、操作显示终端设备、电子执行单元、电务维修机等组成,联锁计算机一般采用 2×2 取 2 冗余结构和高可靠性硬件。CBI 应能够与邻站 CBI、CTC/TDCS、RBC、TCC、CSM 等信号系统接口。

4. 信号集中监测子系统

(1)主要功能

CMS 系统应直接采集不具备自监测功能的信号设备及其结合部的模拟量和开关量信息,并与具备自监测功能的电源屏、TDCS/CTC、ZPW-2000 轨道电路、CBI、TCC、TSRS、RBC、CCS 等设备接口,获取设备监测信息。具备分级预警或报警,对监测数据进行分类、存储、查询、显示、统计、分析、回放及远程监测功能。

(2)系统构成

CSM 系统应满足《铁路信号集中监测系统技术条件》的要求,由电务段监测总机设备、车站监测分机、信号车间和工区监测终端以及广域网数据传输等部分组成。电务段监测总机设置数据库服务器、应用服务器、通信前置机、接口服务器、网络管理服务器、网络安全设备、维护终端等;车站监测分机设置站机、采集设备、维护终端。

CSM 数据通信网独立组网,可采用 2 Mbit/s 专用数字通道或 100 Mbit/s 数据通信网构建环状单环网结构,用于集中监测系统的信息传输。

7.3.2 主要技术方案

1. 调度集中子系统

(1)CTC 中心系统设计

CTC 中心应用服务器每条线(区域)设置一套(应分别设置实时数据处理、运行图和调度命令处理、综合信息处理共三类应用服务器),超过 500 km 增设一套,原则上处理范围不超过3个调度台。通信前置服务器每条线(区域)设置一套,处理车站原则上不超过64个。

接口服务器按照不同的接口对象分别设置。RBC接口服务器按线路分别设置,TSRS接口服务器按调度台分别设置,GSM-R接口服务器按高铁和普速线分别设置,与相邻路局高铁中心(相邻路局普速中心)接口服务器按所连接的中心分别设置,国铁集团接口服务器按高铁中心和普速中心分别设置一套,与运输信息集成平台接口服务器设置一套,与本局TDCS接口服务器按需要设置一套或者多套。

高铁CTC调度台设置调度员、助理调度员、综合维修、站场显示、综合查询、值班主任、计划员、调度维护等工作站(用户终端)设备各一套,液晶显示器16～18台,可根据需求增设。

信息安全设备包括安全计算环境、安全区域边界、安全管理中心等。一个路局设一套安全管理中心设备,可供高、普中心共用。

线路接入既有调度所高铁CTC中心时,需增配应用服务器、通信服务器、与RBC接口服务器、与TSRS接口服务器等服务器类设备,并新设调度台、复示终端等,配套对信息安全、通信质量监督等设备升级。

(2)CTC车站分机设计

调度区段内的各车站、线路所、动车段(所)应设置CTC车站分机,应明确CTC车站分机(含信息安全、通信质量监督等)设备配置情况。调度集中区段一个直属站或一个车务段的多个车站可共用一套车站服务器,车站数目不应超过15个,非集控车站应设置值班员终端,大型车站根据需要设置信号员终端。

(3)CTC网络方案设计

正线各站之间、两端站/TSRS/RBC与局CTC中心之间的广域网采用不同物理径路的专用冗余2 Mbit/s环形通道和独立的网络设备传输信息;局CTC中心与车站之间的每个环不超过10个车站(首尾端站距离不宜超过200 km);通道接入方式宜采用以太网(FE)方式,也可采用E1/G.703方式;通信机房至信号机房应采用光纤通道和光接口设备连接。CTC系统通道网络示意如图7.10所示。

(4)CTC终端设备配置

CTC终端设备一般包含两类,一类仅做复示用,另一类为远程操控终端。CTC终端配置需征求路局意见,通常设于机务段派班室、动车段(所)、车务段乘务室受令点和电务处、电务段、信号车间、调监工区等地,用于接收路局调度所行车调度命令及电务系统维护。各CTC终端应配置相应的外设和网络设备,就近接入车站或中心网络。

为满足枢纽内多个车站、线路所与邻近车站、一站多场车务人员合署办公需求,以及动车段(所)机务及车务、车辆和客运人员合署办公需求,在合署办公调度室(运转室)内配置CTC远程操控终端。

2. 列车运行控制子系统

高速铁路列车运行控制采用CTCS系统,不同线路等级、技术标准的高速铁路对应不同等级的CTCS。250 km/h的线路宜采用CTCS-3级,也可采用CTCS-2级;250 km/h以上的线路采用CTCS-3级。CTCS-3级列控系统宜贯彻始发、终到站之间全覆盖的原则,避免或

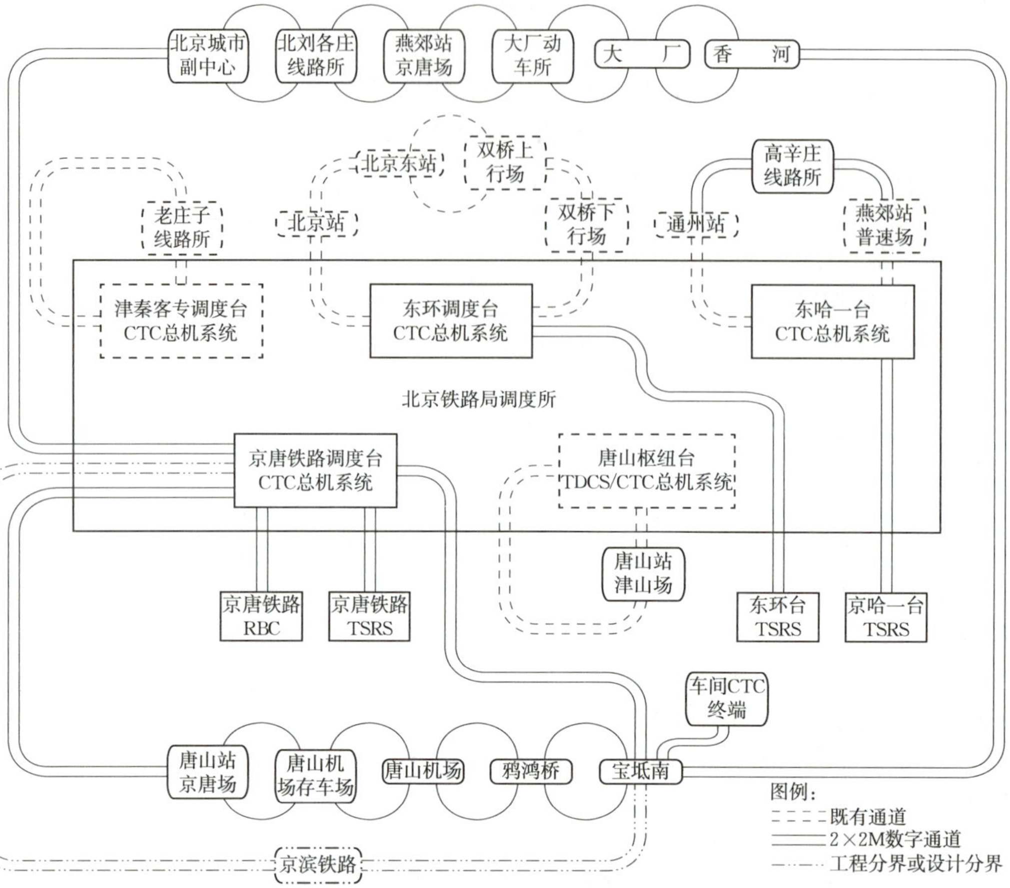

图 7.10 CTC 系统通道网络示意图

减少列车正常运行情况下的切换，以提高系统可用性；对于尽头型或始发终到作业较多的枢纽车站，考虑到枢纽车站改造工程较多，CTCS-3 级列控系统试验验证周期较长，征求路局意见后也可采用 CTCS-2 级列控系统。

动车走行线宜采用列车作业方式，按 CTCS-2 级列控系统设计。

高速铁路列控系统与相邻线路列控系统兼容，系统满足最高运行速度和双线双向运行，正向追踪间隔满足运输需求，反向按自动站间闭塞运行。当 CTCS-3 级列控系统 RBC、车载无线通信模块（RTM）或 GSM-R 无线通信网故障时降级为 CTCS-2 级后备系统。

闭塞分区的划分应满足动车组列控车载设备按照目标距离模式控车的要求。任何连续 7 个闭塞分区的总长度满足 CTCS-2 级列车在规定的运行速度下安全制动距离的需要。

仅运行动车组的线路地面设置闭塞分区信号标志牌，引入枢纽高普共线地段设置四显示区间通过信号机；动车组以车载显示作为行车凭证，列车未安装车载设备或列控设备停用时，按相关行车组织办法规定行车。

反向运行时，列车应按相关规定降速运行，区间轨道电路按追踪码序贯通发码，采用与正方向相同的发码原则，车载设备应能按照完全监控模式监控列车运行。

列控系统具备与异物侵限和地震预警监测系统接口的功能。

(1)无线闭塞中心(RBC)

①无线覆盖范围

无线覆盖范围包括 CTCS-3 级线路及列控车载设备检测作业区;在 CTCS-2 级至 CTCS-3 级等级转换区域的 CTCS-2 级线路,不得小于列车按设计速度运行 80 s 的距离;在 CTCS-3 级至 CTCS-2 级等级转换区域的 CTCS-2 级线路,不得小于列车按设计速度运行 5 s 的距离与列车长度之和。

②RBC 的设置

按照属地化维护的原则,全线 RBC 宜集中设置并与 TSRS 同址设置于沿线较大城市所在车站专用信号设备机房,主机设备与监测维护终端宜分室设置。TSRS 通过局域网可与多个 RBC 连接,但每个 RBC 只能和一个 TSRS 连接。

③相邻 RBC 切换位置

RBC 的控制范围不宜跨越路局或高速铁路公司管理边界。相邻 RBC 正、反向切换点应合并设置于区间闭塞分区分界处,宜与 TCC 控制范围分界点一致,宜避开 GSM-R 网络的 MSC(移动交换中心,每个路局一套)或 BSC(基站控制器,每条线路一个)的切换区。相邻 RBC 之间应采用直接通信方式交换 RBC 切换信息。为消除 RBC 切换对列车正常运行的影响,车载设备应设置两个独立 GSM-R 通信电台,当列车距 RBC 切换边界一定距离(列车走行 40 s 所需要的距离)时,在 RBC1 控制下通过另一部电台开始呼叫 RBC2 并进行连接注册。当其中一部 GSM-R 通信电台故障时,车载设备仍能用正常电台进行 RBC 切换,但如果切换时间超过车地间允许通信中断时间,将导致列车常用制动,故 RBC1 提供行车许可将在 RBC2 管辖区域延长一个 40 s 正常行驶距离+完整制动距离的长度,RBC1 行车许可的延伸区域尽可能覆盖在区间线路。相邻 RBC 切换示意如图 7.11 所示。

如 CTCS-3 级线路枢纽正线短区间或者场间联络线长度不能满足 RBC 正常切换要求时,应注意调整 RBC 切换位置或者采取其他技术措施。

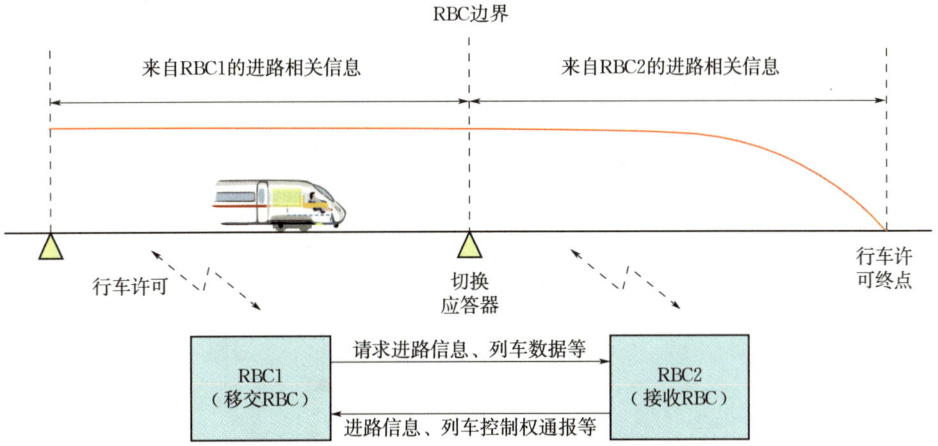

图 7.11　相邻 RBC 切换示意图

(2)临时限速

①临时限速服务器(TSRS)的设置及管辖范围

TSRS 宜与 RBC 同址设置于本线专用的信号设备机房;每台 TSRS 宜对应单个 CTC 调

度台，每个 CTC 调度台可对应多台 TSRS；每台 TSRS 应具备连接不少于 35 个 TCC、4 个 RBC、4 个相邻 TSRS 的控制能力。

②列控限速设置与信息流程

CTCS-2 级及 CTCS-3 级临时限速设置规则及信息流程均按《列控系统临时限速技术规范》中相关技术标准执行。临时限速命令的拟定遵循“以线路正方向，限速起点所在台”的归属原则，可拟定的限速终点最远截至 TSRS 对应的调度台管界范围。区间及站内正线临时限速按里程设置，不设置区域重叠的限速，限速值设 9 挡（45、60、80、100、120、160、200、250、300 km/h）；侧线临时限速以上下行侧线分别按区设置，限速值设（45、80 km/h）两挡。

临时限速命令由调度员设置与取消，跨调度台的临时限速命令由两侧调度台按管界人工拆分后分别下达。TSRS 接收来自 CTC 行调台、相邻 TSRS、边界转换站 TCC 对应的 CTC/TDCS 中心或边界转换站 TCC 的临时限速命令，并将命令下达到 CTC 管辖范围内各车站、线路所、中继站 TCC 或 RBC，进而通过应答器或 GSM-R 传递到列控车载设备；TSRS 将自身运行状态和内部逻辑状态实时地传递给 CTC 和 CSM 系统。临时限速命令信息流程如图 7.12 所示。

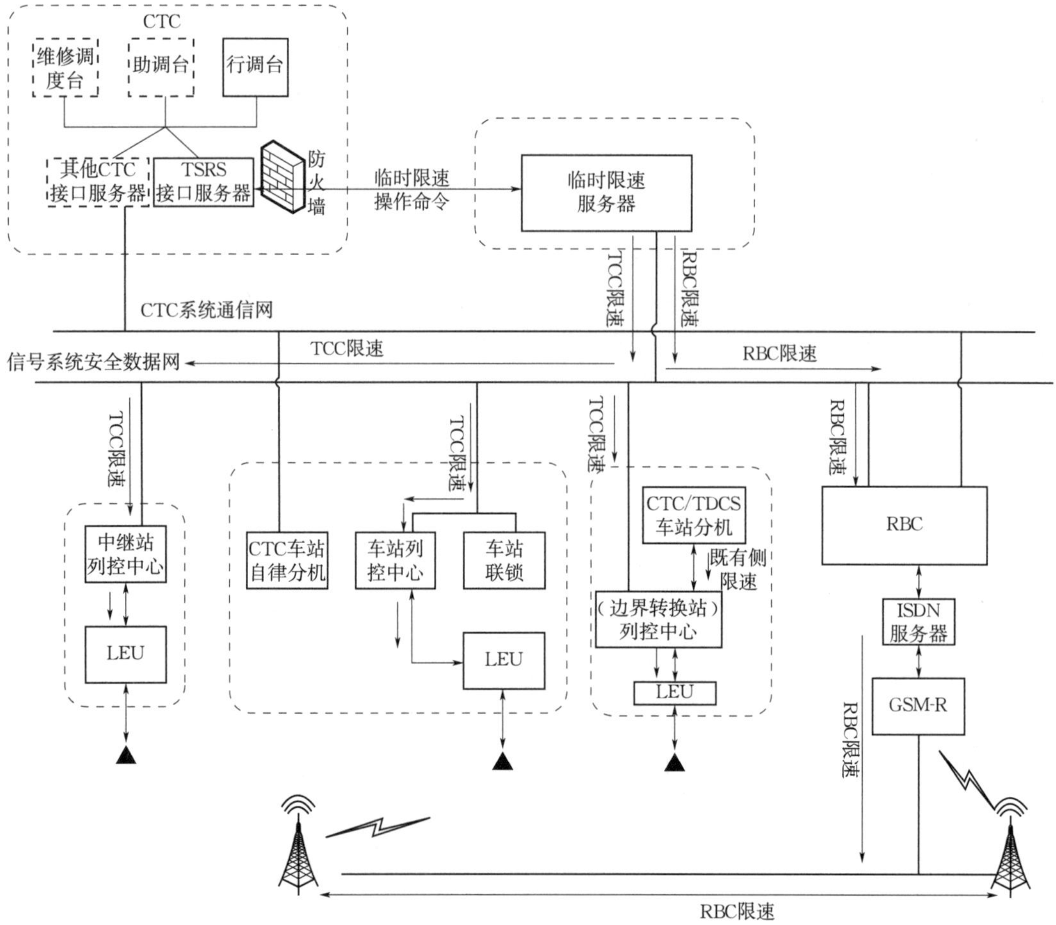

图 7.12　临时限速命令信息流程示意图

(3)列控中心(TCC)

沿线各车站、中继站应设置 TCC,包含多个独立车场的车站宜分场设置 TCC;线路所、不兼作中继站的无配线车站可与相邻车站合设 TCC;与 CTCS-2 级线路衔接的 CTCS-0 级车站可设置 TCC,或通过设置室外 LEU 与相邻车站合设 TCC;动车段(所)宜设置 TCC。每台 TCC 设备应具备控制至少 10 台移频柜和 16 台 LEU 设备的能力,个别超过单个 TCC 控制容量的车站设置两套。局界或者电务段管界附近的中继站 TCC 管界应尽量与电务运维管界一致。

(4)应答器地面设备

①应答器设置原则、数据覆盖范围及报文编制原则

客专 CTCS-2/CTCS-3 级区段应答器设置和报文应用原则符合《列控系统应答器应用原则》的规定。CTCS-2 级区段应设置区间、正反向进站、正反向出站、中继站、进路、定位、大号码道岔、CTCS 等级转换、反向区间等应答器组,区间适当处所设定位应答器组;CTCS-3 级区段除设置 CTCS-2 级区段的应答器组外,还包括 RBC 连接应答器组、RBC 切换应答器组。当站内股道相邻两个应答器组之间的距离大于 400 m 或区间相邻两个应答器组之间的距离大于 1 500 m 时,在适当处所增设定位应答器组。

②LEU 的设计

LEU 宜集中设置于信号设备计算机室,LEU 与有源应答器之间的电缆长度大于 2 500 m 时,宜在轨旁冗余设置室外 LEU。控制正线列车信号机、区间信号中继站、大号码道岔等处所有源应答器的 LEU 设备按“1+1”方式冗余设置,控制侧线列车信号机等处所有源应答器的 LEU 设备按“$N+1$”方式冗余设置。

③应答器自动过分相

高速铁路分相区按无电区设计,需要列控车载设备根据地面设备提供的分相区信息,在适当位置给动车组过分相装置发送指令,实现自动过分相。每处过分相采用三组区间应答器组(第一组为分相区外方第 7 个闭塞分区入口处区间应答器组、第二组为列车接近 20 s 外方最近的区间应答器组、第三组为列车接近 10 s 外方最近的区间应答器组)发送分相区断电标起点位置及长度等分相区信息。

(5)ZPW-2000 轨道电路

①轨道电路设计原则

高速铁路正线采用计算机编码的 ZPW-2000 无绝缘移频轨道电路,其发送、接收设备均按冗余配置,并具有设备自监测功能。区间正常追踪码序为 L5-L4-L3-L2-L-LU-U-HU。ZPW-2000 轨道电路要保证机车信号设备的可靠接收,并根据《ZPW-2000 轨道电路技术条件》(TB/T 3206)规定的标准分路电阻、钢轨参数、道砟电阻率等参数确定轨道区段单元的工程设计长度。

②多线并行区段 ZPW-2000 轨道电路同频干扰防护方案

ZPW-2000 轨道电路相同载频(根据载频类型相同与否定义相同载频及不同载频,如 1700-1 与 1700-1 为相同载频;1700-1 与 1700-2 属于相同基准载频,为不同载频)区段不能并行。当区间 ZPW-2000 无绝缘移频轨道电路在同方向载频多线(大于 2 条)并行且线间距小于 20 m 的区间运用时,不可避免地出现相同工作频率间的邻线干扰问题(正常条件下的耦合干扰和故障条件下的传导干扰),主要体现在对轨道电路接收设备工作情况及机车车载

设备产生危及行车安全的影响：干扰信号足够大时，会造成干扰区段丧失分路检查；如干扰信号被车载设备接收，可能导致机车信号显示升级。信号常规采用缩短同方向载频区段并行长度，调谐区错位设置、多线横线连接线设置和配置高阻抗扼流变压器等干扰防护方案。

③区间中继站设置

ZPW-2000 轨道电路室内设备集中设置于车站或区间中继站的信号机械室内，轨道电路电缆传输控制距离不宜大于 7.5 km，极限不大于 10 km，当电缆长度超过规定时设置区间信号中继站。中继站不应设置在防洪、防滑坡、长大隧道及地势低洼、积水等交通不便的处所，宜靠近或设置于交通便利的铁路用地界内。

(6)安全数据网组网

信号安全数据网应保证 CTCS-2 级、CTCS-3 级列控系统设备(CBI、TCC、TSRS、RBC、CCS)间的安全信息可靠传输。

安全数据网组网执行《高速铁路信号系统安全数据网技术规范(V3.0)》的相关规定。信号安全数据网采用冗余的独立双环网，环网间应物理隔离。连接相邻交换机设备的光纤长度不宜超过 70 km，通信距离超过规定时应增加通信中继设备。环网的每侧光缆提供 6 芯光纤，其中主用 4 芯，备用 2 芯。信号安全数据网宜设置网络管理服务器(EMS)。

相邻线路连接处或铁路局分界处子网连接示意如图 7.13 所示。

3. 联锁子系统设计方案

(1)联锁制式、控显设备及联锁范围

①联锁制式及控显设备

车站、动车段(所)应采用计算机联锁(CBI)；一站多场的大型车站，为减少故障面以及设备改造对运输的影响宜分场设置 CBI。

线路所宜设置独立 CBI，经征求路局意见也可与邻站合设 CBI。距邻站不大于 3 km 的线路所，宜采用电缆方式将室外信号设备直接纳入邻站管辖；距邻站较远时，采用电缆方式将引起电缆加芯较多，投资较高且维护不变，可采用区域联锁系统或远程控显系统。

为满足枢纽内多个车站、一站多场车务人员合署办公需求，可采用联锁集中操控系统、远程控显系统，远程操控终端应具备与本地设备的操作切换功能。

个别沿线地质、气候恶劣，灾害频发，公路交通极不发达，运维人员驻守困难的铁路项目，为最大限度减少电务人员巡检、养护及维修的工作量，信号设备器材应尽量集中设置，并尽可能减少轨旁设备。

②联锁范围

除线群出站信号机前方的道岔外，凡与接车进路、发车进路有关的道岔，以及集中联锁区内增加的临时道岔均应纳入集中联锁。联锁范围应重点说明维修工区线、既有线接轨、动车段(所)连接处等联锁范围划分原则。一站多场需要分设联锁而联锁范围不易分开时，应说明衔接道岔的控制原则。

(2)信号机设置与显示

信号机、信号标志牌的设置及信号显示，符合《铁路技术管理规程(高速铁路部分)》的要求。进站信号机一般采用矮型七灯位或五灯位(用于隧道或桥梁)机构，在进站信号机外方 900 m、1 000 m、1 100 m 处应设置预告标；出站信号机采用“红、绿、白”三灯位单机构，信号机

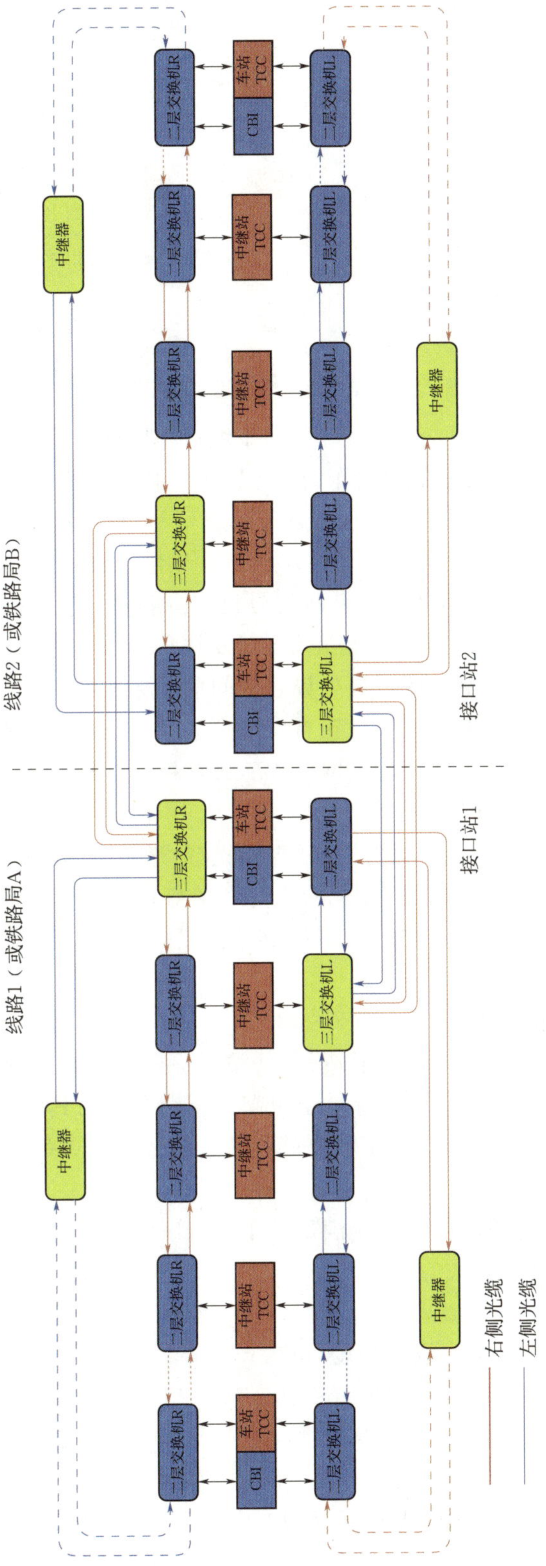

图7.13　相邻线路连接处或铁路局分界处子网连接示意图

开放应检查站间空闲条件；根据需要设置调车信号机。采用透镜式色灯信号机，信号机构及显示示意如图 7.14 所示。

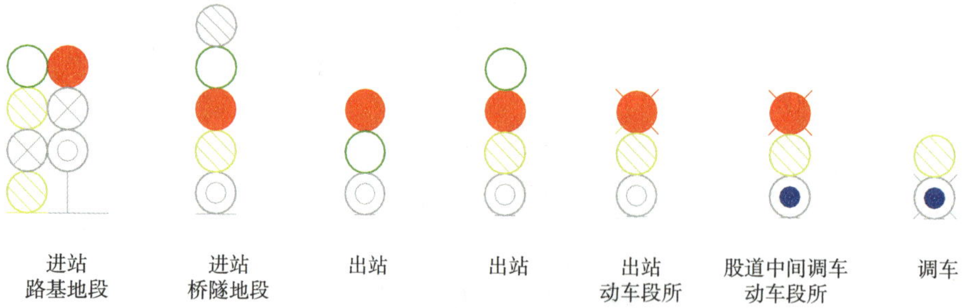

图 7.14 信号机构及显示示意图

正常情况下，地面列车信号机常态为灭灯，动车组行车凭证为车载信号显示。如车载设备故障或开行未安装 ATP 车载设备的列车时，应由调度中心或车站控制点亮信号机，列车凭调度命令和允许信号机显示按规定的速度越过列车信号机。调车信号机常态点灯，在调车进路建立后即可开放信号机，允许调车作业车辆越过该信号机。

在 CTCS-3 级区段设置进站信号机、出站信号机、进路信号机、进站预告标；正线、到发线一般不设置调车信号机，岔线、段管线与正线、到发线相衔接时，根据需要设置调车信号机；区间不设通过信号机，在闭塞分区分界处设置区间信号标志牌。

车站及线路所进站、出站、进路信号机正常状态不显示，仅起停车位置作用；对以隔离模式运行的动车组列车和施工路用列车，信号机点亮，灭灯视为红灯。当车站出站信号机点灯并显示允许信号时，须保证站间区间空闲。

计算机联锁设置“点灯”按钮和“灭灯”按钮，与对应的进站、进路或出站信号机列车按钮结合操作，实现对进站信号机或出站信号机的点灯和关灯控制。列车越过点亮允许信号的进站信号机或出站信号机后，进站、进路或出站信号机点亮红灯，其防护的进路解锁后灯光自动熄灭。

(3)轨道电路及电码化

CTCS-2 级、CTCS-3 级区段的简单车站、无岔站、线路所、复杂车站的正线及到发线宜采用与区间相同制式的 ZPW-2000 有绝缘轨道电路。复杂车站的其他区段可采用 25 Hz 相敏轨道电路，动车段(所)宜采用 25 Hz 相敏轨道电路叠加 ZPW-2000 电码化，站内维修工区线路采用高压脉冲轨道电路。

站内 ZPW-2000 轨道电路区段长度应满足动车组按该区段线路允许速度运行时列控车载设备可靠工作的条件，计算公式为

$$L_{min}=v_{max}\times 2.5\ \mathrm{s}+20\ \mathrm{m} \tag{7.1}$$

式中 L_{min}——站内轨道电路最小设计长度，m；

v_{max}——该区段线路最高允许速度，m/s。

道岔区段 ZPW-2000 有绝缘轨道电路长度应小于 400 m，特殊情况不应大于 650 m。每个道岔区段不宜超过 2 个道岔。当区段只有一个道岔时，无受电分支长度不应大于 160 m；当区段有两个道岔时，每个无受电分支长度分别不应大于 80 m 和 160 m。为避免轨道电路机车信号邻线干扰，当站内相邻平行且设有同方向载频的轨道电路长度超过 650 m(线间距

不小于 5 m)时，对轨道电路进行分割。

(4)转辙设备

道岔转辙设备由转辙机及转换锁闭器、密贴检查器、外锁闭装置、安装装置组成。三相交流转辙机拉力大，电缆控制距离长，电机故障少，维护工作量小，故高速铁路道岔应采用三相交流转辙机和外锁闭装置。

根据站场道岔类型，配备相应的道岔转辙设备，并采用断电保护措施。正线上的道岔采用外锁闭、多机、分线、分动控制的方式，多点牵引的道岔应采用多台转辙机牵引方式，或采用转辙机及转换锁闭器组合的牵引方式，并实现挤岔监督报警功能。直向允许通过速度在 160 km/h 以上的道岔尖轨密贴段牵引点间设置密贴检查装置，信息纳入信号集中监测系统。

(5)电源设备

信号电源由信号电源屏、不间断电源(UPS)单元、蓄电池组等组成。正线车站、中继站信号电源组成如图 7.15 所示。

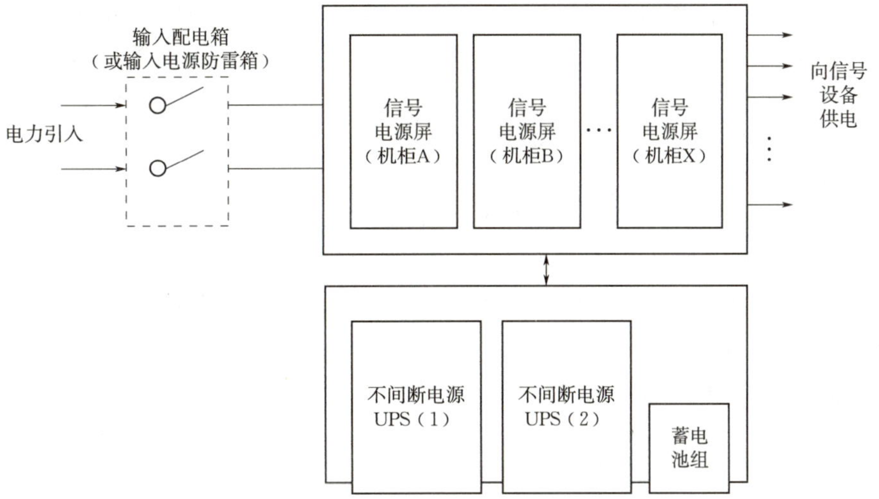

图 7.15　铁路信号电源设备构成示意图

高铁正线车站、区间中继站新设综合智能电源屏，为信号设备(道岔融雪装置的电加热元件除外)供电，其中为 TDCS/CTC、CBI、TCC、TSRS、RBC、CCS、信号安全数据网以及室外 LEU 等关键信号设备提供双路独立供电回路，为其余信号设备提供单路供电回路。电源屏容量应根据信号设备用电量经计算确定，输出的电源类型应根据信号设备的用电类型确定。

各车站、区间中继站配置 UPS 电源，UPS 容量负荷按照除转辙机外所有用电量计算，无人值守处所及 RBC、TSRS 集中机房的 UPS 供电时间不宜小于 2 h，有人值守处所的 UPS 供电时间不得小于 30 min。

输入配电箱(或输入电源防雷箱)选择的保护断路器的额定电流宜取信号电源设备设计最大电流的 1～1.2 倍。

4. 信号集中监测子系统

信号集中监测系统按属地化管理原则进行配置。高铁正线信号集中监测子系统由集中监测总机、集中监测分机两级构成。电务段设置集中监测总机，正线车站、中继站均设信号集中监测分机设备，并在信号车间、信号值班工区设置集中监测终端。各监测分机设备及监测终端设备均联网至电务段集中监测总机系统。车站通信机械室至信号机械室应采用光纤通道和光接口设备连接。

7.3.3 关键设计技术

1. 多个车场枢纽站列控系统方案

枢纽地区车站的情况一般分为:尽头型枢纽站、交会型枢纽站。

(1)尽头型枢纽站依据运营的需求、工程特点等,300 km/h 及以上高速铁路一般采取 CTCS-3 级列控系统贯通的方案,宜尽量减少列控等级的切换,如上海虹桥站;同时,结合运营部门方便操作的需求、枢纽地区线路交会多、列车运行速度低、系统复杂、工程实施风险高等因素,也有采用进入枢纽站前切换为 CTCS-2 级的情况,如北京西站。

(2)交会型枢纽站一般多条线路交会,多个车场并行布置,场间设有联络线;此情况下由于衔接的多条线路采用不同等级的列控系统,存在不同列控方案的选择以及互联互通、等级切换等关键技术设计,如长沙南站、石家庄站、商丘站等,一般情况下需要考虑以下因素:

①枢纽站行车作业需求:不同方向的动车组运行径路,装备不同列控等级的动车组车流组织情况;一般情况下 CTCS-3 等级的列车仅能在 CTCS-3、CTCS-2 线路上运行;CTCS-2 等级的列车可以在 CTCS-0、CTCS-2、CTCS-3 等级的线路上运行;CTCS-0 等级的普速车仅能在设有地面信号机的区段运行。

②枢纽站衔接线路的列控制式:CTCS-2、CTCS-3、CTCS-0,一般情况,有条件时需要保障干线通路的列控制式的贯通,尽量避免、减少列控等级切换点。

③列车运行速度:CTCS-3 列控系统可以适应 350 km/h 以下各速度等级;CTCS-2 列控系统一般用于 250 km/h 及以下各段落运行;CTCS-0 仅用于 160 km/h 段落;不应由于系统设计原因引起行车速度低于线路允许速度。

④联络线的长度和信号点布置

联络线地段一般是 RBC 切换点或 C2/C3 级间转换点,一般情况下,多车场宜由同一个 RBC 控制,当分属不同的 RBC 控制时,需要考虑在联络线设置信号点,在联络线实现不同 RBC 的移交;当联络线上无信号点时,不具备 RBC 移交条件,需要特殊考虑 RBC 数据覆盖和列控等级切换方案。

不同车场的列控制式不一致时,比如:一个场为 CTCS-3,另一个场为 CTCS-2,需要合适地点设置 CTCS-2/CTCS-3 等级切换点,等级切换点宜设置在区间;设于联络线时,需要考虑联络线的长度需满足制动距离要求和 CTCS-2/CTCS-3 列控系统速度比对的要求,不应由于等级切换引起非预期的制动。

⑤联络线分相区设计

分相区的设计应尽量避免设于联络线上,本身联络线上列控系统的切换或交接方案比较复杂,存在降速、制动等潜在风险,分相点的设置将令系统更加复杂、运行条件更加恶化,存在"掉分相"的风险。

2. RBC 控车数量计算

(1)计算原则

单个 RBC 应具备同时处理至少 30 列已注册列车、480 个设置的闭塞分区、50 个已激活的临时限速，同时连接至少 3 个 CBI、2 个相邻 RBC、GSM-R 网络的 2 个 ISDN PRI 线路的能力，其中同时处理列车数量和连接 CBI 数量是计算 RBC 数量的限制因素。目前我国国产化 RBC 形成了 3 个技术平台，处理列车数量分别是 30 列和 60 列。正在研发的自主化 RBC 能同时处理列车 60 列，连接 8 个 CBI。RBC 的数量应结合运输组织方案确定，按照单个 RBC 处理能力指标，综合考虑列车追踪间隔、车站股道数、局界、车站规模与预留情况等因素，单台 RBC 控制的列车数量 T 按式(7.2)计算，并应符合式(7.3)。大型车站经技术经济比选可单独设置 RBC。

$$T = \lceil k \times T_{股} + \sum_{i=1}^{n} \frac{L_i}{L_I} + T_{RBC-RBC} + T_{C2/C3} + T_{其他} \rceil \tag{7.2}$$

$$T \leqslant T_{系统} - T_{预} \tag{7.3}$$

式中　$\lceil\ \rceil$——数学符号，表示向上取整数；

k——本 RBC 控制范围内能同时存放 CTCS-3 级动车组的侧线股道利用系数，取值不大于 1；

$T_{股}$——本 RBC 控制范围内能存放 CTCS-3 级动车组的股道数；

L_i——本 RBC 控制范围内第 i 条线路的正线长度，km；

L_I——本 RBC 控制范围内第 i 条线路相邻列车之间按最高速度、最小间隔考虑的运行间隔，km；

n——本 RBC 控制范围内的正线数；

$T_{RBC-RBC}$——本 RBC 控制范围内与相邻 RBC 切换处所的数量；

$T_{C2/C3}$——本 RBC 控制范围内 CTCS-2 级至 CTCS-3 级等级转换处所的数量；

$T_{其他}$——本 RBC 控制范围内动车段(所)CTCS 试车线等特殊区段同时与本 RBC 链接的列车数；

$T_{系统}$——本 RBC 自身允许同时链接的列车数；

$T_{预}$——本 RBC 控制范围内预留可同时链接的列车数，取值根据车站规模及预留情况确定。

(2)典型工程案例

以京唐铁路为例，计算参数取值如下：

按每股道存放 1 列动车组，$k=1$。

动车组相邻两列车最小追踪距离 15 km(暂按 300 km/h 速度运行 3 min 计算)，$L_I=15$ km。

RBC1 控制范围内，京唐正线长度 $L_i=62.966$ km；RBC2 控制范围内，京唐正线长度 $L_i=75.002$ km。

新设 RBC 仅管理本线动车组列车，$n=2$。

RBC1 与 RBC2、京滨 RBC 存在切换，$T_{RBC-RBC}=2$；北京端设有 C2/C3 切换点，$T_{C2/C3}=2$。

RBC2 与 RBC1、津秦 RBC 存在切换，$T_{RBC-RBC}=2$；唐山端设有 C2/C3 切换点，$T_{C2/C3}=2$。

若在本线运行的全部为 CTCS-3 动车组，按最高速度、最小间隔、各股道均停有动车组，单个 RBC 最多能同时管理 30 列已注册动车组考虑，经计算，本线范围设置 2 套 RBC 可满足需求，详见表 7.1。

RBC 设备考虑电务集中维修方便，暂集中设置于唐山站 RBC 机房内。

表 7.1 京唐铁路 RBC 控车数量表

局界	序号	站 名	T	站间距/km	$T_{\text{股}}$	$T_{C2/C3}$	$T_{\text{其他}}$	备 注
北京局	1	北京城市副中心站						CTCS-2 区段
	2	北刘各庄线路所						CTCS-2 区段
	3	燕郊站		5.268	2	2	2	$T_{RBC\text{-}RBC}=2$
	4	大厂站		13.896	2			
	5	1 号中继站		12.460				
	6	香河站		8.868	4			
	7	2 号中继站		11.137				
	8	宝坻南站		11.337	4		2	
	RBC1		29	62.966	12	2	4	
	9	3 号中继站		12.078				$T_{RBC\text{-}RBC}=2$
	10	4 号中继站		12.650				
	11	5 号中继站		10.730				
	12	鸦鸿桥站		11.100	2			
	13	6 号中继站		9.000				
	14	唐山机场站		9.100	4	2	4	
	RBC2		25	75.002	6	2	4	
	15	老庄子线路所		10.344				纳入津秦 RBC

7.4 信 息

7.4.1 系统构成及主要功能

高速铁路信息系统主要包括运输调度管理系统、客票系统、客运服务信息系统、动车组管理系统、办公系统、公安管理系统、建设项目管理系统等。

高速铁路信息系统是铁路信息化的一部分，通过利用数据采集、计算机、通信及自动化控制等先进技术，实现高速铁路各类应用相关的信息采集、信息处理及集成、信息存储、信息传输等功能，满足高速铁路运输组织、客运营销、经营管理等的需要。高速铁路信息系统是提高高速铁路运输效率、提升服务及管理水平的技术保障。

1. 运输调度管理系统

运输调度管理系统与铁路运输调度指挥管理体制相适应，业务覆盖总公司、铁路局、站段三级调度部门及岗位，完成日常运输组织和生产指挥。

(1)运输调度管理系统总体架构

运输调度管理系统采用调度中心、调度所二级部署，调度中心、调度所、站段三级应用，系统部署于铁路综合信息网的安全生产网。高速铁路运输调度管理系统总体架构如图 7.16 所示。

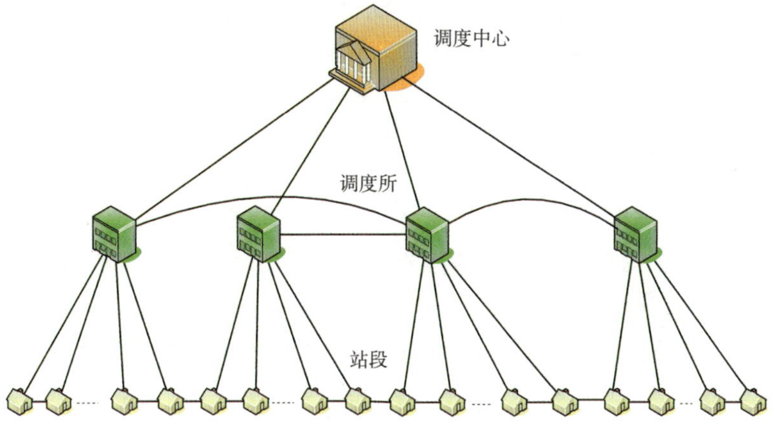

图 7.16　运输调度管理系统总体架构图

(2)运输调度管理系统功能

运输调度管理系统具有行车调度管理、计划调度管理、供电调度管理、客运调度管理、货运调度管理、动车调度管理、机车调度管理、工务调度管理、电务调度管理、施工调度管理、综合维修调度管理、军特调等功能。

(3)运输调度管理系统设计

①运输调度管理系统设备配置

运输调度管理系统在调度中心和调度所设置数据库服务器、应用服务器、接口服务器、存储设备、网络设备、网络安全及维护管理设备、计算机终端等设备。其中数据库服务器、应用服务器一般采用小型机服务器,接口服务器采用 PC 服务器。根据运输作业的需要,在车站、动车段(所)等基层站(段)设置调度终端和网络设备。

新建高速铁路需考虑接入调度所运输调度管理系统扩容,包括调度所运输调度管理系统软硬件扩容、调度台终端扩容等内容。

②运输调度管理系统与相关系统的接口

运输调度管理系统与 CTC 系统、旅客服务信息系统、客票系统等系统互联实现信息共享。

运输调度管理系统与 CTC 系统之间通过网闸、防火墙安全互联,与其他相关系统之间通过防火墙安全互联。在运输调度管理系统侧设置边界防火墙、系统接口服务器、共享数据库服务器及共享存储系统等配套设备。

2. 客票系统

旅客购票方式按照铁路售票途径分为站内售票和站外售票,站内售票是指通过车站内的人工售票窗口及自动售票机发售车票,站外售票是旅客通过网络购票、电话购票等方式购买车票。

(1)系统构成及功能

客票系统可采用中心、区域、车站三级架构,或中心、车站两级架构。系统具备票务管理、售票交易、互联网售票、手机售票、电话订票、列车服务、车站服务等功能,宜具备客户关系管理、客运营销辅助决策、卡务管理、系统监控等功能。

系统可支持磁介质纸质、热敏票、二维条码票、非接触式 IC 卡、电子客票等票制。宜支持现金、银行卡、储值卡、电子支付等多种支付方式。客票系统支持实名制售票、验证、检票。

车站票务系统设置车站服务器、管理终端、自动售票机、自动检票机、窗口售票机、补票机、自助取票机、柱式检票机、手持移动检票终端、席位凭条自助打印机、实名制核验设备等售检票设备及配套设备，实现车站客票预订、发售、补票、变更和检/验票服务的功能，并为运营人员提供车站级的票务管理功能。

检票系统按候车室、出站口等管理进、出站检票机，定期接收客票系统的基础数据和相关车次、存根信息，并根据车次到发信息，生成列车检票计划，控制检票机的检票作业，监控检票机的工作状态，生成检票作业报告单。

客票系统具备与火灾自动报警系统（FAS）的接口，具备灾害及设备停电等紧急情况下自动或手动控制自动检票机开放的功能。

（2）电子客票流程

电子客票的相关功能设计，围绕电子客票涉及的旅客购票、进站验证、检票乘车、列车查票以及检票出站和车票变更等环节的业务办理，通过丰富和完善新一代客票系统中车站服务子系统、互联网售票子系统、电话订票子系统、列车服务子系统、交易服务集成平台、数据共享集成平台等各个子系统、短信及语音平台和电子支付平台等相关系统的功能，满足旅客出行和铁路运营管理的需要。

①车票发售

由互联网（含手机 APP）购票，线下取票，窗口发售纸质车票，变化为网上购票成功后，推送电子行程信息，旅客也可自行打印电子客票通知单，无须取票乘车；人工窗口和自动售票机，购票成功后，根据旅客选择打印电子客票通知单或报销凭证。

②实名验证

由核验车票、身份证件和乘车人三者的一致性，变化为旅客持二代身份证等可机读证件进行自助核验；其他不可机读证件，在人工实名验证口，由工作人员扫描电子客票通知单二维码或手工输入证件号码，进行实名制核验。

③进出站检票

由旅客持车票进行检票，变化为旅客持二代身份证等可机读证件进行自助进出站检票；其他不可机读证件，在人工检票口，由工作人员扫描二维码或手工输入证件号码，并核对证件后进行检票。

④列车查验

由列车工作人员查验车票，变化为列车工作人员使用站车无线交互系统终端，调阅旅客电子行程信息，通过自动识读证件、扫描电子客票二维码或手工输入部分证件号码等方式验票。

⑤报销凭证领取

维持纸质车票为报销凭证，实施电子客票后，旅客根据需要在售票、候车和出站区域自助打印，票样采用车票样式，注明“仅供报销使用”。为方便旅客在线上办理改签和退票，对旅客进行必要的宣传，引导其在旅行结束出站时打印报销凭证。

⑥车票变更

实施电子客票前，旅客网上购票线下换取票后，以及窗口所购票的车票，如需退票改签，均需要到车站窗口进行办理。实施电子客票后，旅客如在乘车前不打印报销凭证，线上、线下各渠道均可办理电子客票退票改签等变更业务。现金购票旅客可在互联网上办理车票变更后，在其便利时间，到车站窗口领取退票款和手续费发票。

⑦业务创新

旅客出行无纸化，通过优化分离铁路车票所承载的功能，实现旅客出行乘车凭证由硬板票、软纸票、磁介质车票，到“无纸化”的转变。客票业务全面自助化，在互联网售票、闸机检票实现旅客购票和检票自助化的基础上，进一步提高购票和检票效率，同时实现退票、改签、变更到站等业务的自助化。线上线下功能一体化，取消互联网购票后换取票环节，同时实现线上和线下功能的一致性。有效解决既有纸质车票丢失、伪造和倒卖等问题。建立旅客全行程信息档案，为后续开展精准营销和服务奠定基础。

3. 旅客服务信息系统

随着高速铁路的快速发展，为了提高客服管理水平和工作效率，提升整体客服水平，应构建满足客调台集中管控、车站管控及集中运维等需求的集成方案优化、系统架构合理、系统接口统一的旅客服务信息系统。

客调台集中管控，集中、实时监视管辖范围内车站客流情况，监督列车运行到发及早晚点状态，对车站重点部位进行视频监视，统一发布各种旅客服务信息等。

车站管控，掌握本站旅客服务信息系统运行情况，在路局中心/区域中心/中心站旅服集成管理平台失效情况下，实现对本站旅客服务信息系统的管控。

集中运维，集中、高效管理中心及车站级旅客服务信息系统，确保旅客服务信息系统构建的高可靠性、高可用性、高可维护性。

高速铁路旅客服务信息系统集中管控方案需满足客调台集中管控需求、车站管控需求及集中运维需求。系统架构可采用中心、区域、车站三级架构，中心、车站两级架构，车站单级架构。多级架构的旅客服务信息系统应设置集成管理平台。单级架构的旅客服务信息系统宜设置集成管理平台。

(1)旅客服务信息系统集中管控方案

①多级架构

a. 系统构成

旅客服务信息系统集中管控方案采用区域中心集中、车站应急方案：在区域中心设置铁路局级旅客服务信息系统集成管理平台，实现了与调度系统共享平台、区域中心客票系统(TRS)、自动售检票管理系统、综合视频监控系统等的统一接口；在各大站设置车站级集成管理平台，在各中间站设置旅客服务信息系统应急服务器及接口服务器；各大站设置综合监控室，配置大屏及操作终端。

b. 系统功能

通过区域级旅客服务信息系统集成管理平台、本站业务操作终端实现对本站客专场部分旅客服务信息系统的集中管控，根据区域级客运管理需求，可通过本站集成管理平台及业务操作终端实现对普速场部分旅客服务信息系统的管控；由区域级客调台实现对所管辖区域中间站旅客服务信息系统的集中管控；当区域中心旅客服务信息系统集成管理平台、区域中心与车站之间的数据通信网络分别失效或同时失效工作状态，启用车站级应急管理平台，实现对车站级旅客服务信息系统的管控。

该方案采用正常工作模式集中管控、应急模式车站站控模式，应用部署高效、系统架构简洁、配置优化，应用(仅需对本站进行管控)、维护灵活，性价比较高。

②单级架构

单级架构的旅客服务信息系统设置集成管理平台时，各子系统应接收本站集成管理平台的指令。

(2)旅客服务信息系统集中管控技术

①业务模型分析

客运专线铁路旅客服务信息系统采用“区域中心集中、车站应急方案”，有正常工作模式、应急工作模式两种业务模型。

②系统构成方案

集中管控方案旅客服务信息系统由区域中心旅客服务信息系统、车站级旅客服务信息系统、系统网络构成。

(3)广播系统

广播系统是向旅客通告事项，提供各类听觉信息，组织客运作业，疏导客流，保证行车安全及有效地进行客运管理与服务的设施。广播系统采用数字音频控制和传输技术，将多路信源同时传输到不同的分区，保障旅客能够在整个站区内清晰明确地获取音频信息；在特定情况下，能够实现紧急情况广播。

设计中，扬声器的布置应结合广播区的空间高度及建筑布局等因素整体考虑，并应按照满足以下要求进行设备布置：

①站前广场、站台等处的声场不均匀度不应大于 6 dB，声压级信噪比不宜低于 10 dB。

②候车室、进站集散厅、售票厅等处的声场不均匀度不应大于 3 dB，声压级信噪比不宜低于 15 dB。

③贵宾室、软席候车室等地点，声场不均匀度不应大于 3 dB，声压级信噪比应大于 25 dB。

④扬声器设置位置应避免回声。

设计中，设备选型可参考以下原则，但在具体设计中，扬声器还应根据具体的建筑声学环境、装修方案等条件进行布置。

随着高速铁路不断地发展，大型站房日益增多，大型站房内尤其是大型站房内的高大空间的广播系统应该根据建筑形式选用线阵列扬声器。

(4)综合显示系统

综合显示系统是在旅客进站、购票、候车、检票、乘车、出站等环节上为旅客提供及时准确的信息服务的系统。它可通过前端多种显示设备(如 LED、LCD、到发通告终端等)，在站内为旅客出行提供完整的引导服务，并向车站工作人员提供列车到发信息服务，详见表 7.2。

综合显示系统由同步/异步控制器、终端显示部分组成。

终端设备设置及选择应注意以下原则：

LED 具备亮度高、面积大、可视距离远的特点，适于放置在大空间区域。PDP/LCD 具备分辨率高、面积小、可视距离近的特点，适于显示图片、资讯，放置在小空间区域。

面向旅客的动态显示终端根据车站的规模、所处的地域和客流特点，宜优先采用全彩 LED 显示屏或 PDP/LCD 显示屏。

表 7.2　综合显示终端设置地点及主要功能

名　　称	设 置 地 点	主 要 功 能
售票窗口屏	售票厅	显示售票窗口编号、售票工作状态等信息
票额屏	售票厅	显示车次、票额、公告等信息
进站大屏	进站集散厅	显示本站列车到发、候车等信息
候车引导屏	候车区入口等处	显示候车区所候车次、开车时间、状态等信息
进站检票屏	进站检票口上方	显示本检票口的车次、开车时间、状态等检票信息
进站通道屏	进站地道或天桥通向站台处	显示其对应站台的列车到发、编组等信息
站台屏	站台	显示该站台列车到发、编组等信息
编组屏	站台	显示该站台列车到发、编组等信息
出站通道屏	出站地道或天桥通向站台处	显示其对应站台的列车到达时间、编组等信息
出站大屏	出站口	显示列车始发、到达、状态等信息

(5)车站视频监控系统

车站视频监控系统应对车站的客运服务作业以及站前广场、检票口、安检区、售票区、候车区、楼扶梯、垂直电梯、通道、站台、办公区等场所进行视频采集，提供实时图像。

车站视频监控系统应设置视频前端采集、分发/转发、存储、系统管理、用户终端等设备，根据需要可设置视频编解码、视频内容分析等设备。车站视频监控系统前端采集设备的控制优先级应能根据需要设置。

监控设备选型需满足以下要求：

①摄像机应安装在监视目标附近不易受外界损伤的地方，安装位置不应影响现场设备运行和人员正常活动。

②安装高度室内宜距离地面 2.5～5 m；室外宜距离地面 3.5～10 m；若站台为消防通道，安装高度应在 4 m 以上，满足消防要求。

③电梯厢内的摄像机应安装在电梯厢顶部、电梯操作器的对角处，并应能监视电梯厢内全景。

④室内外安装的摄像机均应安装防护罩。

⑤摄像机应由稳定牢固的支架固定在建筑物上。

(6)车站时钟系统

系统应为车站旅客及客运服务人员等提供统一的标准时间信息。可采用车站授时时钟、子钟、管理终端系统架构。车站授时时钟应设置在信息机房，并同步于上一级旅客服务信息系统 NTP 母钟。

车站子钟应设置在售票区、进站集散厅、候车区、站台、出站集散厅、行包托取厅等处；管理终端应具有对时钟系统相关设备的配置、监控等功能。

(7)车站旅客携带物品安全检查设备

车站旅客携带物品安全检查设备实现对旅客携带物品的安全检查。车站安检区应设置安检仪、安全门、手持金属探测仪、防爆罐及防爆毯等安全检查设施，可设置爆炸物测探仪器及液体检测仪器。

(8)车站信息查询系统

车站信息查询系统向旅客提供列车车次、到发时间、余票及相关公告等信息查询服务。系统通过铁路局级、车站级集成管理平台获取信息。系统主要包括自助查询终端、人工查询终端。

(9)车站入侵报警系统

车站入侵报警系统对票据室、进款室等区域的非法入侵等行为进行实时探测和报警。系统设置报警主机、现场控制设备、探测器、紧急报警按钮、报警终端及声光报警器等设备。

报警主机宜设置在信息机房。现场控制设备宜邻近探测器和紧急报警按钮设置,并采取防破坏措施。探测器设置于票据室、进款室等处。在人工售票窗口、行包托取窗口及补票室等处设置紧急报警按钮。

报警终端和声光报警器可设置在公安值班室等有人值守处所。

(10)车站求助系统

车站求助系统为售票区、进站集散厅、候车区、站台、出站集散厅等处的旅客提供求助呼叫服务。

4. 行包信息系统

办理行包作业的车站应设置行包信息系统,包括行包管理信息系统和行包服务信息系统。车站行包信息系统的设置应与行包办理业务规模相适应。

(1)行包管理信息系统

行包管理信息系统应实现旅客行包承运制票、行包运输管理、到达交付等功能。系统采用中心级、车站级两级配置设备。

中心级行包管理信息系统宜设置在国铁集团,具备信息存储管理、数据传输、数据交换、数据整理、数据服务、系统运行监控等功能。

车站级行包管理信息系统设置在行包办理车站,具备承运制票、装卸作业、到达交付、数据上报、代办点管理、安全管理、行包统计、收入管理、移动制票、系统管理等功能。

车站级行包管理信息系统设置行包管理服务器、终端、票据打印机、货签打印机及网络设备等。

(2)行包服务信息系统

行包服务信息系统包括行包显示、行包广播、行包视频监控、行包安全检查设施及行包查询等子系统。

①行包显示子系统

行包显示子系统接收车站行包管理信息系统提供的行包作业及服务信息,为行包服务人员提供作业信息,为旅客提供运程、运价、公告、行包通告等有关信息。系统主要设置管理终端、控制器、显示屏等设备。

②行包广播子系统

按行包库、行包地道、行李托取厅等划分广播分区。广播主机、控制及传输等设备可与旅客服务信息系统合设,并在行包库设置行包广播分控终端。

③行包视频监控子系统

设置前端采集、用户终端,可设置视频分发/转发、视频编解码、视频存储、系统管理等设备。

前端采集设备宜设置在行包托取厅、行包安检区、行包库及其出入口、行包地道或通道、装卸平台、行包停车场等场所；托取窗口应设置带音频采集功能的定焦摄像机。

用户终端应设在行包值班室等场所。

④行包安全检查设施设置

在车站行包托取厅设置行包安全检查设施；设施宜具备称重功能。

7.4.2　关键设计技术

车站售票终端主要包括窗口售票机、自动售票机。设备数量的确定与到站买票的人数密切相关，售票终端的配置方案主要考虑以到站买票人数为基础，按照相应的人工、自动售票速度，人工、自动售票比例，并结合电子客票需求、既有运营管理经验统筹考虑售票终端设备数量的计算。

1. 到站买票人数

如何确定到站买票人数是确定售票终端的基础。车站客流量包括发送量和到达量，一般以单位时间内旅客进出站人数来衡量，包括高峰小时旅客发送量、高峰小时旅客到达量、日均发送量、日均到达量、年发送量等指标。

由于计算机产品的更新换代周期远远小于土建工程的远期设计年度，因此在工程设计中应以近期客流作为设备配置的计算依据，远期客流作为售票空间、外供电源等基础设施预留的计算依据，同时考虑电子客票的普及及引起站内外售票比例、高峰售票比例系数来确定车站售票终端的数量。

(1)站内外售票比例

铁路售票途径分为站内售票及站外售票，站内售票是指通过车站内的人工售票窗口及自动售票机发售车票；站外售票是旅客通过网络购票、电话购票等方式购买车票。

站内售票量是指一定时间范围内通过车站内自动售票机和窗口售票机发售车票量的总和。站外售票量是指一定时间范围内通过车站范围以外的网络购票、电话购票等站外交易的车票量的总和。站内外售票比例是指一定时间范围内站内售票量和站外售票量各占通过本站发送旅客总量的比例。

(2)高峰小时售票比例系数

根据历史统计数据，在一天的 24 h 的售票时段中，存在旅客集中到某个时段购票的现象，考虑到客流不均衡性和密集性，为避免高峰时段旅客过于集中引起长时间排队情况，车站售票终端设备数量的确定，需考虑“高峰小时售票比例系数”。

(3)日均发送人数波动系数

由于客流数据一般反映客流预测总量和平均量，但对于一个车站，有可能出现最大量，这种最大量是突发性的或者阶段性的。根据既有铁路的统计数据，春运期间最大旅客日发送量达到平时旅客发送量的至少 2 倍以上。非常规客流将导致售票设备的大量增加，售检票系统需要考虑对非常规客流量的应对措施。因此，在车站售票终端的设计中，有条件时应充分考虑高峰日发送人数波动的因素，确定车站的“日均发送人数波动系数”。

(4)售票速度

自动售票机、窗口售票机、补票机等售票和补票速度一般以单位时间内售票量、补票量来衡量。

窗口售票机售票速度主要取决于售票软件性能、售票员的操作熟练程度、旅客需求明确程度、线路类型、制票机速度等。

自动售票机的售票速度与系统的人机交互界面简洁程度、旅客的熟练程度等因素相关。当自动售票机只接受银行卡购票交易时，售票速度将会大幅度提高，同时大幅度减轻自动售票机的运维成本。

补票机一般采用人工服务补票，其补票设备基本等同于窗口售票设备。因此，其补票速度略高于窗口售票设备。

(5)窗口售票与自动售票比例

人工售票窗口所售的车票总量占站内售票的比例即为窗口售票比例，自动售票机所售的车票总量占站内售票的比例即为自动售票比例。该比列直接影响车站设备的配置数量。

2. 出站检票设备的计算分析

检票机数量的配置主要和检票模式、检票速度、车站发送/到达人数等因素有关，根据车站不同的运营模式，检票机的配置原则相应有所不同。

铁路车站常规进站检票采用先候后检方式，客运组织采用在检票口分车次集中检票进站方式，即在某趟列车开车前一定时间范围内(如 30 min)开放特定的检票口，旅客集中由此检票口检票上车。该方式对于检票口通过能力要求高，检票机集中利用。考虑集中客流的及时疏散问题，先候后检模式要求进站检票机的数量要高于先检后候模式的数量。

进(出)站检票设备设置数量应根据上(下)车人数、设备处理速度、检票时间等参数综合确定；其中处理速度指的是检票机处理速度，同时与旅客使用熟练程度有关。不熟悉检票机使用方法的旅客会出现无法正确插入车票、闯闸等情况，影响检票速度。

7.5 灾害监测

7.5.1 系统构成及功能

高速铁路自然灾害及异物侵限监测系统(简称“灾害监测系统”)是为了保证铁路行车安全，对危及列车运行安全的自然灾害(风、雨、雪、地震等)、异物侵限、突发事件等进行实时监测，采集、汇总各类监测设备的监测信息。实时监测信息分布获取、集中管理、综合运用，全面掌握灾害动态，提供及时准确的灾害报警和预警功能，依据灾害严重程度立即采取相应紧急处置措施。防止或减轻因灾害引发的损失，避免次生灾害，并为调整运行计划、下达行车管制、抢险救援、维修等工作提供数据基础依据，是现代化铁路运输系统中不可缺少的重要技术保障。

高速铁路地震预警监测系统根据地震台站实时测定的地震动参数和由地震初至信息快速估算的地震基本参数确定地震影响范围及警报等级，在破坏性地震波到达之前，向地震影响范围内的本地及异地铁路发布地震紧急处置信息，联动触发相关系统对运行的列车采取有效的紧急处置措施，并对预警信息真实性进行判别后自动发布误报解除信息或通过人工操作进行地震警报解除。

地震预警系统的主要功能如下：

(1)总体功能：实现高速铁路沿线地震实时监测，实现与地震台网的信息接入，进行地震数据收集、分析及处理，生成、传输并发布地震警报信息和紧急处置信息，触发铁路相关系统联动，使运行的列车采取限速或停车措施。

(2)报警、预警功能：系统应具备阈值报警、P 波预警功能。地震警报按三级划分，由低到高为Ⅰ级、Ⅱ级和Ⅲ级警报。

(3)紧急处置功能：通过触发车载地震装置、牵引供电系统和列控系统三种方式实现地震紧急处置。

7.5.2 主要技术方案

1. 中心系统技术方案

(1)风、雨、雪及异物侵限监测中心系统技术方案

自然灾害及异物侵限监测系统采用中心系统、现场监测设备两级架构，目前国铁集团高速铁路项目的中心系统一般建在铁路局，多项目共用中心系统。总体架构如图 7.17 所示。

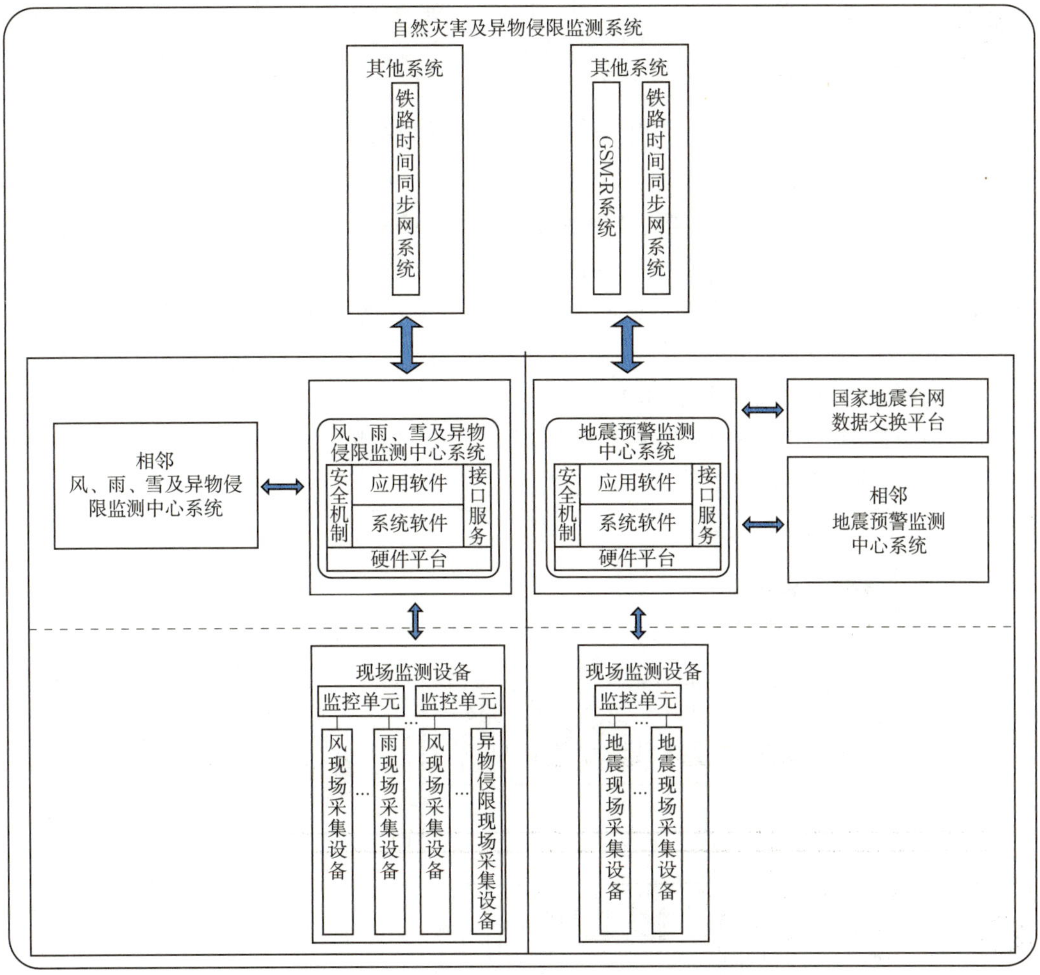

图 7.17 铁路灾害监测系统总体架构图

注：风、雨、雪及异物侵限监测与地震预警监测在系统构成上，是独立分开的两个系统，分别独立设置中心系统和现场监测设备。

风、雨、雪及异物侵限监测中心系统一般包括信息处理平台、监测终端、网络及安全设备、时间同步设备等,其构成如图 7.18 所示。

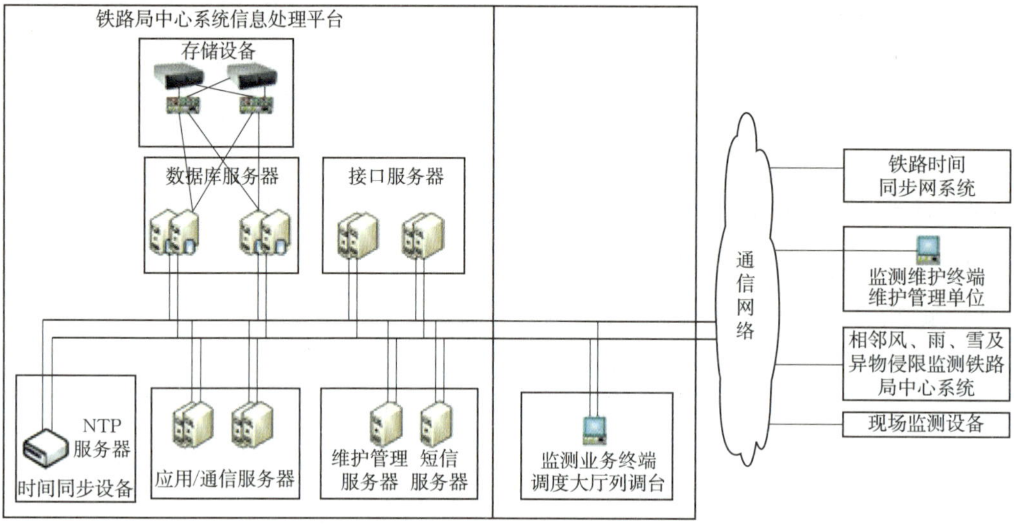

图 7.18　风、雨、雪及异物侵限监测中心系统构成图

风、雨、雪及异物侵限监测中心系统信息处理平台一般配置包括数据库服务器、存储系统、应用/通信服务器、接口服务器、维护管理服务器、GSM-R 接口服务器、NTP 服务器、短信服务器、短信收发设备、防病毒服务器、维护管理终端(含打印机)等。

网络及安全设备一般配置包括核心网络交换机、接入网络交换机、核心防火墙、网闸等设备。

(2)地震预警监测中心系统技术方案

地震预警监测中心系统一般包括服务器、存储设备、监测终端、网络及安全设备、时间同步设备等,其构成如图 7.19 所示。

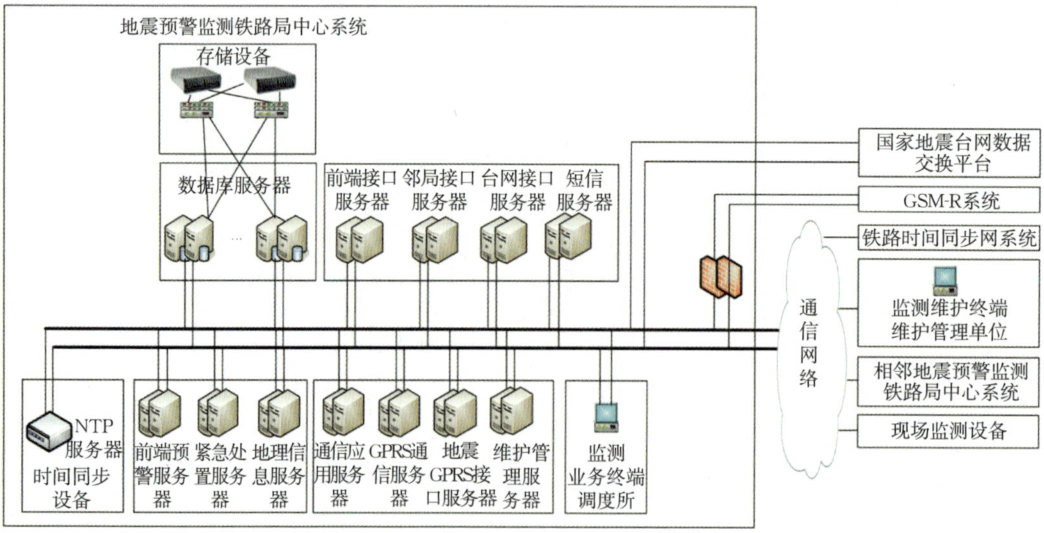

图 7.19　地震预警监测中心系统构成图

2. 现场监测设备技术方案

高速铁路灾害监测系统现场设备布点是设计的关键，需根据线路条件、桥隧及牵引供电设施分布、气象及地质情况等资料统筹考虑，进行现场设备及监控单元的布点设计，可借助 BIM、三维地理信息系统对优化布点进行优化。还需进行现场踏勘，结合现场实际情况调整系统布点。

设计速度 200 km/h 及以上高速铁路应设置自然灾害及异物侵限监测系统（包括风、雨、雪及异物侵限监测系统和地震预警监测系统），设计速度 200 km/h 以下高速铁路应仅需要设置雨量监测系统。速度 200 km/h 及以上铁路设置自然灾害及异物侵限监测系统时，一般遵循以下原则设计：

风现场采集设备：设计速度 300 km/h 及以上铁路且沿线近 20 年极大风速值超过 15 m/s 的区段应设置风现场采集设备，设计速度大于 250 km/h、小于 300 km/h 的铁路沿线近 20 年极大风速值超过 20 m/s 的区段应设置风现场采集设备，设计速度大于等于 200 km/h、小于 250 km/h 的铁路沿线近 20 年极大风速值超过 25m/s 的区段应设置风现场采集设备。

雨现场采集设备：在铁路沿线均应进行设置。

雪现场采集设备：设计速度 200 km/h 及以上铁路沿线近 10 年最大积雪深度超过 3 cm，且在我国 0 ℃等温线（秦岭—淮河）以北地区的区段应设置雪现场采集设备。

异物侵限现场采集设备：设计速度大于 160 km/h 区段内上跨铁路的道路桥梁处应设置异物侵限现场采集设备。

地震预警现场监测设备：《中国地震动参数区划图》（GB 18306）确定的地震动峰值加速度 0.1g 及设计速度 200 km/h 及以上铁路区段应设置地震计。

(1)风、雨、雪及异物侵限现场监测设备技术方案

现场监测设备包括现场采集设备和监控单元。现场采集设备由风速风向计、雨量计、雪深计、监测电网及现场控制器和相关的数据传输单元等构成。风速风向计、雨量计、雪深计一般安装于铁路沿线的接触网支柱上，部分雪深计具备图像采集功能，异物侵限监测电网安装于上跨高速铁路的公路桥两侧。风、雨量、雪深等现场采集设备一般使用电缆通过 RS485/222 方式传输至监控单元，部分线路通过光缆方式传输至监控单元。异物侵限监测电网使用开关信号连接至监控单元。监控单元一般设在铁路沿线 GSM-R 基站、车站通信机械室、牵引变电所等，由监控主机，风、雨量、雪深、异物侵限及接口继电器组合等组成。接收管辖范围内现场采集设备的数据并进行初步处理后传送至中心系统。

(2)地震预警监测现场监测设备技术方案

现场监测设备由地震计和监控单元组成。其中监控单元由数据采集器、监控主机、牵变接口、信号接口、电源、网络和隔离开关、防雷模块等组成，按照地震监测、牵变触发和信号触发的不同需要进行配置。

7.6 牵引供电

高速铁路牵引供电系统主要由牵引变电所和牵引网构成。牵引变电所的主要作用为电能变换及控制，完成三相电力系统与单相牵引网之间的衔接和电压变换；牵引网则负责向列车供给电能，如图 7.20 所示。

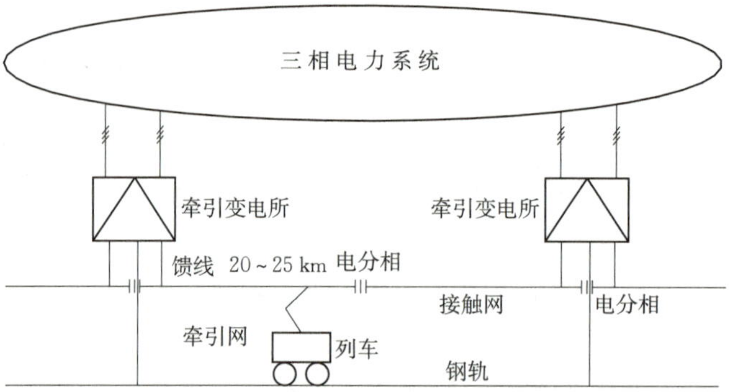

图 7.20 牵引供电系统构成图

牵引供电系统设计的主要内容包括：根据线路、行车和外部电源分布等基础资料，进行牵引供电系统规划和能力计算，确定牵引供电设施分布方案及牵引变压器容量、牵引网导线规格等技术参数，提出牵引网电流参数和电压水平评估；进行牵引变电所等设施的一次主接线、总平面布置设计，配置二次保护、控制装置设计，进行牵引供电调度所及远动系统规划设计；确定接触网悬挂类型及主要技术参数、支持定位装置等选型，进行接触网平面布置设计。

7.6.1 供　　电

供电系统设计任务是根据运输需求，结合外部协作条件，规划、构建适当供电能力的电气化铁路牵引供电系统。

1. 主要技术标准选择

(1)供电方式

我国高速铁路长编组高速动车单个列车功率需求达 10 000～30 000 kW，电流为 1 000 A 左右，列车最小追踪间隔为 3 min，要求牵引网有强大的电能传输能力。与直供方式相比，AT 供电方式具有供电能力强，有利于高电能的传输和接触悬挂的轻型化及系统匹配设计，有利于减少外部电源的投资，并减少接触网电分相数量。另外，AT 供电方式对电磁环境影响相对较小。因此，国内外高速铁路的牵引网大多数采用 AT 供电方式。AT 供电方式系统构成如图 7.21 所示。

从图 7.21 可以看出，牵引变压器将电源系统电压转换为 2×27.5 kV，通过设置 AT 变压器传输 2×27.5 kV 电压。AT 供电方式下，T、F 线实时电流分布与列车在 AT 孔位置有很大关系，图 7.21 中电流分布是列车位于 AT 段的中部。

我国采用 AT 供电方式，在 AT 所与 AT 分区所处实现上、下行并联。保护线(PW)线与钢轨(R)并联，同时在 AT 处采用横向联结实现轨道、保护线和 AT 中点的连接。

(2)变压器接线形式

目前用于 AT 供电方式牵引变压器接线形式主要有单相接线、V 接线、SCOTT 接线等三种形式。

单相接线优点：牵引变压器容量利用率为 100%，主接线简单、设备少、占地面积小、投资省、电能损耗小、有利于电力机车再生能量的有效利用、运营费用低。其缺点：对电力系统负序影响最大。

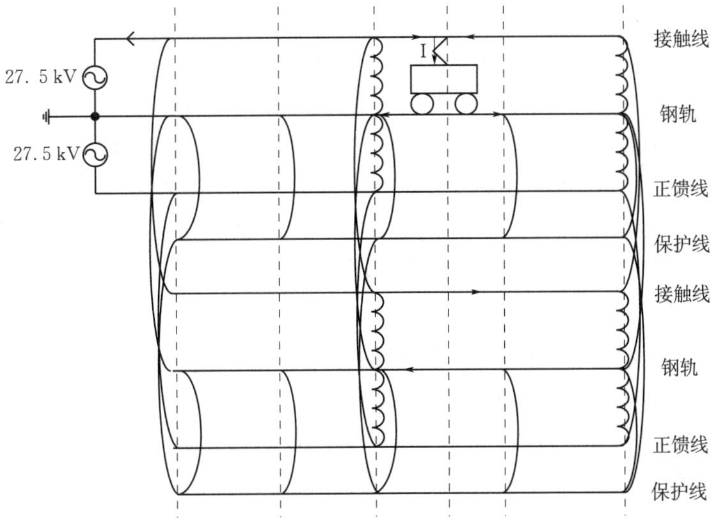

图 7.21 AT 供电方式构成

V 接线优点：牵引变压器容量利用率为 100%，对电力系统负序影响较小。

SCOTT 接线优点：当供电臂两端负荷相等时，对电力系统负序影响为零。其缺点：一方面是牵引变电所主接线复杂，变压器制造困难、造价高；另一方面当牵引变电所一供电臂的列车处于牵引工况而另一供电臂的列车处于再生制动工况时，对电力系统负序影响反而更大。

我国高速铁路牵引供电系统变压器结线形式应采用单相接线或三相 V 接线，困难条件下可采用其他接线形式。

(3)电压等级与传输功率

电力系统输电线路的电压等级一般根据输送功率和输电距离来选择，其应用的大致范围可参考表 7.3。

表 7.3 电压等级及传送功率和距离

额定电压/kV	输送功率/MVA	输送距离/km
35	2～10	20～50
110	10～50	50～150
220	100～500	100～300
330	200～800	200～600
500	1 000～1 500	250～850

高速铁路牵引负荷较大，采用 110 kV 电源供电，难以满足铁路牵引供电的需要。特别是在电网薄弱的地区，采用 110 kV 电源供电，系统压降和电压波动很大，最大系统压降达到 4 000～5 000 V，牵引供电系统设计非常困难。只有提高供电电压或系统短路容量，才能满足牵引供电需要。

对于高速电气化铁路，由于牵引负荷电流大、波动比较剧烈、高次谐波含量丰富，并且属单相负荷，为了增大电网对谐波、负序的承受力，减小牵引变电所母线电压的波动，降低输电线路损耗，保证输电线路的动态、静态稳定，应选用短路容量更大的 220(330) kV 电压等级。

2. 牵引供电设施分布的主要原则

铁路设计年度一般分为近期、远期。牵引供电设施分布以及为其供电的外部电源工程等不易更新的设施设备要按远期线路能力一次建设到位,其余的应按能力的增长分步实施。

牵引变电所的分布方案需考虑线路条件、外部电源、牵引负荷的特性、追踪间隔等因素,首先要满足供电质量和可靠性要求。在枢纽要考虑与既有和待建、规划电气化铁路干线以及疏解线、联络线、动车段的供电系统有机结合。设计牵引变电所的分布方案通常是先“点(铁路枢纽)”后“线(区间)”,即首先研究铁路枢纽的供电方案,牵引变电所临近负荷中心,优先在枢纽内设置,然后对全线进行整体研究。

应注意高速铁路引入大型铁路枢纽时高、普速铁路供电系统的可靠、安全供电,既要保证高速铁路的供电系统独立性和完整性,又要兼顾互相支援,关键在于电分相的设置,对于高、普铁路供电系统确实难以分开的情况,可以由同一个牵引变电所向高、普速铁路供电。同时还要考虑高速铁路动车段、动车运用所不间断供电的要求。

牵引变电所分布还要考虑如下因素:首先,满足接触网最低电压水平的要求;第二,供电范围确定应考虑运营管理机构的管辖范围,并便于运营维修;第三,便于向邻线和支线供电;第四,外部电源工程量小;第五,满足供电的可靠性和灵活性;最后,考虑相邻牵引变电所间供电能力的相互支援等因素。

3. 供电计算

供电计算的主要任务是根据牵引能耗、列车对数、行车组织及列车类型等基础资料,针对设计的供电方案进行供电臂网压、牵引变电所主变压器容量、牵引网导线的电流分配及导线选择、牵引能耗及电能损失、牵引网正常运行和故障运行状态下的供电能力等进行计算和评估。

可采用仿真方法进行牵引变压器容量、接触网电压计算。

1)牵引变压器容量计算

牵引供电系统的负荷特点是负荷不仅沿供电区段移动,而且其大小随牵引质量、线路坡道、列车速度、机车工作状态等不同而变化,其数量(如在同一供电臂)也是变化的。电气化铁路牵引变压器容量的选择都离不开负荷的准确计算。由于供电网络和铁路行车组织的复杂性以及沿线路行驶的电力机车或动车组负荷电流的不稳恒性,导致系统具有时变特性,即网络结构及网络参数不断变化。这些特点将使牵引变压器容量计算工作变得繁杂,一般来说分为分析计算法和模拟仿真法。

(1)分析计算法

分析计算法,计算用的基础资料是牵引计算结果(列车能耗、走行时间及带电走行时间)和行车量。该方法广泛用于计算供电臂平均电流和有效电流,进而计算牵引变压器容量。牵引变压器容量的计算方法采用《牵引变电所变压器容量的计算条件和方法》(TB/T 1651—1996)。

(2)模拟仿真法

模拟仿真法是通过编制列车运行图,求出每一时刻每个牵引变电所供电范围内有哪些列车和列车所在的位置,根据列车的功率,进行潮流计算,从而得出该时刻各计算量的瞬时负荷图,同样得出其他时刻的瞬时负荷图,最后对这些值进行统计及曲线绘制,就可以得出各计算量的平均值、有效值、最大值和最小值等。

模拟仿真法仿真牵引负荷的变化过程,能捕捉瞬时特征,但计算量较大。随着当前计算机技术的不断发展，利用运行图法进行牵引供电仿真计算得到越来越广泛的应用。

①模拟仿真的基础资料

系统仿真根据工程线路平纵断面图、列车牵引电机特性及其他相关特性、旅速和最高速度要求，模拟机车在线路中的运行状况。

②仿真结果

对某高速铁路牵引所牵引变压器高峰小时及全天运行图情况下的容量仿真如图 7.22、图 7.23 所示。

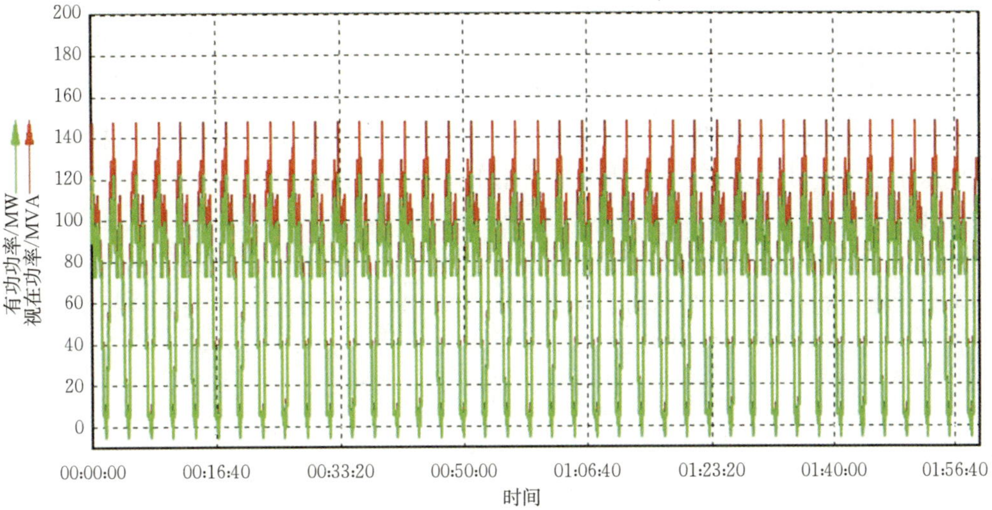

图 7.22　牵引变电所 3 min 追踪高峰小时牵引变压器即时容量—时间仿真曲线

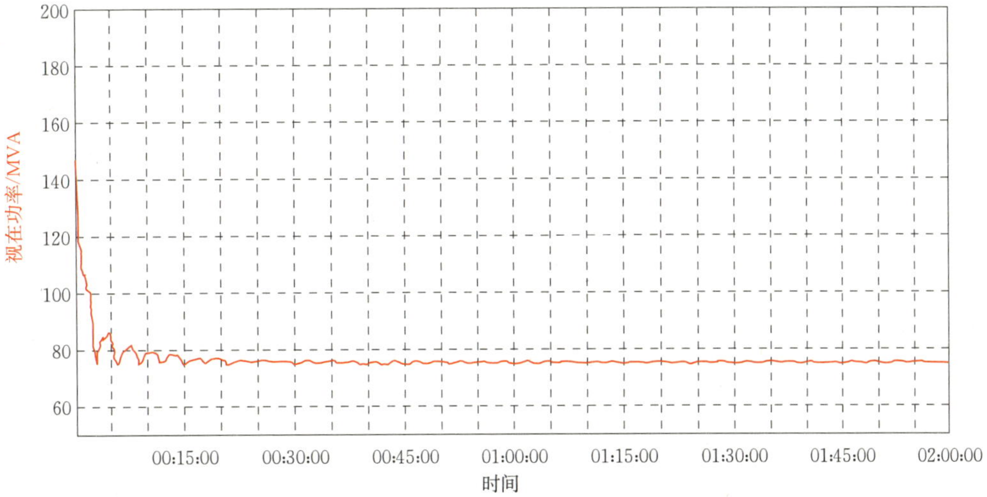

图 7.23　牵引变电所 3 min 追踪高峰小时牵引变压器容量—时间仿真曲线

2)接触网电压

高速铁路规定接触网的标称电压应为 25 kV，长期最高电压应为 27.5 kV，短时(5 min)最高电压应为 29 kV，最低电压应为 20 kV。

以 CRH3 动车组为例，牵引特性曲线如图 7.24 所示。

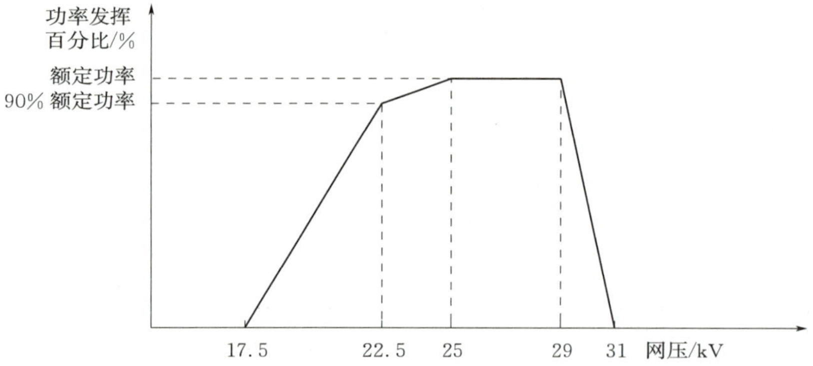

图 7.24 CRH3 动车组牵引特性曲线

由图 7.24 可知,接触网电压为 25～29 kV 时,CRH3 动车组能够发挥额定功率。当接触网电压小于 22.5 kV 时,CRH3 动车组功率下降较快。当接触网电压小于 17.5 kV 或者大于 31 kV 时,CRH3 动车组则不能正常运行。供电电压高于最低电压(20 kV)即可保证动车组运行,但该电压并不保证动车组功率完全发挥。因此对接触网电压进行评估是非常必要的。

牵引供电设施分布确定后,运用 WEBANET 牵引供电系统仿真软件对全线牵引网压进行仿真研究,示例如图 7.25、图 7.26 所示。

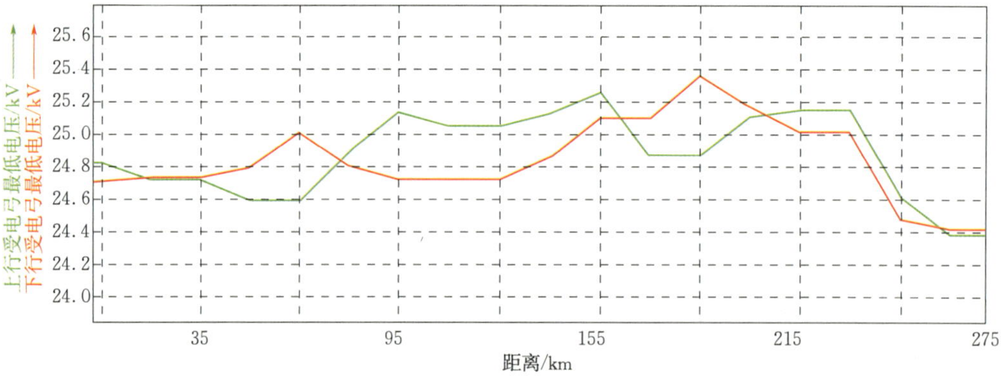

图 7.25 4 min 追踪 300 km/h 受电弓工作电压动态分布仿真曲线

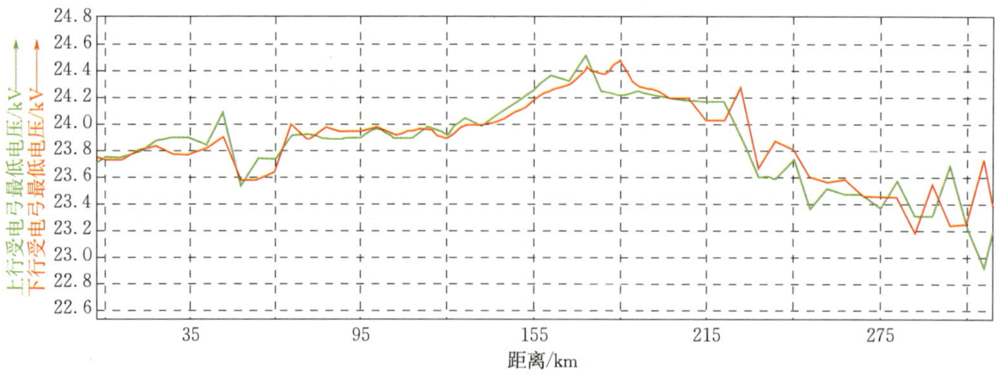

图 7.26 3 min 追踪 350 km/h 受电弓工作电压动态分布仿真曲线

从图 7.25、图 7.26 中可以看出,通过仿真研究,牵引供电方案近、远期均满足正常运营最低电压水平的要求。

3)导线类型选择

(1)高速铁路对导线类型选择的特殊性需求

高速铁路具有列车所需牵引功率大、负载率高,受电时间长等特点。根据客流量需要,可能组织大编组、高密度运输,甚至在短时形成紧密追踪,其牵引负荷集中特征明显。因此,高速客运专线的导线类型选择,应能满足各种集中负荷供电的能力和条件。同时,为保证机车的高速运行,各类导线也要在抗拉强度、耐高温、耐磨耗等方面满足要求。

(2)不同导线对高速铁路的适应性分析

高速铁路一般采用 AT 供电方式,其接触网导线主要包括接触悬挂(包括接触线、承力索)系统和附加导线系统(包括正馈线、保护线、加强线、供电线、N 线等)。

①接触线

接触线应满足最高运营速度下载流的需要,抗拉强度高、耐高温性能和耐磨耗性能好。铜合金线材对载流能力的适应性好,国内外 250 km/h 及以上铁路接触网均采用铜合金接触线,且主要集中在铜锡、铜镁合金两种材质。

②承力索

承力索的选择主要考虑其本身的载流特性、防腐性能、耐高温软化性能等,同时其线胀系数应与接触线尽量相同。铜合金绞线载流承力索具有强度高、高温耐软化性能好、耐腐蚀能力强等特点,截面大小应满足供电需求。

③附加导线

附加导线的各种性能要求比承力索和接触线低,一般采用抗拉强度高、耐腐蚀性能好的铝包钢芯铝绞线或铝包钢绞线。

4. 外部电源

牵引供电系统由公用电网提供电能。通常把电力系统为牵引变电所供电的相关部分称为外部电源。

高速铁路外部电源接入方案设计需要对电能质量进行评估。

交—直—交动车组的负荷特性表现为功率因数高(满负荷功率因数一般接近 1),谐波频谱加宽,谐波含量大大降低。

由于动车组满负荷时功率因数接近于 1,故牵引供电系统设计时牵引变电所内均不设置无功补偿装置,在牵引变电所预留消谐装置条件。

牵引供电系统设计应兼顾改善电能质量,如结合电力系统条件,要尽量减少铁路对电力系统的影响。铁路、电力部门可共同采取以下措施来降低三相不平衡度:

①采用 220 kV 电源供电,且接入短路容量大的电源点。

②轮换相序降低负序对系统影响。

③采用 V 接线牵引变压器。

④均衡供电臂(负载)长度。

5. 枢纽供电方案及供电分区划分

(1)大型枢纽特点

①地形复杂、所址选择及外电引入困难。

②大型车站引入干线多、需求各异。

③既有线与新建线交错，存在大量疏解线、联络线。

④建设时序不统一，过渡工程复杂。

⑤牵引供电设施的相互支援复杂。

(2)枢纽供电方案设计及供电分区划分

①结合枢纽总图规划，根据枢纽结构、功能定位、外部电源等条件，进行牵引供电系统方案设计，满足枢纽供电的系统性和枢纽远期发展的需求。

②大型区段站、编组站宜设置牵引变电所，在相邻的大约一个供电臂距离设置另一牵引变电所，兼顾作为枢纽牵引供电系统的备用电源。

③多条铁路连接的车站可设置牵引变电所或分区所，避免供电臂相互切割。

④根据枢纽线路别，合理设置电分相，保证枢纽内各条铁路牵引供电系统的相对独立性和完整性。

⑤枢纽或站场的主体部分宜由同一相电源供电，保证枢纽主体供电的完整性，简化供电分区结构。

⑥枢纽的动车所、机务段、车辆段等设施，原则采用与相邻接触网同相的电源供电。

⑦枢纽内设置电分相时应对站场专业提出相关线路长度、坡度等要求。

⑧枢纽的不同场区和大型站场的不同区域、枢纽疏解区，可划分独立的供电分区，尽量减少电分段设置数量。

⑨原则上采用绝缘锚段关节式电分段，困难条件下可采用器件式电分段。

⑩供电线原则采用架空方式架设，困难时可采用电缆，并做好电缆通道的规划。

7.6.2 牵引变电

1. 系统组成及主要功能

高速铁路牵引变电系统负责接受电力系统输送的电能，转换成 27.5 kV 电压，将电能从电力系统安全可靠地输送到牵引网上，为高速动车组持续提供强大的电能。牵引变电设施根据在供电系统所起作用不同可分为牵引变电所、分区所、开闭所、AT 所、并联点、接触网开关控制站等，同时设置牵引供电调度所，调度指挥牵引供电系统的运行、设备检修和事故处理。

牵引变电所：负责接收电力公司提供的 220 kV(或 330 kV)电能，经牵引变压器转换为 27.5 kV 电能，并馈出回路给接触网供电。

分区所：设置在供电臂末端，实现上、下行接触网并联供电的功能，当某一牵引变电所退出供电时，可实现由相邻牵引变电所的越区供电。

开闭所：可以进行电分段或变更馈线数目的开关站，以缩小停电范围。

AT 所：采用自耦变压器供电方式时，装有自耦变压器的场所。

接触网开关站：负责控制接触网上电动隔离开关的场所。

牵引供电调度所：设有远动系统的主站系统。远动系统对牵引供电设备进行监视和控制的系统，包括对其信息的采集、处理、传输和显示等功能和设备。

2. 主要技术方案

1)主接线

主接线是按照供电方案、结合外部电源等级、馈出线数量等条件进行设计。主接线设计要满足运行安全可靠，并考虑运行方式切换灵活、设备备用方式、设备选型、运营维护方便、节约投资和扩展方便等要求。

(1)牵引变电所

牵引变电所主接线考虑高压侧接线形式和低压侧接线形式。

①高压侧主接线形式

高速铁路外部电源一般引自 220 kV 电源，高压侧接线形式一般采用线路变压器组和分支接线，牵引变电所引入两路外部电源，互为备用，设两台牵引变压器，一台运行，一台备用。图 7.27、图 7.28 所示分别为线路变压器组及分支接线示意图。

采用线路变压器组接线形式，设备数量少，节约投资和占地，但供电灵活性不及分支接线形式；采用分支接线时，则供电灵活性较好，但设备数量多，操作复杂。

②低压侧接线形式

牵引变压器低压侧一般采用单母线接线形式，馈线断路器采用上、下行互为备用或带旁路断路器的接线形式。

图 7.29、图 7.30 所示分别为上、下行互为备用和带旁路断路器接线形式的示意图。

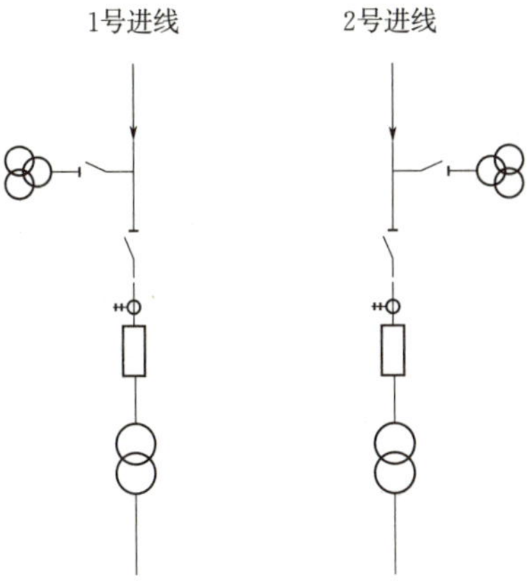

图 7.27　线路变压器组接线图

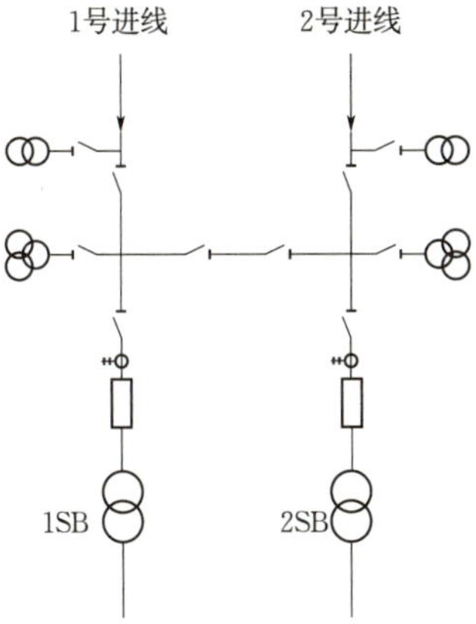

图 7.28　分支接线（带检压压互）

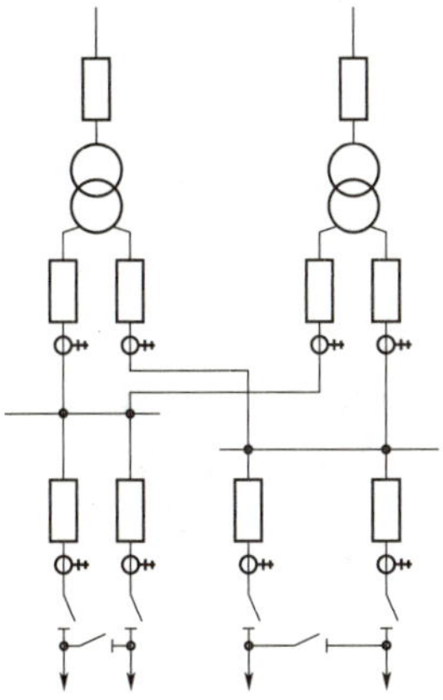

图 7.29　接线上、下行互为备用

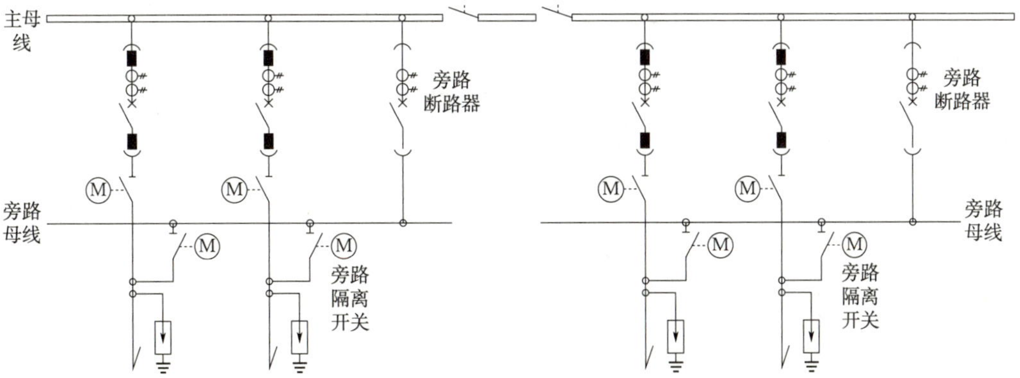

图 7.30　馈线断路器设旁路断路器固定备用方式

上、下行互为备用形式设备数量少、接线简单、节约投资和占地，但继电保护动作影响范围大、经常需要切换定值。采用带旁路断路器接线形式接线复杂，但运行较为灵活。考虑到高速铁路采用 GIS 开关柜形式，采用带旁路断路器的接线方式实现难度大，且 GIS 开关柜运行可靠，因此，高速铁路一般采用上下行互为备用形式。

(2)分区所

分区所实现在正常运行条件下的上、下行并联供电，在非正常运行方式下的越区供电。按照设备选型和布置方式不同采用不同的主接线形式。图 7.31 和图 7.32 所示分别为两种高铁常用分区所的主接线形式。图 7.31 适用于户外布置形式的分区所，图 7.32 适用于采用 GIS 开关柜形式的分区所。

(3)自耦变压器所(AT 所)

自耦变压器所主接线满足上、下行分别供电和并联供电的运行方式。同分区所一样，按照设备选型和布置方式不同采用不同的主接线形式。图 7.33 和图 7.34 所示分别为两种高铁常用自耦变压器所的主接线形式。图 7.33 适用于户外布置形式的自耦变压器所，图 7.34 适用于采用 GIS 开关柜形式的自耦变压器所。

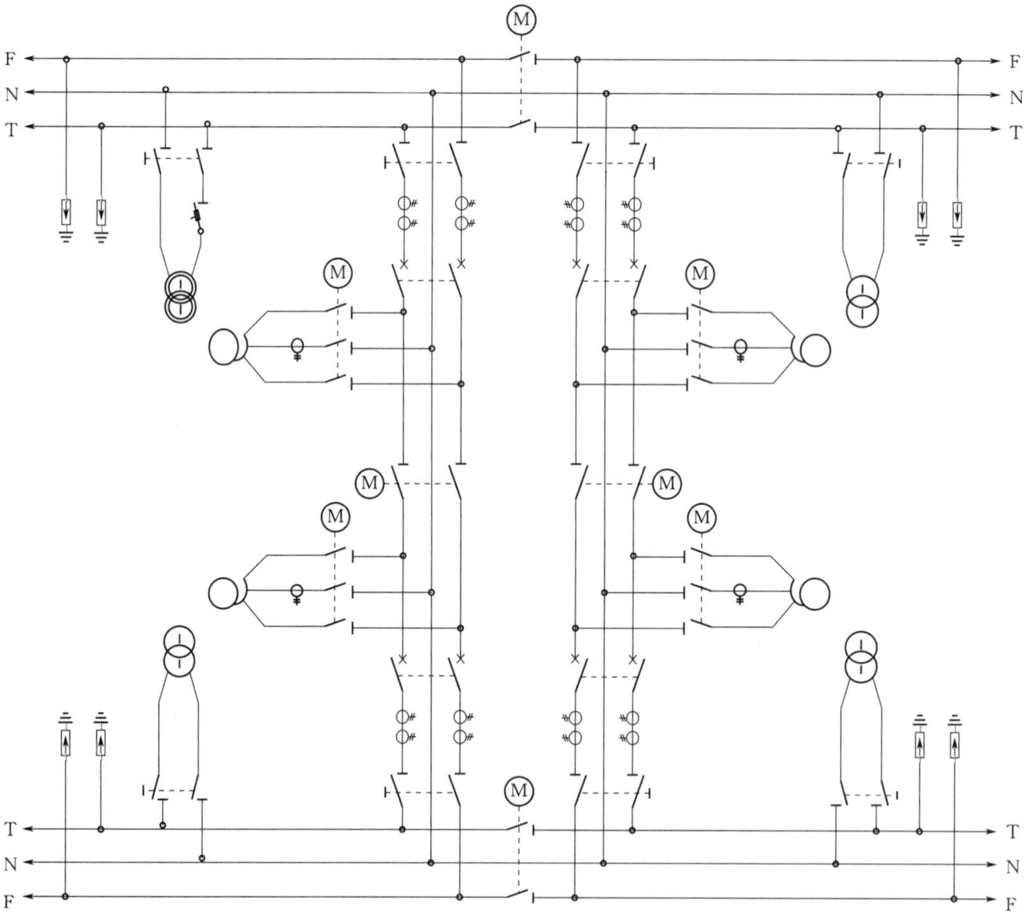

图 7.31 分区所主接线图(一)

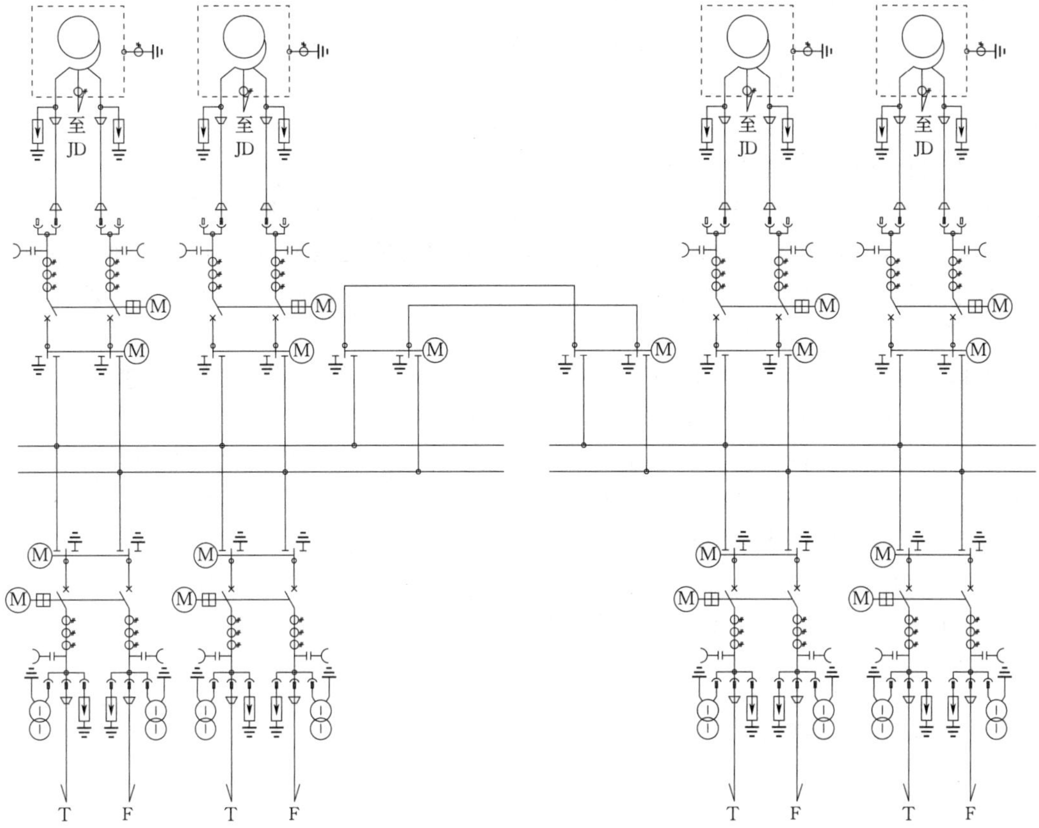

图 7.32 分区所主接线图(二)

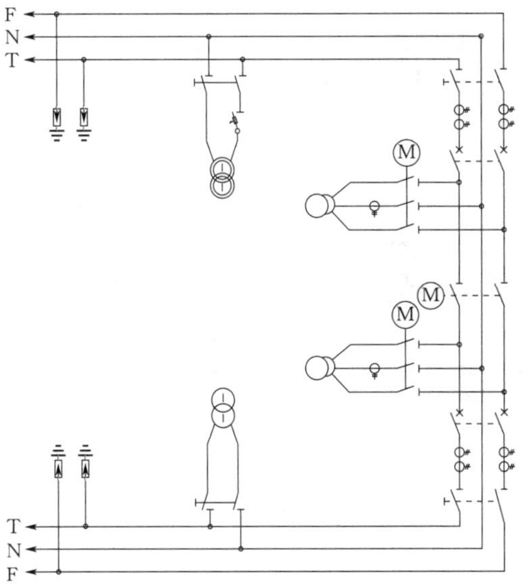

图 7.33 AT所主接线图(一)

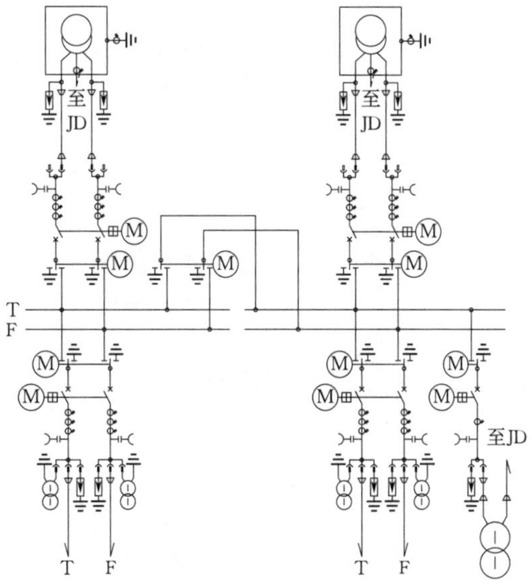

图 7.34 AT所主接线图(二)

2)总平面布置

牵引变电所平面布置设计应遵循有关规程、规范及技术规定，并根据所址自然环境特点和生态环境保护的需要，按照确定的主接线方案合理制定布置方案，在设计中应树立全局观念，综合考虑馈线回路数、运行安全、维护方便、节约占地、降低投资等因素。总平面布置设计主要包括配电装置布置、管沟布置、道路布置及房屋布置等方面。

总平面布置时应首先考虑所处自然环境，一般采用户外单体布置方式，当牵引变电所位于城市人口密集区、大型枢纽站、填挖方工程量巨大的山区以及对景观要求高等地区时，多选用户内布置，例如京沈铁路星火牵引变电所、天津大功率基地牵引变电所、京雄铁路雄安牵引变电所等因为场地所限、征地困难或美观要求等因素采用了户内布置方式，如图 7.35 所示。

高速铁路牵引变电高压配电装置主要包括牵引变压器、隔离开关、电流互感器、电压互感器、避雷器、断路器等设备。配电装置布置应考虑设备形式、电气安全距离、防火距离及运营维护等需要。高压侧设备一般采用户外单体设备布置，27.5 kV 设备按照速度等级不同的布置方式，对行车速度为 250 km/h 的高速铁路一般采用户外单体设备布置方式，行车速度在 300 km/h 及以上的高速铁路采用户内 GIS 开关柜布置方式。

图 7.36、图 7.37 所示为牵引变电所典型平面布置图，其中图 7.36 所示为全户外布置方式，图 7.37 所示为 27.5 kV 设备采用 GIS 布置方式。

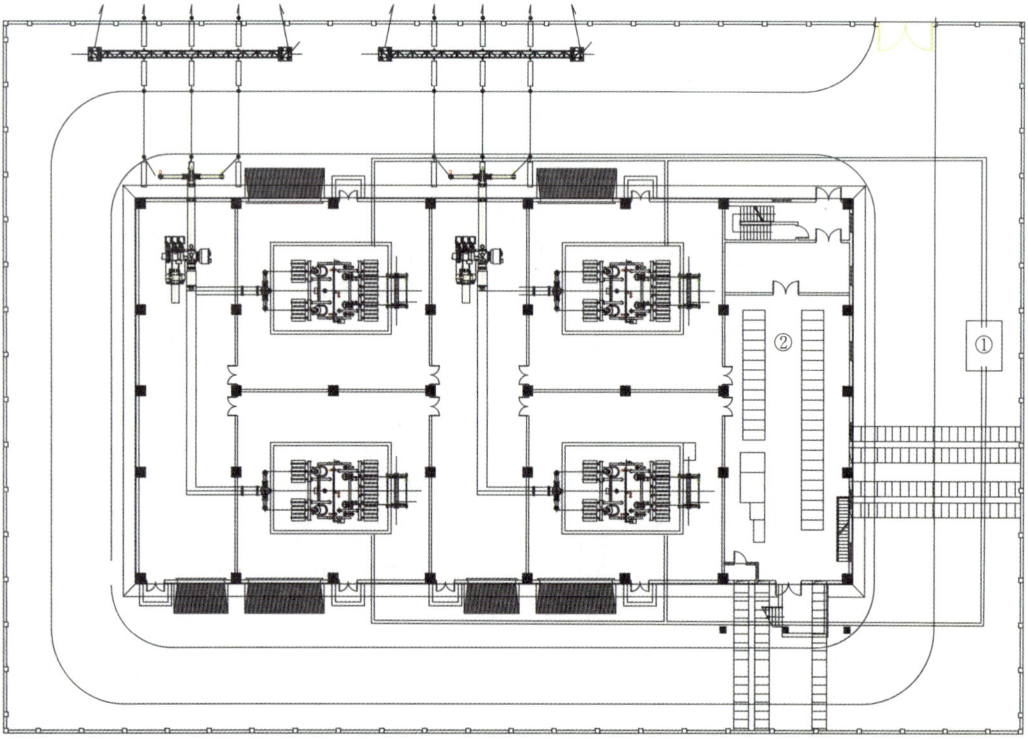

图 7.35　牵引变电所全户内布置典型图

①—事故油池；②—27.5 kV 高压室

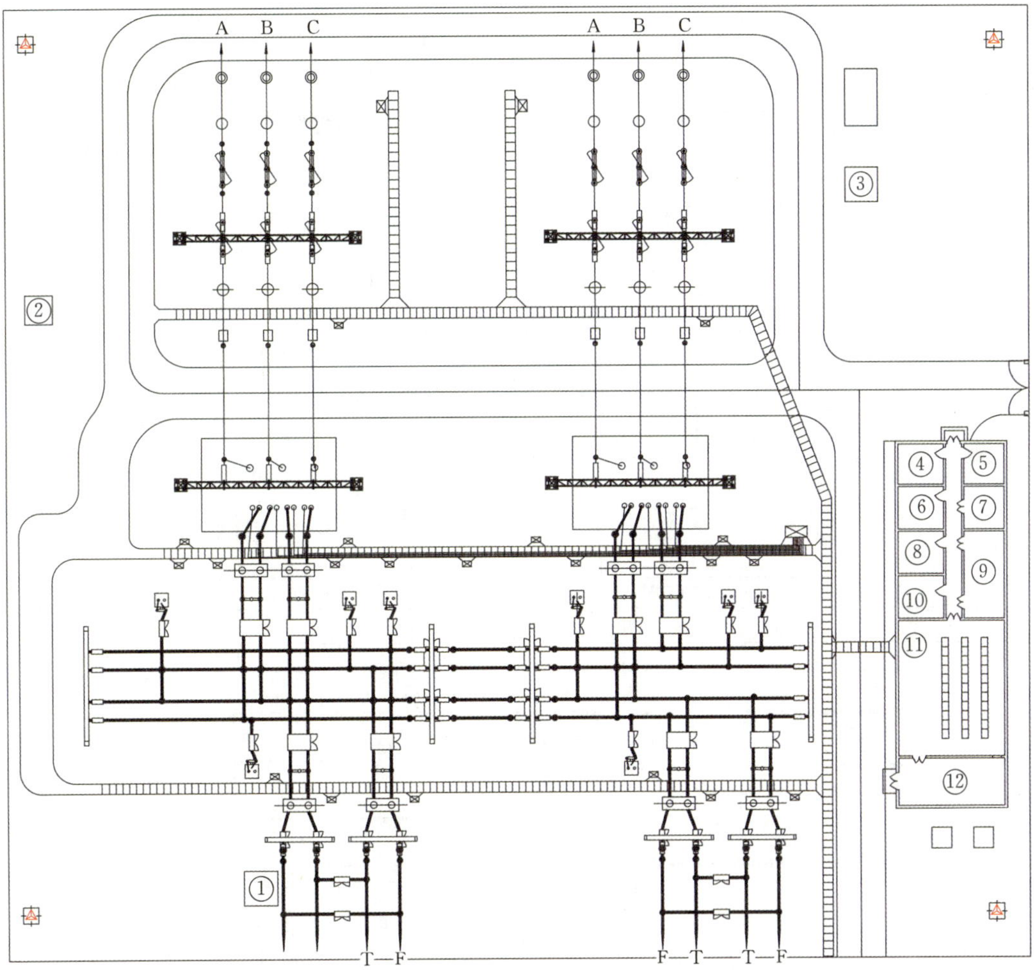

图 7.36 牵引变电所高压设备全户外布置典型图

①、③—地震监测仪；②—事故油池；④—卫生间及盥洗室；⑤—备餐间；⑥—材料室；⑦—给水室；⑧、⑩—值班室；⑨—检修室；⑪—控制室；⑫—通信机械室

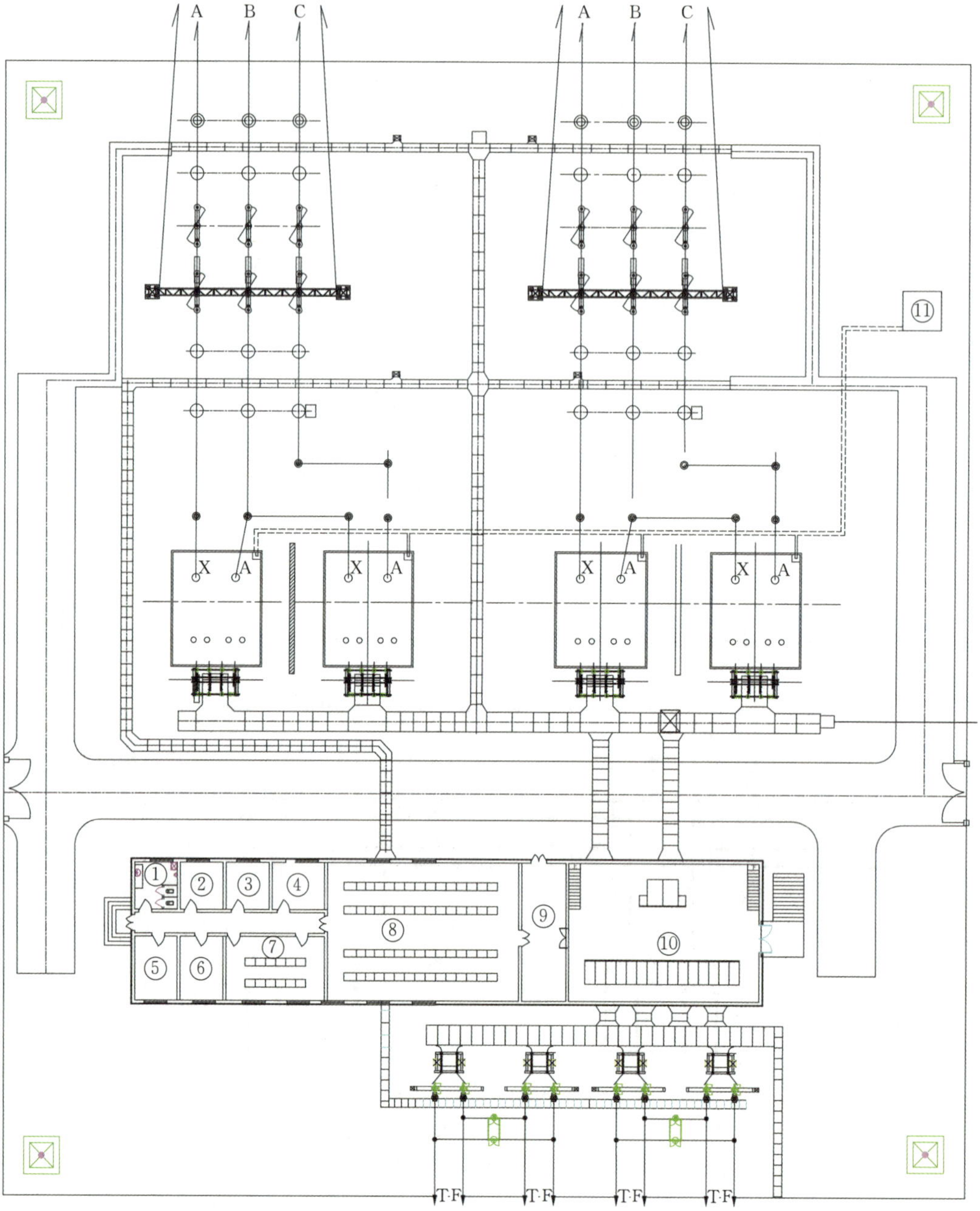

图 7.37 牵引变电所 27.5 kV 设备采用 GIS 开关柜布置典型图

①—盥洗室；②—备餐间；③—值班室；④—值守室；⑤—备品备件间；⑥—工具间；⑦—通信机械室、防灾室；⑧—控制室；⑨—检修室；⑩—高压室；⑪—事故油池

室外电气设备区的地面应采用全硬化或铺设碎石等防止长草的措施。

所内道路布置除满足运行、检修、设备安装要求外，还应符合安全、消防、节约用地的有关规定。220 kV 变电所内主干道路宽度按 4.5 m 设计，330 kV 变电所主干道路宽度按 5.5 m 设计，所内消防通道最小宽度不小于 4 m。所内道路应设回车道。所内道路应与所外公路相接引。

所内设有控制室、检修室、通信机械室及必要的辅助房屋，一般采用平房布置。带有高压室等设备间的房屋及全户内布置方式的变电所也可采用楼房布置。

分区所和自耦变压器所的设计原则与牵引变电所相同，对于行车速度在 250 km/h 的高速铁路采用户外单体设备布置方式，对于行车速度在 300 km/h 的高速铁路采用户内布置方式。设在隧道内的分区所或自耦变压器所应采用 GIS 开关柜，布置在独立洞室内。

向接触网供电的馈线根据配电装置形式和供电线路径条件，可采用架空出线方式、电缆出线方式或电缆出线转架空的方式，平面布置时，应避免馈线交叉。

另外，总平面布置时需要注意与相关专业的统筹规划，如通信电缆井、信息防灾设备、给排水井等装置应注意与配电装置的安全距离，户内设备需注意避免与暖通空调、排风、灭火装置等设备出现交叉、重叠、影响检修距离等问题。

3)设备选型

牵引供电系统牵引变电电气设备分为一次设备和二次设备，一次电气设备主要有牵引变压器、断路器、隔离开关、电流互感器、电压互感器、避雷器等，二次设备为控制保护设备及所用交直流设备等。

电气设备选择原则：

①满足正常运行、检修、短路和过电压情况下的要求的同时，考虑远景发展。

②力求技术先进和经济合理。

③与整个工程建设标准协调一致并尽量减少同类设备的品种。

④满足国家、行业及国铁集团的相关标准要求。

⑤应能在长期工作条件下和发生过电压、过电流的情况下保持正常运行。

⑥应根据运行的温度、日照、风速、冰雪、湿度、污秽环境及海拔高度等运行环境合理选择设备参数。

4)综合自动化系统

高速铁路牵引变电所、分区所及自耦变压器所采用综合自动化系统。综合自动化系统由当地监控及通信处理单元、保护测控单元等组成，完成对牵引供电系统的控制、保护、测量和信号的功能，具备与交直流系统等其他智能设备接口的功能。综合自动化系统通过远动通道向远动系统发送电量、故障、位置等信息，接收远动系统的远动控制命令。

(1)系统结构

综合自动化系统采用分层分布式结构。按逻辑功能分为三层：站控层、间隔层和过程层。变电所自动化系统构成如图 7.38 所示。

过程层设备指变电所内的变压器、断路器、隔离开关及其辅助触点，电流、电压互感器等一次设备；间隔层一般按断路器间隔划分，为保护测控装置；站控层包括监控主机、远动管理机等。站控层和间隔层设通信网络，供各设备之间信息交互。间隔层由各种不同的测控保护装置组成，这些独立的装置实现对间隔设备的控制和保护功能，并通过通信网络与站控所层通信。

典型综合自动化系统组网如图 7.39 所示。

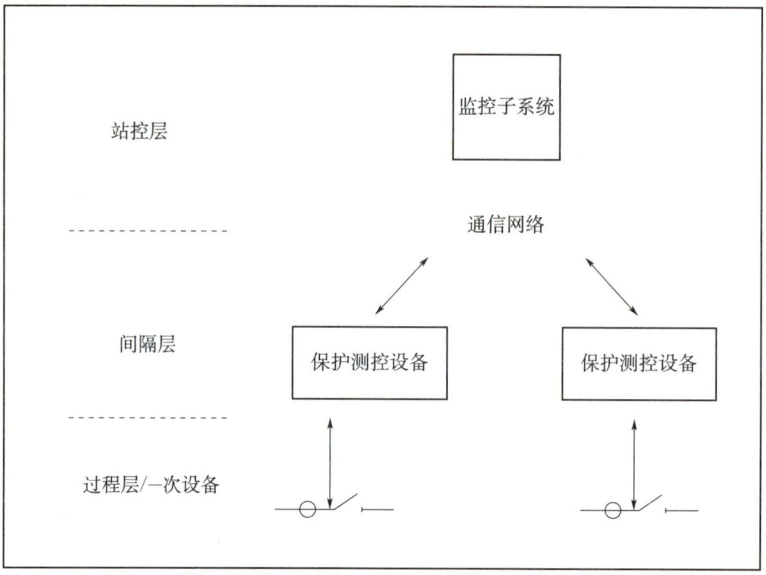

图 7.38　变电所综合自动化系统分层结构图

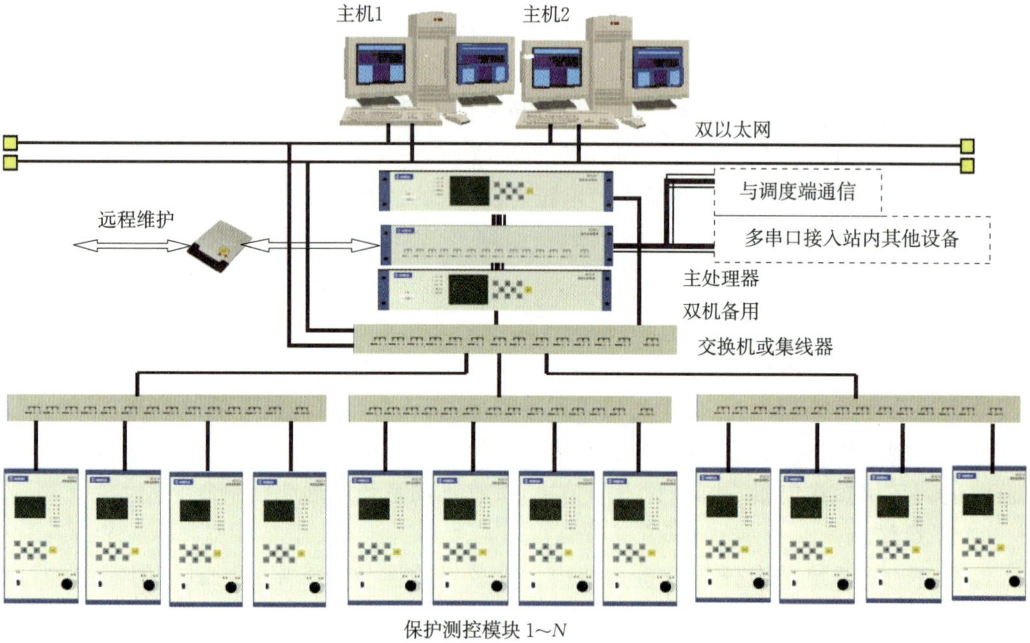

图 7.39　典型综合自动化系统组网图

(2)组屏方案

高速铁路综合自动化系统一般采用集中组屏方案,各控制保护屏集中布置在所内的控制室内。

综合自动化系统按功能不同分为主变压器测控保护屏、馈线保护屏、并补保护屏、监控设备屏等,如图 7.40、图 7.41 所示。

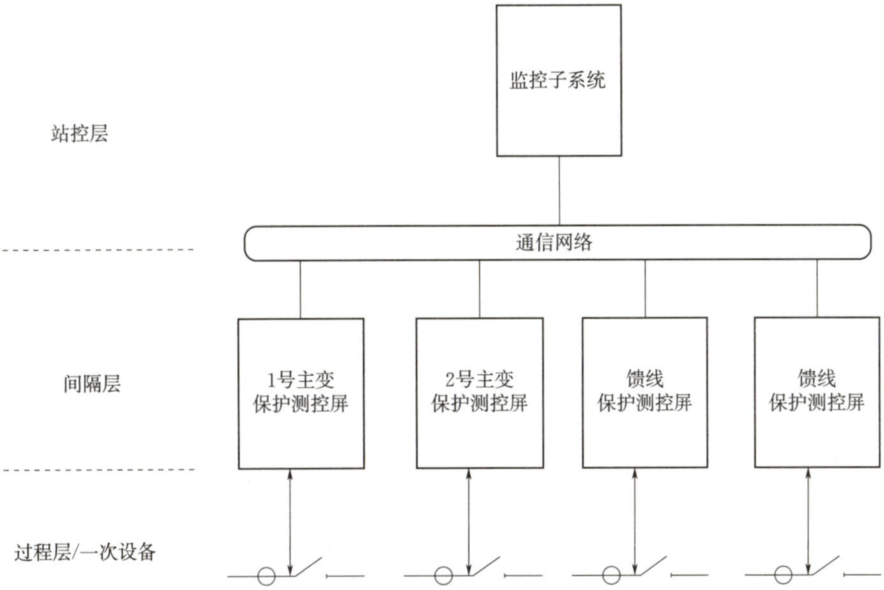

图 7.40　集中组屏的变电所综合自动化系统结构图

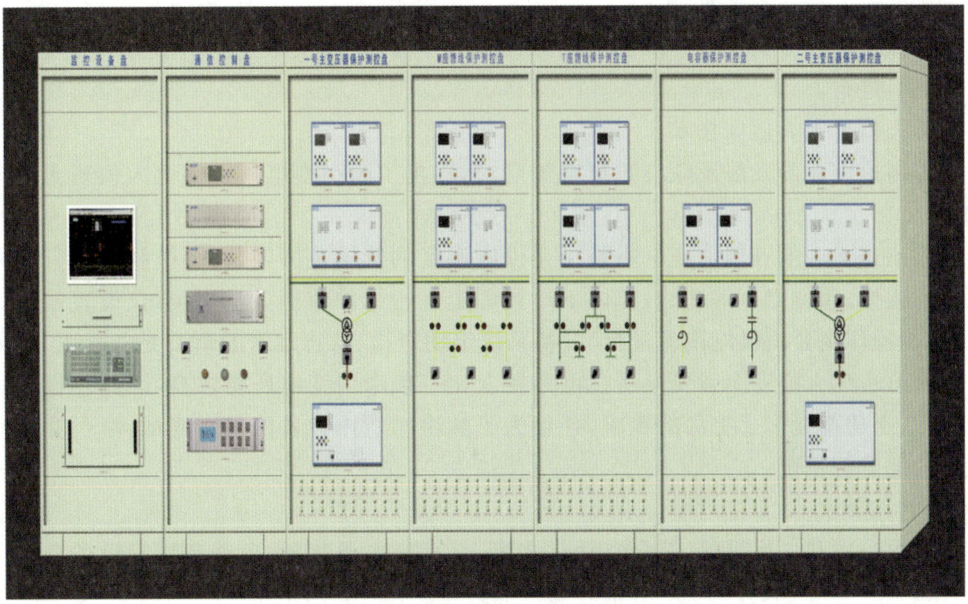

图 7.41　集中组屏屏面图

3. 关键设计技术

1)继电保护

牵引供电系统继电保护及自动装置是牵引供电系统的重要组成部分，对于保证牵引供电系统的安全可靠运行、防止事故发生或扩大，保证铁路运输的正常运行起重大作用。应根据牵引供电系统设计原则和一次系统接线进行继电保护和自动装置的设计。继电保护应符合可靠性、选择性、灵敏性与速动性的要求，分为主保护、后备保护和辅助保护。

高速铁路继电保护及自动装置配置方案：

(1)牵引变电所

牵引变压器设重瓦斯、纵差动、低电压过电流保护，动作于跳闸；设轻瓦斯、过负荷、过热发预告信号。

馈线设两段距离、过流速断、高阻保护及自动重合闸装置。

设电源自投和牵引变压器自投装置。

(2)分区所

并联断路器设过流速断、失压、距离、高阻保护及检压重合闸装置。

自耦变压器设差动保护、碰壳保护、过流保护、重瓦斯保护，设轻瓦斯、过负荷、过热发预告信号。

自耦变压器设自投装置。

(3)自耦变压器所

并联断路器设失压及检压重合闸装置。

自耦变压器设差动保护、碰壳保护、过流保护、重瓦斯保护，设轻瓦斯、过负荷、过热发预告信号。

自耦变压器设自投装置。

继电保护的整定计算按《牵引供电系统继电保护配置及整定计算技术导则》(Q/CR 687—2018)进行。

2)无人值班无人值守技术

随着高速铁路的发展及顺应减员增效要求，提出了牵引变电所采用无人值班无人值守方式。

无人值班无人值守牵引变电所是指在供电调度的管辖范围内，具备接收并执行供电调度下发的遥控、遥调指令等功能，所内不设置固定运行维护值班人员岗位，仅设置值守人员岗位，控制操作主要由供电调度进行，设备采取定期巡检、状态维修的牵引变电所。

无人值班无人值守牵引变电所在可靠性上比一般牵引变电所要求高，因此在设计方案上对电气、土建都提出了更高的要求，并且为了解决对所内设备的日常巡视，牵引变电所要求设计辅助监控系统。

(1)电气要求

①所内一次和二次设备、综合自动化装置、交直流电源装置、远动装置等设备选型应满足运行可靠的要求，牵引变电所具备远动系统的遥控、遥测、遥信功能。

②相邻牵引变电所越区供电支援时应具备远动操作能力。

③对 AT 供电方式下，牵引变电所 F 线及 AT 所具备故障情况下远动操作切除隔离功能。

④综合自动化装置应具备远方投切保护、召唤及修改定值、复归信号等功能。

⑤自用电系统应有可靠两路电源，交直流主要馈电回路纳入远动监控，蓄电池组容量应至少满足全所事故停电 2 h 的放电容量和事故放电末期最大冲击负荷容量的要求。

⑥牵引变电所安装辅助监控系统。

(2)对土建的要求

①所内建筑物一楼应少设门窗，对于必要的门窗，应装设实体防护措施。

实体围墙高度不宜低于 2.5 m，围墙上部应安装高度不小于 50 cm(其中 20 cm 向外 45°倾斜角)的金属防护网，必要时加装电子围栏。

②牵引变电所应安装具有防盗功能(不通透)的院门。

③牵引变电所消防设施应符合现行国家标准《建筑设计防火规范》(GB 50016)、《火力发电厂与变电站设计防火规范》(GB 50229)和现行行业标准《铁路工程设计防火规范》(TB 10063)的规定。配置的火灾探测、报警装置和灭火装置应功能完好。

④无人值班无人值守牵引变电所内仍应具备必要的待班房屋、厨灶、卫生间等生活设施，以满足日常值守、应急值班、巡检维护以及修理试验等人员基本生活需求。

(3)牵引变电所辅助监控系统

牵引变电所辅助监控系统是对牵引变电所内视频监控及巡检、环境监测、安全防范、火灾报警、动力照明控制等部分或全部辅助设备信息进行集成，实现信息共享、告警联动等功能，为牵引变电所集中监控和运维提供支撑的系统。

①系统构成

辅助监控系统由布置在场坪的辅助设备和系统平台构成。系统平台通过标准接口，采集所内辅助设备信息，实现信息共享与告警联动功能，并将监控和报警信息上传。在满足接口条件的情况下，辅助监控系统也可接入智能一次设备的在线监测数据。辅助监控系统构成如图 7.42 所示。

辅助监控系统包含视频监控及巡检、环境监测、安全防范、火灾报警、动力照明控制等子系统，各子系统可以根据需要灵活配置。系统采用分层架构，由间隔层和站控层组成，间隔层包括动力环境测控装置、视频服务器和辅助设备，站控层包括综合应用服务器、网络设备和值班员终端等。

②功能要求

辅助监控系统应实现对全所视频监视、环境信息监测、安全防范、火灾报警、动力照明控制、设备巡检等功能的高度集成和一体化监控，支持采集接入、数据存储、告警处理、传输通信、联动和监控等功能。

辅助监控系统应能与其他系统进行信息交互，纵向上与供电调度系统、上级视频管理系统等进行信息交互，横向上应能与所内保护测控系统进行信息交互。

③数据流向

辅助监控系统应将用于监控的视频信息和报警信息上传至供电调度台主站系统，并通过调度台复示至供电段，用于巡检的视频信息上传至供电段，其他信息不上传，全部存储于牵引变电所，数据允许有权限的管理人员拷贝。用于监控的视频操作权限归牵引供电调度，并可授权给供电段操作人员，用于巡检的视频操作权限归供电段操作人员。

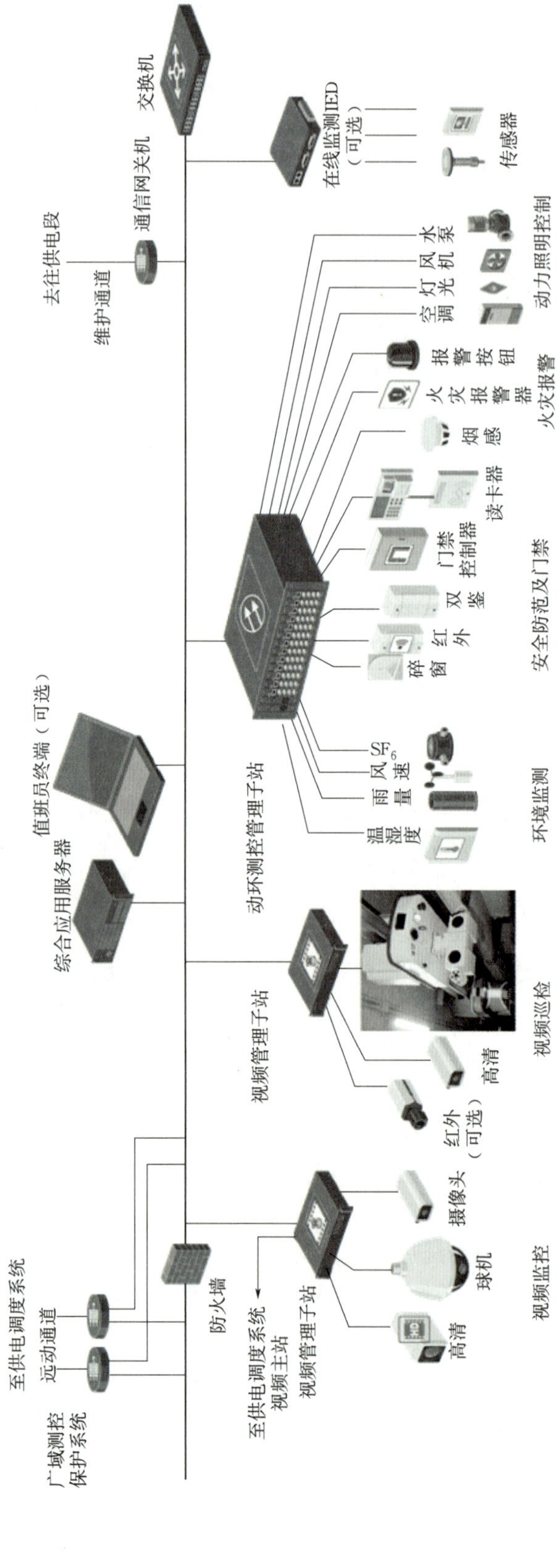

图7.42 辅助监控系统架构图

7.6.3 接 触 网

1. 系统组成及主要功能

高速铁路接触网通过受电弓向高速运行的列车提供电能的架空导线系统，主要由接触悬挂、附加导线、支持装置、定位装置、支柱与基础等组成。

(1)接触悬挂

接触悬挂包括承力索、接触线、吊弦等。接触悬挂通过支持装置架设在线路上方，其作用是将来自牵引变电所的电能传输给动车组。动车组运行时，通过受电弓滑板与接触线滑动接触而获得电能。

(2)附加导线

牵引网中除了接触悬挂以外的导线，包括供电线、加强线、回流线、自耦变压器供电线、保护线、避雷线、架空地线等。

(3)支持装置

支持装置是接触网中支持接触悬挂，并将其机械负荷传给支柱等固定结构物的装置。

(4)定位装置

定位装置作用是固定接触线的横向位置，使接触线水平定位在受电弓滑板运行轨迹范围内，同时将接触线的水平负载传给支持装置。

(5)支柱与基础

支柱与基础用以承受接触悬挂、支持装置、定位装置和附加导线的全部负载，并将接触悬挂固定在规定的位置和高度上。

2. 主要技术方案

(1)悬挂类型

时速 350 km 接触网悬挂类型采用全补偿弹性链形悬挂，时速 250 km 接触网悬挂类型宜采用全补偿弹性链形悬挂。

(2)线材及张力

接触线、承力索采用高强度铜合金材质。时速 350 km 接触线额定工作张力宜为 30 kN，承力索额定工作张力宜为 21 kN。时速 250 km 接触线额定工作张力宜为 25 kN，承力索额定工作张力宜为 20 kN。

(3)导高

接触线工作支悬挂点距轨面的高度应根据车辆装载高度、空气绝缘距离、冰雪附加荷载、工务维修、施工误差以及受电弓的工作范围等因素综合确定。

(4)结构高度

接触网结构高度宜采用 1 600 mm，时速 250 km 最短吊弦长度一般情况下不小于 500 mm，时速 350 km 最短吊弦长度一般情况下不小于 600 mm。

(5)跨距

跨距一般不大于 65 m。

(6)锚段长度

接触网锚段长度应根据补偿的接触线和承力索的张力差、补偿器形式以及补偿导线的高度等综合确定。接触线、承力索的张力差均不得大于其额定张力的5%。正线接触网锚段长度不宜大于2×700 m。站线锚段长度一般不大于2×850 m，困难不大于2×900 m。

(7)拉出值

拉出值的设置应综合导线张力、跨距、定位器坡度等要求确定。直线区段，接触线应按“之”字形布置。半径较小的曲线区段，接触线一般由受电弓中心向外侧拉出，并宜使接触线与受电弓中心点的轨迹相割；对于半径较大的曲线区段，宜按“之”字形布置。

(8)线岔布置

正线道岔上方的接触网布置宜采用无交叉布置方式，侧线通过速度120 km/h及以上的道岔区宜采用带辅助悬挂的无交叉布置方式。非正线道岔接触网采用交叉式布置形式。

(9)锚段关节

锚段关节一般采用五跨或四跨形式。

(10)吊弦

吊弦宜采用不可调整体吊弦，吊弦线一般采用铜合金绞线，截面积一般为10 mm^2。

(11)弹性吊索

弹性吊索宜采用高强度铜合金材质，截面积一般为35 mm^2。弹性吊索的长度在跨距不超过60 m时，一般为18 m；跨距大于60 m时，为22 m。时速为250 km时弹性吊索张力一般为2.8 kN，时速大于250 km时弹性吊索张力一般为3.5 kN，偏差不大于10%。

(12)电分相

电分相宜采用带中性区段的绝缘锚段关节式电分相，无电区长度大于工作受电弓间距或中性段长度小于工作受电弓间距，中性区段应设电动隔离开关并与前进侧接触网相连。列车过分相采用断电自动过分相方式。

(13)腕臂和定位装置

腕臂宜采用三角形绝缘旋转平腕臂结构形式，平腕臂水平安装。承力索座固定在平腕臂上，平、斜腕臂之间一般情况下设置腕臂支撑。定位器优先采用连接方式为销轴式的弓形非限位定位器，定位管宜采用刚性支撑固定。

腕臂和定位装置可采用铝合金和钢两个系列。

(14)支柱

腕臂柱一般采用热浸镀锌热轧H型钢柱；横跨多股道或多线并行区间采用钢管硬横跨，硬横跨支柱采用环形等径钢管支柱，横梁为正三角形截面格构式钢管组合梁，支持结构采用吊柱加腕臂形式。硬横跨吊柱采用矩形吊柱，隧道内采用圆形吊柱。供电线一般采用格构式钢柱。

(15)基础

路基上接触网基础和拉线基础一般采用机械钻孔灌注桩基础，桥梁区段由桥梁专业预留，隧道内一般采用预埋槽道。

(16)中心锚结

正线应采用两跨防窜防断式中心锚结，站线一般情况下采用两跨防窜防断式中心锚结，困难时可采用防窜不防断式中心锚结。

(17)补偿装置

接触网下锚采用棘轮或滑轮组补偿装置。

(18)电连接

承力索和接触线电连接线夹采用压接型,电连接线采用 TJR95 型。

(19)绝缘子

隧道外一般采用瓷绝缘子,重污秽区域、车站、跨线桥两侧及覆冰厚度大于 10 mm 区段可采用复合绝缘子。隧道内均采用复合绝缘子。

(20)回流接地

接触网支柱通过基础内的接地钢筋接入综合接地系统。保护线或回流线一般不绝缘架设,作为钢轨回流的并联通道同时兼作闪络保护接地。在变电所、分区所及 AT 所处,上、下行 N 线分别采用电缆直接连接至所内集中接地箱和信号扼流变压器中性点上,再通过电缆将信号扼流变压器中性点与保护线或回流线连接。

(21)防雷

接触网雷电防护应以防直击雷为主,兼防感应雷。综合考虑土壤电阻率、走廊沿线雷电分布、接触网导线对地高度等影响因素,按照技术经济优化原则实施差异化防护。高速铁路在年雷暴日不小于 40 d 的地区宜架设避雷线,在其他重点防护的地区增设避雷器。

3. 关键设计技术

(1)悬挂方式及参数选择

接触网悬挂类型及张力配置、跨距、结构高度、弹性吊索等主要系统技术参数的选择,应根据接触悬挂的静动态性能计算分析后,经弓网受流性能计算机仿真验证确定。

静态特性是指接触悬挂的弹性及一跨内的均匀程度,静态弹性是指在受电弓压力的作用下,每单位垂直力产生的接触线抬高,静态弹性越均匀,受电弓与接触线的接触越稳定,受流质量也就越好。静态弹性不均匀度的计算公式为

$$u=\frac{e_{\max}-e_{\min}}{e_{\max}+e_{\min}}\times 100\% \tag{7.4}$$

式中 $e_{\max}$,$e_{\min}$——最大弹性、最小弹性。

评价标准见表 7.4。

表 7.4 静态弹性不均匀度标准

序号	速度等级/(km·h^{-1})	弹性不均匀度
1	250	简链≤40%,弹链≤10%
2	350	简链≤25%,弹链≤10%

接触悬挂动态特性主要考虑接触线波动传播速度、增强因数、多普勒因数、反射因数等几方面因素。

①波动传播速度

受电弓在运动过程中产生一个作用源或振动源,以波的形式并以一定的速度沿接触悬挂传播,是影响弓网受流质量的一个至关重要的因素。

②反射因数

振动波在接触网中传播时遇到集中质量(如吊弦、电连接、定位线夹等)将被反射,其程度可用反射因数表示,当反射系数越小,表明接触悬挂的耦合性能越好。

③多普勒因数

多普勒因数是一个表示行车速度和波动传播速度相互关联程度的重要参数,它表明了在反射干扰源的作用下,受电弓运动状态受反射波干扰的程度。

④增强因数

受电弓在定位点及吊弦点时,还会周期性地激发接触线的振动,这种被激发的振动波在传播和反射时会被增强、放大。

接触网与受电弓之间的关联参数是接触压力和抬升量,受电弓在运动过程中产生一个作用源或振动源,以波的形式并以一定的速度沿接触悬挂传播,波在传播过程中若遇到集中质量,又将产生反射波,入射波与反射波相遇形成叠加,从而对接触网—受电弓间的接触压力和抬升量产生动态影响。根据目前国内外现行规范要求,动态特性参数及接触力的评价标准见表 7.5 和表 7.6。

表 7.5　动态特性参数标准

序号	速度范围/($km \cdot h^{-1}$)	设计速度/波动传播速度	增强因数	多普勒因数	反射因数
1	$200<v\leqslant 250$	<0.7	<2.2	>0.26	<0.5
2	$250<v\leqslant 350$	<0.7	<2.3	>0.17	<0.5

表 7.6　动态评价标准

速度等级/($km \cdot h^{-1}$)	250	350
平均接触力 F_m/N	$F_m\leqslant 130$	$F_m\leqslant 180$
最大接触力 F_{max}/N	≤350	≤350
最小接触力 F_{min}/N	>0	>0
接触力最大标准偏差 δ_{max}/N	≤39	≤54

对于 350 km/h 线路,根据仿真研究及运行经验,在单弓运行条件下,采用全补偿简单链形悬挂或全补偿弹性链形悬挂均可满足弓网受流要求。但双弓运行时,全补偿弹性链型悬挂由于具有优良的弹性均匀度,对双弓运行产生的弓网系统振动有明显的改善,后弓受流性能得到显著提高。国内时速 350 km 等级高速铁路线路一般单弓、双弓运行方式兼有,从兼容性角度考虑,350 km/h 等级接触网均采用全补偿弹性链型悬挂。

对于 250 km/h 线路,出于受流性能改善的目的,同时考虑对工程造价影响甚微,一般亦采用全补偿弹性链形悬挂。

(2)主要技术参数选择

①导线张力

350 km/h 速度等级接触网张力宜采用 21 kN+30 kN,250 km/h 速度等级下接触悬挂张力配置宜采用 20 kN+25 kN。

②结构高度

通过仿真分析发现，结构高度变化对弓网受流性能有一定的影响。结构高度减小时，接触线和承力索之间吊弦长度过短，刚性较大形成硬点，弓网受流性能趋于弱化。结构高度增大时，弓网受流性能趋于改善，但悬挂的稳定性趋于减弱，且随着悬挂结构高度的增加将导致吊弦、腕臂、支柱等材料增加，即增加接触网的投资。综合技术经济性能，350 km/h 速度等级下悬挂结构高度一般取 1.6 m；250 km/h 速度等级下简单链形悬挂结构高度宜取 1.4 m，弹性链形悬挂结构高度宜取 1.6 m。

③跨距

从经济性角度，跨距宜越大越好。对于高速铁路而言，由于导线张力较大，接触线受风偏移一般不会超出受电弓工作范围，但跨距增大后，外界风荷载对导线影响加大导致悬挂稳定性变差，同时接触悬挂弹性均匀度也会变差，进而影响弓网受流关系。根据相关标准和国内外的使用现状，在 350 km/h 和 250 km/h 速度等级下进行了仿真分析，65 m、70 m 跨距均能满足弓网受流要求，但考虑接触悬挂频繁受环境风和列车通过风的荷载影响，70 m 跨距的悬挂稳定性较差，容易产生离线情况，因此予以排除。综合各项因素，最大跨距不宜超过 65 m。

在某客专项目中，针对 350 km/h 速度等级下 65 m 跨距进行了专项检测，数据表明 65 m 跨距下弓网受流情况良好。

④弹性吊索长度及张力

目前国内 350 km/h 等级接触网弹性吊索张力一般均采用 3.5 kN，250 km/h 等级接触网系统中采用 2.8 kN。结合实际工程应用情况，在 250 km/h、350 km/h 速度等级下均对比研究 2.8 kN、3.5 kN 弹性吊索张力设置。通过仿真发现，在 250 km/h 速度等级下弹性吊索张力为 3.5 kN 时与 2.8 kN 时相比，结果相差无几。综合考虑目前实际应用情况，250 km/h 速度等级弹性吊索张力宜采用 2.8 kN。通过仿真发现，在 350 km/h 速度等级下，其他配置相同的情况下，张力为 3.5 kN 比 2.8 kN 时的接触力偏差更小。这说明弹性吊索张力为 3.5 kN 时，接触力更平稳，受流质量更好。由于两种弹性吊索张力在经济性上几乎无区别，因此，350 km/h 速度等级弹性吊索张力宜采用 3.5 kN。

⑤拉出值

在相同跨距、第一吊弦点位置情况下，拉出值越大，定位器坡度越小；在相同跨距、拉出值情况下，第一吊弦点与定位点间距越大，定位器坡度越大。因此，直线区段的不同跨距，在满足定位器坡度标准的前提下，按照拉出值尽量大、第一吊弦间距优先按标准 5 m 间距考虑的次第优先原则进行选取。定位器坡度优先按 8°～9°考虑，最小不宜小于 7°，最大不宜超过 16°。基于国内的线路条件和实际使用情况，对于 250 km/h 等级接触网，考虑常用的 50 m、55 m、60 m、65 m 等四种情况，曲线半径考虑 2 800 m、4 000 m、5 000 m、直线四种情况，利用接触网参数仿真分析系统进行计算。在满足定位器坡度标准的前提下，按照拉出值尽量大、第一吊弦间距优先按标准 5 m 间距考虑的次第优先原则。定位器坡度优先按 8°～9°考虑，最小不宜小于 6°，最大不宜超过 16°。

⑥关节类型

在锚段关节处，两锚段的接触悬挂并排架设，对它的基本要求是当机车通过时，应保证受电弓能平滑地从一个锚段过渡到另一个锚段。根据关节内所含跨距数，可分为两跨、三跨、四跨、五跨等形式锚段关节。锚段关节的布置形式对弓网受流和工程投资都有一定程度的影响，一般而言锚段关节跨数越多，受电弓在两支接触线间转换过渡越平稳，但相应的工程代价也越大。并且，对于偶数跨锚段关节，受电弓在悬挂点与两支接触线同时接触，存在一定硬点冲击；奇数跨锚段关节，受电弓在跨中与两支接触线同时接触，避免在定位装置处实现两支过渡。奇数跨锚段关节由于接触线等高点在跨中，受电弓同时滑过两支接触线时可避开定位点冲击，受流质量优于偶数跨锚段关节。

两跨锚段关节转换柱均悬挂转换下锚支，受力较大，且安装调整较为困难，故一般不采用单柱双腕臂结构，而采用双支柱各安装单腕臂结构形式。两跨锚段关节在实际项目中应用较少，且仅适合作为非绝缘锚段关节使用。由于两跨锚段关节过渡区段较短，高速弓网受流时容易产生硬点，因此适应列车运行速度低，但其具有结构紧凑、占用空间少等的优点。

三跨锚段关节由三个转换跨组成，包含两处终端接触悬挂下锚和两根转换支柱，一般采用单柱双腕臂结构形式。三跨锚段关节的接触线等高点处于过渡跨中，受流状况相对两跨锚段关节有一定改善，适用于120 km/h及以下的线路使用。三跨锚段关节一般应用在枢纽站内，既可用于非绝缘锚段关节，也可用于绝缘锚段关节。

四跨锚段关节由四个转换跨组成，包含两处终端接触悬挂下锚和三根转换支柱。四跨锚段关节的过渡较为平稳，接触线等高点处于中心柱处，受流状况相对较好，但由于定位点处有两个定位器，其弹性性能相对变差，不仅会加大接触线的磨损，而且对受流有一定影响。

五跨锚段关节由五个转换跨组成，包含两处终端接触悬挂下锚和四根转换支柱，一般采用单柱双腕臂结构形式。五跨锚段关节的转换点在中间跨距的中心，弹性相对较好，有利于平稳过渡，因此高速铁路优先考虑采用五跨关节形式。

⑦电分相形式

接触网电分相的设置与行车、信号、变电、线路、站场、桥梁、隧道等专业有着密切的关系。设置电分相及选择自动过分相技术时，应综合考虑机车牵引质量、编组方式、受电弓间距、线路状况及坡度、变电及分区所亭分布、信号机位置等多种因素的影响。

接触网电机车过分相的方式直接影响安全行车和减轻司机劳动强度的关键，速度在200 km/h以上将更为突出；由于高速铁路行车速度较快，依靠司机肉眼识别线路的电分相标识已经很难保证机车正确过分相，而且司机劳动强度很大，必须采取自动过分相方式。因此高速铁路自动过分相方式宜采用列控系统和轨道电路配合的方式实现车载自动过分相。

为了避免接触网上出现相对硬点，高速铁路接触网电分相装置必须采用带中性段、空气间隙绝缘的锚段关节形式。目前，我国电气化铁路锚段关节式电分相装置一般由两个连续的绝缘锚段关节构成，电分相仅有一个中性段、两个断口。

锚段关节式电分相设计应满足多机多弓运输组织的需要，当列车编组采用多弓运行时，若多弓有高压母线联结，则任意两受电弓间的距离 L 必须小于电分相无电区的长度 D_1（图 7.43）；若多弓无高压母线联结，任意两受电弓间的距离 L 应小于无电区的长度 D_1（图 7.43）或大于中性段的长度 D_2（图 7.44）。

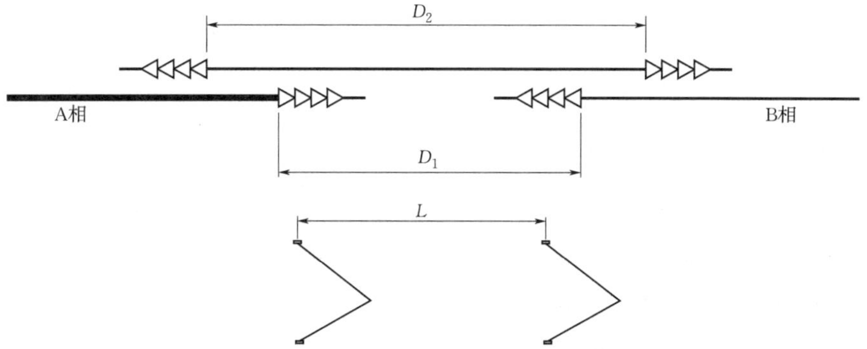

图 7.43 双弓间的距离 L 小于无电区的长度 D_1

D_1—无电区长度，指靠近中性段中心的两绝缘转换柱绝缘子外侧间的距离；

D_2—中性段长度，指远离中性段中心的两绝缘转换柱绝缘子内侧间的距离

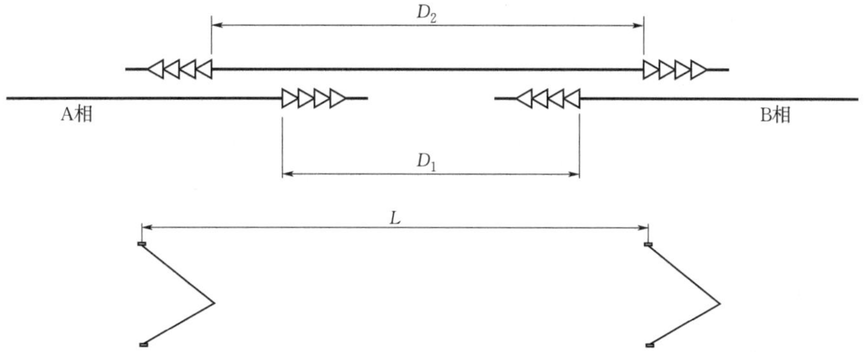

图 7.44 双弓间的距离 L 大于中性段的长度 D_2

当双弓间没有高压母线连通时，三断口电分相形式对于弓间距没有限制，多弓情况下，电分相的设置要保证在任何机车编组情况下受电弓均不能将两侧的异相电导通造成短路。

另外考虑到过分相时对机车速度的影响以及与信号专业的配合，电分相应避免设在变坡点、大电流和加速区段，宜设置在 6‰及以下坡度的地段。

(3)腕臂定位装置选型

腕臂和定位装置装备起到悬挂承力索、固定接触线的重要作用。因此，腕臂结构应安全稳定可靠，腕臂和定位装置本体应采用通用型材，连接件优先采用型材制造，采用稳定可靠的模锻、冲压等工艺；腕臂结构应便于现场施工安装，既要有下料、组装、调整的灵活性，又要有较高的安装精度；腕臂和定位装置要具有较好环境适应性，提高耐腐蚀性能。同时连接件要具有较好的紧固性能，尽量减少连接件和紧固件数量，降低施工安装和运营维护工作量，提升接触网腕臂系统可靠度也是腕臂结构的选型重点。定位装置在轻量化的前提下保持结构稳定，具有较好的静态和耐疲劳性能；定位器与受电弓外形及动态包络线要具有良好的匹配性，有较大的抬升空间，保证空间安全距离。

基于腕臂定位装置的功能需求，高速铁路接触网腕臂定位装置宜具有结构简约化、零件集成化等特点，具有结构简单合理、可靠性高、可维护性好的优点。因此，高速铁路宜采用简统化接触网腕臂定位装置。

7.7 电　　力

7.7.1 系统构成及主要功能

铁路电力供电系统是指为除了牵引动力负荷以外铁路运营需要的所有用电负荷供电的系统,通常包括:外部电源及线路、总降压变电所或配电所、中压配电线路、终端变电所、低压配电系统以及为系统配置的自动化、智能化系统等,如图 7.45 所示。

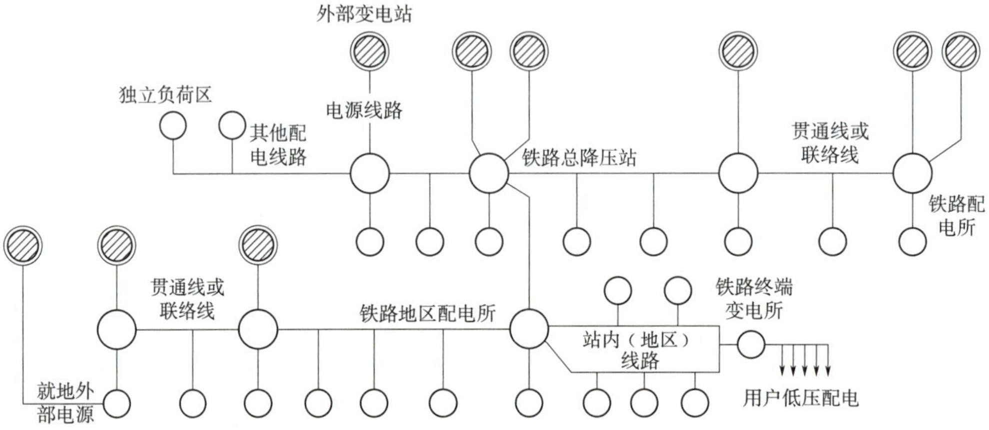

图 7.45　典型铁路电力供配电系统示意图

外部电源一般是指公共电网或其他非铁路管理的电源。由外部电源接取点直至低压用电设备的电源端,均为铁路电力供配电系统的设计范围。

总降压变电所:将引入的高电压等级的外部电源降压为铁路配电网适用的电压等级后,分配给供电范围内的各变配电所。

配电所:向各配电线路分配未经变压处理的电能。

中压配电线路:以一定的结构和运行方式传输来自降压变电所、配电所的电能至终端变电所。

终端变电所:靠近用户设置,将中压配电电压变压为用电设备所需的电压,并以一定的方式分配到用电现场。

低压配电系统:电压低于 1 000 V,完成自终端变电所变压器二次绕组直至用电设备之间所有电能的分配,实现设备及线路的切换、保护等功能。

完整的高速铁路电力供配电系统还具有远程控制、双向自动切换供电、系统节点运行方式集中切换、越区供电等功能。

7.7.2 主要技术方案

电力供电设计的目的是按负荷的重要性分级,针对性采用技术经济合理、适用的供配电方案和形式,形成工程建设所需的实施方案和施工依据,为投运后铁路安全运营提供电力保障。

设计内容主要包括系统方案、标准的技术经济分析和确定，系统计算，设备、材料选择并确定技术规格，接线、保护配置、安装和敷设工艺，安全风险的评估、控制，满足分阶段精度要求的投资估算、概算、预算等。

1. 高速铁路用电负荷特征

高速铁路车站(段)主要有信号楼(有的合建在站房内)、站房动力照明、站区照明、道岔融雪设备、工区用电、动车整备等负荷。其中，站房、道岔融雪设备、动车整备等负荷容量相对较大，对车站或地区供电方案的设计影响较大。

高速铁路区间也有用电负荷的广泛分布，呈 2.5～3 km 即有一处用电点的规律，如信号中继站、通信基站、通信直放站、各类视频摄像头、接触网开关、牵引供电设施的所用电、隧道照明、隧道通风设备，多属于与行车、安全密切相关的重要负荷。另外，沿线还有警卫区和岗亭等负荷。为此，要求沿铁路全线提供高度可靠的电源，采用两条贯通电力线路的总体方案能较好地满足这个要求。

2. 主要技术方案

中国高铁电力供电系统的技术方案，是基于铁路行业标准《高速铁路设计规范》(TB 10621)的有关规定进行构建。

铁路电力供电系统技术方案大体可分为分散型、集中型、分散集中混合型三类。高速铁路供配电系统由外部电源线路、变电站(降压站)或配电所、沿线两回中压电力贯通线路、站场电力线路、终端变电所等构成，属于集中型供电系统，如图 7.46 所示。

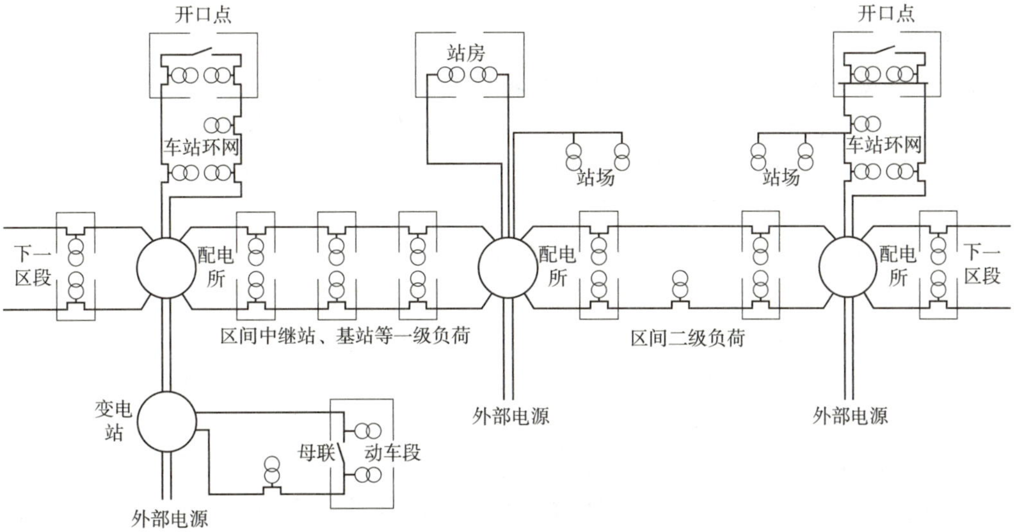

图 7.46　高速铁路全线供电概念图

高速铁路集中型供电系统具有高度可靠、工程可行性高、停电影响范围小、利于管理的优点，图 7.47 是其中贯通线路的接线概况。

这是一种双向供电的线路，从图 7.47 中可以看出，支持贯通线路的电源数量是两端变配电所电源数量的总和，所有电源同时停电的概率极低。即使当中间某一个或连续两个变配电所完全失电时，还可以同时闭合同一段母线上贯通馈线的开关，通过贯通母线(或另设越区供电开关设备)越过这个所由另一段贯通线路向相邻区间供电。因此，其供电是高度可靠的。

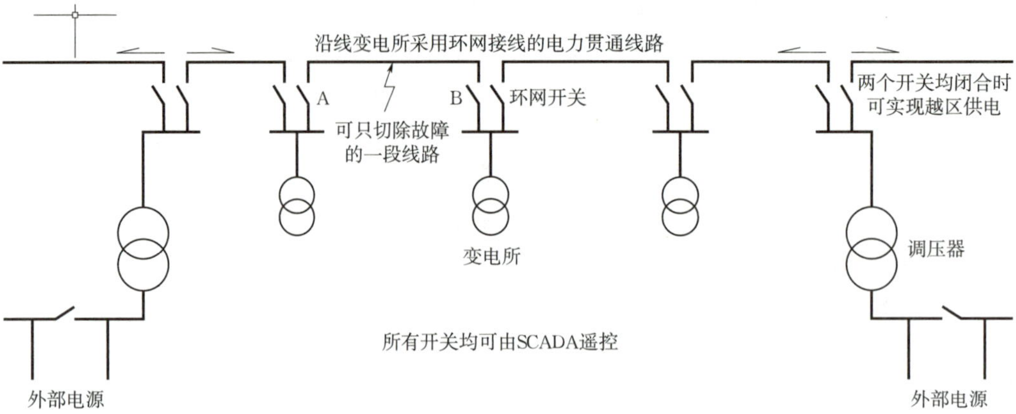

图 7.47　贯通线路解析图

接在贯通线路上的变电所通常采用环网接线，当某一段线路故障时，可以断开环网开关，只切除故障线路进行抢修。而所有变电所都能快速恢复供电，故障影响范围极小。

由于高铁还设置了电力远动系统，上述各种操作在调度室即可完成，调度和管理效率高。而且整个中压、低压供配电系统均在铁路管理范围内，更便于形成统一的、合理的调度，方便、快捷地施行运行方式的切换。

7.7.3　关键设计技术

1. 铁路电源设施的布点及主配电网

这里铁路电源设施主要是指变电站(降压站)、配电所、发电站等，一般首选配出 10(20) kV 线路构成铁路电力供配电系统的主体方案。在负荷分析的基础上，首先结合外部电源条件，进行电源设施布点的设计工作，其影响中压配电网的合理性、变配电设备数量统计和工程造价，是设计时需要重点对比研究的问题之一。

高速铁路具有车站间距远大于普速铁路、车站负荷较大、区间负荷较为密集的特点。在不考虑隧道用电的特殊需求时，区间负荷接近均匀分布。因此其贯通线路的供电臂长度多可结合车站布局确定，除个别情况外，一般规律是在每个车站都设置电源变配电所为贯通线路供电。设计时重点针对个别情况，进行电源设施布点研究比选。以下这些比较典型的情况都是需要重点研究的：

(1)车站间距过小，例如不足 20 km 甚至更小，在这种情况下，如果逐站设置为贯通线供电的变配电所，容易造成贯通电力线路供电区间过小，带来资源利用率低的问题。这种情况可结合车站规模，研究该站是否设置贯通线电源变配电所。

(2)车站间距过大，例如超过 60 km 等，需对区段供电能力和供电质量进行验算，必要时研究对比在区间加设电源设施，或提高供电电压，或采用特殊运行方式等方案。

(3)区间有隧道通风等重负荷的情况。隧道机械通风用电负荷一般显著大于区间通信、信号等负荷，有些通风机械还属于防灾救援设备，为一级负荷。如果是防灾专用设备，还具有平时只有以定期维护、保养为目的的试验用电，实际使用概率极低的问题，甚至在整个寿命期内都无投入的需要。这样，采用专用电源供电时，就带来电力资源长期闲置，作为用户还要支付资源占用费的问题(典型的如基本电费支出)。因此,设计时一般首选由贯通电力线路——包括重负荷投入时贯通线路临时转为特殊运行模式(例如由近端变配电所单端供电)为通风设备提供电源,这样既充分利用了资源,节省投资,供电可靠性又高。贯通线路供电能力满足不了通风机械需要时,可研究对比由铁路变配电所馈出专供线路、另行接引公网电源、电源特别困难时自设发电设备的方案,并力求做到隧道施工与永久工程相结合。

(4)接轨站及联络线有零散负荷分布。高铁联络线的特点是普遍较短,用电负荷分布的规律性不明显,但负荷重要性较高。理想的高铁供电方案是所有铁路区间均具备双向供电的电力贯通线路,但对具体工程,都做到这个标准会造成较为明显的经济性不合理问题,需做好研究,妥善取舍。针对联络线供电问题,提出以下区间局部供电的参考措施:

①长距离联络线区间负荷较多时,可考虑在两段接轨站设变配电所,或延伸利用与接轨站最近的正线变配电所,沿联络线设置电力贯通线路,与正线标准一致。

②设置双回纵向配电线路,两端(或其中一端,另一端由变配电所出线)与正线贯通线路通过开闭所衔接,投运时,可由电力远动系统切换运行方式。

③当只在靠近一端正线有用电负荷时,可考虑由近端分支出环形线路供电,末端变电所设计为带母联的一次接线,仍然可以做到任一段线路故障时能独立切除而不影响设备供电。

2. 变、配电所

作为高速铁路供配电系统的主要节点设施,最具有典型意义的是双电源 10 kV 配电所,提供上、下行两个方向共计 4 回出线给 10 kV 贯通线路供电,此外还向本站(地区)供电。配电所采用单母线分段接线方式,电源条件允许时,设母联,首选双电源同时运行方式。一路电源失压时,母联闭合,由剩余电源向全部母线供电。其他电压等级变配电所在贯通线路馈线级的接线亦基本如此。

一般每路电源的母线分为电源进线段、主母线段、调压母线段三段,如图 7.48 所示。

电源进线段需通过供电方的审查,满足其要求,该段母线提供电源进线保护和计量,多数情况下,所用变压器由此母线供电(也可以置于贯通母线);主母线段向车站(地区)分配出线,并实现母线联络;调压母线段是有载调压变压器的二次侧,向电力贯通线路提供出线。

铁路配电所的特点主要体现在贯通母线上,贯通母线由主母线经调压器供电。调压器的作用主要有:将贯通线路系统与电源系统隔离,减少相互影响;根据运行经验随时将长线路的出口电压调整到适宜的程度;增大贯通线路阻抗,降低贯通线路故障电流对平行的其他线路的影响;利用调压器二次绕组,采用与电源系统不同的接地方式,以适用贯通线路的特点。高速铁路的电力贯通线路由于采用全电缆方式,受长电缆线路较高的分布电容影响,接地故障电流相对较大,出于设备安全考虑,多采用经小电阻接地的方式(详见后续接地有关内容)。由于调压器一、二侧采用不同的接地方式,通常高速铁路配电所的主母线与调压母线之间不设直连开关(即可旁路调压器的开关)。

调压器容量可按向两个贯通供电臂供电进行计算。这样其供电能力可满足同时向上、下行方向供电的需要,也能满足向两个连续的贯通区段越区供电的需要,较好地平衡了正常与非正常运行方式的设备利用率。

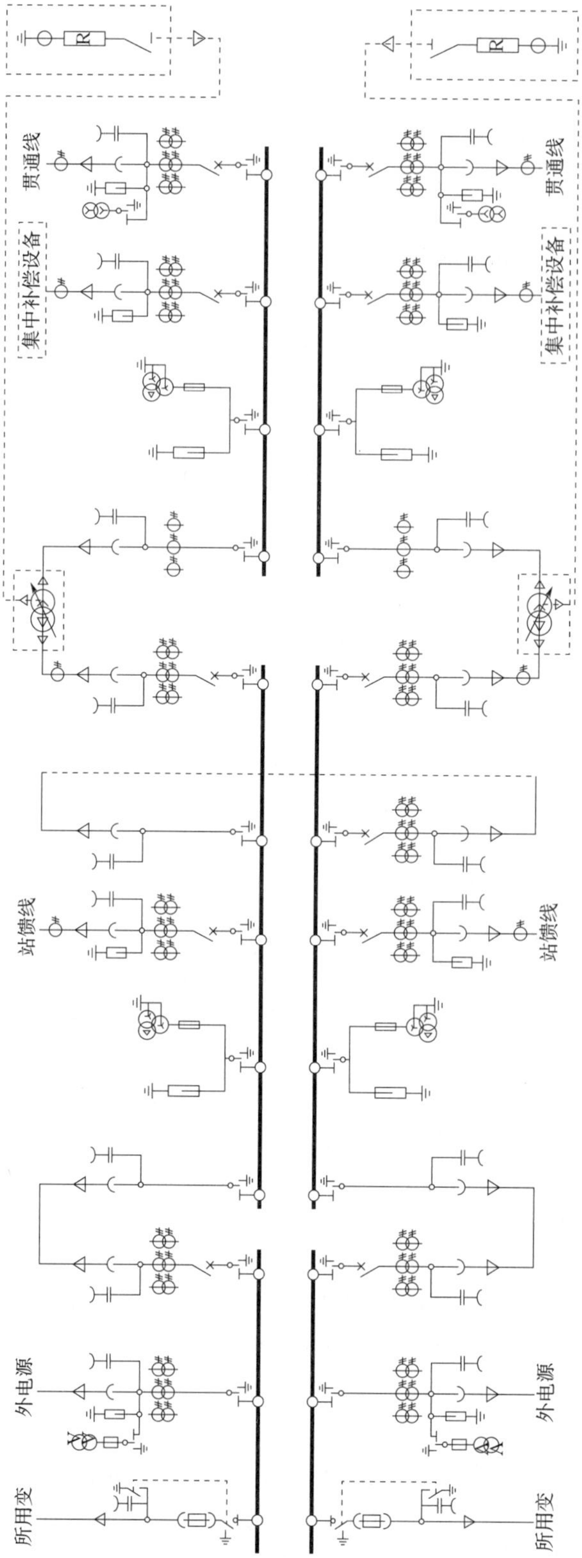

图7.48 高速铁路典型10 kV配电所主接线图

高速铁路变、配电设施的数量远高于普速铁路。我国在建设高铁初期，提出设备免维修、少维护的期求。因此，高压开关柜一般采用气体绝缘设备（主要是 SF_6 绝缘），变压器、调压器采用干式设备，变电所采用室内型或预装式，按智能远动标准成套。设有继电保护的变、配电所，配置保护与监控集成的综合自动化系统。

3. 车站、段的供电

铁路站房、动车所、调度中心等重负荷集中的区域，通常由环网线路、放射式线路、树干式线路共同构成中压配电网，在负荷中心设置变电所供电。图 7.49 给出了一个高速铁路车站、段的典型供电方案。

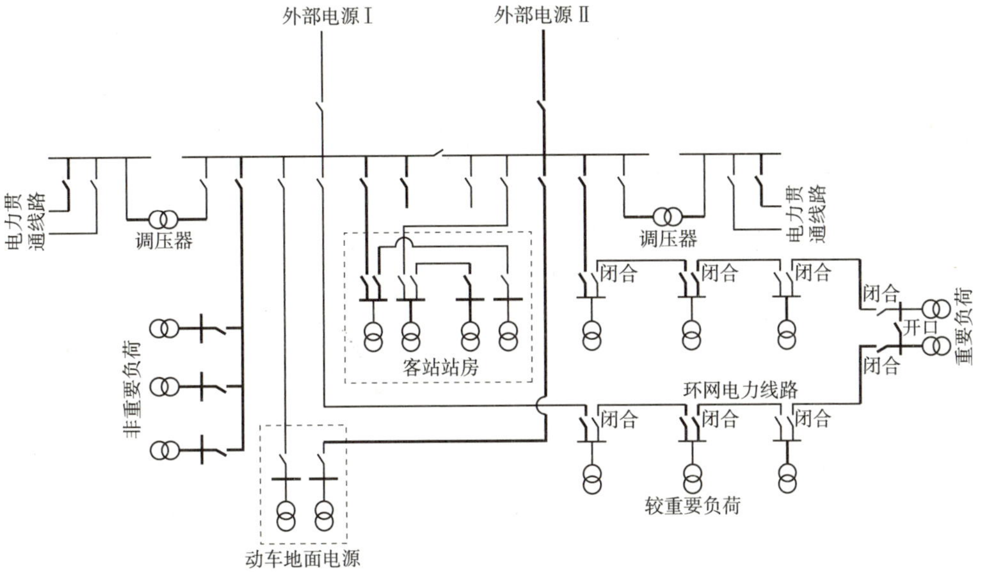

图 7.49　高速铁路典型车站、段供电示意图

站段供电中较为特殊的是动车地面电源，它是相对于架空接触网电源而言的，是为停放的动车提供整备电源的设备系统，一般设置在动车段的整备检查、检修库内。地面电源系统由电源变电所、配电电缆（密集或封闭母线）、轨旁电源柜和接地保护装置等组成。其中电源变电所由高压计量柜、高压开关柜、变压器、低压配电柜、整流逆变设备等组成；现场电源柜由开关、仪表、连接电缆和工业电气连接器等组成；接地保护装置由轨道钢轨电气连接（连接导线截面须满足短路分闸电流的要求）、轨道钢轨的接地网、变压器保护接地母线、接地网与轨道钢轨的连接电缆等组成。

地面电源系统因为多由不同车型共用，往往需要设计为既有单相又有三相的接入条件。对单相输入的地面电源，宜通过配置交—直—交转换装置取得单相电源；为地面电源系统供电的变电所宜配置专用变压器，接引采用两路可靠的电源；地面电源系统应具有多用户分别自动计费功能；轨旁电源柜应采取过压、欠压、过流、短路、电压谐波含量超标、漏电和接地保护等措施。

图 7.50 和图 7.51 所示为同时满足单相、三相接入的两种常用做法示意图。方案Ⅰ是单相和三相各配置一套低压配电系统；方案Ⅱ是利用变电所出线设备实现单相和三相供电转换，只向现场配出一套低压配电系统，节省的配电电缆或母线投资较为明显，但使用的便利性不如方案Ⅰ。

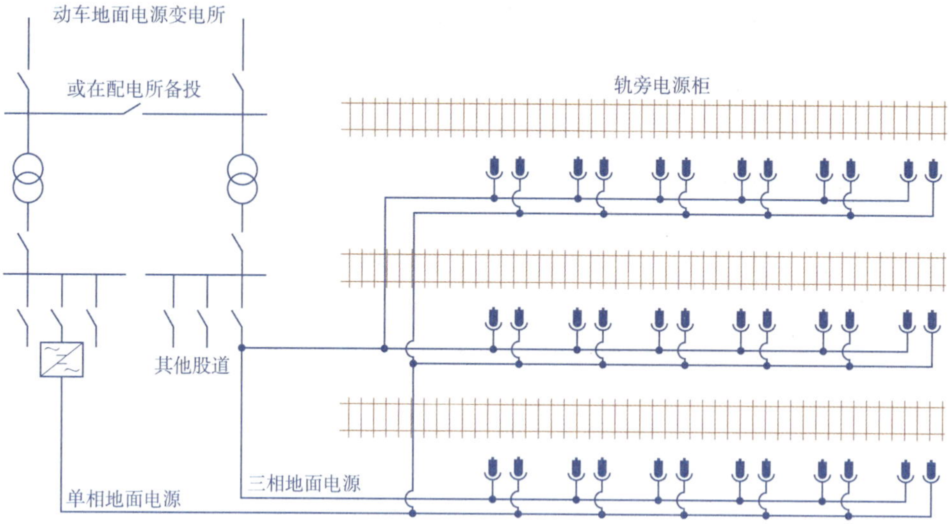

图 7.50 动车地面电源系统示意图Ⅰ

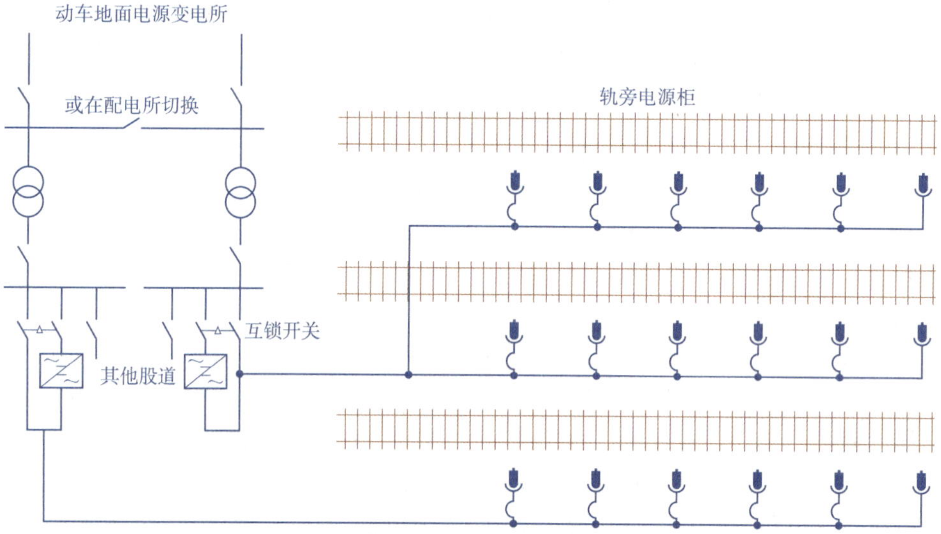

图 7.51 动车地面电源系统示意图Ⅱ

出于综合土地利用和车站美观等需要，站场高、低压电力线路均采用全电缆方式。车站电缆线路以三芯铜芯电缆为主选，只有当载流需求大时，方采用单芯电缆。

4. 长电缆线路的无功补偿

电缆线路具有产生容性无功电流的特性。由于贯通线路的电缆甚长，积累的电容电流会带来“容升电压”效应、接地故障电流增大、功率因数降低等问题，宜采用以固定电抗器就地分散补偿为主、以变配电所集中自动补偿为辅的方式补偿感性无功电流。

(1)就地分散补偿

就地补偿电抗器可结合信号中继站的变电所统筹设计，如图 7.52 所示。这样刚好使电抗器的分布距离控制在 10～15 km 之间，属于较为适宜的间距。就地补偿一般提供 65%～85%的补偿度，剩余无功电流在电源变配电所内集中补偿，以使电源接入处功率因数达标。

为了设备安全和便于运输，在变电站内为电抗器提供并联单元，电抗器本体独立安装在变电站近处。电抗器主要用于无功补偿，而非抑制接地电流，故宜采用中性点不接地的“Y”形接线方式。

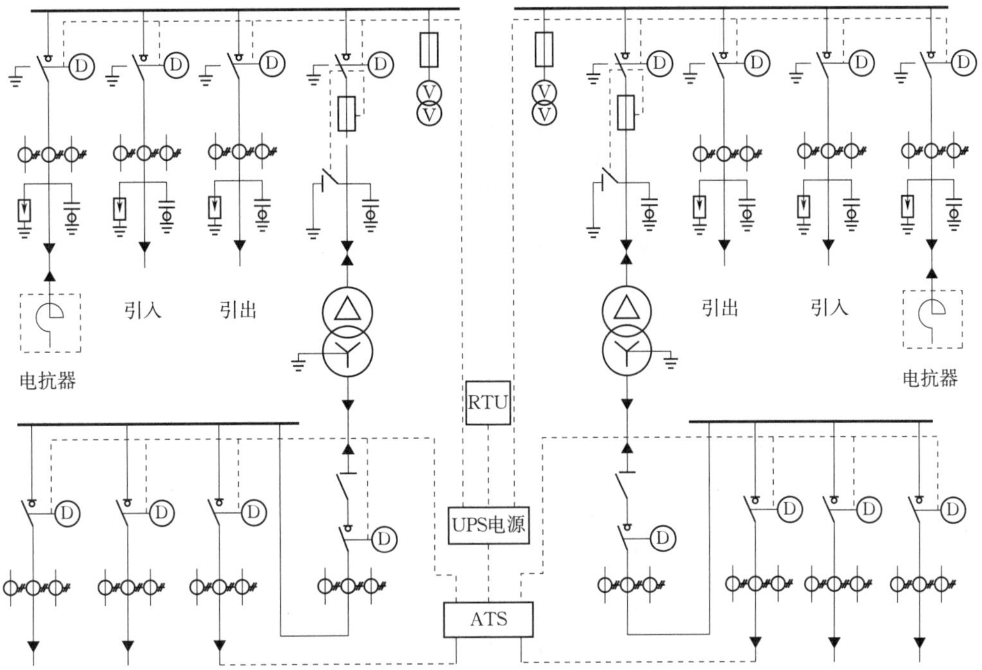

图 7.52　结合中继站变电所的就地电抗器补偿接线

(2)集中补偿

由于电力电缆线路的大量采用，高速铁路经常面临的无功补偿问题在于：在同一个系统内，既要补偿用电负荷引起的感性无功电流，又要补偿长电缆线路的容性无功电流。因此，采用什么类型的补偿设备，补偿设备在什么位置接入都是设计要着重解决的问题。

理想的补偿是在贯通母线上发出感性无功电流，抵消电缆线路的容性无功电流；在主母线上发出容性无功电流，抵消负载的感性无功电流。但这个方案设备用量大，占用房屋面积多，不够经济。如果补偿设备响应速度慢，不能容性/感性双向补偿，有可能难以很好地适应系统无功功率波动和性质变化情况。图 7.53 所示为变配电所主母线和贯通母线均设置集中补偿的方案。

目前采用较多的做法是：在贯通母线设感性集中补偿设备，以使调压器能选用更为经济的容量；或在主母线设感性集中补偿设备，以在电源处获得较好的功率因数，但需要由调压器承载贯通线路的容性无功电流。为了减少车站地区负荷对变配电所集中补偿效果的影响，各终端变电所低压功率因数补偿到 0.9 以上，有时可要求达到 0.95 以上。

集中补偿设备接在主母线，还是接在贯通母线，是否同时设置容性补偿和感性补偿，可视地区负荷的大小确定。当地区负荷很大，或供电方对电源功率因数考核非常明确、严格时，可同时设置容性补偿和感性补偿设备，容性补偿设备接在主母线，感性补偿设备接在贯通母线。地区负荷只是相对较大或较小时，可只设感性集中补偿，设在哪段母线可视调压器容量选择策略而定。

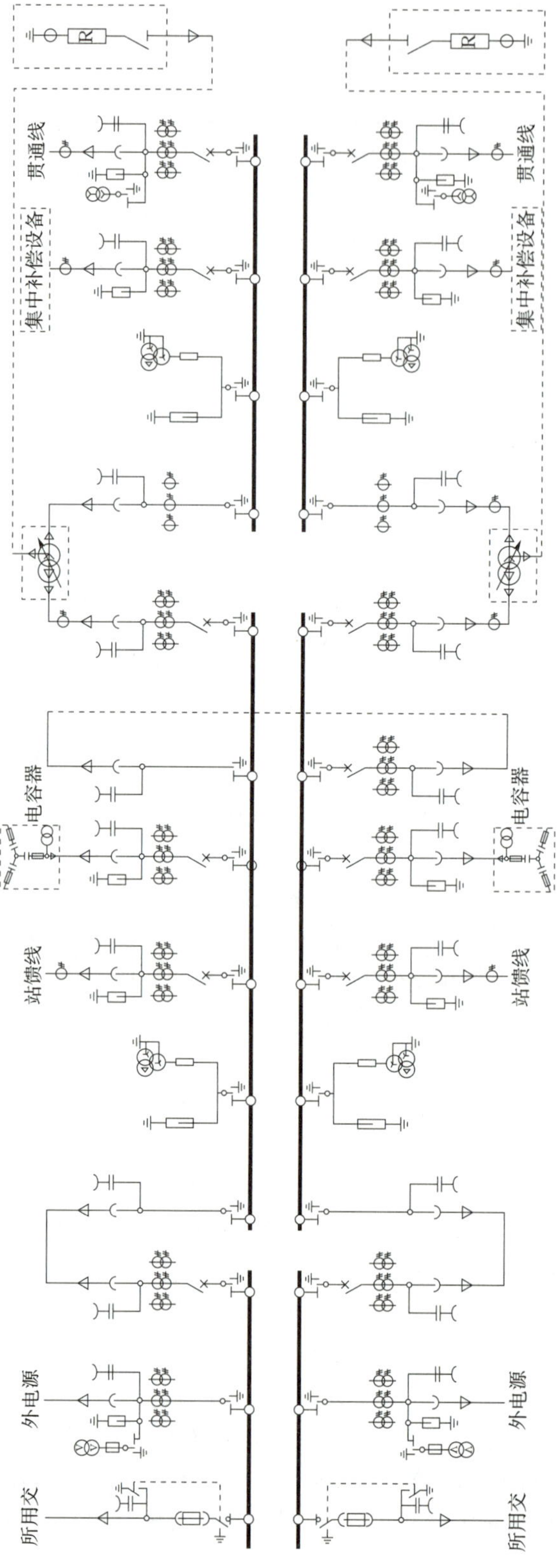

图7.53 变配电所集中补偿接线

变配电所集中补偿设备目前主要采用自动调节型。常见的自动补偿设备有可投切电抗器、磁控电抗器(MCR)、相控电抗器(TCR)、静止无功发生器(SVG)、晶闸管投切电容器(TSC)等。

5. 接　　地

(1)系统工作接地问题

高速铁路车站、地区铁路配电网的高压系统接地方式,与外部电源一致。电力贯通线路调压器中性点的接地方式需按以下要求确定:

①单相接地电容电流不大于 10 A 时,应采用不接地系统。

②单相接地电容电流不大于 150 A 时,可采用低电阻或消弧线圈接地方式;单相接地电容电流大于 150 A 时,宜采用低电阻接地方式。

③ 全电缆线路宜采用低电阻接地方式。

④ 低电阻接地方式的接地电阻宜按单相接地电流 200～400 A 接地故障瞬时跳闸方式选择。

全电缆线路或电缆比重高的线路采用低电阻方式接地,具有既保证供电可靠性又可保护线路和设备的综合优势。设计时需重点研究的是由架空线和电缆共同组成的线路,如何确定接地方式的问题,其基本取舍原则是看架空线与电缆的比例。当电力贯通线路含有较多比例的架空线时,由于架空线路更容易偶发临时性接地,采用低电阻接地可能会造成过多跳闸,影响供电可靠性,而采用消弧线圈接地则能减少跳闸发生。但消弧线圈也存在体积大、投资高的缺点,需要做进一步的技术经济比选确定接地方案。当架空线路比例过低时,其较电缆线路节省的投资与采用消弧线圈较低电阻增加的投资相比,可能并不具备经济优势。这种情况将贯通线路改为全电缆线路,采用低电阻接地方式,可能具备更优的技术经济性。

(2)单芯电缆接地问题

高速铁路电力贯通线路全程采用单芯无磁铠装电缆的标准。单芯电缆在自然形态下不具备相间几何对称的条件,三相工作电流对外的向量相抵作用微弱,容易产生对外干扰和分布参数不均衡问题,故宜采用"品"字形绑扎敷设或三相全换位敷设方式,以提高相平衡水平。更为突出的问题是,单芯电缆每芯都可以在金属护层产生感应电势,全程与电力贯通线平行的接触网系统引起的电磁感应更是不容忽视的干扰,需选择最适用的接地方式。

图 7.54 所示为三种电缆金属屏蔽和护层的接地方式,其中(a)为两端接地,(b)为一端接地,(c)为交叉互联接地。

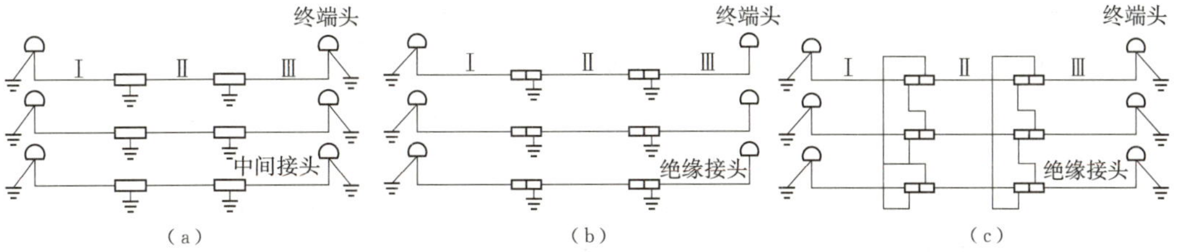

图 7.54　电缆金属层接地方式示意图

理论上交叉互联接地是最为理想的,但如前文所述,高铁电力贯通线路的电缆可运输长度按 3 km 考虑,在两个变电所之间按不出现接头设计,受实际变电所分布影响,实施中少有连续长度小于 2～2.5 km 的单芯电缆敷设。由于电缆敷设空间并不富余，不希望在连续段为实现交叉互联频繁出现电缆附件，故高速铁路不采用这种接地方式。两端接地方式对单芯电缆而言长期存在自身感应的环流，更大的影响还在于，因为电力与电牵系统都接入综合接地系统，所以电力电缆两端接地时还会分担一部分牵引系统的回流，将增加发热量和损耗，故两端接地方式不适用。

综上，高铁长电缆线路金属层宜采用单端接地或中央部位单点接地方式，并经过有关立项研究表明金属层连续长度以不大于 3 000 m 为宜。同时，金属层任一点的正常感应电压最大值还应满足：未采取有效防止人员触碰措施时不应大于 60 V，否则不应大于 300 V。为应对各种不易预见的感应问题，不直接接地一端宜经护层保护器接地，保护器电压限值可根据是否有防触碰安全措施确定。

7.8　四电系统设计

四电系统与其他系统之间以及内部各子系统之间存在大量的关联性，需要进行系统设计。四电系统设计通过边界条件建立、需求明晰、协同任务界定、重大技术标准与方案以及实现系统功能最优的方法与路径等，实现系统总体功能和性价比的最优。

7.8.1　接触网分相设置

电气化铁路牵引负荷是单相负荷。牵引供电系统取电于国家电网三相电力系统，经过牵引变压器输出两个单相端口为单相负荷供电，在接触网设计中通常采用两个或三个绝缘锚段关节组成两断口或三断口两种电分相方式，动车组需断电通过电分相区段。图 7.55 所示为两断口接触网电分相示意图，其中：D_1 为无电区长度，指靠近中性段中心的两绝缘转换柱绝缘子外侧间的距离；D_2 为中性段长度，指远离中性段中心的两绝缘转换柱绝缘子内侧间的距离。

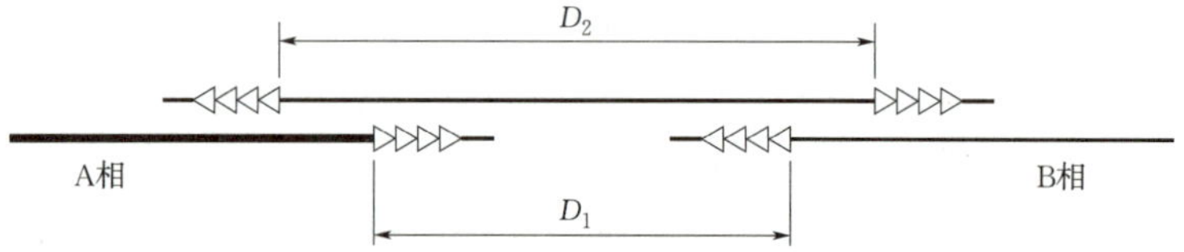

图 7.55　两断口电分相

由于高速铁路电牵引负荷波动剧烈，对系统的负序影响也更加严重，因而牵引供电规划设计中采用牵引变电所换相接入电力系统方式，以减少或消除电铁不对称负荷对电力系统的影响。

接触网电分相一般设在牵引变电所、分区所出口处，可以减少供电线上网距离，降低工程投资，方便运营维护；同时，可减少因架设供电线引起的征地拆迁费用。设计中确定牵引变电所间距及供电臂长度(牵引所与分区所间距离)，应充分考虑牵引负荷的需求，并满足供电臂末端最低电压不低于 20 kV。在选择牵引变电所所址需考虑线路条件、外部电源、牵引负荷的特性、通所道路接引及职工生活条件等因素，合理选择接触网电分相位置不论在规划建设期控制投资，或项目投入安全运行都十分重要。接触网电分相位置选择不当，将给高铁运行安全留下隐患。

接触网电分相设置涉及行车、线路、牵引供电、变电、接触网、信号等专业，在项目的可行性研究阶段要密切配合，初步确定电分相设置地点。

随着初步设计、施工图阶段设计深化，确定线路纵断面、区间信号点分布、牵引变电所位置、接触网电分相位置等技术方案和施工图纸。

接触网电分相位置选择和确定贯穿可行性研究及各个设计阶段，确定电分相任一条件发生变化，都要重复进行以下工作。

①根据线路条件、车站设置位置、动车组类型、行车对数、追踪间隔等条件，规划牵引供电设施分布意见。

②根据各设施规划初步确定接触网电分相位置。电分相宜设置在线路纵坡平缓、列车通过速度较高的地段。电分相尽量设置在区间，距车站进站信号外原则上不小于 3 km，当电分相距车站距离较近时，电分相至车站进站信号机之间线路坡度尽可能不大于 6‰。电分相中心里程两侧各 750 m 范围内坡度不大于 6‰。

③结合区间信号布点、线路平纵断面、车站进出信号机位置等条件，通过设计仿真检算动车组惰性通过电分相速度损失、时间损失对牵引性能、线路通过能力等进行检算。

当检算结果不能满足行车要求时，可以通过调整电分相位置、软化线路坡度、调整信号电位置等技术措施，确定设计的电分相位置或形式，以满足行车要求。

①当电分相难以避免处于连续长坡道或桥隧密集区段时，且行车检算结果验证该电分相对列车通过速度和运行时间有较大影响时，接触网设计宜采用地面切换自动过分相装置。

②当电分相无法避免设置在出站列车加速区段及区间列车限速低速区段，且对列车正常运行影响较大时，应调整电分相位置，必要时可适当调整牵引变电所或分区所位置，确保列车以较高的速度通过电分相。

③在铁路枢纽内，限于联络线长度、线路小曲线半径造成行车速度过低，锚段关节式电分相无设置条件，可采用器件式电分相装置，缩短动车组惰性运行时间和距离。

7.8.2 站区四电综合管沟

1. 综合管沟设置必要性

高速铁路的车站不但是旅客集散地，也是铁路各部门设备聚集地，综合站房除了设置服务旅客的购票厅、候车室外，还集中设有行车室、车站变配电室、通信机房、信息机房、信号机械室等生产房屋，这些设施与外界联系依托各种类型的电缆和光缆。所以，区间与站区设备房屋之间需要设置电缆沟槽，满足电缆敷设要求。

目前我国高速铁路设计，在电缆相对集中区域，普遍采用“统一规划电缆路径、合理利用综合电缆沟分层布设”方式，设置站区四电综合管沟，用于敷设通信、信号、电力等专业车站与区间电缆线路。

2. 系统设计内容

(1)各专业在满足功能要求、工艺流程合理先进的前提下确定电缆规格、型号、数量，并规划电缆路径，提出电缆沟、槽断面尺寸要求。相关专业按照“先强后弱”顺序依次上图。

(2)综合汇总专业负责根据各专业要求，按照“强弱电分侧布置、不同专业或电压等级分层布置”和便于施工安装和运营管理维修的原则，确定综合管沟的断面尺寸、路径。要标注不同专业电缆引入，或引出综合管沟交叉位置，有强弱电间电缆交叉处应有可靠的物理隔离措施。

(3)各专业确认敷设的电缆间距应符合现行规范的要求。

(4)综合管沟的设计应包括电缆及设备检修通道(井)的设计；管沟内电缆支、吊架的位置、做法相关图纸及说明应齐全。

(5)综合管沟与电缆槽衔接，应在平面和立面平顺过渡，避免出现急弯、陡坡，以免影响电缆敷设。

7.8.3　综合设备洞室布置

高速铁路对曲线半径和坡度的限制，以及对土地资源利用的考量，使得桥梁、隧道比例显著增加。特别是处于山区的高速铁路，单体超过 5 000 m 的长大隧道也屡见不鲜。限于技术条件限制，在长大隧道或密集桥隧相接区段的隧道内设置信号中继站、通信基站、电力箱变、隧道防灾机房也是设计中经常遇到的。根据技术经济比较，四电各专业设备集中布置，在隧道内设置综合洞室，不仅节省土建投资，还能充分利用有限空间，统筹考虑接地系统、电缆沟槽、电源、采暖通风和消防等设施，节省相互连接电缆数量，便于施工和设备维护。

隧道内设备洞室内各专业工艺布置，要考虑现行运营维护管理部门的分工情况分区域集中布置，并按照设备房屋需求设置动力照明配线设计。图 7.56 所示为通信基站(直放站)与电力箱变合建的典型综合设备洞室布置示意图。

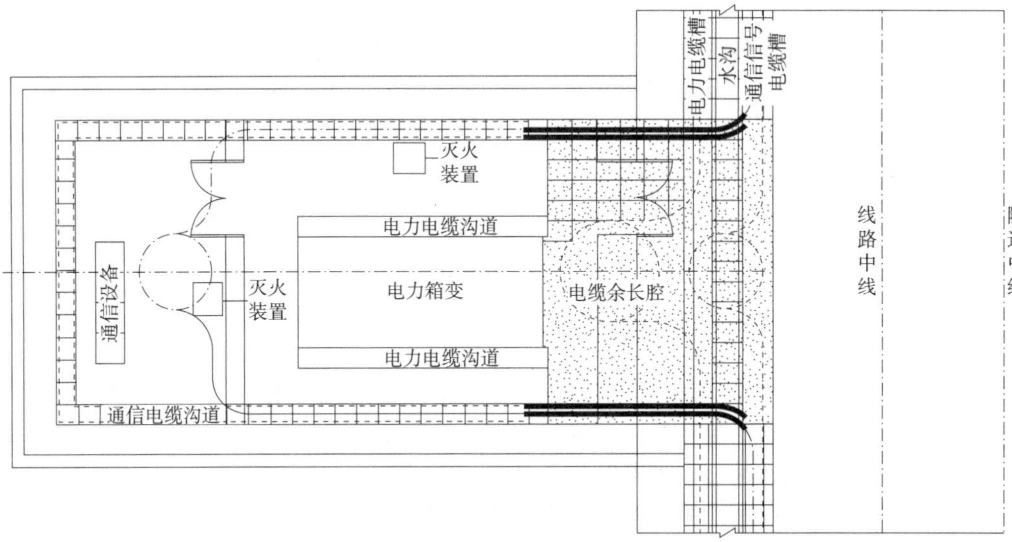

图 7.56　典型综合设备洞室

隧道洞室设备接地纳入综合接地系统，主要利用结构钢筋预设接地，用不少于两根导体与综合贯通地线相连，有必要时可在洞室底板下增加一个钢筋笼并以混凝土浇筑用来加强接地。

系统设计应注意的问题：

(1)洞室的平立面尺寸应满足各专业设备布置、施工和维护通道设置要求。

(2)设备洞室外门应密闭,满足防火要求;开启门不得干扰列车运行。

(3)洞室电缆沟的设置采用分层布置方案,要尽量避免强弱电电缆相互交叉,进出洞室电缆应考虑防护措施。

7.8.4　区间四电设施集约化

1. 集约化设置要求

高速铁路区间沿线分布有通信基站、信号中继站、灾害监测现场设备,以及为之提供电源的电力箱变。为节省土地资源、共享外引道路,共用电源、通信通道,要尽量集中设置,采用集约化设计方案。

2. 设计方案

集约化设计可以将通信基站(含灾害监测)、信号中继站、电力箱变合建一处,或者将通信基站(含灾害监测)、电力箱变合建一处。设施选址根据地形状况、拆迁数量多寡、道路接引条件等因素设置于线路任一侧;为节省征地,也可将生产房屋和箱变设于净空满足要求的高架桥下。

按照强弱电分开的原则,统筹考虑过轨、手孔、上下护坡管、电缆沟、人井等的设置;综合考虑防雷、接地、排水、道路等问题。

3. 系统设计

(1)场坪标高应满足各专业对洪水位要求,场坪和周边(征地范围内)不得积水。

(2)区域平面布置应符合防火间距要求,满足材料运输作业需要,尽可能采用紧凑布置,以减少建设征地。

(3)区域内电缆沟槽以及引入所内的各种线缆路径要统一布置,避免线缆的相互交叉。

(4)区域内设备采用统一防雷、接地设计,设置必要的等电位连接,并与综合接地相连。图 7.57 所示为通信基站与电力箱变合建场坪接地示意图。

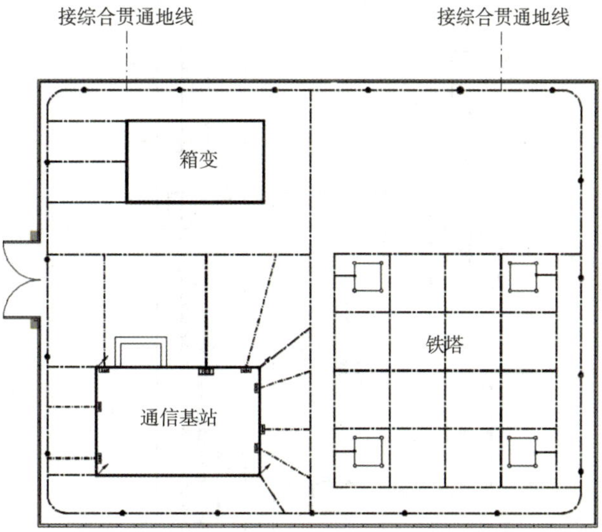

图 7.57　区间基站箱变合建场坪接地图

7.8.5　综合接地

1. 综合接地的构成

高速铁路设置贯通全线的综合接地系统,由贯通地线、接地装置、接地连接线及接地端子等构成,沿铁路两侧分别敷设一条贯通地线为主干,主要利用桥墩、隧道、路基地段构筑物设施内的结构钢筋,以及接触网支柱基础等作为接地体构建共用接地系统,并与综合贯通地线相连,形成等电位综合接地平台,如图 7.58 所示。在综合接地系统中,建(构)筑物及设备在贯通地线接入处的接地电阻不应大于 1 Ω。

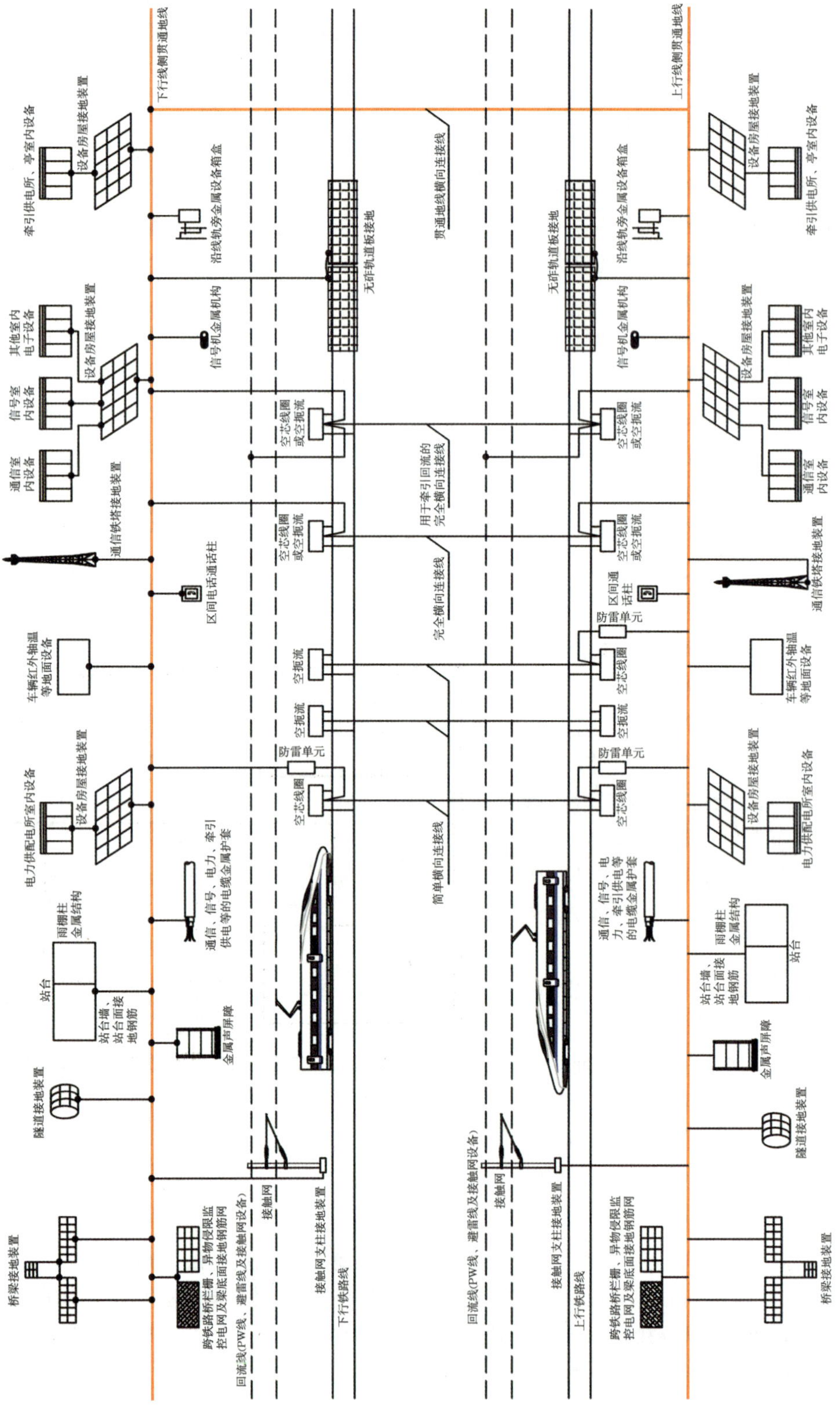

图7.58 综合接地系统组成示意图

2. 综合接地系统作用

综合接地系统为实现全线各类设施的等电位创造了条件，提高了电磁兼容性能，也有利于工点地质条件不良、接地困难时做到较低的电阻值。例如特别干燥区域、沙石区域、隧道、桥梁等处，独立的接地是很难做到低电阻的。

通过贯通地线将铁路沿线建(构)筑物的防雷接地、强弱电设备的工作接地、保护接地、防过电压接地、防静电接地、屏蔽接地装置等电位连接起来，以确保人身安全和设备安全。下列范围的铁路设备和金属构件均应接入综合接地系统：

(1)距接触网支柱及距接触网带电体部分 5 m 范围以内的金属结构物和电气设备。

(2)距贯通地线 20 m 范围以内的铁路建(构)筑物的接地装置。

3. 系统设计

系统设计主要包括接地电阻、等电位连接、钢轨电位、接触电压、跨步电压等内容，涉及路基、桥梁、隧道、轨道、房建、信号、通信、信息、电气化、电力等专业。

(1)桥梁、无砟轨道、接触网支柱基础等结构物内的接地装置应优先利用结构物中的非预应力结构钢筋作为自然接地体；当没有结构钢筋可以利用时，增加专用的接地钢筋；当自然接地体的接地电阻达不到要求时应增加人工接地体。

(2)隧道设计时，以台车位为单元和间隔，利用隧道底板的下层结构钢筋作为接地极；利用横向连接钢筋将接地极与两侧电缆槽壁纵向接地钢筋连接。

(3)在桥梁设计中，将桥墩、承台、基础桩接地钢筋间连接，预埋桥墩、承台接地钢筋至外部接地极的引出端子，以便将梁部接地钢筋与墩台接地钢筋连接。

(4)对于无砟轨道线路，轨道板接地应充分利用轨道板结构钢筋，并在结构物内预埋接地端子。原则上按每 100 m 与线路两侧桥梁、隧道、路基预埋的接地端子单点 T 形连接。每 100 m 段落内的轨道板单元之间进行等电位连接。

(5)站台上旅客可接触的建筑物及金属构件等应采取等电位或分设接地等措施，如站台、雨棚的边缘应设纵向接地钢筋，纵向接地钢筋外缘距混凝土表面不大于 30 mm，纵向接地钢筋至少每 100 m 与贯通地线连接。

(6)在两侧通信信号电缆槽的线路侧外缘各设一根纵向接地钢筋，每 100 m 断开一次，用于隧道内接地极、接触网断线保护接地及接地钢筋间的等电位连接。

8 房屋建筑及附属设施

高速铁路房屋建筑及附属设施是高速铁路运输生产服务的重要基础设施。高速铁路房屋建筑主要包括高铁旅客车站(以下简称“高铁客站”)、站区及沿线的生产房屋和生产附属房屋等。站区及沿线的生产房屋和生产附属房屋根据运输组织及运输管理的需求,按《铁路房屋建筑设计标准》(TB 10097)配置。高速铁路在铁路旅客客站设计理念以及技术手段方面实现了较大的突破与发展,新时期高铁客站已经成为高速铁路旅客服务关系最为密切的纽带,更是综合交通体系中的重要节点,并逐渐成为各个地区的门户与窗口。本章将集中介绍高铁客站的建筑、结构、暖通、给排水等专业设计及部分新技术在高铁客站设计中的应用。

8.1 客站建筑

高铁客站越来越成为铁路与城市间密切联系的重要节点,尤其是大型客站、枢纽客站,高铁客站所赋予的属性与扮演的角色更加多元化。客站设计秉承“畅通融合、绿色温馨、经济艺术、智能便捷”的建设理念,客站既承载着便捷高效的交通功能属性,更加融入城市脉络,成为构建“站城一体、站城融合”综合属性的活力因子。因此在高铁客站设计过程中应紧紧围绕这两个核心目标所展开。

作为交通类建筑,高铁客站设计程序分为规划布局、交通组织、建筑空间设计三个主要步骤。以下以大型客站以及枢纽客站为例进行阐述。

8.1.1 规划布局

1. 工作目标

(1)以城市总体规划为基础,研究高铁客站、站前广场、城市路网及周边城市地块四者之间的合理关系,构建以高铁客站为核心的高铁客站区域规划布局。

(2)针对高铁客站及城市特点研究站城融合切入点及处理方式,实现客站节点的城市价值最大化。

2. 设计方法与策略

1)基于城市总体规划进行站房规划布局

现代城市的发展历程见证了高铁客站是城市中最具活力的元素。当前很多城市在城市总体规划中都把高铁客站地区定义为城市的副中心,客站的建设常常成为周边地区开发的催化剂,成为带动城市发展的新引擎。因此,在客站建设之初就要充分利用好这一机会,以积极的姿态引导周边地区的有序开发,为城市的发展作出贡献。

如京沪高铁天津西站的设计实例。《天津空间发展战略规划(2009 年)》对中心城区提出了“一主两副、沿河拓展、功能提升”的发展策略，将西站地区确定为集铁路、公共交通综合枢纽与城市商务于一体的城市副中心，以实现中心城区由单中心向多中心转变，完善综合服务功能，塑造更加科学合理的城市空间形态。天津西站的规划布局与天津市城区规划的要求紧密结合，利用西站原址进行了改扩建，以西站地区的开发建设带动中心城区西北部区域的整体发展，取得了良好的效果，如图 8.1 所示。

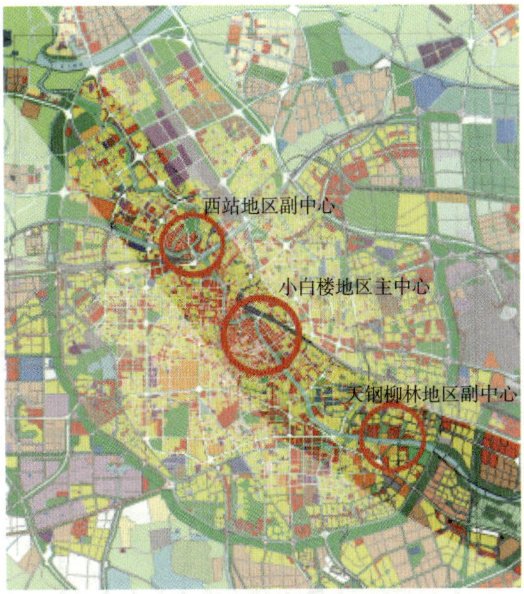

图 8.1 天津市中心城区空间发展布局

由以上实例可以看出：①充分利用大型高铁客站拉动城市发展、协调城市发展方向是大型高铁客站在城市总体规划中的主要作用；②与城市总体规划相匹配是站房规划布局的基本方向。

结合工程设计的实际情况，大型站房规划布局前，应对当地的城市总体规划进行调研，搞清所在城市的总体发展方向，沿城市的发展方向进行大型站房的规划布局，才能够使站房规划布局不出现方向性错误。

2)基于符合周边区域融合要求进行站房规划布局

大型高铁站房作为城市的有机组成部分，应在规划布局阶段对是否符合与周边区域融合的要求进行初步的研究。主要对地下空间的贯通、子站房的设置、周边立体交通等方面进行考察。

(1)地下空间的贯通

站房规划布局应衡量是否有能够设置贯通地下空间的条件。

客站综合体是把公共汽车终点站、停车场等城市分支机构、旅馆、商业设施等合并在一起，成为车流终点站和商业中心。此外，作为城市居民活动场所的客站综合体也是一个信息交换的场所和城市居民日常活动的场所。它不再仅仅是直接为旅行服务的公共建筑。例如北京南站的地下层主要采用了地下空间综合体的处理方法，将地铁、商业引入到地下层，地铁布置在中心位置，两侧配置走行空间和商业区，如图 8.2 所示。

在衡量是否有能够设置连通铁路两侧区域的地下空间时，可以先从站房所在的区位进行考量，按以下程序进行分析：

①位于超大城市核心区的，一般为改扩建车站，首先研究是否有能够设置地下空间综合体的条件。对于条件受限，无法设置综合体的，按设置地下通廊、单独设置地下通道的顺序进行研究。

②位于其他区域的改扩建车站，首先研究是否有能够设置地下通廊的条件。对于条件受限，无法设置地下通廊的，再研究单独设置地下通道的可行性。

③位于其他区域的新建客站，研究是否有能够设置地下通廊的条件，如不满足，则该址不适于新建大型站房。

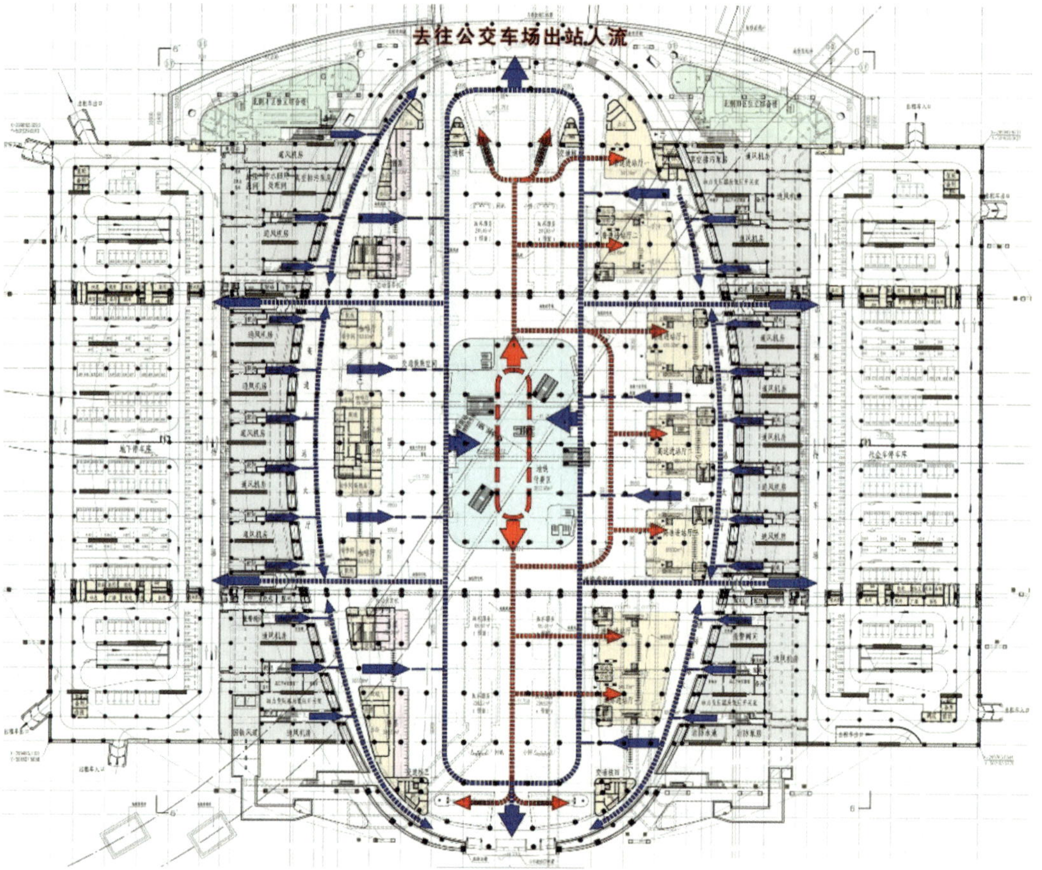

图 8.2 北京南站地下层平面图

(2)子站房的设置

面向商业商务地块的一侧或两侧是否有能够设置子站房的条件,是衡量大型站房规划布局是否合理的重要因素。在大型站房的规划布局阶段就应对建设子站房的条件进行分析论证。

北京南站、天津西站等多数站房采用了紧贴基本站台设置地面进站厅的方式。旅客可由地面进站厅通过楼扶梯到达高架候车厅。北京南站南广场虽然没有商业商务区,但考虑到减小铁路对城市的分割和交通分流等因素,也在南侧设置了地面进站厅。北京南站、天津西站站台平面布置分别如图 8.3、图 8.4 所示。

综上所述,研究大型高铁客站的规划布局必须对面向商业商务地块的一侧或两侧是否有能够设置子站房的条件进行研究,可以先从站房所在的区域周边的用地情况进行考量,按以下程序进行分析:

①对于铁路两侧均为商务商业区的,应在铁路两侧均设置子站房,应在拟规划布局区域研究两侧设置子站房的条件。

②对于铁路一侧为商务商业区的,应尽量在铁路两侧设置子站房,应在拟规划布局区域研究两侧设置子站房的条件;用地条件受限时,应研究跨越城市道路采用过街通廊联系的子站房设置条件;周边条件受限严重时,应至少在面向商务商业区的一侧有设置子站房的条件。面向商务商业区没有设置子站房条件的,不宜建设大型高铁客站。

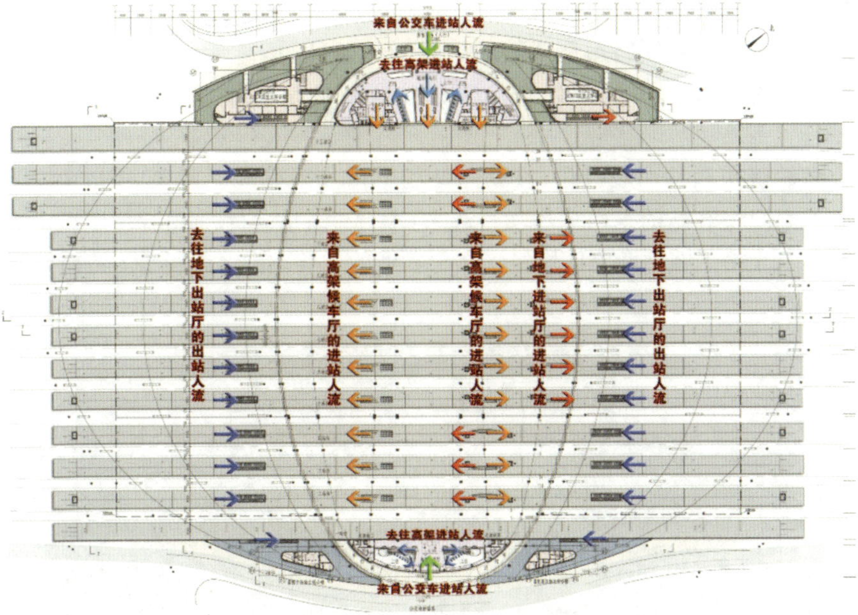

图 8.3 北京南站站台层平面图

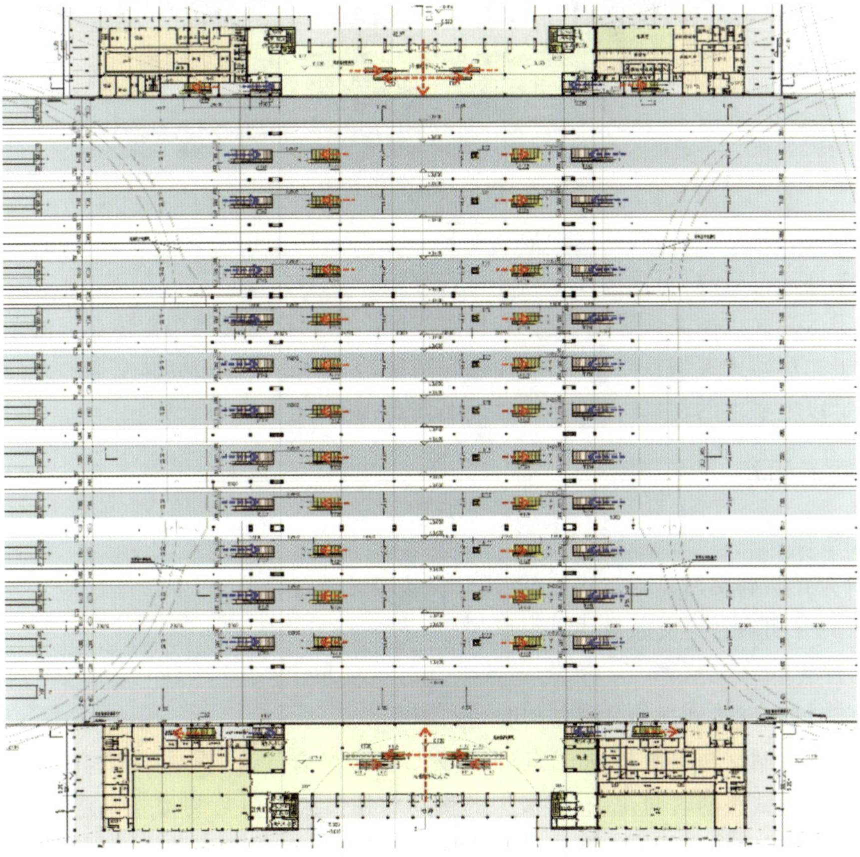

图 8.4 天津西站站台层平面图

(3)周边立体交通

站房周围是否有联系铁路用地两侧的立体交通条件，是衡量大型站房规划布局是否合理的重要因素。在大型站房的规划布局阶段就应对站房周围的立体交通条件进行分析论证。

在京沪高铁济南西站的设计中，在铁路站场下南北两侧规划两条 30 m 宽的地下通道，充分利用地下空间将客站的东西广场联系起来，车行流线单向行驶，既保证了城市交通和城市空间的整体性，又平衡了客站两侧区域经济文化发展的进程。图 8.5 所示为济南西站周边立体交通。

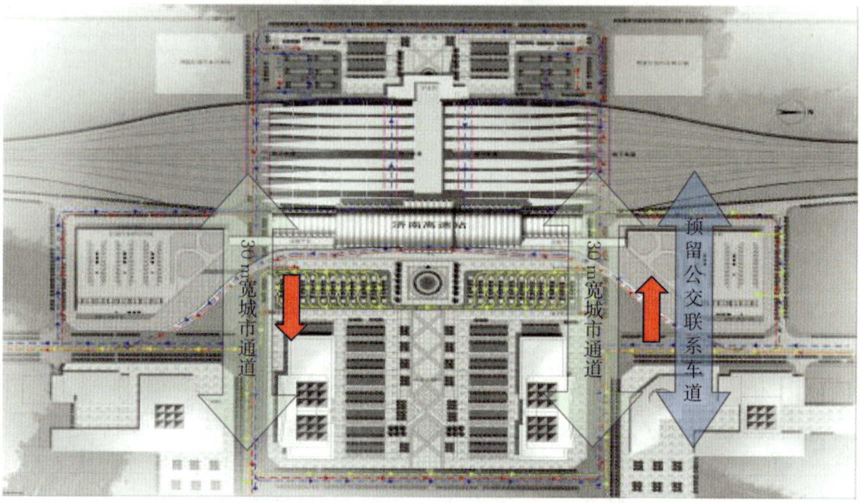

图 8.5 济南西站周边立体交通

综上所述，研究大型高铁站房的规划布局必须对站房周围是否有联系铁路用地两侧的立体交通条件进行研究，可以按以下程序进行分析：

①对于尽端式大型高铁客站，应在有铁路线的一侧具有设置城市立体交通的条件。

②对于非尽端式大型铁路站房，应在站房两侧均具有设置城市立体交通的条件。

不满足以上要求的，则该区域不宜建设大型高铁客站。

8.1.2 交通组织

1. 工作目标

(1)研究并明确交通设施布局关系、线站位接驳关系。

(2)研究并明确各类交通流线组织形式。

2. 设计方法与策略

(1)基于城市道路网规划进行站房交通组织

大型高铁客站交通组织与城市道路网规划紧密地结合起来，对铁路旅客的疏散效率、缩短市区客流换乘铁路的时间，都有着极大的带动作用。同时也可为加强铁路客站本身与城市内部的联系，带动周边区块发展。大型站房交通组织从与城市道路网规划结合的角度，应重点考虑以下几个方面：

①设置完备的城市外围快速道路集散系统

系统完善的城市外围快速道路集散路系统可以使铁路客站的进出站客流，便捷地进出城市内部的各个区域及城市周边其他区域，并可极大地缩短旅客往返于车站与城市之间的时间。在提升旅客乘车效率的同时，加强了城市与高铁客站的联系，并可兼顾改善区域的交通状况，带动客站周边区块发展。

②设置便捷的城市内部道路系统及站区道路系统

城市内部道路系统及站区道路系统就像一个纽带，可以将客站本身与外围道路系统连接起来，既便于出站旅客进入城市内部，也便于城市客流进出车站。在与大型高铁客站结合的过程中，通常站区道路系统的一端与高铁客站的进出站通道相连，另一端与城市内部道路系统相连。城市内部道路系统则继续连通至外层的快速路系统。

城市内部道路系统及站区道路系统是高铁客站与城市连通的关键节点，其本身的畅通与完善对提升交通枢纽道路系统的疏散能力极为重要。高铁客站交通组织应考虑具有设置完善成熟的城市内部道路系统及站区道路系统的条件，否则，不完善的道路系统将成为制约铁路枢纽客流集散效率的瓶颈，影响高铁客站的运转效率。

综上分析，大型高铁客站的交通组织，需考虑周边具备完善快捷的道路集散系统，同时道路体系应该和城市外围的快速干路、城市内部道路及站区道路系统有良好的关系，最好能够形成全互通的整体，以达到快捷高效为高铁客站服务的作用。

(2)基于对外交通设施规划进行站房交通组织

大型站房交通组织布局应该处理好与对外交通设施场站布局的关系，分清主次，合理布局，进而合理地确定综合交通枢纽的布局关系。对外交通设施作为综合交通枢纽的重心，应处于良好的地理位置及在枢纽中处于良好的位置关系，且应具有便捷、指向性好等特点，同时应处理好各个交通体系之间的关系。方便旅客及市民的同时，创造良好的城市交通节点环境。大型站房交通组织从与对外交通设施规划结合的角度，应重点考虑以下几个方面：

①结合规划及换乘需求，处理好与长途客运场站的结合关系。

长途汽车站通常在铁路客流集散比例中承担着较大的分担比例，对铁路客流集散起着至关重要的作用。合理设置其与高铁客站的结合关系，可以实现二者的客流的相互吸引，达到客流相互促进的作用。在交通组织过程中，应结合其城市整体的汽车站规划位置、覆盖范围及与其他城市交通的规划关系，合理确定其与高铁客站的结合关系。

②结合旅客出行的特定需求，处理好与其他对外交通设施场站的结合关系。

结合城市自身的特点及城市地理位置等特点，通常旅客出行有特定的需求。此类城市的大型站房交通组织，应结合港口城市、沿海城市、边境城市等特点，考虑便捷换乘等因素，与某些特点的对外交通设施(磁浮、机场、港口等)进行结合，使相互换乘效率提升的同时，实现二者客流的“共赢”。

(3)基于内部交通设施规划进行站房交通组织

城市内部交通设施是铁路车站客流集散的必要补充手段，合理设置其场站位置及规模，对疏解铁路客流，提高换乘效率，起着重要的作用。

①站房交通组织用地应具有设置内部各种交通设施的场地条件。

高铁客站交通组织用地，应考虑设置必要的配套市政内部交通设施的场地条件。应根据客流情况，对公交车、出租车、社会车等各类交通场站规模进行合理的预测。根据预测的规模，考虑设置场站及进出通道的充足场地条件。只有内部交通设施的设置规模与铁路客流需求相匹配，才能充分提升高铁客站客流的集散能力和集散效率。具备充足的场地条件，是满足该需求的必要前提。

②站房交通组织用地应预留远期发展的用地条件。

随着周边城市的发展，出行人口的增加，高铁客站的进出客流也会相应增长。高铁客站对各类内部交通设施集散能力要求也会有所提高。所以，站房交通组织用地还应考虑预留远期发展的用地条件，以满足各类交通设施场站规模增长的需求。

综上分析，必要的城市公共配套停车设施，对综合交通枢纽的集散起着重要的作用。与城市内部交通设施的规划结合，也是大型高铁客站交通组织需要考虑的必要因素。现代化的枢纽追求多层面、多方向的集散方式，实际上也是在追求更多的人车交互界面。人车交互的界面越多，整个枢纽的工作效率就越高。因此，高铁客站的交通组织需要考虑与城市内部各市政交通设施规划的合理结合，同时考虑匹配相应的场地规模满足铁路的相应程度的客流集散需求量，并考虑远期发展的需求。

(4)基于轨道交通规划进行站房交通组织

大型高铁客站交通组织与轨道交通规划紧密地结合起来，将对高铁客站的集散效率的提升起到强大的带动作用，同时也可为铁路从周边区域吸引来大量的客流。大型站房交通组织从与轨道交通规划结合的角度，应重点考虑以下几个方面：

①与城市轨道交通线网规划相互结合。

根据城市近远期规划构成的轨道交通线网布局，确定城市发展主要的核心区、组团及主要城市节点。轨道交通线路规划密集的主要城市片区及组团区域，受到的轨道交统线网的辐射作用较大，可以加强核心区与周边功能组团联系的功能。

因此，大型高铁客站交通组织适当贴临轨道交通线网辐射的核心区域，可促进大型高铁客站发展，同时也可带动其所在城市经济及社会的发展。

②与轨道交通线路走向相结合。

与轨道交通线路走向相结合，是大型高铁客站交通组织考虑的重要因素，影响着城市交通与土地利用的关系，实现大型高铁客站交通组织与城市内部交通、土地利用的配合与协调，从而达到未来城市土地利用与铁路交通系统的相互协调。

大型高铁客站交通组织与轨道交通线路走向结合的主要目的主要有三方面：a. 提高城市对外输送客流的效率，为铁路提供尽可能多的客流，使铁路投资能够赢利；b. 吸引城市外部客流，进而带动城市发展；c. 提高旅客出行频率，实现客流相互促进，提升周边土地的经济效益。

③与轨道交通车站的换乘及站位关系相协调。

大型站房交通组织应与轨道交通车站的换乘及站位相适应。轨道交通站位与对外交通的关系，自身的换乘关系，以及与其他内部交通的关系需要一个通盘的考虑。所以，与高铁客站结合的轨道交通线站方案通常是枢纽设计的难点，一般需要一个比较慎重的选择过程。

轨道交通的规模、站型、柱网、埋深等在高铁客站结合过程中应满足功能的总体需求，单独的轨道交通站点有自己传统的评判体系，与高铁客站结合后会带来一些不同的评判标准。目前主要有轨道交通站位在高铁客站下，与枢纽站房一体化的形式；也有轨道交通站位在枢纽外，与站房脱开建设的方式，从投资和换乘的角度比较，一体化的节约资源，换乘便捷，脱开的方式则有利于分期实施，具有灵活性。

大型站房的交通组织应从功能、换乘、资源共享、投资等角度综合考虑，确定与轨道交通结合的合理站位关系，确保高铁客站的运输效能尽可能大地发挥出来。

综上所述，轨道交通与铁路枢纽的结合，对于铁路枢纽发挥高效的运输效能力有至关重要的作用。目前几乎所有拥有城市轨道交通的城市中，都把高铁客站作为一个重要的节点设站。因此，大型高铁客站的交通组织受城市轨道交通线网规划的影响也越来越明显。尽可能合理地与轨道交通线网规划贴合，将是大型站房交通组织所考虑的一个重要因素。

(5)基于便捷旅客出行换乘为目的进行站房交通组织

通过有效的规划布局、空间流线组织以及必要的设施配备等手段，最大限度缩短旅客出行换乘中的时间和距离，以达到“零换乘”的效果。需遵循以下几方面的原则：

①城市交通系统与铁路车站之间建立密切有机的衔接。既包括城市道路系统与车站广场的引入、快速路与进站高架桥衔接等城市与车站核心区之间的交流，也包括车站广场范围公交车场、地下出租车蓄车区、社会车停车场等的紧凑布局关系。

②避免旅客走行流线过长、迂回等情况的出现。根据实际运营经验，旅客换乘走行时间不宜超过 3 min，走行长度不宜超过 200 m。一般采用下进下出、上进下出等流线组织，流线组织不宜反复上下、折返。

③充分考虑旅客通行空间尺度，尤其对于进出站混行地道、天桥等空间的横断面尺寸应考虑充分。对于大型、特大型站房进站广厅区域，尤其对于存在地铁换乘的区域，楼扶梯数量应考虑充分并预留一定的冗余空间，避免客流聚集而发生拥堵。

④对于枢纽型站房，应考虑设置反向扶梯、地下或夹层快速进站厅、快速进站连廊等设施解决站内便捷换乘需求。结合市政换乘情况，对于存在大量地铁换乘客流的情况，应考虑设置地铁快速进站厅。

8.1.3 建筑空间设计

1. 工作目标

作为综合交通枢纽，建筑设计除了遵循现行国家及本行业的各项规范规程外，最主要的是处理好建筑空间中的尺度问题，使建筑内部各公共空间的尺寸处理能够很好地适应乘候车功能需求和心理体验。

2. 设计方法与策略

(1)高铁客站站型分类

根据高铁客站站房和站场的高程关系，可以分为以下三类：线平式、线上式、线下式。站房标高低于站场标高，高差在 7 m 左右采用线下式；站房与站场标高接近时采用线平式；站房标高高于站场，高度在 8 m 左右，高于接触网标高采用线上式。

①线平式：站房高程与轨道高程相差高度较小。铁路轨道侧向通过该站，站房在站场的一侧。一般通过旅客地道，采用下进下出流线组织进出站，对于二层候车且车场站台较多情

况也可同时设置旅客天桥、旅客地道，采用上进下出流线组织进出站。图 8.6 所示为线平式高铁站房。

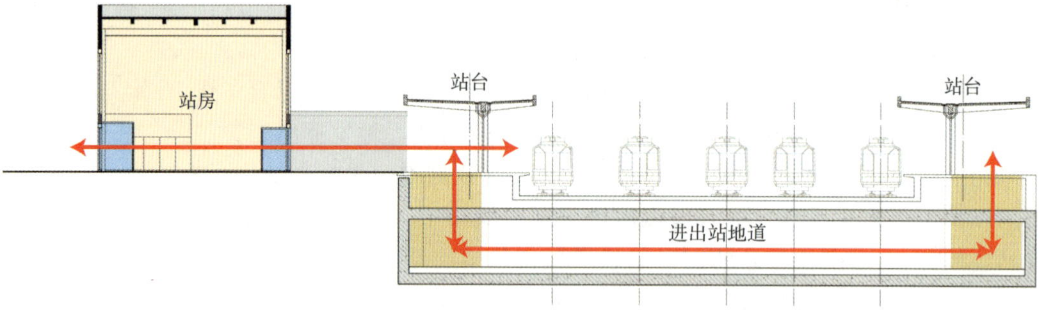

图 8.6 线平式高铁站房

②线上式：站房高程比轨道高程高 8 m 左右，满足接触网限界需求。铁路轨道侧向通过该站，站房在站场的一侧。一般通过旅客天桥，采用下进下出流线组织进出站。多用于自然地形或城市广场竖向较高的情况。图 8.7 所示为线上式高铁站房。

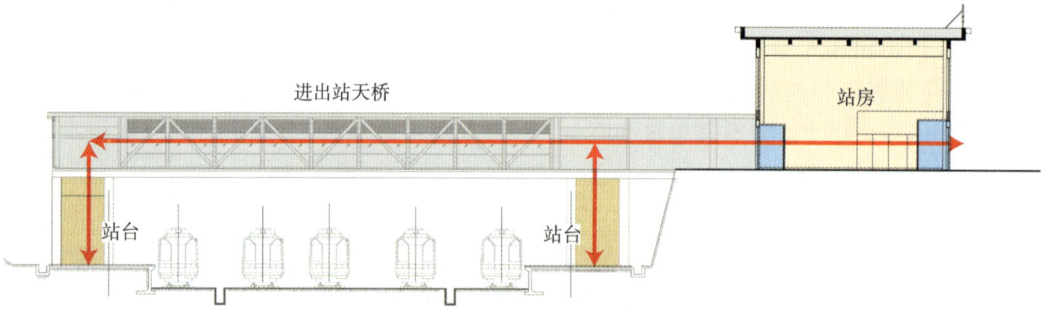

图 8.7 线上式高铁站房

③特殊线上式：主要包括高架跨线式与桥式站两种。

高架跨线式：站房位于车场正上方，铁路轨道从高架站房下方通过。一般用于规模较大的站房，如大型、特大型站房，并在站场侧设置进站广厅，旅客通过广厅上至高架层候车并通过楼扶梯下至站台乘车，通过地下出站厅出站，总体流线采用上进下出模式。图 8.8 所示为高架跨线式高铁站房。

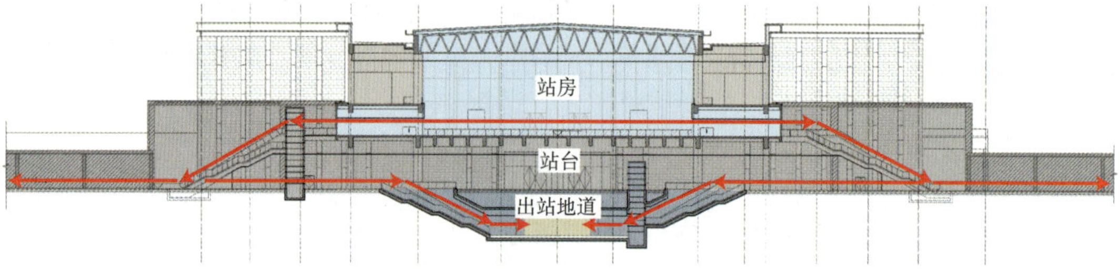

图 8.8 高架跨线式高铁站房

桥式站：轨道穿越站房所在位置，站场范围内为桥梁结构形式，站房位于轨道下方。通过楼扶梯采用下进下出流线组织模式。图 8.9 所示为桥式高铁站房。

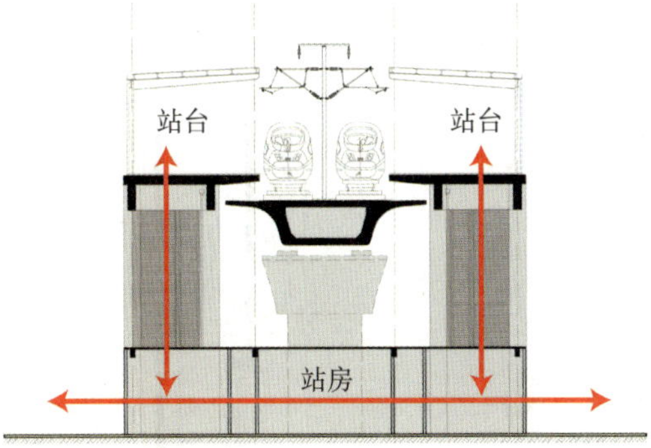

图 8.9 桥式高铁站房

④线下式:站房高程比轨道顶部高程低 6 m 以上,铁路轨道侧向通过该站。一般通过旅客地道,采用下进下出流线组织进出站,对于二层候车且车场站台较多情况也可同时设置旅客天桥、旅客地道,采用上进下出流线组织进出站。图 8.10 所示为线下式高铁站房。

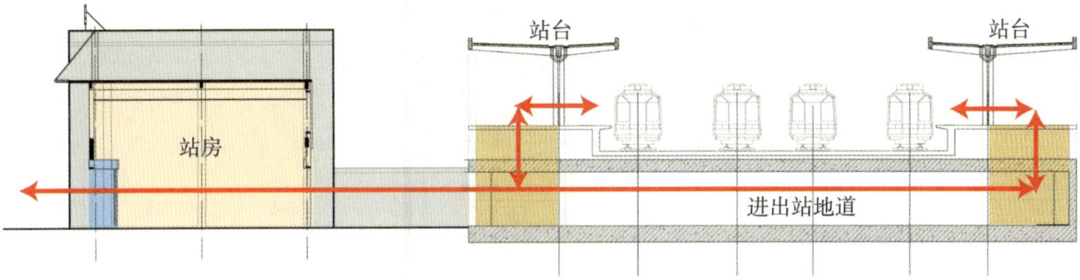

图 8.10 线下式高铁站房

除了上述几种普遍站型以外,近年来由于受城市区域规划因素影响,形成一种相对特殊的地下高铁站站型。该类站型与城市地铁相类似,高铁客站车场、候车、进出站等空间全部置于地下。此种情况多见于铁路引入机场,与航站楼、地铁形成交通换乘枢纽,如京雄城际铁路北京新机场站、济青高铁机场站等。图 8.11 所示为地下式高铁站房。

(2)客站规模控制

高铁客站根据高峰小时发送量分为小型站、中型站、大型站和特大型站,详见表 8.1。

表 8.1 高速铁路客站规模

客站规模	高峰小时发送量 PH/人	客站规模	高峰小时发送量 PH/人
特大型	PH≥10 000	中型	1 000≤PH<5 000
大型	5 000≤PH<10 000	小型	PH<1 000

①中、小型高铁客站站房建筑面积宜为 5~8 m^2/人。

②特大型、大型高铁客站站房建筑面积宜为 8~15 m^2/人。

③设有与其他交通设施间的换乘区域、城市通廊的站房,换乘区域、城市通廊的建筑面积可根据实际情况确定。

(3)主要功能空间设计原则

①公共区宜采用开敞空间布局,旅客流线应顺畅、有序。公共区的安全疏散必须符合《建

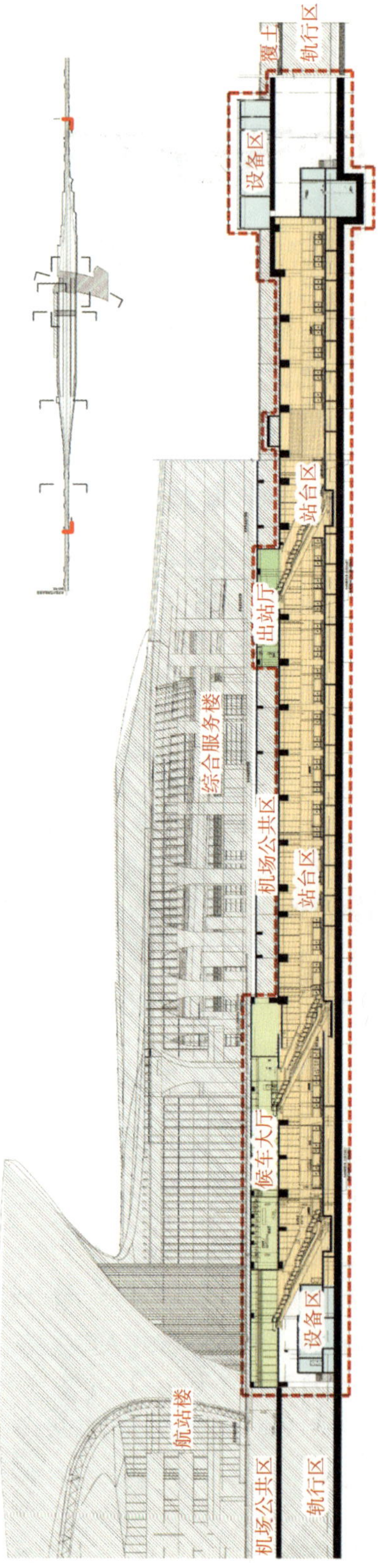

图8.11 地下式高铁站房

筑设计防火规范》(GB 50016)的有关规定。

②办公区宜集中设置,并应设置与公共区联系的通道。

③设备区宜远离公共区集中设置,并宜利用建筑空间。

④高铁客站旅客流线设计应遵循以下原则:

a. 大型、特大型高铁客站旅客进站流线、出站流线和换乘流线应相对独立设置,中型高铁客站宜相对独立设置,小型高铁客站可合并设置。

b. 旅客进站流线可按购票、实名制验票、安检、候车、进站检票等作业环节进行设计。

c. 旅客出站流线上应设置出站检票设施。

d. 旅客中转换乘流线宜按站内换乘进行设计。

⑤高铁客站进站、出站通道和换乘通道及楼梯宽度除应满足旅客高峰通过能力的需要外,尚应符合现行国家标准《建筑设计防火规范》(GB 50016)的相关规定。

⑥线侧式高铁客站站房的进深应满足旅客进站作业要求。

⑦办理快运的高铁客站应设置相应的库房、场地及配套设施,并应方便旅客办理快运业务。快运货物流线应与旅客流线分开设置。

⑧高铁客站站房检修设施应满足建筑物检查、维护的要求并保证作业安全。当采用移动检修设备时,应预留通行条件、作业空间及地面荷载条件。

⑨高铁客站站房设计应积极推广采用 BIM 技术搭建整体建筑信息模型,优化建筑功能,并进行专业协同设计,增强相关专业间的协调配合与系统优化。

(4)主要空间设置标准

①集散厅

小型高铁客站站房的进站集散厅宜与候车区(厅、室)合并设置,进站集散厅使用面积不应小于 250 m^2;出站集散厅使用面积不宜小于 150 m^2;进出站厅合并设置时,使用面积不应小于 350 m^2。中型及以上高铁客站进站、出站集散厅应按高峰小时发送量确定其使用面积,进站集散厅使用面积应按不小于 0.25 m^2/人计算确定,出站集散厅使用面积宜按不小于 0.2 m^2/人计算确定。

②候车区(厅、室)

候车区(厅、室)总使用面积应根据最高聚集人数按不小于 1.2 m^2/人计算确定。特大型、大型高铁客站候车区(厅、室)的使用面积应在计算结果基础上增加 5%。

特大型、大型高铁客站宜根据客运需求设置软席候车区。软席候车区候车人数,高速铁路可采用最高聚集人数的 10%;使用面积应按不小于 2 m^2/人计算确定。

③售票厅

特大型、大型高铁客站售票用房应设置在高铁客站站房进站口附近,中型、小型高铁客站售票用房可设置在高铁客站站房候车区附近。高铁客站可根据需要设置自动售(取)票机,必要时可设置独立的自动售(取)票厅。售票窗口数量应根据窗口售票设备数量确定。随着社会发展,购取票方式逐渐呈现多样化的趋势,在实际工程中应结合上述因素适当调整人工售票口与自动售取票机的配置比例。

售票厅进深,特大型站不宜小于 13 m,大型站不宜小于 11 m,中、小型站不宜小于 9 m。

④商业设施

高铁客站站房应根据车站规模和旅客进站、出站流线设置站内商业设施。小型高铁客站站内商业规模宜为铁路客站站房建筑面积的2%～4%，中型高铁客站站内商业规模宜为铁路客站站房建筑面积的4%～8%，特大型、大型高铁客站站内商业规模宜为高铁客站站房建筑面积的8%～10%。有商业发展潜力的客站亦可根据需要确定商业规模。站内商业设施的设置应符合国家现行标准《铁路工程设计防火规范》(TB 10063)的有关规定。

(5)空间尺度设计策略

①对于人员密集空间，空间纵深尺寸应结合客站方案适当弹性处理。

a. 进站广厅

随着安检、实名制验证等需求的增加，进站广厅的空间需求越来越大，不仅仅是面宽方向的，还有进深方向，应充分考虑安检、实名制检票过程中的旅客排队空间、滞留过渡空间的需求。根据近年来各个项目的使用效果反馈，进深一般在10～15 m较为适宜。

b. 进、出站通道及设施布置

进站口往往是大量排队人流聚集的位置，进站闸机的间距、闸机与进站口楼扶梯的间距需要充分考虑。根据近年来各个项目的使用效果反馈，进站闸机之间的距离不宜小于30～40 m，对于有始发终到客车的情况应适当提高标准。闸机与进站口楼扶梯的间距不宜小于10 m。

c. 售取票空间

随着售票模式的多样化，售票空间的布置密度更大，往往不只局限在售票厅内，而是融入候车大厅之中。而自动售取票也是需要一定的排队空间的，这就需要合理进行位置选取、合理控制排队尺寸与候车厅空间的协调统一。对于城市发展较快地区，取票熟练度相对较高，相应所需的设备数量更多，排队的长度更短；对于城市发展较慢地区恰恰相反。

②外部建筑造型与内部空间系统设计，合理挖掘空间避免浪费。

③合理布置客站内部商服空间，提高旅客体验感的同时发挥最大经济价值。

④合理控制建筑体量，营造适宜的内外空间尺度，提供和谐舒适的候车空间感受。

⑤对于枢纽内换乘空间的原则：距离尽量缩短，行程尽量平顺，适当引入商服空间。

(6)客站候乘空间营造策略

高铁客站建设应贯彻以人为本的理念，切实解决好建设中面临的问题和挑战，全面提升高铁客站品质，不断满足人民日益增长的对美好生活的向往。

对于旅客活动集中的集散厅、候车厅和售票厅等公共空间应坚持以旅客需求为中心，进一步提升公共空间环境品质，做到功能齐全、布局合理、流线清晰，营造开放、优美、舒适、温馨的内部环境。

①各类空间应通透、开敞、明亮，有良好的自然采光、通风条件。

②内部装修材料应符合环保、节能、消防、吸声要求。

③内部装修应整洁、美观，宜结合地域文化特色风格设计，营造简洁明快的高品质候乘空间。

高铁客站候车厅、出站口、换乘通廊、售票厅实景如图8.12～图8.16所示。

图 8.12 高铁客站候车厅 1

图 8.13 高铁客站候车厅 2

图 8.14 高铁站房出站口

图 8.15 高铁站房换乘通廊

图 8.16 高铁站房售票厅

8.2 客站结构

传统的铁路客站主要满足接发旅客的需要，功能相对单一，大部分为线侧式站房，结构形式多为普通钢筋混凝土结构。2004 年以来，随着铁路的快速发展和高速铁路的建设，高铁客站的建设也得到快速的发展，新型高铁客站随之产生，新型高铁客站特别是大型铁路枢纽客站作为客运专线和高速铁路关键节点：一方面发挥着铁路运输载体功能，迅速而高效地集结和疏散旅客；另一方面又要完成铁路与城市其他交通体系的顺利衔接，实现无缝转换。

综合交通枢纽的定位给铁路枢纽客站带来新的特点：

• 综合立体的交通枢纽：以高铁客站为中心，实现铁路与城市地铁、公交、出租车等其他交通工具的无缝衔接；实现人员零距离换乘，而且要尽量减少对土地的占用。

• 空间简约通透：简化建筑空间设计，追求效率，使建筑形式更简洁，站内空间干净利落，把最大的空间、最便捷的通道、最好的环境留给旅客。

功能集成、空间综合利用成为铁路枢纽客站建设的指导原则。一体化、多元化和复合化的空间要求，使得大跨度、结构体系融合成为铁路枢纽站房的最重要结构特征。

客站结构设计包括站房及站场客运设施的结构设计。

8.2.1　客站结构及站型

1.“桥—建”合一高架站房

高架客站站房位于车场的正上方，铁路轨道从高架站房下方通过。随着高铁客站向着综合立体交通枢纽发展的趋势，为了适应站台轨道层跨越地下地铁层，同时又支承候车层及屋顶的功能需要，“桥—建”合一结构体系应运而生，“桥—建”合一结构体系是将铁路桥梁结构与房屋建筑结构组合为一个整体的综合结构体，这种结构形式既有效地利用了股道上下空间，又营造出宽敞的候车、换乘环境。

(1)“桥—建”合一结构体系主要建筑特征

①“桥—建”合一客站在建筑布置上一般分为四个层次，从下至上分别为出站层(或与地铁的换乘空间)、承轨层、高架候车层(夹层)、屋面层。

②列车从站房中穿过：这是“桥—建”合一的站房的显著特点，因此对结构、站场等专业带来诸多挑战。

承轨层是“桥—建”合一结构体系中最关键、荷载最为复杂的部分，需要直接承受列车荷载。按照承轨层结构形式的区别，“桥—建”合一结构体系分为梁桥式和框架式两种形式。

(2)梁桥式“桥—建”合一高架站房

梁桥式“桥—建”合一高架站房主要特点是由于综合交通枢纽的换乘需要(如站房下地铁的布置)，承轨层需要跨越较大的跨度和空间，承轨层结构仍维持传统的桥梁形式，相邻两幅桥间不直接发生传力关系或联系较弱。

梁桥式“桥—建”合一高架站房的主要结构特征为：

①在站房结构中间层架设轨道桥梁，轨道桥梁放在桥墩上，桥墩直接立在地面上。

②上层(候车大厅楼面、局部夹层、雨棚、屋面等)的支承结构(混凝土柱、雨棚斜撑等)，往往生根于下部的桥墩或轨道桥梁上。

③客站中桥梁的盖梁、墩柱、基础为桥梁结构和房建结构共有，形成空间体系，不同性质的荷载由不同的结构体系共同承担，但桥梁结构和房建结构自身荷载的传递路径基本保持不变。

梁桥式“桥—建”合一站房结构是桥梁结构和建筑结构(通常是框架结构)两种结构类型相结合的结构：一方面两种结构之间连成一个有机的整体，密切相关，相互影响；另一方面两种结构构件之间相互独立，保持各自的特性。

梁桥式“桥—建”合一结构有两个典型的应用实例，分别为武汉站及广州南站，如图 8.17、图 8.18 所示。

(3)框架式“桥—建”合一高架站房

框架式“桥—建”合一高架站房主要特点是承轨层跨度不是很大，以类似于民用建筑中的整体框架结构承担列车荷载，不存在传统的单幅桥梁，相邻的列车荷载响应相互影响耦合。框架式“桥—建”合一高架站房的主要结构特征为高架站房结构与铁路桥梁结构形成整体框架结构，整体结构既有承受桥梁列车荷载的承轨层，又有承受人群荷载、设备荷载等荷载的高架层、高架夹层等。承轨层结构需要同时满足铁路桥梁与民用建筑相关设计标准的要求，上部高架层等结构应满足民用建筑相关设计标准的要求。

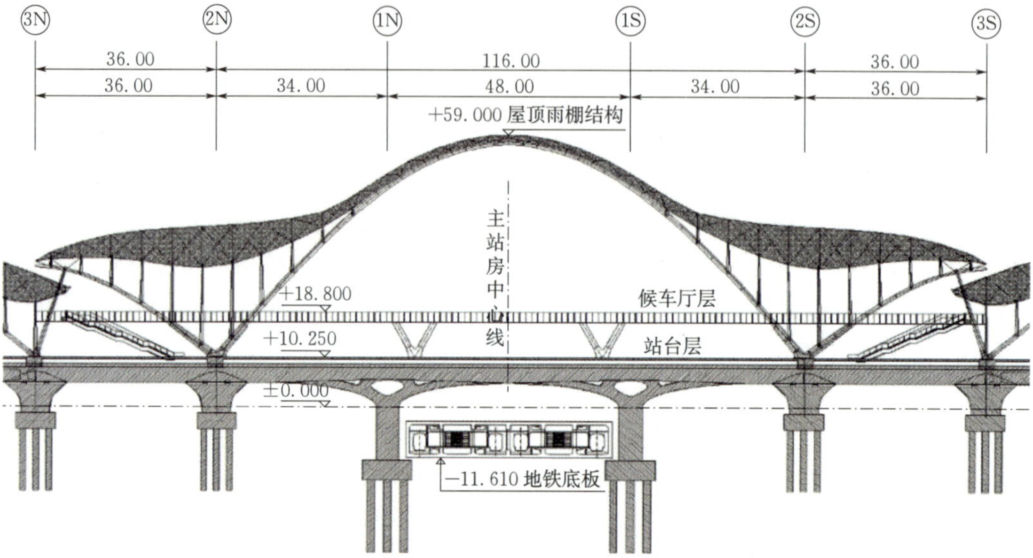

图 8.17　武汉站核心区高架桥布置图(单位:m)

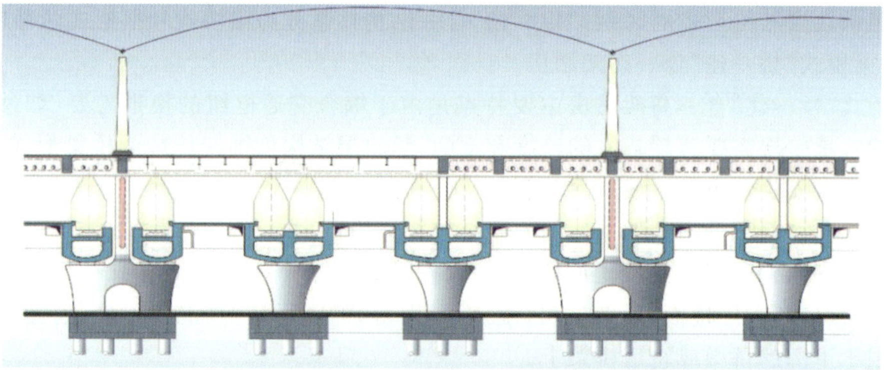

图 8.18　广州南站主站房横向结构体系示意图

北京南站、天津西站、济南西站、沈阳南站、济南东站、杭州南站等均为框架式“桥—建”合一高架结构，如图 8.19、图 8.20 所示。

图 8.19　北京南站横剖面图

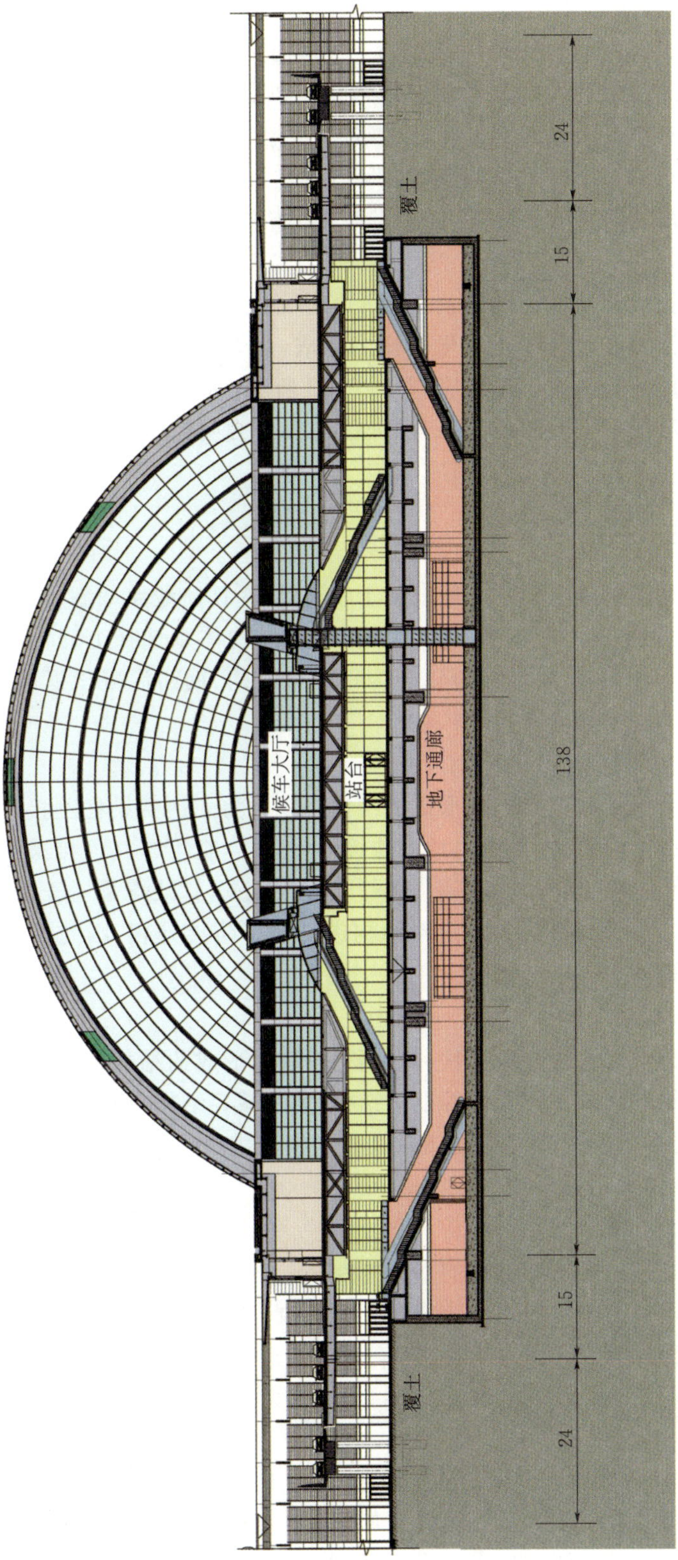

图8.20 天津西站横剖面图（单位：m）

2. 侧式站房

侧式站房为站房在站场的一侧，根据站房和站场的高程关系，可以分为线平式、线上式、线下式三类。旅客通过旅客天桥或者旅客地道进出站。图 8.21 所示为石家庄东站横剖面图，为线侧平式车站，旅客通过旅客天桥进出站。

侧式站房结构一般采用框架结构形式，旅客候车厅由于空间开敞，大多为高、大空间，候车厅屋顶结构常采用大跨预应力梁、空间钢网架等结构形式。

3. 地 下 站

地下站是指高铁线路及客运设施位于地下的客站，如天津市于家堡站综合交通枢纽是由 3 条地铁线与京津城际延伸线于家堡站交会而成，该地下站结构为地下 2 层，局部 3 层，分别为城际铁路与地铁的站厅与站台层，如图 8.22 所示。

地下站施工工法根据不同的地质条件、埋深等可分为明挖法施工、暗挖法施工、盖挖逆作法施工等。

8.2.2 新型客站结构体系分类

高铁客站支撑高架层竖向构件一般设置于股道间，受铁路线路布置的限制，顺轨向列车需要通过，因此在垂轨方向不能设置剪力墙或支撑。结构体系选择上通常只能选择框架结构体系。以材料进行分类，框架结构可以分为钢框架结构、钢筋混凝土框架结构、组合框架结构等。各种框架结构具有以下特点：

1. 钢框架结构

钢框架结构是由钢柱和钢梁刚接形成的结构体系。为了达到梁柱刚接，一般情况下，梁柱连接采用全焊接或梁的上、下翼缘与柱的连接采用焊接，腹板与柱连接采用螺栓连接。钢框架结构具有结构重量轻、结构延性好、抗震性能佳的特点，其缺点是对于大跨度楼面结构，楼面竖向刚度较小，且用钢量较高，还需对结构进行防腐防火处理，因此结构造价与其他结构体系相比会有所提高。

2. 钢筋混凝土框架结构

钢筋混凝土框架结构是由混凝土柱和混凝土梁刚接形成的结构体系。该结构体系比较适合于小跨度框架结构。对于大跨度的框架结构，为了减轻结构自重，控制梁高及混凝土裂缝，可采用预应力混凝土梁。该类结构体系结构刚度较大，经济性较好，但结构延性较其他两类结构要差，自重较大。

3. 组合框架结构

组合框架结构是指组成框架结构的基本构件——梁和柱两者至少有一者是由钢和混凝土组合而成。组合框架结构一般用于跨度较大的结构，与钢筋混凝土结构相比，具有承载力高、抗震性能好的优点。

8.2.3 客站屋盖大跨结构选型

自 2004 年以来，一批造型优美、富有文化内涵，充分体现建筑功能与流线、内容与形式完美结合的高铁客站逐渐由蓝图付诸实施。2008 年至今，先后有北京南、武汉、广州南、虹桥、成都东、杭州东、西安北、太原南、天津西、济南西、哈尔滨西、沈阳南站、杭州南、

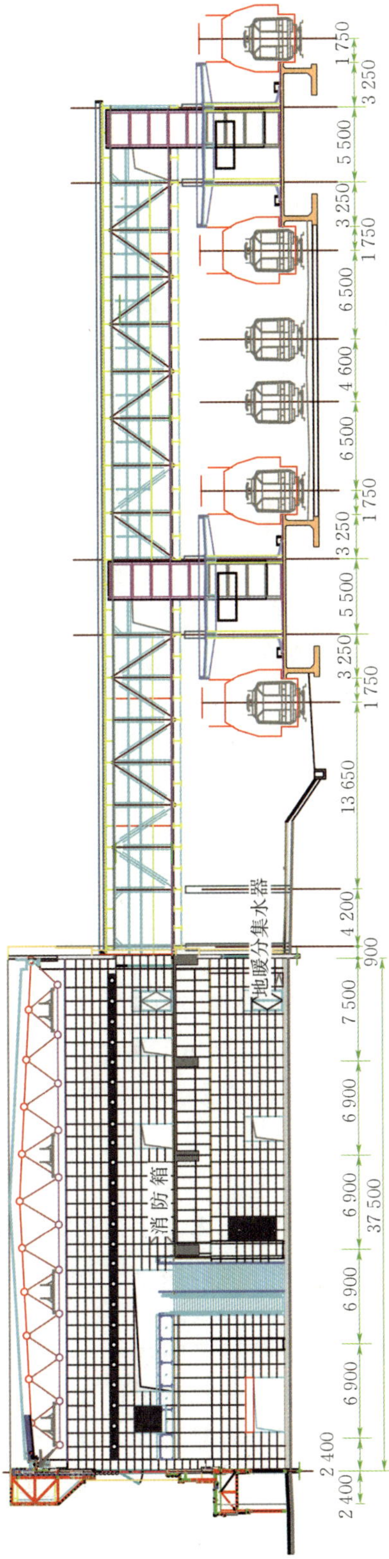

图8.21　石家庄东站横剖面图（单位：mm）

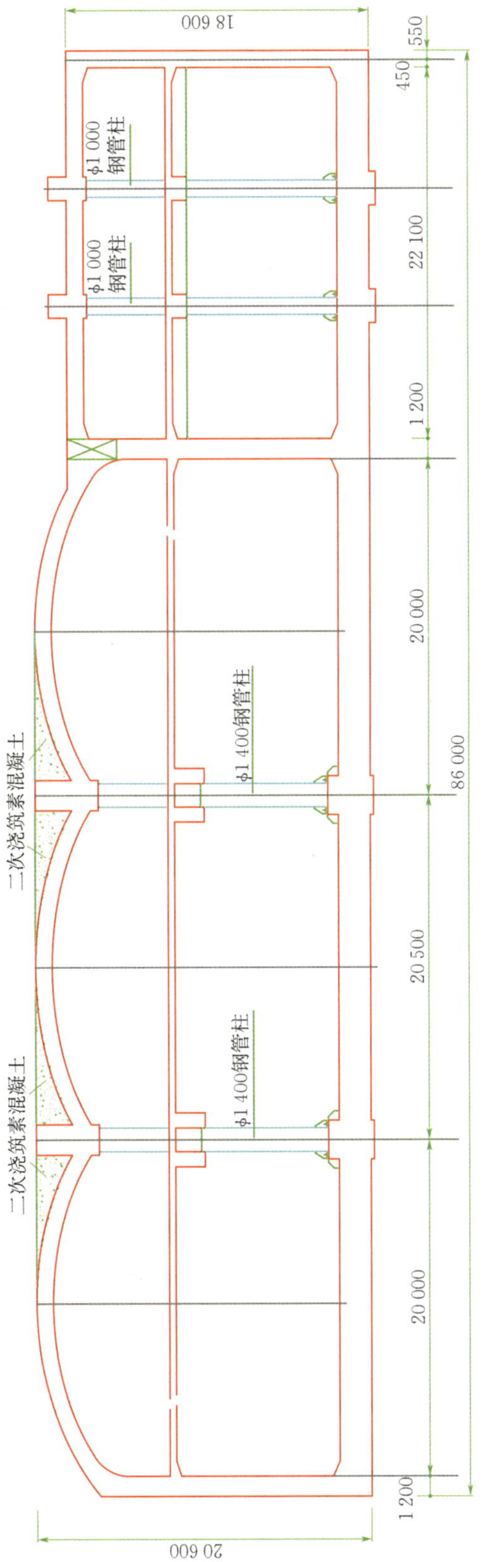

图8.22　于家堡站横剖面图（单位：mm）

青岛西、济南东等多个大中型客站建成，这些车站屋盖体系大都采用了大跨钢结构，结构形式涵盖了索壳、网架、空间管桁架、悬索、张弦梁等多种结构体系，跨度从几十米到一百多米不等。

大跨结构选型是个综合性很强的决策问题，涉及建筑、结构、力学、美学、经济性、施工等多个学科，通常来讲，结构选型需要考虑以下几个因素：

1. 结构的功能适应性

结构选型应首先考虑结构形式对建筑功能的适应性，选取不同的结构形式，建筑物所能获得的使用空间大小不同。客站候车室的主要功能是能给旅客提供宽敞、舒适的候车空间，结构选型应首先保证这些使用功能的实现。客站候车厅结构普遍采用大跨度结构，即是对功能适应性的很好诠释。

2. 结构的受力合理性

结构受力合理指结构体系传力明确、结构抗风和抗震设计安全、应力分布合理、破坏机制合理等，用于大型站房结构时，还要注意结构超长带来的温度缝设置等问题。

各种结构体系有各自的受力特征：网架结构整体刚度大、稳定性好、安全储备高；网壳结构杆件受力较均匀，可充分发挥材料强度，并具有丰富的建筑造型；管桁架具有截面各向等强度、承载力高、抗扭刚度大等特点。结构选型要比较各种结构体系的优劣，并综合考虑经济、美观、施工可行等因素，选取最合理的结构方案。

3. 结构的经济性

大跨度钢结构的经济指标是指结构的全寿命费用，不仅包括结构的建造成本，如用钢量指标、安装费用等，还包括后期的维护成本等。在有些文献中，结构的经济指标还包括预期灾害损失及加固费用。结构选型应综合考虑这些经济指标，从中比选出最经济合理的方案。

4. 结构的施工方便性

选择结构形式要结合施工工艺因素，考虑工程的具体施工条件，不同的施工工艺材料消耗、劳动力、工期、造价等技术经济指标均不相同。同时，大型枢纽客站施工往往与下穿地铁施工或既有线运营同时进行，钢结构吊装施工作业面有限、材料运输受场地影响、工期紧等因素都应该在结构选型时予以考虑。

5. 结构的美学效应

结构的美学效应主要指建筑视觉美与结构技术美的和谐统一。近几年在高铁客站屋盖结构选型上不乏用结构来体现建筑视觉美的成功例子，如：武汉站的站房屋盖采用拱支双向网壳体系，站房中心最大跨度 116 m，矢高 45 m，外形似飞翔的黄鹤，契合了“千年鹤归”的建筑创意；西安北站站房屋盖由 11 个四坡屋面单元形成折板网格结构，体现了“唐风汉韵”的文化内涵；杭州南站将站房屋面、雨棚、灰空间幕墙及其支撑结构连接为一个结构整体，实现建筑立面“门”的寓意，象征杭州面向未来之门、面向南部之门以及锦绣水乡之门。

表 8.2 为大跨钢结构在部分客站屋盖结构体系中的应用。

表 8.2 大跨钢结构在客站屋盖结构体系应用

序号	站房名称	跨　度	结构形式
1	北京南站	最大跨 76.5 m	边跨为三角形空间管桁架，中间跨为大跨实腹钢箱梁
2	虹桥站	30 m 标高屋盖最大跨度为 46 m，40 m 标高屋盖最大跨度 72 m	30 m 标高层：双拼管桁架 40 m 标高层：倒三角形空间管桁架
3	南京南站	最大跨度 72 m	正放四角锥双层弦杆网架
4	西安北站	顺轨向最大跨度 66.5 m，垂轨向最大跨度 47 m	折板网格结构
5	郑州东站	顺轨向最大跨度 56 m，垂轨向最大跨度 78 m	矩形空间管桁架
6	天津西站	114 m	联方网格单层圆柱面网壳
7	武汉站	拱间距 64.5 m，最大拱跨 116 m	拱支网壳，屋面采用双向变厚度正交正放双层空间网壳结构
8	杭州东站	顺轨向最大跨度 84 m，垂轨向最大跨度 68 m	双向正交管桁架
9	济南东站	最大跨度 156 m	空间拱桁架

8.2.4 客站相关站场客运设施

客站相关站场客运设施包括旅客进出站天桥、站台雨棚等。

1. 站台雨棚

传统的站台雨棚柱均立于站台之上，各站台雨棚相互独立，结构形式简单，跨度较小，主体结构多为钢筋混凝土，其形式以单柱 Y 形和双柱 Ⅱ 形为主，如图 8.23 所示。后来为了给旅客创造更舒适的乘车环境，减少站台上影响旅客行进和遮挡视线的障碍物，诞生了“线间立柱雨棚”，即站台无立柱型大跨雨棚，如图 8.24 所示。

线间立柱雨棚的柱立于股道间，各站台雨棚连为整体，形式轻盈、视觉通透。由于线间立柱雨棚跨度大，且为了满足建筑造型需要，常采用大跨钢结构，如多跨实腹钢梁、张弦梁、空间钢桁架等。

2. 跨线站场客运设施运营安全问题

在我国，时速 300 km 的线路已广泛运营，部分线路时速达到 350 km，时速 400 km 及以上的高速铁路也正在研究，高速铁路已经形成我国铁路运输网络中的重要一环，而且是发展最为活跃的一环。随着列车运行速度的不断提高，列车引起周围物体的车致振动急剧增大。目前国内外的研究主要集中在列车周围空气动力性能、列车风的形成机理及传播过程，但关于列车风对于铁路邻近结构影响的研究有待进一步完善。

图 8.23 站台立柱雨棚效果图

图 8.24 天津西站线间立柱雨棚效果图

传统上对高速铁路振动现象的研究，主要集中在车辆、轨道与桥梁领域，取得了较为明显的成果。但是在我国高铁实际运行中发现，往往在理论研究方面不太受重视的站场客运附属设施，在列车高速运营的影响下发生相对明显的振动现象，比较典型的就是天桥与线间立柱雨棚结构。因而，在天桥、线间立柱雨棚的设计建造中，对车致振动的控制就尤其重要。

在实际应用中，为减小列车振动对天桥、线间立柱雨棚结构的影响，通常的做法是不将天桥、线间立柱雨棚结构的柱设置在有正线通过的桥梁结构上，同时在基础设计时也尽可能将天桥、线间立柱雨棚结构的基础与正线桥梁基础断开，以阻绝列车振动的传播。

对于列车风对结构振动激励主要采取以下措施控制结构的振动响应：

(1)加大天桥、线间立柱雨棚底部距离列车的高度，避开列车风的显著影响区域。

(2)增加天桥、线间立柱雨棚的结构刚度提高结构的固有频率，同时减小振动幅度。

(3)对于天桥、线间立柱雨棚的围护结构进行简化，去掉所有不必要的构造，减少安全隐患，同时加强必要的围护结构及其与主体结构的连接。

8.3 暖通及室内给排水

随着国家铁路建设的蓬勃发展，一批批高铁客站得以建成，让旅客出行更为便捷、高效。其中高铁客站内的采暖系统、通风及防排烟系统、空调系统合称暖通系统，暖通及室内给排水系统与旅客的日常生活紧密相连，在为旅客提供舒适、温馨候车环境的同时，也为铁路职工带来舒适的工作环境。当前高铁客站建筑结构形式多样，对应选择合理的暖通及室内给排水系统形式显得尤为重要，由于暖通及室内给排水系统能耗在整个高铁客站内占比较高，因此设计优劣不仅影响着人员的舒适性，还直接关系着建筑的节能效果。

8.3.1 一般设计要求

1. 暖通设备房屋布置

供暖、通风与空气调节用房主要由下列房屋组成：

(1)锅炉房、换热机房。

(2)热泵机房、制冷机房、通风空调机房(含防排烟机房)。

(3)消防水池、消防泵房、消防水箱间、气体消防气瓶间。

(4)室内生活给水泵房、排污泵房等。

锅炉房的选址及房屋设计需满足现行《锅炉房设计规范》(GB 50041)的相关要求。换热机房、热泵机房、制冷机房、通风空调机房不宜设在有防振或有安静要求房间的上一层、下一层和毗邻位置。当必需设置时，墙体、门窗应采取隔声措施，机房内设备应采取隔震降噪措施。锅炉房、换热机房、热泵机房、制冷机房、通风空调机房等房屋应预留设备安装孔、洞及运输通道，宜兼顾设备更换条件。各类水泵房不宜设在有防振或有安静要求房间的毗邻位置，当必需设置时，墙体、门窗应采取隔声措施，机房内设备应采取隔震降噪措施。

水泵类设备不应设置在通信、信息、信号、灾害监测系统设备房屋，牵引变电所，自耦变压器(AT)所，电力变电所，配电所，开闭所，分区所等设备房屋上一层的正上方处，也不宜设置在设备用房的相邻处；确需贴邻设置时，隔墙应做防水、防潮、防结露处理。以上设备房屋设有供暖、空调冷凝水、给排水、消防水管等管道时，应采取有效的防水措施，并应符合现行《数据中心设计规范》(GB 50174)的相关规定。

2. 管道系统布置要求

高架站房下的供暖、通风与空气调节设备及管道不应设置在铁路线路上方，必需设置时，应采取安全防护措施。与生产工艺无关的给水、排水设备及管道不应设置在铁路线路上方，必需设置时，应采取安全防护措施。严寒、寒冷地区高架站房下及其他有发生冻害危险区域内的给水、排水、消防管道应采取保温防冻措施。

高铁客站等公共区以及生活办公用房内宜采取降噪减震措施；土建风道内壁表面应光滑，并具有良好的气密性。

暖通空调及室内给排水消防管道系统需按照《建筑机电工程抗震设计规范》(GB 50981)的要求设置抗震支吊架设施。

3. 设备选用要求

给水系统应采用节水型卫生洁具及配件。供暖、空气调节系统的冷热源和输配系统的风机、水泵等用能设备宜采用国家 1 级能效等级的产品和设备，且应根据现行《用能单位能源计量器具配备和管理通则》(GB 17167)和《铁路工程节能设计规范》(TB 10016)规定配备能源计量器具，大型站房的空调供暖系统应设置集中监控系统。

8.3.2 设计方案选择

1. 室外气象计算参数的选择

室外气象计算参数应符合现行《民用建筑供暖通风与空气调节设计规范》(GB 50736)的规定，并需参考本项目前期勘察所得气象参数。

2. 室内空气设计参数

室内空气设计参数的选取除应满足现行规范规定及工艺需求外，需结合人员聚集特性、逗留时间、实际需要、系统形式考虑。例如在一些大型站房综合楼设计过程中，部分人员短期停留，甚至仅通过性区域，在选取室内设计参数时，标准需要酌情降低；另外在采暖辐射供暖、供冷技术作为主要末端形式的区域，因人体的舒适度受辐射影响较大，其供暖室内设计温度取值低于以对流为主的供暖系统 2 ℃，供冷室内设计温度取值高于采用对流方式的供冷系统 0.5～1.5 ℃时，可达到同样的舒适度。

3. 系统方案的选择

供暖、通风与空气调节方案应根据房屋建筑规模、周边环境、当地能源条件和国家节能减排及环保政策等综合确定。通信、信息、信号、灾害监测系统设备房屋，牵引变电所，自耦变压器(AT)所，电力变电所，配电所，开闭所，分区所等设备用房应根据工艺环境需求设置空气调节系统或通风系统。

高铁客站站房的候车室、售票厅等房间因层高较高且出入口较多，过渡季宜采用自然通风，自然通风不能满足要求时，应辅助设置机械通风。例如在丰台站站房设计中由于双层车场的特殊结构，其高架候车厅内进出口、上下站台楼梯较多，通过合理的空间布局和剖面设计，在过渡季及夏季室外温度较低的时刻，通过打开顶部天窗和底部进风口利用风压、热压形成对流换气，从而形成自然通风的效果，大部分空间在过渡季节无需空调就可以循环通风降温。

同样，在空调季对于门窗无组织渗风的管理，同样需要在设计初期引起格外重视。设置空调、供暖系统的站房主要出入口应设置门斗和封闭门，减少空调季、采暖季的无组织渗风。供暖、空气调节系统应采取在部分冷热负荷和部分空间使用时降低能耗的措施。

给水系统应结合生产、生活、消防等用水及对水质、水压、水量要求进行设计。宜根据用水性质采用循环用水和回用水。高速铁路客站站房内旅客用水量应按《铁路旅客车站设计规范》(TB 10100)的有关规定执行。严寒和寒冷地区特大型、大型站房公共区盥洗间应供应热水。最高日生活用水定额宜按 3～4 L/(d·人)选取，给水供应时间内的小时变化系数，高铁客站站房宜为 3.0～2.5。站房等建筑内直饮水设施的设置应符合国家相关标准规定。高速铁路客站站房宜按 0.2～0.4 L/(d·人)设置饮水设备。饮水供应时间内小时变化系数宜为 1.0。

高铁客站中间站台两端宜设置保洁作业用给水设施。

排水系统应按生活污水与雨水分流设计。高铁客站给水排水工程设计尚应符合现行《铁路给水排水设计规范》(TB 10010)的有关规定。

水消防及自动灭火设施在满足现行国家标准的同时，还需满足《铁路工程设计防火规范》(TB 10063)的有关规定。

8.4 给水排水

给水排水设计是高速铁路建设工程的重要组成部分，属于公用服务工程，受历史沿袭和发展，铁路给水排水形成了比较完善的技术体系，主要负责室外的给水和排水工程，有别于其他行业的特点风格。沿线生产能否不间断地顺利进行，生活用水能否保证不间断地供给，项目建设与运营能否符合国家环保政策，能否保证持续发展，都取决于给水排水技术设备。

8.4.1 设计内容

给水排水设计包括高速铁路车站、动车段(所)、生活供水点范围内的给水系统，排水系统，消防系统及区间立交机械排水；给排水设备监控；运营管理维修方案；铁路占压的地下给、排水管线迁改等内容。

给水工程的任务就是保证铁路生产、生活、消防用水。根据不同的原水水质采用合理的处理工艺，通过分质供水等形式，满足用水对象要求，并能在水量、水压等方面做到可靠、经济、合理。铁路水消防，包括旅客列车站台消防、车站建筑消防及存车场消防等，铁路消防直接影响到铁路运输和国家财产的安全。

排水工程的任务是将生产废水、生活污水按照国家和地方环境保护法律、法规要求处理达标后排至合适地点，或采用污水再生利用和资源化技术。铁路污废水主要来自铁路站、段、所的生产污水和生活污水。生产污水主要污染物为化学需氧量 COD_{Cr}、五日生化需氧量 BOD_5、悬浮物 SS、石油类及阴离子表面活性剂 LAS。

8.4.2 主要设计原则

1. 旅客列车给水站的设置

旅客列车给水站设有旅客列车上水设备，供旅客列车上水的车站。旅客列车给水站设在大型及以上车站、有客车列检作业或动车段(所)的车站及有始发终到及立折旅客列车的车站。

北京南站、上海虹桥站等大型车站，均有始发终到及立折旅客列车，为满足部分立折车及跨线车补水要求，按旅客列车给水站进行设计，在到发线设置了给水设施，如图 8.25～图 8.28 所示。

北京动车段、上海动车段等动车段，均有客车列检作业，按旅客列车给水站进行设计。

图 8.25 有砟铁路旅客列车上水口

图 8.26 有砟铁路旅客列车上水栓井

图 8.27 无砟铁路旅客列车上水栓井

图 8.28 无砟铁路旅客列车上水口

2. 旅客列车卸污站设置及卸污方式

旅客列车卸污站设有旅客列车卸污装置及处理设施的车站、段、所、存车线。旅客列车卸污口及卸污井如图 8.29～图 8.31 所示。

列车卸污一般在动车段、所进行。

图 8.29 动车段检修库旅客列车卸污口

图 8.30 动车段检修库旅客列车卸污井

大型及以上车站、有始发终到及立折长途跨线旅客列车的车站，需要卸污，在站内设置固定卸污系统。

卸污方式分别为固定卸污系统、移动卸污车卸污。固定卸污系统分为固定式真空卸污系统和固定式重力卸污系统。

旅客列车在车站和段、所库内卸污时，应采用固定式卸污方式；在库外卸污时，可采用固定式或移动式卸污方式。动车段(所)内采用固定式真空卸污方式时，配置不少于 2 辆备用卸污车；采用固定式重力卸污方式时，可不配置卸污车。

图 8.31 车站旅客列车卸污井

北京南站到发线、上海虹桥站到发线、北京动车段检修库、上海动车段检修库均采用固定式真空卸污系统，如图 8.32、图 8.33 所示。

图 8.32 凸轮泵真空卸污系统

图 8.33 真空罐真空卸污系统

北京动车段存车线采用移动式卸污系统，如图 8.34 所示。

图 8.34 移动式卸污系统

3. 水源方案及给水处理原则

(1)水源方案

①合理选择和使用水源,采用合适的水处理方案,是给水设计重要组成部分。现代城市一般都有较为完善的给水系统,优先采用城镇自来水作为车站的水源。采用城市自来水有利于降低工程投资、方便运营管理。

北京南站、上海虹桥站均采用城市自来水作为水源。

②考虑铁路站场线路和给水工程本身的发展需要,确保铁路站场线路和给水工程本身的安全可靠,高速铁路水源井严禁设置在距铁路线路路堤坡脚、路堑坡顶或铁路桥梁外侧起向外各 200 m 范围内。

(2)给水处理

①自建水源及接城镇自来水二次加压的车站均进行集中消毒,根据自建水源的水质情况确定相应的处理工艺,使水质符合供水水质标准。

东北地区的一些车站自建水源井含铁、锰,采用除铁锰的水处理工艺;沧州地区的一些车站自建水源井含氟,采用降氟的水处理工艺;沿海城市的一些车站自建水源井氯化物、含盐量较高,采用淡化的水处理工艺。

②旅客车站宜设置直饮水系统,其设计应符合《管道直饮水系统技术规程》(CJJ 110)的有关规定。

4. 污水处理原则

排水工程设计方案应该根据建设地点的区域排水系统现状及规划、排放污水的水质水量、排放口位置、受纳水体功能等具体情况,从技术、经济、资源等方面进行综合分析、论证。

污水收集采用废、污分流,雨、污分流系统。全线实行污染全过程控制,加强污染物排放总量控制。沿线各站的污水排放严格执行污水排放标准,分别进行处理,达标排放。

动车段、动车所、客车整备所含油污水经隔油、气浮或过滤处理达标排放;客运洗衣房洗涤污水经隔油、厌氧水解、膜生物反应器、消毒处理达标回用;车站、段(所)高浓度粪便污水经多段厌氧处理,或多段厌氧处理+好氧处理,达标排放;隧道施工生产废水经沉淀,或隔油、气浮或过滤处理达标排放。

5. 消防设计原则

执行现行的《铁路工程设计防火规范》(TB 10063)、《铁路隧道防灾疏散救援工程设计规范》(TB 10020)、《消防给水及消火栓系统技术规范》(GB 50974)、《建筑设计防火规范》(GB 50016)。

6. 给排水自动控制

设置给水排水集中控制系统及客车上水控制系统,对用水量、用电量、排水量、水质等重要参数进行计量统计,对水泵机组、水处理运行实施实时监控。

7. 机构设置、管辖范围和定员

给水排水的维修工区结合全线的综合维修工区进行设置,工区设维修管理人员和办公房屋,并配备给排水专用维修工器具、备用设备等。

8.4.3 新技术发展和展望

(1)为减少铁路建设行为对自然水文环境和水生态环境的破坏,结合车站或动车段(所)的雨水排放,开展海绵城市建设的设计。

(2)为提高管线建设安全,统筹规划,将给水、雨水、污水、再生水、热力、电力、通信等管线纳入综合管廊设计。

(3)为减轻给水排水工程维修管理的工作,采用新型通信技术实现给水排水控制。

(4)为保护环境,生产和生活污水的排放应严格执行现行《污水综合排放标准》(GB 8978)和所属地的有关标准,特别是真空中心的高浓度粪便污水和中小车站生活污水做到达标排放。

8.5 新技术在高铁客站设计中的应用

高铁客站作为高铁重要节点,在建设过程中逐步借助 BIM 技术、绿色建筑评价等先进的智能分析手段和科技力量,有效提高建设质量并提升客站综合品质。

8.5.1 BIM 技术在高铁客站设计中的应用

BIM 技术在高铁客站的全生命周期各阶段起到不同的作用,经创建 BIM 模型实现多专业一体化设计,在设计当中及时地发现各个专业之间的缺漏与差错及碰撞等问题并对其加以处理和优化,并且还能将工程量准确地计算出来,在高铁客站建设的全过程当中运用 BIM 技术可降低返工的概率,节省施工的工期等。

在客站设计过程中,利用 BIM 系统平台,可以把建筑、结构、给排水、装修、暖通、通信、消防、信号、FAS&BAS 及电力等专业各自的二维图纸转变成三维的模型,与此同时,把各专业模型在一起加以建立,进而建立出客站完整的模型。通过 BIM 能够对原有的二维图起到审查和优化等作用,进而实现三维空间漫游、设计效果可视化展示、各类碰撞检查、空间净空优化、综合管线敷设优化、复杂工艺模拟等一系列设计辅助功能,极大提高设计精度与效率。

在客站建设过程中,应用 BIM 技术可给建设、设计及施工等多方人员创建出实时交流与信息共享平台,并以此为基础实现高效可视的建设管理体系,包含标准化管理、深化设计、方案模拟和总包管理四大类,涉及标准编制、图纸检查、场布模拟、无人机应用、钢结构深化设计、三维交底、可视化汇报、平台管理、4D 施工模拟、工程量统计等。及时发现设计和施工中存在的问题并及时解决,有效节省成本,提升建设效率。

8.5.2 绿色建筑体系在高铁客站设计中的应用

20 世纪 80 年代,伴随建筑节能问题的提出,绿色建筑概念开始进入我国,绿色建筑技术、评价体系等研究逐步兴起,建筑节能工作在全国范围内展开。高铁客站作为重要的公共交通类建筑,同样需要形成一套完整的绿色建筑评价体系。

2014 年国家铁路局发布《绿色铁路客站评价标准》(TB/T 10429)。该标准的编制紧紧围绕国家节能减排的总体要求,坚持高起点、高标准,以现行国家绿色建筑评价标准、绿色施工评价标准等为基础，建立适用于不同气候区、规模和自然环境条件下的绿色高铁客站评价指标体系和权重体系，明确相应的评价方法和评价等级，形成了具有高铁客站特色的绿色客站评价标准。

《绿色铁路客站评价标准》的主要技术内容包括：①对标准的编制目的、适用范围、评价原则等做出了规定。明确了该标准要结合客站所在区域的气候、环境、资源、经济及文化等特点，对客站全寿命期内节能、节地、节水、节材、保护环境等指标进行综合评价。②对评价范围、评价阶段、评价指标与权重的设置、评价方法及评价结论分级等进行了原则性规定。明确评价范围为客站的站房、广场和站场建筑，评价阶段分为设计、运行两个评价阶段，评价指标和权重分为三级，并依据得分将评价结论分为三个星级。③该标准还分别从节地与室外环境、节能与能源利用、节水与水资源利用、节材与材料资源利用、室内环境质量、施工管理、运行管理等方面制定了具体的规定和评价标准与方法。

9 运用与维护设施

高速铁路运用与维护设施为针对动车组与基础设施的运用、维修的设备设施。动车组运用维修工作是铁路运输的重要组成部分,直接关系到旅客生命财产安全和企业经济效益。为保持基础设施处于良好的状态,使列车能以规定速度安全、平稳和不间断地运行,并尽量延长基础设施的使用寿命,对基础设施适度适时的维修是实现上述目标的重要措施。本章介绍动车组设备工程与基础设施维修设施的设计。

9.1 动车组运用设备

9.1.1 运用设备类型及设置原则

动车组设备工程设计应符合安全可靠、先进成熟、经济适用的要求。动车组设备的分布及规模应根据工作量计算,以及既有动车组设备能力和分布情况,并结合客运专线铁路网规划、动车组检修布局规划等确定。贯彻集中检修、分散存放的原则。对始发终到列车较多的大型枢纽,须统筹研究枢纽内的动车(段)所建设规划,在充分利用既有设备的前提下,合理确定动车(段)所布局和规模。动车组设备设计,应近、远期结合,统一规划,分期实施,总平面布置按远期规模一次规划,建筑物和设备可按近期实施。

1. 运用设备类型

动车组是铁路旅客运输的高速运载工具。动车组运用维修工作是铁路运输的重要组成部分,其维修质量直接关系到旅客生命财产安全和企业经济效益。动车组实行以走行公里周期为主、时间周期为辅(先到为准)的计划预防修,其修程分为五级:一二级检修为运用检修,在动车运用所内进行;三至五级检修为高级检修,在动车段或者车辆厂进行。

动车运用所是高速铁路的配套工程,主要承担动车组的整备、一二级检修、临修和存放作业,设置在路网客运中心和始发终到客流较大的地区,其设置、建设、维护应符合相关规范、规定,满足快速检修、安全可靠、高效运营的技术要求。

为提高投资效益,动车运用所主要设施须具有兼容性,检修关键设备须具有通用性,满足各型动车组的运用检修需要,其规模应根据其所承担的动车组对数、动车组编组、管辖范围内配属(运用)动车组数量、检修周期和检修时间等因素,经计算综合确定。

根据工作范围不同,动车运用场所分为动车运用所和动车存车场。动车运用所是动车组进行日常运用维修的场所,主要承担所在客运站始发、终到动车组的整备、一二级检修、临修和存放作业。动车存车场则主要承担动车组的存放作业,根据需求也可设置部分整备设备。

2. 动车运用所设置原则

动车运用所应设置在路网客运中心和始发终到客流较大的地区，其设置、建设、维护应符合相关规范、规定，满足快速检修、安全可靠、高效运营的技术要求，其设置主要原则如下：

(1)符合客运专线铁路网规划，贯彻集中检修、分散存放的原则，满足动车组快速检修、安全可靠、高效运营的要求，布局合理。

(2)宜设在有始发终到动车组较多的客运站所在地，宜靠近车站设置，并符合城镇规划要求。宜设在工程地质和水文地质良好的地段，并应有良好的自然排水条件。

(3)应根据服务范围及铁路运输组织方案、配置动车组的车型及配属组数进行设计，并考虑检查设施的兼容性。

(4)能够满足动车组检修、整备作业需求，实现对动车组的快速检查，提高动车组周转和使用效率。动车组检修采用定期修与状态修、换件修相结合模式。

综合上述原则，动车运用所主要设置于省会城市及始发终到列车较多的地级市，以保证动车组的运用检修效率，实现运输组织最优化。且开行列车多的地区，动车运用设施的规模也大，动车组到达和始发数量与动车组运用及检修工作量相对应。

9.1.2 动车组运用设备规模确定

动车组检修修程分为五级，其中一二级主要进行动车组整列检查作业，三至五级主要进行动车组的分解检修作业。动车运用所主要承担动车组的整备、一二级检修、临修和存放作业，规模应根据其所承担的动车组对数、动车组编组、管辖范围内配属(运用)动车组数量、检修周期和检修时间等因素，经计算综合确定。动车运用所规模主要包括存车线、检查库线、旋轮线等运用设施的规模。

动车运用所存车线数量应根据动车组周转图(表)确定的动车组最大停留数量和备用动车组数量确定。检查库检查列位规模与配属动车组组数、所址气候条件及修检作业时间等计算。不落轮旋轮库线规模根据动车组公里、旋轮作业时间、检修车型旋轮周期、年工作天数、班制工作时间等计算。

高速铁路动车组的运营特点是早间密集发车、晚间密集到达，在工程设计中，由于受运输组织、车站到发线能力及站段间走行线能力等因素的制约，对动车运用所规模有一定的限制，其规模达到一定程度时需增设新段所。根据实际运用经验，一个运用所每日回所作业存放的运用车数不宜超过 40 组，检查库线不宜超过 8 线。运用车过多不仅会影响站所间走行线通过能力，还会带来运用所内动车组及人员备品的调度管理等一系列问题。

此外，对始发、终到动车组列车数量较多的大型枢纽，须统筹研究枢纽内的动车运用所建设规划，合理确定动车运用所布局和规模；对于建设工期相近的多个高铁项目配套合建的动车所，宜合并设计、同步施工、一次建成；动车运用所应按近期规模建设、远期规模征地，预留足够的发展条件，后期改扩建施工难度大、成本高的检修设施，应按远期规模一次建成。

9.1.3 动车运用所总平面布置图

动车运用所总平面布置应根据生产工艺、环保、防火、卫生、通风、采光等方面的要求，结合地形、地质、水文、气象等自然条件，布置所内建筑物、线群、道路、管线及绿化设施，并预留发展条件。

1. 动车运用所平面布置形式

动车运用所平面布置形式一般有纵列式和横列式两种(图 9.1 和图 9.2),采用何种形式,受远期规模和地形条件两方面的限制。当总规模较大、存车数较多时,考虑到列车的到发次数以及检查、检修车在检修线群和存车线群之间的转线次数增多,为缩短段内作业时间,一般采用纵列式布置;在运用所总规模较小、存车数较少时,所内转线作业的干扰较少或受场地条件限制时,将到发存车线群与检修线群横列配置,可使得运用所内结构紧凑,并且在经济上也比较有利。

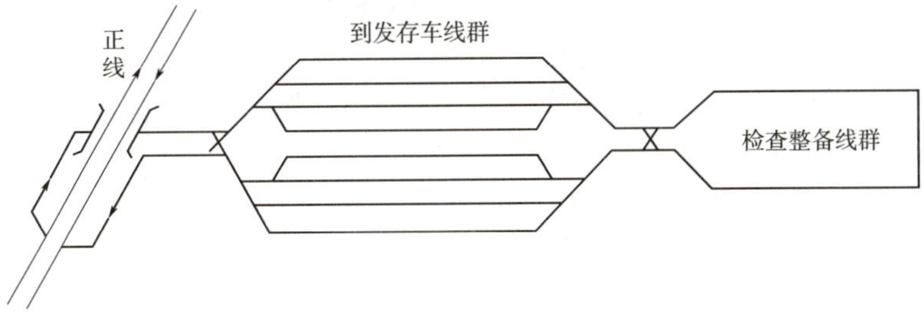

图 9.1　纵列式布置示意图

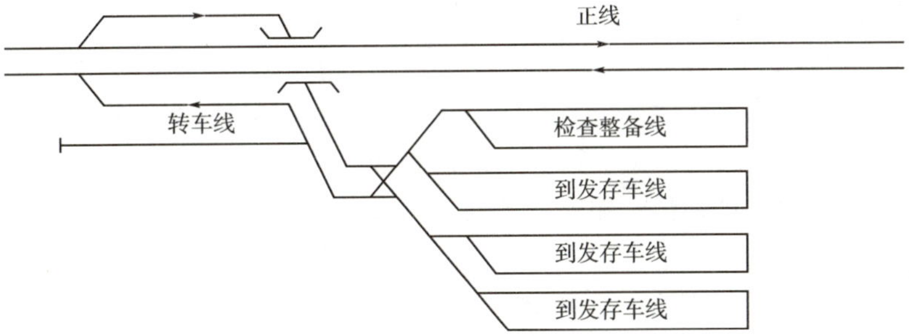

图 9.2　横列式布置示意图

采用纵列式还是横列式布置形式,不仅需要根据段(所)远期规模及动车组检修作业流程,结合具体地形条件确定,而且当近远期规模相差较大时,还要考虑工程分期实施的可行性,留出施工空间以减少后期施工对运营的干扰。国内已建成的动车段、运用所多为纵列式布置,只有极少数的动车运用所(如上海南),由于受既有铁路用地限制,不得已采用了横列式布置,经实际运营,证明对车站咽喉能力影响很大,故不推荐采用。

2. 动车运用所线路布置

根据动车组在动车运用所内作业流程及需求,动车运用所应配置出入段线、走行线、牵出线、存车线、车体外皮清洗线、轮对踏面诊断线、检查库线、不落轮旋轮线、临修线。此外,根据需要可设置卸污线、客运整备线、融冰除雪线、人工清洗线,卸污线宜与检查库线或整备线合设,融冰除雪线可与检查库线合设。

动车运用所内线路宜设在平道上,最小曲线半径不应小于 250 m,困难条件下不应小于 200 m。不落轮旋库、临修库两端线路,曲线半径不宜小于 400 m,各类库(棚)线、整备线应设在平直道上。

动车运用所内线路长度应符合下列规定:

(1)存车线应满足 1 列车长加安全距离的要求。存车线与车站到发线有直通的接发车作业时,应根据需要增加信号控制装置所需距离。存车线停放 2 列以上动车组时,存车线长度根据信号控制装置要求确定。

(2)车体外皮清洗线应按采用固定式洗刷装置设置,有效长度应按 2 列车长加洗刷装置长度及安全距离确定,其中直线段长度应为洗刷装置长度加设备前后各 1 节车体长度,设备两端股道有效长度应满足各停放 1 列动车组的要求。当场地受限制时,可采用移动式洗刷设备,线路直线段长宜为 1 列车长加安全距离。人工清洗线长度与存车线长度要求相同、可与存车线合设。

(3)轮对踏面诊断线直线段长度不应小于设备长度加设备前后各 1 节车体长度,直线段处应为平道。

(4)不落轮旋轮线有效长应按 2 列车长加安全距离设置,其中直线段长度应不少于设备长加设备前后各 1 节车体长度。

(5)临修线有效长度应按 2 列车长加安全距离设置,其中直线段长度应不少于临修库长度加库前直线段各 20 m。

9.1.4 动车运用设备设施

动车运用所设备设施的设计应该满足动车组整备、一二级检修需求。动车组在所内的整备检修主要包括以下工作范围:

• 走行部、制动系统、受电弓、电气系统、空调系统、列控装置、列车网络控制系统的检查与维修,以及车载运行信息的采集、转储处理,润滑油脂补充。

• 上水、排水,车厢内部清洁,厕所污物排放及处理,车体外皮洗刷,车内垃圾收集及转运等。

• 必要的上砂和餐饮、备品补给作业。

为满足上述整备、检修需求,动车运用所应设置检查库及辅助车间、临修库、不落轮旋库、轮对检测棚、存车线等。此外,根据需要可设置车体外皮清洗库。

1. 检 查 库

检查库是开展动车组一二级检修、整备的重要设施,其能力和规模须符合高铁开行动车组车种车型及数量要求,满足动车组检查、检修、卸污、探伤、司乘、整备等一体化作业要求。

2. 临修及不落轮旋库

动车运用所须建设临修库及不落轮旋库,临修库内须设置起重设备、局部车顶平台、转向架更换设备及转向架、轮对存放场所,库边设置转向架及轮对运输通道。不落轮旋库是动车组旋轮的必备设施,其面积按满足不落轮车床形式进行核定,设置公铁两用车存放区,库边设置铁屑运输通道。临修库线、不落轮旋线长度须满足动车组检修作业要求。为优化动车运用所平面布局,提高动车组检修效率,临修库及不落轮旋库宜合并建设。

3. 车轮故障在线检测棚

动车运用所须建设车轮故障在线检测棚,设置于动车运用所出入段线上。检测棚前后直线段长度应不小于 25 m。与洗车机共线设置时,与洗车机应有不小于 450 m 的间隔,以适应不同的通过速度要求。检测棚结构满足受电弓检测装置建设要求,相邻车轮故障在线检测棚及控制室应一体化建设。

4. 洗 车 库

洗车库应设置于线路直线段上，洗车库的建筑面积及结构形式根据当地气候特点进行设计，多个洗车库宜集中设置，相邻洗车库的控制室和设备间宜集中一体化布置。车体外皮洗刷设施应配置洗刷水循环使用系统及循环水净化处理设备。

5. 存 车 场

动车运用所存车能力应与检查库线能力相匹配，每条检查库线应相应配套 4～6 条存车线，存车线长度应满足两个短编动车组存放需求，存车线间距满足规范要求，存车线间铺设步行板。

6. 人工清洗线

动车所在设置自动洗车库的基础上，还应设置部分人工清洗线，以满足外皮深度保洁和二级修设备舱除尘的需要。一般情况下，每 3 条检查库线对应设置 1 条人工清洗线。

9.2 基础设施维修设施

9.2.1 概 述

高速铁路基础设施是指为列车运行提供基础和保障的固定设施，主要包括工务系统（轨道、桥涵、隧道、路基）、供电系统（牵引供电、电力）、电务系统（信号、通信、信息），除上述系统外，还包括房屋建筑、给排水系统等。

高速铁路基础设施不论是整体，还是各组成部分都需要保持一定的强度和稳定性，受自然条件的影响、列车荷载的作用和其他外界因素的影响，基础设施的状态不断地发生变化。为保持高速铁路基础设施处于经常良好的状态，使列车能以规定速度安全、平稳和不间断地运行，并尽量延长基础设施的使用寿命，对基础设施适度适时的维修是实现上述目标的重要措施。基础设施维修系统的设计目的，即为实现上述目标。

基础设施维修系统的设计依据主要为现行《高速铁路设计规范》（TB 10621），设计内容包括：配置检测维修设备、构建保障基地、搭建作业机构及作业组织，而开展上述具体设计之前，首先应掌握高速铁路基础设施维修作业的内容及检修标准，以及在现有技术体系下，基础设施维修作业应采取的维修作业手段。本节按以上层次对基础设施维修系统的设计展开说明。

9.2.2 基础设施检修作业内容及检修标准

1. 维修作业内容

我国铁路部门为指导高速铁路基础设施的维修作业，针对基础设施的不同专业分类，分别发布了相关维修规则。

根据高速铁路各专业维修规则要求，结合高速铁路技术特点，各类基础设施维修作业可归纳为表 9.1 所述。

表 9.1 基础设施维修作业内容

专业类别	作业类别		作业描述
线路	检查与检测	动态检查	利用大型检测设备或车载式检测设备对线路状态进行的动态检测，以检测设备运行速度与行车速度相等为特点，旨在检查动态情况下的检测设备的响应情况，以判断线路状态
		静态检查	利用检测设备或人工对线路状态进行实地检查、巡检
		钢轨检查	对钢轨的伤损、磨耗情况进行的检查
	维修	周期性维修	按周期、有计划地对线路进行的综合性维修，以恢复线路完好技术状态
		经常保养	根据线路变化情况，对全线进行有计划、有重点的经常性养护，以保持线路质量处于均衡状态
		临时修补	及时对线路几何尺寸超过临时补修容许偏差管理值及其他不良处所进行的临时性整修，以保证行车安全和平稳
路基	检查	检查	对路基进行的相关检查，如定期检查、经常检查、汛期检查等
	维修	综合维修	整修、修理路基相关的设施，如修理排水设备、修理各种防护加固设备
		小型病害整治	对路基设施相关的小型病害进行整治，如处理堑坡、山坡上的危岩，处理边坡溜塌等
		经常保养	对路基相关设施进行的经常性保养，主要指清除排水设施内淤积物、修补植被等
桥梁、隧道	检查	检查	对桥梁、隧道进行的检查作业，主要指水文观测、经常检查、定期检查等
	维修	经常保养	对桥梁隧道进行的经常性保养作业，主要指一些涂油、清扫、小型修补作业
		综合维修	对桥梁、隧道进行的综合性修理作业，主要指更换相关部件、局部整修等作业
电力、牵引变电	检查与检测	监测与检查	以巡视、状态监视、检测、检查等手段监测变配电设施的运行状态
	维护维修	小修	维持性修理，对设备进行检查、清扫、调整，保持设备正常的技术状态，清扫维护，更换易损件
		状态修	依据检测结果，修理更换存在问题的设备或部件
		大修	达到使用寿命后的整体更换，整体更换较复杂的检修、试验

续上表

专业类别	作业类别		作业描述
接触网	检查与检测	动态检查	利用大型检测设备或车载式检测设备对接触网的状态进行的动态检测
		静态检查	利用小型检测设备或人工对线路状态进行实地检查
		检测与检查	对接触网外观、零部件状态、主导电回路等运行状态进行监视与测量、检查与巡视
	维修	维修	在接触网系统的实际状态与安全运行状态之间出现不允许的误差或发生事故时，对接触网系统进行的必要修复，以重新建立接触网系统的正常功能
		大修	恢复性的彻底修理，主要是整锚段的更换接触网（含附加导线），并通过新设备、新技术的采用，改善接触网的技术状态，增强供电能力，适应运输发展的需要
通信、信号、信息	检查与检测	动态检测	通过综合检测车对信号系统动态响应状态进行检测
		硬件日常检测	室内环境检测、设备运行状态日常检测、线缆连接状态日常检测
		系统及及运行日志日常检测	登录服务系统对软件运行状态及运行记录进行监测
	维修	故障检修	包括日常维修、集中修、重点修
		中修	按一定周期集中进行的提高通信设备、设施强度与性能的维护工作
		大修	根据设备使用年限和设备运用状态，为恢复和提高通信系统的质量和能力，有计划地对相关设备进行全面整修和更换
给排水	维修	维修	对室外给水、排水、水消防、客车上水、卸污系统，根据设备使用手册维护保养，及时处理故障，更换易损与达到寿命期限的有关产品和设备及配件，保证设备正常使用要求，并配备必要的备品备件
建筑	维修	维修	简单修理门窗、内墙、底板、屋顶等
		大修	借用登高梯等设备，对有建筑使用年限的建筑构件、配件进行修复和更换。如建筑室内吊顶检修、屋面维修、外围护幕墙的维修等内容

整体而言，高速铁路基础设施的维修作业分为“检测”与“维修”两大类，其中检测作业大体上可以分为“动态检测”与“静态检测”两部分，而维修作业大体上可以分为“周期性维修”与“日常维修”两类，各层次各类别的作业共同保证了各类基础设施的良好状态，为高速铁路系统的安全服役提供了基础。

2. 维修作业标准

在基础设施维修作业方面，高速铁路与普速铁路本质差别在于其维修作业标准不同。高速铁路较高的列车运行速度，必然对各类基础设施的状态提出了更高要求，其建造精度及质量较普速铁路有了明显的提高，这也要求维修作业标准须满足这些需求。

根据作业内容及作业标准，高速铁路各类基础设施的维修策略遵循的基本原则有“预防为主，严检慎修、综合整治”等，其核心在于“严检慎修”，即一般实行检查、维修分开的策略，加强基础设施的检测作业，根据各类设施状态的发展，以检测分析结果为依据，针对性地制定维修作业方案。

9.2.3 基础设施维修作业设施设备设计

高速铁路基础设施根据上述维修策略完成各项维修作业内容，以保证设施的状态良好，而作业的实施离不开相关维修设备的支撑，根据作业内容和性质，各项维修设备主要分为检测设备、维修设备、交通运输设备、辅助作业设备。

检测作业设备种类繁多，不同类别的检测作业需由不同的检测设备完成，一般分为以下几类。

1. 维修作业设备

维修作业设备包括检测设备和维修设备。

检测设备种类繁多，不同类别的检测作业需由不同的检测设备完成，一般分为动态检测设备、静态检测设备、钢轨检测及巡检设备等。

高速铁路动态检测设备一般包括综合检测列车（图 9.3）、车载式线路检查仪、便携式线路检查仪等。

图 9.3 综合检测列车

钢轨检测设备包括钢轨探伤车（图 9.4）、钢轨探伤仪等检测设备，巡检设备一般由车载巡检系统、综合巡检车等设备。

维修设备包括周期性维修设备、经常保养及临时修补设备、交通运输设备及辅助作业设备等。

周期性维修是对高速铁路基础设施按相应的周期进行全面修理，以恢复设施完好的技术状态，此类作业有体量大、整体性、集中性等特点。由于大型养路机械作业具有效率高、自

图 9.4 钢轨探伤车

动化程度高、维修精度易控、节省人力资源等优点，故针对高速铁路基础设施的周期性维修作业，一般采用大型养路机械进行。

高速铁路常用的大型养路机械有钢轨打磨车(图 9.5)、道岔打磨车、线路捣固机组(一般由捣固车、动力稳定车、配砟整形车组成)、道岔捣固机组、接触网修理设备等。

图 9.5 钢轨打磨列车

高速铁路的经常保养及临时修补作业一般以小型维修设备为主，根据沿线维修作业量、维修作业组织机构设置情况配置。交通运输设备主要用于检测、维修作业人员，机具，材料等的运输，部分设备也可为作业人员在检查、维修作业时提供作业平台、完成部分辅助作业等，分为轨行类和非轨行类。辅助作业设备主要包括照明设备、动力设备、通信设备及办公设备。

2. 维修设施

维修设施是指在为各类维修作业提供服务及保障的工程设施，具体功能为各类维修设备的运用、维修、保养、试验，维修物资的集散、使用以及维修人员的办公生活等提供保障条件。

高速铁路基础设施维修设施自上而下分为综合检测车运用设施、大机运用设施等路网性设施，以及维修车间、维修工区、维修值守点等线路性设施两大类。其中，路网性设施一般应根据全国路网或区域路网统筹设计，在工程项目建设中通常独立立项，不包含在常规的高速铁路工程项目中；线路性设施一般根据具体高速铁路的建设方案，在沿线设置的负责高速铁路本线的日常作业设施，通常跟随高速铁路工程项目一并建设。

铁路网规模较大时，为便于对维修车间及工区进行管理，还需分区域设置区域性管理机构，即综合维修段或各专业维修段，作为负责区域铁路相关维修作业管理的一级机构，一般并不承担综合检测车运用或大机运用功能，同时段机关所在地一般也具备区域内高速铁路维修物资集散及调配、各类维修设备日常保养等作业条件，并包含相关设施。综合维修段或各专业维修段一般也应根据区域路网的发展情况统筹考虑。

(1)综合检测运用设施

综合检测运用设施为综合检测车的日常运用、停放、整备、试验、标定、检修提供必要的条件，一般包括综合检测车停留线、检修线、标定库、辅助生产生活房屋等。由于综合检测作业及综合检测列车的稀缺性，综合检测运用设施应根据路网规划统筹建设，例如我国高速铁路综合检测作业均由“基础设施检测中心”承担，全路目前也仅建设此一处综合检测运用设施。

(2)大机运用设施

大机运用设施一般为钢轨打磨列、道岔打磨车、线路捣固机组、道岔捣固机组、接触网维修车组等各类大型检测、维修设备的日常运用、停放、整备、试验、标定、检修的条件，一般包括大型养路机械停留线、检修线、检修库、辅助生产生活房屋等。与综合检测运用设施类似，由于大型养路机械作业及其配属的路网性，大机运用设施一般应根据路网规划统筹建设；同时，由于高速铁路与普速铁路的大型养路机械作业之间并无本质区别，故大机运用设施也应统筹考虑普速铁路的规划。

(3)维修车间及维修工区

①主要功能

维修车间应具备各类大型检测、维修设备临时停放、整备功能，以及轨行交通运输设备日常运用、停放、整备等功能，并具备各类小型检测、维修机具，仪器仪表，维修材料的存储、装卸功能，具备维修作业人员生产、办公和生活条件。

维修工区具备各类大型检测、维修设备，以及轨行交通运输设备临时停放、整备功能，并且备各类小型检测、维修机具，仪器仪表，维修材料的存储、装卸功能，具备维修作业人员生产、办公和生活条件。

②分布原则

维修车间及工区作为各类维修设备、人员的后勤保障基地，其分布间距主要考虑维修设备、人员进行各项维修、抢修活动的作业半径，并结合车站分布及场址条件统筹考虑。

高速铁路基础设施维修系统应满足在天窗时间内完成维修工作需要，维修车间及工区的设置需统筹考虑大型养路机械作业临时停放的需求。大机作业流程如图 9.6 所示，各类作业需在天窗时间内完成。

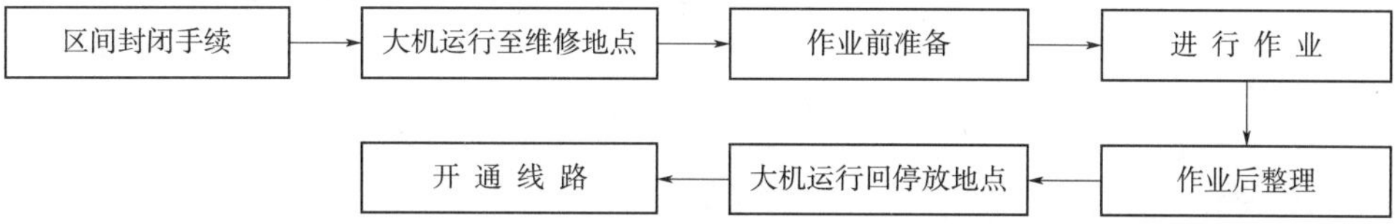

图 9.6 大机作业流程

维修车间及维修工区内一般设置有大型养路机械停放线，作业当日天窗开始后，大型养路机械由邻近的维修基地出发走行至作业地点进行作业准备，完成作业后再回到临近维修车间或工区。在大型养路机械作业效率相对固定的条件下，维修车间及维修工区的分布位置，直接影响了大机作业对维修天窗的利用率。

例如：我国高速铁路维修天窗一般为 4 h，在此基础上，相关维修规则要求具备大机停留条件的车间或工区间距一般不大于 60 km，即是根据此原则(走行时间及辅助作业时间 60 min，包括办理区间封闭手续、作业前准备/作业后整理、开通线路；有效作业时间约为 180 min)，统筹考虑大机作业成本而确定。

③设施设计

根据其功能需求，维修车间及工区内的设施一般应包括以下内容，并根据具体需要选择：

股道：大机停留线、工务轨道车组停留线、接触网作业车停留线、供电抢修列停留线等。

室外设施：装卸料站台及相关装卸设备、材料堆场、停车场、培训设施、生活设施等。

房屋建筑：轨行车辆停留库、汽车停放库、材料机具存放库、设备保养检修间、生活办公房屋、其他配套房屋等。

场地内同时需要建设道路、围墙、绿化、排水等辅助设施。

(4)维修值守点

在基础设施的薄弱且设备集中的位置，同时距离临近维修工区较远时，一般需要设置维修值守点，供应急值守人员使用，一般包括机具材料间及人员值班室等少量房屋，由临近工区派驻人员使用。

9.2.4 基础设施维修组织管理设计

高速铁路基础设施维修组织管理机构是上述维修设施及设备的操作者，组织管理的设计虽不构成工程实体，却是高速铁路工程基础设施维修系统设计不可或缺的一部分。高速铁路基础设施的维修组织管理模式应能适应高速铁路维修作业的需求，并为维修作业提供组织上的便利。

从作业需求而言，在维修组织管理设计上，一般应将检测作业机构、维修作业机构分开设置，满足“检修分离”的作业需求。在底层作业管理中，一般应采取分专业作业队的模式，满足“专业强化”原则；上层维修管理层面，应采取综合集中的模式，以简化机构设置，便于设施设备的集中利用。

10 环境保护与节约能源

铁路勘察设计应落实“生态文明建设”的国家战略，体现绿色发展理念。生态环境保护与恢复措施、污染治理措施的设计，要以满足国家法律法规为前提，以适应环境、满足铁路沿线人们对居住生活环境的期许为目标。本章针对高速铁路特点，重点介绍高速铁路生态环境、声环境与环境振动保护设计，以及各专业工程设计方案节能要点等有关内容。

10.1 环境保护

高速铁路的环境保护设计主要包括生态环境和声环境、环境振动保护设计。

10.1.1 生态环境保护

1. 保护目标的识别

高速铁路路基、桥梁、隧道、站场等永久工程及制(存)梁场、铺轨基地、轨道板预制场、拌和站等临时工程将占用宝贵的土地资源，部分高速铁路还可能占用特殊及重要的生态敏感区域以及敏感水体等。高速铁路建设前对生态保护目标进行全方位的识别，是生态环境得以保护和修复的前提。生态环境保护目标包括土地资源、河流水系、生态保护红线、自然保护区、世界文化和自然遗产、水源保护区、风景名胜区、种质资源保护区、湿地公园、地质公园、森林公园等。

2. 生态环境影响分析

高速铁路建设对生态环境的影响主要表现在工程永久及临时占地对生态保护目标的影响。生态环境保护设计的任务是保证选线选址依法合规，分析铁路建设对土地资源、野生动植物、水源涵养、土壤保持、森林、湖库生态系统等的影响方式及影响途径，并提出切实可行的生态保护及恢复措施。

3. 生态环境保护措施

(1)节约和保护土地资源

高速铁路设计始终贯彻节约土地、水土保持、保护生态的理念。高速铁路设计中是如何考虑节约土地的呢？以 6 m 填高为例，每公里路基的占地达到了 68.4 亩，每公里桥梁的占地仅 27 亩，采用桥梁将比采用路基节约土地约 41.4 亩，节约了近三分之二；另外，高铁车站的设计采用设置桥式站房(图 10.1)，将站房及相关设备用房放在桥下，既减少了工程占地又节省了站房及设备用房占地，使有限的土地资源得到了充分的利用。

(2)源头控制，保护优先

以超前的环保选线设计理念保护生态环境。高速铁路线位及站址确定前，全面调查铁路经过地区的生态保护红线、自然保护区、风景名胜区、水源保护区、森林公园、地质公园等

图 10.1 以桥代路、桥式站节约土地资源

生态敏感区的分布，选线选址尽可能地绕避上述生态敏感区，贯彻“保护优先、预防为主”的原则，控制源头，减少工程扰动破坏影响。

(3)与自然和谐共生

践行“与自然和谐共生”的环保理念，生态保护设计注重保护野生动植物的生境。某铁路以高架桥形式穿越河南黄河湿地国家级自然保护区实验区，保护区保护类型为湿地生态系统和珍稀动植物资源，如图 10.2 所示。

为保护保护区内的野生动植物及其生境，设计提出经过保护区区段设置遮光声屏障、在工程穿越自然保护区两侧的高滩和台地上栽植宽高大乔木树种形成隔离林带，减弱工程运营期噪声、灯光对两侧鸟类的影响；不在保护区内设置临时工程；工程施工尽量避开每年 10 月至翌年 4 月大天鹅及其他水禽在保护区越冬和迁徙期，以减少对保护区鸟类的影响；增设补饲点，在冬季定期投放食物，通过人工补饲补偿因觅食地面积减少的影响程度；加强施工期环境管理、监理及监测，签署保护管理补偿协议等管理措施。采取上述措施后，达到了预期效果，使铁路建设对保护区的影响降至最低，实现了与自然和谐共生。

图 10.2 某铁路跨越黄河湿地自然保护区施工现场生态环境

(4)保持水土、美化环境

高速铁路水土保持边坡防护工程设计贯彻绿色环保理念，将防护工程与绿化环保相结合。路基防护工程以植物措施为主，打造绿色铁路，使沿线绿化与当地自然人文环境协

调，美化环境，乘客视野相对开阔、悦目怡人。图 10.3 所示为路堤植物护坡及隧道口综合护坡。

图 10.3 路堤植物护坡及隧道口综合护坡

高速铁路采取的水土保持措施：高速铁路修建过程中，取、弃土渣场，制梁场等如不加以防护，被工程施工扰动后的松散土在风吹及雨刷下产生水土流失。采取路基边坡植物防护、临时占地表土剥离、场地排水引流、施工结束后土地整理、覆土复耕复植等水土保持措施，不但可以保持水土而且给高铁沿线带来别样的风景。弃渣场防护、制梁场绿化恢复分别如图 10.4、图 10.5 所示。

图 10.4 弃渣场防护

图 10.5 制梁场绿化恢复

高速铁路生态环境保护设计，秉承环保选线设计理念，绕避了大量的自然保护区、风景名胜区等生态敏感区域，实现了保护优先、源头控制；采取了以桥代路、大临工程土地复垦等保护土地资源的措施；通过生态敏感区路段采取了最严格的生态保护措施。上述生态保护措施在保护土地资源和生态环境方面取得了良好的效果。但是，高铁建设仍不可避免地占用了生态敏感区域，对动植物生境、水源涵养、水土保持等产生了一定影响，今后的工作应对已建成的高速铁路项目生态影响程度及生态保护措施效果进行调查，总结经验，吸取教训，并进一步寻求更为适合的生态环境影响评价指标，更准确地预测高铁建设对生态环境的影响程度，采取更具针对性的生态保护与恢复措施。

10.1.2 声环境、环境振动保护设计

高速铁路声环境、环境振动保护设计内容包括调查沿线声环境、环境振动敏感目标，预测高速铁路列车运行噪声、振动对沿线敏感目标的影响程度，提出噪声、振动治理措施。

高速铁路的大运营能力、高密度、高舒适度、高速度等特点，决定了高速铁路要吸引更多的客流，必将经过人口稠密区，列车运行产生的噪声、振动问题随之显现。我国已将噪声振动控制工程作为一项系统工程，由车辆设计、线路设计、环境管理等统一规划协调，设计改进实施各项减振降噪措施，有效地降低了高速列车运行引起的振动与噪声影响。通过长期不懈的努力，我国对高速铁路声源识别、噪声源特性、列车气动力及声屏障动力响应、高速铁路声屏障降噪效果及结构安全等进行了多方位的研究，并取得了令人满意的成果，特别是通过京津城际、京沪高速等铁路验证了高速铁路采用的减振降噪技术的科学性和可行性。

1. 高速铁路噪声振动影响

(1)高速铁路列车运行振动

我国高速铁路动车组列车轴重一般在 17 t 及以下，重量较普速客货列车轻；高速铁路主体工程设计中，采用了无缝线路、桥梁减振支座、板式无砟轨道等减振技术。采取车体轻量化、工程减振等综合减振技术后，我国高速铁路距外侧线路中心 30 m 内列车运行 Z 振级基本能满足《城市区域环境振动标准》(GB 10070)之铁路干线两侧标准。

(2)高速铁路列车运行噪声

高速铁路的噪声源包括轮轨动态接触引起的滚动噪声、高速列车行驶引起的空气动力噪声、集电系统噪声以及桥梁构筑物噪声等，如图 10.6 所示。

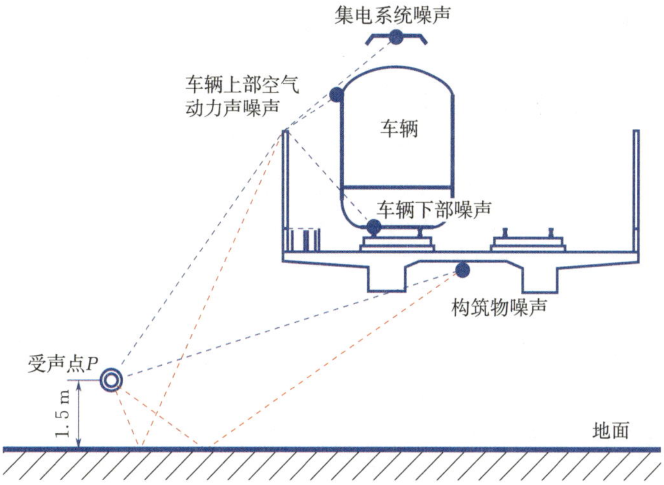

图 10.6 高速铁路噪声源构成

高速列车车外运行噪声源识别测试及空间声场特性测试结果表明，我国高速铁路列车运行主要声源分布、频谱特性、声场特性如下：

①轮轨位置是高速列车车外噪声的主要来源，高速列车最大声源往往都在轮轨位置。

②受电弓也是高速列车车外噪声的主要来源，高速列车最大声源点有可能会出现在受电弓处，尤其是当轮轨位置噪声得到控制后。

③高速列车车外噪声有显著和丰富的气动噪声成分，高速列车气动噪声的主要敏感位置有：头车挡风玻璃处、头车车头、头车转向架处、受电弓及其底座位置、两节车之间连接位置附近、车体车窗和车门以及车顶位置附近。

2. 声屏障设计

(1)声屏障声学设计

①声屏障结构形式

高速铁路声屏障结构形式分为整体式和插板式：整体式声屏障为混凝土板与桥梁整体现浇，如图 10.7 所示；插板式声屏障为 H 型钢立柱与基础连接后再将声屏障单元板插入 H 型钢立柱，我国绝大多数高速铁路声屏障采用插板式结构，如图 10.8 所示。

图 10.7 整体式声屏障

图 10.8 插板式声屏障

②高速铁路声屏障设计特点

高速铁路声屏障设计与普速铁路有着较大差异，主要表现在以下几个方面：

a. 声源的组成

从产生机理上，高速铁路噪声主要由轮轨噪声、弓网噪声、空气动力性噪声、桥梁构筑物噪声四部分组成。对于普速铁路，轮轨噪声占主导地位，弓网噪声和空气动力性噪声由于贡献量较小在声学设计中一般可不予考虑；而对于高速铁路，随着列车运行速度的增加，弓网噪声和空气动力性噪声的贡献量明显增大，如果仍按照轮轨噪声为主加以预测，将会产生较大的误差。

b. 频谱特性

声波频率与声音传播特性有着密切的关系，直接决定着声音的衰减快慢，高速铁路噪声由于声源组成较为复杂，声源的频谱特性应结合实测结果获得。

c. 桥梁挡砟墙、城市建筑群等对噪声传播的影响

高速铁路高架桥两侧均设置挡砟墙，由于挡砟墙距线路较近，对噪声具有反射、遮挡等作用，对声源传播影响较大；另外，高速铁路穿越中心城区，高、中层建筑物众多，对声波传播影响较大，目前普通模式计算中对于建筑物遮挡等一般根据经验公式修正，误差较大。

③声源等效位置的确定

高速铁路轮轨噪声、空气动力噪声、弓网噪声、桥梁结构噪声各部分声源位置、贡献量及频率特性各不相同。在进行声学预测时需对各声源进行简化处理，通常可简化为单声源、双声源和多声源。实践表明，采用双声源模式，即可保证计算结果的准确性，又可简化计算程

序，是高速铁路相对科学的声学计算模式。

④声屏障高度设计

高速铁路桥梁声屏障位于桥梁遮板上，距离线路中心约 3.8 m，与普速铁路不同，声屏障除受自然风荷载作用外，同时受列车高速通过时列车风荷载作用。在有限的安装空间下，声屏障高度受到限制，按上述插入损失计算模式，距外侧线路中心 25 m、与轨面等高处：桥梁上设置 2.3 m 高的声屏障，其插入损失为 4～6 dB；设置 3.3 m 高的声屏障，其插入损失为 6～8 dB。这两种高度的声屏障可基本保证高速铁路区间线路两侧平房和多层楼房在声屏障声影区范围内。

高速铁路进入中心城区后，沿线分布有多层和高层噪声敏感建筑，铁路多以较低速度、路基形式通过，为满足高层建筑的降噪要求，声屏障通常设计为较高的直立式、折角式或框架式（半封闭、全封闭）。

a. 某客运线一侧分布有高层住宅，距离铁路外侧线路中心 42 m，列车通过敏感目标处的运行速度约为 200 km/h，采用直立式声屏障不能满足降噪目标的要求，通过声学计算，需采用框架式半封闭声屏障（图 10.9）。

图 10.9 框架式半封闭声屏障

声屏障建成后选择对应声屏障中部、距离线路外轨中心 30 m、地面以上 1.5 m 处的降噪效果均值为 11.4 dB，与理论计算结果基本吻合。

b. 某高速铁路线路一侧分布有 6 层住宅，距离铁路外侧线路中心 30 m，与某条既有普速铁路等高并行，经声学计算，采用 5 m 高直立式声屏障（图 10.10），可满足环境噪声标准要求。

c. 某高速铁路线路两侧均分布有多层住宅，距离铁路外侧线路中心 30 m 以外，列车以时速 300 km 的速度、桥梁形式通过敏感目标，经声学计算，采用 2.15 m 高直立式声屏障（图 10.11）。

⑤声屏障长度的确定

要达到理想的插入损失，除了保证声屏障具有一定的高度外，声屏障的长度也要足够长，

图 10.10 5 m 高直立式声屏障

图 10.11 2.15 m 高直立式声屏障

也就是声屏障长度除要覆盖整个需要保护的噪声敏感目标外，两端还要有一定的附加长度。声屏障长度确定原则以声源通过声屏障末端传至受声点的声级值较由声源经声屏障顶端绕射后的声级值低 10 dB 以上，即声源经过声屏障顶端绕射传至受声点的声级值远高于声源在声屏障外传至受声点的声级值。

(2)声屏障结构设计

高速铁路声屏障受列车高速运行时作用于声屏障上的脉动力影响，因此，声屏障的结构需考虑脉动力反复作用下的疲劳破坏。

(3)声屏障构造及连接设计

①声屏障单元板

高速铁路声屏障单元板按材质分为两大类，分别为金属复合吸声板和非金属复合吸声板。金属复合吸声板一般由铝合金背板、面板组成的金属壳体内置吸声材料组成，非金属复合吸声板一般为混凝土板，由于高速铁路声屏障受列车通过脉动风压的影响，其结构应能够满足脉动荷载作用下的抗疲劳性能。因此，非金属声屏障单元板建议采用预应力混凝土结构或其他能满足高速铁路声屏障力学性能的结构形式。

②声屏障立柱与基础连接

声屏障立柱与基础的连接方式决定了声屏障结构整体强度和抗疲劳性能。国外初期建造的高速铁路声屏障，由于声屏障立柱与基础连接方式的不合理，声屏障适用一段时间后，产生立柱底板松动、立柱变形加大等现象。因此，声屏障立柱与基础的连接方式是声屏障结构的关键技术。

③声屏障立柱与底板连接

声屏障的钢立柱与底部锚板采用焊接。焊接连接的焊缝形式主要是角焊缝开坡口焊缝。

我国在列车、桥梁、轨道等方面从源头采取了降低高速铁路列车运行噪声的综合控制技术，除此之外，声屏障作为从传播途径降低铁路噪声的最有效措施，在高速铁路设计中得到了广泛应用，并取得良好效果。随着环境保护主管部门对高速铁路沿线声环境控制要求逐步提高，对更多的高铁项目提出了设置半封闭、全封闭声屏障的要求。但是，高速铁路声屏障受列车运行气动力的影响，特别是时速 350 km 的高速铁路，设置全封闭声屏障不单是声屏障工程本身存在极大的技术难度，而且给主体桥梁工程增加了设计难度和增加巨大投资，这些都是目前存在的环境保护与技术、经济间的矛盾所在。如何解决这一矛盾，是今后高速铁路噪声治理的重点和难点，需要从我国的噪声标准体系、综合降噪技术、声屏障技术等多方面进行研究，寻求解决方案。

10.2 节约能源措施

10.2.1 概　　述

相比于其他陆地交通方式，铁路交通具有能耗低的特点，而作为一种大运量交通方式，其能耗的绝对值仍相对较大，尤其是高速铁路，随着速度目标值的提高，其能耗值亦有较大幅度增加，控制其运营后的能耗在合理水平，避免造成能源浪费尤为重要。这就要求在高速铁路工程设计中需贯彻节能理念，把握节能要点，必要时可进行专项的节能措施设计。

10.2.2 各专业工程设计方案节能要点

1. 线路、站场

(1)线路走向、车站选址将吸引客流、方便旅客出行作为主要的考虑因素，有利于降低旅客出行而产生的其他社会能耗。

(2)线路方案的确定过程中，应将节约能源作为一个重要因素，统筹考虑其运营能耗费用与工程投资费用之间的协调，不宜片面追求降低工程投资而使运营能耗大幅增加。

(3)线路平纵断面设计中应采用较大的曲线半径、合理控制线路坡段的坡度，降低列车运行阻力，控制列车牵引能耗。

(4)站场设计中应合理布置车站及相关场段平面，减少列车作业及相关辅助设施设备运行能耗；合理确定场地排水方式，减少排水引起的能源消耗。

2. 牵引供电系统

(1)合理选择所接引的外电源电压等级，以减少外电源供电线路损耗。

(2)合理选择供电方式及供电系统设计方案，减少牵引供电系统电能损耗。

(3)选择低损耗的设备、接触材质，合理确定变压器容量，降低电能损耗。

(4)根据供电系统特点，确定合适的无功补偿、谐波抑制、负序治理措施，降低上述因素对电能输送影响，从而降低损耗。

3. 电力供配电系统

(1)变配电所选址尽量靠近负荷中心和主要用户，降低线路损耗。

(2)电力变压器、调压器采用低损耗节能型变压器，按经济运行负载率选择。

(3)选择合理的无功补偿措施，例如：10 kV 配电所高压侧设无功补偿装置，10 kV 变电所低压侧设无功补偿装置。大型用电设备单独进行无功补偿。功率因数波动较大的系统采用动态无功补偿装置。

(4)根据项目情况考虑建立电力远动系统、智能照明控制系统，实现负荷合理分配，创造便利、节能的运行条件，实现对低压耗能设备的实施监测与管理。

4. 房屋建筑

(1)建筑物朝向尽量采用南北向或接近南北向,主要房间避开冬季主导风向,房屋尽量集中布置。建筑体形设计方正、力求简单,尽量减少外表面积。

(2)选择合理的维护结构、建筑平面布置等设计方案,降低建筑热量损耗。

5. 暖通空调

(1)合理确定建筑冷热负荷,以便确定适宜的设备容量,减少能源消耗。

(2)合理选择采暖、制冷、通风方式,如采暖地区尽可能采用集中采暖。

(3)优先采用节能型采暖、空调设备及系统。

6. 其他系统

相关用能系统及设备,如给排水系统,通信、信息、信号等弱电系统,动车组检修系统,基础设施维修系统等优先选用节能型设备,降低能源消耗。

10.2.3 能源计量及能源管理设计

真正实现高速铁路的节能运营,发挥出高速铁路各专业工程所采取的节能措施的最大效果,离不开能源计量系统及能源管理系统相关的设计。

高速铁路工程设计中,各供用能专业应按照能源计量及管理的需求,执行相关能源计量标准规范的要求设置相关的能源计量设备,为高速铁路运营期对能耗的监测、统计、管理等工作提供基础。

进一步地,高速铁路在工程设计阶段,应紧贴运营单位关于能源管理的需求,适当提出能源管理的建议,以便运营单位构建适合于工程内容的节能管理制度。必要时,应根据能源管理的需求,在工程设计时建立相应的能源管理软硬件系统,以服务能源管理工作。例如,京雄城际铁路在“智能高铁”设计理念及框架的基础上,提出了“能源管理系统”的软硬件设计方案,这将使该项目具备对能源精细化计量及管理的软硬件基础,将为项目建成运营期的能源管理工作带来积极影响。

11 工程投资

高速铁路工程经济主要由施工组织和工程造价两部分组成。施工组织设计主要包括确定高速铁路施工方案、施工用水用电方案、主要材料供应方案，合理安排大型临时工程设计，确定建设项目总工期。在施工组织设计基础上，根据高速铁路工程设计确定的具体工程数量，合理确定工程造价。

11.1 高速铁路施工组织

11.1.1 概　　述

高速铁路施工组织设计应依据《铁路工程施工组织设计规范》(Q/CR 9004—2018)，符合相关规范、规程、施工工艺等技术要求，在现场勘测资料的基础上开展编制工作。

施工组织设计是指导项目建设的纲领性文件，一经批准，即作为项目建设管理的重要依据，是设计阶段合理确定项目工程投资的工作基础。施工组织设计研究内容包括：高速铁路工程概况、所在地区特征、施工组织方案、大型临时设施和过渡工程设置方案、施工方案、资源配置方案以及管理措施等内容。

不同设计阶段施工组织设计工作深细程度不同，作用不同。

预可行性研究阶段提出概略施工组织方案意见，作为编制投资预估算的基础。

可行性研究阶段编制施工组织方案意见，经审批成立，作为制订基本建设计划以及编制投资估算的依据。

初步设计阶段编制施工组织设计意见，经审批成立，作为修订基本建设计划、指导建设项目施工组织安排、编制初步设计概算、控制分年度投资以及安排施工力量的依据。

施工图阶段编制重点大型临时工程设计，经审批成立，作为指导建设项目实施重点大型临时工程的依据。

高速铁路建设与普速铁路相比，在工程内容、施工方法方面有所不同，其中以下三点显著不同，对施工组织设计产生较大影响。

(1)普速铁路桥梁梁部普遍采用分片式T形梁，高速铁路普遍采用整体箱形梁，梁型差异影响桥梁梁部施工方法以及桥梁梁部预制场设置方案。

(2)普速铁路轨道工程普遍采用有砟轨道，250 km/h高速铁路一般采用有砟轨道，300 km/h及以上高速铁路普遍采用无砟轨道，轨道标准不同导致轨道铺设施工方法不同，铺轨基地大临工程组成内容不同。

(3)轨道工程一般铺设500 m长钢轨，需要采用火车运输。普速铁路接轨站一般可以办理货运业务，高速铁路接轨站一般为客运站，不办理货运业务，接轨站性质不同导致铺轨基地选择难度大幅度增加。

设计阶段施工组织设计是具有前期、宏观、概略性质的施工组织设计，与建设单位编制的指导性施工组织设计以及施工单位编制的实施性施工组织设计不同。根据项目特点，在明确各类工程施工方案，落实大型临时工程设施设置，落实施工用水、用电方案，明确材料供应方案基础上，重点研究施工组织方案，提出施工总工期意见，为合理确定高速铁路工程总投资提供扎实的工作基础和重要依据。

11.1.2 重点及控制工程施工方案

设计阶段施工组织施工方案内容主要包括施工区段的划分、施工方法的确定、施工机具的选择，其中控制工程施工方案的选择是重点工作内容。技术复杂桥梁，特长、地质复杂的隧道，桥梁梁部施工以及轨道铺设工程是高速铁路建设中的控制工程。若要调整建设总工期，一般情况下需要通过调整控制工期工程工作面，达到调整控制工程工期的目的。

对于技术复杂桥梁，施工条件中限制因素多，施工条件困难，调整工作面难度大。桥梁梁部施工，对于箱梁预制架设，若增加1个工作面，需增加箱梁预制场1处，引起增加临时用地、预制梁场建场费用以及配套的大型施工机具配置；轨道铺设工程，增加一个工作面，需要增设一处铺轨基地，引起增加临时用地、铺轨基地建场费用以及配套的大型施工机具，导致需要的社会资源大幅度增加。

高速铁路隧道与普速铁路隧道断面面积不同，而隧道施工方案则基本相同，此处不再赘述。

上述工程内容，严重制约总工期，属于控制工期工程和重难点工程，是设计阶段施工组织重点工作内容。

1. 桥梁梁部施工方案

技术复杂桥梁结构形式种类较多，以跨越铁路、高等级公路、大型河流或水库等常用大跨度连续梁为例，一般采用对称悬臂现浇法，特殊情况下可以采用支架现浇法和现场浇筑后转体施工法。

普速铁路分片式T梁一般采用集中预制，机械架设方案。T梁预制场既可以与铺轨基地设置在一起，由工程列车运输，机械铺轨架梁交替进行，也可以采用轮胎式运梁车运输T梁，机械架梁完成后进行铺轨工作。

高速铁路采用整体式箱形梁，因尺寸、重量严重超限，无法使用工程列车运输，只能采用大吨位轮胎式运梁车运输，架桥机架梁；或在桥位现场浇筑；特殊情况下还可以采用节段预制，轮胎式运梁车运输，现场节段拼装。

(1)整孔预制架设法

在线位附近设大型预制梁场，箱梁集中整孔预制，利用已架设好的桥梁和铺设好的路基作为运输通道，用运梁车将梁体运至桥位后，通过架桥机逐孔架设。受运梁车运输工作效率影响，一处箱梁预制场，一般情况下运架梁工作半径最大20 km。图11.1所示为整孔预制架设法现场。

图 11.1 整孔预制架设法

(2)桥位现场浇筑

①满堂支架原位现浇

在桥位搭支架,现场施工,包括立模、绑钢筋、浇筑混凝土、张拉预应力筋、拆模、落架等工序。图 11.2 所示为满堂支架法桥梁施工现场。

图 11.2 满堂支架法桥梁施工

②移动模架原位现浇法

采用可移动制梁的模架在原位逐孔现浇施工桥梁,施工时不受桥下条件限制,包括初始孔移动模架设备拼装、模板就位、绑钢筋、浇筑混凝土、张拉预应力筋、脱模、移动模架至下一孔等循环工序。图 11.3 所示为移动模架法桥梁施工现场。

图 11.3 移动模架法桥梁施工

(3)节段预制移动支架拼装法

介于整孔预制架设法和移动模架法之间的一种施工方法，将大而笨重的梁体化整为零，每节段控制在便于预制、运输和吊装的范围内，节段通常在预制梁场预制，用平板车运输至桥位，用节段拼装架桥机拼装成梁。图 11.4 所示为移动支架拼装法施工现场。

图 11.4 移动支架拼装法施工

经技术经济比较，桥梁工程量大、箱梁数量达到一定规模以上、具备设置箱梁预制场条件的段落，宜采用整孔预制架设法。

桥梁工程特别稀少的段落，可采用桥位现场浇筑方案。

经技术经济比较，桥梁工程较少、达不到整孔预制架设桥梁规模的段落，宜采用移动模架或节段拼装法。

2. 轨道施工方案

高速铁路轨道铺设方法划分为有砟轨道单枕连续铺设法和无砟轨道铺设方法。

(1)单枕连续铺设法

在整修良好基床表面先进行道砟预铺，轨料运输就位，采用单枕法铺轨机逐根铺设轨枕、拖拉钢轨、布枕及收轨入槽、安装扣件，随后进行长钢轨的单元焊接，接着分次进行上砟整道。待道床达到初期稳定状态后进行单元轨节的应力放散和锁定，与道岔焊联、锁定形成跨区间无缝线路；接着进行精细整道和轨道静态检测，直到道床达到稳定状态、轨道平顺度达到要求标准；然后进行钢轨全长预打磨；最后进行轨道动态检测和不合格点项的调整、消除，直至轨道各点的各项指标全部合格。

(2)无砟轨道铺设法

无砟轨道铺设法亦称为长钢轨拖拉铺轨法，在无砟轨道板(或双块式轨枕)铺设完成后，长钢轨运输就位，牵引车牵引长钢轨卸车并拖入承轨槽，上扣件、调整，在设计锁定轨温范围内进行焊接、轨道检测、应力放散、锁定、轨道精调、钢轨预打磨。图 11.5 所示为铺设无砟轨道现场。

图 11.5 铺设无砟轨道

11.1.3 大型临时设施

大型临时设施是指施工企业为进行铁路项目建筑安装工程施工，根据施工组织设计确定所需的大型临时建筑物，包括铺轨基地、存砟场、预制梁场、轨道板或双块式轨枕预制场、混凝土拌和站、改良土拌和站、级配碎石拌和站、沥青混凝土拌和站、混凝土成品预制厂、铁路岔线、铁路便线、汽车运输便道、运梁便道、临时通信、临时电力线路、临时给水干管、临时渡口、栈桥等。

具备高速铁路特点的大型临时设施主要有高速铁路箱梁预制场、轨道板(或双块式轨枕)预制场以及铺轨基地。

1. 大型临时设施设置原则

临时工程的规划与设计应在施工组织调查的基础上开展。

(1)根据工期要求,结合工程量、供料情况、运输条件、地形条件等因素,经技术经济比选后合理确定配置方案、建设标准和规模。

(2)体现节省投资、环保节能、合理实用的原则,尽量减少大临工程和过渡工程的数量和规模,少占或不占耕地。

(3)临时工程的场址应优先选择在建设项目的用地界内,有条件时,宜选择在需要转变功能或闲置的既有铁路用地范围内,确需临时用地时,宜与地方待开发建设的项目相结合。

(4)宜布置在场坪工程量小的地势开阔区域,并与附近公路、铁路之间有运输通道,同时应避开积水和严重不良地质的地点,并远离生态敏感区;需要与既有铁路接轨时,尚应设置运料的铁路岔线。

(5)场地布置应便于施工管理,便于劳动力、机械设备调配,有利于减少施工干扰,有利于文明工地建设。

(6)生活设施和办公设施宜与生产区分离,尽量利用附近城镇房屋和设施。

临时工程的设置方法,首先应了解项目的工程概况、地区特征,顺线路里程的路基、桥梁、隧道、车站分布情况,初步确定控制性工程及重难点工程的施工方案和工期;再结合沿线可以设置铺轨基地的地点,初步确定铺轨基地的设置方案及铺轨方向;然后确定箱梁预制场、轨道板或双块式轨枕预制场的设置方案及架梁方向。

2. 主要大型临时设施

(1)箱梁预制场

高速铁路箱梁受超限、超重影响,不能通过公路、铁路运输,必须采用专用运梁车,利用高速铁路完工后的路基、桥梁、隧道作为运梁通道,完成箱梁运输。箱梁预制场一般情况下紧邻高速铁路线位设置,路堤旁预制场通过运梁匝道连通至运梁通道,桥下预制场通过设置跨墩龙门吊提梁上桥,连通运梁通道。

山区高速铁路桥梁占正线长度比例低,分布较为分散,且受长大隧道施工工期、制梁场供梁范围影响,制梁场制梁数量一般偏少,制梁场规模普遍偏小。由于受地形条件限制,箱梁预制场既要满足建场工程量小,又要满足连通运梁通道施工安全要求,山区箱梁预制场选址难度大。

平原地区高速铁路桥梁占正线长度比例高,特长桥梁多,桥梁工程量巨大,受制梁场供梁范围限制,制梁场分布较密集、数量多,每个制梁场制梁数量普遍较多,制梁场规模普遍较大,箱梁预制场选址限制因素相对较少。

(2)轨道板或双块式轨枕预制场

高速铁路铺设无砟轨道,需要设置无砟轨道板或双块式轨枕预制场。

铺设有砟轨道的普速铁路或高速铁路,一般情况下不需要设置无砟轨道板或双块式轨枕预制场。特殊情况下,山岭隧道段落比重大、后期运营维护工作环境差,隧道集中段落也可以选择铺设无砟轨道。结合铺设无砟轨道工程量,统筹考虑周边在建铁路建设情况,可以设置无砟轨道板或双块式轨枕预制场，也可以利用周边既有无砟轨道板或双块式轨枕预制场。

(3)铺轨基地

高速铁路铺轨基地是铺轨材料的装卸、存放与加工基地，是轨节、道岔的组装基地，同时也是工程列车编组、到发的基地。

针对高速铁路有砟轨道和无砟轨道的轨道形式，对应的铺轨基地设置有所不同。其中无砟轨道的铺轨基地主要由长钢轨存放区和若干条临时铁路股道组成；有砟轨道的铺轨基地除按无砟轨道铺轨基地要求设置外，尚应设置轨枕存放区、道砟存放区及相应临时铁路股道。

高速铁路接轨站为客运站，不办理货运，一般情况下不能通过接轨站采用火车运输方式为铺轨基地供应 500 m 长钢轨。为保证长钢轨火车运输通道畅通，需要大范围调查邻近普速铁路既有车站是否具备设置临时铁路便线引入高速铁路的条件，为此设置的临时铁路便线应躲避密集建筑物以及重大设施拆迁，尽可能避免交叉跨越高速公路、繁忙干线公路、既有铁路等，利用临时铁路便线设置高速铁路铺轨基地。利用既有普速铁路邻近站设置铺轨基地条件不同方案差异大，需要进行优缺点分析，经技术经济比较采用最优设置方案。铺轨基地选址工作高速铁路与普速铁路相比需要考虑限制因素更多、技术难度更大。图 11.6 所示为铺轨基地现场。

图 11.6　铺轨基地

(4)其他

平原地区高速铁路一般因当地道路交通、电力基础设施条件比较好，需修建临时便道长度较少；施工用电临时电力干线工程量相对较小。

山区高速铁路重点工程工点多，既有道路设施条件差，临时便道工程量大。山区高速铁路隧道工程用电负荷大，山区既有电力设施相对不足、缺乏，为使用地方电满足临时供电需求，需要长距离修建临时电力干线，需要对使用地方电、使用柴油发电机自行发电以及永临结合方式解决临时施工用电需求进行分析研究比较，选择技术经济最优的临时用电供电方案。

对于偏僻山区既有通信设施未覆盖区域，需要考虑临时通信补强措施。

11.1.4 施工用水、用电供应方案

在高速铁路修建过程中需要用到大量的工程用水，施工用水主要有三种解决方案：一般市政自来水供给范围以内地区，由自来水供给；自来水供给范围以外地区有地表水、地下水两种供水方案。

依据高速铁路所经地区以及现场勘察掌握沿线地表水、地下水的水质以及分布状况，合理确定施工用水供水方案。

施工用电主要有两大类解决方案。依据现场勘察掌握沿线电力设施状况，高速铁路项目所经地区电力资源丰富、设施完善，施工用电采用地方电源；对于项目所经地区，电力资源极度匮乏情况，施工用电采用内燃发电机自行发电；对于电力资源匮乏情况，对增设临时供电设施使用地方电源与采用内燃发电机自行发电两个方案应进行技术经济比较，推荐技术经济比较最为合理的施工用电供电方案。

11.1.5 材料供应计划

设计阶段施工组织设计中材料供应计划的重点是确定各类材料运杂费，为编制高速铁路估(概、预)算奠定基础。其中砂、石、道砟、粉煤灰等当地料以及钢轨、道岔、接触网立柱、铁路桥梁支座等铁路专用材料，是材料供应计划工作重点。具体工作方法如下：

(1)拟定材料供应的料源点：根据调查资料，分别按铁路专用材料、主要建筑材料和当地料三大类，拟定料源点，如果其储量、产量不满足设计要求时，应扩大调查范围。

(2)拟定运输方法和运输距离：运输方法应综合比较后确定，铺轨后应尽可能由工程列车运输。如有水运条件，应注意通航季节、运输能力、船只来源、修建码头的费用等因素，与陆地运输条件比较后选择。改建铁路，有条件的应尽可能考虑用火车、轨道车运输。

(3)运输方案比选，根据不同的运输方法、运距、运价，并全面考虑不同运输方案所引起的修建临时设施的费用，不同产地材料价格的差别、安全可靠性等因素，选择合理的运输方案。

(4)材料供应范围比选，经过技术经济比选，明确不同材料来源地或生产厂家材料供应分界点，划分不同材料来源地或生产厂家材料供应范围。

11.1.6 建设总工期

建设总工期系指从施工准备开始到工程交付运营的全过程所需的时间。一般包含施工准备、路基、涵洞、桥梁基础及墩台、隧道、铺设轨道、通信、信号、信息、电力及牵引供电、站房、联调联试以及试运营各类工程工期。在各类工程施工组织安排中架梁铺轨工程线是统筹安排轨道以下土建工程的控制线，必须保证路基、桥梁、隧道工期不得突破。前期设计阶段建设总工期的确定，应适当留有余地以增强抵御建设风险的能力。建设总工期的确定方法如下：

建设总工期计算公式为

$$建设总工期=A+X+Y+Z+B+C$$

式中，A 为施工准备；X 为路基、桥梁、隧道工程；Y 为轨道工程；Z 为通信、信号、信息、电力及牵引供电以及各类房屋等工程；B、C 分别为联调联试和运行试验。除 X、Y、Z 为变量外，其余基本为在一定范围内的常量。X、Y、Z 为关键线路上工期。

详细分析和计算步骤如下：

(1)准备工作，包括收集、分析施工组织调查资料，了解项目的工程概况、地区特征，填写含路基、桥梁、隧道全线工点一览表。

(2)初步确定控制性工程及重难点工程的施工方案和工期。

(3)初步确定铺轨基地的设置方案及铺轨方向。

(4)初步确定箱梁、轨道板(双块式轨枕)预制场的设置方案及架梁方向。

(5)计算铺轨线以下分段工程工期。

(6)优化控制性工程及重难点工程的施工方案、大型临时工程布局方案和工期。

(7)初步确定大型站房的方案和工期。

(8)初步确定铺架完成后的接触网、信号工程方案和工期。

(9)初步确定铺架完成后达到联调联试基本条件的其他站后工程方案和工期。

(10)初步确定联调联试及运行试验工期。

通过比选优化，确定技术可靠、经济合理的施工方案，在合理确定建设总工期基础上，保证项目投资目标合理。

建设总工期计算公式常量部分中，施工准备(A)，根据项目所在地区征地拆迁以及前期开工条件落实工作难度，安排 3～6 个月，一般情况下按 3 个月。根据《铁路工程施工组织设计规范》(Q/CR 9004—2018)，联调联试(B)线路长度≤500 km 工期安排 2～4 个月，线路长度＞500 km 工期安排 4～5 个月；运行试验(C)，工期安排 1 个月。

高速铁路设计中确定建设总工期，重点是找准关键线路控制工程(简称“控制工程”)，根据关键线路工程工作面、工程量以及《铁路工程施工组织设计规范》(Q/CR 9004—2018)中相关工程施工进度指标，计算控制工程工期。

调整总工期即调整控制工程工期的过程，高速铁路控制工程一般是桥梁梁部、长大隧道、轨道工程，主要通过增减工作面调整控制工程工期。集中预制架设标准跨度梁，通过增减预制梁场数量，增减配套运架梁设备；特殊跨度连续梁，调整挂篮分段悬浇方式为满布脚手架现场浇筑方式；长大隧道，通过增减斜井、平行导坑等方式，增减工作面；铺轨工程，通过增减铺轨基地，增减配套铺轨机械。

设计过程中偶尔会遇到要求提前建成开通，分析调整压缩总工期情况。分析过程中应特别注意，每采取一项措施调整控制工程工期后，可能引起控制工程发生变化，原控制工程可能成为非控制工程，原非控制工程可能成为控制工程。每采取一项措施调整控制工程工期后，需要对其他工期相近工程逐项测算分析，明确新条件下控制工程，根据新控制工程确定调整后总工期，若总工期满足要求，工期调整工作结束。若不满足总工期要求，选定控制工程进一步采取措施增加工作面，循环上述工作，直到满足工期调整要求。

施工组织设计工期综合性参考指标详见表 11.1。

表 11.1 工期综合性参考指标表

工程项目				单位	综合指标
施工准备	控制工程征拆			月/项	1～3
	城市征拆			月/项	6～12
路基	地基处理			月/项	3～6
	主体		平原丘陵	月/项	4～12
			山区	月/项	12～24
一般桥梁	墩高 30 m 以内			月/座	3～12
	墩高 30～50 m			月/座	4～15
隧道	钻爆法	单工作面	隧长≤1 000 m	月/座	6～15
			隧长 1 000～2 000 m	月/座	15～28
		双工作面	隧长 2 000～4 000 m	月/座	22～28
		双工作面	隧长 4 000～5 000 m	月/座	28～34
		多工作面	隧长>5 000 m	月/座	34～42
	掘进机法	开敞式		m/月	330～400
		护盾式		m/月	400～450
无砟轨道	双块式			m/d	100～140
	Ⅰ型板式			m/d	140～200
	Ⅱ型板式			m/d	120～180
	Ⅲ型板式			m/d	110～180
站后工程(不含站房)				月	9～18
站房	建筑面积	$\leqslant$10 000 m^2		月/处	10～12
		10 000～50 000 m^2		月/处	12～18
		50 000～100 000 m^2		月/处	16～22
		100 000～200 000 m^2		月/处	22～28
		>200 000 m^2		月/处	24～36
联调联试				月/全部系统	2～5
运行试验				月/全部系统	1～2

11.1.7 总工期计算示例及分析

某新建高速铁路项目线路长 105.5 km，其中路基工程总长 42.8 km，占全长的 40.6%；桥梁共 50 座 44.3 km，占全长的 42.0%，最复杂桥梁为跨高速公路(72＋128＋72)m 连续梁；隧道共 13 座 18.4 km，占全长的 17.4%。全线共有车站 3 座，其中新建车站 2 座，改建车站 1 座，另新建线路所 1 座。

1. 重难点工程分析

(1)特殊桥梁工程

跨某高速公路采用(72+128+72) m 连续梁结构,采用悬臂现浇方案施工。中跨施工段落长 64 m,施工内容包括现浇 0 号块 1 段长度 4 m,悬臂浇筑段控制在 3.5 m 内共 17 段,合龙段 1 段长度 1 m。连续梁施工进度指标为,0 号块 75 d,悬臂浇筑段 12 d/段,合龙段 45 d。每月按 26 d 计,连续梁工期 13 个月。考虑桥梁基础工期 2 个月,承台工期 1 个月,桥墩工期 1 个月,连续梁桥工期 17 个月。

(2)简支箱梁预制架设工程

项目中简支箱梁共计 1 452 孔,为更好地保证简支梁施工质量,同时考虑环保要求和降低施工难度,设计中尽量减少现浇梁的数量,根据运架梁车的有效工作半径计算确定架梁方案。满堂支架原位现浇简支箱梁 14 孔,预制箱梁共计 1 438 孔,全线共设箱梁预制场 3 处。

最大的梁场负责 523 孔,其中运距 8 km 以内 302 孔,运距 8～12 km 95 孔,运距 12～24 km 126 孔。架梁进度指标为运距 8 km 以内 2 孔/d,运距 8～12 km 1.5 孔/d,运距 12～24 km 1 孔/d。每月按 26 d 计,架梁工期为 13 个月。考虑桥梁基础、桥墩施工工期结合预制梁场建设工期 6 个月,普通桥梁工程工期为 19 个月。

(3)隧道工程

某隧道长 3 250 m,其中各级围岩长度Ⅱ级 350 m、Ⅲ级 450 m、Ⅳ级 1440 m、Ⅴ级 1 010 m;采用钻爆法施工方案,隧道进出口 2 个工作面施工,对应施工进度指标Ⅱ级 150 m/月、Ⅲ级 110 m/月、Ⅳ级 75 m/月、Ⅴ级 40 m/月,隧道总工期为 26 个月。

(4)轨道工程

本线为无砟轨道,采用厂焊长钢轨,将 100 m 钢轨在焊轨场焊成 500 m 长钢轨,利用长钢轨运输车运至铺轨基地存放备用,从铺轨基地采用铺轨专用车将 500 m 长钢轨运至工地,正线铺轨约 213.89 km。无砟轨道采用拖拉法施工,综合铺轨进度为 4.5 km/d,铺轨工期为 2 个月。

2. 各类工程工期分析

高速铁路建设工作内容包括:*A* 施工准备,*X* 路基、桥梁、隧道工程,*Y* 无砟轨道工程,*Z* 通信、信号、信息、电力及牵引供电工程以及各类房屋工程等,*B* 联调联试,*C* 运行试验。

A 施工准备工期为 3 个月。

X 包含路基、桥梁、隧道工程,施工准备完成后,路基工程全面开工,工期为 18 个月;桥梁工程全面开工,工期为 19 个月;隧道工程全面开工,工期为 26 个月。

Y 为轨道工程包含无砟轨道施工前必要的沉降观测、轨道板预制及铺设、轨道铺设工作内容。路基、桥梁、隧道工程施工完成后,在无砟轨道工程施工前必须预留不少于 2～6 个月必要的沉降观测时间,无砟轨道板铺设 6 个月,轨道铺设 2 个月。

Z 为通信、信号、信息、电力及牵引供电以及各类房屋等工程,在具备施工条件基础上,施工工期为 18 个月。

B 联调联试 4 个月。

C 运行试验 1 个月。

3. 高速铁路总工期分析

路基、桥梁、隧道工程中关键线路 X 为隧道工期 26 个月。

轨道工程中关键线路 Y 包含控制隧道沉降观测 2 个月、控制隧道轨道板铺设 1 个月，控制隧道以后铺设轨道工期 1 个月；轨道工程关键线路工期共计 4 个月。

Z 为通信、信号、信息、电力及牵引供电以及各类房屋等工程，在轨道铺设完成后关键线路工期 4 个月。

关键线路总工期，施工准备 3 个月；控制隧道工期 26 个月；沉降观测 2 个月，轨道板铺设 1 个月，轨道铺设 1 个月；四电及房屋等工期 4 个月；联调联试 4 个月；运行试验 1 个月；高速铁路建设总工期共计 42 个月。

部分已建成运营高速铁路设计总工期与施工总工期对比见表 11.2。

表 11.2　已建成运营高速铁路设计总工期与施工总工期对比

序号	项　　目	设计总工期/月	开工日期	竣工日期	施工总工期/月
1	北京至天津城际铁路	36	2005.12	2008.7	30
2	石家庄至太原客运专线	48	2005.06	2009.04	46
3	哈尔滨至大连高速铁路	66	2007.08	2012.12	63
4	北京至石家庄客运专线	48	2008.01	2012.12	50
5	石家庄至太原客运专线	54	2008.01	2012.12	50
6	北京至上海高速铁路	60	2008.04	2011.06	38
7	天津至秦皇岛客运专线	48	2008.11	2013.12	60
8	哈尔滨至齐齐哈尔客运专线	48	2009.11	2015.08	69
9	天津至保定客运专线	48	2009.12	2017.06	90
10	青岛至荣城客运专线	42	2009.12	2014.12	60
11	大同至西安客运专线	54	2010.03	2014.07	54
12	沈阳至丹东客运专线	48	2010.06	2015.09	65
13	长沙至昆明客运专线湖南段	48	2010.12	2014.12	48
14	京沈客运专线承德至沈阳段	60	2014.03	2018.12	60
15	石家庄至济南客运专线	48	2014.03	2017.12	45
16	济南至青岛高速铁路	48	2015.12	2018.12	36

根据以上统计，建设比设计总工期提前 6 个月以上共有 3 个项目，滞后 6 个月以上共有 5 个项目，总工期变化在 6 个月以内共有 8 个项目。

北京至天津城际铁路建设比设计总工期提前 6 个月，主要是满足作为北京奥运会配套工程开通需要。

北京至上海高速铁路建设比设计总工期提前 22 个月，主要原因是最为困难的控制工程大胜关长江大桥提前开工建设，另外京沪高铁建设在各方面强烈关注下，工期有所提前。

天津至秦皇岛客运专线、哈尔滨至齐齐哈尔客运专线、天津至保定客运专线、青岛至荣城客运专线以及沈阳至丹东客运专线建设比设计总工期大幅度滞后，全部受 2011 年铁路建设资金紧张影响，导致铁路建设大范围窝工；另外部分项目地方拆迁配合工作滞后影响，进一步导致铁路建设不能顺利进行。

济南至青岛高速铁路建设比设计总工期提前 12 个月，主要原因是地方领导高度重视，征地拆迁工作协调力度大，及时为控制工程青阳隧道和大跨度桥梁提前开工建设创造了条件。

总之，外部建设条件特殊会导致建设工期发生较大变化。正常情况下，剔除征地拆迁地方配合不利以及其他特殊影响因素，施工总工期与设计总工期基本吻合。

11.2 工程经济

工程经济设计文件的编制依据是《铁路基本建设工程设计概(预)算编制办法》(TZJ 1001—2017)、《铁路基本建设工程设计概(预)算费用定额》(TZJ 3001—2017)。

该项工作是一项政策性强、涉及范围广泛的工作，必须严格执行国家以及地方各级政府、相关部委、铁路行业等有关法律、规范、标准以及其他相关规定要求，以现场调查资料、施工组织设计为基础，依据高速铁路设计工程内容、工程数量，合理确定高速铁路工程投资。

高速铁路工程经济设计工作应符合合规性、经济性、合理性、符合性、准确性要求。合规性主要指正确执行国家、行业和企业标准相关政策性规定，各项费用内容依据充分、合理可靠、符合规定。经济性主要指各项技术经济指标处于正常合理范围，与项目工程特征相符没有异常。合理性主要指选用定额合理，施工方案、材料供应方案、工期安排等施工组织设计合理、可实施，与施工环境、施工条件相适应。符合性主要指工程数量计算与工程量计量规则相符，概算编制采用的工程数量与设计文件、图纸相符，概算编制的工程内容齐全、完整、无重复或漏项，与设计相符，概算编制与施工组织方案相符，工序完整。准确性主要指概算编制采用的工程数量、工料机价格、各项取费标准等各项基础数据准确无误。

高速铁路工程经济设计文件是高速铁路设计重要组成部分，不同设计阶段编制不同工程经济设计文件，作用也不同。

预可行性研究阶段编制投资预估算，是项目建议书的重要组成部分，是论证拟建项目的必要性和进行经济评价的重要依据。

可行性研究阶段编制投资估算，审批成立后据此控制投资规模，是对建设项目进行技术经济论证和经济评价的重要依据。

初步设计阶段编制总概算，审批成立后据此确定基本建设项目投资、编制基本建设计划和控制基本建设投资的主要依据。初步设计总概算原则上应控制在批复可行性研究报告投资估算以内。

施工图阶段编制施工图预算，批准后的施工图预算是开展铁路工程建设项目招、投标工作的基础。建设项目施工图预算不得大于批准初步设计概算。

为便于资料统计、分析、共享，提高铁路工程估(概、预)算编制工作效率，铁路工程估(概、预)算编制统一使用由铁路工程定额所负责安装、培训、维护、升级的《铁路基本建设工程设计概(预)算编制软件》。

高速铁路与普速铁路在工程经济设计方面的工作流程、主要内容是基本一致的，都分为前期准备阶段、基础数据输入、计算机程序自动计算、成果输出、合理性分析等阶段，在此不再赘述。

在合理确定高速铁路设计工程经济工作中，目前还面临以下难题：

1. 征地拆迁费用方面

设计计列的征地拆迁费用与实际发生费用容易产生较大偏差，造成费用偏差有两方面原因。

（1）拆迁数量变化

三电和地下管线调查难度大，拆迁费用与迁改方案关系极大，迁改方案以产权单位意见为主，需要建设单位与产权单位协商商定，设计时一般难以全部完成，估列费用与实际发生费用存在差异；对于各类建筑属性、类别，是否属于违章建筑设计时难以调查清楚，拆迁费用在实施中为评估机构评估价，与设计计列价格存在差异；勘测调查与拆迁实施时间间隔较长，定测后会有新增建筑物和各种管线，以及部分项目开工前发生抢栽抢种现象，导致拆迁费用增加；建设过程中也可能发生新增在建工程设施，导致设计拆迁数量不同于实际发生。

（2）补偿标准变化

按照要求，设计采用的征地拆迁补偿标准主要以地方政府发布的征地拆迁补偿标准相关文件规定为准，并参照近期基本建设项目实际发生补偿标准。因地方政府发布相关文件规定的征地拆迁补偿标准通常落后于当地实际发生补偿水平，容易出现设计补偿标准不足现象。

2. 当地料价格如何取定

目前设计概算编制采用当地料价格，为高速铁路勘测期间现场调查并与地方发布材料预算价格对比分析后确定的当地料价格。

施工期间，由于高速铁路建设产生当地料供应的大量需求，有可能打破原先当地料供应市场上供需平衡，造成当地料价格波动。

此外，随着国家环保意识提高导致环保措施加强，部分项目面临建设期间附近当地料供应料源点关闭的问题，导致当地料供应成本大幅度提升。

造成实际施工期间发生的当地料价格与设计采用价格有可能产生较大差异。当前铁路投资管理规定的建设期材料价格调整办法规定，允许调整建设期价格材料类别中不包括当地料。

3. 总工期变化引起费用调整

建设总工期变化，高速铁路建设除引起施工方法调整、施工措施变化、大临设施调整外，还会引起其他因素变化。

若总工期提前，需增加施工人员、机械设备投入，引起施工机构调遣费用增加；若项目位于北方地区因赶工原因，需要增加冬季施工保暖加温措施，引起冬季施工费用增加；因工期提前，浇筑混凝土工程有效施工期缩短，混凝土模板周转利用率降低，引起模板费用增加等。

若总工期延长，引起现场项目管理费用增加；大临工程临时用地费用增加；人员机械设备窝工费用增加；总工期延长前提下，容易出现局部赶工现象，增加赶工费用等。

因建设总工期变化，一般情况下，只针对高速铁路工程建设中的施工方法调整、施工措施变化、大临设施调整引起的概算费用变化进行调整，概算编制中只能体现高速铁路工期调整导致实体工程量的费用调整；除此之外，其他变化因素引起费用变化，或已按综合费率取费，或不符合费用调整相关规定，在设计概算中不予调整。

在合理确定高速铁路设计工程投资工作中，除面临以上难题以外，还有其他一些问题，需要在今后工作中针对具体工作方法、相关管理规定、各类定额不断进行改进、完善。

12 投融资与经济评价及社会经济影响

本章围绕高速铁路投融资方案设计的意义、主要影响因素，提出高速铁路投融资方案设计的思路和方法；以高速铁路项目、运营主体为对象，分析阐述了财务评价的原则、原理、评价基础、测算流程及方法、分析指标和财务报表；同时，从资源合理配置的角度，考察项目所耗费的社会资源以及项目对社会效益所做出的贡献，评价项目的经济合理性。

12.1 铁路投融资改革与融资方案设计

12.1.1 铁路投融资需求的产生背景

改革开放以前，铁路实行上缴利税、国家再进行财政拨款的财政投资预算制度，国家财政几乎是铁路建设唯一的资金来源。在这一时期，与其他交通运输方式相比，铁路发展长期滞后于国民经济发展，运能紧张的问题突出。改革开放以后，国民经济持续快速发展，面对快速增长的客货运输需求，铁路运能紧张的问题进一步加剧。在这一时期，铁路建设资金不足成为限制铁路发展的瓶颈，同时地方政府逐步认识到加快铁路建设对促进地方经济发展的重要作用。随着经济体制改革和铁路管理体制改革的不断深化，铁路在改革投融资制度领域展开了一系列有益尝试，出现了合资铁路、地方铁路等新模式，路地合作共同推进铁路建设成为主流。铁路企业在提高自身内源融资能力外，还通过在市场上公开发行股票、公司债券、票据以及利用外资等方式筹集资金，在一定程度上拓展了铁路多元化融资渠道。

虽然铁路建设资金来源比过去有所增多，但是相对于铁路建设投资的巨大需求，投融资渠道仍略显单一。铁路行业在 2013 年已实现政企分开，然而国铁集团仍然承担很多政府职能。在铁路投资领域，国铁集团代表中央履行出资责任，在国家财政直接投入有限的情况下，主要依靠企业自身举债等方式筹措资金。自 2014 年以来，铁路年固定资产投资规模始终保持在 8 000 亿元以上，国铁集团背负巨大的筹资压力，加之解决铁路历史债务与公益性铁路补贴机制尚未建立，债务规模持续攀升。在中央加强国有企业资产负债约束、严禁国有企业举债用于项目资本金的新形势下，国铁集团急需通过投融资体制改革扩大铁路建设资金来源，降低自身投资压力。

近年来，各地政府在铁路投资建设运营方面的积极性逐渐提高，以广东、江苏、浙江为代表的沿海发达省份，正在积极探索自主投资、建设、运营铁路的新模式，以更好地发挥铁路对地方经济发展的促进作用。然而在大力推进铁路等基础设施建设的同时，部分省市政府及其平台公司存在违规举债等现象，导致政府性债务风险不断积聚。为此，国务院于 2014 年 10 月 2 日正式发布《国务院关于加强地方政府性债务管理的意见》(国发〔2014〕43 号)，对地方政府举债融资机制、债务规模与预算管理等进行规范，严格要求控制和逐步化解地方政府性债务风险，妥善处理存量债务和在建项目后续融资。在中央的严格管控下，地方政府在推进铁路等基础设施建设时也开始面临资金筹措的难题，财政可直接投资铁路建设的规模减小。

虽然国铁集团与地方政府投资铁路建设的能力有所降低，但是现阶段我国东、中、西部铁路发展不均衡、局部地区铁路发展短板突出等问题依然存在，仍需保持铁路建设投资强度，增强铁路服务经济社会发展的保障能力，而吸引社会资本参与投资，成为化解上述矛盾的突破口。与国铁集团和地方政府不同的是，社会资本投资铁路意在获得合理回报或促进业务发展，对项目经营前景与风险防范尤为关注，同时希望深度参与项目公司治理与业务经营，这就要求铁路领域加快投融资体制改革，营造更加公开透明的市场环境。

12.1.2 铁路投融资改革的重点领域

1. 社会资本投资铁路现状

社会资本投资铁路，较早进入的是铁路货运市场。截至 2014 年底，社会资本控股、路网功能突出且规模较大的铁路线路基本为货运线路，如呼准铁路、包神铁路等，总里程共计 6 513 km。社会资本通过投资煤运通道，实现厂矿与港口联动，打造完善的煤炭供销产业链条；通过运营线路还可以获得丰厚的运输收入，综合投资回报较为可观。反观铁路客运市场，社会资本介入较晚，投资以参股为主且规模较小，投资回报主要为项目公司的现金分红，很少介入具体的业务经营，总体来看投资积极性不高。

2. 影响社会资本投资积极性的因素

(1)项目天然属性的影响

社会资本看重获得合理稳定的投资回报，并且希望投资回报能够尽快兑现。而高速铁路的投资规模大、建设周期长，客流增长需要经历培育期，增长趋势还会受到衔接路网规划建设条件的影响，运营初期可能面临亏损，随着客流持续增长才会逐渐实现盈利。这样的盈利结构，很难满足社会资本的投资需求。

(2)项目管理界面的影响

社会资本作为合资公司股东，希望深度参与项目运作，更好地保障自身权益。而长期以来，国铁集团和地方政府均组建了专业的建设管理部门，形成了完善的建设管理体系，从提高工程质量、确保运营安全出发，工程建设一般会交由这类专业机构代管，社会资本很少能参与其中。受规模大小影响，大部分线路需要接入国家铁路网才能提供完整的运输产品，在我国高度集中统一的调度指挥体系下，本线列车开行需要纳入路局的运输计划统筹考虑，即将运输业务委托路局统一管理，项目公司乃至社会资本很难表达自身诉求。高速铁路维护是多专业综合的系统性工程，对运营安全至关重要，合资公司自行配齐各专业、各工种的初始成本极高，实践中基本上委托路局进行管理。总体来看，社会资本完成投资后很难实质性介入后期的建设、运营和维护，由于不甚了解内部情况，常常对自身权益能否获得保障持怀疑态度。打破这一僵局，关键还在于捋顺各阶段不同主体间的管理界面，赋予合资公司股东更大的自主权，激发投资热情。

(3)企业自主定价权的影响

随着《国家发展改革委关于改革完善高铁动车组旅客票价政策的通知》（发改价格

〔2015〕3070 号）下发，高铁动车组票价改由铁路运输企业自主制定，有效促进客运市场竞争，提升铁路服务水平。目前，高铁动车组票价制定权在国铁集团手中，并根据全国铁路客运市场形势变化进行动态调整。合资公司虽然是线路资产的所有者，却对本线票价的制定没有话语权。由国铁集团制定票价，固然可以实现全路运输资源的合理分配，但是国铁集团毕竟承担了一定的公益职能。适当赋予合资公司自主定价权，可以更好地与市场需求接轨，突出本线的经营定位。

（4）铁路清算体系的影响

高速铁路成网运行，跨线运行列车的比重提高，各主体间相互使用资产需要频繁进行清算。同时，合资公司将运输业务和资产维护委托路局进行管理，需要支付委托管理费等服务费用。由此可见，合资公司的收入成本主要通过清算获得。在现有清算体系下，国铁集团设有全路统一清算平台，各企业按照计费工作量和计费标准进行清算。合资公司不直接参与运输管理和资产维护，工作量统计均是由路局代为完成，标准是否合理、过程是否公开透明，对合资公司股东的投资信心影响很大。国铁集团作为行业规则的制定者，需要进一步完善清算体系，构建公开透明的清算平台，营造良好的营商环境。

（5）公益性与经营性的划分

高速铁路作为关系国计民生的重大基础设施，内生带有一定的公益属性。公益性部分由央地政府给予补贴，经营性部分采用市场化方式吸引社会资本，是促进高速铁路健康发展的有效举措。《国务院办公厅关于印发交通运输领域中央与地方财政事权和支出责任划分改革方案的通知》（国办发〔2019〕33 号），从国家层面明确了央地政府对铁路公益性运输的财政事权责任。中央决策的铁路公益性运输，由中央（含中央企业）实施并承担支出责任；地方决策的铁路公益性运输，由地方实施或由地方委托中央企业实施，地方承担支出责任。在这一框架下，政府与企业（股东）的支出责任得以落实，社会资本的权益得到有效保障，更愿意参与高速铁路的投资建设。

3. 进一步吸引社会资本投资

为了进一步探索吸引社会资本投资铁路的新模式，于 2015 年 12 月 28 日发布的《国家发展改革委关于做好社会资本投资铁路示范工作的通知》，推出 8 个铁路领域首批社会资本投资示范项目，包括济南至青岛高速铁路、武汉至十堰铁路等 3 个高速铁路项目，杭绍台城际铁路、杭州至温州铁路等 4 个城际铁路项目以及 1 个地方铁路项目。此举旨在发挥社会资本投资铁路示范项目带动作用，探索并形成可复制推广的成功经验，进一步鼓励和扩大社会资本对铁路的投资，拓宽铁路投融资渠道，完善投资环境，促进铁路事业加快发展。

以某城际铁路项目为例，作为国内首个落地铁路 PPP 项目，其融资方案具有较强的借鉴意义。该项目采用 BOOT 模式运作，由政府方通过 PPP 项目合同，授权社会资本和政府方指定机构合资成立项目公司，并由项目公司负责投资、融资、建造、运营和维护，在规定的特许经营期内向项目的使用者收取适当费用，由此回收投资、建设、经营和维护等成本，并获得合理回报。在合作期内，项目设施资产所有权归项目公司所有；特许经营期满后，项目公司将项目设施的所有权与运营权无偿移交给政府方。该项目总投资约为 412.14 亿元，资本金比例为总投资的 30%，约为 123.64 亿元，由社会资本联合体、政府方和国铁集团按照持股比例注入资金。项目债务资金约为 288.50 亿元，由项目公司通过融资解决，途径包括向金融机构借款、以较低利率发行债券、设计金融产品发售、挂牌新三板定向增发等多种渠道。在后续融资过程中，社会资本联合体可以项目特定份额的未来收益作为信用保证进行融资。

该项目股权结构设置如图 12.1 所示。

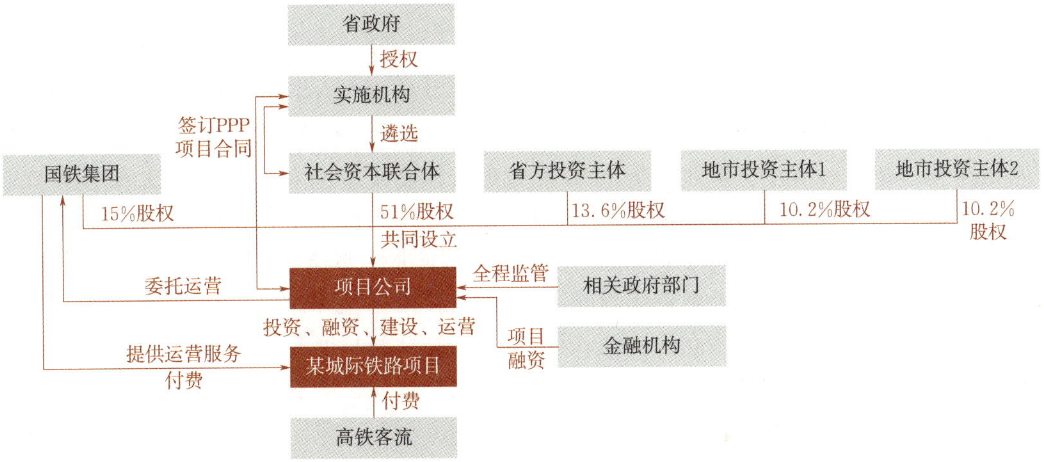

图 12.1　某城际铁路运作模式与融资方案

以某高速铁路为例，作为国内首条由地方主导投资建设的高速铁路，在运作过程中广泛吸引各类社会资本参与，其融资方案具有较强的借鉴意义。该项目由山东铁路投资控股集团有限公司、中国铁路发展基金股份有限公司、济南局集团有限公司、中建山东投资有限公司和中车青岛四方机车车辆股份有限公司共同发起设立项目公司作为融资主体，对外进行债务融资，并具体负责项目的建设和运营，实现资产保值增值。山东省政府将山东铁路投资控股集团有限公司作为省出资人代表和项目融资平台，参与项目投资、建设和管理；积极与中国乃至世界十余家知名企业、金融机构和国际知名财团接触洽谈，引进社会资本。山东省政府积极对沿线站场周边土地进行综合开发，吸引商业合作伙伴共同开发沿线地区土地，并以土地出让金作入股项目公司。为确保项目顺利建设，山东省政府设立铁路发展基金，积极搭建吸引社会和民间资本投资的平台。该项目公司最新股权结构如图 12.2 所示。

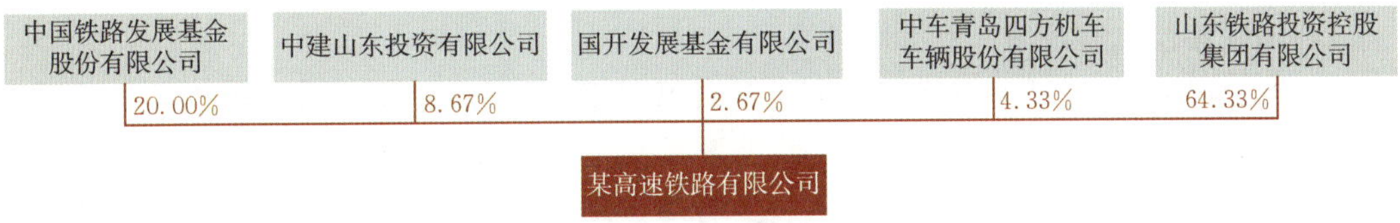

图 12.2　某高速铁路有限公司股权结构

综合以上两个项目可知，在 PPP 模式下对融资方案进行合理设计，在赋予社会资本更大自主权的同时，保障风险分配与政府支出责任得到充分落实，最终实现国铁集团、地方政府与社会资本的共赢。同时，吸引施工方、设备供应商等以其服务或产品作价入股，并授予其一定外延业务，可以有效降低项目的现金投资需求，同时满足社会资本扩大业务规模的需要；通过将沿线土地授予社会资本或与其合作开发，使社会资本的综合回报水平得到保障，这种将项目周边资源植入合资铁路公司的做法，极大地增强了对社会资本的吸引力。

12.1.3 融资方案设计的影响因素

影响铁路项目融资方案设计的主要因素包括宏观政策环境、项目性质与类型、相关利益方投资诉求和运营管理模式等。

1. 铁路投融资宏观政策环境

(1)国家层面政策环境

2004年7月,《国务院关于投资体制改革的决定》(国发〔2004〕20号)颁布,为我国投资领域今后一个时期的改革和发展明确了方向,使我国的投资体制向适应社会主义市场经济发展的方向迈出了一大步。在此背景下,铁路投融资体制改革进入发展新阶段,逐步建立政府主导下多元化投资的铁路发展新机制,合资铁路模式进入快速发展期。

2013年,《国务院关于改革铁路投融资体制加快推进铁路建设的意见》(国发〔2013〕33号)颁布,要求铁路领域推进投融资体制改革,多方式多渠道筹集建设资金;不断完善运价机制,稳步理顺铁路价格关系;建立公益性、政策性运输补贴的制度安排;加大力度盘活铁路用地资源,鼓励土地综合开发利用。作为国务院针对铁路行业投融资改革的指导性意见,为铁路吸引社会资本投资创造了有利条件。

2014年,《国务院办公厅关于支持铁路建设实施土地综合开发的意见》(国办发〔2013〕37号)颁布,进一步明确了新建铁路站场实施土地综合开发和盘活现有铁路用地的基本原则和实施程序。

2016年,《中共中央　国务院关于深化投融资体制改革的意见》(中发〔2016〕18号)颁布,明确了投融资体制改革的顶层设计,标志着新一轮投融资体制改革全面展开。该意见中明确指出,要创新融资机制,畅通投资项目融资渠道。结合国有企业改革和混合所有制机制创新,优化能源、交通等领域投资项目的直接融资。放宽保险资金投资范围,鼓励通过债券、股权、资产支持等多种方式,支持重大基础设施、重大民生工程、新型城镇化等领域的项目建设。重点强调加快推进铁路领域改革,规范并完善政府和社会资本合作、特许经营管理,鼓励社会资本参与。

国家层面为铁路投融资体制改革营造了宽松、积极的政策环境,通过给予多种政策支持铁路建设拓宽融资渠道,吸引社会资本投资和实施土地综合开发。

(2)国铁集团政策环境

承接国家层面推进铁路投融资体制改革的政策要求,国铁集团积极推进铁路建设可持续发展。

2016年,《中国铁路总公司关于进一步明确土地综合开发有关事项的通知》(铁总办〔2016〕74号)下发,明确对于已成立合资铁路公司的项目,由合资铁路公司组织开展土地综合开发。合资铁路土地综合开发应充分利用股东各方优势以及区域市场资源,统筹推进铁路红线内、外土地综合开发。红线范围内的可由合资铁路公司委托铁路局组织开发;红线范围外的要深化与地方政府合作,创新开发模式,运用市场化手段组织开发。

2017年,《中国铁路总公司关于促进铁路建设可持续发展的指导意见》(铁总计统〔2017〕102号)和《中国铁路总公司关于科学有序推进高速铁路建设发展的指导意见》(铁总计统〔2017〕139号)相继颁布,提出深化投融资改革,分类落实投资主体,分层负责推进实施，充分发挥政府、市场和企业的优势作用。

在分类推进铁路建设方面，对于公益性突出项目（主要是西藏、老少边穷地区及国防战备等项目），争取由国家和地方财政性资金全额出资并给予运营补贴。对于地方要求提前实施的通道项目、中西部铁路等其他公益性较强的项目，争取由国家、地方及国铁集团共同出资建设，由国家及地方给予运营补贴，根据项目财务效益合理确定资本金比例。支持地方先行出资建设，项目建成后国铁集团按商定出资比例注资或与地方政府进行股权置换。对于服务地方城镇化、公益性强的城际铁路，以地方主导建设和经营，国铁集团从技术、接轨、运营、建设等方面给予支持。对于经营性项目，国铁集团或地方政府充分发挥市场作用，广泛吸引社会资本。

在分层落实主体责任方面，国铁集团主要负责干线铁路建设，统筹安排干线铁路项目前期工作，承担扣除征地拆迁费用后工程投资资本金的比例按不同原则确定。对于路网干线项目，由国铁集团为主负责组织建设，地方政府负责征拆工作并承担费用，国铁集团承担扣除征地拆迁费用后工程投资资本金比例根据东中西部予以差别化确定。对于区域连接线项目，由地方筹资为主并负责征拆工作及承担费用，国铁集团承担扣除征拆费用后工程投资资本金比例根据东中西区域予以差别化确定。对于城际铁路、支线铁路项目，由地方筹资建设，国铁集团原则不出资或少量出资。在广泛吸引社会资本方面，对于经济效益较好的经营性项目以及具有预期效益的公益性项目，国铁集团在发挥技术优势、创新运营方式、加快完善清算制度的基础上，按照市场化方式，与地方政府合作通过PPP模式广泛吸引社会资本，或通过投资＋EPC模式吸引企业投资，发挥铁路发展基金平台作用，吸引更多社会资本。鼓励运输企业在集装箱及专用设备、大型养路机械等方面积极探索创新融资租赁。鼓励运输企业采用市场化运作方式实现物流基地后续滚动发展和经营。

国铁集团面临铁路投资高位运行和债务负担持续加大的双重压力，从确保高速铁路高质量发展出发，寻求充分发挥地方政府和社会资本的投资优势，依托土地综合开发提高铁路项目的综合效益。结合铁路分类分层推进建设的政策要求，可有针对性地开展融资方案设计。

2. 铁路项目性质与类型

坚持分类建设和多元投入相结合原则，可根据经营属性将铁路项目分为公益性突出项目和经营性项目；根据路网功能将铁路项目分为通道干线、区域连接线和城际铁路项目。铁路项目的经营属性和路网功能不同，投资责任主体不同，政府层面给予的支持力度有所差异，将会对融资方案的设计产生影响。

(1)项目经营属性

高速铁路面向社会公众提供旅客运输服务，并根据工作量获得运输收入，具有显著的经营性特征。通道干线铁路项目和经济发达地区的城际铁路项目，客流基础好，盈利能力强，对国铁集团、地方政府和社会资本而言均属于优质资产，具有较强的吸引力，可以设计更为市场化的融资方案。同时，部分铁路服务于扶贫开发、战备运输和地方城镇化建设，具有明显的公益性特征，运输收入不能有效覆盖成本，对投资者而言缺乏吸引力，应该由政府承担更多的投资责任，融资方案设计较为简单。

(2)项目路网功能

高速铁路按照路网功能分为通道干线、区域连接线和城际铁路。通道干线构成国家铁路网骨架，对路网整体功能的发挥至关重要；区域连接线衔接重点地区和通道干线，起到分流和能力补强的作用，能够有效提高路网运输能力；城际铁路主要服务中心城市或城市群间的短途运输，部分线路具备一定的路网功能。从三类线路的功能定位来看，通道干线对整个路网最为重要，国铁集团坚持主导此类线路的建设和运营，寻求在合资铁路公司中占据控股地位。区域连接线优化路网结构，国铁集团会适当出资，以保持对此类线路的影响力。城际铁路对区域联通非常重要，地方政府的投资热情最为高涨，此类线路往往由地方政府主导建设，国铁集团原则上不出资或少量出资，并提供技术和运营支持。由此可见，对于路网功能不同的高铁项目，需要结合利益相关方的投资意愿进行融资方案设计。

(3)项目融资属性

铁路建设项目融资一般依赖于项目自身的现金流和资产，而非项目投资者或发起人的资信。一般来说，铁路具有项目导向性，在进行融资方案设计时往往运用项目融资模式进行大规模资金安排。项目融资规模、融资结构和融资成本由项目现金流量和资产价值的期望值决定，效益前景良好的项目容易获得更高额度的贷款，且贷款成本往往较低。同时，由于融资规模一般比较庞大，需要制定详细的资金使用计划，并结合运营期盈利能力安排合理的贷款融资方式。

3. 相关利益方投资诉求

高速铁路项目的投资、建设和运营的参与方包括国铁集团、地方政府和各类社会资本，相关各方投资高速铁路的利益诉求不同，会对融资方案的设计产生重要影响。

(1)国铁集团投资诉求

铁路行业在 2013 年实现政企分开，国铁集团完整继承了铁道部所有的资产和负债，还本付息任务艰巨，由于同时肩负铁路投资建设和经营的重任，经营压力持续增大。在此背景下，国铁集团一直在寻求降本增效，一方面通过供给侧结构性改革进行客运提质和货运增量，积极开展多元化经营；另一方面推进分类分层建设铁路，撬动地方政府和社会资本投资。作为企业，国铁集团独立经营、自负盈亏，对铁路项目的投资收益有明确诉求，在进行融资方案设计时需要予以关注。

(2)地方政府投资诉求

高速铁路的开通运营将为沿线地区经济社会发展注入强大活力。由于高速铁路具有准公益属性，地方政府应更多地关注项目带来的国民经济效益，而非项目本身的财务效益，从而为投融资方案设计预留了灵活空间。在吸引社会资本投资时，地方政府的投资收益可以通过一定形式返还项目公司，或是用于保障社会资本获得预期收益。

(3)社会资本投资诉求

不同类型社会资本的资金来源不同，对项目的投资诉求差异明显。金融机构投资资金来源于资管产品，需定期向投资者支付利息，对项目期间收益较为关注；由于资管产品期限一般较短，金融机构无法长期持有项目公司股权，需要通过特定机制实现退出。施工企业投资资金来源于自有资金或银行贷款，投资高速铁路项目意在带动施工主业发展，关注投资能否撬动足够的施工份额，在融资方案设计上需重点关注施工招标。地产开发企业投资资金来源于自有资金或银行贷款，投资铁路项目意在获得土地综合开发份额，在融资方案设计上需重点关注土地获取与开发模式等。

4. 运营管理模式

目前,国内几乎所有新建高速铁路均采用合资铁路模式。根据《合资铁路管理办法(试行)》,合资铁路的运营管理模式分为自管自营和委托运输管理两种。

在自管自营模式下,合资铁路公司作为独立经营实体,拥有公司管理权、经营权和决策权,最大限度行使经营自主权,负责管辖范围内一切铁路运输业务,通过运输经营管理直接体现经营效益。合资铁路公司自主组织列车开行,并以协议形式确定与其他铁路运输企业以及服务企业间的列车交接和费用清算。

在委托运输管理模式下,合资铁路公司将全部或部分业务委托给国铁企业运营管理,这种模式并不改变合资铁路公司的法律主体地位。在具体操作上,委托运输管理模式又分为两类:一类是资产全委托,即将公司全部线路资产委托受托方经营管理,受托方以自己的名义经营线路资产,合资铁路公司收取相应收益(固定或浮动);另一类是委托运输管理,即合资铁路公司将运输生产权委托给受托方,合资铁路公司仍然保留独立的经营架构并取得运输营业收入和其他合法收入,同时向受托方支付委托运输管理费及其他费用。

无论选择哪种运营管理模式,合资铁路公司的收入实现均与本线列车开行方案直接相关,社会资本投资高速铁路项目时非常关注列车开行对数的保障和相关风险的分配机制,在融资方案设计时需要重点考虑。

12.1.4 融资方案设计的基本思路

开展融资方案设计,应着重解决两个关键问题,一是资金结构设计,即资本金比例的选择问题;二是资源筹措渠道,包括投资主体与资金来源等。

1. 资金结构设计

资金结构是指在铁路项目融资过程中所确定的资本金与债务资金的形式和比例关系。投资者投入的自有资金越少,自身承担的风险越小;而项目公司负担大量债务,抗风险能力将降低。由于债务资金的杠杆效应,对于盈利能力较强的项目,提高负债比例可以提高自有资金收益水平;对于盈利能力较差的项目,提高负债比例将会恶化自有资金收益水平。

客观来讲,项目融资没有标准的资金结构可供参考,但是可以依据以下几方面因素进行确定。

(1)项目资金需求量

采用科学方法估算项目所需的全部投资,首先确定投资者所能投入的资金规模,然后根据项目性质分析获得所需债务资金的可行性,初步确定资本金与债务资金的比例。

(2)项目债务承受能力

债务资金比例过高,会产生较大的还本付息压力,直接影响项目公司的现金流量和利润水平。高速铁路项目在运营初期需要经历一段时间的客流培育,难以承受大规模的还本付息;因此在投融资方案设计时应考虑项目自身债务承受能力,避免对公司可持续经营产生不利影响。

(3)投资收益和风险预期

投资者投入的资本金与预期收益成正比,投入资本金的比例越高,获得的收益分成越大。在确定资本金投资规模时,应对项目盈利前景和经营风险进行判断;若对项目预期实现的现金流和利润有足够把握，且项目风险可控，投资者可以选择适当提高资本金投资比例；反之，可以适当降低资本金投资比例。

(4)投资者资金筹措能力

投资者投入项目公司的资本金有多种形式，可以是自有资金直接投资，也可以是外部筹集资金。在确定资本金投资规模时，要对投资者筹资能力进行评估，量力而行，以免对后续融资产生不利影响。

(5)资金市场的供求情况

资金市场的供求情况直接影响项目公司的债务融资。当资金供应较为短缺时，项目公司在融资谈判中处于不利地位，获得较大额度债务资金的难度加大，且资金成本偏高；反之，项目公司可以获得低成本的债务资金。因此，在确定债务融资规模时，应了解资金市场的供求情况，合理评估能够获得的融资规模和成本。

2. 资金筹措渠道

(1)资本金来源

铁路项目投资责任主体分为国铁集团、地方政府和社会资本。

①国铁集团投资

国铁集团投资建设铁路的资金来源分为财政资金、自有资金和债务资金三类。其中，财政资金包括中央预算内资金和铁路建设基金等；自有资金包括税后净利润和折旧资金等；债务资金包括铁路建设债券、中期票据、短期融资券和国内外银行贷款等。

②地方政府投资

地方政府投资铁路项目的资本金通过投资平台公司注入项目公司。投资平台公司直接获得财政资金支持，并通过资本运作新增部分资金，构成地方政府投资建设铁路的主要资金来源。地方政府资金来源包括各级财政预算内资金投入、地方政府专项债券、投资平台公司经营性收益、银行贷款、企业债券和中期票据、国铁线路股权收益、国有土地出让收入和轨道交通建设专项基金等。此外，市级政府还可以采用征地拆迁费作价入股和加收轨道交通建设附加费等方式筹集资金。

③社会资本投资

铁路项目吸引社会资本投资的关键，在于保障其获得合理投资回报。结合铁路项目盈利特征，可以基于以下思路开展融资方案设计。

a. 项目拆包模式

将铁路项目进行拆分，采用 ABC 包的建设运营方式，以盈利性资产吸引社会资本投资，具体如图 12.3 所示。

A 包(基础设施公司)主要包括征地拆迁以及路基、桥涵、隧道等土建工程，由地方财政负责出资；B 包(资产公司)主要包括房建、轨道、四电设备等，由社会资本负责出资；C 包(运营公司)主要为动车组运用和维护等，由铁路运输企业负责出资。其中，基础设施公司将资产无偿或者低成本移交资产公司管理及使用，运营公司按照协议安排向资产公司支付资产使用费用，确保资产公司合理的盈利水平，从而使社会资本获得合理回报。

项目拆包模式的本质是将部分资产包装成具有盈利能力的资产，以此吸引社会资本投资，以减轻建设期财政出资压力。

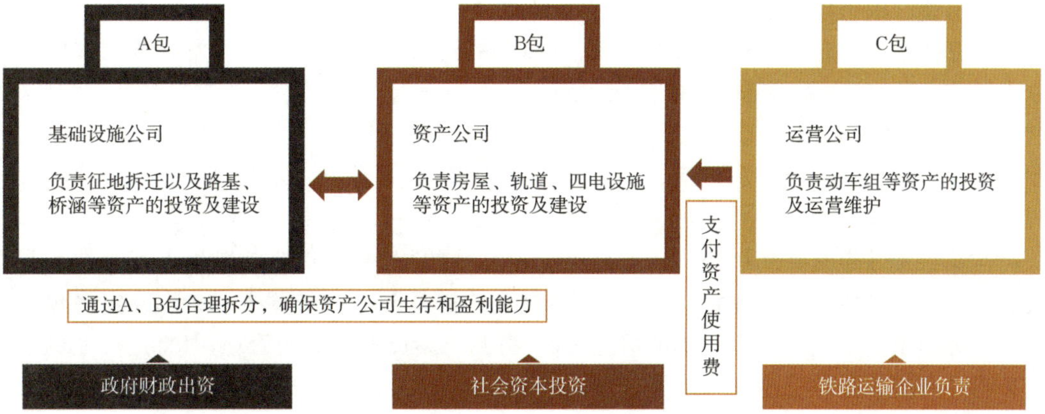

图 12.3 项目拆包模式

b. 外延业务捆绑模式

社会资本投资本项目的同时，参与设计、建设或运营并直接获得利润，具体如图 12.4 所示。

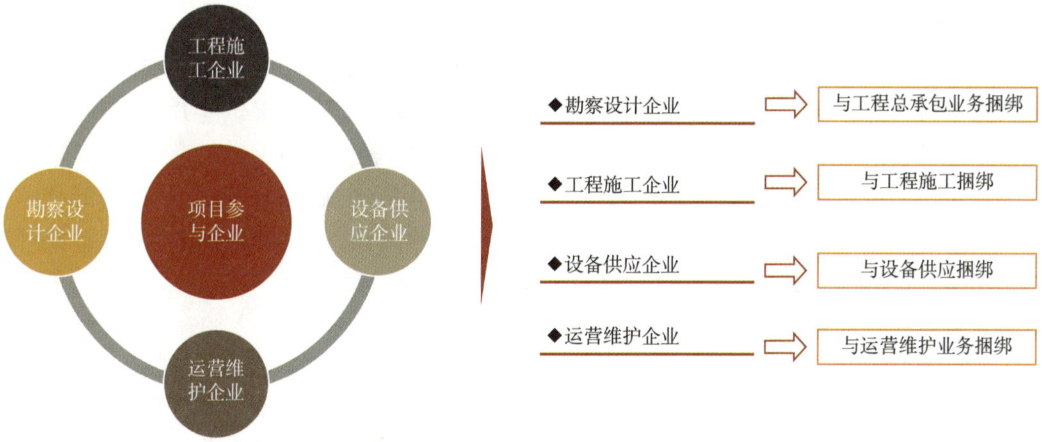

图 12.4 外延业务捆绑模式

铁路项目参与企业包括勘察设计企业、工程施工企业、设备供应企业以及运营维护企业等，这些企业可通过参与项目设计、建设及运营获得利润。该模式的思路是，将投资与获得相关业务捆绑来遴选社会资本。社会资本完成出资成为项目公司股东后，自动获得相关外延业务，后期可通过股权回购、转让等方式退出。

外延业务捆绑模式相当于以勘察设计、工程施工、设备供应以及运营维护利润来提高社会资本收益水平，从而增强项目的吸引力，有效降低财政出资压力。但是需要注意的是，该模式下遴选社会资本需要履行招标程序，而投资与外延业务捆绑招标在法律上可能存在风险，需要深入开展研究。

c. 土地捆绑模式

《国务院办公厅关于支持铁路建设实施土地综合开发的意见》(国办发〔2014〕37 号)指出，新建铁路项目未确定投资主体的，可在项目招标时，将土地综合开发权一并招标，新建铁路项目中标人同时取得土地综合开发权，相应用地可按开发分期约定一次或分期提供，供地价格按出让时的市场价确定。铁路项目可以通过招标方式同时遴选社会资本和土地开发商。中标社会资本自行出资从市场上获得土地并进行开发，所得物业开发收益全部归社会资本所有，以此来增强对社会资本的吸引力。

(2)债务资金来源

铁路项目债务资金来源包括产业基金、银行贷款、公司债券、中期票据和融资租赁等。

①产业基金

产业投资基金是在我国经济转型期市场不完善的情况下，借鉴一般投资基金的组织形式和国际上已经成熟的创业投资基金的运作机制，通过公募或私募方式将不确定多数投资者的不等额出资汇集成一定规模的信托资产，由专门投资管理机构管理，对特定产业的企业或项目进行组合投资。随着投融资体制改革的深入，政府从直接投资领域逐步退出，对政府退出留下的空当，民间资本难以立即到位，产业投资基金的进入有效填补了这一空白。铁路领域具有代表性的产业基金包括中国铁路发展基金和省级铁路发展基金，如江西铁路发展基金、山东铁路发展基金等。

②银行贷款

国内银行贷款是铁路基本建设资金重要的来源之一，包括国家开发银行贷款与商业银行借款。银行贷款可发挥财务杠杆作用，有助于解决铁路建设资金紧缺的问题，但同时加重了铁路项目的财务压力。我国利用信贷资金进行铁路建设的比重逐年上升，银行贷款基本能够保证项目所需资金的及时投放，因此成为一个重要的融资渠道。

铁路项目运用的国外贷款主要是外国政府贷款与国际金融组织贷款。外国政府贷款包括日本、德国、澳大利亚、奥地利、英国、挪威等国政府的贷款，一般利率较低，但具有较严格的使用条件(除日本政府与科威特贷款以外，其他国家政府贷款有购买该国产品的条件)。国际金融组织贷款包括世界银行、亚洲银行等组织的贷款。

③公司债券

公司债券是指公司依照法定程序公开发行并约定在一定期限内还本付息的有价证券，是在资本市场中筹措资金的一种融资手段。债券融资因其便利性、易操作性和可交易性，更容易获得企业青睐，且融资额通常可以达到股权融资的 3～10 倍。长期债券目前已成为铁路建设项目融资的最佳方式之一，通过约定分期还本或到期一次还本，可以更好地匹配公司经营现金流，降低公司运营初期的财务压力。

④公司债券

中期票据是指具有法人资格的非金融企业在银行间债券市场按照计划分期发行的，约定在一定期限还本付息的债务融资工具。中期票据的发行门槛更低，行业范围宽泛，凡是具有法人资格的非金融企业均可申请发行。资金用途限制较低，从目前已发行中期票据募集资金用途来看，除房地产项目受国家政策控制外，可应用于企业生产经营的各个方面。中期票据完成注册之后，可以采用小额、连续或周期性的方式发行，在金额、期限和发行时间的选择上有很大的灵活性。

⑤融资租赁

融资租赁是指实质上转移与资产所有权有关的全部或绝大部分风险和报酬的租赁，是大型设备、设施、装备等固定资产融资的重要方式之一，可以有效降低项目初期投资规模。

近年来，以动车组为代表的铁路移动装备的融资租赁业务发展迅速。中国铁路总公司旗下从事动车组融资租赁以及铁路、轨道交通多种运输方式的运营移动装备和建设工程设备租赁及融资租赁等业务的国铁融资租赁有限公司于2018年8月1日成立，并已与湖南城际铁路有限公司、中车青岛四方机车车辆股份有限公司开展动车组融资租赁服务。

12.2 财务评价

财务评价是运用财务会计的方法，对项目的盈利能力、运营能力、生存能力做出预测，判断项目的财务效果，为投资以及运营提供决策参考。《建设项目经济评价方法与参数》（发改投资〔2006〕1325号）、《铁路建设项目经济评价方法与参数》（建标〔2011〕185号）等政策文件，制定了财务评价的基本框架和方法体系。

12.2.1 财务评价原则

1. 有无对比原则

有无对比原则是工程经济分析的基本原则，通过比较有无项目两种情况下投入与产出的差异，识别项目的增量费用和效益。对有无对比原则加以延伸，有无投资原则是投资与不投资两种状态下的经济效果。有无对比原则的重要前提是明确评价角度，对于不同的投资主体，有无对比的范围有所不同。

2. 费用效益一致性原则

费用效益一致性原则是投资产生的效益和费用的计算口径和范围保持一致，避免出现为了夸大效益而只计效益不计相应费用，或是为了夸大费用而只计费用不计效益的情况。

3. 审慎保守计算原则

审慎保守计算原则是充分考虑财务评价存在的风险，认清财务评价是预测性评价的本质，在参数选择、评价方法等方面保持谨慎客观，防止夸大效益或低估费用。

4. 定量分析与定性分析相结合

定量分析与定性分析相结合原则是指既进行定量分析，如分析具体的财务数据、财务指标等，也要进行定性分析，如前景分析、投资风险性分析等。定量与定性相结合，全面考察投资的财务可行性。

5. 动态分析与静态分析相结合

动态分析与静态分析相结合是指既考虑资金的时间价值，也强调现时经营成果，同时利用财务内部收益率等动态指标以及静态投资回收期等静态指标，综合利用两类指标，全面反映评价对象的盈利能力、偿债能力等，满足投资者多维度需求。

12.2.2 财务评价目的及对象

1. 评价目的

(1)评价作用

财务评价的主要目的是通过预测投资产生的财务收益与费用，编制财务分析报表，考察评价对象的盈利能力、偿债能力和财务生存能力，据此判断其财务可行性及投资价值。

(2)预测作用

财务评价能够通过预测投资产生的财务状况,从财务的角度提出保证评价对象持续经营的方案建议。财务情况预测是投融资方案设计的重要基础和前提。

2. 评价对象

根据评价侧重点不同,评价对象分为高速铁路项目和高速铁路的运营主体。

以高速铁路项目为对象的财务评价考察项目的实施与无项目情况相比产生的财务效果。项目财务分析是全生命周期的分析,包括项目的建设期、运营期和处置期。

以运营主体为对象的财务评价是从高速铁路经营者的角度,分析运营主体的财务状况。对运营主体的财务分析是全过程的分析,包含投资期、经营期和清算期。

12.2.3　财务评价方法及原理

从评价对象的角度出发,测算评价对象的盈利能力、偿债能力以及财务生存能力,判断项目财务可行性以及投资价值。

1. 评价原理

财务评价的本质是预测投入与产出,分析投入与产出之间的关系。从资金使用的角度,投资者向项目或者运营主体投入资金,通过高铁的开通运营、运营主体的经营等活动收回投资并获得收益,财务评价即是评价投资所产生的财务效果。

财务评价以企业会计准则、税收制度、价格体系为评价的依据,以工程投资估算、运量预测、开行方案预测为基础,结合具体的融资方案,预测评价对象在评价期的收入、运营成本、还本付息、税费、资产净值等,生成现金流量表、利润表、资产负债表、还本付息表等,以此为基础计算多角度的财务评价指标,分析评价对象的盈利能力、偿债能力和财务生存能力。

2. 评价方法

(1)按时间价值分类

按照是否考虑资金的时间价值分为静态评价法和动态评价法。静态评价法,即不考虑资金的时间价值,计算和评价整个评价期内项目的收支情况,考察的指标包括静态投资回收期、投资利润率等;动态评价法,即考虑资金的时间价值,计算净现金流量的折现值,考察的指标包括动态投资回收期、净现值、财务内部收益率等。

(2)按资金来源分类

财务评价按照资金来源可分为全投资评价法和自有资金评价法。全投资评价法不考虑资金来源,全投资评价法是从总的获利能力的角度考察评价对象的财务效益,融资方案变化不影响财务评价结果;自有资金评价法是计算和评价资本金(权益资金)所获得的经济效益,考察拟定资本结构下评价对象的财务效益。

12.2.4　以建设项目为对象的财务评价

建设项目财务评价是判断项目财务可行性的重要依据。

1. 评价基础

评价范围、评价计算期、基准收益率、运量、收入成本是财务评价工作的基础,基础数据和参数选取的准确性与合理性直接影响财务评价的结论。

(1)评价范围

财务评价范围是投资的项目,即拟建设的高速铁路资产,以及围绕本项目产生的一系列经济效果,包括债权债务关系的形成和收入成本的产生等。

(2)评价计算期

项目财务评价计算期包含建设期、运营期、处置期。

建设期为项目开工建设至达到运营状态的期间,一般来说,铁路项目的建设期与工期安排对应。运营期为项目达到运营状态至项目结束的期间,运营期的长短可依据资产的自然寿命、技术寿命和经济寿命确定。处置期是项目停止运营并将残余资产处置的期间,通常项目停止运营及资产处置在一个时点完成。

根据行业特点,一般铁路项目的经济评价计算期采用 30 年,对于特殊项目,可结合项目特点选择不同的计算期。

(3)基准收益率

基准收益率是判断项目财务可行性的标杆指标。当项目财务内部收益率大于基准收益率,则项目可行;反之,则项目不可行。

基准收益率是计算项目财务净现值的折现率。当项目财务净现值大于零,则项目可行;反之,则项目不可行。

根据《建设项目经济评价方法与参数》(第三版,2012 年 5 月),铁路网新线建设的财务基准收益率(项目资本金税后指标)为 3%,铁路网既有线改造的财务基准收益率(项目资本金税后指标)为 6%。

(4)基础数据

①运量

运量是计算高铁项目财务收益和费用的基础数据。根据财务评价的具体需求,合理预测项目相关运输服务的发到量、区段客流密度和周转量等运量指标。其中,区段客流密度示例见表 12.1。

表 12.1 区段客流密度示例 单位:万人次/年

区　段	第 $m+1$ 年		…		第 n 年	
	上行	下行	上行	下行	上行	下行
区段一						
区段二						
⋮						

周转量是现阶段高铁财务评价最常采用的运量指标,拟建高铁项目的周转量是所含区段周转量的累计值,区段周转量计算公式为

区段周转量=(区段上行客流密度+区段下行客流密度)×区段长度

②运价率

运价率是铁路运输服务的收费标准,通常采用单位人公里票价标准,是计算运输收入的

重要参数。运价率的选择应遵循时效性、谨慎性和准确性的原则。

2014 年 7 月，中国铁路总公司计划统计部发布《关于深化铁路建设项目经济评价工作的通知》，规定了财务评价中动车组综合运价率，详见表 12.2。

表 12.2 动车组综合运价率

序号	速度等级	综合运价率
1	300～350 km/h	0.52 元/人公里
2	250 km/h 及以下	0.29 元/人公里

③运营成本

运营成本是铁路运输企业完成旅客运输的过程中发生的成本支出。运营成本应结合区域特征、项目自身特点动态调整。从不同的角度研究，运营成本分类如下。

a. 按成本要素分类

按成本要素进行分类，运营成本可划分为工资、材料、燃料、电力、其他五种要素。这种分类方法能够反映铁路运输企业生产经营活动中的成本支出情况。

b. 按运输生产部门分类

按运输生产作业部门分类，运输支出可划分为工务、电务、供电、水电、机务、车辆、车务等部门支出。这种分类方法便于分析、掌握各部门的运输支出情况及其在运输支出总额中的比重。

c. 按与运量的关系分类

按与运量的关系，运营成本可划分为与运量有关的变动支出和与运量无关的固定支出两个部分。其中与运量有关支出又称为有关成本，是指随客运输量增加而增长的费用；与运量无关支出又称为无关成本，是指在一定运量范围内保持相对稳定的费用。

有关成本包括动车组维修费、列车牵引能耗、人员工资及分摊的管理费。无关成本包括线路、通信信号、电力牵引等固定设施维修费、大修费以及管理费。

2. 费用估算

(1)投资

①土建工程投资

土建工程投资包括征拆费用、路桥隧、轨道、四电设施等资产投资。根据项目的建设进度、工期安排等确定分年度投资比例。

②动车组购置费

建设期动车组购置费是为保证铁路项目开通运营、满足初期的客流要求购置动车组产生的费用。动车组购置费通常发生在建设期期末、运营期期初。

③流动资金

流动资金是指项目投产运营后占用并在生产经营过程中周转使用的资金。铁路建设项目的流动资金占用额采用扩大指标法进行估算。

④运营期追加投资

运营期追加投资是运营期为提高服务能力、服务水平和服务质量而追加的投资，包括改扩建土建工程的投资、增购动车组的投资等。

⑤运营期更新投资

部分资产的使用寿命短于项目评价期。为确保项目安全、高效的运营，在资产达到预定使用寿命时需要进行更换，更新投资包括土建资产和动车组的更新。

(2)运营成本

拟建铁路项目的运营成本是指项目实体在有无项目两种情况下发生的运营成本增量。

运营成本的估算可按照下列方法。

①按生产要素

按照生产要素法估算运营成本，是完成各年度旅客运输任务发生的生产要素支出。

运营成本＝人力资源成本＋外购原材料、燃料、电力费＋其他费用

②按生产部门

从高铁旅客运输涉及的各个部门入手，每年为完成旅客运输各部门发生的成本支出。

运营成本＝工务、电务、供电、水电、机务、车辆、车务等部门支出＋管理部门支出

③按与运量的关系

铁路项目财务评价普遍采用有关成本和无关成本的方法，计算公式为

运营成本＝项目周转量×有关成本支出率＋项目线路长度×无关成本支出率

(3)折旧摊销

固定资产折旧费、无形资产及其他资产摊销费是项目投资在年度运输成本中的反映。

资产折旧摊销额＝资产账面原值×折旧、摊销率

固定资产折旧率、无形资产摊销率按照折旧摊销年限和残值率确定。固定资产的残值率一般按照3%～5%确定，通常采用年限平均法。

资产折旧摊销率＝(1－残值率)÷资产折旧摊销年限

在项目财务评价中，可以根据资产类别分类折旧，也可以按加权平均法计算项目综合折旧率，计算公式为

$$综合折旧率=\sum(各类资产原值\times折旧率)\div各类资产总值$$

铁路部门固定资产分类折旧可参照《中国铁路总公司固定资产管理办法》(铁总财〔2015〕45号)的规定。

(4)财务费用

财务费用包括费用化的运营期长期贷款、流动资金贷款和短期贷款利息以及汇兑损益、手续费等费用。

(5)税费

铁路运输企业应当缴纳的税费包括增值税、城市维护建设税、教育费附加、地方教育费附加、企业所得税等。税率及计征办法按照国家有关规定执行。

3. 效益估算

高铁项目的收益包括客票收入、多元经营收益、回收土建资产残余值、回收机车车辆资产残余值、回收流动资金、补贴收入等。

(1)客票收入

拟建高铁项目的客票收入是指项目实体在有无项目两种情况下，发生的运输收入增量。

运输收入增量＝新项目周转量×新项目运价率－新项目替代原项目周转量×原项目运价率

(2)回收土建资产残余值

资产使用期满处置时，获得的残余值应予以回收作为项目的收益。若采用分类折旧法，回收土建资产残余值包括运营期资产更新回收的残值，以及评价期末全部资产按照账面净值回收残余值；若采用综合折旧法，回收土建资产残余值是评价期末按照资产账面净值回收残余值。

(3)回收机车车辆资产残余值

动车组列车在计算期内和计算期末形成的残余值应予以回收作为项目的收益。运营期更新的动车组列车，按照残值率回收残值；在评价期末，按照动车组列车的资产账面净值回收残余值。

(4)回收流动资金

流动资金在评价期末一次性回收。

(5)多元经营收益

多元经营收益是指运输企业开展多元经营的收益，包括商业广告、旅客服务收入等。多元经营收益与客流结构、商业开发强度等因素有关。

(6)补贴收入

补贴收入是项目实体接受的政府补贴收入、社会捐赠等，应在接受的当年计入收益。

4. 财务评价指标

按照是否考虑资金来源，项目财务评价指标分为融资前评价指标和融资后评价指标；按照是否考虑资金的时间价值，财务评价指标分为静态指标和动态指标；按照指标性质，财务评价指标分为时间性指标、价值性指标和比率性指标。

(1)财务内部收益率

财务内部收益率是项目计算期内现金流量净现值累计等于零时的折现率，表示项目占用资金的盈利水平，是考察项目盈利能力的主要动态指标。财务内部收益率按项目融资前和融资后分别计算。

$$\sum[(CI-CO)_t \times (1+FIRR)^{-t}]=0$$

式中　CI——现金流入；

CO——现金流出；

$(CI-CO)_t$——第 t 年净现金流量；

FIRR——财务内部收益率。

财务内部收益率大于或等于基准收益率时，项目方案在财务上是可接受的。财务内部收益率越高，项目的盈利能力越强。

(2)财务净现值

财务净现值是按设定的折现率(一般采用基准收益率)计算的项目计算期内现金流量净现值之和，反映项目的盈利能力。财务净现值计算公式为

$$FNPV=\sum_{t=1}^{n}[(CI-CO)_t \times (1+i_c)^{-t}]$$

式中　FNPV——财务净现值；

i_c——基准收益率。

财务净现值大于或等于零时，项目方案在财务上是可接受的。财务净现值越大，项目的盈利能力越强。当财务净现值为零时，表明项目恰能达到基准收益水平，财务净现值大于零的部分可以看作是超额投资收益。

(3)投资回收期

投资回收期是以项目净收益回收项目投资所需的时间，一般以年为单位，是盈利能力指标。按照是否考虑资金时间价值，分为静态投资回收期和动态投资回收期。

静态投资回收期不考虑资金的时间价值，计算公式为

$$\sum_{t=1}^{p_t}[(\mathrm{CI}-\mathrm{CO})_t]=0$$

式中　p_t——静态投资回收期。

动态投资回收期考虑资金的时间价值，计算公式为

$$\sum_{t=1}^{p'_t}[(\mathrm{CI}-\mathrm{CO})_t\times(1+i_c)^{-t}]=0$$

式中　p'_t——动态投资回收期。

投资回收期短，表明项目投资回收快，项目抗风险能力强。

(4)投资收益率

投资收益率包括总投资收益率和项目资本金净利润率，是反映项目盈利能力的静态指标。总投资收益率表示项目总投资的盈利水平，是项目运营年份息税前利润与项目总投资的比率；项目资本金净利润率表示项目资本金的盈利水平，是项目运营年份净利润与项目资本金的比率。

项目总投资收益率计算公式为

$$\mathrm{ROI}=\frac{\mathrm{EBIT}}{\mathrm{TI}}\times100\%$$

式中　ROI——总投资收益率；

EBIT——息税前利润；

TI——项目总投资。

总投资收益率是工程总投资在各年份的利润率。项目总投资收益率高于同行业收益参考值，表明以总投资收益率表示的盈利能力满足要求。

项目资本金净利润率计算公式为

$$\mathrm{ROE}=\frac{\mathrm{NP}}{\mathrm{EC}}\times100\%$$

式中　ROE——资本金净利润率；

NP——净利润；

EC——项目资本金。

资本金收益率是资本金投资在各年份的利润率。资本金收益率高于同行业收益参考值，表明以资本金收益率表示的盈利能力满足要求。

(5)资产负债率

资产负债率是各年末负债总额与资产总额的比值，是偿债能力指标，反映项目资产对负

债的覆盖程度，计算公式为

$$LOAR=\frac{TL}{TA}\times100\%$$

式中 LOAR——资产负债率；

TL——年末负债总额；

TA——年末资产总额。

资产负债率越高，表明企业利用债务资金的程度越高，则对债权人的保障程度越低，项目面临的财务风险越大。适度的资产负债率表明企业经营安全、稳健，具有很强的筹资能力，也表明企业和债权人的风险较小。

(6)利息备付率

利息备付率是项目息税前利润与应付利息的比值，是偿债能力指标，反映项目的盈利能力对债务资金利息的保障程度，计算公式为

$$ICR=\frac{EBIT}{PI}$$

式中 ICR——利息备付率；

PI——计入总成本费用的应付利息。

项目的息税前利润分别通过利息、企业所得税、净利润的方式分配给债权人、国家和资本金投资者。如果利息备付率低于1，则项目盈利不足以支付利息，项目偿债能力较差。

(7)偿债备付率

偿债备付率是项目在借款偿还期内，各年可用于还本付息的资金与应还本付息额的比值，是偿债能力指标，反映项目的现金流对还本付息的保障程度，计算公式为

$$DSCR=\frac{EBITDA-T_{ax}}{PD}$$

式中 DSCR——偿债备付率；

EBITDA——息税前利润加折旧摊销；

T_{ax}——企业所得税；

PD——应还本付息额。

息税前利润加折旧摊销扣除企业所得税后，为项目可用于还本付息的资金，当其大于当年应还本付息额，即偿债备付率大于1时，则项目现金流足以还本付息。

(8)借款偿还期

借款偿还期是指在项目运营期可用于还款的资金偿还投资借款本金和建设期利息(用资本金支付的建设期利息除外)所需的年限，计算公式为

$$I_d=\sum_{t=1}^{p_d}R_t$$

式中 I_d——借款本金和建设期利息；

R_t——第 t 年可用于还款的资金；

p_d——借款偿还期。

借款偿还期越短，表明项目的偿债能力越强，借款偿还期可作为制定贷款还款计划的依据。

5. 基本报表

铁路建设项目财务分析报表包括现金流量表、利润与利润分配表、财务计划现金流量表、资产负债表和借款还本付息计划表等，其中现金流量表包括项目投资现金流量表（融资前）和资本金现金流量表（融资后）。

铁路建设项目的财务评价报表是在计算项目收益、成本费用、资产价值等基础上，按照企业会计准则要求编制、反映评价期内项目财务状况的报表。

（1）项目投资现金流量表

项目投资现金流量表也称项目全投资现金流量表、项目融资前现金流量表，是站在项目的角度，不区分项目建设的资金来源。项目投资现金流量表示例见表12.3。

表12.3　项目投资现金流量表　　单位：万元

序号	项目	合计	建设期			运营期		
			1	…	m	$m+1$	…	n
	能力利用率							
1	现金流入							
	1.1 运输收入							
	1.2 回收土建工程固定资产余值							
	1.3 回收机车车辆残余值							
	1.4 回收流动资金（全值）							
	1.5 其他现金流入							
	其中：补贴收入							
2	现金流出							
	2.1 土建工程投资							
	2.2 机车车辆购置费							
	2.3 流动资金							
	2.4 运营成本							
	其中：机车车辆租赁费							
	2.5 运输税金及附加							
	2.6 营业外净支出							
	2.7 运营期投资							
	其中：机车车辆购置费							
	关联投资费用							
3	所得税前净现金流量							
4	累计所得税前净现金流量							

续上表

序 号	项 目	合计	建 设 期			运 营 期		
			1	…	m	$m+1$	…	n
5	调整所得税							
6	所得税后净现金流量							
7	累计所得税后净现金流量							
计算指标： 1. 项目投资财务内部收益率(所得税前) 2. 项目投资财务内部收益率(所得税后) 3. 项目投资财务净现值(所得税前) 4. 项目投资财务净现值(所得税后) 5. 项目投资回收期(所得税前) 6. 项目投资回收期(所得税后)								

(2)项目资本金现金流量表

项目资本金现金流量表也称项目融资后现金流量表，是站在资本金投资者的角度，计算项目资本金财务内部收益率等指标。项目资本金现金流量表示例见表12.4。

表12.4 项目资本金现金流量表 单位：万元

序 号	项 目	合计	建 设 期			运 营 期		
			1	…	m	$m+1$	…	n
1	现金流入							
	1.1 运输收入							
	1.2 回收土建工程固定资产余值							
	1.3 回收机车车辆残余值							
	1.4 回收流动资金(全值)							
	1.5 其他现金流入							
	其中：补贴收入							
2	现金流出							
	2.1 土建工程投资(资本金)							
	2.2 机车车辆购置费(资本金)							
	2.3 流动资金(资本金)							
	2.4 借款本金偿还							
	2.5 借款利息支付							
	其中：长期贷款利息							
	短期贷款利息							
	流动资金借款利息							

续上表

序号	项目	合计	建设期			运营期		
			1	…	m	$m+1$	…	n
2	2.6 运营成本							
	其中:机车车辆租赁费							
	2.7 运输税金及附加							
	2.8 营业外净支出							
	2.9 所得税							
	2.10 运营期投资							
	其中:机车车辆购置费							
	关联投资费用							
3	净现金流量							
4	累计净现金流量							
计算指标:资本金财务内部收益率								

(3)利润与利润分配表

利润与利润分配表反映项目计算期内各年度运输收入、总成本费用、利润总额等情况以及所得税后利润的分配,用于计算总投资收益、项目资本金净利润率等指标。利润与利润分配表示例见表 12.5。

表 12.5 利润与利润分配表 单位:万元

序号	项目	合计	建设期			运营期		
			1	…	m	$m+1$	…	n
1	运输收入							
2	税金及附加							
3	总成本费用							
	3.1 营业支出							
	3.1.1 运营成本							
	其中:机车车辆租赁费							
	3.1.2 折旧							
	3.1.3 无形及其他资产摊销							
	3.1.4 财务费用(借款利息)							
	3.2 营业外净支出							
	3.3 其他支出							
	其中:关联投资费用							
4	补贴收入							
5	利润总额(1－2－3＋4)							
6	弥补以前年度累计亏损							

续上表

序号	项目	合计	建设期			运营期		
			1	…	m	$m+1$	…	n
7	应纳税所得额(5－6)							
8	所得税							
9	净利润(5－8)							
10	期末分配利润							
11	可供分配利润							
12	提取法定盈余公积金							
13	可供投资者分配利润(11－12)							
14	应付优先股股利							
15	提取任意盈余公积金							
16	应付普通股股利(13－14－15)							
17	各投资方利润分配							
	其中：＊＊方							
	＊＊方							
18	未分配利润							
19	息税前利润(利润总额＋利息支出)							
20	息税折旧摊销前利润(息税前利润＋折旧＋摊销)							

(4)财务计划现金流量表

财务计划现金流量表反映项目在计算期内各年的投资、融资及经营活动的现金流入和流出，用于计算累计盈余资金，分析项目的财务生存能力和财务可持续性，财务计划现金流量表示例见表 12.6。

表 12.6 财务计划现金流量表 单位：万元

序号	项目	合计	建设期			运营期		
			1	…	m	$m+1$	…	n
1	经营活动净现金流量							
	1.1 现金流入							
	1.1.1 运输收入							
	1.1.2 补贴收入							
	1.1.3 其他收入							
	1.2 现金流出							
	1.2.1 运营成本							
	1.2.2 税金及附加							
	1.2.3 所得税							
	1.2.4 其他流出							

续上表

序号	项目	合计	建设期			运营期		
			1	…	m	$m+1$	…	n
2	投资活动净现金流量							
	2.1 现金流入							
	2.2 现金流出							
	2.2.1 建设投资							
	2.2.2 维护运营投资							
	2.2.3 流动资金							
	2.2.4 其他流出							
3	融资活动净现金流量							
	3.1 现金流入							
	3.1.1 权益资金投入							
	3.1.2 建设投资借款							
	3.1.3 流动资金借款							
	3.1.4 债券							
	3.1.5 短期借款							
	3.1.6 其他流入							
	3.2 现金流出							
	3.2.1 各种利息支出							
	3.2.2 偿还债务本金							
	3.2.3 应付利润(股利分配)							
	3.2.4 其他流出							
4	净现金流量(1+2+3)							
5	累计盈余资金							

(5)资产负债表

资产负债表反映项目计算期内各年末资产、负债和所有者权益的增减变化及对应关系。资产负债表示例见表12.7。

表12.7 资产负债表 单位:万元

序号	项目	合计	建设期			运营期		
			1	…	m	$m+1$	…	n
1	资产							
	1.1 流动资产总额							
	1.1.1 流动资金(全值)							
	1.1.2 累计盈余资金							
	1.2 在建工程							

续上表

序 号	项 目	合计	建设期			运营期		
			1	…	m	$m+1$	…	n
1	1.3 固定资产净值							
	1.3.1 土建工程固定资产净值							
	1.3.2 机车车辆固定资产净值							
	1.4 无形资产及其他资产净值							
2	负债及所有者权益							
	2.1 负债总额							
	2.1.1 流动负债总额							
	2.1.1.1 短期借款							
	2.1.1.2 其他							
	2.1.2 建设期投资借款							
	2.1.3 流动资金借款							
	2.2 所有者权益							
	2.2.1 资本金(自有资金)							
	2.2.2 资本金公积金							
	2.2.3 累计盈余公积金							
	2.2.4 累计未分配利润							
计算指标:资产负债率(%)								

(6)借款还本付息计划表

借款还本付息计划表,反映项目在计算期内各年度借款本金偿还和利息支付情况,用以计算利息备付率、偿债备付率等指标。借款还本付息计划表示例见表 12.8。

表 12.8 借款还本付息计划表 单位:万元

序 号	项 目	合计	建设期			运营期		
			1	…	m	$m+1$	…	n
1	借款还本付息							
	1.1 年初借款本息累计							
	1.2 本年借款							
	1.3 本年应付利息							
	1.4 本年还本付息							
	1.4.1 还本							
	1.4.2 付息							
	1.5 年末本息余额							

续上表

序号	项目	合计	建设期			运营期		
			1	…	m	$m+1$	…	n
2	借款偿还本息资金							
	2.1 资金来源							
	2.1.1 可用于还款利润							
	2.1.2 基本折旧费							
	2.1.3 无形及其他资产摊销费							
	2.1.4 其他资金							
	其中:运营期借款							
	用于付息的资本金							
	计入成本的利息							
	以前年度现金结余							
	2.2 运营期其他必要支出							
	2.2.1 土建工程投资							
	2.2.2 机车车辆购置费							
	2.2.3 自筹流动资金							
	2.3 可用于还款资金							
3	息税前利润							
4	偿债能力评价指标							
	4.1 利息备付率							
	4.2 偿债备付率							
	4.3 借款偿还期							

12.2.5 以运营主体为对象的财务评价

以运营主体为对象的财务评价是判断运营主体投资价值的依据,是公司层面的财务评价。

1. 评价基础

(1)评价范围

评价对象是高铁项目的运营主体,以及运营主体的全部经济活动,包括运营高铁线路产生的收入、成本费用、缴纳的税费等。随着铁路投融资体制改革不断深入,高铁铁路的运营主体一般为合资铁路公司,以运营主体为对象的财务评价即是对合资铁路公司的财务评价。

(2)评价计算期

评价计算期根据评价目的、投资者需求等因素确定,以运营主体为对象的财务评价计算期包括建设期、运营期和清算期,其中清算期通常假定为一个时点。

以运营主体为对象的财务评价计算期应基于评价的目的确定。

(3)运营管理模式

运营管理模式按照资产维护、运输服务等业务不同的承担方式而划分的,按照具体业务对外委托的范围和程度不同,运营管理模式分成了自管自营模式、完全委托模式和部分委托模式三种基本类型。运营管理模式直接影响运营主体的收支体系。

(4)预期收益率

预期收益率是判断项目财务可行性的标杆指标。当运营主体财务内部收益率不小于投资者预期收益率,则项目可行;反之,则项目不可行。预期收益率是计算投资财务净现值的折现率。当投资财务净现值大于零,则项目可行;反之,则项目不可行。

(5)基础数据

①运量及开行方案

运量及开行方案是计算财务收益和费用的基础数据。根据财务评价的需要,需要测算发到量、区段客流密度、周转量、列车公里、万总重吨公里等基础数据,并合理划分担当与非担当列车的范围。

②清算体系

为建立公平、公正、公开的清算秩序,中国铁路总公司发布了《铁路运输进款清算办法》,制定了运营主体之间相互使用资产、提供服务的清算体系,并根据内外部环境的变化不断调整。清算指标包括售票服务费、车站旅客服务费、线路使用费、接触网使用费等。

③委托管理体系

运营主体将高铁资产维护、运输服务等业务部分或者全部委托铁路运输企业代管,并向铁路运输企业支付委托管理费。运营主体与受托单位根据计划工作量签订委托管理协议,确定委托管理费金额,年末根据实际工作量结算。委托管理费通常由人员费用、动车组费用、基础设施维护费用、车站旅客服务费用、间管费用、税金及附加等构成。

2. 费用估算

(1)投资

从运营主体的角度投资包括建设投资、运营期追加投资、资产更新购置投资等;从运营主体股东的角度,投资是指股东对运营主体的权益性投资。

(2)运营成本

运营成本是运营主体经营铁路项目的成本支出。目前,合资高速铁路公司的运营成本构成见表12.9。

表12.9 合资高速铁路公司运营成本构成

项目	计量单位
1. 工资支出(运输、机务、动车组等人员工资)	平均人数
2. 大修支出	
其中:(1)动车组三、四、五级修	辆
(2)换轨大修	km
(3)轨枕、道岔、清筛、路基、桥隧、四电等大修	
3. 直接生产费	

续上表

项目	计量单位
(1)运输部门支出	
其中:车站旅客服务	旅客发送千人
动车组列车服务	动车组千辆公里
(2)机务支出	
电力机车(动车组)运行用电	
(3)工务部门支出	
其中:工务三抽支出	
补充道床	m^3
道岔、线路、路桥隧等维修	
(4)电务通信部门支出	
(5)车辆部门支出—动车组支出	
其中:动车组维修	动车组千辆公里
动车组互换配件修理	辆
其他	
(6)供水供电部门支出	
4. 间接生产费	
5. 其他付费支出	
其中:委托管理费	
清算支出	

(3)折旧摊销

固定资产折旧费、无形资产及其他资产摊销费是项目投资在年度运输成本中的反映,通常采用分类折旧法。

(4)财务费用

财务费用主要包括运营期长期贷款、流动资金贷款和短期贷款利息以及汇兑损益、手续费等其他费用。财务费用是费用化的贷款利息以及汇兑损益、手续费等。

(5)税费

根据规定,铁路运输企业应当缴纳的税费包括增值税、城市维护建设税、教育费附加、地方教育费附加、企业所得税等。税率及计征办法按照国家有关规定执行。

3. 效益估算

运营主体通过铁路建设项目获得的收入包括票款收入、清算收入、多元经营收入、资产处置收入、补贴收入等。

(1)票款收入

票款收入是因铁路项目建设运营主体担当旅客运输取得的票款收入。

$$票款收入=担当车发送周转量\times运价率$$

(2)清算收入

清算收入是其他铁路运输企业使用拟建设项目的资产,例如车站、线路、接触网等,或者接受拟建项目提供的服务,例如旅客服务、上水等,向拟建项目运营主体支付的费用。

清算收入通常包括线路使用费、接触网使用费、售票服务费、车站旅客服务费、旅客列车上水服务费等,见表12.10。

表12.10 清算收入构成及计量标准

项目	工作量指标	备注
线路使用费	列车公里	非担当列车本线通过列车公里
车站旅客服务费	发送人	本线所属车站发送非承运旅客人数
车站上水服务费	通过上水站列次	通过本线所属上水站的非担当列次
售票服务费	客票收入	本线代售客票收入
接触网使用费	通过万总重吨公里	非担当列车本线通过万总重吨公里

(3)资产处置收入

评价期末资产全部按照账面净值处置,扣除应偿还的贷款本息、相关税费后作为资产处置收入。

(4)多元经营收益

多元经营收益是指运营主体利用高铁项目开展多元经营的收益,包括商业广告、旅客服务收入等。

(5)补贴收入

补贴收入是运营主体接受的政府补贴收入、社会捐赠等,应在接受的当年计入收益。

4. 财务评价指标

以项目为主体的财务评价指标,一般均可用于运营主体的财务效益分析。

(1)财务内部收益率

财务内部收益率考察运营主体的综合盈利水平,是考察盈利能力的主要动态指标。财务内部收益率按运营主体和运营主体股东分别计算,计算方法与项目财务评价一致。

运营主体净现金流量包括建设期对项目的投资、运营期自有现金流量、清算期资产处置收入;运营主体股东净现金流量包括股东对运营主体的投资、获得的投资分红以及股权处置收入。

(2)投资回收期

投资回收期是以净收益回收项目投资所需的时间,一般以年为单位,是盈利能力指标。按照是否考虑资金时间价值,分为静态投资回收期和动态投资回收期。运营主体财务评价的投资回收期概念、计算方法与项目财务评价一致。

(3)资产净利率

资产收益率分为总投资收益率、资本金投资收益率、总资产净利率和净资产收益率。其中,总投资收益率、资本金投资收益率采用了项目财务评价的方法,总资产净利率、净资产收益率采用了公司财务分析的方法。

总资产净利率是各年度净利润与总资产的比率，反映了每一元钱创造的净利润，计算公式为

$$ROTA=\frac{NP}{TA}\times 100\%$$

式中 ROTA——总投资净利率；

NP——净利润；

TA——总资产。

净资产收益率，也称权益报酬率，是运营期各年净利润与净资产的比率，反映了每一元钱权益资本创造的净利润，计算公式为

$$RONA=\frac{NP}{NA}\times 100\%$$

式中 RONA——净资产收益率；

NP——净利润；

NA——净资产。

(4)资产负债率

资产负债率是运营主体负债总额与资产总额指标，计算及分析方法同项目财务评价。

(5)利息备付率

利息备付率是运营主体息税前利润与应付利息的比率，计算及分析方法同项目财务评价。

(6)偿债备付率

偿债备付率是运营主体在借款偿还期内，各年可用于还本付息的资金与应还本付息额的比率，计算及分析方法同项目财务评价。

(7)增长率

增长率分析包括收入增长率分析和利润增长率分析。增长率是运营主体收入和净利润的变化趋势，反映了运营主体的成长性。

(8)资本保值率

资本保值率是扣除客观因素影响后各年的所有者权益与项目运营期初净资产总额的比率。

$$CHR=\frac{NA_t}{NA_m}\times 100\%$$

式中 CHR——资本保值率；

NA_t——第 t 年净资产；

NA_m——运营期初净资产。

5. 财务报表

运营主体财务分析报表主要包括现金流量表、利润表、资产负债表等，格式及分析方法同项目财务评价表。

12.2.6 财务可持续分析

高速铁路是重要的基础设施，具有较强的公益属性，一般项目的盈利能力较差，运营主

体的财务效益较差，为保障高铁线路的持续经营，一般需要给予适当支持。

1. 补贴原则

按照补贴达到的效果分类，分为现金流平衡、盈亏平衡和达到预期收益。

(1)现金流平衡

现金流平衡是指评价对象当年产生的现金流入恰好等于当年的现金流出。其中现金流入为运输收入、多元经营收入、追加的资本金投入、债务资金投入等，现金流出为运营成本、追加投资、更新改造投资、税费支出、还本付息等。

当现金收入不足以支付运营成本、资产更新购置、还本付息，且没有资金积累时，则高速铁路无法正常运行。为兼顾高速铁路的公益属性和持续运行，需要申请政府补贴。

(2)盈亏平衡

盈亏平衡是指评价对象当年产生的营业收入恰好等于营业成本。营业收入主要为运输收入、多元经营收入等，营业成本包括运营成本、资产折旧摊销、财务费用等。

当营业收入不足以覆盖营业成本时，则净资产规模降低、项目资本金贬值。为确保权益性投资的保值，政府应当给予适当补贴。

(3)达到预期收益

达到预期收益是指通过外部补贴使得评价对象的盈余水平达到预期收益要求，预期收益的表现形式一般为财务内部收益率。当社会资本参与投资时，一般对投资对象的收益率做出要求。

2. 补贴方式

高速铁路的补贴方式主要包括两种：一种是直接给予现金补贴；另一种是无偿划拨土地，以土地开发收益补贴铁路项目。

(1)现金补贴

现金补贴是按照补贴原则直接给予现金的补贴形式，项目经营主体在收到补贴时，计入营业外收入。项目经营主体获得的补贴收入较为稳定，面临的财务风险较小；政府直接给予补贴，加重了财政负担。

(2)土地补贴

土地补贴是指政府将铁路站点周边土地划拨给铁路运营主体，允许其进行商业开发，以开发收益补贴高铁运营。由于土地开发的收益额存在不确定性，且物业开发收益取得时间并不完全与铁路项目的补贴需求相匹配，铁路项目运营依然面临较大的财务风险。土地补贴方式对地方政府的财政压力较小。

12.2.7 不确定性分析

财务评价中采用的基础数据均为预测值、估算值或统计值，具有一定的不确定性，为了分析这些不确定因素对评价指标的影响，需要进行敏感性分析、盈亏平衡分析。

1. 敏感性分析

敏感性分析是指分析不确定因素发生变化对财务评价指标产生的影响。不确定因素的变化一般为单项，如运量、投资、工期、成本或运价率等发生变化；也可以是以上因素同时变化，如运量减少同时投资增大的最不利情况等。所测算的财务评价指标，一般为财务内部收益率(FIRR),必要时可以测算静态投资回收期和贷款偿还期等指标。

敏感性分析首先分析不确定因素可能发生变化的范围(%),再根据增减的百分数计算相应的经济指标,然后根据以下公式计算敏感度系数:

$$S_{AF}=\frac{\Delta A/A}{\Delta F/F}$$

式中　S_{AF}——敏感度系数;

$\Delta A/A$——评价指标变化率;

$\Delta F/F$——不确定因素变化率。

敏感性分析的结果应用敏感性分析图表示,如图 12.5 所示。

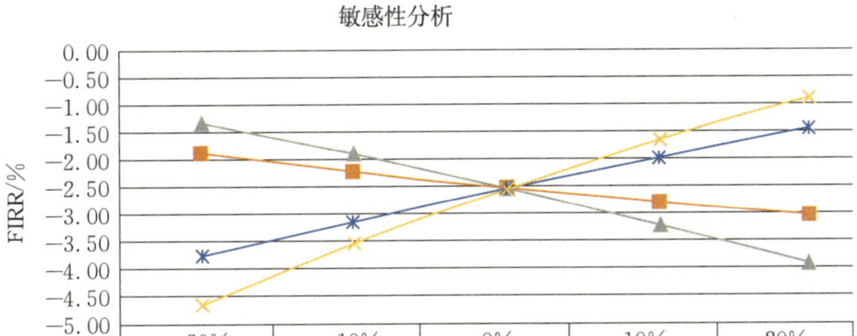

	−20%	−10%	0%	10%	20%
投资	−1.87	−2.22	−2.52	−2.78	−3.01
经营成本	−1.31	−1.89	−2.52	−3.19	−3.91
价格	−4.67	−3.53	−2.52	−1.62	−0.87
运量	−3.76	−3.11	−2.52	−1.97	−1.45

图 12.5　财务内部收益率敏感性分析图

借助敏感性分析图可以做出以下判断:

(1)某项不确定因素增加或减少某个百分数时,相应的财务评价指标值所受到的影响。

(2)敏感性曲线的斜率大,表示该不确定性因素的敏感性强,其变化对经济指标的影响显著,应对其进行较为详细、慎重的测算。

(3)财务基准收益率水平为该不确定因素允许的最大变化幅度,超过该幅度项目在财务上不可行。

2. 盈亏平衡分析

盈亏平衡分析是通过计算盈亏平衡点分析评价对象成本和收益的平衡关系的一种方法,只用于财务分析。盈亏平衡点通常根据正常生产年份的产品产量或销售量、可变成本、固定成本、产品价格和销售税金及附加等数据计算。铁路领域的盈亏平衡分析一般包括盈亏平衡运量(保本周转量)、盈亏平衡运价率(保本运价)两个指标。可根据项目具体情况,选取必要的指标进行分析。

(1)盈亏平衡运量

盈亏平衡运量是在运价率和运营成本费率一定的前提下,评价对象处于盈亏平衡时高铁线路达到的周转量,即运输收入等于运输成本时的周转量,计算公式为

$$M_0=F/[\beta^r(1+r)\times(1-b)-\beta^c]$$

式中　M_0——保本周转量；

F——年固定成本，包括运营固定成本、资产折旧摊销、财务费用；

β^r——收入系数，一般用运价率表示；

r——多元经营收益率，多元收入占运输收入的比值；

b——税率及附加；

β^c——运营可变成本系数，单位周转量的有关成本。

盈亏平衡运量是评价对象净利润为零时的周转量。当预测周转量超过盈亏平衡周转量的幅度越大，则面临的市场风险越小。

(2)盈亏平衡运价率(保本运价)

盈亏平衡运价率是在运量一定的前提下，运输收入等于运输成本时的综合运价率，计算公式为

$$P_t=(Q_t\times C+F_t)/[Q_t\times(1+r)\times(1+b)]$$

式中　P_t——保本运价；

Q_t——高铁项目客运周转量；

C——客运有关成本；

F_t——固定运输成本，包括资产折旧摊销、无关成本、财务费用等；

r——多元经营收益率，多元收入占运输收入比值；

b——税率及附加。

保本运价是评价对象净利润为零时的运价率。测算的保本运价率越低，则高铁运价调整空间越大，面临的市场风险越低。

12.3　经济费用效益分析

12.3.1　基础数据和参数

铁路建设项目经济费用效益分析是从资源合理配置的角度，考察项目所耗费的社会资源以及项目对社会福利所做出的贡献，评价项目的经济合理性。经济分析的着眼点是分析计算铁路建设项目对所有社会成员的经济影响，因此经济分析所涉及的范围是整个社会经济体系，采用经济价格。

不同的铁路建设项目，经济效益和费用的表现形式可能有很大差异。经济费用效益分析时应根据项目的具体特点，从不同的角度入手，用不同的方法，按“有无对比”的原则分析与计算项目的经济费用与效益。高铁开展经济费用效益分析工作主要依据《铁路建设项目经济评价方法与参数》(第三版)来开展工作。

高速铁路建设项目经济费用效益分析一般包含下列过程：

①识别项目的经济费用和效益。

②量化项目的经济费用和效益。

③以统一的货币形式计算经过量化的经济费用和效益。

④编制经济费用效益分析报表，计算各种分析指标，论证项目的经济合理性。

铁路建设项目经济费用效益分析需要的基础数据与参数，主要包括运量及相应的运输服务特性、社会折现率、投入物影子价格及转换系数、各种运输方式的运价及运输成本、时间价值、舒适程度度量与评价以及项目相关路网技术经济属性等。具体如下：

社会折现率：反映的是社会投资的边际收益率，是判断项目经济上是否可行的标准，也是计算项目经济净现值的折现率。铁路建设项目的社会折现率应执行国家有关部门最新统一规定。

影子价格：在经济分析中采用影子价格计算各项投入物的经济价值。铁路建设项目投入一般按机车车辆购置费、运营成本、流动资金、土建工程投资等进行分类，通过测算影子价格换算系数计算它们的经济价值。对于使用外汇的铁路建设项目，需要通过影子汇率换算系数，将实际使用的外汇换算成影子外汇。

运量数据：对运量预测结果，按照诱发运量、转移运量以及正常运量等形式进行分析整理，以便满足项目经济费用效益计算的需要。

技术经济属性数据：铁路建设项目经济费用效益分析涉及大量运输费用节省效益，包括时间节省效益、舒适度提高效益、交通事故减少效益等，这些效益的识别与计算都涉及相关运输设施（包括各种运输方式）的技术经济属性数据。主要包括运营成本费率、运价率、旅客平均占用空间、旅行速度等。

除此之外，铁路建设项目经济费用效益分析中，需要将一些可量化的经济效益货币化，以便于比较和汇总，主要涉及时间节省、环境影响和旅客舒适程度提高效益等，因此还需要研究测定单位时间价值、舒适程度度量指标的单位价值以及环境影响指标的评价等。

12.3.2 效益的识别与计算

铁路建设项目经济效益的识别与计算，应以有关经济理论、基本概念为基础，科学、准确识别铁路建设项目的各种效益，避免错算、漏算和重复计算。

铁路建设项目的经济效益可以分成三类进行识别与计算。

1. 直接效益

直接效益是指由项目转移运量、正常运量和诱发运量通过交通运输市场产生并分布于生产者和消费者的经济效益。

转移运量和正常运量产生的直接效益是指由于铁路建设项目的实施，使转移运量和正常运量的运输服务特性发生了变化，这种变化导致了运输服务的生产者和消费者运输费用的节省，形成项目的直接经济效益。主要表现为旅客旅行时间节省效益、货物运送时间节省效益、运营成本节省效益、旅客舒适程度提高效益、货物运输破损程度降低效益、其他运输费用节省效益、避免投资的效益等。

诱发运量产生的直接效益，是新增运输服务产生的效益，其净值应等于提供这些运输服务的生产者剩余与享受这些运输服务的消费者剩余之和。在诱发运量和转移运量相比相对较小的情况下，可以根据著名的折半法则进行计算，即单位诱发运量的直接经济效益近似等于单位转移运量直接经济效益的二分之一。

2. 间接效益

间接效益是项目在实施过程中对第三方（除运输服务供求方以外）的影响效益，主要包括缓解交通拥挤效益、交通安全事故减少效益、空气质量改善效益、降低噪声影响效益、其他方面的环境影响效益等。

3. 余值效益

项目余值效益主要是在项目计算期以后预期产生的项目资产残余值效益。可通过在财务分析中计算的各种资产残余值基础上，乘以各自的影子价格获得。

12.3.3 费用的识别与计算

工程项目费用主要包括项目的建设投资费用以及项目的系统投资费用。

1. 项目建设投资费用

项目建设投资费用包括土建工程投资、机车车辆购置费以及用于建设期和运营期的流动资金。

2. 系统投资费用

根据费用效益一致原则，纳入的项目系统投资费用与项目经济效益计算方法有关。如果计算了某项经济效益，就必须计算相应的经济费用。计算出的各项系统费用都需要乘以各自的影子价格转换系数转化为经济费用。

12.3.4 分析指标

编制经济费用效益流量表，计算经济内部收益率、经济净现值等经济费用效益分析指标，分析判断项目经济上的合理性。

除此之外，对于特大型高速铁路建设项目，需要进行区域经济影响分析；而对于直接影响国家经济全局的特大型铁路建设项目应进行宏观经济影响分析。

12.4 社会经济影响分析

高铁的社会效益反映高速铁路对经济社会发展的整体性贡献，高速铁路建设及运营对社会经济发展起到重要的推动作用。高铁的社会效益分析需要明确高铁一般的社会效益，同时形成系统的分析体系，对高铁的社会效益进行全面分析。

12.4.1 社会效益

高速铁路建设及运营的社会效益主要包括增加就业、改善民生、改善城市结构、带动经济增长、促进区域协调发展。

1. 增加就业

高速铁路建设及运营的产业链上下游，需要大量的劳动力，能够增加就业机会。

从产业链的角度，高速铁路的建设及运营，即增加直接工作岗位，又围绕产业链衍生出新的工作机会。直接增加的就业人员包括高速铁路建设者、铁路建设材料生产者、机械设备制造者、高速铁路运营维护人员、建设与运营过程中的科研人员等；同时，围绕直接生产人员，衍生出餐饮、住宿、商业等服务性需求。

2. 改善民生

高速铁路能够显著改善民生，改善群众出行体验。同时，让经济欠发达地区的人们更有机会享有发达地区优良的公共资源，有助于实现社会公平和社会公共资源的更有效配置。同时，高速铁路促进了区域交流，有助于改变人们的思想观念，促进民族融合与团结。

3. 改善城市结构

高速铁路有利于大城市功能疏解，中小城市发掘发展潜力、形成自身优势，从整体上改善城市发展结构。

高速铁路缩短了城市之间的距离，使城市群内各城市的关系更加紧密，城市间的通勤时间大大缩短，"时间成本"不再是乘客出行考虑的主要因素，有利于城市间产业的分工与合作、城市规划与基础设施建设的相互协调，促进了城市群、卫星城市等新型城市结构的发展，加快了城市化、一体化进程。

4. 带动经济增长

高速铁路缩短了区域之间的时空距离，产生"集聚效应"。高速铁路的建设和开通运营，促进了人流、物流、信息流得以在更广阔的地区之间更快速、便捷地流动。生产要素在空间上更有效地配置，使生产效率提高；需求和供给在空间上更好地匹配，使交易成本降低。高铁开通对第三产业发展、促进传统产业转型升级、提升旅游业发展水平等都具有显著的推动作用。

5. 促进区域协调发展

高铁对有助于解决地区间经济发展不平衡的问题，高速铁路使得城市与城市之间的联系更加紧密，城市之间、城市群之间的资源流动更加便捷，优势互补效果大大加强，城市边界逐渐被高速铁路打破，中小城市、经济欠发达地区通过高速铁路得到了更多与大型城市、经济发达区域交流的机会，发达地区的经济、技术、人才优势更大范围地向其他地区辐射，高速铁路促进区域间经济一体化。

12.4.2 分析维度及要素

高铁社会效益应从社会、经济、政治三个维度，结合高铁功能定位、区域经济结构及人口结构等因素进行系统性分析。

1. 分析维度

高铁的建设及运营对社会的贡献可以概括为三个基本维度。

(1)社会

社会维度旨在分析高铁对社会发展，包括民生、就业、社会分配、意识形态等方面的影响。

(2)经济

经济维度旨在分析高铁对经济发展、经济结构转型、产业结构升级、社会投资与消费等方面的影响。

(3)政治

政治维度旨在分析高铁对政治稳定、民族团结、国防安全等方面的影响，是高铁社会效益发挥的重要表现形式之一。

2. 分析要素

高铁的社会效益需要考虑以下三个基本要素。

(1)高铁功能定位

功能定位一定程度上反映了项目的辐射服务范围,辐射范围越广,连接的城市及城市群越多,产生的社会效益往往越大。

(2)区域经济结构

高速铁路对于第三产业、高新技术产业的带动作用更加明显。高速铁路主要促进人的流动,旅游产业发达的城市,更容易从高铁建设及运营中获益。

(3)区域人口结构

人口规模、消费结构等是影响社会效益的重要因素。人口规模大、消费支出多的城市,高铁能激发出更多的社会效益。同时,高速铁路有助于各民族之间的交流与融合。

12.4.3 社会效益分析体系

社会效益分析以定性分析为主,结合项目功能定位、区域社会经济发展水平等因素,从促进就业、改善城市结构、带动经济增长、促进区域协调发展的角度进行阐述;同时,基于高速铁路建设前后对社会经济影响的对比分析,结合统计数据可以进行量化分析。

为全面反映高铁的社会效益,可参照表 12.11 所列项目进行社会效益分析。

表 12.11 社会效益分析体系

维　度	项　目	具体影响
社会	地区间合作交流	
	区域出行变化	
	促进就业	
	⋮	
经济	对产业结构影响	
	对经济结构影响	
	国民经济发展	
	⋮	
政治	民族团结与融合	
	对国防事业的影响	
	⋮	

高速铁路建设及运营对社会的贡献是多方面的,从贡献的层次分析,有直接贡献和间接贡献;从贡献的度量分析,有可量化贡献和不可量化贡献;从影响的预见性分析,有目前可预见贡献和不可预见贡献。高铁的社会效益分析,应是系统性、综合性、动态性的分析过程。

12.5 效益综合评价分析

高速铁路在带来直接经营收入的同时,还将推动沿线地区的产业结构升级、城市更新发展和人民生活质量改善。作为节能环保的交通运输方式,高速铁路还具有不可忽略的生态价值。在进行效益评价时，应关注高速铁路带来的综合效益，具体包括财务效益、经济效益和环境效益。

财务效益分析着眼于高铁项目盈利水平的评价，包括以建设项目为对象的财务评价和以运营主体为对象的财务评价。两套评价体系均以评价对象的运营收入和成本为基础，通过测算获得一系列财务指标。前者用于评估高铁项目的财务可行性，后者用于投资者评估项目的投资价值。

经济效益分析着眼于高铁项目对国民经济发展影响的评价，通过估算项目建设运营所消耗的社会资源以及带来的社会总福利的增加，评价项目的经济合理性。

环境效益分析着眼于高铁项目生态价值的评价，具体体现在碳排放、污染物排放、噪声和土地利用等方面的资源节省与环保贡献，一般通过估算平均污染成本的减少进行量化分析。

在实践中，基于综合效益评价开展方案比选可采用以下原则。对于一般经营性高铁项目，以财务效益为主进行方案比选，经济效益和环境效益应符合国家和行业要求。对于非经营性和具有重大战略意义的高铁项目，虽然财务效益偏低，更应该关注其经济效益和环境效益，如果符合国家和行业要求，也应予以认可。

13 专项报告编制

按照国家及行业管理要求，高速铁路建设项目在批复可行性研究、初步设计及施工图时，需要某些专项报告作为批复的支撑性文件，通常称之为支撑性文件。专项报告由项目管理机构(建设单位)委托具备相应资质的单位编制后，由相关管理部门组织对其进行专项审查。专项报告审查意见及批复意见不仅作为国家或行业批复设计文件的支撑性文件，也是勘察设计单位开展下阶段勘察设计工作的重要依据。本章按照目前高速铁路建设管理的有关要求，介绍需要编制的专项报告、各专项报告组成、审查及批复程序要求等。

13.1 概　　述

13.1.1 专项报告编制目的及完成阶段

高速铁路建设项目需要占用土地资源，与沿线自然及人文环境发生干扰，为确保铁路建设及运营的安全、符合国家及地方有关法律法规要求，需要对建设项目所有涉及国家、地方、行业等要求的内容开展专项设计，编制专项报告，报送相应的主管部门审查、批准。

按照目前铁路建设管理办法，前置性文件包括建设项目选址意见书、用地预审报告、社会稳定风险评估报告、节能评估报告、环境影响评价报告、文物保护影响评估报告、水土保持方案报告、防洪影响评价报告、通航论证评估报告、地震安全性评价报告、地质灾害危险性评估报告、压覆矿产资源评估报告等。

截至目前，上述项专项报告，部分需要在可研批复前取得正式批复，作为批复项目建议书和可行性研究报告的重要依据；对项目决策有重大影响的控制点(例如：重大的环境敏感点，跨大江、大河的角度以及桥位方案等)，需要在可研批复前取得行政主管部门的同意，并有结论性意见，具体的批复在初步设计批复前完成即可；还有部分报告对项目决策影响不大，但对建设项目环境影响较大，需要在初步设计批复前完成。各专项报告的批复单位及批复时间见表 13.1。

表 13.1　各专项报告的批复单位及批复时间表

序　号	名　　称	完 成 阶 段	审 批 部 门
1	选址报告书	可研阶段	各省自然资源厅
2	用地预审报告	可研阶段	自然土资源部
3	社会稳定风险分析、评估报告	可研阶段	各省(或地级市)发改委
4	节能报告	可研阶段、初步设计	地方主管、国铁集团
5	环境影响报告书	可研初步结论、初步设计批复	国家环保部或省环保厅

续上表

序　号	名　称	完成阶段	审批部门
6	文物保护影响评估报告	可研初步结论、初步设计批复	省、国家文物局
7	水土保持方案报告	初步设计	国家水利部或省水利厅
8	防洪影响评价报告	可研初步结论、初步设计批复	管委会或省水利厅
9	通航论证评估报告	可研初步结论、初步设计批复	省交通运输厅、港航局
10	地震安全性评价报告	可研初步结论、初步设计批复	国家或省、直辖市地震局
11	地质灾害危险性评估报告	可研初步结论、初步设计批复	专家评审
12	压覆矿产资源评估报告	可研初步结论、初步设计批复	省、直辖市国土厅

2012 年以来，社会稳定风险分析作为可行性研究报告的重要内容设独立篇章；对建设项目用地预审审批，原审批时需要同时上报地质灾害危险性评估和压覆矿产资源评估，2016 年后国土资源部进行了修改，将以上两个评估调整至用地预审审批后完成即可；2017 年 9 月后，环境影响评价和水土保持方案由可研阶段批复的必要条件，调整为初步设计批复的必要条件；2018 年后，环境影响、水土保持、节约能源在项目的可行性研究阶段纳入可行性研究报告的文件组成部分中。

所有的前置性文件的编制应以可行性研究报告（初设审批的前置性文件参考初步设计报告）中的有关内容（如线路走向、运输组织、主要技术标准、主要工程措施、站点布置、工程数量、工程投资等）为分析、评估依据，进行专项设计和评估论证，对可行性研究的建设方案提出修正意见，也为项目的初步设计工作提出指导性原则。

13.1.2　专项设计的意义

1. 促进铁路建设方案稳定

随着国民经济的飞速发展和我国城镇化、工业化水平的提高，铁路建设对自然环境、社会环境的影响越来越大，与城市发展、人民生活的矛盾日益突出，因此与铁路建设方案研究息息相关的环保选线、规划选线的设计理念愈加重要。但正如任何事物都不是一成不变和停滞不前的一样，铁路建设方案在研究确定的过程中，受各种外部因素的影响，特别是铁路建设项目的立项、研究、决策、审批过程较为漫长；可研报告及各前置性文件在编制过程中，地方环保、水利、国土、建设、规划、交通等地方有关部门的人员更迭、政策和技术要求的调整，使得原来已协商、沟通的意见有变化的可能，甚至推倒重来，不但对项目的推进有严重的干扰，也对铁路建设方案的稳定有不可避免的影响。通过开展专项设计及编制专项报告，广泛征集相关方意见、充分论证项目设计方案的唯一性，为稳定项目建设方案提供技术支撑。

2. 加快推进铁路建设项目

铁路建设项目从立项决策、咨询评估、项目建议书批复到可行性研究等阶段，根据建设管理要求，及时完成专项报告编制可有效推进有关管理部门对项目的审查、批复管理等进程。

3. 指导铁路建设方案的优化和完善

专项报告编制过程中深度研究了相关专项与建设环境、国家及地方要求、相关方需求等的影响，其研究成果是项目可研、初步设计阶段编制设计文件的重要输入内容，如节能、环评、水保、社会稳定风险分析等均是可研、初步设计文件的组成部分，其余则直接影响到建设方案的线路走向和工程措施。

从可行性研究文件和初步设计文件编制过程中对建设方案的影响程度考虑，各专项报告的批复或结论性意见对铁路建设方案影响程度不同，详见表 13.2。

表 13.2 各专项报告对铁路建设方案的影响程度

序 号	报 告 名 称	影响建设方案的主要内容	影响程度
1	选址报告书	地方城市规划比较复杂地段，选址对建设方案影响较大；一般项目影响较小	一般
2	用地预审报告	对社会和行业影响较大，对建设方案有一定影响	较大
3	社会稳定风险分析、评估报告	从社会生产生活方面，具有一票否决制的作用	很大
4	节能报告	利用技术手段和投资调整即可实现评估	一般
5	环境影响评价报告	特殊敏感点、控制点的初步结论对线路走向方案有重大影响	很大
6	文物保护影响评估报告	初步结论对线路局部走向有较大影响	较大
7	水土保持方案报告	对建设方案影响较小	一般
8	防洪影响评价报告	跨越大江大河的初步结论对线路走向方案和投资有较大影响	较大
9	通航论证评估报告	利用技术手段和投资调整即可实现评估	一般
10	地震安全性评价报告	利用技术手段和投资调整即可实现评估	一般
11	地质灾害危险性评估报告	特殊地质条件下，对线路走向和建设方案投资影响较大	较大
12	压覆矿产资源评估报告	对社会、行业影响较大，对建设方案投资影响较大	较大

13.1.3 专项设计的流程

各设计阶段需要完成的专项设计编制工作及管理程序如图 13.1 所示。

13.2 可研阶段需完成的专项报告

13.2.1 选址报告书

建设项目规划选址是用地和工程规划许可的前提，是规划实施管理的首要环节。对于以划拨方式提供国有土地使用权的建设项目，铁路建设单位报批项目可行性研究报告时，应

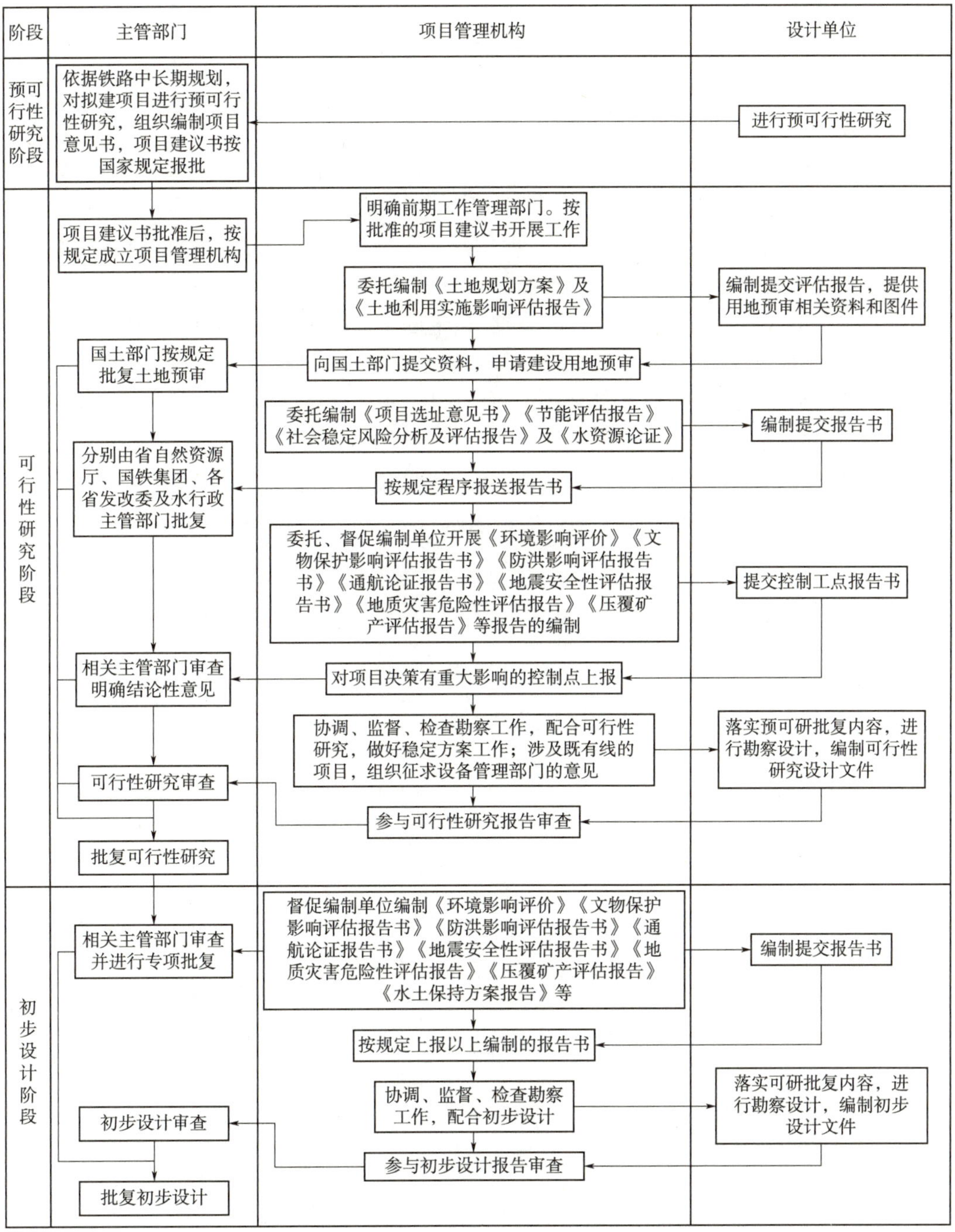

图 13.1 各设计阶段需要完成的专项评估报告内容及管理程序图

当附有城乡规划行政主管部门核发的规划建设意见和选址意见书，方可办理可研审批手续。

1. 编制依据

《中华人民共和国城乡规划法》第三十六条规定："按照国家规定需要有关部门批准或者核准的建设项目，以划拨方式提供国有土地使用权的，建设单位在报送有关部门批准或者核准前，应当向城乡规划主管部门申请核发选址意见书。”该规定明确了城乡规划行政主管部门参与建设项目建议书阶段的选址工作，并提出规划建设意见，参与建设项目可行性研究阶段的选址工作，并核发选址意见书。

2. 编制范围及相关要求

(1)当铁路建设项目跨多个省市时，铁路建设项目规划选址意见书由各省城乡规划主管部门核发，通常需要分别编制、提交建设项目选址论证报告。

(2)选址论证报告由项目建设单位按照国家有关规定，通过招投标或直接委托方式，选择具有城乡规划编制资质的单位进行编制。

项目建设单位按照相关省(自治区、直辖市)建设项目选址规划管理办法的要求，在可行性研究阶段，按规定程序上报项目选址意见申请函，提交《选址论证报告》及相关附件(可行性研究阶段图纸及文件等)，后经省自然资源厅审核，并出具《建设项目选址意见书》。

3. 建设项目规划选址的工作流程

建设项目规划选址一般包括准备阶段、初步方案编制阶段、初步方案确定阶段、方案意见征求阶段、报告编制阶段以及报告评估和完成阶段。具体工作流程详见表 13.3。

表 13.3 规划选址工作流程表

节点工作及所需大概时间	责任单位	工作流程
招标及前期准备	建设单位、招标公司	参与投标
	建设、设计、中标单位	前期准备(收集资料、制定工作方案)
初步方案编制阶段 1～8 d	中标单位	地形图补测
	建设、中标单位	项目拟选址路径通道沿线地形地貌、河流水文、居民点分布等现状踏勘、图纸补勘等
初步方案确定 9～20 d	中标单位	形成初步选址方案
方案意见征求 21～27 d	建设、中标单位	选址方案确定后，选址申请表及相关附图正式征求地方规划主管部门意见，并取得其同意项目建设的意见
报告编制阶段 28～55 d	中标单位	选址申请表附图绘制
	中标单位	选址可行性研究报告编制
	中标单位	报告编制过程中，聘请相关专业专家进行技术咨询
专家审查 56～57 d	建设、设计、中标单位	省内专家，地方专家，会议时间为 1 d
报告修改 58～60 d	中标单位	根据专家意见进行修改
公示批复 61～75 d	建设、中标单位	在省自然资源厅网站上进行为期 10 d 公示
	建设、中标单位	由省自然资源厅出具建设项目选址意见书

4. 项目选址报告书的主要内容

选址报告书重点要明确项目的建设内容、拟选址的位置及用地规模等基本情况；说明项目是否符合城乡总体规划的要求，是否在规划的建设用地范围内，与城乡规划中关于该拟选地块用地性质的安排是否一致；如果项目拟选址周边涉及文物、水源地保护区、风景名胜区等敏感点，还应明确是否符合相关要求。

根据设计单位提供的相关资料，收集到的沿线地区城市总体规划、地方交通、市政配套设施、生活以及环境等规划内容，从项目选址的地理位置和周边环境及要求，交通运输条件及要求，主要选址方案，符合城乡规划的论证，与市政、防灾、能源、交通、通信规划的衔接和协调，与城市公共设施和生活设施配套的衔接和协调，与规划的协调等方面展开论述，并对沿线规划、城建部门提出的意见进行答复。

建设项目选址报告主要内容如下：

(1)建设项目概况；

(2)建设项目选址论证依据；

(3)建设项目与城乡规划布局的衔接与协调；

(4)建设项目与交通规划的衔接与协调；

(5)建设项目与市政公用设施规划的衔接与协调；

(6)建设项目与配套生活设施的衔接与协调；

(7)建设项目与环境保护规划的衔接与协调；

(8)建设项目与城市防灾规划的衔接与协调；

(9)建设项目与城市风景名胜古迹等规划的衔接与协调；

(10)建设项目选址综合论证结论及建议。

选址报告中，还应包括：(1)能清晰准确反映项目拟选位置与周围关系的现势地形图。(2)项目选址根据实际需要选择城市总体规划的土地利用规划图、市域空间利用规划图、镇村布局规划图、基础设施等专项规划图等相关图纸，必要时应附详细规划图纸。

5. 项目选址报告书编制需关注的主要问题及对策

建设项目规划选址涉及的相关方较多，通过总结建设项目实践经验，发现在规划选址过程中以下问题影响着报告书的编制质量，实践中应加以借鉴。

(1)建设项目规划与地方需求有分歧的问题

随着城市化快速发展，城市建设过程中的新要求层出不穷，时常出现建设项目规划不符合地方规划或要求的情况。针对铁路建设项目规划与地方规划及其要求存在矛盾的问题，在项目选址报告书中对选址方案应进行充分的比选与论证，为有关部门审批提供支撑。

(2)相关部门协调的问题

高速铁路建设项目的综合性和专业性都比较强，涉及沿线发改、国土、市政、水利、环保等各相关部门。虽然很多地方都设置行政审批中心，而且有相关单位牵头进行联合实地踏勘，但各相关主管部门都是根据各自法律法规进行审批，常出现与选址意见相左的情况，因此需要报告编制单位配合审批的工作量较大，需结合项目具体要求和突出问题，开展针对性的专题研究，为审批提供支撑。

(3)公众参与问题

建设项目选址的公示是一个不可或缺的程序，报告书中对于涉及公众利益的选址方案，应结合项目具体要求，提出依法合规的论证，并配以必要的技术经济分析，以期得到满意的公参效果。

(4)交通评价缺失问题

车站的选址,在规划选址阶段往往偏重建设项目的用地安排,项目对城市交通设施的需求分析不足,导致高铁项目已经建成使用,而规划的城市道路、交通设施尚未配套,给旅客出行造成不便,社会影响较差。因此在规划选址阶段对于交通配套设施应进行系统性、协调性的分析,提出建设性要求,为审批提供支撑。

13.2.2 用地预审报告

铁路建设项目用地预审,是指国土资源管理部门在铁路建设项目可行性研究报告批复前,依法对建设项目涉及的土地利用事项进行的审查。建设单位是用地预审申报的责任主体,需审批的建设项目在可行性研究阶段,由建设单位对用地预审报告编制工作进行公开招标,负责组织完成用地预审相关工作。

用地预审意见是有关部门审批项目可行性研究报告、核准项目申请报告的必备文件。

1. 编制依据

用地预审报告依据《中华人民共和国国土资源部令》(第 68 号)、《建设项目用地预审管理办法》及其他相关规定的要求进行编制。

2. 编制范围及相关要求

(1)用地预审报告由项目建设单位按照国家有关规定,通过招投标或直接委托方式,选择具有资质的单位进行编制。

(2)建设单位根据国土部门规定及要求,提报申请报告、填报相关表格并提供项目建议书批复和可行性研究报告等文件,其中要重点落实耕地占补平衡方案及基本农田补划方案。

3. 用地预审工作主要流程

铁路建设项目用地预审工作包括前期准备、过程开展和上报审批三个阶段。

(1)前期准备阶段

①建设单位应加强与各级国土部门的沟通和协调,根据国铁集团年度勘察设计计划中的用地预审工作计划,及时制定详细的项目用地预审推进计划。

②根据《自然资源部关于做好占用永久基本农田重大建设项目用地预审的通知》(自然资规〔2018〕3 号)要求,对于高速铁路建设项目,应充分发挥用地预审源头把关作用,高度重视基本农田的占用情况。重大建设项目必须首先依据规划优化选址,避让永久基本农田;确实难以避让的,设计单位应在可行性研究报告中对占用永久基本农田的必要性和占用规模的合理性进行充分的说明和论证。

③设计单位完成可行性研究报告中"土地利用"的设计文件编制,在设计文件中,对项目建设方案、项目用地选址、项目用地规模等重点内容进行深入分析论证,重点阐述项目是否符合土地利用总体规划和行业发展规划,项目线路多方案比选中是否把占用耕地和基本农田的数量作为方案优选的基本指标,项目用地指标是否符合相关规定以及占用基本农田的必要性和合理性等。

设计单位将设计资料及时提供给建设单位,由建设单位将资料提供给中标的编制单位,确保及时开展用地预审工作。

(2)过程开展阶段

项目建议书批复后,建设单位应立即开展用地预审申报推进工作。对一次批复可行性研究报告的项目,建设单位按国铁集团计划安排开展用地预审申报推进工作。对需要加快推进前期工作的项目,可在线路方案基本稳定后,建设单位提前开展用地预审前期准备工作,由编制单位代理组卷报批工作,主要工作包括:

①进行基础资料收集,收集县(区)土地利用变更数据库、土地利用总体规划调整完善数据库及其他相关材料。

②核实项目土地利用总体规划情况,核实项目是否符合县、市或省级土地利用总体规划,如不符合规划需进行规划调整。

③核实土地权属、地类、面积,耕地及基本农田情况,根据用地红线范围图制作出与国土系统相符的图件,随后与当地市县国土局沟通进行数据库比对核量,核实项目用地范围的地类、权属、面积、占用耕地的质量等情况和占用基本农田情况(如占用需核实地类、权属、面积和质量等别情况)。制作项目用地预审报卷报批材料。

④编制报卷材料,并逐级报至省自然资源厅,地方自然资源部门对项目用地规模、规划选址等方面进行初步审核,完成土地利用总体规划调整、耕地占补平衡、征地补偿安置、占用永久基本农田的必要性、合理性和补划方案的可行性等进行踏勘论证,并在用地预审初审中进行实质性审查,举行听证和专家论证会等。

⑤协调省自然资源厅各处室进行汇签并获得用地预审初审意见,后上报材料至自然资源部。

自然资源部相关司局进行预审,应当自受理预审申请或者收到转报材料之日起二十日内,安排部级专家论证,完成用地审查工作,并出具审查意见。

建设项目用地预审文件有效期为三年,自批准之日起计算。已经预审的项目,如需对土地用途、建设项目选址等进行重大调整的,应当重新申请预审。未经预审或者预审未通过的,不得批复可行性研究报告、核准项目申请报告;不得办理供地手续。预审审查的相关内容在建设用地报批时,未发生重大变化的,不再重复审查。

用地预审具体工作流程详见表13.4。

表13.4　用地预审工作流程表

节点工作及所需大概时间	责任单位	工作流程
招标及前期准备	建设单位、招标公司	参与投标
	建设、中标单位	中标后接受委托
	建设、设计、中标单位	前期准备(收集资料、组建工作组、制定工作方案)
收集资料、起函1～3 d	设计、中标单位	数据处理获取用地边界,起草项目简介、申请函、申请表等材料
地方协调会4～8 d	建设、设计、中标单位	协调省或市级国土部门组织召开预审工作协调会
拟用地上图9～11 d	建设、设计、中标单位	协助各县区国土部门将项目拟用地范围在现状图、规划图上定位标注;量算各地类面积、耕地和基本农田面积

续上表

节点工作及所需大概时间	责任单位	工作流程
现场踏勘 12～15 d	建设、设计、中标单位	组织各县区国土部门
	建设、设计、中标单位	进行现场踏勘
编制初步方案 16～35 d	建设、中标单位	组织各县区国土部门编制耕地占补平衡方案和基本农田核销/补划方案(若项目不符合土地总规,还需编制规划调整方案以及规划修改对规划实施影响评估报告)
县级国土部门出具意见 36～40 d	建设、中标单位	协调县区级国土部门出具审查意见
市级国土部门出具意见 41～45 d	建设、中标单位,铁建办	组卷上报市级国土部门,协调出具审查意见
上报省自然资源厅 46～50 d	建设单位、铁建办、设计单位、中标单位、各级国土局	组卷上报省自然资源厅,协助省厅组织踏勘并召开踏勘论证会(若项目突破土地使用标准或无标准参照的,还需开展节地评价,可与踏勘工作一并论证)
省自然资源厅审批 51～65 d	建设、中标单位	协调省级国土部门出具审查意见
上报自然资源部,取得批复 66～90 d	国铁集团,建设、中标单位	组卷上报自然资源部,最终取得预审批复意见

4. 用地预审报告的主要内容

建设项目用地预审报告包括拟建项目的基本情况、拟选址占地情况、拟用地是否符合土地利用总体规划、拟用地面积是否符合土地使用标准、拟用地是否符合供地政策等。具体内容包括:

(1)建设项目概况,包括建设规模、主要技术标准、地形条件、工程起止点、工程数量、路基、桥梁以及隧道进出口的占地情况等。

(2)建设用地数量,包括用地总规模、总用地指标(总体用地数量/线路长度)、土地类别、耕地和基本农田数及所占比例以及路基、桥梁、隧道和车站等各工点占用的耕地和基本农田数量等。

(3)项目建设用地合理性分析论证,包括线路方案比选及用地数量,枢纽、站型布局比选及用地数量,项目总体和路基、桥梁、车站和沿线设施用地,节约集约用地和保护耕地与基本农田的措施,占用永久基本农田的必要性和占用规模的合理性论证以及下一步初步设计中如何进一步优化等。

(4)土地保护,主要包括基本农田补划、耕地踏勘、土地利用总体规划修改方案暨永久基本农田补划、规划修改对土地利用总体规划实施影响评估。

(5)有关部门批准批复的文件,列表附有关部门批准文件的名称、时间及文号。

5. 用地预审报告编制与审批制度需求的结合问题

建设项目用地预审工作流程涉及的管理部门较多，需各级自然资源行政主管部门完成初步审查后，方可上报自然资源部，因此用地预审报告编制单位应结合项目沿线用地特点，提前沟通沿线各个主管部门的审查要求，过程中建设单位应做好协调工作，设计单位做好方案说明、相关数据的提供等配合工作。各单位、部门通力合作，编制合理的用地预审报告结构，适应各级审查需要，以最大限度地压缩审批周期。

13.2.3 社会稳定风险评估报告

社会稳定风险评估，是指与人民群众利益密切相关的重大决策、重要政策、重大改革措施、重大工程建设项目、与社会公共秩序相关的重大活动等重大事项在制定出台、组织实施或审批审核前，对可能影响社会稳定的因素开展系统的调查，科学的预测、分析和评估，制定风险应对策略和预案，有效规避、预防、控制重大事项实施过程中可能产生的社会稳定风险，更好地确保重大事项顺利实施。

1. 编制依据

影响社会稳定的主要风险因素有项目建设方案、建设用地征地拆迁补偿、环境保护、文物保护、交通影响、三电管线拆改、施工措施及对沿线生产生活的其他影响等。针对以上影响因素，依据《国家发展改革委重大固定资产投资项目社会稳定风险评估暂行办法的通知》(发改投资〔2012〕2492 号)及其他相关规定，编制社会稳定风险分析和评估报告。

2. 编制范围及相关要求

(1)建设单位首先委托有资质的单位编制社会稳定风险分析报告，后委托有资质的单位针对分析报告编制评估报告。

(2)长大项目的社会稳定风险分析报告原则上应分省或直辖市进行编写，报告编制应当遵循社会稳定风险分析的程序，开展风险调查、风险因素识别和风险估计，研究提出风险防范和化解的措施，估计落实措施后的风险等级，明确提出能作为开展拟建项目社会稳定风险评估工作重要依据的分析结论。

(3)社会稳定分析报告完成后提交建设单位，由项目所在地人民政府或其有关部门指定的评估主体组织对项目单位做出的社会稳定风险分析开展评估论证，分析判断并确定风险等级，提出社会稳定风险评估报告。

(4)国务院有关部门、省级发展改革部门、中央管理企业在向国家发展改革委报送项目可行性研究报告、项目申请报告的申报文件中，应当包含对该项目社会稳定风险评估报告的意见，并附社会稳定风险评估报告。

3. 社会稳定风险评估的工作流程

(1)社会稳定风险分析

社会稳定风险分析一般包括准备阶段、调研阶段、报告编制阶段以及报告评估和完成阶段。具体工作流程详见表 13.5。

表 13.5 社会稳定风险分析主要流程表

<table>
<tr><th>节点工作及所需大概时间</th><th>责 任 单 位</th><th colspan="2">主 要 工 作 流 程</th></tr>
<tr><td rowspan="3">启动前期</td><td>建设单位、招标公司</td><td colspan="2">参与投标或邀标</td></tr>
<tr><td>建设、中标单位</td><td colspan="2">中标后接受委托</td></tr>
<tr><td>建设、设计、中标单位，政府主管部门</td><td colspan="2">前期准备(搜集资料、铁路与政府沟通，等待政府牵头单位的确定)牵头单位组织启动协调会</td></tr>
<tr><td rowspan="4">准备阶段 1～9 d</td><td>建设、设计、中标单位</td><td>组建项目组</td><td>选择合适专家、技术骨干，成立评估工作项目组</td></tr>
<tr><td>建设、中标单位，政府主管部门</td><td>制定工作方案</td><td>结合项目特点、敏感点及时间要求，制定评估工作方案</td></tr>
<tr><td>建设、设计、中标单位，政府主管部门</td><td>搜集、研究相关资料</td><td>搜集并研究本项目稳评工作相关的资料文件，设计问卷</td></tr>
<tr><td>建设、中标单位，政府主管部门</td><td>项目报备(重要节点)</td><td>走访维稳主管部门</td></tr>
<tr><td rowspan="5">调研沟通阶段 10～37 d</td><td rowspan="5">建设、设计、中标单位，政府主管部门，县(区)、乡镇政府，群众代表</td><td rowspan="5">现场调研(重要节点)</td><td>公示公告：在报纸、政府网站及现场同步进行评估公示公告</td></tr>
<tr><td>现场踏勘</td></tr>
<tr><td>职能部门访谈：发改、信访、规划、国土等部门相关代表</td></tr>
<tr><td>乡镇座谈会：邀请乡镇、村领导，群众，企业代表参加座谈会</td></tr>
<tr><td>问卷调查：向利益相关者作问卷调查</td></tr>
<tr><td rowspan="7">报告编制阶段 37～52 d</td><td>建设、设计、中标单位</td><td rowspan="6">报告编制(风险分析、识别、估计、措施，自评)</td><td>项目基本情况</td></tr>
<tr><td>建设、中标单位，政府主管部门及相关部门，基层政府，专家，群众代表</td><td>风险调查统计与分析</td></tr>
<tr><td>中标、建设单位</td><td>风险识别与估计</td></tr>
<tr><td>中标、建设单位，基层政府</td><td>风险防范化解措施</td></tr>
<tr><td>中标单位、专家</td><td>专家论证</td></tr>
<tr><td>中标单位、专家</td><td>修改、形成初步评估结论</td></tr>
<tr><td>中标单位、专家</td><td>报告审核及出版</td><td>报告三级审核</td></tr>
<tr><td>报告评估阶段</td><td>建设、中标单位，政府主管部门，专家，群众代表</td><td colspan="2">报告评估准备及评审(踏勘现场、评估论证、报告修改，重要节点)</td></tr>
<tr><td>报告完成阶段</td><td>建设、中标单位，政府主管部门</td><td colspan="2">修改后的《分析报告》在《评估报告》评审会上汇报</td></tr>
</table>

(2)社会稳定风险评估

社会稳定风险评估一般包括准备阶段、调研沟通阶段、报告编制阶段以及报告评审和完成阶段。具体工作流程详见表13.6。

表13.6 社会稳定风险评估主要流程表

节点工作及所需大概时间	责任单位	主要工作流程	
启动前期	建设单位、招标公司	参与投标或邀标	
	建设、中标单位	中标后接受委托	
	建设、设计、中标单位，政府主管部门	前期准备(搜集资料、铁路与政府沟通，等待政府牵头单位的确定)牵头单位组织启动协调会	
准备阶段1～9 d	建设、设计、中标单位	组建项目组	选择合适专家、技术骨干，成立评估工作项目组
	建设、中标单位，政府主管部门	制定工作方案	结合项目特点、敏感点及时间要求，制定评估工作方案
	建设、设计、中标单位，政府主管部门	搜集、研究相关资料	搜集并研究本项目稳评工作相关的资料文件，设计问卷
	建设、中标单位，政府主管部门	项目报备(重要节点)	走访维稳主管部门
调研沟通阶段10～30 d	建设、设计、中标单位，政府主管部门，县(区)、乡镇政府，群众代表	现场调研(重要节点)	公示公告:在报纸、政府网站及现场同步进行评估公示公告
			现场踏勘
			职能部门访谈:发改、信访、规划、国土等部门相关代表
			乡镇座谈会:邀请乡镇、村领导、群众、企业代表参加座谈会
			问卷调查:向利益相关者作问卷调查
报告编制阶段31～48 d	建设、设计、中标单位	报告编制(风险分析、识别、估计、措施，自评)	项目基本情况
	建设、中标单位，政府主管部门及相关部门，基层政府，专家，群众代表		风险调查统计与分析
	中标、建设单位		风险识别与估计
	中标、建设单位，基层政府		风险防范化解措施
	中标单位、专家		专家论证
	中标单位、专家		修改、形成初步评估结论
	中标单位、专家	报告审核及出版	报告三级审核

续上表

节点工作及所需大概时间	责任单位	主要工作流程
报告评审阶段	建设、中标单位，政府主管部门，专家，群众代表	报告评审准备及评审（踏勘现场、评估论证、报告修改，重要节点）
报告完成阶段	建设、中标单位，政府主管部门	报告到县区或市级备案，需市级政府出具结论意见

4. 社会稳定风险分析及评估报告的主要内容

(1)社会稳定风险分析报告主要内容

报告的主要内容包括风险分析概述、编制依据、项目概况、风险因素影响及分析、风险防范措施、风险分析结论等。

(2)社会稳定风险评估报告主要内容

评估主体应在对社会稳定风险分析报告整体把握的基础上，采取多种方式听取各方面意见，分析判断并确定风险等级，提出社会稳定风险评估报告。

评估报告的主要内容包括项目建设实施的合法性、合理性、可行性、可控性，可能引发的社会稳定风险，各方面意见及其采纳情况，风险评估结论和对策建议，风险防范和化解措施以及应急处置预案等内容。

5. 社会稳定风险评估与环境影响评价相协调的问题

高铁建设项目对周边群众生活环境的影响及群众的诉求是社会稳定风险评估工作的重点内容，与环境影响评价工作中的相关内容应同步、协调地开展，可将环评和稳评中的公众参与机制融合，统筹开展，公参结果共享，既可避免工作重复投入，也可减少意见分歧现象。在遵守法律法规、规程规范的前提下，结合建设项目特点及沿线实际，充分识别风险因素，合理判识初始风险等级，提出技术经济合理的措施，为项目实施打好基础。

13.2.4 节能报告

节能报告是指根据节能法规、标准，对固定资产投资项目的能源利用是否科学合理进行分析评估，并编制节能评估报告书、节能评估报告表或填写节能登记表的行为。建设单位应按照国家或国铁集团要求，在可行性研究阶段或初步设计阶段，按规定程序上报节能报告并取得评审意见，作为项目可研或初步设计批复要件之一。

1. 编制依据

节能报告依据《固定资产投资项目节能审查办法》（国家发展改革委令 2016 年第 44 号）、《铁路建设项目节能评审管理办法》（铁总发改〔2017〕272 号）及其他相关规定进行编制。

2. 编制范围及相关要求

(1)节能报告由项目建设单位按照国家有关规定，通过招投标或直接委托方式，选择具有资质的单位进行编制。

(2)需要上报国家批复的铁路建设项目，建设单位应将节能报告上报国铁集团节能主管部门进行行业审查；需要上报国铁集团批复的铁路建设项目，建设单位应将节能评估报告上报相应路局的节能主管部门进行行业审查后再上报国铁集团进行备案。

3. 节能报告编制的主要工作流程

节能报告编制工作一般包括准备阶段、报告编制阶段、报告编制审核阶段以及报告评审、批复阶段。具体工作流程详见表13.7。

表13.7 节能报告编制主要工作流程表

节点工作及所需大概时间	主要工作流程	主审部门
准备阶段(0～7 d)	1～2 d,收集项目前期文件,编制人员熟悉项目情况 3～4 d,收集项目所在地有关情况、能源数据,编写相关章节 5 d,沿线车站能源调查 6～7 d,调查区域内类似铁路能耗情况	中标单位
报告编制阶段(8～23 d)	8 d,召开技术会议,对报告编制的关键性问题进行讨论、落实 9 d,各专业提供节能评估用材料,包括文件、图纸、用能设备表 10～20 d,各参编人员按照分工进行牵引能耗计算、辅助生产设备能耗计算、分专题建设方案及设备评估、项目节能措施评估、项目能效水平分析 21～23 d,汇总各篇章专题,形成报告初稿	中标单位
报告编制审核阶段(24～31 d)	报告经过各级审核、修改,打印装订上报文件	中标单位
国铁集团审查修改(32～43 d)	国铁集团召开内审会,中标单位根据内审意见修改完成报告	评审机构
终稿上报,等待批复(44～60 d)	根据评审机构安排,评审机构形成评审报告,与节能评估报告终稿一同上报,等待评审主管部门审查意见下达	评审机构

4. 节能报告主要内容

节能报告应包括评估范围和内容,建设项目用能情况(含用能系统及设备选择,能源消耗种类、数量及能源使用分布情况),能源供应情况分析(含能源供应条件及消费情况,能源消费对区域能源消费的影响),项目建设方案节能评估,能源消耗及能效水平评估,节能的技术、管理、效果、经济性评估等,并对存在问题提出建议。

节能报告主要内容包括:

(1)项目评价依据;

(2)项目概况介绍;

(3)项目建设方案的节能分析和比选,包括线路方案比选、车站选址和总平面布置、生产工艺、用能工艺、用能设备和能源计量器具等方面;

(4)选取节能效果好、技术经济可行的节能技术和管理措施;

(5)项目能源消费量、消费结构、能源效率等方面的分析;

(6)对所在地完成能源消耗总量和强度控制目标、煤炭消费减量替代目标的影响方面的分析评价。

5. 节能措施落实的建议

设计单位应根据节能报告评审和批复意见修改项目设计文件和建设方案。同时为监督落实节能措施与建设项目主体工程同时投产使用的要求，节能主管部门和建设管理部门应联合制定、完善《建设项目竣工节能验收管理办法》，对验收标准规范、规程、检验评定标准、验收条件等进行明确。

13.3 其他专项报告

13.3.1 环境影响报告书

建设项目环境影响评价，是指根据环境保护法律、法规、标准，对建设项目的环境影响进行分析、预测和评价，提出预防或减轻不良环境影响的对策或措施，并编制环境影响报告书的行为。建设单位负责组织编制环境影响报告书并在项目开工前取得主管部门的批复。

1. 编制依据

环境影响报告书依据《中华人民共和国环境影响评价法》《国务院关于修改〈建设项目环境保护管理条例〉的决定》(国务院第 682 号令)和其他相关规定进行编制。

2. 编制范围及相关要求

(1)新建铁路、增建铁路 100 km 以上，既有铁路电气化改造 200 km 以上，新改扩建大型铁路枢纽或涉及环境敏感区的建设项目，需编制环境影响报告书；既有铁路提速扩能及其他项目编制环境影响报告表或登记表。

(2)跨省、自治区、直辖市行政区域的铁路建设项目和国务院审批的或者国务院授权有关部门审批的铁路建设项目由国家环境保护行政主管部门进行审批；其他铁路项目由地方环境保护行政主管部门负责审批，其环境影响报告书(表)由建设单位审查并向国铁集团环境保护主管部门备案后报地方环境保护行政主管部门审批。

建设项目环境影响评价文件及环境保护行政主管部门批复意见是建设项目审批、核准、开工建设的必要条件以及设计、施工和竣工验收的重要依据。

3. 环境影响评价工作的主要流程

环境影响评价工作一般分为三个阶段，即调查分析和工作方案制定阶段，分析论证和预测评价阶段，环境影响报告书(表)编制阶段。具体流程如图 13.2 所示。

4. 环境影响报告书主要内容

建设项目环境影响报告书从生态环境、噪声与振动环境、电磁环境、水环境、大气环境、固体废弃物和社会环境 7 个方面进行分析，主要包括以下内容：

(1)建设项目概况。

(2)建设项目周围环境现状。

(3)建设项目对环境可能造成影响的分析、预测和评估。

(4)建设项目环境保护措施及其技术、经济论证。

(5)建设项目对环境影响的经济损益分析。

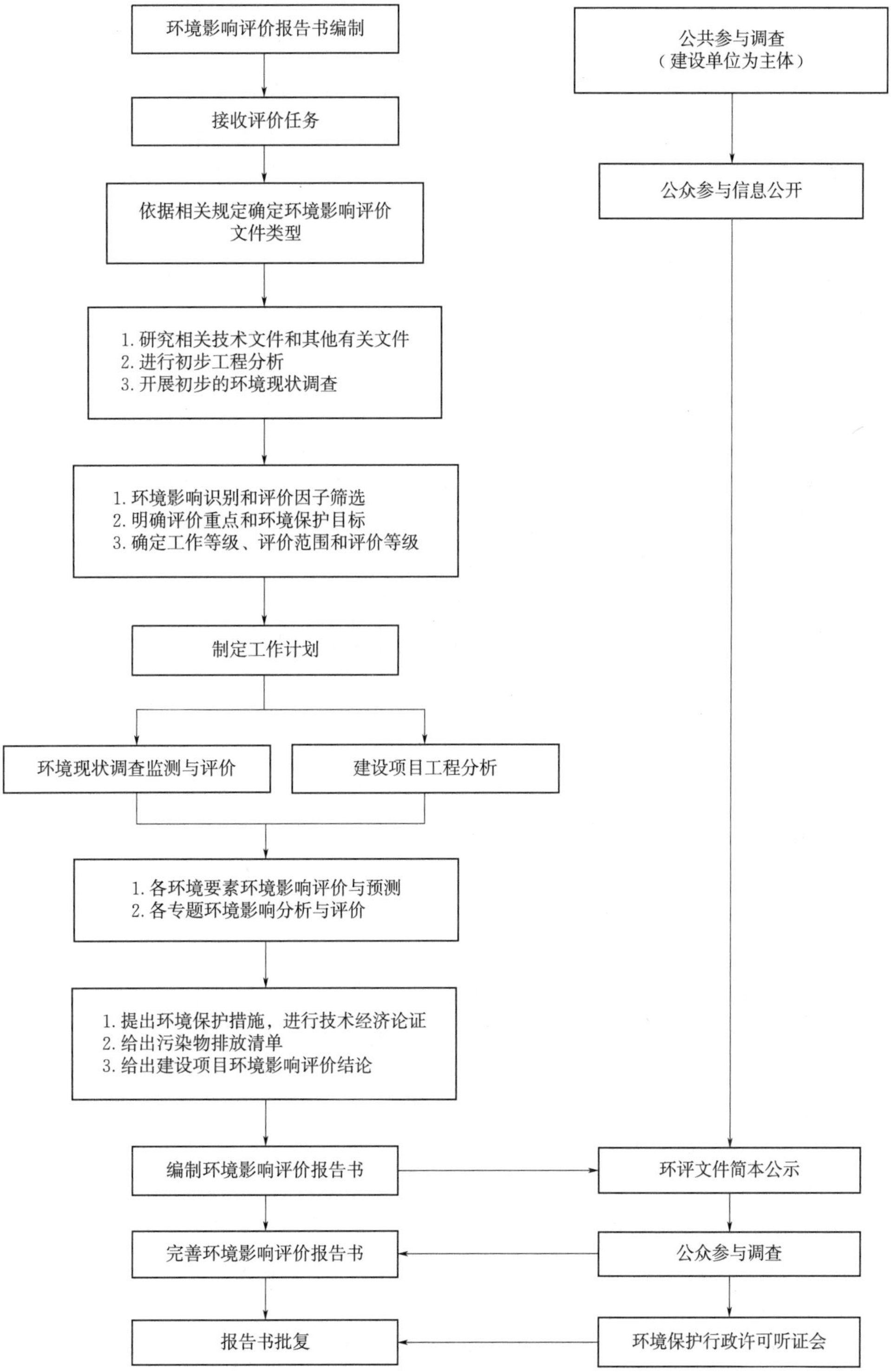

图 13.2 环境影响评价工作主要流程图

(6)对建设项目实施环境监测的建议。

(7)环境影响评价的结论。

5. 环境影响评估方案变更的规定

建设项目若按照环评报告书批复方案实施，即可满足后期环保验收管理要求。若在批复后实施过程中，在建设项目规模、线路方案、车站选址、生产工艺和环保措施等发生重大变化的，建设单位应当补充或者修改环境影响评估报告方案，报行政主管部门进行审批。对于重大变化的界定应遵守国家及行业主管部门的相关规定。

13.3.2 文物保护影响评估报告

文物保护的工作方针为“保护为主、抢救第一、合理利用、加强管理”。铁路建设项目首先应做好文物的保护工作，不得危害到沿线文物的安全。文物保护影响评估及批复，作为项目审批、核准、开工建设的前置条件，也是项目设计、施工和竣工验收的重要依据。

1. 编制依据

文物保护影响评估报告根据文物保护相关法律条文和相关规定的要求进行编制。

2. 编制范围及相关要求

(1)对于经初步调查，工程沿线文物分布较多的铁路建设项目，在开工前应由建设单位委托具有相应资质的文物普查单位对建设项目及其邻近影响范围进行文物普查，编制本项目的《文物普查报告》，基本掌握工程沿线的文物分布状况，并将普查报告上报省文物局，由省文物局对报告进行审查，并出具审查意见。

(2)对于沿线与线路走向有交叉、跨越关系的省级及以上重点文物，建设单位应先向文物主管部门申请，由文物主管部门组织考古或文物保护工程资质单位对涉及的保护单位进行考古调查和勘察等工作，并据此编制文物影响评估报告。其中，省级文物影响评估报告由省文物局进行批复；国家级文物影响评估报告由省文物局进行初审，后报国家文物局进行审批。文物主管部门对省级以上重点文物的审批意见对线路方案有重要影响。

3. 文物保护影响评估的主要流程

在前期设计阶段，设计单位经过沿线调查、向地方文物部门收集资料，初步掌握沿线重点文物的位置。在设计时，严格坚持避让国家已确认重要文物的原则进行选线，因特殊情况不能避让的，采取相应的工程措施减少对文物单位的影响。

文物保护影响评估的主要流程如下：

(1)建设单位通过招标确定承担文物影响评估工作的文物保护单位，中标单位按要求开展文物调查、评估报告编制等工作。

(2)设计单位提供设计文件、线路走向、与文物交叉跨越的具体设计图纸等相关资料。

(3)编制单位进行现场考古调查，核实现场交叉跨越方案，收集并核实准确的文物保护范围和建设控制地带。

(4)依据地方文物保护单位对文物的保护要求、文物的保护区划以及相关规定、要求，对铁路建设项目进行客观、全面的评价，通过资料分析、现场调研，参照铁路建设相关要求，评估铁路建设项目对文物及环境的影响，并提出针对性的工程实施建议，把对文物的影响和干扰降到最低。

(5)编制完成文物保护影响报告,并附带文物保护单位的区位图、保护范围和建设控制地带图、总平面图、平面图、立面图、剖面图、结构平面图、详图等,共同提交建设单位,后由建设单位上报省文物局进行审批,若为国家级重点文物,应由省文物局预审后,上报国家文物局进行审批。

(6)铁路建设项目在文物保护评估审批后,设计方案发生变化,应及时通知批复单位,需要重新上报审批。

4. 文物保护影响评估报告的主要内容

对省级及以上重点文物进行文物影响评估,重点评估建设项目的必要性、可行性、符合性以及对文保单位本体和赋存环境的影响状况,并得出客观公正的评估结论,在此基础上,提出减小影响的工程实施建议或调整方案。其主要内容如下:

(1)建设项目工程概况;

(2)涉及的文物保护单位概况、现状、保护要求等;

(3)工程施工或运营期间可能对文物保护单位文物本体和环境风貌产生的影响;

(4)现场勘查与分析;

(5)政策法规符合性评估;

(6)文物本体影响评估;

(7)赋存环境影响评估;

(8)评估结论及实施建议。

5. 实施建议的可操作性问题

文物保护工作目的,是制止对文化遗产的人为损伤和破坏,使文物所承载的历史文化信息真实长久地传递下去。当文物保护与工程建设之间存在着一定的矛盾时,应该在保护好文物的前提下,合理进行工程建设,通过采取各种政策和措施,尽量消除对文物保护的负面影响,利用基础建设来推动文物古迹旅游事业的发展,从而促进文物保护工作。

铁路建设工程,应尽量减少对地表的扰动,避免设置取弃土场、弃渣场、施工营地等,将文物的损失降到最低限度。

13.3.3　水土保持方案报告

水土保持方案编制,是指根据水土保持法律、法规、标准,对项目可能造成的水土流失进行分析、预测,提出预防措施,编制水土保持方案的行为。建设项目水土保持方案报告及其批复,是项目审批、核准、开工建设的前置条件以及项目设计、施工和竣工验收的重要依据。

1. 编制依据

水土保持方案报告根据《中华人民共和国水土保持法》《生产建设项目水土保持技术标准》(GB 50433)及相关法律法规和其他相关规定进行编制。

2. 编制范围及相关要求

(1)需要编制水土保持方案的建设项目是指在山区、丘陵区、风沙区以及水土保持规划确定的容易发生水土流失的其他区域涉及挖填土石方、扰动地表、损坏植被的建设项目。

(2)由国务院审批或跨省的铁路建设项目,水土保持方案应报国家水行政主管部门审批;不跨省的铁路建设项目由所在省水行政主管部门审批(图 13.3)。

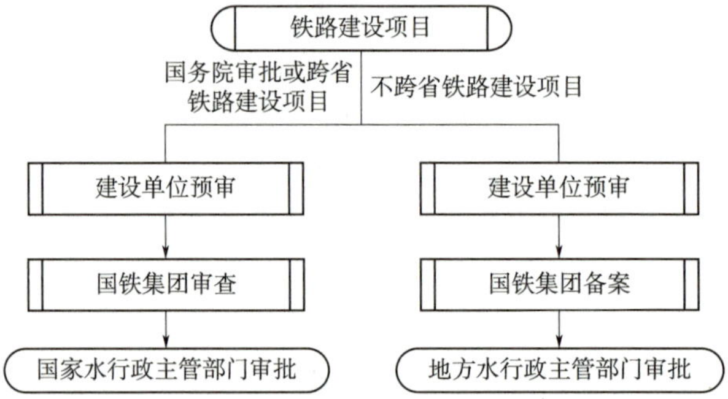

图 13.3 铁路建设项目水土保持方案报告书审批部门及报批流程图

3. 水土保持评估工作的主要流程

项目建设单位按规定开展水土保持方案招标，确定中标单位，中标单位按要求开展水土保持方案编制等工作，由水利部或省水利厅根据水土保持法律、法规、标准，对项目水土保持方案进行审查、批复。具体流程(由国务院审批或跨省铁路建设项目)如图 13.4 所示。

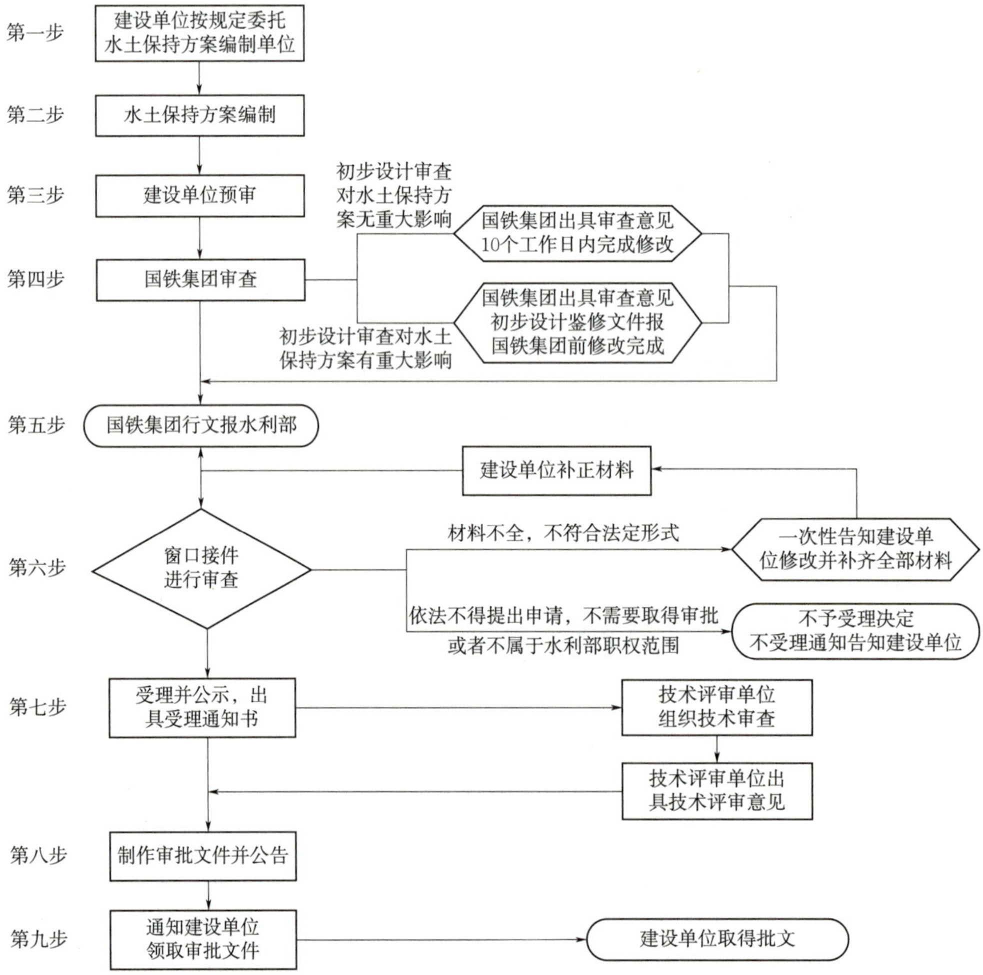

图 13.4 水土保持评估主要流程图

4. 水土保持方案报告的主要内容

建设项目水土保持方案报告书、报告表的内容和格式应当符合《生产建设项目水土保持技术标准》(GB 50433)和有关规定。编制单位通过对项目建设方案的基本分析,对所在地的水土流失重点防治区进行划分,明确防治责任范围,对项目水土流失进行预测,根据预测结果提出水土保持措施及总体布局、水土保持监测内容和方法、水土保持方案实施的保证措施,进行水土保持生态效益分析,并对水土保持设施后续管理提出建议。建设项目水土保持方案报告应包括下列内容:

(1)建设项目概况和项目所在区域概况;

(2)主体工程水土保持评价和水土流失预测;

(3)水土流失防治责任范围和防治分区;

(4)水土流失防治目标、防治措施、水土保持监测;

(5)投资估算和效益分析;

(6)水土保持管理。

5. 水土保持方案变更的规定

建设项目若按照水土保持批复方案实施,即可满足后期水土保持措施验收管理要求。若在批复后或者水土方案实施过程中,水土保持措施发生重大变化的,建设单位应当补充或者修改水土保持方案,报行政主管部门进行审批。对于水土保持措施重大变化的界定,应遵守国家及行业主管部门的相关规定要求。

13.3.4 防洪影响评价报告

为尽可能避免铁路建设项目桥梁工程对河段防洪的影响,满足地区防洪要求,铁路项目建设单位须向水行政主管部门提供防洪影响评价报告,并在项目初步设计批复前,由水行政主管部门出具具体的审批意见。

1. 编制依据

防洪影响评价报告应根据《中华人民共和国水法》《中华人民共和国防洪法》《中华人民共和国河道管理条例》《河道管理范围内建设项目管理的有关规定》等法律条文及相关规定进行编制。

2. 编制范围及相关要求

(1)对于河道管理范围内的建设项目,建设单位通过招投标或直接委托方式,选择有资质的单位编制防洪影响评价。

(2)当线路跨越重大河道,跨越的位置、角度等会对铁路建设项目的线位走向有重大影响时,为了保证铁路建设项目方案的稳定性,需要在可行性研究报告批复前,由主管河道的水行政主管部门给出结论性意见。整个防洪评价报告应在项目初步设计批复前,由水行政主管部门出具审批意见。

3. 防洪影响评价报告编制的主要工作流程

我国目前有黄河、长江、辽河、海河、淮河、松花江、珠江等七大水系,各大水系均由水利部直属的相应水利委员会(管理局)进行管理,而分布于各省区的分支水系则由水利厅及下属单位进行管理。编制的防洪影响评价报告的审批也视所评价的河流,由归属管理单位组织评审。

防洪影响评价报告编制的主要工作流程如图 13.5 所示。

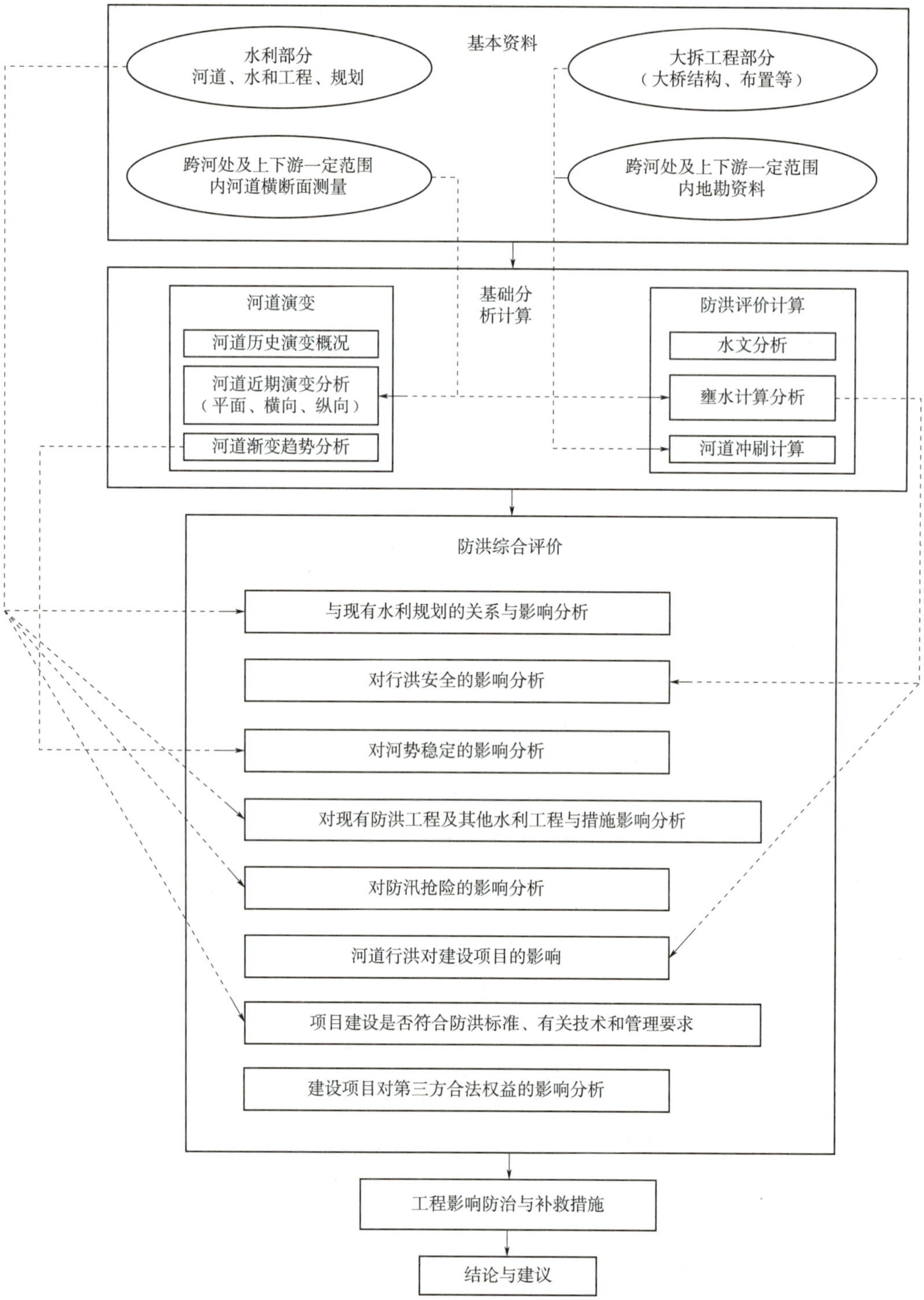

图 13.5　防洪影响评价报告编制的主要工作流程图

4. 防洪影响评价报告的主要内容

防洪影响评价报告主要对项目涉及的跨河工程(包括建设规模、结构形式、防洪标准等)及所在河段的河道基本情况(含河道概况、水文、泥沙、气象特征、河道地质情况、现有防洪标准、洪峰水位等)进行论述,并对河道演变情况和趋势进行分析,通过水文分析计算、壅水分析计算、冲刷与淤积分析计算、河势影响分析计算、排涝影响分析计算进行防洪综合评价,提出防治与补救措施。具体内容包括:

(1)项目概况(项目背景、项目地理位置、总体建设内容、项目前期工作概况)。

(2)评价依据(主要法律及法规、防洪评价技术标准、技术路线及工作内容)。

(3)建设项目概况(建设项目名称、总体线路走向、项目建设目的、跨河段桥梁概况)。

(4)河道基本情况(水系和河道情况、水文气象、地形地貌、地质情况、社会经济)。

(5)现有水利工程及其他设施、河道规划及实施情况。

(6)防洪评价计算(防洪标准、洪峰流量、洪水位计算、桥梁建设对河道行洪影响计算、洪水对桥梁的影响计算)。

(7)防洪综合评价(项目建设与有关规划的关系及影响分析,与现有防洪标准、有关技术要求和管理要求的适应性分析,与防洪标准的适应性分析,与有关技术要求和管理要求的适应性分析,对河道行洪的影响分析,对河势稳定的影响分析,对河道堤防的影响分析,对防汛抢险的影响分析,对第三人水事权益的影响分析,洪水对项目建设的影响)。

(8)防治与补救措施(桥梁建设对河道影响的补救措施、桥梁施工期对河道行洪影响的补救措施、洪水对桥梁影响的补救措施)。

(9)结论与建议。

13.3.5 通航论证评估报告

通航安全影响论证是开展涉水工程建设前期工作的重要阶段,是涉水工程获得立项审批的必备条件。通航安全影响论证对涉水工程建设是否对通航安全造成影响进行初步判断,在对涉水工程建设条件进行调查研究和必要的勘察、科学实验的基础上,依据航运发展规划、港口发展规划、船舶交通现状,分析通航安全形势,预测船舶交通流变化和通航环境、通航秩序适应能力,论证涉水工程建设带来的通航安全风险及其发生概率、通航安全保障能力、涉水工程建设的可行性以及保障通航安全的可行性建议。

1. 编制依据

通航论证评估报告依据交通运输部《中华人民共和国水上水下活动通航安全管理规定》(交通运输部令 2019 年第 2 号)等相关法律条文和规定的要求进行编制。

2. 编制范围及相关要求

(1)为了保证铁路建设项目方案的稳定性,建设单位通过招投标或直接委托方式,选择有资质的单位编制通航论证评估报告。

(2)对于铁路建设项目跨越有通航要求的重大河道,需要在可行性研究报告批复前,由当地海事管理机构给出结论性意见,最终的通航论证报告应在项目初步设计批复前,由当地海事管理机构出具具体的审批意见。

3. 通航论证评估的主要工作流程

论证与评估工作应由建设单位委托具有资质的单位开展,并编制《通航安全影响论证报告》或《通航安全评估报告》。论证与评估单位应在接受委托后 7 个工作日内向当地海事管理机构报备。

通航论证评估的主要工作流程如图 13.6 所示。

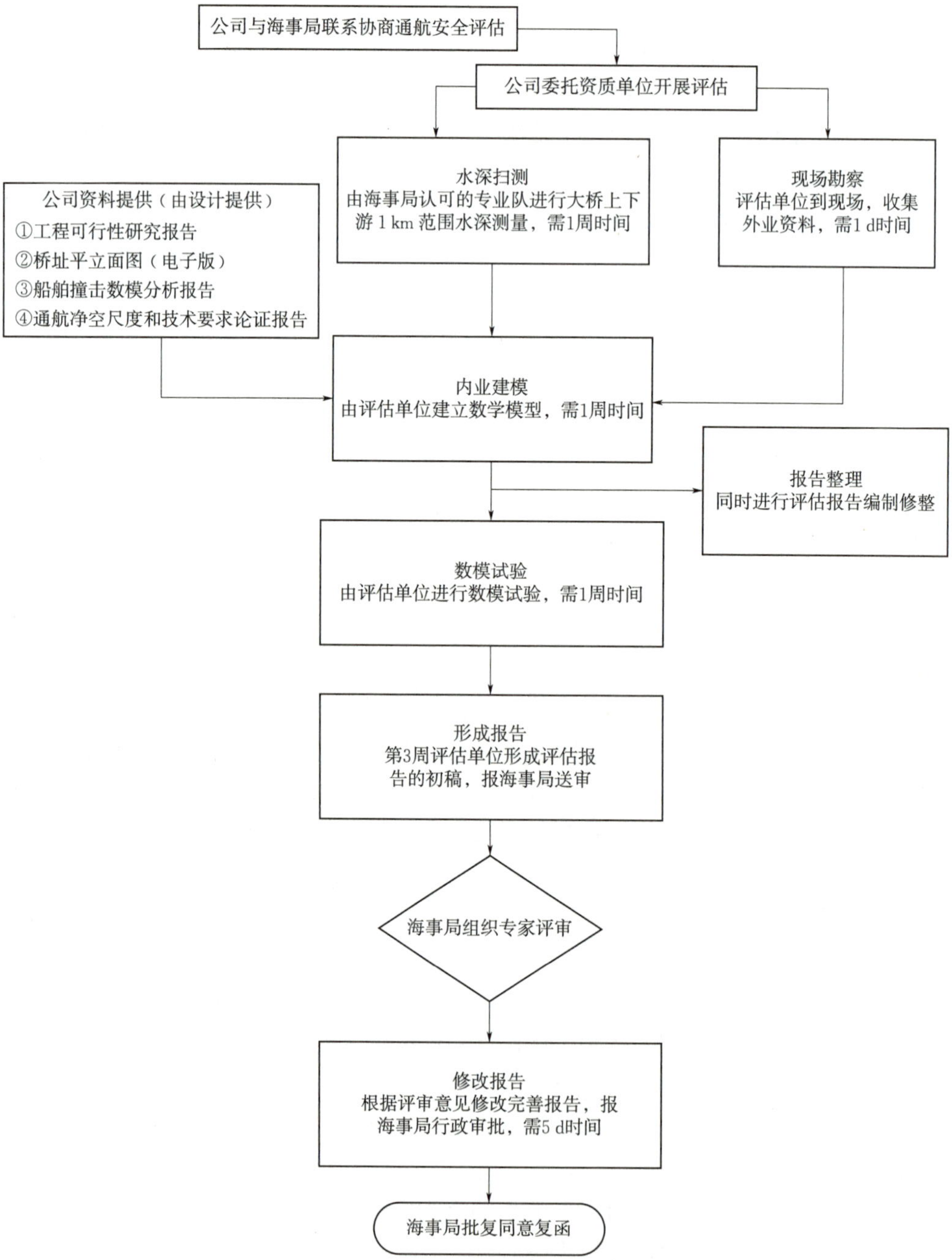

图 13.6 通航论证评估主要工作流程图

4. 通航论证评估报告的主要内容

通航论证评估报告着重于对跨越通航河流的工程在安全影响方面的评价。主要包含涉水工程的合理性、可行性分析，通航环境分析（含气象、水文、地质地貌分析），涉水工程对通航安全的影响分析，涉水工程对交通组织的影响分析，涉水活动水域通航风险分析，并对存在的问题提出建议和安全保障措施。其主要内容如下：

（1）概述；

（2）自然条件与河床演变；

（3）工程河段通航环境；

（4）航道的现状与发展规划；

（5）工程选址符合性论证，通过对重大线路方案比选情况以及推荐的线路走向情况的论述，分析桥位对船舶航行的安全适应性分析，确定合适的桥位选址；

（6）工程通航净空尺度及技术要求论证；

（7）工程对航道条件的影响评价；

（8）工程对通航安全的影响评价；

（9）航道与通航安全保障措施；

（10）结论与建议。

13.3.6　地震安全性评价报告

地震安全性评价，是指根据对建设工程场地条件和场地周围的地震活动与地震地质环境的分析，按照工程设防的风险水准，给出与工程抗震设防要求相应的地震烈度和地震动参数，以及场地的地震地质灾害预测结果。地震安全性评价是投资项目报建审批中涉及安全的强制性评估事项。

1. 编制依据

地震安全性评价报告依据《中华人民共和国防震减灾法》和《地震安全性评价管理条例》等法律法规及其他相关规定的要求进行编制。

2. 编制范围及相关要求

（1）根据《中国地震局关于贯彻落实国务院清理规范第一批行政审批中介服务事项有关要求的通知》（中震防发〔2015〕59 号）的规定，对于铁路建设工程，属于“特殊设防类（甲类）房屋”建筑工程或属于“水深大于 20 m、墩高大于 80 m、跨度大于 150 m 的桥梁”的铁路工程，需要开展地震安全性评价。

（2）根据中国地震局《地震安全性评价管理办法（暂行）》（中震防发〔2017〕10 号），下列建设工程应当进行地震安全性评价：

①国家重大建设工程；

②受地震破坏后可能引发水灾、火灾、爆炸、剧毒或者强腐蚀性物质大量泄露或者其他严重次生灾害的建设工程，包括水库大坝、堤防和贮油、贮气，贮存易燃易爆、剧毒或者强腐蚀性物质的设施以及其他可能发生严重次生灾害的建设工程；

③受地震破坏后可能引发放射性污染的核电站和核设施建设工程；

④省、自治区、直辖市认为对本行政区域有重大价值或者有重大影响的其他建设工程。

3. 地震安全评价的主要工作流程

(1)建设单位应当委托有资质的评价单位或者机构对符合要求的铁路建设项目进行地震安全性评价,并对地震安全性评价负总责。

(2)评价单位编制完成地震安全性评价报告后交给建设单位,由建设单位将地震安全性评价报告交由第三方技术审查机构进行技术审查。地震安全性评价报告需通过技术审查后方可使用。

(3)第三方技术审查机构组织专家审查会,对地震安全性评价报告进行审查。通过技术审查后,技术审查机构向建设单位出具审查通过书面意见。未通过技术审查的,评价单位或者机构按照审查专家组的意见,修改报告或者补充工作,重新提交技术审查机构组织技术审查。

4. 地震安全性评价报告的主要内容

地震安全性评价报告主要针对建设方案的控制工程和特殊工程进行地震安全性评估。该报告主要内容包括对项目的地震活动性、地震地质背景、地震烈度及地震动衰减关系进行分析,对场地地震危险性和发生概率进行评价,确定场地地震动参数,就地震环境、工程地质条件、地震安全性、地震灾害等方面提出建议等。

13.3.7 地质灾害危险性评估报告

地质灾害危险性评估指地质灾害发生的可能性和可能造成的损失的综合估量,是对建设项目场地进行适宜性评价,其专家审查意见是铁路建设项目初步设计批复的重要依据之一。

1. 编制依据

地质灾害危险性评估报告依据《地质灾害防治条例》(国务院令第 394 号)和《中华人民共和国行政许可法》、《地质灾害危险性评估规范》(DZ/T 0286—2015)等法律条文及相关规定的要求进行编制。

2. 编制范围及相关要求

(1)地质灾害危险性评估报告由项目建设单位按照国家有关规定,通过招投标或直接委托方式,选择具有相应资质的单位进行编制。

(2)编制单位通过收集分析相关资料和地质灾害调查,在充分了解自然环境条件和规划设计的基础上,查明评估区内存在和可能发生的地质灾害的类型、分布状况及发展趋势,分析地质灾害发生的原因和条件,对地质灾害现状、工程建设可能引发或加剧的地质灾害及工程本身所遭受的地质灾害进行评估,并确定地质灾害危险性,进一步评价对工程的危害,同时提出建设该项目地质灾害的防治措施。

3. 地质灾害危险性评估工作主要流程

地质灾害危险性评估工作的主要流程如图 13.7 所示。

4. 地质灾害危险性评估报告主要内容

地质灾害危险性评估成果包括地质灾害危险性评估报告书或说明书,并附评估区地质灾害分布图、地质灾害危险性综合分区评估图和有关的照片、地质地貌剖面图等。

地质灾害危险性评估报告通过对评估范围和级别的界定,经过对地质环境条件(气象、

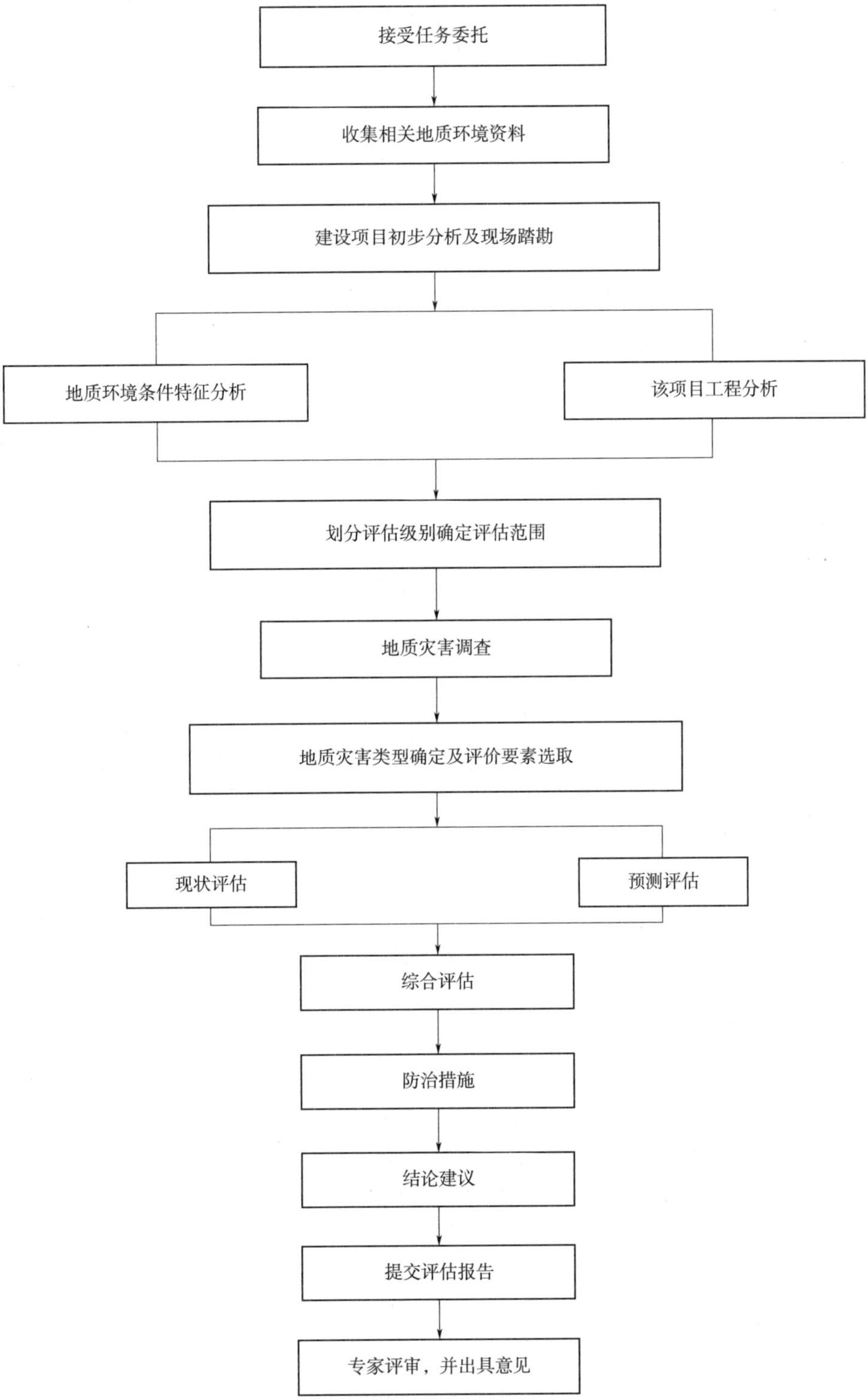

图 13.7　地质灾害危险性评估工作主要流程图

水文、地质构造、地层岩性等）的评估，阐述地质灾害的类别和特征，对现状地质灾害进行分析，预测项目可能引发、加剧、遭受的地质灾害，提出综合防治措施和危险划分区等建议。

13.3.8 压覆矿产资源评估报告

压覆矿产资源评估是指对因建设项目实施后导致不能开发利用的矿产资源进行分析、评估，评估范围包括压覆的矿产资源的数量、储量级别、品级、品位和压覆标高范围等。压覆矿产资源评估的主要任务是通过对范围及周边相关资料收集分析和地质矿产调查，在充分理解规划设计和地质矿产资料的基础上，查明评估区内矿业权分布状况，对建设用地进行矿产资源评估，并作为建设项目审批的依据之一。建设单位应当依据相关法律法规的规定，在办理用地预审手续后，完成压覆矿产资源评估及登记等。

1. 编制依据

压覆矿产资源评估报告根据国土资源部国土资发〔2000〕386 号、国土资发〔2010〕137 号文件及《中华人民共和国矿产资源法》《中华人民共和国土地管理法》等法律条文及相关规定的要求进行编制。

2. 编制范围及相关要求

（1）建设单位向省级国土资源行政主管部门查询拟建项目所在地区的矿产资源规划、矿产资源分布和矿业权设置情况，各级国土资源行政主管部门应为建设单位查询提供便利条件。

（2）建设项目不压覆重要矿产资源的，由省级国土资源行政主管部门出具未压覆重要矿产资源的证明；确需压覆重要矿产资源的，建设单位应根据有关工程建设规范确定建设项目压覆重要矿产资源的范围，委托具有相应地质勘察资质的单位编制建设项目压覆重要矿产资源评估报告并报省级以上国土资源行政主管部门审批。

（3）建设项目压覆石油、天然气、放射性矿产，或压覆《矿产资源开采登记管理办法》附录所列矿种（石油、天然气、放射性矿产除外）累计查明资源储量数量达大型矿区规模以上的，或矿区查明资源储量规模达到大型并且压覆占三分之一以上的，由自然资源部负责审批。

3. 压覆矿产资源评估工作的主要流程

压覆矿产资源评估工作的主要流程如图 13.8 所示。

4. 压覆矿产资源评估报告的主要内容

评估单位按照相关法律、法规、标准等要求，结合对沿线矿产资源的资料收集、实地调查、矿产资源的分析论证，编制建设项目压覆矿产资源评估报告书，报告通过对建设方案的工程概况、用地范围的分析，以及对用地范围内地质概况（地层、构造等）阐述，分析矿产资源分布情况（种类、储量、质量等）、开采情况和矿权设置情况，对无法避免压覆矿产的理由和依据进行详细说明，以及对压覆的矿产资源进行必要的经济分析，对存在的问题提出建议。其主要内容如下：

（1）概况。包括建设项目概况、评估目的和任务、建设项目所在地概况、建设项目用地及周边以往地质工作、建设项目周边地区矿业权设置情况和调查情况简述等。

（2）建设项目压覆矿产资源必然性论证。包括建设项目必要性论证、建设项目压覆重要矿产资源不可避免性论证和项目社会经济效益评价。

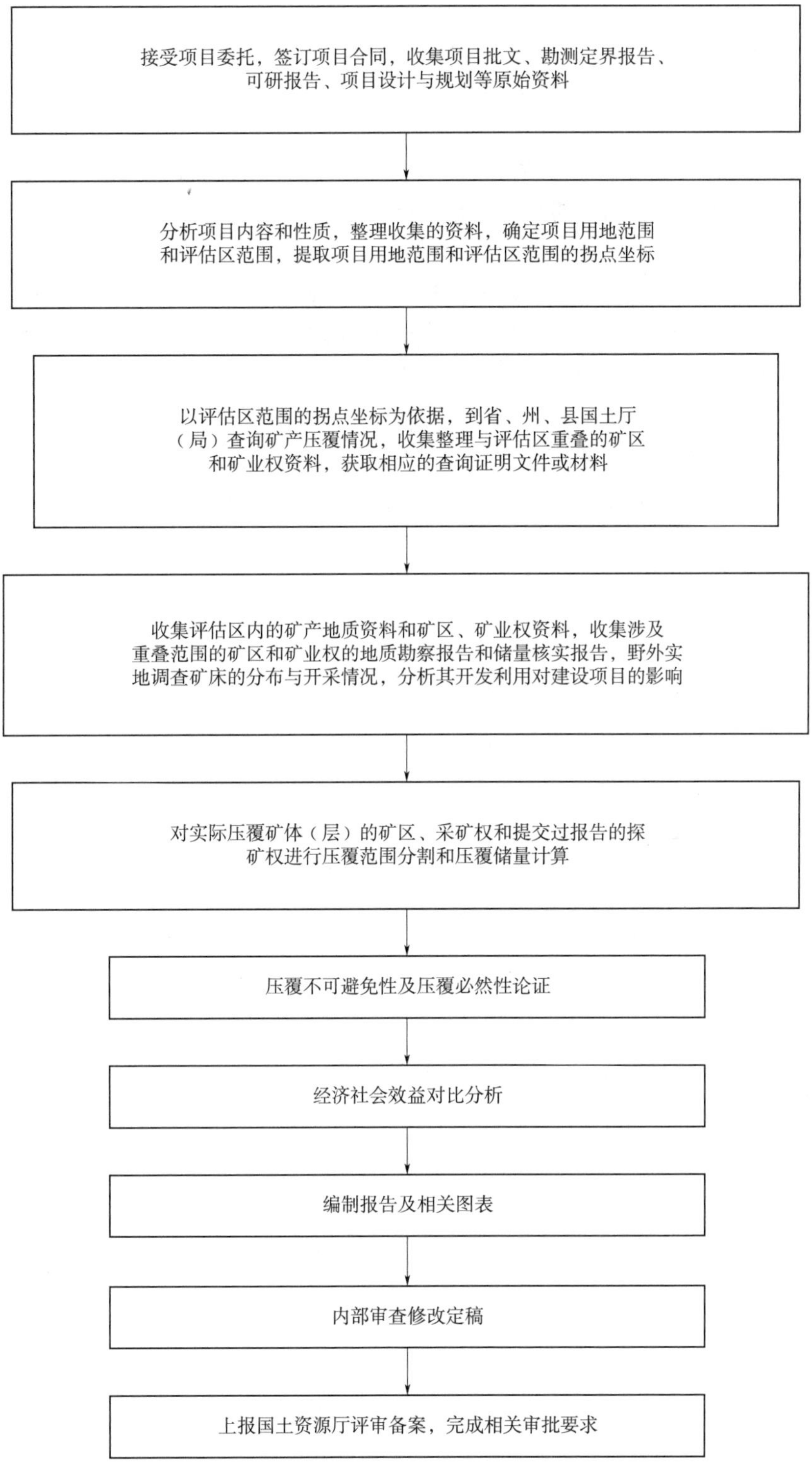

图 13.8 压覆矿产资源评估工作的主要流程

(3)建设项目压覆资源储量估算。包括资源储量估算指标、方法,估算的范围以及资源储量变化情况评述等。

(4)建设项目经济社会效益对比分析。

(5)结论及建议。

5. 压覆矿产资源补偿问题及建议

(1)在办理压覆矿产资源审批时,如果在短期内双方不能达成补偿协议,建设单位可寻求先形成意向性协议,防止无法办理审批影响后续建设工作正常推进。

(2)鉴于探矿权和采矿权存在的区别,建设单位协商补偿时应进行不同的考虑。对于仅压覆部分矿产、矿权人还可继续开发的,与压覆绝大部分导致矿场关停的,要区别补偿标准。同一情形的矿权人,补偿内容、补偿标准应该尽量统一,防止其相互攀比、竞相抬价。

(3)涉及具体项目的补偿金额,要以具有资质的专业机构出具的评估报告、审价报告、审计报告为依据,避免随意补偿造成建设资金浪费。

(4)矿业权价值评估应包括评估目的、评估范围、评估基准日、评估方法、技术经济参数取值等内容。

参考文献

[1] 钱学森.论系统工程[M].上海:上海交通大学出版社,2007.

[2] 孙永福,等.铁路工程项目管理理论与实践[M].北京:中国铁道出版社,2016.

[3] 孙永福,等.京沪高速铁路对经济社会重大作用研究[R].北京:中国工程院,2018.

[4] 孙永福.中国高速铁路的成功之路[J].铁道学报,2009,31(6):封 2-封 3.

[5] 卢春房,等.中国高速铁路[M].北京:中国铁道出版社,2017.

[6] 李树德.中国高速铁路技术海外设计实务[M].北京:中国铁道出版社,2018.

[7] 国家铁路局.高速铁路设计规范:TB 10621—2014[S].北京:中国铁道出版社,2014.

[8] 国家铁路局.铁路建设项目预可行性研究、可行性研究和设计文件编制办法:TB 10504—2018[S].北京:中国铁道出版社,2018.

[9] 中国铁路总公司.铁路技术管理规程(高速铁路部分)[S].北京:中国铁道出版社,2014.

[10] 赵清为.铁路工程技术手册·线路[M].北京:中国铁道出版社,1994.

[11] 中国铁路设计集团有限公司.上海至成都(重庆)沿江高速铁路预可行性研究[R].天津:中国铁路设计集团有限公司,2019.

[12] 铁道第三勘察设计院集团有限公司.牡丹江至佳木斯客运专线工程可行性研究[R].天津:铁道第三勘察设计院集团有限公司,2016.

[13] 铁道第三勘察设计院集团有限公司.北京至上海高速铁路可行性研究[R].天津:铁道第三勘察设计院集团有限公司,2006.

[14] 铁道第三勘察设计院集团有限公司.济南至青岛高速铁路可行性研究[R].天津:铁道第三勘察设计院集团有限公司,2014.

[15] 铁道第三勘察设计院集团有限公司.北京至沈阳铁路客运专线可行性研究[R].天津:铁道第三勘察设计院集团有限公司,2013.

[16] 中国铁路设计集团有限公司.沈阳至白河铁路可行性研究[R].天津:中国铁路设计集团有限公司,2019.

[17] 铁道第三勘察设计院集团有限公司.石家庄至济南客运专线工程可行性研究[R].天津:铁道第三勘察设计院集团有限公司,2012.

[18] 钱立新.世界高速铁路技术[M].北京:中国铁道出版社,2003.

[19] 聂磊.客运专线运输组织技术[M].北京:北京交通大学出版社,2008.

[20] 彭其渊,闫海峰,文超.高速铁路运输组织基础[M].成都:西南交通大学出版社,2009.

[21] 赵长江.城镇群城际轨道交通线网规划理论与应用研究[D].北京:中国铁道科学研究院,2009.

[22] 张敏,张超.京津城际高速铁路客流结构和出行特征分析[J].中国储运,2010(6):88-89.

[23] 张振利.适应中国高速铁路客流特性的售票组织策略优化研究[J].铁道经济研究,2010(6):43-45,50.

[24] 郭彦东.铁路客运站客流组织及优化方法研究[D].北京:北京交通大学,2011.

[25] 廖镇.铁路客运市场调查理论及应用研究[D].北京:北京交通大学,2006.

[26] 刘叶.铁路客流调查与分析技术体系研究[D].成都:西南交通大学,2009.

[27] 强丽霞,颜颖.快速铁路客运网客流组织与营销管理战略研究[J].中国铁路,2007(5):60-62.

[28] 佟立本.高速铁路概论[M].5 版.北京:中国铁道出版社,2018.

[29] 彭其渊,文超.高速铁路运输组织基础[M].2 版.成都:西南交通大学出版社,2014.

[30] 包维民,闫海峰,张强锋,等.中国高速铁路运输组织模式研究[J].交通运输工程与信息学报,2016,14(3):13-18.

[31] 国家铁路局.铁路工程地质勘察规范:TB 10012—2019[S].北京:中国铁道出版社有限公司,2019.
[32] 铁道部第一勘测设计院.铁路工程地质手册[M].2 版.北京:中国铁道出版社,1999.
[33] 中华人民共和国铁道部.高速铁路工程测量规范:TB 10601—2009[S].北京.中国铁道出版社,2010.
[34] 孔祥元,郭际明,刘宗泉.大地测量学基础[M].武汉.武汉大学出版社,2010.
[35] 梁永.高速铁路测量建立独立坐标系的数学模型[J].铁道工程学报,2006(7):34-36,53.
[36] 国家铁路局.铁路线路设计规范:TB 10098—2017[S].北京:中国铁道出版社,2017.
[37] 国家铁路局.铁路车站及枢纽设计规范:TB 10099—2017[S].北京:中国铁道出版社,2017.
[38] 中国铁路设计集团有限公司.北京枢纽丰台站改建工程[R].天津:中国铁路设计集团有限公司,2017.
[39] 中国铁路设计集团有限公司.新建郑州至济南铁路工程[R].天津:中国铁路设计集团有限公司,2019.
[40] 李海鹰,张超.铁路站场及枢纽[M].北京:中国铁道出版社,2011.
[41] 杨浩.铁路运输组织学[M].3 版.北京:中国铁道出版社,2013.
[42] 彭其渊,王慈光.铁路行车组织[M].北京:中国铁道出版社,2012.
[43] 杨晓珊.高铁车站选址与城市发展协同关系研究[D].成都:西南交通大学,2018.
[44] 张本湧,郑猛,佘世英.武汉市高铁枢纽选址及铁路总体布局优化[J].城市交通,2015,13(6):37-45.
[45] 中铁第四勘察设计院集团有限公司.武汉市枢纽总图规划[R].武汉:中铁第四勘察设计院集团有限公司,2015.
[46] 国家铁路局.铁路路基设计规范:TB 10001—2016[S].北京:中国铁道出版社,2017.
[47] 国家铁路局.铁路特殊路基设计规范:TB 10035—2018[S].北京:中国铁道出版社,2018.
[48] 中华人民共和国铁道部.铁路工程地基处理技术规程:TB 10106—2010[S].北京:中国铁道出版社,2010.
[49] 国家铁路局.铁路路基支挡结构设计规范:TB 10025—2019[S].北京:中国铁道出版社有限公司,2019.
[50] 中国铁路总公司.铁路工程绿色通道建设指南:铁总建设〔2013〕94 号[S].北京:中国铁道出版社,2013.
[51] 中国铁路总公司.铁路工程绿化设计和施工质量控制标准(南方地区):Q/CR 9526—2019[S].北京:中国铁道出版社有限公司,2019.
[52] 王其昌.高速铁路土木工程[M].成都:西南交通大学出版社,1999.
[53] 国家铁路局.铁路桥涵设计规范:TB 10002—2017[S].北京:中国铁道出版社,2017.
[54] 孙树礼.高速铁路桥梁设计与实践[M].北京:中国铁道出版社,2011.
[55] 国家铁路局.铁路隧道设计规范:TB 10003—2016[S].北京:中国铁道出版社,2017.
[56] 国家铁路局.铁路隧道防灾疏散救援工程设计规范:TB 10020—2017[S].北京:中国铁道出版社,2017.
[57] 赵勇,等.隧道设计理论与方法[M].北京:人民交通出版社股份有限公司,2019.
[58] 王梦恕,等.中国隧道及地下工程修建技术[M].北京:人民交通出版社,2010.
[59] 赖永标,王梦恕,油新华,等.隧道与地下工程支护预制技术综述与展望[J].建筑技术开发,2015,42(1):24-28.
[60] 王英学,高波,朱丹,等.高速铁路隧道空气动力效应控制技术[M].北京:科学出版社,2012.
[61] 国家铁路局.铁路轨道设计规范:TB 10082—2017[S].北京:中国铁道出版社,2017.
[62] 中华人民共和国铁道部.铁路无缝线路设计规范:TB 10015—2012[S].北京:中国铁道出版社,2013.
[63] 中华人民共和国铁道部.高速铁路用钢轨:TB/T 3276—2011[S].北京:中国铁道出版社,2011.
[64] 罗林,张格明,吴旺青,等.轮轨系统轨道平顺状态的控制[M].北京:中国铁道出版社,2006.
[65] 高亮.轨道工程[M].北京:中国铁道出版社,2010.
[66] 李超雄,寇东华,杨厚昌,等.高速铁路无砟轨道线路养护维修[M].北京:中国铁道出版社,2011.
[67] 郝瀛.铁道工程[M].北京:中国铁道出版社,2000.
[68] 赵国堂.高速铁路无砟轨道结构[M].北京:中国铁道出版社,2006.

[69] 卢祖文.高速铁路轨道技术综述[J].铁道工程学报,2007,24(1):41-54.
[70] 张银花,周清跃,陈朝阳,等.高速铁路钢轨的研究与应用[J].中国铁路,2010(7):16-19.
[71] 国家铁路局.铁路信号设计规范:TB 10007—2017[S].北京:中国铁道出版社,2017.
[72] 国家铁路局.铁路客运服务信息系统设计规范:TB 10074—2016[S].北京:中国铁道出版社,2016.
[73] 曹建遒.电气化铁道供电系统[M].北京:中国铁道出版社,1983.
[74] 景德炎,陈学光,肖志强.中国电气化铁道发展的回顾和展望[C] //中国铁道学会.电气化铁道,2005:5-7,22.
[75] 杨振龙,等.牵引供电规划方法研究[R].天津:铁道第三勘察设计院集团公司,2009.
[76] 国家铁路局.铁路电力牵引供电设计规范:TB 10009—2016[S].北京:中国铁道出版社,2016.
[77] 中国铁路总公司.牵引变电所辅助监控系统暂行技术条件:铁总科信〔2018〕144 号[S].北京:中国铁路总公司,2018.
[78] 贺威俊,高仕斌,张淑琴,等.电力牵引供变电技术[M].成都:西南交通大学出版社,1998.
[79] 水利电力部西北电力设计院.电力工程电气设计手册[M].北京:中国电力出版社,1989.
[80] 于万聚.高速电气化铁路接触网[M].成都:西南交通大学出版社,2003.
[81] 姜锐.铁路客站大跨钢结构选型探讨[C] //中国交通运输协会,中华人民共和国铁道部.铁路客站建设管理研讨会论文集,2010:192-196.
[82] 郑健.空间结构在大型铁路客站中的应用[J].空间结构,2009,15(3):52-65.
[83] 国家铁路局.铁路动车组设备设计规范:TB 10028—2016[S].北京:中国铁道出版社,2016.
[84] 中华人民共和国铁道部.高速铁路有砟轨道线路维修规则(试行):TG/GW 116—2013[S].北京:中国铁道出版社,2013.
[85] 中华人民共和国铁道部.高速铁路无砟轨道线路维修规则(试行):TG/GW 115—2012[S].北京:中国铁道出版社,2012.
[86] 中华人民共和国铁道部.高速铁路桥隧建筑物修理规则(试行)TG/GW 114—2011:[S].北京:中国铁道出版社,2011.
[87] 中国铁路总公司.高速铁路路基修理规则:TG/GW 120—2015[S].北京:中国铁道出版社,2015.
[88] 中国铁路总公司.高速铁路接触网运行维修规则:TG/GD 124—2015[S].北京:中国铁道出版社,2015.
[89] 中国铁路总公司.高速铁路信号维护规则:TG/XH 102—2015[S].北京:中国铁道出版社,2016.
[90] 中国铁路总公司运输局工务部.工务机械[M].北京:中国铁道出版社,2017.
[91] 中国铁路总公司运输局工务部.线路养护・高速铁路维修[M].北京:中国铁道出版社,2017.
[92] 潘仲麟,翟国庆.噪声控制技术[M].北京:化学工业出版社,2006.
[93] 中国铁路总公司.铁路工程施工组织设计规范:Q/CR 9004—2018[S].北京:中国铁道出版社,2018.
[94] 刘军.中国合资铁路公司财务管理专题研究[M].北京:中国经济出版社,2014.
[95] 罗仁坚,贾进.铁路投融资体制改革方略[M].北京:中国计划出版社,2007.
[96] 中华人民共和国住房和城乡建设部.市政公用设施建设项目经济评价方法与参数[M].北京:中国计划出版社,2008.
[97] 中华人民共和国住房和城乡建设部,中华人民共和国国家发展和改革委员会,中华人民共和国铁道部.铁路建设项目经济评价方法与参数[M].北京:中国计划出版社,2012.
[98] 张泉,施嘉泓.关于建设项目规划选址管理的思考[J].城市规划,2011,35(9):9-12,18.
[99] 孔登魁,郭一珂,王雪菲.建设项目用地预审制度的发展变化特征及存在问题分析[J].国土资源情报,2018,(7):19-21,41.
[100] 杜哲,郭晋,吴爽.城市轨道交通项目社会稳定风险评估[J].都市快轨交通,2015,28(5):136-139.
[101] 李宝文,袁文忠.对铁路基本建设项目开展节能评估的思考[J].铁路节能环保与安全卫生,2011,1

(3):115-118.

[102] 黄迪,刘海东,王亚男.我国环境影响评价与社会稳定风险评估制度关系的思考[J].中国环境管理,2018,10(3):44-47.

[103] 朱勇,杨睿,李德生,等.京沪高速铁路建设项目区域环境影响综合评价[J].铁道学报,2015,(11):117-121.

[104] 雷蕾.浅谈铁路建设与文物保护[J].铁路节能环保与安全卫生,2015,5(6):268-270.

[105] 姜海波.论铁路建设项目对水土保持设施的影响与补偿[J].铁路节能环保与安全卫生,2011,1(1):25-27.

[106] 李红彬.以实际工程为例简析铁路桥梁防洪影响评价的计算[J].中国水运(下半月),2012,12(8):195,197.

[107] 潘国华,张志阳,郭占一,等.铁路客站应对地震灾害安全建设的思考[C]//中国铁道学会.2008年地震灾害对铁路的影响及对策学术研讨会论文集,2008:19-23.

[108] 王凯.新建和顺至邢台铁路地质灾害评价与防治研究[J].安全与环境工程,2012,19(1):1-3,42.

[109] 中国铁路总公司.铁路建设工程风险管理技术规范:Q/CR 9006—2014[S].北京:中国铁道出版社,2014.